森林管理の公共的制御と制度変化

スイス・日本の公有林管理と地域

志賀 和人　編著

J-FIC

多摩川源流東京都水道水源林

　笠取山直下の水道水源林49林班と50林班の林班界（右上）。50林班は，特別保護地区に指定された小班が多いが，49林班は第1種特別地域で改良伐に区分され，風衝地の成長の悪いカラマツ人工林にミズナラやトウヒを植栽している。48林班の尾根筋には，ウラジロモミの大径木が鹿の食害による被害を受けている。萩原山分区で最も早く造林が開始された谷沿いのヒノキ複層林では，上木が100年生を超えている。

49林班と50林班の林班界（第1種特別地域等）

風衝地カラマツ人工林のミズナラ・トウヒ植栽地，ここでも稚樹の鹿食害対策が施されている。

48林班ウラジロモミの鹿による枯損被害

萩原山分区の100年生を超えるヒノキ複層林と鹿の食害対策

多摩川源流の笠取山を望む，左は三角点

阿寒摩周国立公園・前田一歩園財団の天然林施業

針広混交林の林相とアカエゾマツの植え込み（手前）

ウダイカンバを主林木とする針広混交林

エゾマツ・トドマツ・広葉樹の針広混交林（倒木更新が手前の根株で確認できる）

ミズナラ巨木と山火事跡に更新した純林

マリモの生息地に注ぐ河川と河畔林

富士北麓恩賜林と富士吉田保護組合

富士北麓の俯瞰図（赤線区域：富士吉田保護組合管理地，青線区域：国有地，黄色線区域：北富士演習地）

左上の富士北麓の鳥瞰図で緑の薄くなった区画が北富士演習地，1936〜38年の旧日本陸軍による北富士演習場開設以来，終戦後の米軍による接収，1958年の返還と自衛隊の使用という歴史を辿った。その過程で，国と県，地元市町村と保護組合，地元入会組合の林野利用権をめぐる協議や訴訟が継続された。現在では保護組合による「役場」の設置は，富士吉田・鳴沢保護組合の2組合のみとなった。部分林の設定は，1910年代に最盛期を迎え，両組合管内に集中している。下の写真は，富士吉田保護組合管内の部分林伐採地。

富士吉田保護組合管内の林道沿いの部分林伐採地と山梨県の引渡標識版

富士吉田保護組合の「役場」（上）と登山道の「入会」統制としての注意書き（右下）

スイスアルプス・ラウターブルンネン谷の山岳林

氷河が削ったU字谷とアルプ共有地，雪を頂くアイガー・メンヒ・ユングフラウの遠望（左上）。高山限界には，雪崩防止柵などの治山工事が行われ，白く見える支柱の下には高山限界の後退を防止するため，トウヒが植栽されている（左下）。林道を裏に回れば造山運動による崩壊が常に起きている。右上はラウターブルンネン谷の最上流部ミューレンの集落。

スイスのゲマインデと森林所有

　チューリヒ市有林（Shiel Wald）は，市民ゲマインデ・ベルンと並ぶスイスを代表する歴史と伝統を誇る森林経営である。14世紀からチューリヒ市の建築用材・燃材需要を賄う木材供給地であったが，現在は市民の憩いの場となっている。

　一時代前の雰囲気を残すカントン・ソロトゥルンの市民ゲマインデの林務事務所（右上），「サダムの石油？エリツィンのガス？（より）フェルスターから薪を！」の標語が見える。

　市民ゲマインデ・ベルンの所有する歴史博物館からのCasino（文化ホール）と時計台の遠望（左下の写真の奥の建物）。市民ゲマインデ・ベルンは，森林だけでなく，歴史的建物や土地，不動産の所有者でもある。

　照査法実験林で有名クヴェー村役場とカントン・ヌーシャテル林業連盟会長（当時）。村役場に置かれた芳名録には，全世界からの視察者の名前が記されている。

ベルン市近郊の市民ゲマインデと周辺景観
ベルプベルクの集会所兼林務事務所と歩道散策路地図

　首都ベルン近郊のBelp市街地とBelpbergの林務事務所。市民ゲマインデの集会所（写真右中央）と林務事務所が併設され、手前に緑色の手作りの木製リフレッシュカーが見える。人物は右からETH森林技師と森林管理者見習（デュアルシステムによる職業教育）、フェルスターが勢ぞろいしている。

　左上の写真は、地図右下のBelpbergからBelp市街地の景観。市街地と農地・牧草地、森林の土地利用に注目したい。首都近郊においても森林が保全され、循環経営が継続され、担い手の育成が行われている。連邦歩道散策路法により森林内にも網の目のように歩道散策路（左下の歩道散策路地図）が整備され、PTTのバス路線とともに森林を身近な存在にしている。

森林植生の垂直分布と森林整備計画

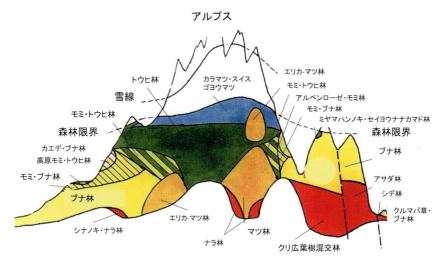

スイスの森林の垂直分布（上），左からフランスに隣接するジュラ，アルプス前山，アルプス，アルプス南面のイタリア語圏地域。森林資源の地域構成と森林施業に関しては，第3章の第2節を参照。

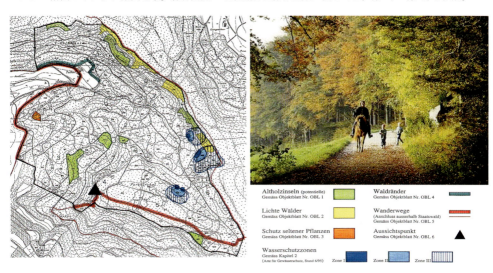

1991年連邦森林法制定を契機に導入された森林整備計画（WEP）の機能は，森林機能分析に基づく地域の森林整備方針の策定，コンフリクトの調整と課題の明確化，プロジェクト対象地と内容の決定，公共的森林の施業計画指針である。特別対象の内容には，1. 高齢林の保全，2. 陽樹群落の保護，3. 希少植物と植物群落保護，4. 生態的に最適な林縁の保全，5. 歩道散策路の整備，6. 展望地点整備が示されている。

千葉県の土地利用・森林問題

日本の土地利用の個別法・執行組織・管理権限の
錯綜性の解決は可能か？

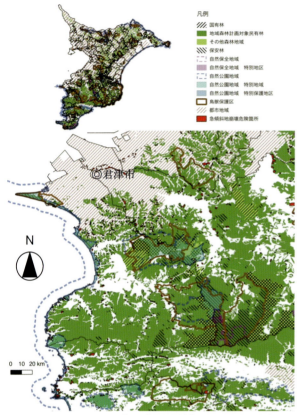

凡例
- 国有林
- 地域森林計画対象民有林
- その他森林地域
- 保安林
- 自然保全地域
- 自然保全地域 特別地区
- 自然公園地域
- 自然公園地域 特別地域
- 自然公園地域 特別保護地区
- 鳥獣保護区
- 都市地域
- 急傾斜地崩壊危険箇所

資料：国土交通省国土政策局「国土数値情報」をもとに作成。

山砂採取跡の緑化現場（左）と表土が流出したマテバシイ林（右）

船橋市のボランティアが整備した竹フェンス

山武スギと後継ヒノキ林（溝腐病対策）

森林管理の公共的制御と制度変化

スイス・日本の公有林管理と地域

志賀 和人　編著

J-FIC

はじめに

　本書は，2016年9月に発行した志賀和人編著（2016）『森林管理制度論』を概論編とした森林管理制度分析の第2作目の実証分析である。『森林管理制度論』で提示した制度的具体性を理解いただき，体系的批判をいただければ幸いである。全国森林組合連合会の職員から47歳で筑波大学助教授に転職し，出発の遅い研究者としての途を歩み始めた当時，林業経済学会の原理主義的研究への違和感から時間と空間・アクターの具体性を踏まえた実証分析に徹したいと考えたが，いまとなっては若気の至りの妄言に終わっているのかもしれない。

　退職を2ヵ月後に控えた18年後の到達点はこの程度と反省の言葉もないが，私の人生の一区切りとして自らを戒めたい。スイスの森林法制に接し，それまで興味のなかった日本の森林法の歴史に改めて関心を持ち振り返ると戦前期に高橋琢也や村田重治，太田勇治郎らが自らの信念を国家の森林管理制度に具現化できた時代は終わり，最近は組織人として優秀な官僚の繰り出す「政策」と地域実践，研究との溝は深まるばかりであると感じた。少なくとも私が全森連で体験した24年間の林野庁と地域，林業経済研究の関係は，私にとってそのようにみえた。

　都道府県や林業事業体で働く民有林関係者の未来は，私のように国の制度・政策に振り回されて生涯の時間を無駄にすることなく，確かな歴史観と社会観を持った地域実践を積み重ね，現代的課題への取り組みを進められる環境にしたいものだ。本書が当事者性を意識した研究や地域で横糸を織りなす様々な実践に貢献し，中央主導の縦糸論理に制度変化をもたらす一矢となればと密かに期待している。奈良県農林部がカントン・ベルン及びリース森林教育センターと提携し，検討を進めている「紀伊半島の新たな森林管理のあり方検討会」の検討委員として実践的接点を持てたことは，もう1つの林政追求への若干の確信を深めることができた。

　本書の作成過程では，共著者や林業経済学会の会員の方々から貴重な意見をいただいた。筑波大学の同僚の立花敏氏と興梠克久氏には，大学最後の3

年間を研究に専念できる時間的精神的余裕を与えていただき心から感謝している。本研究は JSPS 科研費 26550106 及び 16K07888 の助成を受け，刊行に当たり平成 29 年度科学研究費助成事業（研究成果公表促進費）「学術図書」（17HP5252）の交付を受けた。前回同様，出版に当たり株式会社日本林業調査会の辻潔社長には，大変お世話になった。

2018 年 1 月 8 日

志賀 和人

目　次

口絵
序章　森林管理の地域的基層と制度変化（志賀和人）
　　1　研究対象と目的 ……………………………………………………… 19
　　　(1)　森林管理制度の展開と公有林管理　19
　　　(2)　森林・林業政策の展開と制度変化の様相　23
　　2　先行研究と基本文献 ………………………………………………… 27
　　　(1)　森林法制史と比較制度分析　27
　　　(2)　公有林管理と入会林野論　31
　　　(3)　山梨県有林と保護団体　32
　　　(4)　スイス林業と森林法制研究　34
　　3　研究方法と構成 ……………………………………………………… 38
　　　(1)　現代日本の森林管理と林政　38
　　　(2)　山梨県有林の管理と森林利用　41
　　　(3)　スイスの地域森林管理と制度展開　43
　　　(4)　国家・市場経済・地域の相克と制度変化　47

第1章　現代日本の森林管理と林政
　第1節　日本林政と地域森林管理・利用規制（志賀和人）
　　1　戦前期林政の経路依存性と林務組織 ………………………………… 52
　　　(1)　戦前期林政の重大局面と担当官　52
　　　(2)　官林経営展開期の「経営」展開　55
　　　(3)　戦前期「地方林政」と林務組織　56
　　2　戦後林政と基軸施策の制度化過程 …………………………………… 58
　　　(1)　戦後林政の施策粘着性と政策ドメイン　58
　　　(2)　戦後再編期：戦後林政の枠組み形成と国有林　62
　　　(3)　基本法林政期：国有林累積債務問題と構造政策　64
　　　(4)　基本政策期：「経営」主義林政の孤立化と地方分権　67

目次

　　3　基本政策による地域森林管理の限界性 ……………………………… 70

　　　　(1)　森林資源の施業管理と主伐・再造林問題　70

　　　　(2)　造林補助・森林経営計画と素材生産・更新の不均衡　74

　　　　(3)　国土利用計画に基づく土地利用調整と森林地域　79

　　　　(4)　林地開発許可制度と市町村林道管理条例の制定　83

　　　　(5)　施業規制に関する許認可権限・行政監督の縦割錯綜性　87

　第2節　自然公園法による施業規制と森林所有者（池田友仁・志賀和人・
　　　　志賀薫）

　　1　国立公園地域の地種区分と施業規制 …………………………………… 99

　　　　(1)　国立公園の森林管理に関する先行研究　99

　　　　(2)　自然公園法に基づく施業規制と公園計画　102

　　　　(3)　地域制国立公園における地種区分と施業規制　104

　　2　秩父多摩甲斐国立公園における地種区分の再編 ………………… 107

　　　　(1)　奥秩父における「自然保護」問題　107

　　　　(2)　2000年の地種区分見直し結果と主要地権者　108

　　　　(3)　地種区分の見直し過程と森林所有者の対応　111

　　3　多摩川・荒川源流部の地種区分と施業実態 ………………………… 114

　　　　(1)　埼玉国有林・水道水源林・K林業における小班別地種区分　114

　　　　(2)　埼玉国有林・水道水源林の管理計画と施業区分　121

　　　　(3)　埼玉国有林第48〜51林班の施業実態　124

　　　　(4)　水道水源林第49〜51林班の施業実態　124

　　4　阿寒国立公園・前田一歩園財団の天然林施業 …………………… 127

　　　　(1)　「復元の森」の理念と歴史　127

　　　　(2)　前田一歩園財団の事業活動と収支構造　130

　　　　(3)　森林管理方針の確立と森林施業　133

　　　　(4)　森林施業体系の構築と針広混交林への誘導　135

　　　　(5)　現場技術者と経験知の継承　140

　第3節　森林認証の展開と日本の対応（志賀和人・岩本幸）

　　1　PEFCの設立過程と欧州及び日本の対応 ………………………… 145

　　　　(1)　日本と欧州における行政・業界対応　145

（2）森林認証問題の分析視点　147

　2　PEFC フィンランドの構築過程 ………………………………… 148

　　（1）フィンランド林業・林産業と森林認証　148

　　（2）認証規格の検討・構築過程　149

　　（3）グループ認証の実施過程　153

　　（4）認証規格と資料収集ガイドライン　155

　3　SGEC 森林認証の展開と業界団体 …………………………… 158

　　（1）SGEC の設立過程と推進主体　158

　　（2）SGEC 認証制度と認証規格の特徴　162

　　（3）SGEC 認証の普及過程　164

　4　PEFC 相互承認の展開と SGEC の対応 ……………………… 169

　　（1）PEFC 相互承認の拡大と欧州諸国　169

　　（2）SGEC 規格の国際化と相互承認　170

　　（3）PEFC 相互承認後の SGEC 規格　172

　　（4）相互承認後の SGEC 認証の課題　175

第2章　山梨県有林の管理と森林利用

　第1節　山梨県有林の経営展開と利用問題（志賀和人）

　1　山梨県有林の管理と経営展開 ………………………………… 180

　　（1）森林利用の制度化と保護団体　180

　　（2）多面的利用と土地利用条例の制定　184

　　（3）県有林管理と森林施業　185

　2　山梨県有林の利用問題と地元関係 …………………………… 190

　　（1）自給的・生業的森林利用と部分林　190

　　（2）県有林の貸付と土地利用条例交付金　191

　　（3）恩賜県有財産管理条例に基づく交付金　193

　　（4）土地利用条例交付金と連合会特別会費　196

　第2節　保護団体の事業活動と財政（志賀和人・御田成顕・志賀薫・
　　　　　岩本幸）

　1　保護団体の組織と保護活動 …………………………………… 201

7

目次

　　　(1) 組織と執行体制　201

　　　(2) 保護対象林と部分林　202

　　　(3) 職員と専任看守人　204

　　2　保護活動と「入会」統制 ……………………………………… 205

　　　(1) 保護活動の実施　205

　　　(2) 鳴沢・富士吉田保護組合の実態　206

　　3　保護団体の財政構造と地元関係 ……………………………… 207

　　　(1) 保護団体の収支構造　207

　　　(2) 財政規模による特徴と地元関係　209

　第3節　山梨県の林業事業体と林業就業者（志賀和人）

　　1　山梨県の林業構造と林業就業者 ……………………………… 212

　　　(1) 山梨の認定事業体と森林組合　212

　　　(2) 林業就業者問題の分析視点　214

　　2　県有林事業と請負事業体 ……………………………………… 215

　　　(1) 県有林の事業発注と林業事業体　215

　　　(2) 委託募集と緑の研修生の採用　217

　　　(3) 認定事業体の事業基盤　219

　　3　林業就業者の存在形態と労働条件 …………………………… 220

　　　(1) 現業従業員の構成と新規就業者の採用　220

　　　(2) 現業従業員の給与形態と年収　224

　　　(3) 独立・起業と内勤・現業従業員　225

　　4　林業事業体の雇用戦略と現業従業員の性格 ………………… 225

　　　(1) 現業従業員の年齢・学歴と居住地　225

　　　(2) 就業動機と職場評価　227

　　　(3) 安定就労の実現と年収　229

　　　(4) 世帯構成と家庭・生活環境　233

　　5　従業員組織と林業労働者の存在形態 ………………………… 235

　　　(1) 調査対象事業体の特徴　235

　　　(2) 南部町・富沢森林組合の従業員組織　236

　　　(3) 民間事業体の従業員組織　238

⑷　林業就業者の存在形態と定着支援　239

第3章　スイスの地域森林管理と制度展開（志賀和人）
　第1節　森林法制の展開と歴史的基層
　　1　スイスの社会と国土利用 ……………………………………………… 244
　　　⑴　連邦とカントン・ゲマインデの関係　244
　　　⑵　国土利用と山岳地域　247
　　　⑶　社会的市場経済による政策運営　250
　　　⑷　森林利用に関する住民意識　254
　　2　森林管理の伝統と森林法制 ………………………………………… 256
　　　⑴　スイス林業と森林法制　256
　　　⑵　1876年連邦高山地帯森林警察法　258
　　　⑶　1902年連邦森林警察法と改正動向　260
　　　⑷　ゲマインデ有林の森林施業計画編成　261
　　　⑸　1991年連邦森林法の制定過程　264
　　3　カントン森林法制と林務組織 ……………………………………… 265
　　　⑴　連邦の上級監督権限と行政間関係　265
　　　⑵　カントン森林法制と林務組織　266
　　　⑶　林業技術者の教育・再教育制度　269
　第2節　近自然循環林業の資源基盤と経営システム
　　1　森林資源の地域構成と国産材生産 …………………………………… 274
　　　⑴　森林所有形態と私有林　274
　　　⑵　木材需給と国産材生産の動向　277
　　　⑶　森林資源の地域構成と森林機能　280
　　2　森林資源の更新と森林施業 ………………………………………… 283
　　　⑴　森林タイプと更新方法の変化　283
　　　⑵　森林蓄積と成長量・伐採量の動向　286
　　　⑶　林齢構成の変化と森林施業法　289
　　3　森林経営組織と経営システム ……………………………………… 294
　　　⑴　森林経営主体と経営統合　294

目次

　　(2) 経営基盤と投下労働　296

　　(3) 森林経営組合の組織と経営機能　298

　　(4) 森林経営の収支と資金循環　301

　4　ゲマインデ有林の経営事例 ……………………………………… 304

　　(1) 森林経営の表彰事例　304

　　(2) 市民ゲマインデ・ベルンの森林経営　306

第3節　山岳地域振興と農政・空間整備・地域政策

　1　空間整備政策の枠組みと農政・地域政策 ……………………… 310

　　(1) 空間整備政策と部門別政策の関係　310

　　(2) 1980年代までの山岳地域政策　312

　　(3) 地域政策の新展開と農政改革に関する研究動向　314

　2　スイス農政改革と直接支払いの再編 …………………………… 316

　　(1) 農業経営と農業従事者　316

　　(2) 戦後農政と地域・ゾーン区分　319

　　(3) 農政改革と連邦農業予算の動向　321

　　(4) 第1段階：連邦農業法改正による直接的所得補償の導入　324

　　(5) 第2段階：新連邦農業法制定によるエコ助成の拡充　328

　　(6) 第5段階：農業政策2014-2017による直接支払いの再編　331

　3　地域政策の新展開と山岳地域政策の遺産 ……………………… 335

　　(1) 山岳地域政策の再編過程　335

　　(2)「地域政策の新たな方向」の提示　337

　　(3) オーバーラントオスト山岳地域開発計画と地域事務局　339

第4節　スイス連邦の森林法制と制度発展

　1　1902年連邦森林警察法の体系 ………………………………… 345

　　(1) 森林法制の構成と制度変化　345

　　(2) 組織と罰則　346

　　(3) 公共的森林　348

　　(4) 私有林　349

　　(5) 森林面積の維持，増加　352

　2　1991年連邦森林法の体系 ……………………………………… 354

（1）連邦森林法の構成と改正動向　354

（2）第1章　総則　357

（3）第2章　侵害からの森林保護　359

（4）第3章　自然災害からの保護　363

（5）第4章　森林の育成と伐採　364

（6）第5章　助成措置　366

（7）第6章　罰則　369

（8）第7章　手続きと施行　370

（9）第8章　付則　372

3　Waldpolitik 2020 に基づく政策展開 ………………………………… 373

（1）連邦新財政調整法に基づく 2006 年森林法改正　373

（2）スイス森林プログラムと 2012 年森林法改正　376

（3）Waldpolitik 2020 と 2016 年森林法改正　380

4　空間整備・自然郷土保護・森林政策のリンケージ ……………… 385

（1）空間計画と森林計画の関係　385

（2）連邦自然郷土保護法の体系と改正動向　386

（3）森林計画制度改革と制度リンケージ　390

第5節　カントン・ベルンの森林法制と林務組織

1　カントン・ベルン森林法の体系 ………………………………… 395

（1）カントン・ベルン森林法制の歴史　395

（2）1997 年カントン森林法の構成と改正動向　398

（3）森林政策の原則と森林の定義　398

（4）森林の育成と伐採　401

（5）侵害からの森林保護　404

（6）自然災害からの保護　406

（7）補助金　407

（8）罰則及び施行・経過規程と付則　410

2　カントン・ベルンの林務組織と任務 ………………………… 411

（1）カントン森林法における任務規定　411

（2）カントン林務組織と森林管理区　413

目次

　　　（3）ラウターブルンネン森林管理区　418

　　3　伐採規制の伝統と森林計画・補助制度の現代化 ………………… 420

　　　（1）伐採許可の執行と林務職員　420

　　　（2）地域森林管理計画の策定過程と計画内容　423

　　　（3）森林における生物多様性保全対策　428

終章　国家・市場経済・地域の相克と制度変化（志賀和人）

　　1　森林管理の歴史的基層と制度変化 …………………………………… 433

　　　（1）森林管理制度の歴史的基層と政策ドメイン　433

　　　（2）多面的森林利用の展開と共同体的基層　441

　　　（3）現代日本の森林管理問題と制度的課題　446

　　2　戦後林政の克服と地域森林管理 ……………………………………… 452

　　　（1）地域森林管理視点からの制度改善と林政研究　452

　　　（2）情報基盤としての森林・林業統計と年次報告の改善　455

　　　（3）戦後林政の克服と 1951 年森林法の基本問題　458

　　文献目録 ………………………………………………………………… 466

　　付属資料 ………………………………………………………………… 483

　　　1991 年スイス連邦森林法　483

　　　1997 年カントン・ベルン森林法　498

　　　No.132 ラウターブルンネン森林管理区契約　511

　　あとがき ………………………………………………………………… 515

　　執筆者紹介 ……………………………………………………………… 518

　　略語一覧 ………………………………………………………………… 520

　　索引 ……………………………………………………………………… 523

図表・写真一覧

図表・写真一覧

（口絵）

多摩川源流東京都水道水源林

阿寒摩周国立公園・前田一歩園財団の天然林施業

富士北麓恩賜林と富士吉田保護組合

スイスアルプス・ラウターブルンネン谷の山岳林

スイスのゲマインデと森林所有

ベルン市近郊の市民ゲマインデと周辺景観

森林植生の垂直分布と森林整備計画

千葉県の土地利用・森林問題

＊写真は，本文も含め歴史写真（BAFU（2001）CD‐ROM）と出典を明示したもの以外は，編者による撮影である。

《序章》

図序‐1　日本とスイスにおける森林利用・管理方式と政策課題の推移

図序‐2　スイスにおける連邦・カントンの憲法と法令・規則の関係

表序‐1　日本とスイスの所有形態別森林面積と所有形態区分

表序‐2　日本・山梨県とスイス・ベルンの林政動向

表序‐3　日本・スイスの森林・林業パフォーマンス比較

写真序‐1　スイス・アンデルマットの雪崩防止林と大正期の山梨県萩原山

《第1章》

第1節

図1‐1‐1　森林・林業基本政策の枠組みと論点

図1‐1‐2　国有林経営と債務増加に関する周辺事情

図1‐1‐3　主要先進国の1ha当たり森林蓄積と素材生産量（2010年）

図1‐1‐4　スイスの森林齢級構成の変化

図1‐1‐5　5地域区分の重複する地域における土地利用調整指導方針

表1‐1‐1　戦前期日本林政の展開過程

表1‐1‐2　戦後林政期林野制度と自然保護・環境政策の展開

表1‐1‐3　所有形態・林種区分別森林面積

表1‐1‐4　都道府県の素材生産量・造林面積の推移

表1‐1‐5　森林組合の主伐・間伐別素材生産量と新植面積

表1‐1‐6　北海道・全国民有林の齢級構成

表1‐1‐7　国土利用計画5地域の指定・重複状況

表1‐1‐8　林地開発許可面積の推移

表1‐1‐9　林地開発許可と小規模林地開発届出の推移（千葉県）

表1‐1‐10　林地開発行為違反件数と行政処分（千葉県）

表1‐1‐11　森林法による伐採規制と行政手続き

表1‐1‐12　保安林伐採等許可・届出件数と面積（千葉県）

表1‐1‐13　森林法以外の法令による施業規制と行政手続き

表1‐1‐14　制限林指定面積と伐採方法別面積（千葉県）

第2節

図1‐2‐1　多摩川・荒川源流部の主要森林所有者と林班位置図

図1‐2‐2　東京大学秩父演習林栃本作業所管内第2種特別地域の決定過程

図1‐2‐3　埼玉国有林第48～51林班の小班位置図

図1‐2‐4　水道水源林第49～51林班の小班位置図

図1‐2‐5　K林業第2種特別地域以上の小班位置図

図1‐2‐6　K林業の森林資源構成

図1‐2‐7　前田一歩園財団所有森林の林班図と地種区分

図1‐2‐8　1990年代以降の森林保全事業収支の推移

図1‐2‐9　マリモ生息地周辺の間伐・誘導

13

図表・写真一覧

造林施業図

表 1 - 2 - 1　秩父多摩甲斐国立公園における所有者・地種区分別指定面積

表 1 - 2 - 2　多摩川・荒川源流部周辺の所有者別地種区分の指定状況

表 1 - 2 - 3　埼玉国有林第 48 ～ 51 林班・水道水源林第 49 ～ 51 林班の地種・施業区分

表 1 - 2 - 4　K 林業第 2 種特別地域以上を含む林小班

表 1 - 2 - 5　埼玉国有林の施業計画における施業区分の推移

表 1 - 2 - 6　水道水源林経営（管理）計画における施業区分の推移

表 1 - 2 - 7　埼玉国有林第 48 ～ 51 林班の小班別地種区分と施業実態

表 1 - 2 - 8　水道水源林第 49 ～ 51 林班の小班別地種区分と施業実態

表 1 - 2 - 9　前田一歩園財団の森林保全事業費の推移

表 1 - 2 - 10　前田一歩園財団の森林保全事業収入の推移

表 1 - 2 - 11　前田一歩園の森林現況表（国立公園の地種区分）

表 1 - 2 - 12　前田一歩園の森林現況表（施業区分）

表 1 - 2 - 13　前田一歩園財団の施業体系

表 1 - 2 - 14　前田一歩園財団の森林保全事業実績

表 1 - 2 - 15　前田一歩園財団針広混交林の代表林分の特徴と施業方針

表 1 - 2 - 16　森林経営計画における年度別伐採・造林計画量

写真 1 - 2 - 1　多摩川源流の水干と直下の谷

写真 1 - 2 - 2　前田一歩園側の湖岸からの阿寒湖と雄阿寒岳

写真 1 - 2 - 3　除間伐で搬出されたパルプ材とエゾシカ捕獲用の囲い罠

写真 1 - 2 - 4　内水面漁協の組合員と湖岸森林内の原始河川

第 3 節

図 1 - 3 - 1　フィンランドの私有林行政組織と林業共同組織

図 1 - 3 - 2　FSC と SGEC 森林認証の認証取得面積の推移

図 1 - 3 - 3　PEFC・SGEC と認定機関・認証機関の関係

表 1 - 3 - 1　日本における森林認証の展開と SGEC の歩み

表 1 - 3 - 2　フィンランドにおける森林認証と FFCS 構築の取組み

表 1 - 3 - 3　FFCS の森林認証規格（SMS 1002 - 1）

表 1 - 3 - 4　SGEC 認証規格と PEFC の要求事項

写真 1 - 3 - 1　森林法に規定された保護すべきビオトープの例示

《第 2 章》

第 1 節

図 2 - 1 - 1　山梨県における県有林と森林の分布

図 2 - 1 - 2　富士北麓山梨県有林 415・417 林班の位置図

表 2 - 1 - 1　山梨県有林における制限林面積の内訳

表 2 - 1 - 2　山梨県有林の土地利用区分と作業団

表 2 - 1 - 3　山梨県有林の貸付地種別面積

表 2 - 1 - 4　山梨県有林経営・管理計画の推移

表 2 - 1 - 5　作業団別面積と第 3 次管理計画における施業指定量

表 2 - 1 - 6　415・417 林班の地種区分・作業団と森林資源構成

表 2 - 1 - 7　山梨県有林における交付金の交付状況

表 2 - 1 - 8　部分林分収交付金の交付団体と部分林面積

表 2 - 1 - 9　土地利用条例交付金の交付団体と対象施設

第 2 節

表 2 - 2 - 1　地区・団体区分別保護団体数

表 2 - 2 - 2　恩賜林保護面積と借受地・部分林面積

表2-2-3　常勤職員と専任看守人の設置状況

表2-2-4　保護活動の出動回数と延出動人員

表2-2-5　保護団体の収入金額

表2-2-6　保護団体の支出金額

第3節

図2-3-1　林業就業者問題の問題局面

表2-3-1　山梨県森林組合の概況（2003年度）

表2-3-2　認定事業体による委託募集と緑の研修生の採用状況

表2-3-3　回答事業体の経営者・内勤職員の業務内容

表2-3-4　委託募集有無別従業員数

表2-3-5　新規就業者の採用前の居住地と事業体による募集方法

表2-3-6　新規就業者数と継続就業者数の推移

表2-3-7　造林班の給与形態と標準的年収額

表2-4-8　現業従業員の年齢・学歴構成と就業前居住地

表2-3-9　現在の職場に就職した動機

表2-3-10　職場に「不満」を持つ従業員比率

表2-3-11　現業従業員の月平均就労日数と20日未満の理由

表2-3-12　現業従業員の給与形態

表2-3-13　職場から得た年収額と世帯年収額

表2-3-14　独身・既婚と家族との同居の有無

《第3章》

第1節

図3-1-1　19～20世紀のエネルギー需要の変化（カントン・ベルン）

図3-1-2　連邦森林法制の制定以降の林業政策の枠組み

図3-1-3　年伐採量・標準伐採量・成長量の推移（ガントリッシュ地域の9ゲマインデ有林）

図3-1-4　林務組織と森林経営組織の関係

図3-1-5　林業技術者の教育システムとキャリア形成

表3-1-1　地域別土地利用面積と増減率

表3-1-2　地域別人口動態

表3-1-3　連邦権限に関する連邦憲法と連邦法の関係

表3-1-4　住民に対する社会文化的森林モニタリング調査結果

表3-1-5　ニトヴァルデンにおける森林施業計画の編成動向

表3-1-6　カントン森林法令の制定状況（1996年時点）

表3-1-7　カントン林務行政組織（2016年現在）

写真3-1-1　連邦議会

写真3-1-2　アッペンツェル・アウサーローデンのランツゲマインデ広場

写真3-1-3　1950年代の山岳地域（当時の生活は貧しく，生活基盤の整備も遅れていた）

写真3-1-4　1840年代アーレ川の流送風景

写真3-1-5　19世紀における落葉利用とフーデヴァルト（現在）

写真3-1-6　林業事業体（上）とゲマインデ有林（下）のフェルスター募集広告

第2節

図3-2-1　森林所有権・利用権の歴史的推移（アールガウ）

図3-2-2　素材生産量の長期的推移

図3-2-3　木材需給構造（2011年度）

図3-2-4　森林地域区分とTBN経営の分布

図3-2-5　針葉樹・広葉樹の混交面積比率

図3-2-6　針葉樹・広葉樹苗木供給本数の推移

図3-2-7　主要森林タイプの図解

図3-2-8　地域別成長量と伐採・枯死材積

図3-2-9　高林施業法に関する職業訓練テキストの図解

図3-2-10　天然林施業による森林経営モデル

15

図表・写真一覧

図3-2-11　森林経営組合（FBG）の組織
　　　　　構造
図3-2-12　森林経営（50ha以上）の経営
　　　　　収支の推移
表3-2-1　所有形態別森林所有者数と森林
　　　　　面積
表3-2-2　私有林所有者の所有面積と職業
表3-2-3　地域別樹種構成と森林機能別森
　　　　　林面積
表3-2-4　更新方法別更新面積の推移
表3-2-5　針葉樹・広葉樹混交面積比率の
　　　　　変化
表3-2-6　標高別年伐採量の変化
表3-2-7　所有形態・標高別年成長量と伐
　　　　　採量
表3-2-8　所有形態別路網密度と搬出方法
表3-2-9　林齢別森林面積の推移
表3-2-10　地位別林齢構成面積比率の変
　　　　　 化
表3-2-11　径級別単層高林面積（LFI4）
　　　　　 と構成比の変化
表3-2-12　森林経営の規模別経営体数と
　　　　　 経営面積
表3-2-13　ForstBARの対象森林経営の
　　　　　 概要（2000年）
表3-2-14　森林経営に対する年投下費用
　　　　　 と労働投入
表3-2-15　森林経営における技術者の役
　　　　　 割分担（抜粋）
表3-2-16　TBN調査対象森林経営の概要
表3-2-17　TBN調査対象森林経営の経営
　　　　　 収支（2013年度）
表3-2-18　ビンディング森林経営賞の25
　　　　　 事例
表3-2-19　市民ゲマインデ・ベルンの概
　　　　　 要（2015年度）
表3-2-20　市民ゲマインデ・ベルンの森
　　　　　 林経営
写真3-2-1　エンメンタール（ベルン）の
　　　　　 農村景観と共有地分割による小私有林
写真3-2-2　首都ベルン旧市街の補修工事
　　　　　 現場の国産材利用とスイス林業連盟副会長宅

第3節
図3-3-1　都市中心地からの距離による諸
　　　　　施設の配置
図3-3-2　連邦農業予算の政策領域別支出
　　　　　額の推移
図3-3-3　地域別構造改善プロジェクトの
　　　　　認可金額
図3-3-4　山岳地域開発計画で示されてい
　　　　　る個別分野間の関係
図3-3-5　アイガー直下の観光開発と自然
　　　　　保護地域（クライネシャイデック－メンリ
　　　　　ヒェン・スキー地域）
表3-3-1　1990年代以降の農政と地域政策
　　　　　の動向
表3-3-2　農業経営と農地面積・家畜飼育
　　　　　頭数の推移
表3-3-3　農政改革当初のスイス農政体系
　　　　　（1992年時点）
表3-3-4　1990年代後半における管理価格・
　　　　　直接支払いの変化（見通し）
表3-3-5　農政改革第1段階における直接
　　　　　支払い助成額
表3-3-6　農政改革第4段階の直接支払い
　　　　　助成額（2010年）
表3-3-7　2014年再編による直接払い支出
　　　　　金額の変化
表3-3-8　地域別農家所得の推移
写真3-3-1　農政改革第5段階2年目の農
　　　　　 業年報の表紙（2015）と景観の質的向上プロ
　　　　　 ジェクトの事例として掲載された高層湿原景
　　　　　 観保全
写真3-3-2　農業年報に掲載されたLQプ
　　　　　 ロジェクトのクリ・クルミ林（2015）と夏期
　　　　　 放牧地（2016）

第4節
図3-4-1　農地の土地統合事例（Grafenried：
　　　　　1749，1876，1935年）
図3-4-2　目的別林地転用許可面積の推移
図3-4-3　連邦森林・林業予算の長期推移
図3-4-4　WAP-CHの検討プロセス
図3-4-5　空間計画と部門計画としての森
　　　　　林計画の関係

図表・写真一覧

表3－4－1　1902年連邦森林警察法による許可・禁止措置
表3－4－2　1991年連邦森林法の構成
表3－4－3　連邦森林法改正の概要（1999・2002・03・05・13年改正）
表3－4－4　1991年連邦森林法による助成基準
表3－4－5　1990年代までの連邦助成措置の推移
表3－4－6　連邦森林法2006年改正の概要
表3－4－7　地域別森林面積と森林分布の推移
表3－4－8　連邦森林法2012年改正の概要
表3－4－9　NFA第2期連邦森林プログラム
表3－4－10　NFA第2期連邦森林・林業予算の推移
表3－4－11　連邦森林法2016年改正の概要
表3－4－12　森林整備計画の課題区分と利害関係者の関与
表3－4－13　森林整備計画の策定過程
表3－4－14　森林・林業行政と自然景観保護行政の重点・中間領域
写真3－4－1　1866年から続いた最後の初級禁令監視員研修と森林教育センター
写真3－5－2　「森林の定義」の現地適用問題

第5節
図3－5－1　カントン・ベルンの林務組織（1996年時点）
図3－5－2　カントン・ベルンの森林圏再編過程と林務組織の配置図
図3－5－3　カントン・ベルンの伐採許可様式と指示事項
図3－5－4　森林自然保護サービス補償対策の判定支援対策シート
表3－5－1　カントン・ベルン森林法の構成（1997年制定時）
表3－5－2　カントン・ベルンにおける補助事業実績（1905～64年度）
表3－5－3　カントン・ベルン森林法改正の概要（2004・05・13年改正）
表3－5－4　カントン・ベルンにおける補助

事業実績（1989～99年度）
表3－5－5　カントン・ベルンの林務組織と職員・従業員数（1997年）
表3－5－6　ラウターブルンネン森林管理区の森林所有者
表3－5－7　カントン森林法令における伐採許可の例外規定
表3－5－8　私有林所有者の素材生産量と自給用素材生産量
表3－5－9　カントン森林法における森林計画制度の概観
表3－5－10　ギュルベタール地域森林管理計画の特別対象リスト
表3－5－11　自然保護地域の渓畔林保護に関する対象リスト
表3－5－12　カントン・ベルン生物多様性保全事業の対象と所管官庁
写真3－5－1　旧修道院を利用したインターラーケン第1森林部と管内山岳林
写真3－5－2　ラウターブルンネン村の中心地とゲマインデ・フェルスター
写真3－5－3　高山限界のアルプ共有地とチーズ小屋

終章
図終－1　スイスと日本の森林所有・利用権と林務組織
図終－2　森林管理問題の地域的多様性と森林タイプ・問題領域
図終－3　戦後林政の克服に向けた制度改善と林政研究の方法
図終－4　1997年カントン・ベルン森林法制定当時の普及小冊子「3つの独立した展開」
図終－5　カントン林務組織の構造と任務
表終－1　スイス・日本の森林管理制度の相違点と地域ガバナンス
表終－2　森林管理制度研究における地域把握と歴史的基層
写真終－1　ソロトゥルン中心地の城壁に囲まれた旧市街

17

序章　森林管理の地域的基層と制度変化

1　研究対象と目的

（1）森林管理制度の展開と公有林管理

　1876 年に始まる山林原野の官民有区分により日本の近代的森林所有の骨格が形成されて 140 年が経過した。1876 年はスイスが連邦高山地帯森林警察法（連邦段階の第 1 次森林法）を制定した年でもあり，日本とスイスは同時期に近代林政をスタートさせた 1 世紀を超える歴史を持つ。本書では，志賀和人編著（2016）『森林管理制度論』で提示した森林管理制度展開の枠組み把握に基づき，共同体的管理から私的・国家的管理，公共的管理への移行過程における両国の制度変化の相違点と日本の森林管理制度の問題点を検討する。

区分・年代	18 世紀	19 世紀	20 世紀	21 世紀
社会環境	封建的規制の撤廃	育成林業の展開	エネルギー革命・木材貿易	「豊かな社会」と地球環境問題
森林利用 管理方式	自給的利用	商品としての木材生産の拡大	非農林業的森林利用	多面的森林利用・生態系サービス
	共同体的管理		私的・国家的管理	公共的管理
管理概念	森林警察的管理		林業政策的管理	持続的森林管理
政策課題	所有権と利用権の調整，国土保全林業振興，保続的森林経営の確立			多面的森林機能の持続的発揮
政策手法	林務組織と森林警察	保安林制度	施業計画・森林組合・補助	土地法・環境法との結合，森林認証
連邦・カントン，日本の実定法	スイス連邦：1876 年高山地帯森林警察法　1902 年森林警察法（1963 年改正等）			1991 年森林法（2006・16 年改正等）
	ベルン：1786 年ベルン市森林令　1905 年カントン林業法　1973 年カントン林業法			1997 年カントン森林法（2013 年改正）
	日本：1897 年森林法	1907 年森林法	1951 年森林法　1974 年林業基本法	2001 年森林・林業基本法

図序 − 1　日本とスイスにおける森林利用・管理方式と政策課題の推移
資料：志賀和人編著（2016）『森林管理制度論』，19 頁を改編した。

　図序 − 1 に日本とスイスにおける森林利用・管理方式と政策課題の推移を示した。第 1 章から第 3 章では，日本及び山梨県有林とスイスの連邦・カントン・ベルンにおける森林経営と森林管理制度の展開を以下の点に注目し，検討する。

　①森林所有の形成と森林法制の展開が両国でどのようになされ，地域の森林利用が再編されたか。それが両国の森林経営の形成と森林管理制度・政策の展開と政府間関係にどのような影響を及ぼしたか。

　②森林管理概念の歴史的変化を 18 世紀の森林警察的管理から 20 世紀初頭

以降の林業政策的管理，そして，20世紀終盤からの持続的森林管理への移行として把握し，国・連邦と県・カントン，地域・ゲマインデ段階の制度・政策と執行組織，財政措置に関する相互関係を解明する。

③現行の森林管理に関する実定法として，スイスの1991年連邦森林法と1997年カントン・ベルン森林法，日本の1951年森林法と2001年森林・林業基本法とそれに基づく政策展開に焦点を当て，両国の制度変化の特徴とそれを規定した歴史的経路依存性を明らかにする。

表序－1に2015年段階の日本とスイスの所有形態別森林面積を示した。スイスでは，公共的森林（Öffentlicher Wald）が70％を超え，市町村有林（Politische Gemainden）と市民ゲマインデ有林（Burger-und Bürger-gemainden）が59％とその中核を占める。スイス林業と森林管理制度は，歴史的にゲマインデ有林の利用及び経営展開と密接にかかわり形成された。

スイスの連邦有林（Bundeswald）は，1.1万haと少なく，軍事演習地としての利用が主体で林業的管理を実施していない。スイスの国家的森林所有と経営は，カントン有林（Staatswald）で実施され，連邦の森林管理制度・政策に対するカントンの影響力は強い。カントンとゲマインデ段階の森林利

表序－1　日本とスイスの所有形態別森林面積と所有形態区分

単位：1,000ha

日本			スイス		
所有区分		森林面積	所有区分		森林面積
国有林	林野庁所管	7,004	公共的森林	連邦有林	11
	林野庁以外の所管	48		カントン有林	56
	計	7,052		市町村有林	373
民有林	独立行政法人等	690		市民ゲマインデ有林	366
	公有林	3,318		団体有林	61
	都道府県有林	1,267		その他	30
	森林整備法人	391			
	市区町村	1,366			
	財産区有林	295			896
	私有林	13,373	私有林		365
	計	17,381			
合計		24,433	合計		1,260

資料：日本の現況森林面積は2015年世界農林業センサス農山村地域調査，スイスはBAFU（2016）Jahrbuch Wald und Holz 2015による。
注：四捨五入の関係で，合計と内訳の積み上げ数字は一致しないこともある。

用と経営・管理実態を踏まえずに連邦やカントンの森林管理制度・政策を理解することはできない。ドイツ語圏の「国有林」は，オーストリアの連邦有林以外は，ドイツの州有林，スイスのカントン有林がこれに該当し，日本はその経営・管理における実践を明治以来，ドイツ林業の「国有林」論として，参照・導入してきた点に留意する必要がある。

　第3章で分析するカントン・ベルンは，グラウビュンデンに次ぎ，スイス第2位の森林面積を誇るスイスを代表するカントンである。森林の所有形態は，私有林8.8万 ha と公共的森林8.8万 ha が拮抗し，市民ゲマインデ有林や市町村有林のほか，カントン有林も多く，ベルナー・ジュラからミッテルラント，アルプス前山，アルプスと地理的にも地域的多様性を備えている。日本との関係では，奈良県とカントン・ベルンが交流協定を締結し，2017年に奈良県農林部に新たな森林管理体制準備室と「紀伊半島の新たな森林管理のあり方検討会」が設置され，「スイス型森林環境管理制度の導入検討」が行われている。

　日本では，伝統的に森林所有形態を国有林（national forest）と国有林以外の民有林（non-national forest）に区分し，民有林には都道府県有林・市町村有林等の公有林と私有林が含まれる。現行森林法第2条では，民有林を「国有林以外の森林」と定義し，為政者としての山林局・林野庁による「官」林以外の支配対象としての「民」有林を対象とした林政を明治以降，継続してきた。これに対して，スイスはゲマインデ有林を中核とした公共的森林を

写真序 – 1　スイス・アンデルマットの雪崩防止林（1397年 Bannbrief による保全）と大正期の山梨県萩原山（現在の東京都水道水源林）

基盤に連邦による森林管理に関する上級監督とカントンによる森林法の執行と公共的利益の確保，ゲマインデによる森林経営の形成と地域森林管理の分担という補完原則に基づく制度・政策形成を進めてきた。

　第2章で分析する山梨県有林15.8万haのうち12.2万haは，山梨県恩賜県有財産保護団体（以下，保護団体）が保護責任を有する森林である。山梨県有林では所有権を有する山梨県と保護責任を有する地元組織が100年以上にわたって対抗・協調関係を育んできた歴史を持つ。その歴史は，森林の自給的利用から木材生産の拡大を経て，多面的森林利用への移行に至る過程のなかで，県と地元組織がその時代の利用実態に基づき森林利用権を再編し，県条例として制度化する過程であった。日本の県有林で最も地域との関係が強固な山梨県有林を中心にスイスのゲマインデ有林の森林利用・経営展開と制度・政策形成に注目した比較分析を行い，日本林政と森林管理制度の特徴を探る[1]。

　森林所有の形成過程における所有権と利用権のあり方は，スイスと日本では対照的であった。スイスでは，19世紀初頭に共同体的森林管理の主体であったゲマインデが森林所有権を取得し，1902年の連邦森林警察法以降，公共的森林を対象に森林施業計画の編成を進め，1970年代までに年成長量と標準伐採量（Hiebsatz），伐採量の均衡した連年作業による保続的森林経営が実現された[2]。2015年現在では713の森林経営（平均経営面積952ha）がスイスの森林面積の54％をカバーし，その経営体が中核となってカントン林務組織と連携した森林管理区を構築し，地域の森林所有者の支援だけでなく，伐採許可や森林整備，生物多様性保全の一翼を担っている。

　日本は国家が地元の森林利用を排除し，明治期に所有権を取得し，官林・御料林経営を展開するが，第2次大戦後，御料林は国有林に統合され，国有林は3.8兆円の累積債務を抱え，2013年に一般会計に移行した。国有林以外に市場経済の浸透が進んだ地域では，私有林が広範に成立するが，現在では2015年農林業センサスが把握した8.7万林業経営体のうち，過去1年間に保有山林から500万円以上の林産物販売を行った経営体は1.9％の1,644経営体，常雇いを雇用した経営体は3,743経営体と経営実態を喪失している。公有林は332万haと日本の森林面積の14％に過ぎず，現行の1951年森林法

では1907年森林法と異なり公有林に関する特段の規定は存在しない。2000年林業センサスでは慣行共有が3.4万事業体105万haと把握されており，国有林の共用林野121万haや部分林を含めると「ムラ」的利用実態が残る森林の広がりはさらに拡大する。

その一方で日本林政140年のなかで戦前の公有林野整理事業から公有林野官行造林法，戦後の森林開発公団の設立と水源林造成事業の展開，入会林野の近代化，森林整備法人による分収造林の推進と経営破綻，森林環境税の導入へと政府主導の「公的管理の推進」が展開され，国有林とともに林業分野における政府長期累積債務増大の元凶となっている。この日本的「公的管理」の推進がF. Schmithüsen（1997）が指摘している欧州諸国やスイスの1990年代以降の森林法改正及び「公有林」における土地管理・共同ファイナンス・システムの結合による公共的森林管理と本質的にどこが異なるのか，スイスの森林管理制度との比較分析から解明する。

(2) 森林・林業政策の展開と制度変化の様相

志賀和人編著（2016）では，現代日本の森林管理制度の脆弱性を森林資源の循環利用・管理水準の低位性と循環経営システムの不在，住民的森林利用と林政に関する国民の非近親性，公共的管理の制度的枠組みの欠如と国際的潮流からの乖離として特徴づけ，戦後林政の克服に向けた課題を検討した[3]。本書では，スイスと日本の林業・林政の歴史と地域との関係を山梨県有林とカントン・ベルンの公有林管理を通じて検討し，日本の森林管理制度の脆弱性を克服するための制度的課題を明らかにする。

表序-2に日本・山梨県とスイス，カントン・ベルンにおける林政動向，表序-3に日本とスイスの森林・林業パフォーマンス比較と関連指標を示した。後者では依拠した統計の定義等により厳密な比較ができない項目もあるが，次のような特徴と分析課題が設定できる。

森林政策の主管省庁は，日本が農林水産省・林野庁，スイスが連邦環境交通エネルギー通信省（Eidgenössischen Departements für Umwelt, Verkehr, Energie und Kommunikation, UVEK）連邦環境局（Bundesamt für Umwelt, BAFU）森林部（Abteilung Wald）であり，森林管理の基本法制は，日本が

序章　森林管理の地域的基層と制度変化

表序－2　日本・山梨県とスイス・ベルンの林政動向

区分・年		法制度と地域対応
森林警察的管理	1873	官林の無制限払下政策の保護政策への転換
	1876	山林原野官民有区分（-81），スイス連邦高山地帯森林警察法
	1881	農商務省山林局，東京山林学校設置，官有山林原野草木払下条規
	1889	明治憲法公布，御料地大面積編入，高橋琢也『町村林制論 完』
	1890	御料地草木払下規則，高橋琢也『森林法論』
	1897	第1次森林法（日本），河川法・砂防法
	1899	国有土地森林原野下戻法，国有林野法・特別経営事業（-1921）
	1901	東京府が山梨県下御料林8,500町歩譲り受け，林業事務所を設置
	1902	スイス連邦森林警察法，山梨県林務専管第6課設置
	1903	川瀬善太郎『林政要論 全』，本多静六『増訂林政学』，山梨県林務課設置（06）
	1906	前田正名3,212haを借り受け事務所開設，同貸付地と589haを無償取得（10）
林業政策的管理	1907	第2次森林法，帝室林野局官制，ベルン林業法制定，公有林野整理事業本格化（09）
	1910	東京府水源林事務所開設，水道水源地森林経営案承認，山梨県林野警察設置
	1911	御料林19.8万ha山梨県に下賜，恩賜県有財産管理規則，第1回森林治水事業
	1912	山梨県4出張所・26分担区設置，恩賜県有財産施業規程，同施業案編成手続き制定（14）
	1920	公有林野官行造林法，H. ビオレー『照査法の基礎と森林経理』（22）
	1925	農林・商工省分離，水道水源林無立木地造林と崩壊地復旧達成
	1931	国立公園法，前田一歩園国立公園（34），富士箱根国立公園（36）
	1938	日本陸軍北富士演習場を設置，山梨県有林5林務署・36分担区に再編
	1939	森林法改正（私有林の施業監督と森林組合制度改正）
	1941	第2次世界大戦開戦，木材統制法制定，国有林決戦収穫案（44）
	1947	林政統一（御料林・北海道国有林編入），山梨県山林部（翌年林務部に変更）
	1950	秩父多摩国立公園指定，恩賜林事務所・25営林区を設置
	1951	第3次森林法，山梨県野呂川林道工事着手，水道水源保安林指定（55）
	1954	山梨県恩賜県有財産管理条例制定，第5次水源林経営計画（拡大造林計画）
	1957	国有林生産力増強計画，米軍より北富士演習場返還，自衛隊が以後使用
	1960	「林業の基本問題と基本対策」答申，スイスEFTA加盟，水源林造成事業の創設（61）
	1961	国有林木材増産計画，山梨県有林野経営規程（62，作業団と保続計算による標準伐採量）
	1963	スイス連邦森林警察法改正（労働者・林務職員研修と保安林概念の拡大）
	1964	林業基本法，ベルン自然保護官設置，山梨県恩賜林保護組合連合会設立
	1966	入会林野近代化法制定，最初のフェルスターシューレ，連邦自然郷土保護法（67）
持続的森林管理	1970	カントン連携フェルスターシューレ（Lyss・Maienfeld）の設立，環境庁設置
	1971	水道水源林拡大造林を中止，朝日新聞・NHKの天然林伐採報道（70）
	1973	山梨県「県有林野の新たな土地利用の区分」，スイスECと自由貿易協定
	1974	カントン・ベルン林業法改正，恩賜県有財産土地利用条例，林地開発許可制度創設
	1975	ドイツ連邦森林法，オーストリア連邦森林法制定
	1976	第1次山梨県有林経営計画（全県一斉），水源林経営計画（天然林伐採中止）
	1984	カントン・ベルン159森林管理区設置，清里の森起工式，山梨県有基金条例公布
	1985	スイス連邦議会森林枯死特別セッション（連邦森林法制定の端緒）
	1986	第8次水道水源林経営計画（木材収穫中心から脱却），軍人林事件（89）
	1991	スイス連邦森林法制定，国連環境開発会議（92），連邦農業法改正（92）
	1997	連邦政府「地域政策の新しい方向」，ベルン森林法改正・林務組織改革（97）
	1998	連邦森林官庁内務省から環境交通エネルギー通信省に移管，地方分権一括法（99）
	1999	スイスEUと第1次二国間協定署名，スイス森林プログラム（WAP-CH）の検討開始
	2000	1999年スイス連邦憲法を施行，山梨県林政部・環境局を森林環境部に統合
	2001	森林・林業基本法，スイス国連加盟（02），新農業法施行（02）
	2003	WAP-CHを公表，山梨県有林FSC森林認証取得，高知県森林環境税導入
	2006	スイス連邦新財政調整法制定，スイス連邦森林法・自然郷土保護法改正
	2008	新財政調整（NFA第1期：08-11）・新地域政策（NRP）導入，農業政策2011
	2009	林業公社の経営等に関する検討会報告（解散・合併等）
	2011	連邦議会 Waldpolitik 2020，NFA第2期プログラム（12-15）
	2013	国有林一般会計化，カントン・ベルン森林法改正
	2014	スイス農業政策2014-2017（直接支払いの再編）
	2016	スイス連邦森林法改正，NFA第3期プログラム（16-19），森林環境税37府県に拡大

資料：本文に記載した日本・スイスの関係文献をもとに作成した。
注：（　）は，スペースの関係で統合した項目の年次を示した。

24

表序 - 3　日本・スイスの森林・林業パフォーマンス比較

区分	指標	日本	スイス
主管・財政	森林・林業の主管省庁	農林水産省・林野庁	環境交通エネルギー通信省・環境局森林部
	森林管理の法的枠組み	1951 年森林法・2001 年森林・林業基本法	1991 年連邦森林法・各カントン森林法
	国民 1 人当たり名目 GDP	38,659 $	78,535 $
	政府長期債務残高 /GDP	239%	45%
森林・林業パフォーマンス	森林面積	2,508 万 ha	126 万 ha
	森林率	66%	31%
	1ha 当たり森林蓄積	202m³/ha	374m³/ha
	同森林成長量	2.8m³/ha	10.4m³/ha
	素材生産量	1,992 万 m³	491 万 m³
	1ha 当たり素材生産量	0.8m³/ha	3.9m³/ha
	国民の森林への近親性	年 1 度でも利用 65%	週 1 回以上利用 54%
	林地開発許可 / 森林面積	1.35%	0.01%
	森林認証取得面積	189 万 ha	64.7 万 ha
	森林認証取得面積率	8%	51%
山村・農業	山村人口（2015/2000）	87%	112%
	同高齢化率の全国との差	+ 11%	+ 1%
	農業経営数	138 万経営体	5.3 万経営体
	同（2015/2005）の変化率	69%	84%

資料：日本・スイス連邦政府資料等による。2015 年または最新数値を示した。
注：スイスの高齢化率は，65 歳以上 /20 〜 64 歳で算出した NRP（新地域政策）地域 29.7% とスイス計 28.7% の差を示した（表 3 - 1 - 2 参照）。国民の森林への近親性は，日本は内閣府 (2011)「森林と生活に関する世論調査」，スイスは連邦環境局 (2013) WaMos 2 による。

1951 年森林法と 2001 年森林・林業基本法，スイスが 1991 年連邦森林法及び各カントン森林法である。その制度形成の歴史的背景と森林法制の枠組みとともにカントン及びゲマインデ段階の執行体制と行政任務の相違点を明らかにする。特に 1980 年代後半以降，スイスでは森林政策が自然郷土保護・空間整備政策との制度的リンケージを深め，それが地域森林管理に全面的に波及していく。それに対して日本は，現在も森林整備と林業振興を主眼とする 1951 年森林法体系を 14 次にわたる一部改正を繰り返しつつ保持し，2001 年から始まる森林・林業基本政策や 2011 年の森林・林業再生プラン（以下，再生プラン）においても保安林・森林計画・森林組合と林野公共事業の基本的枠組みは維持された。

　1991 年連邦森林法の制定後，スイスでは 1998 年に連邦の林務主管官庁が内務省から環境交通エネルギー通信省に移管され，スイス森林プログラム

（Waldprogramm Schweiz, WAP-CH）では，「包括的・持続的景観行政の要素としての森林政策」が目指され，景観・空間整備政策と森林政策の連携が進められた。2008年の新財政調整（Neugestaltung des Finanzausgleichs und der Aufgabenteilung zwischen Bund und Kantonen, NFA）の施行により森林政策だけでなく，農政・空間整備・自然景観保護・地域政策も大きく再編され，政府長期債務残高が対GDP比日本の239％（世界第1位）に対して45％（同106位）に削減された。スイスの国民1人当たりGDPや山村人口，農業経営の動向をみても日本に比べて安定的であり，日本の山村・農業問題における持続性の危機に対する深刻度とは異なる。その制度的背景と農政と林政・山村問題の政策的関連も第3章で検討する。

　日本・スイスの森林・林業パフォーマンスを比較すると1ha当たりの森林蓄積や素材生産量だけでなく，国民の森林への近親性や林地転用面積率，森林認証の取得面積率においても大きな差がある。その歴史的背景とカントン及びゲマインデ段階の地域森林管理と森林経営の関係を比較し，日本の公共的制御の問題点を体系的に分析する。山梨県では自然保護運動への対応や森林の多面的機能の発揮への要請に対応し，1973年に県有林野の新たな土地利用区分を導入し，2003年にFSC森林認証の取得が行われているが，それも県有林管理の枠内にとどまり県全体の私有林も含めた森林管理に波及することはなかった。それに対して，スイスでは国家（Staats）としてのカントンと連邦の制度・政策の関係が補完原則による双方向の関係性を有し，WAP-CHに基づく連邦政府の森林法改正に関する皆伐禁止や転用規制措置の緩和案は，一部のカントンの反対により見送られた。

　1990年代以降，国際的な森林管理の理念と手法は，木材生産を中心とした林業的管理から生態的，社会的，経済的持続性を備えた順応的管理に転換され，欧州諸国では森林法改正による森林政策と環境政策の統合が進行した。スイスでは2000年代半ば以降，カントン及びゲマインデ段階の森林管理の実践と連邦主導の財政調整及び横断的制度リンケージの進展により林業政策から公共政策としての森林政策への転換がさらに促進された。その過程は，1999年からのWAP-CHの検討と公表，2006年の連邦新財政調整法制定と連邦森林法改正，2011年連邦議会によるWaldpolitik 2020とそれに基

づく第1期NFA森林プログラム，2016年の連邦森林法改正と第2期NFA
森林プログラムへと展開された。その結果，1991年の連邦森林法の制定か
ら25年間にスイスは，持続的森林管理概念に基づく制度・政策への移行が
進展した。それに至る過程と新段階における制度・政策の特徴を第3章の第
4節と第5節で明らかにする。

　日本の林業・森林政策は，現在も1951年の森林法と2001年の森林・林業
基本法に基づく森林整備と林業経営・木材産業対策を中心に展開し，国家政
策を基軸とした林業的管理の枠組みから脱し得ていない。「林政の諸施策」
は，毎年のように部分改訂と事業の創設が繰り返されているが，地域森林管
理の脆弱性は一向に克服されなかった。林業政策に関して，政策理念や政策
目的の革新を経て，施策や事業が新たに組み立てられるのではなく，国有
林・保安林・森林整備・森林計画・森林組合等の主要施策体系は温存された
まま，事業予算の確保に向けた一部改正が繰り返されることによりそこに現
代的装飾が施され，政策及び事業名の表現を塗り替えた主要施策の体系と対
象は粘着的に維持された。それを規定した森林管理の基層と制度変化のメカ
ニズムを分析し，日本林業・林政の問題点と森林管理の脆弱性克服に向けた
制度的課題を提示する。

2　先行研究と基本文献

(1) 森林法制史と比較制度分析

　森林法制に関する国際研究では，M. クロット（2001）『森林政策分析』が
市場，政治，社会と生態的森林資源及び森林管理制度の相互関係を把握し，
社会や政治過程との関係性や情報・コミュニケーション過程を研究対象に取
り込んでいる。1990年代の欧州森林法制の改正動向は，F. Schmithüsen, P.
Herbst and D. C. Le Master（2000）『持続的林業の新たなフレームワーク
創出：最近の欧州森林法の展開』がIUFRO WORLD SERIESの10巻とし
て出版されている。

　1990年代以降，日本でも比較林政論として，石井寛（1996），石井寛・神
沼公三郎編著（2005）が欧州諸国の森林法制を分析し，岡裕泰・石崎涼子編

著（2015）『森林経営をめぐる組織イノベーション：諸外国の動きと日本』では，欧米・ニュージーランドと日本の森林経営と制度・政策の動向が分析されている。森林法制や森林経営の分析とともに公共政策としての森林政策の枠組みと森林管理制度論研究に関する方法的深化が期待される[4]。

スイスに関しては，ETH 森林政策・森林経済学研究室を中心に F. Schmithüsen（1995）「森林政策の発展における保全政策の展開とそのインパクト」，I. Kissling-Näf, W. Zimmermann（1996）「スイス森林政策を事例とした政策課題と手法」，W. Zimmerman（1996）「カントン森林法における重点テーマの分析：森林計画と助成措置・林務組織」，F. Schmithüsen（1997）「欧州諸国における森林法制の展開及び COMMUNAL FORESTS：公共的土地管理の現代的形態」など，森林法制とその執行組織に関する研究が蓄積されている。

I. Kissling-Näf, W. Zimmermann（1996）では，従来の個別政策としての林政からニューパブリックマネジメントや規制緩和，参加型制御の要請が強まるなかで，横断的政策（Transversalpolitiken）と個別政策の今日的政治結合が生み出されたとし，W. Zimmerman（1996）ではカントン森林法の多様性に注目して，その法制度だけでなく森林計画と助成措置・林務組織の関係が分析されている。F. Schmithüsen（1997）は，スイスの連邦森林法改正を踏まえ，IUFRO における指導的役割を担った著者による欧州諸国の森林法改正の特徴と「公有林」における土地管理と共同ファイナンス・システム（co-financing systems）の結合が指摘されている。

日本の林政学研究の動向については，志賀和人編著（2016）の序章でレビューを行った[5]。明治期の森林警察的管理段階の川瀬善太郎（1903），戦後の林業政策的管理段階の島田錦蔵（1948）と半田良一編（1990）が各期を代表する林政学体系を提示している。本書では日本における持続的森林管理段階の森林法制の形成を展望しているが，先行研究として参照できる実践研究は少なく，制度変化メカニズムの解明や戦後林政の克服に向けた研究の進展が期待される。

1897 年森林法制定時の山林局長高橋琢也は，『森林杞憂』（1888），『町村林制論』（1889），『森林法論』（1902）の森林三部作を著しているが，後年，

大日本山林会（1931）『明治林業逸史』に「森林行政及森林施設：林区制度の創立」を執筆し，「林区制度」の重要性を改めて強調している。高橋は1885年に陸軍参謀本部から農商務省に転任し，「林制の根本政策は林区の制度を確立するを以て，最も緊要事と」し，「森林経済と林学教育と，森林行政との三大要義に必ず密着して離るべからず，常に一致して同一方面に進展すべきものであって，実際の営林事業は此の三要義ママ基準して，経済の主義を選定せざるべからず，而して森林経済の主義は『エコノミーシステム』と『フヒナンツシステム』との2種に分かる，即ち，経済組織と理財組織の別なり」と述べている(6)。

　高橋琢也の検討した日本の「林区制度」は，1886年の国有林の大小林区署制の導入に一応，結実しているが，高橋が1931年の段階で「林区制度」の重要性を指摘した理由は，国有林経営の管理組織としての「林区制度」のみを指していたわけではないことは，森林三部作や同書の論調から明らかであろう。しかし，その後の時代的背景と日本における林区制度の展開は，高橋の抱いていたものと異なり，国有林管理組織としての制度や技術者像から新たな展開を遂げることはなかった。高橋の言う「エコノミーシステム」を市場経済，「フヒナンツシステム」を財政及び制度・政策と理解すると，それを森林管理の場として統合する組織を「林区制度」としてとらえ，高橋は重視したのではないか。

　戦後の森林法制に関する研究には，林政学分野と法学分野の研究がある。林政学分野では，筒井迪夫（1974）『森林法の軌跡』，筒井迪夫（1977）『続・森林法の軌跡』，筒井迪夫（1973）『林野共同体の研究』がある。筒井迪夫（1974）のはしがきで「明治30年森林法と昭和26年森林法，それはわが国森林法の約100年の流れを画然として分截する。前者は民有林の強力な管理編成を背景とした営林監督制度を創設したのに対し，後者は管理編成を不問に付して営林監督助長制度を根幹としたし，また前者における保安林制度は営林監督制度と有機的に結合していたのに対し，後者ではその結合関係の有機性は失なわれた」とし，営林監督・保安林・森林組合制度の関連の歴史主義的一体的把握の重要性を指摘し，保安林制度の「施設事業化」批判を展開している(7)。

序章　森林管理の地域的基層と制度変化

　筒井の森林法制史と林野共同体に関する一連の研究は，当時の林業経済研究の潮流のなかで異彩を放つ研究であるが，その結論と制度変化の展望は本書で分析したスイス森林法制の展開と対極にある。つまり，筒井は結論として「公的管理が必要であるにしてもそれは行政計画の性格のものではなく林業経営計画の性格を持つことが必要」とし，「地域住民による森林の共同管理，林業経営の組織化，計画化が森林法上で如何に位置づけ得るか，その面からする林野所有制の在り方如何，これらは今後の私の研究課題でもある」としている。

　以上の結論は，「林野共同体」に対する筒井の過大評価と土地法・環境法と森林法制の関連や国際比較視点の欠落から本書やスイスの森林法制の2000年代以降の展開と対極的な結論になったものと考えられる。

　法学分野の研究では，1960年代における法社会学分野における入会研究と2000年代以降の森林の公共性や環境法的視点からの研究がある。前者の代表的研究として，中尾英俊の入会権に関する一連の研究があり，中尾英俊（1965）『林野法の研究』は，入会権に関する法社会学的研究から林野利用に関する歴史実態を踏まえた林野所有と林野利用権の関係と林野法制の展開を論じている[8]。山梨県有林と保護団体に関する法社会学的研究に関しては次項で触れるが，1970年代までの入会研究は執筆時点の時代的制約から自給的森林利用の衰退と木材生産の展開を主体とした入会権の変質過程の分析を中心としている。入会権の変質がその後の観光開発など非農林業的森林利用の拡大によりどのような地域的共同性の変質と担い手の多元化をもたらしたか，その展開と現代的課題の把握が重要となる。

　2000年代以降の森林の公共性や環境法的視点からの研究では，大澤正俊（2007）「森林の公共性と森林法制の基本原理」や神山智美（2014）「森林法制の『環境法化』に関する一考察：環境公益的機能発揮のための法的管理導入と評価」により，「森林の公共性」や「森林法制の環境法化」を重視した見解が示されている。本書ではその基本方向自体を否定するものではないが，経営展開とともに国・都道府県における森林法制の運用と基軸施策との関係や制度領域間の相互作用及び主導的アクターの存在形態を踏まえた制度変化の可能性の探求を重視している。

(2) 公有林管理と入会林野論

日本の公有林は，表序－3に示したように都道府県有林，森林整備法人，市区町村，財産区有林から構成されるが，戦前までは国有林と私有林以外のすべての森林が公有林と解釈されていた。日本の公有林のうち，都道府県有林では北海道有林62万haと山梨県有林15.8万haの所有規模が大きく，これに続く岩手県営林は，県行造林による分収林が5.3万haと圧倒的に多く，県有林は5,500haと第1位の北海道，第2位の山梨県と大きな開きがある。

北海道有林は，1906年の北海道地方費模範林の設置により国有林から18.8万町歩の譲渡を受け，道庁に地方林業課を設置した。1911年には国から道有公有林45万町歩の付与が決定し，1922年に編入を完了し，模範林と合わせ64万町歩となった[9]。戦後，1947年の地方自治法の制定に伴い北海道地方費模範林を北海道有林，翌48年に地方林課を道有林課に改称した。さらに1951年に北海道有林野条例を制定し，従来の模範林と公有林特別会計を統合し，北海道有林野事業費特別会計制度が採用され，その後，道有林の会計制度は1997年に企業会計から特別会計に移行し，2002年にさらに特別会計から一般会計に移行している[10]。

第1章の第2節で取り上げた東京都水道水源林と前田一歩園財団に関しては，泉桂子（2004）『近代水源林の誕生とその軌跡：森林と都市の環境史』，水道水源林100年史編集委員会編（2002）『水道水源林100年史』，東京都水道局水源管理事務所（2006）「水道水源林管理（経営）計画の変遷：第10次水道水源林管理計画策定を契機として」及び石井寛編著（2002）『財団法人前田一歩園財団設立20周年記念 復元の森：前田一歩園の姿と歩み』があり，明治期以降の歩みと森林管理への対応が把握できる。第2章で検討する山梨県有林と東京都水道水源林及び前田一歩園財団に関しては，その森林の大部分が国立公園地域や保安林等の制限林に指定され，現在では水源林の保全や自然景観の保全に配慮した森林管理に取り組んでいるだけでなく，その100年を超える施業体系の形成過程と費用負担及び国の林政との関係や経営体間の経営対応の相違点に注目した分析を行う。

島田錦蔵（1958）は，公有林野政策の沿革と管理経営類型を林野庁「山村経済実態調査（公有林野編）」をもとに市町村有林と財産区有林の現状分析

を行い，筒井迪夫編著（1984）は，公有林野研究会が1977年から開始した林野庁の公有林に関する実態調査をもとに公有林野問題の所在と公有林野政策の展開過程を市町村行政，山村社会，経営問題，地域経済と地元関係，観光開発との関係で分析している。これ以降，市町村・財産区有林の管理経営に関する体系的学術図書は出版されていない[11]。

入会林野に関する研究に関しては，藤田佳久（1977）「入会林野と林野所有をめぐって：土地所有から土地利用への展望」が1970年代までの法社会学や歴史学，地理学の323論文を網羅したレビューを行っている。川島武宜・潮見俊隆・渡辺洋三編（1959）『入会権の解体 I』では，共同利用の解体過程における直轄利用，分割利用，契約利用への移行形態が示され，公有地入会とその変化形態に続き，同（1961）『入会権の解体 II』では，国有地入会・私有地入会・漁業入会とその変化形態，同（1968）『入会権の解体 III』では，入会権と政治権力の関係に焦点を置いた法律論を扱っている[12]。

2010年代以降，コモンズ論やガバナンス論の視点からの入会林野や財産区の分析が増加している。鈴木龍也・富野暉一郎編著（2006）『コモンズ論再考』，泉留維・齋藤暖生・浅井美香・山下詠子（2011）『コモンズと地方自治：財産区の過去・現在・未来』，古谷健司（2013）『財産区のガバナンス』，三俣学編著（2014）『エコロジーとコモンズ：環境ガバナンスと地域自立の思想』は，いずれも地域における森林等の自然資源における共同利用に注目した研究である。

（3）山梨県有林と保護団体

山梨県有林と保護団体に関する先行研究には，川島武宜，北條浩，小林三衛による法社会学的研究[13]，大橋邦夫による山梨県有林の経営展開と地元関係に関する林業経済学的研究[14]，黒瀧秀久による県有林特別会計と交付金制度に関する林業財政論的研究がある[15]。2000年代以降では，南都奈緒子（2007）の山梨県内市町村史における恩賜林記述をめぐる共同体論や内藤辰美・佐久間美穂（2014）の忍草入会闘争を通じた国家とコミュニティに関する歴史学・社会学的研究がある。

川島武宜ら編（1959，1961，1968）は，1960年代までの公有地，国有地，

私有地における入会権の変化形態を法社会学的視点から包括的に明らかにし，同書の北條浩（1968）「御料地・県有林入会と法律」では，戦後の山梨県有林における交付金制度と入会権に関して，北富士演習場問題や「開発ブーム」との関係にも言及し，その歴史的背景を検討している[16]。しかし，全体的には執筆時点の時代的制約から自給的森林利用の衰退と木材生産の展開を主体とした入会権の変質過程の分析を中心としている点は，『入会権の解体』というその書名にも反映している。

保護団体の性格に関して，小林三衛（1988）は，富士吉田市外二ヶ村恩賜県有財産保護組合（以下，富士吉田保護組合）を事例に「入会集団とは全く異なり，県の下請けとして，県有財産の保護，管理をするだけの行政上の組織」とし[17]，川島武宜（1986）は「入会権者のための『事務管理機関』」と規定している[18]。北條浩も川島と同様に「保護組合という一部事務組合が，通常この二面性をもつというのは，形式上においては地方自治法上の特別地方公共団体でありながら，実質上（本質上）においては民法上の入会権という財産を旧数村でもつ，入会集団の事務・管理機関の二つの異なった法体系にまたがる性格をもっているからである」とし，富士吉田保護組合は「本質的にはこの地方の入会慣習に基づき，入会地に関する入会事務を共同処弁する入会団体の性格を有している」としている[19]。

大橋邦夫（1991，1992）は，山梨県有林における森林利用の制度化過程と保護団体の関係や経営展開に関する最も包括的な先行研究である。しかし，同論文も調査時点の時代的制約から県有林高度活用事業が本格化する1980年代後半以降は分析対象にしておらず，論文の性格上，「保護団体の個別の沿革，その事業等に関する解明は今後の大きな課題である」とし，既存文献に依拠した保護面積の推移と条例上の制度的規定や保護団体との関係が論じられているにとどまる。大橋は1912年の山梨県恩賜県有財産管理規則（以下，管理規則）が制定された当時の「権利」は，法社会学の研究者と同様，民法上の入会権を基礎とする権利であるとしつつも「この権利（民法上の『入会権』を基礎とする権利）は，その後の県有林の利用と経営をめぐる県と『保護団体』との一体的関係の持続的な経過によって，『民法』上の入会権にまでもはや立ち戻れない所まで進んだ『制度』化されたものに転化し

た」と理解している[20]。

内藤辰美・佐久間美穂（2014）は，忍草入会闘争を通じて「戦後の高度成長期に，日本国内各地のコミュニティが崩壊し，コミュニティが生活の準拠枠としての実体を失い，問題解決力をなくしてきたなか，忍草という山村の小集落がコミュニティとして力を維持し，国家による入会権解体に対抗する運動を展開できたのか」という視点から国家とコミュニティの関係を考察している[21]。南都奈緒子（2007）は，山梨県内の市町村史における恩賜林をめぐる歴史記述の分析から救済タイプとして念場ヶ原財産区，抵抗タイプとして富士吉田保護組合を位置づけ，共同体の領域と住民意識を検討している[22]。

山梨県有林と保護団体に関する文献は，すでに述べた先行研究のほか，農商務省，山梨県による調査報告書や記念誌，保護団体による保護団体誌，山梨県恩賜林保護組合連合会（以下，保護組合連合会）による調査研究がある[23]。保護団体誌では，鳴沢村外四ヶ村恩賜県有財産保護組合編（1933），萩原山恩賜県有財産保護財産区編（1959）は，高度成長期以前の保護団体の実態を知るうえで重要である。また，念場ヶ原山恩賜林保護財産区沿革誌編集委員会編（1988），大内窪外壱字恩賜県有財産保護組合（1993），富士吉田市外二ヶ村恩賜県有財産保護組合編（1997 ～ 2001）は，山梨県恩賜県有財産土地利用条例（以下，土地利用条例）交付金，演習場交付金の交付対象団体によるもので，清里の森，茅ヶ岳山麓サンパーク・アケノ，富士北麓の観光開発や北富士演習場問題に関する保護団体の対応を知ることができる。

(4) スイス林業と森林法制研究

日本のスイス林業に関する研究蓄積は少なく，研究対象が主に連邦段階の法制度・政策の分析に限定されている[24]。それは日本とスイスの木材貿易面での関係がほとんどなく，代表的欧州林業・林学の中核国ドイツ，フランスの隣の小国として，その独自性に注目する研究者が少なかったことによる。2000 年代に入り志賀和人（2003）「スイスにおける地域森林管理と森林経営の基礎構造」，志賀和人（2004）「地域森林管理と自治体林政の課題」，石崎涼子（2015）「スイスにおける森林経営の構造改善と政府助成」が公表

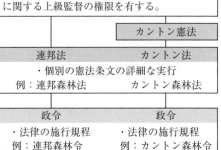

図序-2 スイスにおける連邦・カントンの憲法と法令・規則の関係
資料：CODOC（1995）Berufskunde：Forstwart und Forstwarttin, 11.Forst－und Arbeitsrecht, S.6
注：連邦に対応するカントンの政令に関して，原文にはない例を加えた。

されている。これらは森林経営や法制度，政府助成措置の日本との相違点に注目した比較研究であるが，さらに連邦・カントン・ゲマインデ間の歴史構造主義アプローチやスイスの森林経営組織や施業管理の特徴を踏まえた制度間の相互関係や制度変化のメカニズムを明らかにする必要がある。

　図序-2にスイス連邦政府が作成した森林管理者の基礎教育用のテキストからスイスにおける連邦・カントンの憲法と法令・規則の関係を示した[25]。森林法制とその執行過程は，第3章で分析するようにカントンによる多様性が大きく，現行の連邦森林法に関してもカントン法やゲマインデ段階の実践と深いかかわりを持つ。本書の制度分析では，連邦法のみならずカントン法令とその執行組織・執行過程及び財政措置との関係に注目する。その際，日本と異なりスイスの法令は，法律自体に執行過程や助成基準に関する具体的規定が盛り込まれ，日本のように法律から政省令，通達・実施要領・要綱をたどらないと運用実態や執行過程が明らかにならないのと対照的である。第

序章　森林管理の地域的基層と制度変化

3章では連邦法とカントン法の関係とともに連邦・カントンの林務組織とゲマインデ段階の森林管理区の役割を中心に検討するが，必要に応じて連邦・カントンの政令と連邦・カントン・ゲマインデの規程・規則にも言及した。

本書では，スイス林業と森林法制，森林経営に関する文献目録と 1991 年連邦森林法と 1997 年カントン・ベルン森林法の日本語訳を付録資料に収録した。農林省山林局編（発行年不詳）『外國森林法規 第 1 輯』に 20 世紀初頭までの 9 カ国の森林法の翻訳が収録され，1902 年の「瑞西森林警察ノ聯邦上級監督ニ関スル聯邦法」と 1903 年の「同上施行規則」が収録されている。戦後では農林省林業試験場経営部（1963）『スイスの林業，森林施業案規定，森林法』に中村三省・柳次郎訳の 1902 年連邦森林警察法及び同法施行規則とカントン・ヌーシャテルとザンクト・ガレンの森林施業案規程が収録されている。

ドイツ語文献に関しては，以下の文献を中心に参照し，連邦・カントン政府，林業団体，森林経営に対する現地調査を実施した。外国人がスイス林業と森林管理制度を大きな誤解なく理解するためにも複合的な文献研究と現地調査の統合は不可欠である。

①学術雑誌と連邦政府報告書：スイスの森林・林業学術誌では，Schweizerische Zeitschrift für Forstwesen が最も重要である。また，連邦政府のホームページには連邦が実施した調査報告や統計が収録され，その多くが無料でダウンロードでき，森林経営と森林管理制度・政策研究の問題意識と主要行政施策の動向が把握できる。また，連邦森林・雪・景観研究所（Eidgenössische Forschungsanstalt für Wald, Schnee und Landschaft, WSL）が連邦政府と連携し，全国森林資源調査（Landesforstinventar, LFI）を実施しており，森林資源に関する時系列的な動向が総合的に把握できる。

②連邦工科大学林学部の講義資料：連邦工科大学(Eidgenössische Technische Hochschule, ETH) の森林・自然保護政策，森林経営，森林・林業史の講義テキストと図書館所蔵資料によりスイスの大学・大学院における林学教育と林政に関する専門基礎が把握できる。特に P. Bachmann（1999）「森林計画」, F. Schmithüsen und A. Schmidhauser（1999）「森林経営の基礎」, F. Schmithüsen（2000）「森林・自然保護政策」, G. Bloetzer（1996）「森林法・

自然景観保護法」，A. Schuler（2000）「森林・林業史」，H. Kasper（1989）「カントン・ニトヴァルデンにおける 1876 年から 1980 年の林業展開と連邦森林政策の影響」は必見である。また，A. Guntern（1991）「景観・自然保護・保健休養・空間計画分野の森林関係文献」は，1975 ～ 1990 年の同領域のスイス国内主要 9 ジャーナルに掲載された文献リストが網羅されている。

③連邦・カントンの森林法制：G. Bloetzer（1996）「森林法・自然景観保護法制」は，森林法制の歴史と現状の包括的理解に有益であり，連邦政府森林局（BAFU）と各カントン政府の林務組織のホームページには関連法令や各種報告書が体系的に公表されている。A. Schmidhauser（1997）「自然保護団体のスイス森林政策への影響」は，自然保護団体の連邦森林行政に対する影響を明らかにした数少ない分析である。

④カントン林業・林政史：カントンの森林行政史には，H. Gnägi（1965）『カントン・ベルン森林行政史 続編 1905 ～ 1964』，H. R. Kilchenmann（1995）『カントン・ベルン森林行政史 1964 ～ 1993』があり，その他にもカントン林業・林政史が数多く公表されている[26]。H. Kasper（1989）は，ETH の演習テキストにも使用されていた。

⑤連邦政府報告書及び統計：林業・森林経営に関しては，BAFU（各年度版）『森林・木材年報』，BAFU，WVS，HAFL（2012）及び（2015）『スイス森林経営指標統計』のほか，統計分析とともに森林経営の成功例に対するインタビュー分析を加えた BAFU（2006）『成功した森林経営から学ぶ』がある。また，BAFU，WSL（2013）『スイス国民と森林：第 2 次社会文化的森林モニタリング結果』（WaMos 2），BUWAL（2005）『森林の保健休養に関する法制度問題』が多面的機能に関する国民意識の変化や森林利用の実態と法制度の現状を明らかにしている。

⑥農業・山岳地域・空間整備政策に関する文献と基礎統計：BLW（各年度版）連邦政府農業年報，連邦議会各種政策教書，SAB（各年度版）スイス山岳地域連盟年報により既存政策のレビューと新たな法制度・政策の提案理由と内容が把握でき，その多くが政府・関係団体のホームページ上で閲覧できる。日本語文献では，樋口修（2006）「スイス農政改革の新展開」及び平澤明彦（2013）「スイス『農業政策 2014-2017』の新たな方向」が農政改

革の動向，世利洋介（1997）「スイスの地域政策：連邦政府の施策を中心に」と田口博雄（2008）「スイスにおける中山間地政策の展開と今後の方向性」が地域政策の最近の動向を分析している。

　⑦個別の公有林経営史・経営事例とゲマインデ論：J. Combe（2011）『森林と社会：スイス森林経営の成果と歴史』（1987 年から 2011 年にビンディング森林経営賞を受賞した 25 森林経営事例）と各年度の事例集に森林経営の持続性と多様性に関する現地事例が紹介されている。ゲマインデと連邦政府とカントンの関係は，黒澤隆文（2009）「近現代スイスの自治史：連邦制と直接民主制の観点から」及び岡本三彦（1997）「スイスのゲマインデとその特質：ゲマインデの種類，自治，規模」が参考となる。

　ドイツ語文献のリストは，巻末の参考文献に章別に示した。本文で触れた重要な文献に関しては，タイトルの日本語訳を本文中に示したが，タイトル等の原語を確認したい場合は，巻末の参考文献を参照いただきたい。

3　研究方法と構成

（1）現代日本の森林管理と林政

　第 1 章では，第 1 節の日本林政と地域森林管理・利用規制とともに第 2 節の自然公園法による施業規制と森林所有者，第 3 節の森林認証の展開と日本の対応に関して，以下の方法と構成で分析する。

《第 1 節　戦後林政と地域森林管理・利用規制》

　第 1 節では，戦前期林政における重大局面と主導的アクターを概観し，それに続く戦後林政の制度変化と基軸施策の運用実態を秋吉貴雄（2015）の公共政策の階層性理解に基づき政策（policy），施策（program），事業（project）の三層構造として把握する[27]。戦後林政の政策理念と目標は，スイスと異なり政策理念の根本的革新を経て施策と事業が新たに組み立てられるのではなく，林野庁・都道府県林務組織に対応した国有林・保安林・森林整備・森林計画・森林組合施策を基軸に事業予算の確保に向けた一部改正が繰り返された。旧三公社五現業で国有・国営が国有林野事業のみが唯一維持され，現在も国有林営林官庁が民有林行政を主管し，1950 年代に形成さ

れた主要施策の体系と対象が粘着的に保持された。こうした戦後林政における制度変化の特徴と基軸施策の運用実態を検討し，第3章のスイスの制度的枠組みとの相違点を明らかにする。

　森林法以外に法令により施業の制限を受けている森林（制限林）に関して，森林法に基づく保安林・保安施設地区及び自然公園法に基づく自然公園地域のほか，砂防指定地，急傾斜地崩壊危険区域，文化財保護法による史跡名勝天然記念物，鳥獣保護区特別保護地区，自然環境保全地域特別地域，都市計画による風致地区があり，それぞれの法律と所管官庁による施業規制が行われている[28]。指定面積では保安林と自然公園地区の面積が大半を占めることから，第1節の森林法を基軸とした戦後林政と森林の開発・利用規制とともに，第2節では自然公園法による施業規制と森林所有者の対応を秩父多摩甲斐国立公園と阿寒国立公園の事例から検討する。なお，阿寒国立公園は，2017年8月から阿寒摩周国立公園に名称変更されているが，本書では歴史的記述も多いことから以下，阿寒国立公園で統一した。

《第2節　自然公園法による施業規制と森林所有者》

　第2節では，保安林とともに制限林の代表的存在である自然公園法に基づく国立公園の地種区分と施業規制の現状を検討する。具体的には，1～3では2000年に地種区分の見直しが行われた秩父多摩甲斐国立公園を事例に地域制国立公園の理念が地種区分と施業規制にどのように反映されているか，その実態を明らかにし，4では地種区分に即した森林所有者による施業管理が有効に機能している事例として，阿寒国立公園・前田一歩園財団における天然林施業の成立過程を検討する。

　日本の国立公園は，アメリカに代表される営造物国立公園に対して地域制国立公園として，「土地所有に関わらず区域を定めて指定し，公用制限（保護の観点からの規制等）を課す制度であり，地域の基盤的共通的な土地資源管理，地域管理運営を前提としながら，傑出した自然の風景地としての保護と適正な利用の増進のための特別な管理運営を追加的に行う仕組み」と理解されている[29]。

　2007年の「国立・国定公園の指定及び管理運営に関する検討会の提言」や2014年の「国立公園における協働型管理運営を進めるための提言」にお

いても「地域制の自然公園制度は，国，地方公共団体，地域住民，民間企業，NGO等，土地所有者，利用者等多様な主体が役割分担によって管理運営を行うことが求められる制度」として，管理運営を担う関係者による協働体制の構築が重視されている[30]。国立公園研究では，「協働型管理」や「自然資源管理」の内実を問わず礼賛する傾向が強く，土屋俊幸（2014）は地域制国立公園の意義を「地域において持続的な自然資源管理を実現させるための戦略的ツール」[31]と位置づけている。

第2節では，地域制国立公園としての「保護と適正な利用の増進のための特別な管理運営を追加的に行う仕組み」が実際，地種区分と施業規制においてどのように運用され，土地所有者にどのような影響を与えているか，国有林だけでなく公有林や私有林を含めた実態を分析する。特に国立公園地域の施業規制の実態と森林所有者に対する地種区分の決定過程を検討し，多摩川・荒川源流部の埼玉国有林と東京都水道水源林の森林管理計画と施業区分の変遷から地種区分の変更が森林施業に与えた影響を小班単位に分析した。

《第3節　森林認証の展開と日本の対応》

第3節では，森林認証問題に対する欧州諸国と日本の対応を取り上げる。森林認証は，一定の基準を満たす森林経営が行われている森林経営組織を認証し，その森林から生産された木材・木材製品へのラベル貼付による消費者の選択的購買を通じて，持続可能な森林経営を支援するもので，近年，SGECとPEFCとの相互承認や東京オリンピック関連施設への認証材供給への関心が高まっている。

日本は当初，FSCを「国際森林認証」と位置づけ，森林認証問題を民間段階の市場・経営対応として，行政組織や林業団体が独自の認証システムの構築に向けた積極的な対応と国際連携を初期段階では何ら打ち出さなかった。これに対して，欧州諸国は森林所有者団体が林産業界や林務組織・EUとともに小規模「家族経営」に適合的な森林認証を各国が構築し，これを欧州全体で相互認証することにより先行するFSCに続く森林認証として，PEFC森林認証を国際的に定着させた。

日本の森林認証問題への初期対応は，1997年のISO TC207/WG2京都会議以降に本格化し，林野庁と林業組織の初期対応に今日に至る状況の起点が

見出せる。日本の森林認証への対応やSGECの展開をみると,「消費者の選択的購買」による市場メカニズムに対する対応という側面より,林業組織の取り組みや大企業のCSR対応,企業・団体グループによる系列化,地域ネットワーク化と国産材住宅業界との連携などの錯綜した動きのなかで,森林認証とCoC認証(Chain of Custody)の拡大が進んだ。

森林認証問題の現代的意味は,制度としての森林認証のあり方や認証取得をめぐる諸問題ではなく,森林認証問題に対する日本の対応を規定した社会過程と実践的な問題処理にどのような問題をみるかに本書では注目している。特に国家政策の主要アクターである林野庁が直接的な関与を避けた場合,国際的な視点での森林管理のあり方に関して,日本ではだれがどのような意思決定に関与し,どのような制度形成が行われるのか,その問題点とアクターの動向に注目した。

(2) 山梨県有林の管理と森林利用

第2章で取り上げる山梨県有林は,北海道有林に次ぐ規模を誇る日本を代表する都道府県有林である。山梨県有林15.8万haのうち12.2万haは,山梨県恩賜県有財産保護団体(以下,保護団体)が保護責任を有する森林であり,森林所有権を持つ山梨県と保護責任を有する地元組織が100年以上にわたって対抗・協調関係を育んできた。保護団体の一覧と現状,管轄地域は,山梨県有林第3次管理計画の付録に収録され,山梨県森林環境部県有林課のホームページで閲覧できる。

《第1節 山梨県有林の経営展開と利用問題》

山梨県有林における森林利用は,戦前段階の地域住民の自給的・生業的森林利用や部分林の設定から1960年代の木材生産の拡大を経て,1970年代以降,観光・レクリエーション利用と自然環境の保全問題にその焦点が移行する。それに従って,森林利用に関する論点も戦前の入会関係をめぐる県有林と地元組織の対抗・協調関係から自然保護や貸付による非農林業的利用と交付金の交付問題にその中心が移行している。

その象徴的な転機が1964年からの土地利用条例の制定をめぐる議論と1972年の土地利用条例の制定及び1973年の「県有林野の新たな土地利用区

分」の策定であった。これに基づき山梨県は，木材生産の主な対象地を林業経営地帯の経済林に重点化すると同時に非皆伐施業の拡大と保健休養地帯における観光・レクリエーション利用を推進した。保護団体の森林利用権は，林業的利用を基礎とした事業割，面積割，部分林分収交付金から観光・レクリエーション利用を主体とした貸付収益の分配による土地利用条例交付金の交付にその形態と比重が大きく変化した。

それに伴い保護団体の財務構造と地元関係も再編された。土地利用条例交付金の導入は，保護団体間の財政格差を拡大し，保護組合連合会を通じた財政基盤の脆弱な保護団体の救済と有力保護団体による交付金の地元各種団体への配分が定着した。「権益者」による自給的・生業的森林利用と植樹用地等の分割利用は，なお存続しているもののその比重は著しく低下した。

現在では「権益者」の地区別の戸数，賦課・配分比率を過去の既定配分比率等に基づき継承しているが，スイスの市民ゲマインデと異なり「権益者」を個別に特定することが困難な保護団体も多い。保護団体の執行体制は，市町村議員等から構成される役員と市町村職員による非常勤の事務局を中心に維持され，保護団体の森林経営・管理主体としての役割は極めて限定的である。保護団体自体がスイスのゲマインデ有林のように保続的森林経営や地域森林管理の担い手となる展望は容易に描けない。

以上の山梨県有林の森林利用形態の変化が保護団体のあり方にどのような具体的影響を及ぼしたか，第1節では山梨県有林の利用問題と保護団体の関係を歴史的に位置づけ，自給段階から木材生産の展開，県有林高度活用事業の展開に対応した森林利用の再編と保護団体の関係について検討した。

《第2節　保護団体の事業活動と財政》

山梨県の管理条例は，自給段階から木材生産の拡大への移行期における森林所有権と入会的利用権（地域的共同性）との対抗・協調関係に基づいた林野制度の結晶であったが，土地利用条例の制定段階には，同交付金の配分問題にその論点が移行し，多面的森林利用への移行に伴う非農林業的森林利用を包括した林野制度構築への志向性は希薄化している。その背景には，森林所有の形成過程や官林，御料林，山梨県有林の経営展開と日本の土地法制のあり方が深く関係していると考えられるが，同時に都市住民を含めた森林利

用と地域社会の関係性の帰結でもあった[32]。

　第2節では，山梨県森林環境部「恩賜県有財産保護団体調査」（以下，保護団体調査）の集計結果と県有林高度活用事業の主要な対象地の八ヶ岳山麓の念場ヶ原山恩賜林保護財産区（以下，念場ヶ原山財産区），上手原恩賜林保護財産区（以下，上手原財産区），石堂山恩賜県有財産保護組合（以下，石堂山保護組合），清里財産区と富士北麓の富士吉田保護組合と鳴澤村外一町二ヶ村恩賜県有財産保護組合（以下，鳴沢保護組合）の現地調査を実施した[33]。そこでは主に土地利用条例交付金導入以降の森林利用の実態と森林利用権の制度化過程が保護団体の組織や事業活動，財政構造にそれがどのように反映され，現段階の地元関係が形成されたか，同保護団体調査と現地調査から明らかにした。

《第3節　山梨県の林業事業体と林業就業者》

　第3節の山梨県の林業事業体と林業就業者では，山梨県有林の請負事業体を含めた林業事業体と森林組合の雇用戦略が林業就業者の労働条件や存在形態にどのような影響を与えているか，アンケート調査と実態調査から分析した。アンケート調査は，山梨県林業労働支援センターの協力を得て，厚生労働省の2004年度林業雇用改善促進事業（調査研究事業）の一環として実施した[34]。多様化する現業従業員の属性と生活・家庭環境に関する分析とともに林業事業体の雇用戦略と林業従事者の就労環境の相互規定的な関係を明らかにした。

(3)　スイスの地域森林管理と制度展開

　森林法制に関する先行研究では，海外森林法の翻訳と解説，現行森林法体系の分析と課題の提示，森林法の成立過程の分析が行われてきた。第3章では，スイスの連邦とカントン，ゲマインデ段階の森林法制と制度変化とともに林務組織と森林経営の現状を検討する。

　スイスは，EU非加盟先進国グループに属し，1990年代初頭には国民1人当たりGDPや第1次産業就業人口比率は日本と同様の水準にあったが，現在では国民1人当たりGDPに2.5倍近い開きが生じている。各国の森林管理制度の枠組みには当然大きな差異があり，部分的な制度，政策の比較で

43

は，森林管理制度の構造的な特徴が明確にならない。森林に対する社会経済的要請や森林所有・林業構造とともに，空間整備・地域政策や自然郷土保護政策，地方自治と森林管理制度の関係が重要な比較視点となる。森林管理をめぐる国際的潮流を日本がどのように受け止め，新たな枠組みを形成しようとしているかを比較，検証するうえで，次の点でスイスは貴重な比較基準を提供してくれる。

第1は，森林経営に関する問題である。スイスは日本の2倍程度と林業労働賃金水準が高く，急峻な山岳林やゲマインデ有林・中小規模私有林が多い。このため，素材生産コストの削減や流通加工段階の規模拡大に限界があり，産業としての林業の展開に不利な条件を抱えている。しかし，スイスは日本と異なり世界有数の高森林蓄積を基盤にした非皆伐施業による保続的森林経営を堅持し，森林経営の解体は日本ほど顕著ではない。経済的条件では同じ悩みを共有する日本とスイスの森林経営の何が異なるのかを明らかにすることは，日本の森林経営の再構築を考えるうえで重要である。

第2は，森林管理制度とそれを執行する林務組織に関する問題である。スイスの森林政策の重点は，1960年代以降，木材生産や国土保全から森林の多面的機能の保全に移行し，1991年の連邦森林法の制定と1998年の連邦主管官庁の内務省から環境交通エネルギー通信省への移管により，空間整備・自然郷土保護政策と森林政策の連携が強化された。これは日本の森林・林業基本法に基づく森林・林業基本政策が森林の多面的機能の持続的発揮を政策理念に掲げながら，その政策手法が1951年森林法段階の中央集権的手法から基本的に脱しえていないのと好対照を示している。その法体系や執行組織，森林と地域社会の関係がスイスと日本でどのように異なるかを明らかにすることは，森林経営問題とともに今後の日本の森林政策の課題を把握するうえで重要である。

第3は，第1と第2の問題の相互関連とその日本的構造との差異を規定した歴史的背景とその制度変化を規定した基層は何かという点である。スイスはドイツ，オーストリア，フランスなどとともに欧州林学の伝統を受け継ぐ国であるが，スイスの森林政策は日本の中央集権的「近代林政」と対照的なゲマインデ自治を基盤とした森林経営と利用規制，自然郷土保護，空間計

画・土地利用計画を統合した森林管理制度と地域森林管理組織の形成を特徴としている。

　日本は主にドイツ林学を明治期に国有林経営確立の視点から導入し，日本的法制度と林務組織を創出したが，その現状は日本とスイスでは大きな差異が生じている。改めて欧州林業の実態を現代的視点から再把握し，日本の現状を相対化する際にスイスの市町村・市民ゲマインデ有林を中核とする森林経営と森林管理制度の形成過程は，日本の官林「経営」主義林政に対する対極的アプローチとして，社会との関係における地域森林管理を再認識する比較対象として注目される。それは国際動向に対応した持続的森林管理のあり方と課題を具体的に把握し，日本の「森林管理」概念や森林政策の課題を再定義し，既存の枠組みから解き放つ比較基準として有効である。

《第3章の構成と方法》

　スイスの森林法制は，中小規模民有林が支配的な先進資本主義国における現代的森林政策と空間整備政策の典型タイプとして注目される。特に「予定調和論」を脱却した日本の森林管理制度の枠組みを構想するうえで，「土地利用・環境管理問題の一環としての森林管理問題」及び「近自然循環林業の資源基盤と経営システム」に対するスイスの制度，政策対応を実態に即し，次の2側面に焦点を絞り検討する。なお，偶然，E. Ostrom（2015）の第3章「長期恒久的な自己組織・統治された共有資源（CPRs）の分析」で山岳林・放牧地における共有保有権として紹介されている山梨県山中湖村とカントン・ヴァリスのテールヴェル（Törbel）の事例は[35]，本書の第2章の山梨県有林と第3章のスイスのゲマインデ有林と分析対象地域は重なるが，E. Ostromのコモンズ論やそれに追随する研究者の分析視点と本書の研究視点は，終章で「共同体的管理」に関する歴史を総括したように大きく異なる。第3章では，スイスのゲイマンデ有林の経営展開とともに，以下の連邦及びカントン段階の制度展開に注目する。

　第1は，森林法と森林管理制度及び近自然循環林業をめぐる問題領域である。スイスの森林管理制度は，日本と対照的に伝統的に分権的な森林管理制度を採用し，かつ厳格な森林利用，施業規制のもとに保続的森林経営を継続してきた。1960年代以降，森林経営収支が悪化するなかで，森林政策の重

点を森林の多面的機能の維持，増進に移行させ，さらに1991年の連邦森林法の全面改正により，森林法と土地法，環境法とのリンケージを制度的に確立した。この環境保全，土地利用，森林利用規制の3側面を統合した公共的森林管理の枠組みと制度形成に関して，第1節の森林法制の展開と歴史的基層，第2節の近自然循環林業の資源基盤と経営システム，第4節のスイス連邦の森林法制と制度発展，第5節のカントン・ベルンの森林法制と林務組織の構成により明らかにする。

　第2は，農林業，地域政策と森林管理の関係をめぐる問題領域である。森林管理問題を地域資源管理の一環として考察する際に農業，地域政策の再編方向とその林業・森林管理問題への影響を考慮に入れる必要がある。第3節では，1990年代以降のスイスにおける制度・政策展開を検討し，日本の農林水産行政としての林業政策や基本政策と異なる枠組みの制度・政策体系を具体的に示す。とりわけ，日本における直接的所得補償の導入をめぐる議論や山村問題のあり方を国際的視点から位置づけ考察する際に，スイスの試みは示唆に富み，その政策理念と制度的枠組みは，日本の山村問題と森林・林業政策の関係を考察するうえで参考となる。

　第3は，第4節のスイス連邦の森林法制と制度発展，第5節のカントン・ベルンの林務組織と行政任務では，スイスの森林管理・経営組織と法制度及び執行組織の関係をカントン・ベルンの事例から検討する。スイスの連邦森林法に基づく森林管理に関する上級監督とカントンによる森林法の執行が具体的地域において，どのように実施され，森林経営とどのような関係にあるか，カントン段階の実態調査と統計分析，スイスにおける先行研究から検討する。

　スイスの現地調査は，以下の4回実施し，その後もメール等による資料照会や統計・政策情報のアップデートを行っている。

　①1993年9月：スイス林業連盟（WVS），在ジュネーヴ国際機関日本政府代表部，スイス農業連盟（SBV），スイス山岳地域連盟（SAB），チューリヒ市有林森林管理署，ヌーシャテル市有林，ヌーシャテル林業連盟，クヴェー村有林

　②1997年9月：ETH森林政策・森林経済学研究室，チューリヒ市有林森

林管理署，スイス林業連盟，スイス山岳地域連盟，カントン・ベルン森林自然局（WANA），連邦環境森林景観局（BUWAL），オーバーラントオスト地域計画事務局，オーバーラント森林管理局

③2001年9月：ETH森林政策・森林経済学研究室，同森林経理学研究室，同森林図書館，連邦環境森林景観局，スイス林業連盟，スイス山岳地域連盟，カントン・ベルン森林局（KAWA），同第1森林部オーバーラントオスト及び第5森林部ベルン・ガントリッシュ，オーバーラントオスト地域計画事務局，市民ゲマインデ・ベルン（BGB），市民ゲマインデ・ベルプベルク，カントン・グラウビュンデン森林局

④2002年7月：スイス林業連盟，連邦林業教育調整資料整備室（CODOC），カントン連携フェルスターシューレ・リース，ラウターブルンネン村林務事務所・同森林管理区

(4) 国家・市場経済・地域の相克と制度変化

以上の第1章から第3章の分析を踏まえ，終章では日本とスイスの地域森林管理の特徴とそれを規定した森林管理の基層を総括する。序章で提起した日本とスイスの森林管理のパフォーマンス・ギャップの背景とそれを規定した森林管理の基層及び制度発展の相違点を国家・市場経済・地域の相克と制度変化の視点から明らかにする。さらに戦後林政の克服に向けた都道府県・地域段階の日本的横糸探究の方向性を示す。

注及び引用文献

(1) 公有林では市町村有林や財産区有林の分析も重要であるが，個別の市町村有林や財産区有林の経営展開が国の制度・政策に直接的影響を与えることは日本では少ないことから，日本に関しては山梨県有林の管理と森林利用の展開を軸に検討を進める。

(2) Hiebsatz の訳語は，標準伐採量のほかに計画伐採量，許容伐採量，指定伐採量などの訳が使用されている。本書では標準伐採量で統一した。

(3) 志賀和人編著（2016）の終章を参照。

(4) 恒川恵市は，比較政治学における基本的アプローチを合理主義，構造主義，文化主義としたうえで，A. Cohli の見解を紹介し「比較政治学者の大半は…構

序章　森林管理の地域的基層と制度変化

造機能主義やマルクス主義とマクロな視点は共有するが，それよりもずっと帰納的な方法をとり，合理的選択論よりはずっとマクロな視点で，かつ演繹的というよりは帰納的であり，合理的選択論ほどでないにしても，文化主義アプローチよりはずっと因果律の発見に熱心なアプローチ－それがコーリの言う『折衷の真ん中』であり，合理主義，構造主義，文化主義がその基礎となっている」としている（恒川恵市（2006），38 ～ 39 頁）。

(5) 志賀和人編著（2016），11 ～ 15 頁

(6) 高橋琢也（1931），80 頁。戦前期に早尾丑麿とともに山林局の課長を務め，興林会常務理事として終戦後の山林局長の最有力候補と言われながら林業試験場長に転身した太田勇治郎の「スイス林業を勉強するように」との遺言や「晩年著者はスイスに行って林業の社会的基礎を学びかえすことの必要性をたびたび口にしていた」との太田の真意と 1939 年森林法改正の際に森林組合による施業案監督の将来に期待していた点は，民有林における「林区制度」の設定という点で重なるのかもしれない（太田勇治郎（1976），559 及び 566 頁）。

(7) 筒井迪夫（1974），ⅰ ～ⅲ 及び 218 ～ 219 頁

(8) 中尾英俊（1984），同（2009）及び同（1965），5 ～ 24 頁を参照。

(9) 北海道編（1953），70 頁

(10) 道有林 100 年記念誌編集委員会編（2006）を参照。

(11) 1990 年代後半以降，公有林に関する調査が減少する一方で市町村合併に伴う市町村史や財産区史が発行されている。長野県上郷村（1960），秋田県東由利町（1994），広島県筒賀村（2004）は，旧町村有林の歴史と経営展開を詳細に記載している。公有林野全国協議会（2002）は，公有林に関する調査報告リスト（1963 ～ 1995）と要旨を収録し，利用価値が高い。

(12) 川島武宜・潮見俊隆・渡辺洋三編（1959, 1961, 1968）を参照。

(13) 同上，川島武宜（1986），北條浩（1978, 2000），小林三衛（1988）を参照。

(14) 大橋邦夫（1991, 1992）及び同（1989）を参照。

(15) 黒瀧秀久（2005），217 ～ 222 頁。同書は 1980 年代前半までの県有林特別会計と交付金制度の推移や保護団体と交付金の関係を山梨県林業統計書に基づき検討している。

(16) 北條浩（1968），171 ～ 292 頁を参照。

(17) 小林三衛（1988），40 頁

(18) 川島武宜（1986），259 頁

(19) 北條浩（2000），379 頁及び富士吉田市外二ヶ村恩賜県有財産保護組合（2000），33 頁を参照。

(20) 大橋邦夫（1991），129 頁の注）70 を参照。

(21) 内藤辰美・佐久間美穂（2014），202 頁

(22) 南都奈緒子（2007），95 ～ 128 頁

(23) 国及び山梨県による文献は，大橋邦夫（1991），88 ～ 89 頁を参照。

(24) 島田錦蔵編著（1958）は，ドイツ・スイスの公有林の管理制度に触れている
　　が，Max Endres（1922）の翻訳の域を出ていない。スイス林業報告には，片
　　山茂樹（1955），島田錦三（1956），半田良一（1978），槇道雄（1999）がある。

(25) 原資料の CODOC（1995）Berufskunde は，その題名のとおり義務教育を修
　　了した森林管理者見習の職業教育テキストであるが，こうした内容が収録され
　　ていることに林野庁が都道府県職員等を対象に作成したいわゆるフォレスター
　　研修テキストとの編集方針や行政任務に対する意識の違いが良く現れている。

(26) Regierungsrat des Kantons Schwyz（1994），St. Galler Forstverein（2003），
　　L. Lienert（2004）を参照。

(27) 秋吉孝雄（2015），33 頁

(28) 制限林に関する法制度に関しては，小林正（2008a）及び同（2008b）がある。

(29) 国立・国定公園の指定及び管理運営に関する検討会（2007）「国立・国定公
　　園の指定及び管理運営に関する提言：時代に応える自然公園を求めて」，5 頁

(30) 国立公園における協働型運営体制のあり方検討会（2014）「国立公園におけ
　　る協働型管理運営を進めるための提言」，2 頁

(31) 土屋俊幸（2014），1 頁。田中俊徳（2012）は，日本の国立公園制度を「弱い
　　地域制」と規定している（369 ～ 402 頁）。

(32) 澤井安勇（2006），23 頁のほか，中久郎（1991），407 ～ 428 頁，田中重好
　　（2004），401 ～ 446 頁を参照。日高昭夫（2003）では，山梨県の地域自治会の
　　存在形態を検討している。

(33) 保護団体調査の概況と役職員に関する事項は，2003 年 10 月 1 日現在，事業
　　活動と財政は，2002 年度（2002 年 4 月～ 2003 年 3 月）の数値である。保護団
　　体の名称は，当該調査時点の名称を用い，初出以外の本文や表では山梨県森林
　　環境部で通常使用される略称によった。保護団体調査は，保護団体の概況と収
　　支状況の主要項目を県の業務資料として集計しているが，調査票の全項目は集
　　計されていない。このため，1993，1998，2003 年度調査票を閲覧し，入力，集
　　計したが，時系列的な変化は明確でないため，2003 年度調査票の集計結果をも
　　とに分析した。2006 年度に峡北と峡中が中北，大月と吉田が富士・東部林務環
　　境事務所に統合され，中北，峡東，峡南，富士・東部の 4 地区に統合された。

(34) アンケート調査は，山梨県林業労働支援センターの協力を得て，厚生労働省
　　の 2004 年度林業雇用改善促進事業（調査研究事業）の一環として実施した。
　　集計結果の詳細と調査票の様式は，全国森林組合連合会（2005），75 ～ 129 頁
　　及び 223 ～ 240 頁を参照。調査票は，①林業事業体調査票，②林業就業者調査
　　票（現業従業員調査票，経営者・内勤職員調査票）を使用し，2004 年 6 月 23

日に 68 認定事業体に調査票を発送し，7 月末に調査票を回収した。林業事業体調査は，11 森林組合と林業事業体 57 の計 68 認定事業体に調査票を送付し，9 森林組合と 15 事業体から調査票を回収した。回収率は森林組合 82％，事業体 26％の計 35％であった。林業就業者調査では，現業従業員調査票を 9 森林組合 109 人，14 事業体 71 人の計 23 事業体 180 人，経営者・内勤職員調査票は，10 森林組合 45 人，10 事業体 17 人の計 62 人から回収した。

(35) E. Ostrom の山中湖村の入会地の事例は，M. A. McKean（1986）の分析に基づいている。

第1章
現代日本の森林管理と林政

　林野庁の基軸施策のうち手元にあった治山・林道・造林，保安林，森林計画，森林組合の関係法令，通知を積み重ねるとそれだけでも6,000頁を超える。これらに自然公園や鳥獣保護，土地利用などの関連分野を加えた通達，通知が地方分権改革により「法的拘束力のない技術的助言」に過ぎなくなったとはいえ，行政組織における意思決定に決定的影響を与えている。
　不確実性に柔軟に対応できる森林管理の枠組みと地域で意味のあるシンプルな制度は，どのような条件下で形成，発展させることができるのであろうか。

第1章　現代日本の森林管理と林政

第1節　日本林政と地域森林管理・利用規制

1　戦前期林政の経路依存性と林務組織

(1) 戦前期林政の重大局面と担当官

　第1章では，第1節の日本林政と地域森林管理・利用規制の現状とともに第2節の自然公園法による施業規制と森林所有者の対応を秩父多摩甲斐国立公園と阿寒国立公園の事例から分析し，第3節では森林認証の国際展開と日本の対応を検討する。つまり，国有林官庁・林野庁を主導的アクターとする日本林政の特徴と基軸施策の運用から現代日本の森林管理問題と林政を位置づけ，第2章の山梨県有林における森林管理の展開を規定した国の林政の枠組みと第3章のスイスの森林管理制度と政策形成過程の相違点を把握する。

　第1節では，戦前期林政の重大局面と主導的アクターとしての官僚・担当

表1-1-1　戦前期日本林政の展開過程

時期区分		年次	法制度・政策
近代林政形成期	官民有区分期	1873	官林の無制限払下政策の保護政策への転換
		1876	山林原野の官民有区分（〜81），内務省山林局設置（79）
		1881	農商務山林局，東京山林学校設置，森林法草案を提出，廃案（82）
		1885	宮内省御料局設置，御料林編入
	整備期	1886	北海道国有林を道庁に移管，大小林区署制，市制・町村制公布（88）
		1889	憲法公布，御料林大面積編入，日清戦争（94-95）
		1897	第1次森林法，河川法，砂防法制定，吉野林業全書刊行（98）
官林経営展開期	経営着手期	1899	国有林野法，国有土地森林原野下戻法，特別経営事業開始，文官任用令改正
		1904	日露戦争（-05），前田正名阿寒湖畔山林の払下げを受ける（06）
		1907	第2次森林法制定，帝室林野管理局官制公布
		1909	公有林野整理事業が本格化，日韓併合（10），山梨県に御料林を下賜（11）
		1911	第1期森林治水事業，朝鮮森林令，樺太国有林野産物特別処分令
		1914	第1次世界大戦（-18），シベリア出兵（18），台湾森林令公布（19）
		1920	国際連盟発足，公有林野官行造林法
		1921	興林会設立・技術者運動，特別経営事業終了，南洋庁官制公布（23）
	「経営」拡大期	1924	帝室林野局に改称，営林局署官制，農林省・商工省を分離
		1926	山林所得に五分五乗法採用，林業共同施設奨励規則，世界恐慌（29）
		1929	拓務省設置，国有林択伐・天然更新汎行，造林奨励規則，木材関税引き上げ
		1931	満州事変，国立公園法公布，王子製紙，富士製紙・樺太工業を合併
		1939	国家総動員法（38），森林法改正（森林組合制度，私有林施業案監督）
		1941	第2次世界大戦（-45），木材統制法制定，臨時植伐案，国有林決戦収穫案（44）

注：制度・政策欄の（　）はスペースの関係で行を統合して示した項目の年次を示す。

52

官の関与を概観し，それに続く戦後林政における制度変化と基軸施策の制度化過程を検討する。表1-1-1に戦前期日本林政の展開過程を2期4段階に分けて示した。近代林政形成期は，明治維新から官林の無制限払下げ政策の転換と官民有区分，山林局・御料局設置に至る官民有区分期（1868～1885年）と大小林区署制の導入から第1次森林法の制定に至る整備期（1886～1898）に区分できる[1]。

官民有区分期には，官林の無制限払下政策が転換され，山林原野の官民有区分が行われ，農商務省山林局及び宮内省御料局の設置により国有林・御料林経営の展開基盤と管理組織が整備された。

整備期に入り国有林では1886年に大小林区署制が公布され，1889年に北海道・沖縄を除く全国官林の農商務省直轄化（16大林区署・192小林区署・152出張所）が完了する。御料林では1889年の明治憲法の制定と同時に内地官林160万ha・北海道官林200万haの御料林編入が行われた。1897年に河川法，砂防法とともに日本で最初の第1次森林法が制定され，近代林政形成期から官林経営展開期に移行する。

萩野敏雄（1999）は，第1次森林法が制定された1897年を「近代林政元年」と位置づけ，「『士農工商』の林業版である『帝（御料）・国・公・私』といった林野所有序列の強化過程」を指摘している[2]。日本の林野行政組織は，明治期に「官林」営林組織として形成され，御料林・国有林経営の展開を最重点課題とした点が，その後の日本林政の展開や林務組織，林野官僚の思考様式に決定的な影響を与えた。

1897年の第1次森林法の制定は，1894年に高橋琢也が森林法調査委員を命じられ，翌95年5月から97年8月まで山林局長を務め，第1次森林法の制定に尽力した。後年，1907年の森林法改正や国有林野法の制定，国有林野特別経営事業の創設に貢献した村田重治（当時，山林局課長）に関しても「森林法制定に関しては終始高橋琢也が非常に努力したが，高橋と共にこれに尽した村田の功績は高橋と並べ讃えてよいと思う」[3]とされる。

高橋琢也（1890）『森林法論：全』の冒頭「自序」で「凡ソ法律ヲ制定セントスルニハ…憲法ニ遵リ，歴史習慣ト風俗民情トヲ稽擦シ，内ハ政治経濟ノ状況ヲ案シ…而ル後人民ノ程度ト利弊ノ及ブ所トヲ審究シ，之ニ適スル條

第1章　現代日本の森林管理と林政

章ヲ立ツルヲ要ス」とし，「机上ノ案定ニ係リ」起草することを戒めている
[4]。高橋が 1889 年森林法の成立後に山林局長を依願免官となった後の想い
が込められた一文である [5]。高橋の『町村林制論』における「今マ自治分
権ノ制度ヲ普及セント欲スレバ第一ニ町村共有ノ財産無ナクンバアル可カラ
ズ」[6] という一文に込められた想いとは対照的な高橋の退任後の日露戦争
後の日本の現実は，当時の主導的アクターの想いをも押し潰していくことに
なる。1899 年には文官任用令の全部改正により自由任用となっていた勅任
官の任用の 3 等在職奏任官等在職者に限ることとなり [7]，以後官僚制が確
立し，高橋琢也のような山林局長が就任する途は閉ざされる。

　1907 年の森林法改正は，久米金弥山林局長，松波秀實・村田重治らによ
り公有林・社寺有林の施業案監督と森林組合制度の創設が行われる。しか
し，昭和初期に林道，造林補助が導入され，1939 年の森林法改正による施
業案監督と森林組合制度の改正まで私有林政策の本格的な展開に至らず，
1941 年の木材統制法の制定以降は戦時体制に組み込まれ，森林組合の組織
化や施業案監督が私有林経営の確立として実を結ぶことはなかった。

　萩野敏雄（2000）は，国有林に関する重要施策として，松波や村田など山
林局における特別経営事業の企画・推進担当者 6 名の名前を挙げ，「こんに
ちみられるところの国有林経営の原形は，ほぼこの時期にできあがったので
ある」とこの項を結んでいる [8]。同特別経営事業案の閣議決定及び帝国議
会審議の過程では，土倉庄三郎（奈良県川上村）から国有林の縮小と地元公
有林への分与を内容とする反対意見書が提出され，松方正義農商務大臣によ
る山林局案支持と山縣有朋総理大臣の裁定により閣議決定に至り，議会審議
においても瀬戸際でようやく成立した経緯を萩野は同時に明らかにしている。

　村上富士太郎山林局長のもとで 1939 年の森林法改正の改正案作成を命じ
られた太田勇治郎は，後日，この森林法改正に関して「立木資産を経営資産
としていつも保持しているような林業に誘導すること目指したものであった
…戦後 GHQ のアメリカ軍閥の森林官はこれを鬼の首をとったように非難し
て，この民主的森林法を否定して国の一方的計画により統制を行なうという
逆行的非民主主義法制に変えてしまった」と記している [9]。

　その太田勇治郎が 1938 年に早尾丑麿が業務課長に就任した当時の山林局

54

と早尾課長の働きぶりを次のように記している。「国有林産物の処分に異常なほどの興味を示し，統制経済情勢の進展に伴って大口払下げについては事業家と直接折衝し，その結果を営林局長に指示するという方式により中央意志の徹底を図った。…また同課長の活動はその最も得意とする人事であった。それが当初は満州要員，これについで南方要員が加わり，林業技術者全般に大きな出入りの波が発生するようになった…裏ではまた軍部政界などに対して政治的働きかけをしていたらしく獅子奮迅の活動といってよかった」[10]。

第2次大戦後，皮肉にも戦前期林政が精力を傾けた御料林と植民地林業が消滅し，林政統一により林野庁に国有林営林組織と民有林行政が一元化された。日本林政の前半の70年は，民有林を中心とした地域森林管理の実践が蓄積され，それが林政や林務組織に反映されることなく戦後を迎える。

(2) 官林経営展開期の「経営」展開

官林経営展開期は，国有林野法の制定と国有林野特別経営事業（以下，特別経営事業）の開始からその終了までの経営着手期（1898〜1921），営林局署制の導入と植民地林業の展開，戦時体制下での増伐，敗戦に至る「経営」拡大期（1922〜1944年）に区分できる。経営着手期には，1899年に国有林野法が制定され，特別経営事業が開始され，日露戦争後，樺太，朝鮮，台湾における国有林経営と公有林野整理，公有林野官行造林事業が林政の中心を占めた。第2章で分析する山梨県有林は，こうしたなかで1911年に御料林が山梨県に下賜されたのを起点としている。

日露戦争後は，台湾，樺太，朝鮮，南方の植民地林業への関心が高まり，林業技術者・技官の関心は，御料林・国有林と植民地林業に注がれる。松波秀實（1919）『明治林業史要』は，1922年まで山林局林務課長，特別経営課長の要職にあった林務官による1,100頁を超える大著である。第1編 総説（5頁），第2編 林政（372頁），第3編 国有林野ノ経営（653頁），第4編御料及民有林野ノ経営（51頁）から構成され，当時の山林局幹部が考えていた林政の対象領域と政策ドメインがそこに如実に反映されている。第2編の「林政」の内容は，第1章 森林行政機関，第2章 営林ノ監督，第3章 治水事業，第4章 林野ノ整理など14章から構成され，国による営林監督と治

水事業，国有林・御料林・公有林野の整理統一が重視されている[11]。

松波秀實（1924）『明治林業史要 後輯』では，第1編 林政（151頁），第2編 国有林野ノ経営（52頁）とともに第3編 北海道及ビ新領土ニ於ケル森林経営として，北海道，樺太，台湾，朝鮮（54頁）が新たに加わり，第1編 林政では，治水事業と公有林野整理及び官行造林とともに国有林野ノ経営における特別経営事業の終了により，第3編の北海道及ビ新領土ニ於ケル森林経営に関心が移行している。

1899年の国有林野法の制定と特別経営事業の開始により国有林経営が本格的に開始され，御料林・国有林の経営組織と帝国大学以外に高等農林専門学校に林学科が設置される。戦前の技術者運動は，民有林技術者や現場労働者と無縁な国有林官僚の運動としての限界を持ち，戦後，林政統一により国有林経営を基軸とする林野行政組織にそれが継承される。

特別経営事業を27年間担った松波課長の退官当時を知る太田勇治郎は，「わが国林政の創建期は国有林特別経営事業の終了，公有林野官行造林制度の開始で終始したわけだが，…ここで林区署制までも変革されるに至った。この改革のもつ意義は極めて大きい。何となれば『大小林区』という表現は林業経営の経営体（独立経営単位）を意味し，林区署はその経営事務所たることを表示するものであった。…わたしはこの改正を見て愕然とした。これは国有林経営の何であるかを理解しない農商務事務官僚の独断的処置であろうと解して慨嘆せざるをえなかった」と回想している[12]。

1921年の特別経営事業の終了と1924年の農林・商工省の分離，営林局署官制の導入により「経営」拡大期に移行し，国有林では樺太，朝鮮，台湾国有林への資本誘致が行われ，住友・三井・片倉等の財閥と大地主層の朝鮮進出や樺太国有林材の王子製紙への年季特売が行われる。さらに戦時体制下の内地国有林では，1940年以降，木材統制を通じた山林局と軍部との関係が強化され，当時の山林局の様子を太田が回想しているように標準伐採量を上回る伐採と更新放棄が拡大した。

(3) 戦前期「地方林政」と林務組織

戦前期の「地方林政」に関しては，国有林や国の林政に比較して著しく研

56

第1節　日本林政と地域森林管理・利用規制

究や文献が少ない。公有林経営では，第2節で触れた東京都水道水源林や第2章で分析する山梨県有林とともに北海道有林が100年を超える森林経営の歴史を有している。

　北海道有林は，1906年の北海道地方費模範林の設置により国有林から18.8万町歩の譲渡を受け，道庁に地方林業課と19森林監視員駐在所が配置された。1911年には国から道有公有林45万町歩の付与が決定し，林地区分の終了した森林から逐次編入が行われ，1922年に編入を完了し，模範林と合わせ64万町歩となった。戦時下の1942年に林務組織改革の一環として，地方林課を解消し，国有林の各営林署管轄下に統合された時期があったが，1947年の地方自治法の制定に伴い北海道地方費模範林を北海道有林，翌48年に地方林課を道有林課に改称した。

　都道府県林務組織は，1898年に岐阜県が林務を所管する独立の課を設けたのを嚆矢として，山梨県や1911年の森林治水事業の創設により岩手県，宮城県，栃木県，長野県，滋賀県，徳島県，愛媛県で独立の課を設置し，その他の府県においても専門の技師を置き，林務を処理するようになった[13]。

　第2章で検討する山梨県では，1871年に租税課所管（縣治条例），1875年に第2課勧業（府縣職制事務章程），1876年に地理課（内務省達第22号）を経て，1902年に林務専課第6課設置，1905年に林業課設置，1907年に林務課設置，1911年に内務部恩賜県有財産管理課を新設，1918年に林務課と恩賜県有財産管理課を統合し，山林課設置というめまぐるしい経過をたどっている[14]。

　堀田英治（1924）『地方林政及林業』は，戦前期の地方林政を扱った数少ない図書であるが，国の施策の県及び市町村段階での実行に重点を置いた「地方林政」がそこでは記述されている。著者の堀田は大林区署・山林局に奉職し，その後，福島県山林課長を10有余年務めたが，地域独自の政策課題に対する記述は乏しく，第1章 国有林野に関する事項（42頁），第2章 公有社寺有及私有の林野に対し森林法の規定に関する事項（24頁），第3章 一般民有林野に対し指導奨励に関する事項（89頁）の3章から構成されている。第3章は「地方林政上最も重要なる意義を有する部落有林野の整理統一について」，「町村有林野に政府の官行造林又は府県直営の造林施行を必要

57

とする理由及其方法について」など 15 節から構成される。

　戦前期の 70 年に日本の林業技術者・官僚が精力を傾けた国有林・御料林と植民地林業が戦後まで「経営」の持続性を持たなかった点は，戦後の林政統一により成立した林野庁・官僚を通じて，戦後林政の枠組み形成にも反映されることになる。

2　戦後林政と基軸施策の制度化過程

(1) 戦後林政の施策粘着性と政策ドメイン

　戦後，日本林政は 1947 年の林政統一と 1951 年の森林法制定により行政組織と林野公共事業（治山，林道，造林）に関する根拠法が定められた。1951年の森林法改正に関して，当時の事務官武田誠三経済課長は，「その当時，森林法の改正の作業をしていて，私どもが非常に強く感じたことは，時間が足りなかったということ，そのために手をつけて然るべきではないかと思ったことをそのまま残してというか，あまり深い検討をせずに残したということです。例えば，保安林の部分はそうです」と連合軍総司令部（GHQ）からの勧告と山林解放についての懸念や林業団体の体制維持を考慮しつつ，短期間に法案作成が行われた様子がうかがえる[15]。

　森林計画制度は，連合軍総司令部（GHQ）の指令に基づき 1951 年の森林法で伐採許可制と都道府県による森林区実施計画による伐採規制が採用された。しかし，その空想的実験は 1962 年の森林法改正により廃止され，現行の全国森林計画と地域森林計画が創設された。さらに 1968 年の森林法改正で森林施業計画，1974 年改正で団地共同施業計画が創設され，行政計画と所有者拘束的な森林施業計画を接合しようとする企てが現在まで続き，連年経営を基盤としない補助金獲得のための森林施業計画・森林経営計画の樹立へと漂流を続ける。

　終戦から林業基本法制定までの戦後再編期に戦後林政の基軸 5 施策（国有林・保安林・森林計画・森林整備・森林組合）に対応した法制度と予算措置が構築され，戦前期に「地方林政」と称された都道府県行政も拡大造林の推進や地域森林計画の樹立を契機に職員体制や出先機関が整備された。

第1節　日本林政と地域森林管理・利用規制

表1−1−2　戦後林政期林野制度と自然保護・環境政策の展開

時期区分・年次		法制度・政策
戦後再編期	1945	ポツダム宣言受諾、国土総合開発法、日本国憲法公布 (46)
	1947	林政統一、国有林野特別会計法、技官長官制構築、特別都市計画法
	1951	第3次森林法制定、農地法 (52)、町村合併促進法 (53)
	1954	土地区画整理法、北海道国有林の大風倒被害、林道規程告示 (55)
	1957	国有林生産力増強計画、森林法改正、自然公園法、地すべり等防止法 (58)
	1959	国有林野経営規程改正、対馬林業公社の設立、治山治水緊急措置法
	1961	木材増産計画、林業の基本問題と基本対策、水源林造成事業の創設
	1962	森林法改正 (全国・地域森林計画)、都市計画合併助成法 (63)
基本法林政期	1964	林業基本法制定、森林開発公団法改正 (スーパー林道開設を業務追加) (65)
	1966	入会林野近代化法、古都保存法・首都圏近郊緑地保全
	1968	森林法改正 (施業計画)、新都市計画法、農振法・急傾斜地法 (69)
	1971	環境庁設置、国有林における新たな森林施業
	1972	自然環境保全法、都市緑地保全法 (73)
	1974	森林法改正 (林地開発許可制度等)、国土利用計画法制定、生産緑地法
	1978	国有林野事業改善特別措置法 (84, 87, 91年改正)、森林組合法
	1980	ラムサール条約、緑のマスタープラン制度創設 (81)
	1983	分収造林特別措置法改正 (分収育林制度と森林整備法人の法制化)
	1984	林野庁長官に事務官就任 (次長設置)
	1985	都市緑化推進計画の制度化、水源税、森林・河川緊急整備税 (86) 構想
	1991	森林法改正 (流域管理)、種の保存法 (92)
	1993	環境基本法、生物多様性条約発効 (93)
	1994	都市緑地保全法改正 (緑の基本計画)、農山漁村滞在型余暇活動促進法
	1996	林業労働力確保促進法、京都議定書 (97)
	1998	国有林野事業改革特別措置法等、森林法改正、地方分権一括法 (99)
基本政策期	2000	都市計画の自治事務化、自然災害防止特措法、過疎地域自立促進特措法
	2001	森林・林業基本法、森林法改正、水産基本法、都市緑地保全法に改称
	2002	自然再生推進法、自然公園法改正、社会資本整備審議会報告 (緑地保全)
	2003	森林法改正 (森林整備保全事業計画)、自然公園法改正、「緑の雇用」事業の創設
	2004	森林法改正 (特定保安林制度)、景観法、都市緑地法・都市公園法改正
	2005	国土形成計画法に改称、海洋基本法 (07)
	2009	森林・林業再生プラン公表、自然公園法改正 (「生物多様性の確保」追加) (10)
	2011	森林法改正 (森林経営計画等)
	2012	国有林野管理法等改正、生物多様性地域連携促進法
	2013	国有林野事業の一般会計化、COP21パリ協定採択 (15)
	2016	森林法、森林組合法、木材安定供給確保特措法、森林総合研究所法等改正
	2017	森林吸収源対策に関する財源確保についての検討

時期区分・年次		林野庁本庁組織 (民有林関係) と主要事業の創設
戦後再編期	1945	山林局、造林課、林産課、公共補助造林 (46)
	1947	施業課、治山課、林野局→林野庁 (49)
	1951	研究普及課、経済課、調査課、施業課→計画課 (49)
	1954	保安林整備臨時措置法、林道課 (52)、経済課→森林組合課 (53)
	1959	治山治水緊急措置法、自然公園区域内における森林施業について
	1961	森林組合合併奨励事業 (60)、林業協業促進対策 (61)
	1962	森林組合合併助成法 (63)
基本法林政期	1964	第1次林業構造改善事業 (65-74)
	1966	調査課廃止 (67)
	1968	団地造林・計画造林 (68)、入会林野整備促進事業 (69)
	1971	企画課、森林保険課
	1972	第2次林構事業 (72-85)
	1974	団地共同施業計画、木材需給対策室、森林保険課→森林保全課 (75)
	1978	特用林産対策室、森林総合整備事業 (79)
	1980	地域林業対策室、間伐対策室 (81)、間伐促進総合対策 (81)
	1983	水源地治山対策室、新林構事業 (80-94)、林道課→基盤整備課、森林保全課 (85)
	1984	海外林業対策室、木材需給対策室→木材流通対策室 (86) →木材流通課
	1985	「森林整備方針の転換」に伴う補助体系再編 (87)
	1991	林業雇用改善促進事業、林業労働力育成確保対策
	1993	林業労働対策室、山地災害対策室
	1994	林業山村活性化林構事業 (90-98)
	1996	間伐対策 (公共移管94)、木材貿易対策室 (95)
	1998	経営基盤強化林構事業 (96 - 02)
基本政策期	2000	林産課・木材流通課→木材課、森林組合課→経営課 (01)、基盤整備課→整備課
	2001	森林保全課、森林間伐対策室、森林総合利用・山村振興対策室
	2002	林業・木材産業構造改革事業、確立林構事業 (00-03)
	2003	「緑の雇用」事業の創設
	2004	研究・保全課、森林保全推進室 (05)、新生産システム推進対策 (06)
	2005	施工企画調整室、木材課→木材産業課・木材利用課 (06)
	2009	緑資源機構官製談合事件 (07)
	2011	森林整備加速化・林業再生事業
	2012	森林環境保全直接支援事業
	2013	森林利用課、研究指導課、木材製品技術室、山村振興・緑化推進室
	2017	森林総合研究所を森林研究・整備機構に改称

注:( ) は, スペースの関係で行を統合して示した年を示し, アンダーラインは森林法以外の制限林の許認可に関連した法令を示す。

第1章　現代日本の森林管理と林政

　基本法林政期に入ると1964年の林業基本法の制定を契機に林野公共事業とともに非公共の花型事業として，農業構造改善事業と横並びで林業構造改善事業が第1次，第2次，新林構，経営基盤強化林構，確立林構と通算40年近く実施された。しかし，2015年センサスの把握した林業経営体の経営実態を林産物販売，林業従事者を指標にすると8.7万林業経営体のうち，林産物販売300万円以上2,508，常雇雇入経営体3,743に過ぎず，事業所・企業統計調査の事業所に該当する経営要件を有する林業経営体は極めて少なく，林業構造の改善が効果的に行われたとは言えない[16]。

　2001年の森林・林業基本法の検討過程では，別の制度的枠組みの「持続的森林経営基本法案」が検討されたが，同法案の内閣法制局の法案登録説明直後2週間程度で法案の内容が変更され，最終的に現在の森林・林業基本法に落ち着いたといわれる。以上は林野庁にも持続的森林管理の確立は，林業だけでは達成できないという現状認識が存在したが，農業・水産業と比較した基本法の名称や数値目標が当時の政権与党の自由民主党から問題視され，当時の担当事務官の杉中淳（2004）によると「あくまで林業を通じた森林管

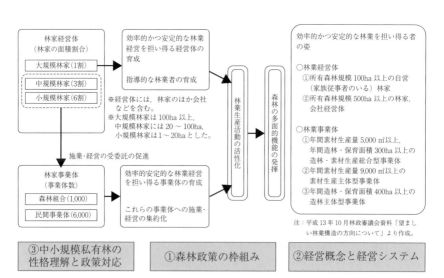

図1-1-1　森林・林業基本政策の枠組みと論点
資料：志賀和人（2016）『森林管理制度論』，305頁から引用。林野庁が林政審議会に提出した元資料に①～③の論点を加えた。

理が本筋」とする選択がなされた[17]。

　この結果，21世紀以降も日本林政は「森林の多面的機能の発揮」を自ら行政組織の責任で実現するのではなく，「望ましい林業構造の確立」による「林業生産活動の活性化」を通じてそれを実現することを目指し，補助事業による誘導施策を展開した。先進国の森林法体系は1990年代以降，開発規制や環境法的側面の強化に転換し，政策目的や政策対象，政策手法が大きく変化している。日本は現在も森林整備と林業振興を主眼とする1951年森林法体系をこれまで14次にわたる一部改正を繰り返しつつ保持し，森林・林業基本政策や再生プランにおいても保安林・森林計画制度と林野公共事業（治山，林道，造林）の枠組みが維持され，政策ドメインも木材産業というサブドメインを付加するにとどまり，その政策手法と基軸施策は維持された。

　その結果，図1－1－1に示した森林・林業基本政策の基本理念と政策は，以下の特徴を持ち，21世紀以降の森林管理に関する国際潮流からの乖離を深めた。

　第1に「望ましい林業構造の確立」による「林業の持続的かつ健全な発展」を通じて「森林の多面的機能の発揮」を実現するという政策的枠組みが維持され，林業以外の管理手法は排除された。

　第2に「望ましい林業構造の確立」は，「効率的かつ安定的な林業経営を担い得る経営体の育成」と「同事業体の育成」により実現する方向が強まり，林業事業体の育成は，中小規模林家からの施業・経営の受委託の促進による森林組合・民間事業体への施業・経営の集約化により実現することとされた。

　基本政策のこうした枠組みは，①経営概念と経営システムにおける経営単位，経営組織，財務管理不在の経営概念による育林投資の長期非流動性と不確実性の軽視，②林業生産活動の活性化により森林の多面的機能の発揮を実現するという制度的枠組みの限界性と国際的潮流との乖離，③中小規模私有林の性格理解と団地化・施業集約化による利用間伐を主体とする素材生産拡大の限界性を持った。

　現在も日本では農林水産省の事務官以外のアクターが国の森林法制の形成に主導的に参加し，法制度を実践的に洗練させていくことは，当面，期待で

第1章　現代日本の森林管理と林政

きない。しかし，戦後70年を経過し，地方分権改革や持続可能な社会の構築に向けた分野横断的な政策連携が進展するなかで，高橋琢也が戒めた「机上ノ案定ニ係リ」起草した法令や施策が執行過程でどのように運用され，地域実態と乖離した無意味な制度となっているか。それをどのように改善，是正することができるかという論点は，森林管理制度研究の重要な論点と課題となろう。

(2) 戦後再編期：戦後林政の枠組み形成と国有林

戦後林政期の70年は，戦後再編期，基本法林政期，基本政策期に区分できる。終戦後における最も大きな変化は，萩野敏雄（1996）が指摘するように樺太，朝鮮，満州等の植民地を失い，戦前と比較して林野面積が52％に減少した点である[18]。1947年に林政統一により農林省所管の国有林413万haとともに御料林（宮内省帝室林野局所管129万ha）と北海道国有林（内務省北海道庁所管243万ha）が農林省所管となり，国有林野特別会計法が成立し，技官長官制に移行する。

萩野敏雄（2007）は，山林局の誕生から続いた事務官局長から技官局長の誕生をもたらした要因を「直接的には，革新官僚であった和田博雄・農林大臣の登場があげられる。新聞記事にもあるとおり，強大なGHQの意向をもってしても，省内特権事務官の抵抗によりそれまで実現しなかった，いわば懸案事項を処理したからである。そして間接的要因としては，高文事務官支配人事へのGHQの不満と，その間の弊害を公にした英字新聞があげられよう。それらの底流には，もちろん占領政策に不可欠の，木材の増産と流通円滑化への強い要求があった」としている[19]。

1951年には第3次森林法が制定され，林野公共事業の展開による林野庁・都道府県の民有林行政組織と林業財政の基礎的枠組みが形成され，森林法制と基軸施策の再編が進行する。現在の林政の基底としての森林法制と林務組織，林野公共予算を中心とした財政構造が1950年代の段階に形成，制度化されたことは，その後の日本林政の性格を特徴づけた。

戦時体制下の早尾丑麿林務課長・作業課長の部下の四天王と称された三浦辰夫と柴田栄は，戦後，林野庁長官（1947～51年及び1952～55年）や国

有林野部長・業務部長の要職を務め，植田守は施業課長・初代計画課長及び全森連会長，野村進行は業務課長，名古屋及び秋田営林局長を務めた。第2次大戦後の GHQ による戦後改革とともに施策段階では，戦時体制下の山林局技官の林政イデオロギーが戦後林政に反映した。戦後，退官後の早尾丑麿 (1963)「日本林業の在り方」では，「民有林林制の将来」を「我国の森林及び林業（広義に於いて木材業，製材業，木工業等も包括させる）は原則として国有及び国営主義に則り，国家の策定する計画経済依り運営されるものとする」と記している [20]。それは個人的見解とのみ言い切れない技官の「信念」として，現在も生きているのかもしれない。

　国有林では 1957 年の国有林生産力増強計画と翌 58 年の国有林経営規程の改正により，改良を要する林分について成長量を上回る伐採を認め，国有林経営計画の単位を営林署に対応した経営区から営林署を超える経営計画区に拡大し，従来の作業級に代わり経営計画区内に施業団を設定した。それは林野庁・国有林が理念的にも「林木収穫の保続」と決別した瞬間であった [21]。さらに 1961 年の木材増産計画では，植栽密度の増加や林地肥培，育種の効果等による見込み成長量を見込んだ「新生林分収穫表」が作成され，許容伐採量を水増しした増伐が展開され，国有林の経営方針が民有林施策にも水源林造成事業の創設や拡大造林施策として貫かれていく。

　戦後再編期には，1951 年の第 3 次森林法の制定を起点に現在の林政の枠組みと国・都道府県の林務行政組織，財政構造が形成される。農地改革により地主的農地所有が解体し，自作農となった農林家の余剰労働力は，造林補助金を利用して，薪炭林や農用林の伐採跡地の拡大造林に投下された。林野公共事業を起点に拡大造林の推進を基調とする政策理念が民有林政策に定着し，都道府県の財政的・政策的な国家政策への依存体質が形成される。都道府県の行政組織は，当初，地方自治法により局部組織の名称や所管事務，設置数が規定され，その後 1952 年改正で標準局部例が例示され，都道府県の意向や状況に応じた組織編成が基本的に認められたが，都道府県はその後も「自己制約的」に組織改革に対応した [22]。

　1950 年代半ばになると戦後復興や戦後改革が一段落し，「林業の産業化」や「資源政策から経済政策へ」が林政のスローガンに掲げられ，樺太等の原

第1章 現代日本の森林管理と林政

料供給地を失った紙・パルプ産業はパルプ材供給の増加を「経済政策への転換」に求めた。1960年代に入ると外材輸入が増加し，製材用材は1969年，パルプ用材も1973年に国産材率が50％を下回る。政府は港湾整備10カ年計画に木材港湾整備を織り込み，林野庁は臨港部木材工業団地の形成に乗り出し，外材製材を伸長させる契機となる。

(3) 基本法林政期：国有林累積債務問題と構造政策

森林計画制度は，1951年の森林法による発足後，1957年の改正により普通林広葉樹を伐採許可制から届出制に移行し，1962年には都道府県が伐採許容限度と造林箇所を年度計画で定める森林区実施計画が廃止された。普通林の伐採が届出制に改められ，保安林に指定施業要件が定められる。保安林の施業管理は，所有者の経営の一環としての経営判断ではなく，行政の定める指定施業要件に準拠する制度的枠組みがこれにより誕生した。

1960年の林業の基本問題と基本対策答申では，林野行政に農林水産行政の組織規定性が刻印され，現在に至る農政鋳型林政が形成される。萩野敏雄（1996）は，その検討審議過程を「総指揮者である小倉武一・大臣官房審議官の強烈な問題意識に根ざしたもので…農業先行としたため林業・漁業の本格審議はあと回しとなり…実質的には『小倉武一・横尾正之』の2名によって進められた」としている[23]。当時，林政課事務官として，林業問題調査会事務局と基本問題調査会事務局を兼務していた関口尚は，後年，「本答申は専ら，調査課長の横尾正之氏の執筆によるものである。氏の論理的潜在能力の高さが遺憾なく発揮されていた。氏はもともと内務官僚の俊英であったが，東畑四郎氏が注目して農林省に引っぱってきた経緯があるらしい。…基本問題調査会事務局長の実力者・小倉武一氏は，調査会等の諸々の会議において『横尾さんがそう考えられるならそうなんでしょう』と発言し，横尾課長を支持してくれた」と記している[24]。

農林水産省における政策形成や法律改正における事務官の主導性や農政の枠組みをそのまま林政に移行させる手法は，林業基本法や度重なる農協法と森林組合法改正及び食料・農業・農村基本法と森林・林業基本法の策定過程においても基本的に貫かれる。基本法林政期には，民有林における経営主体

第1節　日本林政と地域森林管理・利用規制

像が林業の基本問題と基本対策答申の家族経営的林業から「森林組合協業」へ移行し，林業構造改善事業により森林組合の資本装備の充実が図られ，地元農家等の兼業労働力の森林組合作業班への組織化が進展した。

1970年代に入ると国有林の天然林伐採に対する自然保護運動の展開や経営収支の悪化を背景に1972年に「国有林における新たな森林施業」が通達され，1987年の国有林野事業改善特別措置法により一般会計からの繰り入れと国有林野事業の合理化による収支均衡が最優先課題となる。

図1－1－2に国有林経営と債務増加に関する周辺事情を示した。国有林野事業は1974年に134億円の赤字を計上し，1976年以降，財政投融資資金（年利7～5％）の借り入れを行い，1998年までに4.3兆円（借換は除く）が造林・林道，退職手当等の使途に充当された。松形祐堯（2007）「戦後林政の断面と国有林への財投導入前夜」では，当時の林野庁長官による大蔵省と林野庁，農林政務次官等の政治家の関与が実名で記されている[25]。国有林野事業の累積債務は3.8兆円に増大し，1998年の国有林野事業の改革のための特別措置法（以下，国有林野事業特別措置法）等の制定による「抜本的改革」に至る。その過程で国有林野事業特別会計だけでなく，林野一般会計予算における国有林関係予算枠の拡大による民有林予算への圧迫や国有林の都合に併せた民有林施策の執行などその影響は大きかった。

林野庁（2011）林政審議会国有林部会配布資料では，国有林野事業の長期借入金累増の要因を「円高の進行による国産材の競争力の低下のほか，①成長量を超える伐採を長期間実行したことによる資源的制約，②拡大造林からの方針転換の遅れ，③事業規模の縮小と要員規模の縮小の遅れ，④事業方針の転換に比べての一般会計からの繰入の拡大のテンポの遅れ，⑤林業利回りを上回る長期借入金に依存したことによる利払いの増高等」とし，外的環境変化と対応の「遅れ」に主たる要因を求め，日本の人工林経営システム自体に内在する当然の帰結とは考えられていない。そのため，明治期以来の日本林政の経路依存性や戦後林政を主導した林野庁「経営」主義林政に内在する当然の帰結としてそれを認識し，その転換を求める意見は提起されなかった。

造林施策は，1960年代後半以降，中小規模林家の自家労働による造林に対する補助事業から公社造林や受託造林の推進に転換され，1979年の森林

65

第1章　現代日本の森林管理と林政

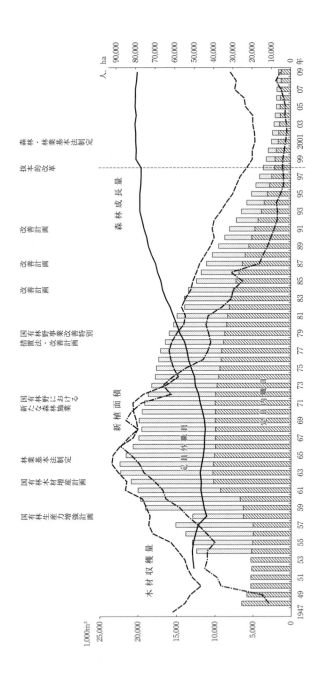

図1-1-2　国有林経営と債務増加に関する周辺事情

資料：林野庁（2011）「国有林の歴史・現状と今後の課題」13頁による。上部の周辺事情の説明の一部と民間委託率の記述及び一般会計からの操入等に関するグラフは削除した。

総合整備事業，1981年の間伐促進総合対策の創設により造林から間伐に至る補助対象の拡大と補助率の向上が図られた。1980年代に入ると1981年に林野庁造林課に間伐対策室が設置され，1994年には間伐事業が公共事業に移管される。

1986年の林政審議会答申「林政の基本方向：森林の危機の克服に向けて」（会長：武田誠三，当時：日本銀行政策委員会委員）を契機に拡大造林施策を最終的に転換し，多様な森林整備を進める「森林整備方針の転換」が打ち出される。これにより森林整備の目標とされた複層林の造成や天然林施業，広葉樹林の造成は，公有林等で試験的に導入されたが失敗例も多く，民有林の現場では針葉樹育成単層林を対象とした間伐が森林整備の主体となる。この時期に同方針が打ち出された背景には，国有林の経営再建のために森林整備における公益性重視を打ち出す必要があり，民有林における実践や技術的背景を欠いた政策転換がこのタイミングで実行された。

1990年代に入ると「高性能林業機械」の導入とそれに対応した団地化を進め，利用間伐を推進する新たな間伐システムが模索される。この頃から36年生以上の間伐補助対象林齢を超える人工林が増加し，森林所有者も緊急の必要がない限り主伐を控える傾向が強まる。2000年代に入ると間伐対策は地球温暖化対策に組み込まれ，間伐実施面積は2000年度の30万haから2010年度には56万haに増加する。

(4) 基本政策期：「経営」主義林政の孤立化と地方分権

2001年の森林・林業基本法の制定を契機に基本政策期に入る。同法第8条（林業従事者の努力の支援）に従来からの「国及び地方公共団体は，森林及び林業に関する施策を講ずるに当たっては，林業従事者，森林及び林業に関する団体」と併せて「並びに木材産業その他の林産物の流通及び加工の事業（以下「木材産業等」という。）の事業者がする自主的な努力を支援することを旨とする」が加えられ，国産材産業に対する「支援」が本格化する。

木材産業対策として，従来の林業構造改善事業による協同組合方式の流通加工施設の設置から，2004年の国産材新流通・加工システム検討委員会，2006年の新生産システム推進事業によるモデル地域での製材・合板工場の

第1章　現代日本の森林管理と林政

　大規模需要者への素材供給体制の整備と加工施設に対する補助とともに森林整備加速化・林業再生事業や林業・木材産業構造改革事業により大型製材・集成材・合板加工施設が各地に設置された。これにより周辺地域の素材需要が変化し，素材生産と主伐・再造林の地域格差の拡大と造林未済地問題が顕在化する。

　林野庁の組織は，2001 年から指導部が森林整備部となり森林組合課は経営課，基盤整備課は整備課に改称され，2006 年の第 2 期森林・林業基本計画の開始に合わせて従来の木材課を木材産業課と木材利用課に再編し，木材産業対策を強化した。都道府県では，1990 年代から 2000 年代に林務行政組織の再編が行われ，従来の農林水産部や林務部から環境森林部等に再編された都道府県も多く，総合計画と結合した森林・林業基本計画の策定や森林環境税の導入による独自の森林整備事業が一定程度，展開した。

　2003 年度には「緑の雇用」事業が創設され，林業事業体に対する支援と新規林業就業者の研修教育が全国的に開始される。2011 年からは「緑の雇用」現場技能者育成対策事業により全国統一カリキュラムによる 3 段階（林業作業士，現場管理責任者，総括現場管理責任者）のキャリア形成目標が設定された。第 2 章の第 3 節では，山梨県の林業事業体と林業就業者の存在形態を踏まえて，その労働条件と現業従業員の性格を分析したが，年収 400 万円と現場班長からのキャリア形成の壁は，現在も越えられていない。

　2010 年の民主党政権下の森林・林業再生プランの発表を契機に切り捨て間伐から利用間伐の推進に森林整備施策の体系が転換される。2011 年の森林法改正により従来の森林施業計画を廃止し，森林経営計画と利用間伐の推進に重点化した森林環境保全直接支払制度が創設される。同事業の採択要件として，森林経営計画を樹立し，集約化・計画的な施業を行う者を支援し，間伐等は 5ha 以上の実施箇所をまとめて実施し，平均 10m^3/ha 以上を搬出することを条件とした利用材積に応じた助成措置に転換された。

　2011 年の森林法改正により森林経営計画と天然更新完了基準の導入により「適確な更新の確保を図る」措置がとられる。しかし，後述するように素材生産の拡大に対応した再造林の実行や循環経営の形成は容易に展望できず，2009 年の「林業公社の経営対策等に関する検討会」報告書による「林

業公社の存廃を含む抜本的な経営の見直しの検討」や2011年の国有林野管理法改正による国有林野事業の一般会計化など，戦後再編期に「経営」拡大を目指した国有林と公的「経営」の破綻が明らかとなる。国有林野事業は，2012年の「国有林野の有する公益的機能の維持増進を図るための国有林野の管理経営に関する法律などの一部を改正するなどの法律」により，2013年に特別会計から一般会計に移行するが，その帰結をもたらした組織や「経営」のあり方と「失敗の本質」が顧みられることはなかった。

　2016年の森林法等の一部改正では，森林法，森林組合法，分収林特別措置法，木材の安定供給の確保に関する特別措置法，国立研究開発法人森林総合研究所法の改正が行われた。森林法改正では，伐採後の造林の状況報告の義務化と市町村が作成する林地台帳の整備が規定され，森林総合研究所法改正では，水源林造成事業を附則業務から国立研究開発法人　森林研究・整備機構の本則に位置づけた。同時に2017年度の国庫補助・地方財政措置では，①林地台帳の整備の推進，②境界明確化等による所有者確定，施業集約化，③林業の担い手対策，④間伐等により生産された木材の活用等に関する補助・地方財政措置が拡充され，2018年度の税制改正の方向性を踏まえ，市町村が地方単独事業として森林整備を実施する経費に充てる財源として，森林吸収源対策の財源確保（森林環境税の導入）が検討されている。

　以上の戦後林政の制度的特徴を政策（policy），施策（program），事業（project）の三層構造として把握すると[26]，ジョン・C.キャンベル（2014）が「日本の予算編成システムは欧米の予算編成システムに比べて，ルーティン化されており，非政策的であり，毎年過去と同じ予算をつくりだす可能性が強い」と指摘するミクロの予算編成に関するウィルダフスキー・モデルの適合性が林業予算にも貫かれた[27]。つまり，林野行政においても治山・林道・森林整備・森林組合の基軸施策に関して，林野庁治山課，整備課，計画課，経営課（2001年以前は森林組合課）と各都道府県林務組織の森林保全課，森林整備課，森林計画課，林業振興課が事業執行組織として対応し，制度・組織の施策粘着性と林務予算の配分による政策形成のルーティン化が進展した。

　それは2001年の森林・林業基本法の制定のような戦後林政の重大局面に

第1章　現代日本の森林管理と林政

おいても政策理念や政策目的の革新を経て，施策や事業が新たに組み立てられるのではなく，国有林・保安林・森林整備・森林計画・森林組合の基軸施策は温存されたまま事業予算の確保に向けた施策の一部改正が繰り返され，「政策」に現代的装飾が施されても基軸施策の体系と対象は粘着的に維持された。林務行政組織においては，政策形成のルーティン化の定着により各地域における森林管理の実践に基づく施策革新的の政策形成ではなく，担当施策防衛的な予算確保と都道府県段階の無難な予算執行が林務職員の手腕発揮の主たる戦場となった。

3　基本政策による地域森林管理の限界性

(1) 森林資源の施業管理と主伐・再造林問題

　林野庁 (2014)『平成25年度森林及び林業の動向』は，「森林の多面的機能と我が国の森林整備」を特集し，「高齢級（10齢級以上）の人工林も523万haに上っており，木材等生産機能と地球温暖化防止機能の発揮の観点からは，これらの成熟した森林資源を伐採し，利用した上で跡地に再造林を行う「若返り」を図ることが求められる」と再生プランにおける長伐期・利用間伐至上主義からの路線変更を表明した[28]。

　同白書は，「国内の林業は，依然として，小規模零細な森林所有構造下，施業の集約化，路網整備，機械化の立ち遅れ等により，生産性が低い状況にある」から「森林資源が十分に活用されないばかりか，必要な間伐等の手入れや収穫期にある森林の伐採，主伐後の再造林等の森林施業が適切に行われず，多面的機能の発揮が損なわれ，荒廃さえ危惧される森林もある」と分析している。日本の人工林における主伐・再造林の動向は，同白書が指摘するように林業の生産性が規定的要因であり，人工林の「若返り」が生産性改善のみで解決できる問題なのか，その本質を解明する必要がある。

　図1-1-3は主要先進国の1ha当たり森林蓄積と素材生産量の関係をFAO (2010)『世界森林資源調査』により散布図にしたものである。ドイツ語圏諸国が森林蓄積300m³/ha・素材生産5m³/ha前後であるのに対して，日本は人工林率が高く，伐期に達した人工林も多いにもかかわらず単位面積

第1節 日本林政と地域森林管理・利用規制

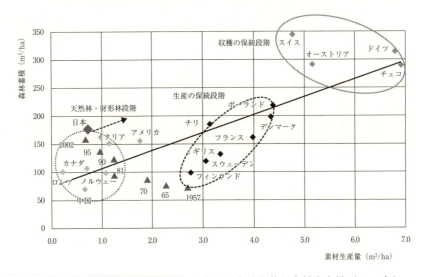

図1−1−3 主要先進国の1ha当たり森林蓄積と素材生産量（2010年）
資料：志賀和人編著（2016）『森林管理制度論』，2頁より引用。原資料は，FAO（2010）Global Forest Resources Assessment より作成。
注：▲は1957年から2002年の日本の推移，矢印は2011年基本計画の2020年目標を示す。

当たり木材生産量は0.7m^3/haと先進諸国のなかでha当たり素材生産量が最低の水準にあり，森林蓄積も186m^3/haにとどまっている。

同散布図から主要先進国は，①ドイツ林学の伝統に基づく経営単位ごとに標準伐採量を設定した連年経営が支配的所有主体で確立している「収穫の保続段階」のドイツ語圏諸国，②必ずしも経営単位ごとに標準伐採量を設定した連年作業が広範に成立しているわけではないが，育成林業が展開し，地域単位での安定的素材生産と更新が継続されている「生産の保続段階」の欧州諸国，③地形・自然条件における林業不利地域や天然林主体の育成林業後発地及び財形林が支配的な「天然林・財形林段階」の北米・東アジア・日本の3類型に区分できる。

2016年の森林・林業基本計画では，2011年の前計画に対して2020年森林蓄積210 m^3/ha・素材生産1.3m^3/ha，2025年同215 m^3/ha・1.6m^3/haと供給量目標数値の5年繰り延べによる下方修正がなされた。国産材生産量は2002年の1,509万 m^3 を底に増加傾向に転じているが，利用間伐の推進のみ

第1章　現代日本の森林管理と林政

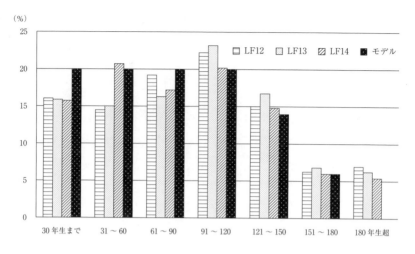

図1-1-4　スイスの森林齢級構成の変化
資料：WSL（2014）Schweizerisches Landesforstinventar（LFI2-4）
注：棒グラフは，左からLFI2（1993-95），LFI3（2004-06），LFI4（2009-13），モデル（目標）を示す。

で同計画の達成や齢級構成の平準化が実現できないことは明らかである。そこで国有林野事業の一般会計化を契機に林野庁は，国有林の都合もあり主伐・再造林の推進をこのタイミングで打ち出したものと考えられる。全国的な主伐と更新の不均衡と地域差の拡大は，市場経済への白紙委任によって制度・政策が生産・資源循環の不均衡をまったく制御できない日本の施業管理と基本政策の枠組み自体の限界性を露呈している[29]。

図1-1-4は，スイスの森林齢級構成の変化をLFI2（1993-95），LFI3（2004-06），LFI4（2009-13）とモデル（目標）を示したものである。全般的に森林経営の経営収支が厳しいなかにおいても齢級構成の更なる平準化が進展し，LFI4では91年生以上が減少し，31～60年生が増加するなどモデル（目標）に近づいている。

第3章の第2節　近自然循環林業の資源基盤と経営システムでは，スイスの森林施業と森林経営システムの分析を通じて，日本の素材生産と森林資源管理のあり方との相違点を明らかにする。

日本の森林面積2,508万haは，表1-1-3に示した所有形態・林種区

第1節　日本林政と地域森林管理・利用規制

表1-1-3　所有形態・林種区分別森林面積

単位：1,000ha

区分	所有形態等	国有林	公有林				私有林	5条森林計	対象外森林	民有林計	合計
			都道府県	市町村	財産区等	計					
人工林	育成単層林	2,274	458	642	134	1,235	6,577	7,812	13	7,825	10,099
	育成複層林	54	21	27	4	52	85	137	0.3	137	190
	計	2,327	479	669	138	1,287	6,662	7,949	14	7,962	10,289
天然林	育成単層林	29	3	13	1	17	140	157	1	157	186
	育成複層林	466	81	41	6	129	223	352	0.3	353	818
	天然生林	4,223	588	583	179	1,350	6,823	8,173	29	8,202	12,425
	計	4,717	672	637	186	1,495	7,186	8,682	30	8,712	13,429
立木計		7,045	1,151	1,308	324	5,782	13,848	16,630	44	16,674	23,719
竹林		0.2	0.4	5	0.5	6	153	159	3	161	161
無立木地	伐採跡地	9	57	5	1	8	82	91	0.1	91	100
	未立木地	620	58	55	11	123	354	477	4	481	1,101
	計	629	58	60	13	131	437	568	4	572	1,201
合計		7,674	1,210	1,371	338	2,919	14,437	17,356	50	17,407	25,081

資料：林野庁森林資源現況総括表（2012年3月31日現在）
注：四捨五入の関係で内訳と計が一致しない箇所がある。

分別森林面積として把握されている[30]。所有形態別には，国有林767万ha
と民有林1,741万haに区分され，国有林は林野庁所管の国有林761万haが
その大部分を占める。地域森林計画対象民有林（5条森林）は，公有林292
万haと私有林1,444万haから構成され，その他に地域森林計画対象外森林
5万haが存在する。林種区分では，立木地2,372万haと竹林16万ha，無
立木地120万haからなり，立木地は人工林1,029万haと天然林1,343万ha
から構成される。第3章の第2節で検討するスイスの森林資源調査と比較す
ると森林の林相や現況に基づく把握ではなく，国の森林計画制度に合わせた
制度的区分という特徴を持つ。

　天然林1,343万haは，天然生林1,243万ha（93％）と育成単層林18.6万
ha（1％），育成複層林81.8万ha（6％）から構成される。育成単層林は民
有林に15.7万haと多く，育成複層林は統計上，国有林に46.6万haと多い。
国有林の育成天然林は，国有林野事業統計によると1989年14.9万haから
2013年46.5万haに増加しており，特に国有林の育成複層林面積は施業方法
や林相による区分ではなく，森林簿上の区分として拡大造林による不成績造
林地が放棄され，「育成複層林」化した林分も多く含まれているものとみら

第1章　現代日本の森林管理と林政

れる[31]。天然林の林齢は，民有林の 41 〜 65 年生と国有林の 91 年生以上の高齢林に集中し，前者は農用林・薪炭林の利用が衰退し，放置されたクヌギ・ナラなどの広葉樹林，後者は国有林・公有林の奥地天然林のブナ・ミズナラなどが多い。

人工林 1,029 万 ha は，育成単層林が 1,010 万 ha（98％）を占め，育成複層林は 19 万 ha と少ない。人工林の樹種はスギ 443 万 ha，ヒノキ 257 万 ha，マツ類 98 万 ha，カラマツ 83 万 ha の順であるが，マツ類はマックイムシ被害のため，再造林されることは少ない。広葉樹人工林は 30 万 ha と少なく，北海道と沖縄以外では椎茸原木用のクヌギ・ナラの人工林が主体である。こうした針葉樹単層林を主体とした人工林の樹種・林齢構成は，日本の自然的条件と施業技術，林業経営システムの反映として，その根本的な是正には主伐・更新のサイクルや経営システムの改善とともに広葉樹・天然林施業技術と素材の販路開拓が重要となる。

(2) 造林補助・森林経営計画と素材生産・更新の不均衡

1951 年森林法の目的として規定されている「森林の保続培養と森林生産力の増進」は，戦後林政の枠組みでは森林計画と造林補助及び森林組合制度によって達成することが期待されている。1970 年代以降，国産材生産が減少し，国の造林補助体系も拡大造林から保育や非皆伐施業に転換し，1990 年代に人工林，天然林とも伐採面積と造林・更新面積が減少し，齢級構成の偏りと管理放棄が進行した。特に国有林では累積債務の処理と国有林経営改善の推進により 2000 年以降，造林・更新面積の減少が顕著であった。日本の森林資源の構成は，人工林比率の高さとともに 41 年生から 60 年生に集中した齢級構成と一斉単純林の比率の高さに特徴がある。図 1 - 1 - 4 に示したスイスの齢級構成と比較して，こうした日本の森林資源構成の特徴は，国の造林施策と森林計画制度による政策誘導が決定的影響を与えている。

2000 年代後半から北海道や九州の一部では主伐・再造林が推進され，2014 年度に 60 万 m^3 以上の素材生産量を有する 10 道県（北海道，青森，岩手，秋田，福島，高知，熊本，大分，宮崎，鹿児島）では，表 1 - 1 - 4 に示すように 2000 年度対比で素材生産量 119％，新植面積 101％を維持した

74

第1節　日本林政と地域森林管理・利用規制

表1−1−4　都道府県の素材生産量・造林面積の推移

単位：1,000m³, ha, ％

年度	2000年度					2014年度					2014/2000	
区分	素材生産量				造林面積	素材生産量				造林面積	素材生産量	造林面積
都道府県	計	製材用	合板用	チップ用		計	製材用	合板用	チップ用			
北海道	3,496	2,026	123	1,347	6,711	3,287	1,822	430	1,035	9,110	94.0	135.7
宮崎	1,161	1,048	0	113	1,644	1,683	1,488	55	140	2,281	145.0	138.7
秋田	647	481	0	166	683	1,217	500	565	152	274	188.1	40.1
岩手	1,155	533	5	617	1,281	1,398	559	394	445	764	121.0	59.6
熊本	808	711	−	97	1,179	929	754	76	99	882	115.0	74.8
大分	682	655	−	27	1,224	963	798	111	54	840	141.2	68.6
青森	612	440	4	168	736	803	422	166	215	437	131.2	59.4
福島	764	458	−	306	533	655	405	28	222	174	85.7	32.6
鹿児島	516	376	0	140	639	732	374	75	283	256	141.9	40.1
高知	448	370	0	78	501	610	325	60	225	328	136.2	65.5
10道県	10,289	7,098	132	3,059	15,131	12,277	7,447	1,960	2,870	15,346	119.3	101.4
構成比	57.2	69.0	1.9	43.1	53.1	61.6	61.0	16.0	23.4	72.8	−	−
37都府県	7,698	5,700	6	1,992	13,349	7,639	4,764	1,231	1,644	5,742	99.2	43.0
構成比	42.8	74.0	0.0	25.9	46.9	38.4	62.4	16.1	21.5	27.2	−	−
全国	17,987	12,798	138	5,051	28,480	19,916	12,211	3,191	4,514	21,088	110.7	74.0
構成比	100.0	71.2	0.8	28.1	100.0	100.0	61.3	16.0	22.7	100.0		

資料：林野庁編「林業統計要覧」（各年度版）による。
注：上位10道県は，2014年度素材生産量が60万m³以上の道県である。民有林と国有林を含む
　　総数である。2000年度のチップ用には，木材チップ用のほかパルプ材用・その他を含む。

が，その他37都府県では同99％，43％と新植面積が著しく減少した。この
ため，10道県の全国シェアは素材生産量が57％から62％，造林面積が53％
から73％に高まった。民主党政権下の再生プランによる森林環境保全直接
支援事業と森林整備加速化事業による間伐補助施策の投入は，37都府県に
おける林業事業体の利用間伐への依存度を飛躍的に高めた。

　素材用途別にみると素材生産量が60万m³を超える10道県のなかでも
2005年以降，秋田・岩手では合板向け素材生産量が増加し，北海道では従
来からの梱包材等の製材用とチップ用に合板・集成材需要が加わり，宮崎・
熊本・大分では一般建築用の並材大型製材を中心とした需要先との関係によ
る素材生産の拡大が進展した。一方，造林面積は北海道と宮崎の増加が著し
く，この2道県で2014年度の全国造林面積の54％を占め，その他の都府県
の造林面積は2000年度から2014年度に減少している。こうした地域性と特

75

第1章　現代日本の森林管理と林政

表1－1－5　森林組合の主伐・間伐別素材生産量と新植面積

単位：1,000m³，ha，%

年度	2000 年度			2015 年度			2015/2000		
区分	主伐	間伐	新植	主伐	間伐	新植	主伐	間伐	新植
北海道	484	88	6,659	666	20	6,351	137.6	22.3	95.4
宮崎	141	73	1,706	244	49	1,515	172.6	66.7	88.8
秋田	53	56	332	96	46	241	180.8	81.6	72.6
岩手	75	60	637	98	51	656	130.9	85.3	103.0
熊本	58	154	636	101	155	755	175.4	100.5	118.7
大分	82	87	655	215	139	740	263.1	160.4	113.0
青森	56	55	215	94	15	394	167.2	27.1	183.3
福島	26	23	374	12	21	188	45.1	89.4	50.3
鹿児島	11	74	199	125	133	431	1,180.3	179.5	216.6
高知	27	70	416	44	46	307	164.2	65.5	73.8
10 道県	1,012	740	11,829	1,694	673	11,578	167.3	91.0	97.9
計	67.9	55.8	63.2	78.4	33.9	75.6	－	－	－
37 都府県	478	588	6,893	468	1,310	3,745	97.8	222.9	54.3
計	32.1	44.3	36.8	21.6	66.1	24.4	－	－	－
全国	1,491	1,327	18,722	2,162	1,983	15,323	145.0	149.4	81.8

資料：「森林組合統計」（各年度版）による。
注：上位10道県は，2014年度素材生産量が60万m³以上の道県である。

定の道県への集中と素材生産・造林の不均衡が何に起因するか，その背景に注目する必要がある。

　統計的に主伐・間伐別の素材生産量が把握できる森林組合の林産事業量と新植面積の関係からその特徴を具体的に把握すると，表1－1－5に示すように森林組合の林産事業量は，2000年度282万m³から2015年度415万m³に増加した。10道県では主伐が167％に増加し，間伐は91％に減少し，特に北海道，青森，高知，宮崎では間伐から主伐への移行が進展した。一方，その他37都府県では主伐が98％に減少し，間伐が223％に大幅に増加している。森林組合の新植事業は，私有林以外に「独立行政法人」（水源林造成）1,649haと市町村有林1,559haも含んでいるが，37都府県では2000年度対比で新植面積が54％に落ち込んでいる。

　以上の背景には，①地域の素材需要と国産材加工産業の立地状況，②木材産業の素材調達における組織間関係と森林組合・林業事業体の競争・提携関係，③都道府県の主伐・再造林促進施策が関係し，その複合的な素材生産と造林に関する市場経済と施策対応を念頭に置き，その背景を検討する必要が

76

第1節　日本林政と地域森林管理・利用規制

ある⁽³²⁾。

　造林事業に関して森林組合等の受託者は，植栽本数を順守したうえで標準単価と著しく相違しない限り経費削減や利用できる上乗せ補助の活用に努めることから公共補助造林の68％の補助率が適用されても所有者の補助残負担額は数％から32％の間で変動する⁽³³⁾。標準単価は，直接経費の植栽本数と苗木単価，労賃単価により変動し，スギ3,000本植え標準単価（2013年度実績）で北海道63万円から神奈川県155万円と大きな幅がある。

　造林事業の委託者の補助残負担額は，樹種と植栽本数の選択に加え，都道府県の定めた標準単価と受託事業体による当該事業地の実勢単価との差や自治体等の上乗せ補助の有無により変化することになる。特に2010年以降，大分県再造林促進緊急対策事業，再造林促進事業，北海道の未来につなぐ森づくり推進事業，栃木県の森林資源循環利用先導モデル事業，埼玉県の森の若返り実行支援事業など都道府県段階での再造林に対する単独補助や上乗せ補助が増加し，その地域的影響も大きい。

　北海道一般民有林の針葉樹・カラマツ人工林の齢級構成を表1－1－6に示した。北海道における一般民有林（道有林以外の公有林と私有林）の再造林面積は，2000年代後半からオホーツクと十勝で急増し，北海道のカラマツ人工林の齢級構成は，41～45年生とともに10年生以下にも小さなピークを持つ波型の齢級構成を示している。これは全国の人工林や長野県のカラマツ人工林では41年生以上の林分が多く，10年生以下が極めて少ない林齢構成と対照的である。

　2007年以降，ロシア政府が丸太輸出関税の段階的引き上げを行ったことにより合板・集成材用素材等の調達先が北洋カラマツ材から北海道産カラマツ材に転換した。これに対応したカラマツ資源の保続と再造林を推進するため，北海道では造林事業の工程・植栽本数の見直しや標準単価改訂，エゾシカ被害対策の徹底とともに2011年度から国・道の公共造林補助68％に加えて，道16％・市町村10％の単独造林補助による上乗せを行い，所有者負担を6％に軽減した⁽³⁴⁾。これにより北海道のカラマツ再造林面積は，オホーツクと十勝を中心に拡大した。

　2015年度の森林組合統計によれば，有効な森林経営計画の樹立件数と面

第1章　現代日本の森林管理と林政

表1－1－6　北海道・全国民有林の齢級構成

単位：ha

区分	北海道の針葉樹人工林				うちカラマツ人工林				全国		長野県
林齢	計	オホーツク	十勝	その他	計	オホーツク	十勝	その他	天然林	人工林	カラマツ
1～5	34,801	8,186	7,340	19,275	18,277	5,805	5,246	7,226	17,720	61,398	58
6～10	32,853	6,568	6,676	19,609	12,988	3,980	4,350	4,658	46,030	99,206	85
11～15	31,978	5,650	5,079	21,249	9,197	2,103	3,117	3,977	63,777	137,966	266
16～20	33,263	4,721	4,727	23,815	9,165	1,561	3,145	4,459	96,842	194,988	339
21～25	41,239	5,161	5,780	30,298	10,468	993	3,852	5,623	143,483	276,307	955
26～30	49,896	5,630	6,131	38,135	9,051	530	3,179	5,342	215,219	427,572	1,691
31～35	68,307	9,939	10,625	47,743	16,250	1,513	6,898	7,839	202,885	622,866	3,657
36～40	99,449	19,780	17,680	61,989	41,586	9,489	14,243	17,854	295,446	824,684	8,541
41～45	114,573	30,273	21,711	62,589	64,259	17,860	19,361	27,038	467,605	1,162,810	20,472
46～50	80,916	17,114	11,714	52,088	41,752	9,496	9,532	22,724	726,352	1,247,873	36,939
51～55	58,230	8,590	6,629	43,011	32,316	3,862	4,993	23,461	1,165,974	1,143,241	46,218
56年生～	56,656	5,365	4,270	47,021	34,290	2,297	3,526	28,467	5,240,218	1,749,617	53,745
計	702,131	126,977	108,362	466,792	299,599	59,489	81,542	158,568	8,681,550	7,948,527	172,965

資料：北海道水産林務部，林野庁計画課資料による。
注：全国と長野県カラマツ人工林は、5条森林の民有林で都道府県有林を含む（2012年3月末現在）。

積は，主伐 276 組合 2.5 万 ha，間伐 533 組合 35.8 万 ha と主伐の計画面積は少なく，北海道が 73 組合 1.3 万 ha と主伐の計画面積の半分以上を占めている。それ以外では，宮崎 8 組合 0.3 万 ha，大分 11 組合 0.1 万 ha，石川 1 組合 0.1 万 ha と続き，その他の都府県の主伐計画面積は数 100ha にとどまっている。現在のところ，北海道のように再造林の補助残負担を軽減し，新たな育林投資の非流動性・長期不確実性に起因するリスク負担を行政や基金等による民間支援で軽減している地域以外では，森林経営計画は森林組合が代行樹立する間伐計画にとどまり，主伐・更新の統制機能を有していない。

現時点の森林経営計画の「経営」は，「森林の施業及び保護」の委託を意味し，「『林業経営』や『企業経営』など利潤追求の『経営』ではない」と説明され[35]，林野庁の示した森林経営委託契約書（雛形案）も「森林の施業及び保護の委託」を契約書の必須記載事項としているに過ぎない。「森林経営計画」は，計画対象森林に対する統一的方針に従い生産経済を継続的，組織的に行う経済単位としての経営主体により樹立される経営計画とはいえず，スイスの経営単位ごとに連年作業に基づく主伐・更新の制御機能とそれを担う経営責任者を有する森林施業計画と異なり，経営的基盤を欠いた制度的計画となっている。

(3) 国土利用計画に基づく土地利用調整と森林地域

1974 年に国土利用計画法が制定され，個別規制法に基づく諸計画を総合調整するための土地利用に関する計画として，新たに土地利用基本計画が創設された。国土利用計画法では，①都市計画法により都市計画区域として指定されることが相当な都市地域（2014 年 3 月末現在 1,023 万 ha・27%），②農業振興地域の整備に関する法律に基づく農業振興地域として指定されることが相当な農業地域（1,722 万 ha・46%），③森林法に基づく国有林及び地域森林計画対象民有林として指定されることが相当な森林地域（2,537 万 ha・68%），④自然公園法に基づく国立公園，国定公園及び都道府県立自然公園として指定されることが相当な自然公園地域（547 万 ha・15%），⑤自然環境保全法に基づく原生自然環境保全地域，自然環境保全地域及び都道府県自然環境保全地域として指定されることが相当な自然保全地域（11 万

第1章　現代日本の森林管理と林政

ha・0.3％）の5地域に区分している。これに白地地域25万 ha を加えた単純合計は，5,864万 ha と国土面積の157％となるが，相互に重複指定されている地域も多い。

表1－1－7に国土利用計画における5地域の指定・重複状況を示した。全国の「重複のない地域」は，森林地域1,157万 ha（31％），農業地域437万 ha（12％），都市地域229万 ha（6％）など1,858万 ha（49％）であり，何らかの「重複地域」がほぼ同じ49％を占める。森林地域との重複は，「農業と森林」605万 ha（16％），「森林と自然公園」354万 ha（10％），「都市と農業と森林」160万 ha（4％），「都市と森林」140万 ha（3.7％）である。

重複地域は，都道府県の土地利用基本計画において「地域区分の重複する地域における土地利用に関する調整方針」（以下，調整方針）を定め，調整がなされている。同調整方針について，国土交通省国土政策局（2017）「国土利用計画法に基づく国土利用計画及び土地利用基本計画に係る運用指針」では，「過去の運用から，以下のような図が想定されるところであるが，各法令に反しない限りにおいて，各都道府県または各地域の実情に合わせて検

表1－1－7　国土利用計画5地域の指定・重複状況

単位：1,000ha，％

重複状況区分	地域	全国（2014）		千葉県（2016）	
		面積	比率	面積	比率
重複のない地域	都市地域	2,287	6.1	90.8	17.6
	農業地域	4,370	11.7	58.3	11.3
	森林地域	11,573	31.0	10.5	2.0
	自然公園地域	336	0.9	0.3	0.1
	自然保全地域	2	0.0	0.0	0.0
	計	18,580	49.8	160.0	31.0
重複地域	都市と農業	4,116	11.0	187.7	36.4
	都市と森林	1,396	3.7	5.1	1.0
	農業と森林	6,047	16.2	64.8	12.6
	森林と自然公園	3,535	9.5	5.4	1.0
	都市と農業と森林	1,600	4.3	66.3	12.9
	計	18,387	49.2	354.0	68.6
白地地域		253	0.7	1.8	0.4
国土・県土面積		37,292	100.0	515.8	100.0

資料：国土交通省総合計画課国土管理企画室（2016）「土地利用基本計画制度について」，21頁及び千葉県（2016）「千葉県土地利用基本計画書」，24頁による。
注：比率は国土・県土面積に対する比率，森林地域の関係する主要区分のみ示した。

第1節　日本林政と地域森林管理・利用規制

5地域区分	細区分	都市地域			農業地域		森林地域		自然公園地域		自然保全地域		
		市街化区域及び用途地域	市街化調整区域	その他	農用地区域	その他	保安林	その他	特別地域	普通地域	原生自然環境保全地域	特別地区	普通地区
都市地域	市街化区域及び用途地域												
	市街化調整区域	×											
	その他	×	↓										
農業地域	農用地区域	×	①	↓									
	その他	×	↓	↓	↓								
森林地域	保安林	×	×	×	×	×							
	その他	②	③	③	④	⑤	×						
自然公園地域	特別地域	×	×	×	⑥	↓	×	↓					
	普通地域	×	×	×	○	○	○	○	○				
自然保全地域	原生自然環境保全地域	×	×	×	×	×	×	×	×	×			
	特別地区	×	×	×	×	×	×	↓	×	×	×		
	普通地区	×	×	×	○	○	↓	○	×	×	×	×	

[凡例]

×	制度上または実態上、一部の例外を除いて重複のないもの。
↓	相互に重複している場合は、矢印方向の土地利用を優先する。
○	相互に重複している場合は、両地域が両立するよう調整を図る。
①	土地利用の現況に留意しつつ、農業上の利用との調整を図りながら都市的な利用を図る。
②	原則として都市的な利用を優先するが、緑地としての森林の保全に努める。
③	森林としての利用の現況に留意しつつ、森林としての利用との調整を図りながら都市的な利用を認める。
④	原則として農用地としての利用を優先するものとするが、森林上の利用との調整を図りながら都市的な利用を認める。
⑤	森林としての利用を優先するものとするが、森林としての利用との調整を図りながら農業上の利用を図る。
⑥	自然公園としての機能をできる限り維持する限り農業上の利用を図る。

図1-1-5　5地域区分の重複する地域における土地利用調整指導方針

資料：国土交通省国土政策局（2017）「国土利用計画法に基づく国土利用計画及び土地利用基本計画に係る運用指針」、7頁

討することが望ましい」とし，図1－1－5を示している⁽³⁶⁾。

　都道府県段階の国土利用計画と土地利用基本計画は，第5次全国計画の改定を受けて，現在，順次改定中である。千葉県は，表1－1－7に示したように「重複のない地域」が県土の31％と少なく，特に森林地域で「重複のない地域」は県土面積の2％に過ぎず，森林地域の多くが「農業と森林」や「都市と農業と森林」の重複地域である。千葉県の第5次土地利用基本計画案では，同調整方針に関して国の運用指針に準拠しつつも図1－1－5の都市地域と森林地域の重複地域（③）について，「市街化調整区域と保安林の区域以外の森林地域とが重複する場合：原則として，森林としての利用を優先しますが，森林としての利用の現況に留意しつつ，森林としての利用との調整を図りながら，特定の場合において都市的な利用を認めるものとし，無秩序な市街化は抑制する」と第4次計画の調整方針の一部を変更している。

　口絵8頁に示した千葉県の国土利用計画図は，首都圏近郊にあって林地開発が多く，産業廃棄物や残土処理に関する違反行為も多発している君津市，市原市周辺部を示した。同地域は，千葉県内でも森林地域が多く，都市計画区域と南部の都市計画区域外の境界地域となっており，1970年代からゴルフ場や山砂採取場，残土処分場に加え，最近では太陽光発電施設の設置が増加している。千葉県で採取された山砂の搬出地域や残土発生地域は，70％近くが東京都と神奈川県といわれ，東京湾の海運による大量輸送が可能で良質な山砂が存在することから，同地域に山砂採取場と跡地への残土処分が集中した。

　小川剛志（2009）は，千葉県都市計画課での業務経験を踏まえて，土地利用の問題点と土地利用計画制度の課題に関して，県内全市町村を対象としたアンケート調査を行い，市街化調整区域及び非線引き白地区域，都市計画区域外における個別規制法及び土地利用基本計画制度の問題点を次のように指摘している⁽³⁷⁾。

　①都市計画法，農地法，森林法，廃棄物処理及び清掃法，砂利採取法・採石法，残土条例等の個別規制法の問題として，各法令とも「基準を満たせば，許可しなければならない」という規定となっており，環境・景観配慮の許可基準の確立が課題である。また，建設行為を伴わない開発は都市計画法

第1節　日本林政と地域森林管理・利用規制

上の許可を要せず，都市計画区域では真に保全すべき農地や森林など非都市的土地利用も都市計画で保全すべき用途を明確にする必要がある。

②土地利用基本計画は，個別計画の区域区分を単にトレースする仕組みとなっており，上位計画としての位置づけが形骸化している。特に森林地域の変更は，林地開発の完了したものを土地利用基本計画が追認する手続きとなっており，土地利用基本計画の「利用区分ごとの規模と目標」を達成するための個別規制法の許認可の総量を管理調整する仕組みがなく，計画値の設定が当初から形骸化している。個別規制の指針となる基礎自治体の市町村計画の策定が任意とされ，市町村計画の策定は進んでいない。

③以上から土地利用基本計画制度の課題として，土地利用基本計画と個別法計画の統合化，計画に基づく開発許可と地域独自規制や開発許可制度，法令に基づく独自条例の制定権の拡大の重要性を指摘している。

それから10年近くが経過しているが問題の本質に変化はなく，それに対する制度的進展はみられない。

(4) 林地開発許可制度と市町村林道管理条例の制定

1974年の国土利用計画法の制定と同時に1974年の森林法改正により1haを超える林地開発を対象とする林地開発許可制度が創設された。これにより国の制度による林地転用規制は，保安林に対する農林水産大臣・知事による解除手続きと1haを超える普通林に対する林地開発許可制度の2本立てとなった。

表1-1-8に2010年度以降における林地開発許可面積の推移を示した。全国的な林地開発許可面積は，1974年の制度発足以降，列島改造による土地ブームもあって1980年代後半から1990年代初頭にゴルフ場を主体とした林地開発が0.5万haを超え，全体の新規許可面積も1.1万haを上回った。バブル経済の崩壊以降，ゴルフ場やレジャー施設の設置は大幅に減少し，2000年度以降の林地開発許可面積は，0.1万ha台で推移していた。当時の目的別許可面積をみると土石の採取が全体の半分程度を占め，次いで農用地の造成，工場・事業場用地，道路の新設または改築の順であった。2012年度以降，太陽光発電施設の設置による開発許可面積が急増し，2014年度の

第1章　現代日本の森林管理と林政

新規許可面積は，2,612ha に増加している。

　表1－1－9は，千葉県における 2010 年以降の林地開発許可及び千葉県林地開発行為等の適正化に関する条例に基づく小規模林地開発届出面積の推移を示したものである。2013 年度より太陽光発電施設を中心とした工場・事業場用地の開発を目的とした転用許可が急増し，2015 年度にはこれが178ha に増加し，全体の林地開発面積を増加させている。土石の採掘や残土

表1－1－8　林地開発許可面積の推移

単位：ha

開発行為の目的	年度	2010	2011	2012	2013	2014
新規許可面積	工場・事業場用地	175	122	458	803	1,819
	住宅用地の造成	35	35	33	37	42
	別荘地の造成	0	0	0	0	0
	ゴルフ場の設置	1	3	0	0	0
	レジャー施設の設置	13	11	52	10	7
	農用地の造成	175	190	180	81	103
	土石の採掘	596	480	462	532	516
	道路の新設又は改築	138	173	46	70	51
	その他	82	70	101	112	74
計		1,215	1,084	1,332	1,645	2,612
変更許可増減面積		374	374	449	689	697

資料：林野庁『林業統計要覧』（各年度版）による。

表1－1－9　林地開発許可と小規模林地開発届出の推移（千葉県）

単位：ha，件

開発行為の目的	年度	2010	2011	2012	2013	2014	2015	同件数
工場・事業場用地		8	4	31	116	74	178	43
住宅用地の造成		24	－	4	19	3	4	3
別荘地の造成		－	－	－	－	－	－	
ゴルフ場の設置		－	－	8	0	－		1
レジャー施設の設置		0	3	0	3	－	－	
農用地の造成		3	6	0	0	4		
土石の採掘		24	4	3	34	28	36	17
道路の新設または改築		－	－	－	－	－	－	
残土埋立		8	19	11	29	10	24	7
その他		8	2	－	6	－	－	
計		75	38	57	207	119	241	71
連絡調整		22	25	4	1	16	21	7
小規模林地開発行為		20	20	34	44	53	64	79

資料：千葉県森林課『千葉県森林・林業統計書』（各年度版）による。
注：件数は 2015 年度の数値を示した。

埋立ても 2013 年度以降，20 ～ 30ha 前後と増加傾向にある。林地以外に太陽光発電施設の設置による農地（恒久転用）が 2012 年度から 2016 年 9 月までに 405ha（田 117ha・畑 288ha）が転用されている。

　市町村別にみると 2013 年 12 月から 2014 年 10 月の県全体の林地開発許可審議案件 919ha（開発行為に係る森林面積）の 63％を君津市，市原市，木更津市が占め，口絵 8 に示した都市計画区域外縁部の森林が主な開発対象となっている。千葉県では，2010 年の林地開発行為等の適正化に関する条例により 0.3ha 以上 1 ha 以下の開発行為を対象に小規模林地開発の届出を義務づけている。これに関しても 2011 年度以降，届出面積が増加している。

　表 1 － 1 － 10 に千葉県における林地開発行為違反件数と行政処分の現況を示した。2011 ～ 2015 年度に無許可及び許可等条件違反が毎年 9 件～ 20 件発生しており，開発目的別では土石の採掘とともに工場・事業場の設置に関する違反も増加傾向にある。行政処分の事例は，森林法第 10 条の 3 による復旧命令や中止命令，県条例第 16 条による緊急措置命令のほか，度重なる復旧命令や中止命令に対する是正措置が行われていない事案に対する刑事告発も行われている。

表 1 － 1 － 10　林地開発行為違反件数と行政処分（千葉県）

単位：件

年度		2011	2012	2013	2014	2015
無許可		レジャー施設(1) 土石の採掘(1)	工場・事業場(3) 土石の採掘(1) その他(5)	工場・事業場(4) 農地造成(1) その他(3)	工場・事業場(4) 土石の採掘(3) その他(2)	工場・事業場(7) レジャー施設(1) 農用地造成(1) その他(2)
許可条件違反		土石の採掘(4) その他(3)	事業場(2) 住宅用地(1) 土石の採掘(3) その他(2)	事業場(4) 住宅用地(1) 土石の採掘(3) その他(4)	事業場(2) 土石の採掘(5)	土石の採掘(3)
行政処分				中止命令（土砂埋立） 緊急措置命令（残土埋立）	復旧命令（土砂埋立） 復旧命令 2（残土埋立） 中止命令（残土埋立） 告発（土砂埋立）	復旧命令（残土埋立）

資料：千葉県森林課業務資料

第1章　現代日本の森林管理と林政

　第3章で述べるスイス連邦及びカントン森林法では，林地の転用禁止や皆伐禁止措置とともに林道の自動車走行や乗馬，自転車走行に関する規定が，地域森林管理を支える重要な規定となっている。日本の森林法では，林道の自動車走行に関する規定はなく，林道の種類や区分，構造を主に定めた林道規程（48林野道第107号林野庁長官通知）があるのみである。林道開設に関する技術的側面以外では，日本林道協会編（1964）『林道事業のあゆみ』や水利科学研究所（1969）『大規模林道開設と地域開発』，自然保護と林道問題に関する井上孝夫（1996）『白神山地と青秋林道：地域開発と環境保全の社会学』，『検証大規模林道』編集委員会編（2016）『検証・大規模林道』などがある。これらは林道事業と地域開発，自然保護をテーマとしており，林道管理に関する法制度をテーマとした研究は，不十分であった。

　2002年以降，廃棄物投棄問題との関係で林道管理と林道管理条例に関して，荒木修（2002）「林道管理の法的統制」，田村泰俊（2002）「自治体の廃棄物不法投棄対策と公物管理条例の利用：市原市林道条例の環境政策法務からの分析」，宮崎文雄（2002）「林道管理条例の存在意義と課題」が相次いで公表され，荒木修（2002）では，判例に基づき林道の法的性格や公物管理としての林道管理に関する法学的検討が行われている。

　最近では静岡市南アルプスユネスコエコパークにおける林道の管理に関する条例（2014年条例第138号）が，「南アルプスユネスコエコパークに存する林道について，静岡市法定外公共物管理条例に定めるもののほか，その管理又は通行に関し必要な事項を定めることにより，…環境と調和した健全な林道の利用を確保し，もって林業の振興，林道周辺の森林の有する多面的機能及び自然環境の保全並びに地域社会の発展に資することを目的」（第1条）として制定され，林道の通行許可と通行の不許可，林道の通行者，林道通行者の責務，禁止行為，通行規制の実施及び解除，違反に対する措置，損害賠償等を定めている。

　今後，自治体段階の実践的取り組みに対応して，観光・レクリエーションによる森林利用と林道・里道・歩道散策路等の管理に関する制度的検討が森林管理法制の一環として，体系的に位置づけられることを期待したい。

第1節　日本林政と地域森林管理・利用規制

(5)　施業規制に関する許認可権限・行政監督の縦割錯綜性

《森林法に基づく施業規制と保安林》

　表1-1-11に森林法による伐採規制と行政監督手続きを一覧表にした。2003年の森林法改正により「伐採の届出」，「施業の勧告」及び「伐採計画の変更命令等」の権限が都道府県から市町村に移譲され，林野庁が管轄する森林法による伐採規制だけでも保安林は原則的に都道府県，経営計画認定森林と「その他の普通林」の届け出は市町村が管轄し，伐採方法や伐期齢，伐

表1-1-11　森林法による伐採規制と行政手続き

区分		伐採方法	伐期齢	伐採の限度面積	行政手続きと監督
保安林	水源涵養・防風	皆伐可（場合により択伐）	標準伐期齢以上	20ha以下	知事または市町村長の許可，違反伐採に対する中止，造林命令，植栽義務違反に対する指定施業要件に定める植栽命令。伐採後の届出の無届は，30万円以下の罰金。
	干害防止	同上	同上	10ha以下	
	土砂流出	皆伐可（地盤安定），択伐	同上	同上	
	土砂崩壊・飛砂・潮害防備，	原則択伐（場合により禁伐）	同上	同上	
	保健，風致，航行目標	同上	同上	同上	
	魚付	同上	同上	20ha以下	
	落石防止，防火	原則禁伐	－	－	
経営計画認定	白地・木材等生産林	皆伐可	標準伐期齢以上	20ha以下等＊	伐採後，30日以内に認定権者に届け出，監督処分は認定取り消し（補助金返還）
	水源涵養	同上	標準伐期齢＋10年以上	同上	
	山地災害・土壌保全，快適環境，保健機能	同上	標準伐期齢の概ね2倍以上	同上	
		材積率70%以下	標準伐期齢以上	同上	
		材積率30%の択伐	標準伐期齢以上	－	
	保健機能（特定広葉樹）	皆伐不可	－	蓄積維持の範囲内	
その他普通林	白地・木材等生産林	皆伐可	標準伐期齢以上	20ha以下等＊	伐採の30～90日以内に市町村長に届出。届出の変更命令，伐採・造林の遵守命令，伐採の中止・造林の命令。無届伐採，命令に従わない場合，100万円以下の罰金。
	水源涵養	同上	標準伐期齢＋10年以上	同上	
	山地災害・土壌保全，快適環境，保健機能	同上	標準伐期齢の概ね2倍以上	同上	
		材積率70%以下	標準伐期齢以上	同上	
		材積率30%の択伐	標準伐期齢以上	－	
	保健機能（特定広葉樹）	皆伐不可	－	蓄積維持の範囲内	

資料：森林法及び森林法施行令，施行規則，千葉県・静岡県における地域森林計画書・市町村森林整備計画と聞き取り調査による。
注：＊は市町村森林整備計画で縮小している場合がある。

採の限度面積の要件が定められている。普通林に関しては，2012 年の森林法施行規則の改正により森林経営計画の認定要件として，1 箇所当たりの皆伐面積が 20ha を超えないこととし，市町村森林整備計画で皆伐面積の上限をさらに引き下げている市町村も存在する。

　森林法に基づく保安林は，2014 年度末現在で全森林面積の 48％に相当する 1,212 万 ha（実面積）が指定され，国有林では保安林面積率が 90％を占めている。17 種の保安林のうち，指定面積の 71％が水源涵養，20％が土砂流出防備保安林である。保安林種と伐採方法との関係では，落石防止・防火が原則禁伐，土砂崩壊防備・飛砂・潮害防備・保健・風致・航行目標・魚付が原則択伐，水源涵養・防風・干害防止は皆伐も行うことができる場合が多い。保安林に指定されると指定箇所ごとに最低限遵守しなければならない指定施業要件が定められ，土地の形質変更等の規制が適用される。保安林種別に伐採方法や伐期齢，伐採の限度面積が異なり，その限度内で都道府県が指定施業要件を定めている。

　指定施業要件は，①作業種の指定と皆伐許可の基準（一定区域で 1 年間に伐採できる面積，1 箇所当たりの伐採面積の上限，標準伐期齢以上での伐採），②択伐率（天然林は許可，人工林は届出），③間伐率，④伐採跡地への植栽義務（植栽本数，指定樹種の 2 年以内の植栽）から構成される。保安林の 1 箇所当たりの伐採面積の上限は指定施業要件として定められ，皆伐が可能な場合も「保安林及び保安施設地区の指定，解除等の取扱いについて」により水源涵養保安林 20ha 以下，土砂流出防備・飛砂防備・干害防備・保健保安林 10ha 以下，その他保安林 20ha 以下と定められている。

　2013 年度の民有保安林における主伐面積は，3,656 件 1 万 ha（皆伐許可0.9 万 ha，択伐許可 651ha，択伐届出 0.1 万 ha），間伐届出 7,114 件 7 万 haと国立公園・国定公園の特別地域と比較して，皆伐や間伐等の施業が広範に実施されている。表 1 － 1 － 12 に千葉県における保安林伐採許可・届出件数と面積を示した（協議事務は，国有林に関するものである）。千葉県では，水源涵養保安林の指定面積が少なく，主伐自体も少ないため，許可件数や面積が少ないが，国有林と県有林に関するクロモジ（爪楊枝用）とウラジロシダ（正月飾り用）の採取が「立木の損傷」と「下草の採取」に計上されてい

表1－1－12　保安林伐採等許可・届出件数と面積（千葉県）

単位：件，ha

年度 許可・届出行為の種類	2013 件数	2013 面積	2014 件数	2014 面積	2015 件数	2015 面積
許可 立木伐採　皆伐	3	3	－	－	1	1
択伐	3	0	2	0	1	0
立竹伐採等	96	3,735	78	6,441	7	79
立竹の伐採	1	0	－	－	－	－
立木の損傷	27	1,393	7	4,093	2	22
下草の採取	3	2,334	5	2,339	1	51
土石の採掘	－	－	1	0	－	－
樹根の採掘	1	0	－	－	－	－
土地形質の変更	65	8	65	9	4	6
届出 緊急立木伐採等	2	0	5	0	5	0
択伐	5	0	7	0	4	6
間伐	6	57	12	112	14	107
協議事務 立竹伐採　皆伐	4	45	4	119	2	65
択伐	－	－	3	1	2	2
間伐	5	176	6	79	7	167
立竹伐採等	9	276	7	79	18	645
立木の損傷	2	264	2	22	4	620
下草の採取	1	6	1	51	1	6
土地形質の変更	6	6	4	6	13	19

資料：千葉県森林課業務資料
注：保安施設地区に関する許可申請の実績はない。

る。全国的には，主伐の増加に対応した事務手続きの効率化と現場確認の徹底とともに保安林機能に影響を及ぼさない軽微な「損傷」や「下草の採取」に関する取り扱いの簡素化を検討すべきかもしれない。

《森林法以外の法令による制限林》

　1960年代半ば以降，森林法や砂防法，自然公園法以外に自然環境保全法や都市地域における都市緑地や景観保全，国土保全・災害防止に関する関係法令が制定され，森林を対象に含む地区指定や行為規制が増加した[38]。林野庁は1960年代から70年代に国有林の天然林伐採をめぐり当時の厚生省と協議し，「自然公園地域内における森林の施業について」（林野庁長官通達34林野指第6417号）によりその取り扱いを定めたが，それ以外は国有林と保安林に累が及ばない限り受け身の対応に終始した。

　スイスでは，第3章で述べるように1962年の連邦自然郷土保護法や1969

第1章　現代日本の森林管理と林政

年の連邦空間計画法の制定により林地転用や森林確定，森林との距離に関する規定に基づいた森林と都市的利用区域及び農地との土地利用調整が即地的に実施され，2000年代以降，景観・生物多様性保全と連携した森林整備計画やプロジェクトが森林整備事業の主流になりつつある。日本においては，都市地域と農業地域，自然公園地域，自然保全地域に関する個別法による行為規制が縦割錯綜的に地域に下され，行政計画やプロジェクトの実施，許認可権限に関しても分野横断的な地域統合や現場管理組織の形成は進展しなかった(39)。

　地域森林計画では，保安林以外に法令により施業制限を受けている森林（制限林）の所在と面積，森林の施業方法を示している。制限林には，保安林・保安施設地区のほかに表1－1－13に示した各根拠法に基づく自然公園の特別保護地区・特別地域，鳥獣保護区特別保護地区，自然環境保全地域特別地域，砂防指定地・急傾斜地崩壊危険区域，風致地区，史跡名勝天然記念物が指定されている。

　それぞれの許認可業務は，千葉県の場合，保安林が農林水産部森林課治山保安林班及び各林業事務所，自然公園と県自然環境保全地区（特別地区）が環境生活部自然保護課自然公園班・各地域振興事務所地域環境保全課及び県庁自然保護課，鳥獣保護区（特別保護地区）が同狩猟班，風致地区と特別緑地保全地区（特別保全地域）が各市役所，砂防指定地・急傾斜地崩壊危険区域が県土整備部河川環境課・土木事務所，史跡名勝天然記念物が教育振興部文化財課・各市町村教育委員会が担当窓口になっている。静岡県では許認可面積等により本庁と出先事務所権限を区分している場合や市町村に権限移譲している場合もあり，細部は都道府県により一様ではない。千葉県と静岡県の制限林に関する許認可の実績に関しては，保安林以外では申請事例が少なく，森林に関する実績を区分して把握していない場合も多く，実績が存在する場合も現在のところ林業経営の一環としての施業よりも支障木や工事に伴う木竹の伐採や剪定などによる場合が多い(40)。

　保安林とともに指定面積が多い自然公園は，全国に国立公園32，国定公園56，都道府県立自然公園309が指定され，特別保護地区や第1種・第2種特別地域では，表1－1－13に示した施業法や皆伐面積等の制限が課さ

表1－1－13　森林法以外の法令による施業規制と行政手続き

単位：ha

区分		許可条件（許可を要しない事項）や限度	根拠法令	行政手続きと監督	指定面積
自然公園 国立公園	特別保護地区	禁伐	自然公園法及び同施行規則、自然公園地区内における伐採施業について	環境大臣	282,690
	第1種特別地域	禁伐及び単木択伐：現在蓄積の10%以下、標準伐期齢＋10年以上		知事（地域森林計画の伐採要件に適合）、環境大臣（それ以外）	271,515
	第2種特別地域	択伐：同30%以下・標準伐期齢以上及び2ha以内の皆伐可			491,461
	第3種特別地域	風致の維持を考慮して施業。特に要件を定めない			512,964
国定公園	特別保護地区	国立公園と同様	同上	知事	65,517
	第1種特別地域	国立公園と同様		知事	173,626
	第2種特別地域	国立公園と同様		知事	384,885
	第3種特別地域	国立公園と同様		知事・市町村長	691,399
県立公園	第1種特別地域	単木択伐。現在蓄積の20%以下の択伐（森林の保育等）	県条例・施行規則	知事	72,143
	第2種特別地域	現在蓄積の60%以下の択伐、5ha以内の皆伐（同上）		知事・市町村長	182,593
	第3種特別地域	風致の維持を考慮して施業。特に要件を定めない		知事・市町村長	458,942
鳥獣保護区特別保護地区（国指定）		鳥獣の生息等に支障があると認められる場合は択伐。その他の森林は伐採種を定めない（本数20%以下の間伐。下刈り・除伐）	鳥獣の保護及び狩猟の適正化に関する法律	自然保護事務所長	585,980
同（都道府県指定）		伐採不可		知事	160,343
自然環境保全地域（国指定）		自然環境保全に支障が少ないこと（1ha以下、計画2ha以下）	自然環境保全法	環境大臣	27,224
同（都道府県指定）		施業制限はしない（間伐等の保育、植林等目的の1ha未満の伐採）	自然環境保全条例	知事	77,342
砂防指定地		択伐、2ha以内の皆伐（除伐、倒木竹若しくは枯損木竹の伐採）	砂防法・都道府県条例	知事	916,120
急傾斜地崩壊危険区域		1ha以下の皆伐可（伐採後の成林が確実な場合）	急傾斜地法、同施行令	知事	45,400
風致地区		現状変更等の制限（禁伐後の現状維持）	都市計画法・風致地区条例	市町村長許可	170,299
史跡・名勝天然記念物指定地		法81条の規定による	文化財保護法、県条例	文化庁長官・知事	3,083 件

資料：千葉県、静岡県地域森林計画書及び聞き取り調査による。

注：各法令及び施行規則。各法令による指定面積は、森林を含む全指定面積である。県立公園は国立・国定公園と同様の基準のため、静岡県における行為基準を示した。

第1章 現代日本の森林管理と林政

れている。国立公園地域211万 ha の土地所有形態は，国有地が129万 ha（61％）と多いが，私有地54万 ha や公有地26万 ha も含まれている。また，国定公園や都道府県立公園では，国立公園よりも民有地の占める比率が高く，地種区分においても施業の実施に関して「特に要件を定めない第3種特別地域」や届出による普通地域の指定面積が多い。

しかし，国定公園や県立公園地域においても森林施業に関する許認可の基準は，先述した自然公園法と「自然公園地域内における森林の施業について」に定められた施業法と伐期齢，皆伐面積の上限規制に準拠して定められ，制限林の重複や当該森林の総合的な森林機能の発揮に資する施業や助言活動が機能しにくい制度的枠組みとなっている。第2節の4では阿寒国立公園の前田一歩園財団を取り上げているが，こうした制限林に対する施業規制に対応した独自の実践に基づく持続的森林管理を実践している事例は極めて稀である。民有林では自然公園指定に対応した煩雑な事務手続き上の「制限」が管理放棄につながりやすく，国立公園行政に準拠した全国一律の形式的規制により地域条件に即応した持続的管理が確保できると考えるのは，幻想であろう。

表1－1－14に千葉県を事例に制限林指定面積を伐採方法別に示した。制限林に関する厳密な施業方法は，地域森林計画書の該当箇所を参照する必要があるが，概ね次のような制限林種・地種区分と伐採方法の対応関係が指摘できる。禁伐は史跡名勝天然記念物と近郊緑地特別保全地区及び国定公園第1種特別地域の一部，択伐は主として保安林の土砂流出防備・土砂崩壊防備・飛砂防備・潮害防備・魚付・保健・風致と国定・県立公園の第2種特別地区，県自然環境保全条例（特別地区），風致地区，砂防指定地・急傾斜地崩壊危険区域，皆伐も可能なのは保安林の水源涵養，干害と国定・県立公園の第3種特別地域である。

以上の普通林と制限林に関する土地利用調整と営林監督及び施業規制の現状から次のような第3章で検討するスイスの森林管理制度との比較視点が提示できる。日本の民有林行政が対象としている森林は，森林法上の5条森林であるがすべての現況森林を網羅しているわけではなく，特に即地的土地利用調整は，国有林と保安林以外では有効に機能していない。また，国有林と

第1節　日本林政と地域森林管理・利用規制

表1－1－14　制限林指定面積と伐採方法別面積（千葉県）

単位：ha

制限林種・地種区分		面積	皆伐	択伐	禁伐	その他	重複面積の例示
森林法	水源涵養保安林	8,103	7,583	132	－	388	保健 2,351，史跡 451，県立③ 272
	土砂流出防備保安林	1,752	－	1,655	－	97	史跡 34，水涵 15，国定② 12，保健 10ha
	土砂崩壊防備保安林	409	－	368	－	40	国定② 14，魚付 9，保健 8，都市 7ha
	飛砂防備保安林	934	－	921	－	13	潮害 885，保健 793，県立③ 534，鳥獣 68ha
	防風保安林	464	－	455	－	9	国定② 44，保健 15，県立③ 14，水害 6ha
	水害防備保安林	1	－	1	－	0	防風 7ha
	潮害防備保安林	194	－	191	－	3	飛砂 885，県立③ 72，国定② 45，保健 22ha
	干害防備保安林	546	534	－	－	12	保健 291，砂防 10，土崩 5，風致 4ha
	落石防止保安林	2	－	2	－	－	－
	魚付保安林	183	－	154	－	29	国定② 122・③ 34，保健 34，土崩 9ha
	航行目標保安林	3	－	1	－	1	土崩 3，国定② 0ha
	保健保安林	171	－	161	－	10	水涵 2,351，飛砂 795，干害 291，魚付 34ha
	風致保安林	25	－	25	－	－	県立① 8，鳥獣 8，史跡 6ha
	計	12,786	8,117	4,067	－	602	
自然公園法	国定公園（特別地域）	1,301	245	947	51	58	
	第1種特別地域	52	－	－	51	1	飛砂 31，魚付 2，土崩 1，水涵 0ha
	第2種特別地域	999	－	947	－	51	飛砂 167，魚付 121，潮害 45，防風 44ha
	第3種特別地域	250	245	－	－	5	水涵 200，保健 34，魚付 34，都市 28ha
	県立公園（特別地域）	1,481	1,394	48	4	35	
	第1種特別地域	6	－	－	4	1	風致 8，鳥獣 1，干害 1ha
	第2種特別地域	48	－	48	－	0	鳥獣 9，干害 3ha
	第3種特別地域	1,428	1,394	－	－	33	飛砂 534，水涵 272，潮害 72，砂防 20ha
	計	2,782	1,640	995	55	92	
県自然環境保全条例（特別地区）		99	－	98	－	1	水涵 105ha
鳥獣保護法（特別保護地区）		＊419					水涵 210，飛砂 68，国定② 10，県立② 9ha
都市計画法（風致地区）		203	－	200	－	3	国定③ 28，土崩 7，国定② 4，史跡 2ha
都市緑地法（特別緑地保全地区）		52	－	－	52	0	
砂防法（砂防指定地）		1,473	15	1,342	－	117	水涵 259，土流 65，県立③ 20，干害 10ha
急傾斜地法（急傾斜地崩壊危険区域）		102	－	93	－	9	国定② 12，魚付 1，防風 1，土崩 1ha
文化財保護法（史跡名勝天然記念物）		224	－	－	206	17	水涵 451，土流 21，風致 6，都市 2ha
計		17,752	9,771	6,794	344	843	

資料：千葉県森林簿情報による。
注：実面積を示しており，重複指定されている場合は施業規制が上位の制限林に区分している。＊は森林鳥獣生息地に区分されている特別保護地区の面積を示している。

第1章　現代日本の森林管理と林政

民有林の区分や保安林と普通林，森林経営計画認定森林とそれ以外の森林及び各種制限林では，伐採等の許可・届出基準が異なり，制限林に関する制度上の許認可権限や適用される法令も多様で統一性を欠く一方で，画一的な基準によっている。

　この点は，現況森林に関する転用や施業規制に関する許認可・森林警察権がカントン林務組織に一元化され，施業規制が伐採許可の際の選木記号づけにより確保されているスイスと比較して，日本の制度間の「横断的連携」や「総合調整」の可能性は，現状では絶望的様相を呈し，地方分権改革後も都市計画関係以外では，ほとんどその許認可権限の縦割錯綜性に変化はない。官僚組織は本来的に縦割文書主義と相場が決まっているのかもしれないが，現代日本の地域森林管理に関する問題の深刻さは，法制度の枠組みとともに国・都道府県・市町村林務組織の機能と財政，施策・事業の執行過程の総体がさらに自己変革を難しくしている点に問題の歴史的根深さをみることができる。

注及び引用文献

(1) 時期区分に関しては，志賀和人（2016），26〜38頁を参照。日本の林野行政における国有林の規定性は，林業発達史調査会編（1960），大日本山林会『日本林業発達史』編纂委員会編（1983），萩野敏雄（1984, 1990, 1993, 1996），西尾隆（1988）を参照。萩野敏雄（1984）では，近代林政形成期における官林の無制限払下げ政策の転換について，岩倉具視を特命全権大使とする欧米派遣使節団と大久保利通内務卿の殖産興業建議書の影響力を重視している（11〜29頁）。

(2) 萩野敏雄（1999），305頁

(3) 窪田円平（1962），146頁

(4) 高橋琢也（1890），自序

(5) 小林富士雄（2009）を参照。

(6) 高橋琢也（1889），5頁

(7) 伊藤信博（2013），31〜32頁を参照。

(8) 萩野敏雄（2000），281〜308頁

(9) 太田勇治郎（1976），516〜517頁

(10) 太田勇治郎（1976），490頁

（11）同書第2編　林政は，その他に第5章　林業及林産工藝事業ノ指導奨励，第6章　林野ノ開墾，第7章　林野ニ於ケル採草放牧，第8章　国有林野ノ特別管理保護，第9章　森林警察，第10章　森林犯罪ニ対スル処罰，第11章　森林教育，第12章　林業税制，第13章　林産物及林産製造品ノ貿易及関税，第14章　木竹材積ノ単位呼称の14章から構成されている。

（12）太田勇治郎（1976），519頁

（13）大日本山林会編（1931），14頁

（14）山梨縣内務部山林課（1933），26 ～ 27頁

（15）武田誠三（1977），38頁

（16）総務省の事業所・企業統計調査における事業所は，「収入を得て働く従業者がいないもの，季節的に営業する事業所で，調査期日に従業者がいないもの」は含めず，経済センサスにおいても「従業者と設備を有して，物の生産や販売，サービスの提供が継続的に行われていること」としている。

（17）杉中淳（2004），同法案では，「むしろ林業だけでは政策目標を達成できないという現状を認識し，持続的に森林を管理するため新たな政策手法も導入し」，基本的施策に「経済的手法による森林管理」，「地域社会による森林管理」，「国民全体による森林管理」を想定していた。

（18）萩野敏雄（1996），17頁

（19）萩野敏雄（2007），32頁

（20）早尾丑麿（1963），537頁の第3部昭和篇に収録された記述である。

（21）志賀和人編著（2016），32 ～ 33頁を参照。

（22）稲垣浩（2015）を参照。

（23）萩野敏雄（1996），252 ～ 254頁

（24）関口尚（2007），2 ～ 3頁

（25）松形祐堯（2007），448 ～ 449頁

（26）秋吉貴雄（2015），33頁

（27）ジョンC. キャンベル（2014），282頁

（28）林野庁（2014），33頁。森林整備保全事業計画（2014 ～ 2018年度）では，齢級構成の平準化の進捗率を現状値7％から目標値10％まで向上させ，育成単層林の平均林齢の若返りの程度を示す値を現状の1年当たり0.19年から2014 ～ 2018年の年平均0.35年，5年間累計で1.7年分を確保するとしている。

（29）林野庁（2015）『平成26年度森林及び林業の動向』では，森林・林業基本計画における目標とする森林の状態について，ha当たり蓄積（2030年214m^3/ha）と成長量（同2.2m^3/ha）とし，50年後と100年後における齢級構成（イメージ）を示している。しかし，その実現可能性の根拠は不明確であり，そうした不確実性に満ちた超長期の前提下での政策形成の意味自体が疑問である。

第1章　現代日本の森林管理と林政

(30) 地域森林計画の樹立及び変更に係る農林水産大臣への協議について（23林整計第164号）の別紙1に同区分による森林の現況に関する資料の提出が森林法施行規則第3条に基づき求められている。

(31) 林分とは，他と区分できる林木の集団で森林施業の基礎となる区分であり，伐採方法により皆伐，漸伐，択伐，林分配置により伐採面の形状と面積，林齢構成が決まり，林型は樹冠構造と樹種構成により規定される。樹種構成は，純林（針葉樹林・広葉樹林）と混交林，樹冠構成は単層林，二段林，複層林，林齢は同齢林，異齢林に区分され，植栽本数や間伐方法により立木密度（樹冠密度）が規定される。

(32) 志賀和人編著（2016），103〜109頁を参照。造林事業は，森林法第193条に基づく公共事業として位置づけられ，2015年度の林野庁関系当初予算3,000億円のうち1,918億円が公共事業であり，森林整備事業は1,203億円（国有林657億円，民有林補助297億円，水源林造成事業249億円）を占める。2013年度の民有林造林補助実績は，人工造林1.5万haのうち公共補助1.3万ha，地方単独260ha，治山0.1万ha，その他295haと治山事業を除いた人工造林に占める公共補助のウェイトは圧倒的である。一方，間伐15.0万haは，公共補助7.1万ha，非公共補助（森林整備・林業再生加速化事業）1.9万ha，地方単独1.7万ha，治山1.4万haと非公共，地方単独，治山事業による事業量も多い。人工造林補助事業の事業主体は，森林組合0.8万ha（61％），施業計画作成主体0.3万ha（23％），市町村0.1万ha（10％）と森林組合の比重が高い。

(33) 公共造林補助の1ha当たり補助金額は，補助金額＝〔植栽本数別の標準単価（直接経費）×補助率（0.4）×査定係数≦1.7）＋諸掛費率（10〜30％）〕で各都道府県単位に算出される。公共造林補助は，造林・保育費の標準単価の最高68％を補助し，さらに都道府県や市町村によっては上乗せや単独補助施策を実施している場合がある。通常の公共事業と異なり個人に対する標準単価方式による事後申請方式と交付申請委任を採用している点が特徴とされている。

(34) 詳細は，志賀和人・志賀薫・早舩真智（2015）を参照。全国林業改良普及協会編（2017）では，北海道，山口県，徳島県，大分県の再造林経費を補助する民間支援について，事例紹介を行っている。

(35) 准フォレスター研修基本テキスト作成委員会編（2013），95頁

(36) 国土交通省国土政策局（2017），7頁。なお，同12頁では，「林地開発完了に伴う森林地域の縮小ついては，一般的運用では，森林法上の地域森林計画の対象区域変更と併せたタイミングで森林地域の縮小を行う事例が多い。こうしたタイミングで行うことにつき，第38条審議会の構成員から疑義を呈されることも考えられるところ，①林地開発許可が出た時点で第38条審議会へ報告する，②森林地域の縮小そのものの是非ではなく，その後の当該土及び周辺利用

調整を論点とする，等の対応が考えられる」としている。

(37) 小川剛志（2009），100 ～ 105 頁

(38) 都市公園緑地制度に関しては，舟引敏明（2014），13 ～ 20 頁を参照。

(39) 生物多様性地域連携促進法に基づき地域連携保全活動実施者が同活動計画に従って以下の各個別法に基づく許可を要する行為を行う場合は，自然公園法，自然環境保全法，絶滅のおそれのある野生動植物の種の保存に関する法律，鳥獣の保護及び狩猟の適正化に関する法律，森林法に関する特例を同法で定め，「当該許可があったものとみなす」または「適用しない」としている（環境省（2012）『生物多様性地域連携促進法 地域連携保全活動計画作成の手引き』を参照）。

(40) 千葉県における関係各課の聞き取り調査による「木竹の伐採」に関する許認可の概要は，次のとおりである。自然公園課自然公園班：2013 ～ 17 年度に南房総国定公園で 21 件（支障木等の伐採が多く，国有林の 12ha・4 ha の 2 件が含まれる），水郷国定公園は該当なし，県立公園では 21 件で第 3 種特別地域を中心とし，公的機関の土木工事に付随するもので，森林施業に関するものは，個人の 0.7ha と 0.6ha の択伐 2 件のみである。同狩猟班：鳥獣保護区（特別地区）では，2014 年 6 件，15 年 2 件，16 年 2 件があり，富津岬の護岸改修等の工作物に付随した伐採等が中心である。公園緑地課：風致地区に関しては各市町村に権限を下ろしているので，県では申請件数を把握していない。2014 ～ 16 年度の申請件数を市町村に問い合わせたところ，市川市 9 件，6 件，6 件，船橋市 7 件，4 件，10 件，銚子市 3 件，0 件，0 件，香取市 1 件，0 件，0 件との回答。文化財課：建物の建て替えや搬入，防除，危険木の除去での木竹の伐採等が年に数件あるが，森林施業に関する申請はない。

　静岡県の自然保護課と河川砂防管理課での聞き取り調査の概要は，次のとおりである。自然保護課：2014 ～ 16 年度の許可件数は，富士箱根伊豆国立公園が 7 件，4 件，6 件，南アルプス国立公園は該当なし，天竜奥三河国定公園が 2 件，1 件，1 件，日本平・御前崎遠州灘・浜名湖・奥大井県立公園の 4 県立公園の合計で 4 件，4 件，3 件である（ただし，主目的が工作物の新築等に付随する木竹の伐採は含まれていない）。浜松市，牧之原市，御前崎市，静岡市では，許認可の窓口を市町村としており，静岡県の自然公園に関する許認可は，環境省関東環境事務所，県自然保護課，市町村に分かれている。県自然環境保全地域（特別地区）の 7 箇所（気田川，渋川，明神峠，愛鷹山，京丸・岩岳山，桶ヶ谷沼，函南原生林）は，3 年間で該当がまったくない。河川砂防管理課：2014 ～ 16 年度の申請件数は，砂防指定地 2 件，3 件，2 件，急傾斜崩壊危険区域 5 件，7 件，1 件である。電力会社等による支障木や竹の伐採が主体で林業的な伐採はない。2 ha 以上は本庁権限としているが，ここ 3 年間では該当がな

第1章　現代日本の森林管理と林政

く，土木事務所で許可を出している。

第2節　自然公園法による施業規制と森林所有者

1　国立公園地域の地種区分と施業規制

(1) 国立公園の森林管理に関する先行研究

　日本の国立公園は，アメリカ合衆国に代表される営造物国立公園に対して地域制国立公園として，「土地所有に関わらず区域を定めて指定し，公用制限（保護の観点からの規制等）を課す制度であり，地域の基盤的共通的な土地資源管理，地域管理運営を前提としながら，傑出した自然の風景地としての保護と適正な利用の増進のための特別な管理運営を追加的に行う仕組み」と理解されている[1]。2007年の「国立・国定公園の指定及び管理運営に関する検討会の提言」や2014年の「国立公園における協働型管理運営を進めるための提言」においても「地域制の自然公園制度は，国，地方公共団体，地域住民，民間企業，NGO等，土地所有者，利用者等多様な主体が役割分担によって管理運営を行うことが求められる制度」として[2]，管理運営を担う関係者による協働体制の構築が重視されている。国立公園研究においても「協働型管理」や「自然資源管理」をその内実を問わず礼賛する傾向が強く，土屋俊幸（2014）は地域制国立公園の意義を「地域において持続的な自然資源管理を実現させるための戦略的ツール」[3]と位置づけている。本節では，地域制国立公園としての「保護と適正な利用の増進のための特別な管理運営を追加的に行う仕組み」が実際，地種区分と施業規制においてどのように運用され，土地所有者にどのような影響を与えているか，国有林だけでなく公有林や私有林を含めた実態を分析する。

　国立公園地域の土地所有形態は，2014年3月末現在，国有地129.3万ha（61.6％）以外に私有地54.2万ha（25.8％）と公有地26.3万ha（12.5％），所有区分不明0.1万ha（0.1％）が含まれる[4]。本節では，国立公園特別地域における地種区分と施業規制が地域制国立公園としての制度的建前に即した内実を備えているかどうかを，秩父多摩甲斐国立公園の多摩川・荒川源流部を事例として，次の2点から明らかにする。第1に自然公園法に基づく国立公園地域の地種区分と施業規制の実態を把握し，秩父多摩甲斐国立公園の

第1章　現代日本の森林管理と林政

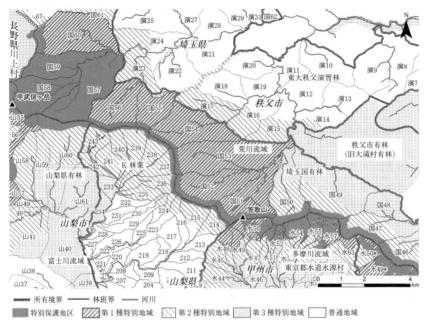

図 1 - 2 - 1　多摩川・荒川源流部の主要森林所有者と林班位置図
資料：環境省，山梨県・東京都・埼玉県，関東森林管理局埼玉森林管理事務所資料より作成。
注：林班番号の頭に付いている略語は次の通りである（国：埼玉国有林及び東信森林管理署管内国有林，水：東京都水道水源林，演：東京大学秩父演習林，山：山梨県有林，無印：K林業）。東京都水道水源林の林班で＊印がない林班は萩原山分区，＊印は丹波山分区の林班である。

主要森林所有者に対する地種区分の決定過程と森林施業への影響を明らかにする。第2に多摩川・荒川源流部の核心部を構成する埼玉森林管理事務所管内国有林（以下，埼玉国有林），東京都水道水源林（以下，水道水源林）の森林管理計画と施業区分の変遷から地種区分の変更による小班単位の森林施業への影響を分析する。

　国立公園地域の地種区分と森林管理に関する先行研究は，国立公園制度や自然保護運動に関する研究と森林経営史に関する研究に大別することができる[5]。畠山武道（2004）や加藤峰夫（2008）は，国立公園制度と国立公園管理計画が抱える制度的課題を「自然保護」視点から検討し，畠山武道（2012）では「国立公園の新たなモデルの模索のためには，各国について，

第 2 節　自然公園法による施業規制と森林所有者

写真1－2－1　多摩川源流の水干と直下の谷

法律や法制度を表面的に比較するだけではなく，法律・各種指針の運用実態，利害関係者の意見などにまで立ち入った調査・研究が必要である」[6]としている。森林経営史には，石井寛編著（2002）の阿寒国立公園の前田一歩園財団，泉桂子（2004）の秩父多摩甲斐国立公園の東京都水道水源林の研究があるが，両者の関係を統合的に明らかにした研究は少なく，国内の法制度の運用実態に関しても民有林所有者を含めた実証分析が必要である。

　秩父多摩甲斐国立公園の多摩川・荒川源流部は，図1－2－1に示すように奥秩父主稜の笠取山周辺の山梨県甲州市・山梨市，埼玉県秩父市に跨った地域である。同地域の主要な森林所有者は，埼玉国有林，水道水源林，東京大学秩父演習林（以下，秩父演習林），K林業，山梨県有林等である。同地域を調査対象とした理由は，次の3点である。第1の理由は，2000年の国立公園計画と地種区分の見直しの際に「本公園独特の深山の景観が見られ…厳正に景観の保護を図る必要性が高い地区である」とされ，特別保護地区を含む特別地域に指定されたことである。第2に1970年代から80年代に埼玉国有林，水道水源林，山梨県有林等の天然林伐採と拡大造林に対する自然保護運動が展開し，国立公園計画・地種区分の見直しと自然保護に配慮した森

101

林管理計画の改定が進められた地域であり，小班単位の属地データから日本を代表する森林所有者の長期的な施業実態として把握することが可能なことが挙げられる。第3の理由は，秩父多摩甲斐国立公園の土地所有形態は，国有地2.1万ha（16.3%），私有地5.4万ha（42.8%），公有地5.2万ha（40.9%）と国有地よりも私有地と公有地の比率が高く，地域制国立公園として多様な森林所有者の対応の把握が可能であることである。

　聞き取り調査と資料収集は，2011年9月〜2013年9月に埼玉森林管理事務所，東京都水道水源林管理事務所，秩父市大滝総合支所，東京大学秩父演習林，埼玉県森づくり課，山梨県森林環境部県有林課・森林整備課，K林業，環境省国立公園課・関東地方環境事務所，農林水産省図書館を対象に実施した。なお，小班単位の地種区分の詳細と位置図，森林資源に関する情報は，環境省・関東地方森林管理事務所では得られなかったため，森林所有者と山梨県の森林簿・森林計画情報によっている。

　以下，国立公園地域における施業規制と公園計画の見直しに関する制度的枠組みを概観し，2では秩父多摩甲斐国立公園における「自然保護」問題の展開と2000年の地種区分見直しの経緯を指定書とパブリックコメント，環境省関東地方環境事務所及び主要森林所有者に対する聞き取り調査に基づき検討する。3では奥秩父多摩川・荒川源流部に焦点を当て，埼玉国有林第48〜51林班，水道水源林第49〜51林班における小班単位の地種区分と施業実態を森林調査簿・林班沿革簿等と聞き取り調査から検討し，両者の地種区分への対応と管理方針の相違点を明らかにする。さらに4では，阿寒国立公園における前田一歩園財団の森林管理と天然林施業について検討する。

（2）自然公園法に基づく施業規制と公園計画

　法令により森林施業の制限を受ける森林（制限林）は，第1節で検討したように森林法に基づく保安林・保安施設地区，自然公園法に基づく自然公園地域のほか，砂防法による砂防指定地，急傾斜地法による急傾斜地崩壊危険区域，文化財保護法による史跡名勝天然記念物，鳥獣保護法による鳥獣保護区特別保護地区，自然環境保全法による自然環境保全地域特別地域，都市計画法による風致地区などがある。しかし，指定面積は保安林と自然公園地区

が圧倒的に多く，保安林は自然公園地域と重複して指定することが可能で，重複した場合は規制の強いものが適用されるため，保安林で自然公園法の第2種特別地域（以下，第2種と略記）以上の施業規制を受けるのは「落石防止保安林」の原則禁伐と「保健保安林」の原則択伐のみであり，その指定面積は2014年3月末現在でそれぞれ2,348haと70万haである。

　国立公園制度は，日本が世界恐慌から満州事変に突き進む1931年に国立公園法の制定により創設された。戦後，1957年には自然公園法が制定され，2002年の同法改正により国及び地方公共団体の責務に生物多様性の確保が追加されている。自然公園法に基づく施業規制は，1959年の「自然公園区域内における森林の施業について」により厚生省と林野庁との取り決めがなされ，第1種特別地域（以下，第1種と略記）は，「禁伐，ただし，風致維持に支障のない場合に限り単木択伐法を行うことができる」。第2種は，「択伐法によるものとする。ただし，風致の維持に支障のない限り，皆伐法によることができる…一伐区の面積は2ha以内」とされ，第3種特別地域（以下，第3種と略記）は，「全般的な風致の維持に支障のないかぎり特段の制限は課されない」。特別地域内の木竹の伐採や植栽は許可が必要となるが，許可・許可申請件数とも保安林と比較し，格段に少ない⁽⁷⁾。

　国立公園地域における地種区分は，その指定手続きに関して指定権者による森林所有者からの承諾取得と直接的通知を必須としておらず，指定後の森林所有者から解除申請する制度的手続きは存在しない。施業規制は森林の立地や林種にかかわらず，地種区分に対応した一律の基準が適用され，指定書等においても私有林所有者と小班単位の指定状況や地種区分図は示されていない。特別地域の変更部分は，特別地域ごとに「原則として関係市町村の字まで（国有林にあっては林班まで）地名の抽出を行う」とされ，都道府県有林については，地種区分別に林班までの指定面積が示されているが，市町村有林と私有林は，公私別の所有形態別面積のみが示され，所有者名は明示されていない。

　1973年の「国立公園計画の再検討要領」では，「この作業に当たっては，国の関係行政機関，関係都道府県及び市町村とも事前に十分連絡調整を図ることとする。特に特別地域の地種区分等保護詳細計画の策定に当たっては，

必要に応じて地元関係者に説明を行うなど納得協力を得るものとする」とされている。2003年の「国立公園の公園計画等の見直し実務要領について」（環自国発第030529004号）からは，別紙1に「国立公園の公園区域及び公園計画の点検に関する作業手順」が図示され，この作業手順図の関係機関には，審議会，関係省庁，環境省，自然保護事務所，関係市町村，都道府県，国の関係行政機関，国民に関する作業手順が示されている。地権者に関しては，「必要に応じて地元関係者に説明を行うなど納得協力を得るものとする」と地権者への説明や納得，合意を必須とはしていない点が重要である。2013年には「国立公園の公園計画等の見直し要領」（環自国発第1305174号）が新たに定められたが，2003年の同実務要領及び別紙1の「公園計画等の見直し実務」と「作業主体」に関する規定は，変更されていない。

環境省自然環境局国立公園課（2015）では，「国立公園における協働型管理運営の推進について」（2014年自然環境局長通知）に基づく「手引書」として，「協働型管理運営，総合型協議会の必要性」が強調され，同協議会の構成員の選定とレベルの設定に関して，11主体の1つとして「土地管理者・所有者」が例示されている。また，地方公共団体の代表のレベルに関しては，「関係する市町村長や都道府県の担当部局長，課長等が考えられる」としている[8]。原告適格性を直接の利害関係者に限定する日本において，当該国立公園で公用制限を直接受ける利害関係者としての地権者ではなく，一般的「土地管理者・所有者」を例示している点に環境省の本音が垣間見える。また，パブリックコメントの回答に地元の意見として多用される「地域の代表者としての関係都県知事及び市町村長からのご意見」が実際どのような内実を持つものか，実態に即した国立公園研究者による解明が期待される。

（3）地域制国立公園における地種区分と施業規制

以下では，2000年に地種区分の見直しが行われた秩父多摩甲斐国立公園を事例に地域制国立公園の理念が地種区分と施業規制にどのように反映されているか，その実態を明らかにする。

現行の「国立公園の公園計画等の見直し要領」では，審議会，関係省庁，環境省，自然保護事務所，関係市町村，都道府県，国の関係行政機関，国民

に関する作業手順が示されているが，そこに地権者は登場せず，あくまで
「特に特別地域の地種区分等保護規制計画を検討するに当たっては，必要に
応じて地元関係者に説明を行うなど納得協力を得るものとする」とされてい
るにとどまる。秩父多摩甲斐国立公園における地種区分の見直しにおいても
何代かの自然保護官が中心的に携わり，各行政機関との連絡調整に当たり，
K林業のような私有林所有者への連絡や調整は関係都県に依頼したとされる
が，その具体的な協議内容や合意事項に関する資料は，秩父演習林以外では
確認できなかった。

　埼玉国有林では，稜線部の県境から300m線界の奥地天然林を一括して特
別保護地区に指定しているのに対し，水道水源林では施業区分を考慮して，
小班単位に地種区分の線引きを調整し，管理計画で定めている施業を実行す
るうえでその障害となることを避けた。対象地域は1970年代に奥秩父の天
然林伐採問題の舞台となった地域であるが，埼玉国有林では天然林の伐採跡
地にカラマツの拡大造林を行った小班も1980年代半ば以降は施業放棄され，
「天然生林」や「育成天然林」に転換されたのに対して，水道水源林では小
班単位の施業区分による管理と森林施業が「地域の基盤的共通的な土地資源
管理」として継続され，獣害対策や施業管理もきめ細かに実施されている。

　地種区分に関する先行研究では，「地種区分が，自然保護の観点よりは，
関連の省庁，地元市町村，利害関係者などの意向で，行政的・政策的に定め
られている」[9]ことや「現状の地種区分には，土地所有者，特に国有林の
施業計画が影響を与えている」[10]との見解が支配的である。しかし，秩父
多摩甲斐国立公園における地種区分の見直し過程においては，地方環境事務
所が作成する原案が地種区分設定の大枠を規定しており，それに対してどれ
だけ小班単位の地種区分に森林所有者の管理方針や施業区分を反映できるか
は，当該森林所有者が事前協議の対象となる行政機関であるか，その対象外
の私有林所有者であるかという点と，事前協議時の小班単位の対案の提示が
適切にできるかどうかに左右されていた。少なくとも，本事例においては，
国有林や公有林のような組織的対応が制度的にも情報・人材面からも難しい
私有林所有者を含めた「土地所有者」一般が地種区分の決定過程に大きな影
響を与えているとすることは適切ではなく，地種区分の見直し過程に関し

第1章　現代日本の森林管理と林政

て，他の国立公園の事例や見直し時期の違いによる更なる研究の進展を期待
したい。

　むしろ地域制国立公園における地種区分と施業規制に関する課題として，
多様性を持つ地権者の森林管理の実態解明とともに次の点に関する制度改善
の重要性が浮き彫りになった。

　1点目は，国立公園地域における地種区分と施業規制が，その指定手続き
において指定権者による森林所有者からの承諾と直接的通知を必須としてお
らず，指定後の森林所有者から解除申請する制度的手続きを欠き，施業規制
は森林の立地や林種にかかわらず，地種区分に対応した一律の基準が適用さ
れることである。そのような硬い制度下での特別保護地区や第1種特別地域
の指定は，極めて限定された地域にならざるを得ず，長期的な環境変化に対
して硬直的な制度となりやすい。利用・施業規制に関しても多様な所有主体
と森林生態系の存在形態に対応した順応的管理の地道な追求ではなく，国有
林の経営改善に対応した「無難」な施業放棄やK林業にみるような諦めを
生み，さらには後述する秩父多摩甲斐国立公園における地種区分変更の際の
パブリックコメントに強硬な意見を送付した両神山の白井差・大峠コースの
私有林所有者のように国立公園制度や運用に関する反発を誘発する可能性も
大きい。

　2点目は，土地所有権の制限を伴う施業規制の根拠と決定過程の透明性の
確保とともに，専門的技術者や情報を持たない所有者への自治体や自然保護
官による支援や助言が必要であるということである。指定書においても私有
林所有者と小班単位の指定状況や地種区分図は示されておらず，行政機関以
外の私有林所有者に対する決定過程における配慮や透明性を欠く点が問題と
なる。少なくとも地域制国立公園の協働型管理が抽象的な「地域」や「市
民」との協働を振りかざした国家による私的財産権の侵害を許す口実であっ
てはならない[11]。住民参加型の協働管理を実現するためには，まず「国立
公園の公園計画等の見直し要領」に規定された「地元関係者に説明を行うな
ど納得協力を得るものとする」を直接の利害関係者である私有林所有者に対
しても保証する制度的枠組みと決定過程における透明性の確保が重要であ
る。

106

2　秩父多摩甲斐国立公園における地種区分の再編

(1) 奥秩父における「自然保護」問題

　秩父多摩国立公園は，1950年の公園区域の指定後，1955年に特別地域の指定が行われたが，未区分特別地域が98％を占め，特別保護地区の指定は行われなかった。その後，1958年に特別地域の一部変更，1962年と1968年に特別地域の区域変更が行われたが，特別保護地区の指定と未区分特別地域の地種区分は，2000年に公園名称が秩父多摩甲斐国立公園に改称され，同時に「国立公園計画の再検討要領」に基づき，公園計画と地種区分の見直しが行われるまで実施されなかった。

　同地域においては，1957年の国有林生産力増強計画を契機に笠取山国有林の天然林伐採が加速し，それに対する「自然保護」運動が1960年代後半から奥秩父を舞台に展開された。当時の記録によると笠取山国有林は，1948～52年に第51，52林班の191haで計5回3.4万石（約8,800m³）の立木処分が行われたが，搬出条件が悪く事業成績が上がらず，トラック輸送から一部を索道搬出に切り替えたが，それでも立木や素材のまま棄権されたものが相当あったとされる[12]。1958年からは第49～53林班1,922haの天然林（140年生）を対象に1967年までの10年間に伐採指定量4.9万石（約6,100m³）が計上され，伐採跡地にはカラマツの拡大造林が行われ，素材は埼玉県秩父市と山梨県塩山市（当時）に搬出された。

　奥秩父の天然林伐採に対して，1970年に朝日新聞全国版（5月27日）に「原生林を食う林野庁」が掲載され，同紙「声欄」に読者からの投書が続き，11月19日にはNHK「奥秩父は泣いている」が放映され，世論の批判が高まった。衆議院農林水産委員会（7月10日）では，瀬野栄次郎（公明党）の質問に対し，林野庁長官が奥日光の伐採中止とともに奥秩父の伐採縮小の方針を表明した。1973年に林野庁は「国有林野における新たな森林施業」を打ち出し，1984年に秩父営林署中津川製品事業所が廃止された[13]。水道水源林でも1967年に日本自然保護協会から「秩父多摩国立公園多摩川水源地帯天然林保護意見書」が提出され，1966年から開始された第6次経営計

第1章　現代日本の森林管理と林政

画期間の半ばに保護地を新設し，1971年に天然林伐採と拡大造林が中止された[14]。山梨県有林においても第2章で詳述するように1973年に新たな土地利用区分が導入され，平均年間伐採量は1960年代の30万m³から1970年代には15万m³に半減した[15]。

　埼玉国有林では，1889年に東京大林区署が設置されると同時に秩父派出所が設置され，1891年に秩父小林区署に改称された。1907年には浦和小林区署を統合し，埼玉県一円を管轄することになった。1924年に秩父小林区署が秩父営林署に改称され，1999年の組織再編により現在の埼玉森林管理事務所となった。秩父事業区で初めて施業案が作成されたのが1912年であり，第2次世界大戦期に入り1944年に決戦施業案が編成された。戦後，施業案は経営案と改称され，編成単位も事業区から経営区に拡大され，10年ごとに編成されるようになった。笠取山の天然林伐採が本格化した1950年代から現在までの埼玉国有林の伐採面積の推移をみると最盛期の1967年の250haから1973年には50haに減少し，1992年の機能類型区分の導入後，さらに縮小を続け，2000年以降，主伐は行われていない。

　水道水源林では，1910年の「臨時水源経営調査委員会第2回報告」（第1次計画）に基づき経営が開始された。1912年に山梨県から萩原山分区一帯の5,613haを1.2万円で購入し，無立木地の造林と崩壊地の復旧を開始した。戦後，1956年の第5次計画では，年間600haの拡大造林が計画されたが，日本自然保護協会の後山川流域の天然林伐採と拡大造林に対する意見書の提出を受けて，年間500ha以上あった伐採面積が1974年には67haに減少した。1986年からの第8次計画では木材収穫中心の経営からの脱却を経営計画で明示し，後述するように現在も同管理方針を堅持している。

（2）2000年の地種区分見直し結果と主要地権者

　2000年の地種区分見直し前の秩父多摩国立公園は，未区分特別地域5.0万ha（第2種相当）と第3種1,270haの5.1万haの特別地域と普通地域7.5万haから構成され，第3種の指定は埼玉県大滝村，東京都檜原村・奥多摩町の一部に限定されていた。2000年の見直し後に特別地域は5.6万haに増加し，表1-2-1に示した特別保護地区3,791ha，第1種0.9万ha，第2種

108

1.8 万 ha, 第 3 種 2.6 万 ha に再区分された。

2000 年の地種区分見直しの際には,「雲取山から大洞山（飛龍山）, 笠取山, 雁坂嶺を経て甲武信ヶ岳に至る地区は, 2,000m 級の山々が直線距離にして約 20km にもわたり連なる構造山地の山稜となっており, 奥秩父縦走線歩道が整備されている。この歩道沿線では, コメツガ, トウヒ, シラビソ等の亜高山性針葉樹林に, コケ類, シダ類が地床となる本公園独特の深山の景観が見られる。また, 雲取山, 将監峠, 雁峠及び雁坂峠等で見られるミヤコザサ群落の草原も特筆すべきものがある。厳正に景観の保護を図る必要性の高い地区である」とされ,「雲取山から甲武信ヶ岳に至る山稜」が未区分特別地域から特別保護地区に格上げされた[16]。

埼玉県・山梨県境の稜線に接する埼玉国有林と水道水源林は, 施業規制を伴う特別保護地区と第 1 種, 第 2 種特別地域に指定された。埼玉国有林は 1.0 万 ha が国立公園地域に指定され, 荒川源流部に特別保護地区 1,698ha が指定されている。水道水源林は国立公園地域 2.1 万 ha を所有し, 特別地域に 1.7 万 ha が指定されているが, 特別保護地区は 624ha と埼玉国有林と比

表 1 - 2 - 1　秩父多摩甲斐国立公園における所有者・地種区分別指定面積

単位：ha, %

所有形態・所有者	地種区分	特別地域 計	特別保護地区	第 1 種	第 2 種	第 3 種	普通地域	計	構成比率
国有林	埼玉国有林	7,387	1,698	2,707	1,543	1,439	2,849	10,236	8.1
	秩父演習林	729	–	7	722	–	5,092	5,821	4.6
	その他	3,465	279	273	201	2,712	1,002	4,467	3.5
	計	11,581	1,977	2,987	2,466	4,151	8,943	20,524	16.3
公有林	水道水源林	17,423	624	3,778	6,066	6,955	3,774	21,197	16.8
	山梨県有林	10,132	746	1,394	3,196	4,796	8,613	18,745	14.8
	埼玉県有林	865	–	–	299	566	1,807	2,672	2.1
	秩父市有林	1,205	–	–	–	1,205	–	1,205	1.0
	計	33,706	1,711	5,410	11,097	15,488	17,960	51,666	40.9
私有林	K 林業	1,027	103	–	924	–	1,545	2,572	2.0
	その他	10,173	–	769	3,443	5,961	41,324	51,497	40.7
	計	11,200	103	769	4,367	5,961	42,869	54,069	42.8
合計		56,487	3,791	9,166	17,930	25,600	69,772	126,259	100.0
2000 年変更前		51,409	50,139（未区分特別地域）			1,270	74,912	126,321	–

資料：秩父多摩甲斐国立公園指定書, 聞き取り調査等により作成。
注：私有林普通地域の区分は, 林小班名が指定書に公表されていないため, 一部推計を含む。

第1章　現代日本の森林管理と林政

較して少ない。

　両者と山稜を隔てた山梨県側富士川流域に位置するK林業（所有名義は家族の個人名義）は，特別保護地区に指定された唯一の私有林である。K林業は，富士川流域「三富村川浦の一部」（現在は山梨市）の所有林2,572ha（聞き取り調査と指定書からの推計値，山梨県の森林簿上は2,664ha）全域が国立公園と保安林に指定され，埼玉国有林に接する10の林班の15小班103haが特別保護地区に指定されている。同森林は，戦前期に北海道小樽市を本拠地に北海道，樺太・沿海州で素材生産を行っていた際に先代当主が1937年に親戚を通じて取得したものである。戦後も天然林を伐採し，スギ・カラマツを人工造林し，1970年代半ばまでは直雇で素材生産を行っていたが，現在は所有林の管理を峡東森林組合に委託し，中央本線塩山駅前に事務所を置き，賃貸住宅の管理を主業とするようになっている。

　奥秩父主稜部からやや離れた秩父演習林では，第5林班の一部7haが第1種，中津峡の落葉広葉樹林と荒川源流部の埼玉国有林に隣接する林班が第2種に指定され，それ以外は普通地域に指定された。秩父演習林は，地種区分見直しの際，後述するように大部分を第2種に指定する環境庁案を提示されたが，試験研究に影響の少ない所に限定して第2種とする案を提出し，これが認められた。さらにその外延部に位置する埼玉県有林では，見直し前の未区分特別地域865haのうち，中津川渓谷の林道沿いの林班299haが第2種，それ以外の566haが第3種に指定された。旧大滝村有林を引き継いだ大滝地区の秩父市有林2,177haでは，国立公園地域に位置する1,205haがすべて第3種に指定された。

　山梨県有林は，1.9万haが秩父多摩甲斐国立公園に含まれ，1.0万haが特別地域に指定されているが，本節の主たる対象地域ではないことから関連事項を触れるにとどめる。2000年の公園名称の変更と地種区分の見直しの際には，「環境庁が山梨県に対して保護規制の充実強化を図ることと，名称変更を前提として山梨県に相当の協力を要請してきた経緯がある」とされる[17]。同国立公園内で第2種以上に指定された「その他」は，長野県側の東信森林管理署管内国有林の甲武信ヶ岳，瑞牆山，金峰山周辺，公有林が檜原村三頭山周辺の「都民の森」，甲府市有林，私有林が日原川源流部，両神山，

110

中津峡，三峰等である。

（3）地種区分の見直し過程と森林所有者の対応

2013年に環境省国立公園課に地種区分の見直し手続きと経緯に関する問い合わせを行ったところ，「本省レベルでお話しできることはない」と面会を断られ[18]，秩父多摩甲斐国立公園を担当する関東地方環境事務所と奥多摩自然保護官事務所に2000年の地種区分見直しの経過を照会した。その過程で2000年当時の担当自然保護官が関東地方環境事務所の国立公園・保全整備課に在職していることが判明し，2013年3月に面会してその経緯を確認した。その際の聞き取り調査によると前任者の段階で所有者との交渉はほぼ終了していたとのことであった。その前任者から直接，その経緯を聞くことができないか尋ねたところ，「個人情報等のこともあるので当時の担当者を直接紹介することはできない。私から答えられる範囲でお願いしたい」との回答であった。

秩父多摩甲斐国立公園では，1973年の「国立公園計画の再検討要領」に基づいて，2000年に公園名称変更と同時に特別保護地区の設置と地種区分の見直しが行われた。地種区分の変更過程では，何代かの自然保護官が中心的に携わり，各行政関係機関との連絡調整に当たったことが確認できたが，私有林所有者への連絡や調整は関係都県に依頼し，具体的な連絡内容や合意事項に関する資料は，秩父演習林以外では確認することができなかった。

国立大学や行政機関に関しては，関東地方環境事務所と自然保護官が直接，意見聴取を行った。1992年に関東地方環境事務所から環境庁案の提示を受けた秩父演習林は，地種区分指定に伴う施業規制が研究の妨げとなる可能性を考慮し，到達困難な場所と登山道沿いを除き大部分を第2種の指定から除外する案を環境庁に文書で提示した。2000年に第17林班と14〜16，18，20〜24，33林班の一部のみを第2種に指定し，大部分を普通地域に指定する秩父演習林案が採用され，図1－2－2に示す栃本作業所管内の地種区分が決定した。

秩父演習林以外にも水道水源林や埼玉森林管理事務所に関しては，直接，関東地方環境事務所から意見聴取を行っていることが確認できた。水道水源

第1章　現代日本の森林管理と林政

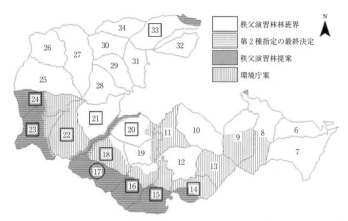

図1－2－2　東京大学秩父演習林栃本作業所管内第2種特別地域の決定過程
資料：東京大学秩父演習林提供資料より作成。
注：数字は林班番号を示し，⑰は林班全体が第2種，⑯は林班の一部が第2種，10は普通地域の林班を示す。このほか大血川作業所管内に第1～5林班があり，第1種に指定された7haは，第5林班の一部である。

林では，森林計画担当係長から「環境庁と事前協議があり森林施業に影響の少ない小班にのみ適用した」ことが確認できた。埼玉県森づくり課によると県有林管理を管轄する秩父農林振興センターと関東地方環境事務所の間で話し合いが行われたが，10年以上も前のことなので具体的な資料は残されておらず，当時の施業に影響がなかったので環境庁案を了承したとしている。埼玉県有林の地種区分変更前と変更後の管理計画書を照合したが，特段の変更はなかった。秩父市有林は，2005年に大滝村が秩父市に合併し，市有林担当者は3年前後で異動するため，数世代前の担当者にも確認してもらったが当時の経緯は確認できなかった。

　一方，K林業の所有林の地種区分の見直しは，環境庁が2000年5月に実施したパブリックコメントへの回答で触れられている。同パブリックコメントでは，封書8通，ファックス6通，メール3通により37件の意見が寄せられた[19]。地種区分に関する意見として，「特別保護地区として指定するのは，どのような地域か。個人所有の山林は含まれているか」に対して，特別保護地区103haのK林業の個人所有林を指定した経緯として，「本公園の代表的な景観の見られる雲取山から甲武信ヶ岳に至る奥秩父主稜など本公園の

112

代表的な景観の見られる核心部（計3,791ha）を特別保護地区として指定します。このうち個人所有の山林が，山梨県東山梨郡三富村川浦の一部において103ha含まれています。なお，特別保護地区は特に規制が強いことから，格上げするにあたっては，山梨県から当該土地所有者の方に説明をさせていただき，その了解をいただいているものです」と回答している。

2013年5月の聞き取り調査によれば，K林業はパブリックコメントに対する意見は提出しておらず，K林業社長と家族からは「何の説明もなく公示されて初めてそれを知った」との回答を得た。K林業が，2000年以降，第2種特別地域以上の林班では林業活動を行っておらず，地種区分の変更がK林業の林業生産活動に与えた影響は少ないと思われるが，環境庁や県の対応には不満を感じている。

同パブリックコメントでは，このほかに「国立公園に指定するなどの場合は，地方自治体など行政機関の長だけでなく，土地所有者の了解も得るべき」や「特別地域から普通地域に規制を緩和する地域の関係者は，この変更案に納得しているのか。また，その逆の場合はどうか。特別保護地区や第1～3種特別地域は規制を受けるが，地元の人たちと話し合ったのか。国民に意見を求めるよりもまずは地元の人達との話し合い（理解）が大切」との意見に対して，「環境庁としては，地域の代表者として関係都県知事及び市町村長からご意見を伺い，地元の意見を公園計画の変更案に反映させるとともに，全国的見地から適切な公園計画の策定に努めているところです」と論点を意図的に避けた回答を行っている。

パブリックコメントでは，「土地所有者に何の相談もなく，両神山においてその一部を第2種特別地域とする今回の秩父多摩国立公園の公園区域及び公園計画の全般的な見直し（再検討）は不当であり，埼玉県両神村白井差地区における土地所有者として反対するとともに，国立公園区域からの削除を要望する。将来，子孫に禍根を残すような規制は必要ない。そもそも，今回の秩父多摩国立公園の公園区域及び公園計画の全般的な見直し（再検討）にあたり，何を根拠としているのか」との意見が寄せられている。

この背景には，2000年4月に秩父多摩甲斐国立公園の両神山の白井差・大峠コースの登山道の地権者（私有地）が相続税問題に関する「約束」や登

第1章　現代日本の森林管理と林政

山者のゴミの投棄を契機に登山道（埼玉県が執行主体となって実施した公園事業）を封鎖し，同年 11 月に環境庁により廃道とされたことであった。同地権者は代々林業を営み，両神村から委託されて白井差小屋を管理し，埼玉県から自然公園指導員を委嘱されるなど自然公園管理にも協力していた。代替ルートでは転落事故が多く，現在では地権者に事前許可制で「環境整備料」1,000 円を支払うことにより以前の登山道が利用できる[20]。特別地域内の両神山登山道を所有者が立ち入り禁止としたことに対しては，公園内の私有地の地権者は自然公園法が定める一連の開発規制以外は制限を受けないとの判決が出されている。

3　多摩川・荒川源流部の地種区分と施業実態

（1）埼玉国有林・水道水源林・Ｋ林業における小班別地種区分

　以下では，多摩川・荒川源流部で第 2 種以上の国立公園地域に指定されている埼玉国有林，水道水源林，Ｋ林業の小班単位の地種区分の指定状況を検討する。先に述べた奥秩父「自然保護」問題と 2000 年の地種区分の見直しから現在に至る埼玉国有林と水道水源林の管理計画における施業区分の変遷と特別保護地区の指定林班を中核とした埼玉国有林第 48 〜 51 林班と水道水源林第 49 〜 51 林班の小班単位の施業実態を分析する。

　多摩川・荒川源流部の埼玉国有林，水道水源林，Ｋ林業の地種区分別指定状況を表 1 − 2 − 2，埼玉国有林と水道水源林の林小班配置図を図 1 − 2 − 3・4 に示した。水道水源林は，奥多摩分区や丹波山分区にも多くの国立公園地域が分布するため，表 1 − 2 − 2 には多摩川源流部に位置する萩原山分区の林班のみを示した。所有者別の指定面積は，先に述べたように埼玉国有林が特別保護地区 1,698ha，第 1 種 2,707ha と多く，水道水源林はそれに比較して特別保護地区 238ha，第 1 種 366ha と少ない。Ｋ林業は，第 1 種と第 3 種の指定はなく，主稜部に接する 103ha の特別保護地区と隣接する 924ha が第 2 種に指定された。

　国有林では特別保護地区や第 1 種の指定が林班全体であるのに対して，民有林における指定は，林班の一部を対象としている場合が多く，特に水道水

114

第2節　自然公園法による施業規制と森林所有者

表1－2－2　多摩川・荒川源流部周辺の所有者別地種区分の指定状況

区分	所有者	埼玉国有林	水道水源林	K林業
特別地域	特別保護地区	57～59林班の全部と42～47，49～51，52～56，60林班の各一部 1,698ha	50～55，57林班の各一部 238ha	214～216，224，236～240，243林班の各一部 103ha
	第1種	74，75林班の全部と42～44，51～56，60，63林班の各一部 2,707ha	5，7～10，12，13，30，47～52，54，55，57，63林班の各一部 366ha	－
	第2種	41，61林班の全部と45～47，49，50，64-I，67～70林班の各一部 1,458ha	1～3，37，38，61林班の全部と7～11，39，40，43～45，47～49，51～60，62，63林班の各一部 1,515ha	241，242林班の全部と214～216，224，229～230，236～241，243林班の各一部 924ha
	第3種	48，65林班の全部と45～47，49，50林班の各一部 1,125ha	4，31，41，42，46林班の全部と11，12，30，39，40，43～45，47～49，51～53，56，58～60，62林班の各一部 1,164ha	－
普通地域		62林班の全部と64-II，66，71～73，76林班，63，64-I，67～70林班の各一部	6，14～29，32～36林班までの全部と5，13林班の各一部	201～212，217～223，225～235林班の全部と213，216，224林班の各一部

資料：秩父多摩甲斐国立公園指定書及び計画書（2000年），山梨県森林簿，聞き取り調査による。
注：下線の林班は小班単位の地種区分と施業実態を検討した林班を示す。

源林の特別保護地区と第1種，K林業の特別保護地区は，すべて林班の一部の指定である。そのため，指定書の指定理由や地種区分線の大枠の設定理由のみでなく，「保護と適正な利用の増進のための特別な管理運営を追加的に行う仕組み」として，該当する小班が何を基準に指定されたか，その背景を小班単位に検討することが重要となる。

　埼玉国有林の第48～51林班と水道水源林の第49～51林班の小班構成を表1－2－3に示した。埼玉国有林の第48～51林班は，特別保護地区307ha，第1種1,222ha，第2種269haから構成され，第48林班は全域が第3種，第49・50林班は特別保護地区と第2種以下，51林班は特別保護地区と第1種で構成されている。

　表1－2－3の埼玉国有林第48～51林班の小班別地種区分と図1－2－3の小班位置図から以下の小班別地種区分の特徴が指摘できる。稜線に接する49林班「に小班」，50林班「は小班」，51林班「い1小班」が特別保護地区に指定され，50林班「ろ小班」が第2種，51林班「い2小班」が第1種に指定された。それらの小班の特徴をみると48林班は，25の小班140haか

115

第1章　現代日本の森林管理と林政

表1－2－3　埼玉国有林第48〜51林班・水道水源林第49〜51林班の地種・施業区分

所有者	埼玉国有林				水道水源林			
区分＼林班	48林班	49林班	50林班	51林班	区分＼林班	49林班	50林班	51林班
特別保護地区	－	に	は	い1	特別保護地区	－	は	よ
第1種特別地域	－	－	－	い2	第1種	はにほ	いろにほへ	－
第2種特別地域	－	は	ろ	－	第2種	ろ	－	か
第3種特別地域	全小班	「に，は」以外	い	－	第3種	い	－	いろはにほへとりるをわたれ
天然生林	いろにほぬわかよたれそつねならうの	いろ12はにわよたれつならむおまふこえ	いろは	い1 い2	天然林	いろ	いは	いろとわかよた
育成複層林	はへとちりるむお	やろ1-11ほへとちりぬるかそねうのくけ	－	－	複層伐 改良伐	－ はにほ	－ ろにほへ	りるれ ほへをはに

資料：埼玉国有林は埼玉森林管理事務所「第3次国有林野施業実施計画」(2007年度末)，水道水源林は2006年現況表による。
注：小班名はゴシック体が特別保護地区，小班名の下線は実線が第1種特別地域，破線が第2種特別地域を示す。

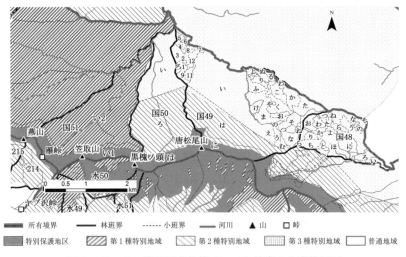

図1－2－3　埼玉国有林第48〜51林班の小班位置図
資料：環境省の自然環境情報GIS提供システム_shapeデータ及び埼玉森林管理事務所資料より作成。
注：稜線周辺の「特別保護地区の網掛け」は，表1－2－3に示した林小班の林小班界と一致すべきであるが，環境省自然環境情報GIS提供システムから取得した地種区分の境界と埼玉森林管理事務所資料の林小班図から作成した小班界との間にずれが生じている場合がある。原資料を尊重する観点からこのずれを補正せず表示している。

第 2 節　自然公園法による施業規制と森林所有者

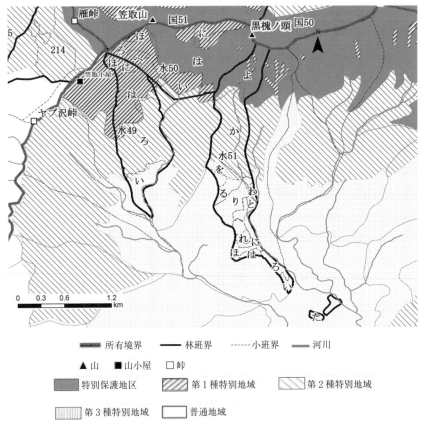

図 1 - 2 - 4　水道水源林第 49 ～ 51 林班の小班位置図
資料：環境省の自然環境情報 GIS 提供システム _shape データ及び水源林管理事務所資料より作成。
注：図 1 - 2 - 3 と同様。

ら構成され，稜線から遠く全小班が第 3 種に指定され，1965 ～ 74 年にカラマツの拡大造林が行われている。49 林班の「い小班」以外の第 3 種に指定された小班も同様に 1965 ～ 73 年にカラマツの拡大造林が行われている。天然生林に区分された小班では，稜線に接する「に小班」が特別保護地区，やや離れた「は小班」が第 2 種，「ろ小班」と稜線から遠い「い小班」が第 3 種に指定された。50 林班と 51 林班は，林班すべてが 180 年生の天然生林である。50 林班は，特別保護地区の「は小班」，第 2 種の「ろ小班」，第 3 種

117

第1章　現代日本の森林管理と林政

表1－2－4　K林業第2種特別地域以上を含む林小班

区分 林班	地種区分			施業区分				林齢		
	特別保護地区	第2種特別地域	普通地域	天然林	育成天然林	人工林	除地	50年生以下	51～100	101年生以上
214林班	に	いろはほ	－	いろはにほ	－	－	－	ろ	はにほ	い
215林班	ほ	いろはにへ	－	はにほ	ろ	いへ	－	いへ	ろはにほ	－
216林班	ち	いへとり	ろはにほ	ほへとちり	いろはに	－	－	いろはにとち	ほへり	－
224林班	は	ろ	い	いろは	－	－	－	は	い	ろ
236林班	ろへ	いはにほとち	－	全小班	－	－	－	－	全小班	－
237林班	にほへ	いろはとちりぬ	－	いろはにほへ	－	－	とちりぬ	に	いろはほへ	－
238林班	へと	いろはにほちり	－	いろはにほへと	－	－	ちり	ほ	いろにへと	は
239林班	ほ	いろはにへ	－	いろはにほ	－	－	へ	全小班	全小班	
240林班	ほ	いろはに	－	いろはにほ	－	－	－	全小班	全小班	
241林班	－	いろは	－	いろは	－	－	－	－	い	ろは
242林班	－	いろ	－	いろ	－	－	－	全小班	全小班	
243林班	へとち	いろはにほ	－	いろはにほへとち	－	－	－	は	いろへとち	にほ

資料：2011年度山梨県属地別森林簿より作成。森林簿と環境省公園計画図の地種区分が異なる場合は，環境省公園計画図によった。
注：小班名はゴシック体が特別保護地区，破線が第2種特別地域を示す。小班内で区分や林齢が異なる場合は，面積の大きい区分で表示した。

の「い小班」の3小班から構成される。51林班は，1999年まで高齢級天然林の「い小班」のみであったが，稜線上の「県境から300m線界」に特別保護地区が設定され，特別保護地区「い1小班」と第1種「い2小班」に分割された。

　水道水源林第49～51林班は，特別保護地区237ha，第1種125ha，第2種488haから構成される。49林班は第1種～第3種，50林班は特別保護地区と第1種，51林班は特別保護地区と第2種・第3種から構成されている。図1－2－4の水道水源林の第49～51林班の小班位置図にみるように埼玉国有林の特別保護地区指定と異なり，稜線に接する小班すべてを特別保護地区に指定するのではなく，第1種に指定された小班が虫食い状に分布している。49林班では，改良伐の「は・に・ほ小班」が第1種に指定され，「い・

第2節　自然公園法による施業規制と森林所有者

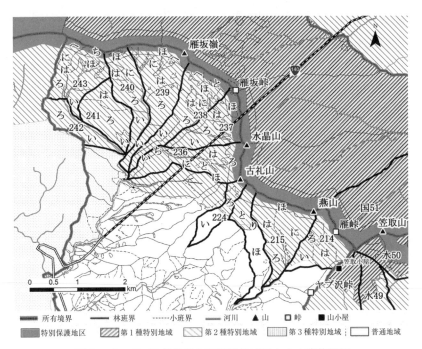

図1-2-5　K林業第2種特別地域以上の小班位置図
資料：環境省の自然環境情報GIS提供システム_shapeデータ及び山梨県森林環境部資料より作成。
注：図1-2-3と同様。

ろ小班」は天然林であるが稜線から離れているため,「ろ小班」は第2種,稜線から遠い「い小班」は第3種に指定された。「に・ほ小班」は88年生前後のカラマツを主体とする林分に改良伐の施業を継続するため,稜線に接する小班であるが第1種に区分された。

　稜線に接する高齢級天然林の50林班「は小班」と51林班の「よ小班」は特別保護地区に指定され,50林班「い・ろ・に・ほ・へ小班」は第1種,51林班「か小班」は第2種に指定された。50林班の稜線に接する小班のうち,天然林の「は小班」以外は,改良伐の「ろ・に・ほ・へ小班」が第1種に指定され,「い小班」は天然林であるが稜線から離れていることから,第1種に指定された。51林班では,稜線に接する天然林「よ小班」が特別保護地区,稜線から離れた天然林「か小班」が第2種,それ以外は第3種に指

119

第1章　現代日本の森林管理と林政

定された。

　地種区分と施業区分（国有林の場合は目標施業区分）の関係をみると特別保護地区の指定は，埼玉国有林の「天然生林」と水道水源林の「天然林」に属する小班に限定され，埼玉国有林では第1種・第2種も天然生林の小班から指定されたが，水道水源林では天然林とともに改良伐の小班も第1種に区分された。水道水源林の稜線に接する小班のなかでも50林班「は小班」と51林班「よ小班」は，天然林のため特別保護地区に指定されているが，改良伐の49林班「ほ小班」や50林班「ろ・に・ほ・へ小班」は第1種に指定され，特別保護地区の指定から除外されている。

　K林業の第2種特別地域以上を含む林小班の構成を表1－2－4，第2種特別地域以上の小班位置図を図1－2－5に示した。稜線に隣接する第214～216林班，224林班，236～240林班，243林班の一部が特別保護地区103haに指定され，同林班と241・242林班の全小班を合わせた924haが第2種に指定された。稜線部の「県境から100m線界」の天然林を特別保護地区に指定し，私有林のため第1種の指定は避け，周辺の高齢級天然林も第2種に指定したものとみられる。第2種の人工林は，215林班「い・へ小班」

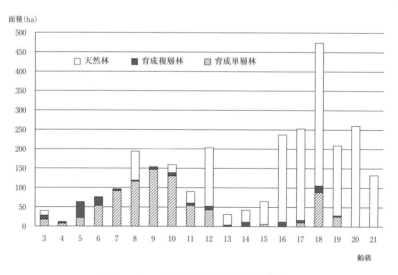

図1－2－6　K林業の森林資源構成
資料：山梨県森林環境部森林整備課資料より作成。

120

第2節　自然公園法による施業規制と森林所有者

のみであり，それ以外の人工林は普通地域に指定された。

　K林業の施業履歴を小班単位に把握できる資料は，山梨県の森林簿以外に存在しない。図1-2-6は，それを集計したものである。育成単層林・育成複層林（人工林）では，3～12齢級が784haと多く，17～19齢級も132ha存在する。天然林では，8齢級75ha，12齢級151ha，16齢級以上1,424haに集中し，7齢級以下の林分は少ない。森林簿の齢級構成と聞き取り調査から判断すると2000年の地種区分の変更によりK林業の施業方針が大きな影響を受けたとはいえないが，地種区分の見直しの際の制度の運用や作業手順，対応に関して，必ずしも好意的な受け止め方をしていない点に留意する必要がある。

(2) 埼玉国有林・水道水源林の管理計画と施業区分

　埼玉国有林の1972年以降の施業区分の推移を表1-2-5に示した。埼玉国有林では，1970年に改正された国有林野経営規程に基づき，1972年に第2次埼玉山梨地域施業計画が樹立された。施業区分は，公益的機能の確保を目的とする第1種林地と林業生産を目的とする第2種林地に区分され，それまでの作業級に代わり施業団が設定された。第2次計画では，第1種林地の皆伐用材施業団が5,929haを占めていたが，第3次計画では第1種林地の皆伐用材施業団を2,447haに縮小し，「その他」を9,085haに増加させた。

　これは天然林伐採と拡大造林に対する批判がなされ，社会問題化したのを受けて，緊急避難として皆伐用材施業団から「その他」に施業区分の転換が行われたものと考えられる。その後1992年の仮第1次施業実施計画では，第4次地域施業計画までの第1種林地の「その他」を「天然生林」に移行させ，天然林を9,294haとした。1998年からの仮第2次計画と2008年からの第3次計画では，育成複層林の造成に着手するが，施業区分に大きな変化はなく，仮第1次計画時の施業区分が大枠では現在も踏襲されている。

　水道水源林の第6次経営計画以降の施業区分の推移を表1-2-6に示した。水道水源林では1966年からの第6次計画期間中に保護地6,941haを設定した。保護地の設定基準は，土砂流出防備及び風致保護のため，土砂流出防備保安林，国立公園第1種特別地域，更新困難な主要稜線付近，原生林，

121

表 1 − 2 − 5 埼玉国有林の施業計画における施業区分の推移

単位：ha

区分	施業区分	第2次地域施業計画 1972～82	第3次計画 1977～87	第4次計画 1982～92	第5次計画 1987～97	仮第1次施業実施計画 1992～98	仮第2次計画 1998～2008	第3次計画 2008～18
第1種林地（人工林）	皆伐用材林／単層林／育成単層林	5,929	2,447	2,413	2,340	2,749	2,615	2,394
	その他／複層林／育成複層林	5,672	9,085	9,130	9,173	−	16	162
	計	11,601	11,533	11,543	11,512	2,749	2,631	2,556
第2種（天然林）	皆伐用材林／育成天然林／育成単層林	122	81	72	72	18	−	−
	その他／育成複層林	−	0	−	−		−	34
	天然生林					9,276	8,944	8,949
	計	122	81	72	72	9,294	8,944	8,982
第3種	その他	73	73	73	74			
	計	73	73	73	74			
無立木地						18	426	20
合計		11,796	11,688	11,689	11,658	12,061	12,001	11,558

資料：東京営林局「埼玉山梨地域施業計画区地域施業計画書」、関東森林管理局「国有林野施業実施計画書」より作成。

表 1 − 2 − 6 水道水源林経営（管理）計画における施業区分の推移

単位：ha

区分	施業区分	第6次計画 (1966～75) 天然林保護の要請 風致増進保護林の検討	第7次計画 (1976～85) 拡大造林への批判 天然林伐採の中止	第8次計画 (1986～95) 管理方針への反映 木材収穫中心から脱却	第9次計画 (1996～2005) 理想とする人工林像の確立 施業区分の明確化	第10次計画 (2006～15) 民有林も含む水源林保全 部分林解除
施業地	皆伐施業団	6,384	4,097	511		
	択伐施業団（第6）／長伐期施業団（第7）／非皆伐施業団（第8）	7,563	1,538	2,839		
	計	13,947	5,635	3,350		
	単層林 単純林				365	（斜線）
	単層林 混交林				130	
	単層林 樹下植栽林 I				20	
	単層林 計				515	
	複層林 単純林				978	1,280
	複層林 混交林				552	692
	複層林 樹下植栽林 I				440	369
	複層林 樹下植栽林 II				126	253
	複層林 計				2,097	2,594
	天然林誘導型 単純林				1,752	1,734
	天然林誘導型 混交林				1,029	1,032
	天然林誘導型 樹下植栽林 I				585	601
	天然林誘導型 計				3,366	3,368
保護地	第1種（禁伐）（第6）／改良施業団（高海抜）（第7）／林相改良施業団（第8）	6,390	1,311	2,659		
	第2種（2ha以内皆伐可）（第6）／改良施業団（風衝地）（第7）	551	554			
	天然林		13,607	14,867	15,031	15,048
	保護地計	6,941	15,472	17,525		
	除地	652	486	754	591	622

資料：東京都水道局「各年次経営（管理）計画」より作成。

主要林道・歩道沿い 50 ～ 100m の帯状林分及び奥多摩湖周囲林とした。

　1976 年からの第 7 次計画では，「木材収穫を副次的なもの」と規定し，前計画の施業地 1.4 万 ha を 5,635ha に縮小し，天然林を主体とする保護地を 1.5 万 ha に増加させた。施業団は，施業地では木材生産を主目的とする皆伐施業団 4,097ha と長伐期施業団 1,538ha とし，第 6 次計画時の皆伐施業団と択伐施業団の一部を天然林に編入し，保護地の改良施業団を 1,865ha に縮小した。第 7 次計画で天然林に編入した林分は，第 6 次計画の保護地第 1 種と施業地の択伐施業団に区分されていたものが多い。1986 年からの第 8 次計画では，「木材収穫中心の施業からの脱却」を掲げ，保護地・天然林を 1.5 万 ha に増加させた。第 7 次計画の長伐期施業団と改良施業団を林相改良施業団に統合し，施業地は皆伐施業団 511ha と非皆伐施業団 2,839ha に分割し，皆伐施業団を大幅に縮小した。人工林で将来にわたり更新の繰り返しが困難な林分は林相改良施業団とし，地理的・地形的条件に恵まれた林分を非皆伐施業団に編入し，複層林施業を実施した。

　1996 年からの第 9 次計画では，人工林を単層林更新型，複層林更新型，天然林誘導型の 3 区分とし，第 8 次計画までの「経営計画」から「管理計画」に名称を変更した。人工林の施業区分は，部分林を対象とした単層林更新型，条件の良い人工林を対象とした複層林更新型，針広混交林に誘導するための天然林誘導型の 3 区分とした。2006 年からの第 10 次計画では，部分林の解除により単層林更新型を廃止し，複層林更新型 2,594ha と天然林誘導型 3,368ha の 2 区分に集約した。天然林 1.5 万 ha は，第 7 次計画以降，収穫を目的とした伐採を行わず，経常的な森林保全作業も実施していない。人工林は，第 8 次計画の 6,009ha（施業地計・林相改良施業団）から第 10 次計画も 5,952ha（複層林更新型・天然林誘導型）と大きく変化していない。

　水道水源林の管理・施業経費は，東京都水道局の水道経営費から支出され，第 10 次計画半ばの 2010 年度の事業実績は，主伐は非皆伐施業 1,475m^3（7.3ha）と支障木 134m^3 であり，利用間伐や木材生産を主目的とした伐採は行われていない。植栽は前年度主伐地のヒノキ樹下植栽 4.4ha のみである。保育作業は下刈り 131.4ha，除伐 179.5ha，枝打ち 122.3ha，刈払い・つる切り 67.9ha であり，枝打ちは複層林更新型，刈払い・つる切りは天然林誘導

第1章　現代日本の森林管理と林政

型森林を対象に実施している。施業経費1.3億円と山地災害予防・復旧2.7億円，基盤整備3.7億円，シカ被害対策3,123万円，巣箱設置や雪害・クマ被害対策等の森林保護対策3,320万円が継続的に投入されている[21]。

(3) 埼玉国有林第48〜51林班の施業実態

表1−2−7に埼玉国有林第48〜51林班の小班別地種区分と樹種・林齢，施業履歴を示した（48・49林班は小班数が多いため，第3種特別地域は，1965年以降の施業実績のある小班と面積の大きな小班のみを表示）。

1960年代後半から70年代前半に48・49林班を中心に天然林伐採跡地にカラマツを中心とする拡大造林が行われ，下刈りと除伐が1970年代まで行われた。しかし，1980年代に入ると1984年に6つの小班で除伐を実施したのを最後にそれ以降は施業が行われていない。現在の施業区分では，48〜51林班の小班は，天然生林と育成複層林に大別される。天然生林には50・51林班や49林班の「い・は・に小班」の高齢級天然林とともに48林班「わ・か・た・つ・な小班」や49林班「よ・な・お小班」といった1960年代から70年代前半に拡大造林が行われた不成績造林地の「天然生林」の両者が含まれている。育成複層林は，40年生前後のカラマツ林であるが特段の複層林施業は実施されていない。

以上の埼玉国有林第48〜51林班の小班単位の地種区分と施業実態から次の特徴が指摘できる。埼玉国有林では，稜線の県境から300m線界を特別保護地区に指定し，その周辺の高齢級天然林を中心に第1種と第2種の指定を行った。埼玉国有林では，2000年当時，当該地域で木材生産を行っておらず，森林施業の実施計画も存在しないことから天然林の特別保護地区と第1種，第2種の指定は抵抗なく受け入れられたが，稜線から遠い人工林の育成複層林は，将来の施業の可能性も考慮し，第3種に指定したと考えられる。

(4) 水道水源林第49〜51林班の施業実態

表1−2−8に水道水源林第49〜51林班の小班別地種区分と樹種・林齢，施業履歴を示した。天然林以外の天然林誘導型施業団の改良伐と複層林更新型施業団の複層伐の小班では，1990年代以降も第1種の49林班「に・

第2節　自然公園法による施業規制と森林所有者

表1－2－7　埼玉国有林第48〜51林班の小班別地種区分と施業実態

単位：ha，年生

林小班		面積	施業区分	地種区分	稜線からの距離	樹種（林齢）	施業実施
48	は	17.5	育成複層林	第3種	遠い	カラマツ（38）	1969新植，72・73・75下刈り
	へ	3.1	育成複層林	第3種	遠い	カラマツ（38）	1969新植，72下刈り，84除伐
	と	3.0	育成複層林	第3種	遠い	カラマツ（39）	1968新植，84除伐
	ち	8.7	育成複層林	第3種	遠い	カラマツ（40）	1967新植
	り	4.2	育成複層林	第3種	遠い	カラマツ（39）	1968新植，84除伐
	る	0.5	育成複層林	第3種	遠い	カラマツ（39）	1968新植
	わ	5.8	天然生林	第3種	遠い	カラマツ（42）	1965新植
	か	3.5	天然生林	第3種	遠い	その他広葉樹，カラマツ（41）	1966新植（風衝地の元人工林）
	た	2.9	天然生林	第3種	遠い	その他広葉樹，ウラジロモミ（37）	1970新植（同上）
	つ	2.5	天然生林	第3種	遠い	その他広葉樹，ヒノキ等（38）	1969新植（不成績の元人工林）
	な	15.5	天然生林	第3種	遠い	ウラジロモミ（37）	1970新植，73下刈り（同上）
	む	3.6	育成複層林	第3種	遠い	カラマツ（38）	1969新植，72・73下刈り
	お	8.9	育成複層林	第3種	遠い	カラマツ（33）	1974新植
49	い	149.1	天然生林	第3種	遠い	ツガ（180）	
	ろ 1-11	35.5	育成複層林	第3種	離れる	カラマツ・ヒノキ等（34）	1973新植，77・78下刈り，81・84除伐
	ろ 12	11.62	天然生林	第3種	離れる	その他広葉樹（30）	
	は	122.4	天然生林	第2種	離れる	コメツガ（180）・ヒノキ等	
	に	40.5	天然生林	特保	接する	コメツガ（180）	
	ほ	0.6	育成複層林	第3種	遠い	カラマツ（38）	1969新植
	へとち	0.3	育成複層林	第3種	遠い	カラマツ（38）	1969新植，77除伐
	り	4.9	育成複層林	第3種	遠い	カラマツ（38）	1969新植，74・75除伐
	ぬ	4.3	育成複層林	第3種	遠い	カラマツ（39）	1968新植，77除伐
	よ	6.1	天然生林	第3種	遠い	その他広葉樹，カラマツ（38）	1969カラマツ新植，78除伐
	そ	9.2	育成複層林	第3種	遠い	カラマツ（42）	1965新植，79除伐
	ね	1.8	育成複層林	第3種	遠い	カラマツ（42）	1965新植，84除伐
	な	9.5	天然生林	第3種	遠い	シラベ・トウヒ・ウラジロモミ（42）	1979除伐
	う	5.6	育成複層林	第3種	遠い	カラマツ（42）	1965新植，73除伐
	の	1.5	育成複層林	第3種	遠い	カラマツ（41）	1966新植
	お	4.4	天然生林	第3種	遠い	カラマツ（38）	1969新植，84除伐
	く	12.0	育成複層林	第3種	遠い	カラマツ（41）	1966新植，78除伐
	け	5.5	育成複層林	第3種	遠い	カラマツ（40）	1967新植，78除伐
	か	13.1	育成複層林	第3種	遠い	カラマツ（39）	1968新植，77・78除伐
	る	6.5	育成複層林	第3種	遠い	カラマツ（39）	1968新植，74除伐
50	い	86.1	天然生林	第3種	遠い	ツガ・その他広葉樹（180）	
	ろ	146.2	天然生林	第2種	離れる	コメツガ（180）	
	は	47.9	天然生林	特保	接する	コメツガ（180）	
51	い1	80.2	天然生林	特保	接する	コメツガ（180）	
	い2	231.0	天然生林	第1種	離れる	コメツガ・その他広葉樹（180）	

資料：埼玉国有林は埼玉森林管理事務所「第3次国有林野施業実施計画」（2007年度末時点の現況）及び「林班沿革簿」より作成。

注：48・49林班で表示を省略した小班は，48林班（い，ろ，に，ほ，ぬ，よ，れ，そ，ね，ら，う，の），49林班（わ，た，れ，つ，ら，む，や，ま，ふ，こ，え）である。

第1章　現代日本の森林管理と林政

表1－2－8　水道水源林第49～51林班の小班別地種区分と施業実態

単位：ha. 年生

林班	林小班	面積	施業団	林種	地種区分	移線からの距離	樹種（林齢）	施業実施
49	い	11.4	天然林	天然	第3種	遠い	その他広葉樹 (145)	
	ろ	36.5	天然林	天然	第2種	離れる	その他広葉樹 (145)	
	は	21.3	改良伐	単純	第1種	離れる	カラマツ (88)	
	に	2.3	改良伐	樹1	第1種	離れる	カラマツ・モミ類 (88)・トウヒ (12)	1997 新植、シカ柵・モミ単木ネット
	ほ	1.7	改良伐	樹1	第1種	接する	カラマツ・モミ類 (88)・シラベ (13)・ミズナラ (9)	1998・02 新植、1997 除伐、モミ単木ネット
50	い	9.4	天然林	天然	第1種	離れる	その他広葉樹・針葉樹 (155)	
	ろ	10.8	改良伐	単純	第1種	接する	カラマツ (89)	カラマツ単木ネット
	は	43.8	天然林	天然	特保	接する	その他針葉樹・広葉樹 (155)	シカ柵・針葉樹単木ネット
	に	12.6	改良伐	混交	第1種	接する	ヒノキ・カラマツ (88)	シカ柵・ヒノキ単木ネット
	ほ	2.6	改良伐	樹1	第1種	接する	カラマツ (89)・シラベ (15)・ミズナラ (14)	1995 除伐、96・01 新植、96～00 下刈り、単木ネット
	へ	3.6	改良伐	樹1	第1種	接する	カラマツ (89)・シラベ (10)	1996 除伐、97 新植、97～00 下刈り、単木ネット
51	い	2.3	天然林	天然	第3種	遠い	その他広葉樹 (65)	
	ろ	2.5	天然林	天然	第3種	遠い	その他広葉樹 (55)	
	は	3.8	改良伐	樹1	第3種	遠い	マツ (47)・モミ類 (21)	1989 除伐、1990 新植、1990～97 下刈り、枝打ち 83
	に	1.7	改良伐	樹1	第3種	遠い	カラマツ (39)・モミ類 (21)	1981・86・89・05 除伐、1990 新植、枝打ち 81
	ほ	2.1	改良伐	単純	第3種	遠い	カラマツ (46)	1965 新植、65～68 下刈り、1975・81・93・05 除伐、
	へ	5.4	改良伐	混交	第3種	遠い	カラマツ・モミ類 (26)	1985 新植、85～88・89～91 下刈り、2003・09 除伐
	と	2.1	天然林	天然	第3種	遠い	その他広葉樹 (145)	
	り	5.7	改良伐	混交	第3種	遠い	ヒノキ・カラマツ (25)	1986 新植、86～92 下刈り、03・10 除伐、86・04 打ち
	る	5.4	複層伐	混交	第3種	遠い	ヒノキ・カラマツ (87)	2004 除伐
	を	4.2	改良伐	混交	第3種	遠い	ヒノキ・カラマツ (87)	
	わ	4.9	天然林	天然	第3種	離れる	その他広葉樹 (145)	
	か	28.9	天然林	天然	特保	接する	その他針葉樹・広葉樹 (145)	
	よ	18.6	天然林	天然	第3種	遠い	その他針葉樹・広葉樹 (85)	
	た	3.7	改良伐	混交	第3種	遠い	ヒノキ・カラマツ (87)	
	れ	2.3	複層伐	混交	第3種	遠い	ヒノキ・カラマツ (28)	1983 新植、83～89 下刈り、93・08 除伐、98・05 枝打ち

資料：2010 年度森林現況表、現地調査より作成。

第2節　自然公園法による施業規制と森林所有者

ほ小班」，50 林班「ほ・へ小班」，第3種の 51 林班「は・に・ほ・へ・り・れ小班」では新植と保育が継続的に行われ，鹿柵や単木ネットの設置も実施されている。

49 林班「ほ小班」は，1923 年に植林されたカラマツとモミの除伐が 1997 年に行われ，1998 年にシラベ，地種区分見直しによる第1種指定後の 2002 年にミズナラの樹下植栽が実施されている（口絵1頁を参照）。同様に 50 林班「ほ小班」は，多摩川源流点の「水干」に近い稜線に接した 89 年生のカラマツ人工林が風衝地のため生育不良であったことから，1996 年にシラベ，2001 年にミズナラの樹下植栽が行われ，1996 年から5年間下刈りが実施されている。51 林班「り小班」は，第3種の「複層伐」であるが，1986 年に植林されたヒノキ・カラマツの下刈り，除伐，枝打ちが継続されている。「る小班」は，第 10 次計画で「改良伐」から「複層伐」に変更され，2004 年に除伐が行われている。

以上の水道水源林第 49 ～ 51 林班の小班単位の地種区分と施業実態から次の特徴が指摘できる。水道水源林では，稜線に接する天然林の小班のみを特別保護地区に指定し，稜線に接する小班でも「改良伐」の施業が予定されている小班は第1種に指定し，稜線から離れた小班は施業区分にかかわらず，第2種と第3種とした。特別保護地区からの除外理由は，水道水源林の小班単位の施業区分に対応しており，特別保護地区と第1種の指定面積は，それにより埼玉国有林と比較して小面積となった。

4　阿寒国立公園・前田一歩園財団の天然林施業

(1)「復元の森」の理念と歴史

前田一歩園の財団設立に至る経緯と森林管理の歴史は，石井寛編著（2002）『復元の森：前田一歩園の姿と歩み』に詳しい[22]。前田一歩園財団の所有する阿寒湖畔の森林は，前田正名が 1906 年に旧内務省所管の未開地の貸付けを受け，1908 ～ 1910 年に北海道国有未墾地処分法に基づき払い下げを受けたものである。その後，正名の死亡により長男正一，三男の子の雄吾，次男正次の順に相続され，1957 年，正次の死亡により妻光子及び姪の前田エア

第1章 現代日本の森林管理と林政

子・峰子の共有になった。正次の「阿寒を乱開発せず，個人の相続を放棄し，自然を永久に残すように」との遺志を守り，「阿寒の自然美の継承」を目的に1983年に財団法人前田一歩園を設立し，光子が初代理事長に就任した。同財団の森林管理理念の形成には，初代園主の正名と2代園主の正次，妻の3代園主・初代理事長の光子と第2代理事長の前田三郎の想いが深くかかわっている。

　前田一歩園の創立者前田正名と阿寒湖のつながりは，1900年の前田製紙合名会社の設立に遡る。前田正名は，薩摩出身の漢方医の6男に生まれ，品川弥次郎とともに『興業意見』を起草し，農商務次官や山梨県知事，貴族院議員を歴任した[23]。正名は「何事も一歩が大事」をモットーとし，家憲「一歩園ノ財産ヲ挙ゲテ之ヲ公共的基本ト為シ一部ヲ区分シテ家計ヲ支持スル事」を残し，この正名のモットーが前田一歩園の名前の由来となり，家憲は森林管理理念や財団設立のバックボーンとなった。

図1-2-7　前田一歩園財団所有森林の林班図と地種区分
資料：前田一歩園業務資料及び阿寒国立公園区域及び公園計画図による。

第 2 節　自然公園法による施業規制と森林所有者

写真 1 - 2 - 2　前田一歩園側の湖岸からの阿寒湖と雄阿寒岳

　当初の森林取得の目的は牧場経営であったが，1912 年以降，北海道庁職員の前田政八を管理人として，木材生産が拡大する。1921 年に正名が死去し，次男正次が阿寒湖畔の森林を相続し，1943 年に正次と光子は 2 代目園主として阿寒に移り住む。正次は，「阿寒は切る山ではなく見る山，自然は公共の財産」との父の遺志を受け継ぎ，阿寒湖の自然を守ることに全力を傾けた。

　正次は，生前から前田一歩園の森林を個人財産として維持していくことの限界を認識し，「財団化の道を探るしかない」と考えていた[24]。その遺志を受け継いだ光子により 1983 年 4 月に財団設立が実現する。財団設立から 18 日で初代理事長の光子が心不全で急逝し，前田三郎が第 2 代理事長を 2016 年まで務めた。前田家の人々により引き継がれた森林管理の理念を実現した実務者として，前田一歩園支配人・財団常務理事の新妻栄偉の存在が重要である。新妻は 1950 年に釧路支庁林務課技師から前田一歩園支配人に迎えられ，1993 年まで 43 年間 2 代目，3 代目園主に仕え，西田山林課長，前田一歩園林業の松本山林部長とともに山林管理事業（現在の森林保全事業，以下，両期間にまたがる場合は，森林保全事業）の基礎を築いた。新妻の退任後，常務理事は高村隆夫（元北海道自然保護課長，1993 〜 2005 年），新井

第1章　現代日本の森林管理と林政

田利光（元北海道自然保護課長・網走西部森づくりセンター所長，2005～16年）に引き継がれ，2016年6月以降は新井田が理事長に就任している。

　前田一歩園の森林は，1932年までに1,210haが保安林に指定されていたが，1934年に全森林が阿寒国立公園の国立公園地域に指定され，戦後，1984年に全域が鳥獣保護区域と保安林に指定され，国立公園特別地域と保安林（水源涵養1,266ha，水源涵養・風致2,032ha，風致292ha）指定に対応した森林施業が定着している。

(2) 前田一歩園財団の事業活動と収支構造

　2015年度末現在の同財団の基本財産は，宅地28.7億円（29ha），森林5.9億円（3,852ha），立木8.8億円（95万m³），鉱泉地1.2億円など計52.2億円である。役員は，理事10人・監事2人の計12人で新井田理事長と石本常務理事が常勤である。また，評議員14人が評議員会を構成し，事業計画，収支予算，借入金，予算外負担等の重要事項は，評議員会の議決を必要としている。

　2017年現在，財団の事業は，森林保全事業，自然普及事業，土地貸付事業，温泉事業から構成される。土地貸付事業は，阿寒湖温泉の財団所有地をホテルや売店，土産物店に52万m²を有償貸付するほか，キャンプ場やアイヌ協会，公園など35万m²を無償貸付している。温泉事業は源泉から温泉を有償供給し，浴用や暖房，融雪に利用している。自然普及事業は，従来から実施されていた調査研究，人材育成，普及啓発，顕彰事業に加えて，森の学校事業を開始した[25]。森の学校とは，前田一歩園財団が管理する森林を自然学習，森林浴，トレッキング，森林研究など多様に活用する構想で，「教育の森（教育的な活用）」・「レクリエーション健康の森（健康増進的な活用）」・「研究の森（研究の場としての活用）」の3つを柱としている。

　財団設立当初の1980年代前半には，山林管理事業収入と温泉料収入，土地貸付収入が収入の3本柱で1984年度までは山林管理事業収入が最大であった。1990年代に入ると図1－2－8にみるように山林管理事業収入が減少し，2000年度以降は1,000万円を下回り，山林管理事業収入が温泉料収入の7％にまで減少している。それに伴い1990年代以降，補助金と土地温泉

130

第 2 節　自然公園法による施業規制と森林所有者

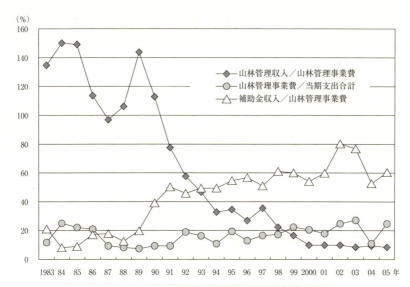

図 1 - 2 - 8　1990 年代以降の森林保全事業収支の推移
資料：前田一歩園財団業務資料及び聞き取り調査より作成。

表 1 - 2 - 9　前田一歩園財団の森林保全事業費の推移

単位：1,000 円

区分	年度	2001	2005	2010	2015
保全管理費	巡視費	2,400	4,019	3,105	1,923
	食害対策費	7,852	12,554	11,119	9,628
	林道費	738	192	989	2,517
	調査費	2,260	2,337	2,118	2,403
	計	13,250	19,103	17,332	16,471
業務費		3,127	510	339	3,901
保育作業費	人工林下刈費	83	126	200	55
	天然林下刈費	2,112	2,160	2,017	2,280
	除間伐費	8,519	12,648	28,919	10,012
	計	10,714	14,934	31,136	12,347
天然林改良	誘導造林費	4,693	6,581	4,442	4,901
	広葉樹改良費	50,780	62,135	51,352	46,870
	計	55,473	68,716	55,794	51,771
人工造林	植栽費	616	3,154	81	369
合計		83,179	106,417	104,682	84,859

資料：前田一歩園財団「事業報告書」等による。

事業特別会計からの繰入金が増加し，1993 年度以降は，毎年 5,000 万～ 7,000 万円の繰り入れが行われている。

2000年代以降の前田一歩園財団の収支構造は，森林保全収入の激減と土地賃貸料・温泉料収入，補助金収入への依存の高まりと土地・温泉事業からの繰り入れにより，当期収入合計の80％前後を土地賃貸料・温泉料収入，補助金収入，繰入金収入が占めるに至っている。収入における森林保全事業収入の減少と土地賃貸料・温泉料収入の比重の増加と比較して，森林保全事業費は当期支出額の20％前後で安定している。1990年度までは山林管理事業収入が山林管理事業費を上回っていたが，1991年度以降，その比率が急速に低下し，2000年代以降は，8～9％台で推移している。山林管理事業費に対する補助収入の比率は1990年度以降増加し，1990年代後半には50％台，2000年代に入ると70％前後の年度も出現する。

表1-2-9に森林保全事業費の推移を示した。2015年度の内訳は，保全管理費19％，業務費5％，保育作業費15％，天然林改良61％と整理伐予

表1-2-10　前田一歩園財団の森林保全事業収入の推移

単位：m³，1,000円

区分	年度	2001	2005	2010	2015
素材販売	販売材積	1,141	1,427	1,761	1,860
	販売額	8,064	8,809	8,582	13,682
保育補助金		9,041	9,631	23,612	7,513
天然林改良補助金		39,242	40,463	36,342	47,964
人工造林補助金		734	1,788	2,113	0
森林整備交付金		-	10,410	5,710	0
天然林被害対策助成金		-	1,682	1,865	1,908
立木補償金		64	0	0	0
計		57,144	72,783	69,643	71,067
山林管理費との差額		-26,035	-33,634	-26,457	-12,205

資料：前田一歩園財団「事業報告書」等による。
注：2015年度の天然林被害対策助成金は保全管理補助金（エゾシカ対策）。

写真1-2-3　除間伐で搬出されたパルプ材とエゾシカ捕獲用の囲い罠

定地の毎木調査と天然林改良が大きな比重を占める。2005年度以降，食害
対策費がエゾシカ食害対策の給餌場管理，餌購入，捕獲費用の支出増により
増加している。

　これに対して森林保全事業収入は，素材販売収入が800万円台から2015
年度には1,368万円に増加しているが，それでも森林保全収入の19％に過ぎ
ず，天然林改良補助金，森林整備交付金，保育補助金などの補助金・交付金
が残りの81％を占めている（表1-2-10）。素材販売は，天然林改良によ
り搬出した素材（写真1-2-3）をパルプ材として販売している。森林保
全事業費と森林保全事業収入の差額は，補助金・交付金収入の変動により
1,000～3,000万円台で推移している。

(3) 森林管理方針の確立と森林施業

　前田一歩園の森林施業計画は，1939年の森林法改正を契機に1942年に単
独施業案が編成された。同施業案の編成は，道庁の主任技師の塩田宗行と当
時の国有林阿寒担当区主任の安部興市が助手として，風致保安上や更新上の
理由から当面伐採を停止する施業制限地105haと保安林施業地3,673haに区
分し，後者では回帰年20年で胸高直径30cm以上の上層木を成長量の範囲
内で択伐する択伐高林作業が採用された。また，未立木地100haを対象と
した造林が計画されたが，人工造林に着手したのは1949年からであった。

　戦後，1968年の森林法改正で知事認定による森林施業計画が創設され，
森林調査が道庁職員により3年をかけ実施された。航空写真をもとに標準地
が設定され，森林資源の状況が正確に把握された。同施業計画では，国立公
園の地種区分に対応した現行の地種・施業区分の原型が形成され，1974年，
1979年と5年ごとに施業計画が改訂される。計画伐採面積と計画伐採量は
1980年に176ha・1万m^3，人工造林は1979年に106haとピークを迎え，未
立木地造林が1980年代前半に完了する。1ha当たり森林蓄積は，1942年
の単独施業案当時の111m^3/haから1968年の森林施業計画樹立時の205m^3/
ha，2002年の265m^3/haに増加している。

　2002年改訂の施業計画では，表1-2-11に示した特別保護地区5ha，
第1種特別地域565ha，第2種特別地域3,021haに表1-2-12の施業区

第1章　現代日本の森林管理と林政

分（禁伐 4.6ha，単木択伐林 523ha，択伐用材林 2,011ha，人工林 1,042ha）が対応している[26]。天然林の蓄積は 375m³/ha と高いが，人工林はアカエゾマツとトドマツの若齢林が多い。路網は国道 10.1km，町道 7.4km，林道 2.8km，生産林道 5 路線 8.6km，作業路 43 路線 46.7km，ジープ道 15.8km が開設され，路網密度は 32.4 m /ha である。

　同施業計画では森林管理の方針として，第1に風致景観を重視した森林施業の推進，第2に森林資源の充実，第3に地域への寄与が掲げられている。風致景観を重視した森林施業の推進では，「阿寒国立公園に包含され，阿寒湖に臨む森林であること，また，当地域の森林の魅力は原始性にあることから，森林施業の目標を当地域が人為の加えられる以前の針葉樹 70，広葉樹 30 の森林構成におき，かつ，風致景観，自然保護を重視した森林施業を次のとおり展開する」[26] としている。

　①皆伐は行わない。

　②針葉樹，広葉樹の混交比率は，個別林分における現存の針広混交林を基

表1－2－11　前田一歩園の森林現況表（国立公園の地種区分）

単位：ha，m³

地種区分	面積 計	面積 天然林	面積 人工林	蓄積 計	蓄積 針葉樹	蓄積 広葉樹
特別保護地区	5	5	－	1,544	656	888
第1種特別地域	565	528	37	185,958	95,272	90,686
第2種特別地域	3,021	2,016	1,005	764,461	365,396	399,065
計	3,591	2,549	1,042	951,963	461,324	490,639

資料：前田一歩園財団「森林計画書」による。

表1－2－12　前田一歩園の森林現況表（施業区分）

単位：ha，m³

施業区分		面積	蓄積 計	蓄積 針葉樹	蓄積 広葉樹	1ha 当たり蓄積
天然林	禁伐	5	1,544	656	888	336
	単木択伐林	523	185,958	95,272	90,686	355
	択伐用材林	2,011	764,461	365,396	399,065	380
	計	2,539	951,963	461,324	490,639	375
人工林		1,042	43,194	43,194	－	42
更新困難地		10	－	－	－	－
合計		3,591	951,963	461,324	490,639	265

資料：前田一歩園財団「森林計画書」による。

134

第2節　自然公園法による施業規制と森林所有者

本的に尊重しつつ，森林全体ではおおよそ70：30を目標とする。このため，針葉樹はトドマツ，エゾマツ，アカエゾマツ，広葉樹はミズナラ，シナノキ，カンバ類などの有用樹種を主要構成樹種とし，緩やかな施業速度で誘導する。

③大径木，景観木，鳥獣類の営巣木，貴重木などは努めて保残する。

④マリモ生育地，鳥獣生息地の保護のため必要とする区域及び生活用水や湖水を汚染する恐れのある河川の流域で必要な区域は，原則として禁伐とする。

⑤人工林の上木と天然生幼稚樹を支障のない限り保残育成して，針広混交の複層林に誘導する。

⑥更新不良地には，植込みを行う。

森林資源の充実では，「天然林については，国立公園特別保護地区，第1種特別地域，第2種特別地域ごとに目標とする優良林分に誘導する作業種区分を行い，蓄積，成長量の増大と質の向上を目途に積極的に施業の推進を図る」とされ，林道は「今後，事業実行上必要な場合は，生産林道の開設延長で補充することとし，林道の計画はしない」。

地域への寄与では，阿寒国立公園の原始的景観の保持などの森林の公益的機能の充実強化と地域産業の振興，住民福祉の向上，地場労働の安定確保を掲げている。国道が災害を受けた際のライフラインの確保を考えた林道網の整備や現場従業員の地元を中心とした採用，内水面漁協の組合員の雇用は，こうした観点から実施されている。

(4) 森林施業体系の構築と針広混交林への誘導

表1－2－13に前田一歩園財団の施業体系を示した。基本的には森林現況表に示した地種区分と保安林種による施業規制を順守した以下の施業体系を採用している。

国立公園特別保護地区は，全域を禁伐とする。第1種特別地域（水源涵養保安林，風致保安林）は，原則として禁伐とするが，健全な林分を維持し，風致の保全を図るための伐採が必要な場合は，成長量の範囲で10％以下の最小限の単木択伐を行う。第1種特別地域の天然林は，回帰年10年，伐採

135

率10〜20%の択伐用材林作業を行い，伐採量は目標蓄積の到達までは成長量の50%以下におさえる。更新は天然更新を主とするが幼稚樹の少ない林分は，アカエゾマツの植え込みを行い，天然下種補整事業も併せて行う。第1種特別地域の人工林は，天然林と同じく将来，針広混交の複層林に誘導するため，天然生上木，前生幼稚樹を保残する。人工林は1〜7齢級であるため，下刈り，つる切り，除間伐を徹底して行い，上木は造林木の生育を阻害するものに限り伐採する。

　財団設立の際に新たな経営方針を策定し，回帰年を20年から10年に短縮することにしたが，実際に回帰年を10年とした施業が開始されるのは1987年以降であり，皆伐用材林作業のアカエゾマツ150年，トドマツ80年，単

表1-2-13　前田一歩園財団の施業体系

単位：ha

施業区分	区分	作業種等	樹種	面積	伐期齢
皆伐用材林作業		皆伐	アカエゾマツ トドマツ	1,042	200年 100年
		要改良		−	
単木択伐林作業 (国立公園第1種特別地域)		単木択伐	天然更新により生立する針葉樹，広葉樹	523	200年
択伐用材林作業 (同第2種特別地域)		択伐	同上	2,011	200年 (回帰年10年)
更新困難地 未立木地 禁伐				10 − 5	
計				3,591	

資料：前田一歩園財団「森林計画書」による。

写真1-2-4　内水面漁協の組合員と湖岸森林内の原始河川（秋には湖からアメマスが群れをなし，遡上する。）

第2節　自然公園法による施業規制と森林所有者

木択伐林・択伐用材林作業の100年をそれぞれ表1－2－13の現在の伐期
齢に引き上げている。自然公園法に基づき禁伐としている特別保護地区のほ
か，財団の内規により「第1種，第2種特別保護地域の水質汚濁のおそれの
ある河川の両側，鳥獣保護のため必要とする地域」を禁伐としている。具体
的には「阿寒湖畔住民の水源河川，マリモ生育地保護のための河川は両側
100m幅，その他の河川で阿寒湖の水質を汚染する恐れのある河川は両側50
m幅，野生鳥獣の営巣に必要とする地域の半径100m幅」の森林である。

　表1－2－14に2000年代以降の森林保全事業の実績を示した。先に示し
た施業基準と施業体系に基づき，森林施業計画に準拠した毎年3林班の施業
が循環的に実施されている。2005年度に実施した事業地は，天然林では前
年度に毎木調査を実施した3林班に天然林改良のための整理伐が行われ，翌
年度に単木択伐（整理伐）跡地に誘導造林としてエゾマツの苗木が植栽さ
れ，5年間誘導造林地の下刈作業が行われている。人工林では，町民参加の
植樹祭の際に造林される1haの下刈りが3年間継続され，4～6齢級に達
した人工林を針広混交の複層林に誘導するための除間伐が行われ，以上の作
業実施に必要な作業路の開設，補修を行っている。

　2005年度の保育作業を示すと以下の通りである。①人工林下刈り：2003
～2005年度に植栽した人工林3haの下刈作業，②天然林下刈り：2000～
2004年度に植栽した誘導造林地51.6haの下刈作業，③除間伐：針広混交の

表1－2－14　前田一歩園財団の森林保全事業実績

単位：ha，m

区分・作業	年度	2001	2005	2010	2015
保育作業	人工林下刈り	2	3	6	1
	天然林下刈り	51	52	50	68
	造林地除間伐等	64	58	130	73
	作業路	－	1,000	2,600	…
天然林改良	誘導造林	10	10	10	10
	作業路	－	500	…	…
	広葉樹改良	216	293	158	151
	作業路	2,000	2,000	4,150	7,075
人工造林	植栽	1	1	1	500本
	作業路	－	500	…	…

資料：前田一歩園財団「事業報告書」，「森林施業計画書」による。
注：2001年度の広葉樹改良には，エゾシカ被害木伐倒30haを含む。

第1章　現代日本の森林管理と林政

複層林に誘導するための4〜6齢級の人工林58haの衰弱木，被害木，支障木等の除間伐作業，④誘導造林：2003年度実施の単木択伐（整理伐）跡地10haにエゾマツの苗木を植栽，⑤広葉樹改良：2004年度に毎木調査を行った88，89，90林班293haの被害木，衰弱木，傷害木及びエゾシカによる食害木の整理伐，⑥人工林造林・植栽：植樹祭でクロエゾマツ，アカエゾマツの苗木の植栽。

　前田一歩園財団の代表林分の施業方針を表1－2－15に示した。いずれも非皆伐施業によるウダイカンバ，ヤチダモ，ハリギリ，ニレ等の広葉樹とトドマツ・エゾマツを中心とした針広混交林である。針広混交林に対する林分の特徴に対応した施業方針の検討が北海道大学等の研究者と連携し，行われている。なお，選木や施業実施に関する現場対応は，次項で検討する。

表1－2－15　前田一歩園財団針広混交林の代表林分の特徴と施業方針

区分 ＼ 林分	針広混交複層林	針広混交成熟林	伐採後成熟林	ウダイカンバ林
主要樹種・樹種数	トドマツ・エゾマツ・ウダイカンバ等12種	トドマツ・エゾマツ・ヤチダモ等10種	トドマツ・エゾマツ・ハリギリ・シナノキ・ニレ等13種	トドマツ・エゾマツ・ウダイカンバ等9種
本数・蓄積/ha 平均・最大胸高直径 平均・最大樹高	1,000本・387/m³ 19cm・65cm 12m・25m	667本・489/m³ 25cm・70cm 17m・30m	992本・696/m³ 24cm・77cm 16m・32m	1,108本・517/m³ 20cm・56cm 15m・31m
林分の特徴	エゾマツとカンバ類は100〜150年生40cm以上の大径木が多いが，トドマツとその他広葉樹は40cm未満が多く，継続的に更新。	ヤチダモとエゾマツが上層木を構成，60cm以上の大径木が存在。中下層にトドマツ多く，後継樹の更新が不十分。	エゾマツとハリギリ・シナノキ・ニレが上層木を占める。過去の伐採後に再生した林分であり，針葉樹は倒木更新，広葉樹の大径木は伐り残された個体。	ウダイカンバが蓄積の63%を占め，20cm以上の径級に限られる。エゾマツは全層に分布するが，下層はトドマツと広葉樹が多い。
施業方針	当面，トドマツを伐採対象に弱度の伐採を繰り返す。将来，大径木を伐採する際はかき起しを行い，トドマツ以外の樹種の更新を図る。	形質不良のトドマツとエゾマツ・広葉樹の大径木を伐採対象とし，後者の伐採後には天然更新補助作業を行う。	トドマツと大径木のエゾマツ・広葉樹を中心に択伐率に注意し択伐。エゾマツ・広葉樹の更新のため，形質不良木の伐採，残置とかき起し，植え込みを検討。	優占種のウダイカンバ・エゾマツは成長の余地があり，当面欠点のあるトドマツを弱度に伐採。形質の劣るウダイカンバの保育伐も必要。

資料：前田一歩園財団業務資料による。
注：ウダイカンバ林と伐採後成熟林の写真を口絵2頁に掲載した。

第2節　自然公園法による施業規制と森林所有者

表1-2-16に現行の森林経営計画における年度別伐採・造林計画量を示した。先に述べたように施業体系と循環施業が確立していることから伐採計画量は，人工林の間伐50ha，天然林の間伐200haで素材生産量4,000m^3，造林計画は樹下植栽20haで安定し，事業実績ともほぼ対応している。保育に関しては，5年間で人工林の除伐45ha，下刈り166ha，枝打ち・枝払い48haの計259haが計画されている。第3章で分析するスイスの森林経営のように主伐を含めた循環施業による収支均衡経営の確立には至っていないが，日本における森林経営単位での循環施業が確立している貴重な事例といえよう。

表1-2-16　森林経営計画における年度別伐採・造林計画量

単位：ha，m^3

区分		年度	2012	2013	2014	2015	2016	計
伐採計画量	人工林間伐		54.04	52.64	28.92	57.44	44.96	238.00
	天然林間伐		165.90	232.22	227.95	197.58	272.01	1,095.66
	計		219.94	284.86	256.87	255.02	316.97	1,333.66
	材積		3,048	3,881	3,575	4,234	4,149	18,887
造林計画量	樹下植栽		20.00	20.00	20.00	20.00	20.00	20.00

資料：公益財団法人前田一歩園（2012）「森林経営計画」による。

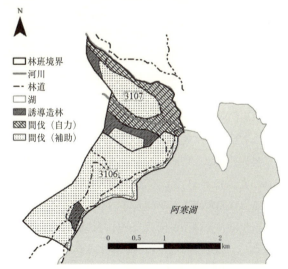

図1-2-9　マリモ生息地周辺の間伐・誘導造林施業図
資料：前田一歩園財団業務資料による。

第1章　現代日本の森林管理と林政

　図1－2－9は，2015年度に実施した阿寒湖畔3106・3107林班の間伐・誘導造林の実施状況を示したものである。ここで特徴的な点は，3107林班のマリモ生息地に注ぐ河川周辺の間伐を自力で実施している点である。間伐補助は森林環境保全直接支援事業により実施しており，その採択要件の間伐率による間伐材の搬出は避けた方が良いという判断により，3107林班の一部を10％の切捨て間伐にとどめ，自力間伐としている。「森林環境保全直接支援」事業という民主党政権下で創設された間伐対策の性格とその問題点を象徴する事例といえよう。

(5) 現場技術者と経験知の継承

　有限会社前田一歩園林業は，1983年の財団法人の設立と同時に創立され，財団の森林保全事業を受け持っている。財団からの仕事が全体の85％を占めるが，隣接する日本製紙社有林の阿寒1（3,008ha）・阿寒2（688ha）の森林整備も担当している。取締役は，代表取締役社長（常勤）と財団理事長，前田一歩園林業山林部長の3人，監査役は日本製紙木材釧路営業所長が務めている。代表取締役は日本製紙のOBが代々就任し，現在の代表取締役は4代目の社長である。

　財団設立以前の前田一歩園山林部の労務は，「前田一歩園の事務所には，山頭と土場受け，山受けがそれぞれ1人と，ブルドーザーの運転手が3人の計6人の従業員がいた。当時の山頭は西田初太郎であった。…山頭の主な業務には，作業員の張りつけ（各採面の割りあて），施業区域の見まわり，賃金交渉などがあった。当時，前田一歩園では出来高制が採用され，…賃金の単価は作業条件などによって変動があり，山頭との交渉により決められていた。…山子は毎年同じ顔ぶれであったが，ほとんどが地元外から出稼ぎに来ていた人々であった。毎年11月ころまで前田一歩園で働いた後，冬山伐出作業を行っているほかの現場へと移動していった」とされている。

　有限会社前田一歩園林業は，財団設立と同時に前田一歩園の山林部を切り離して会社組織とし，通年雇用・日給制が採用された。現在の給与表に基づく月給制の導入は，2000年である[27]。当時の高村常務は，「作業員組織についていうと，造林，伐採，林道などの作業を各々別組織に分けてやらせる

140

ことは問題が多いと思います。一歩園の山がよくなったというのは地元の若い人を長い時間をかけて慣れさせて，5年から10年で林業機械をすべて扱えるようにし，20年で選木ができるように育ててきた体制の存在が重要です。森林施業を同じ人がやる以外によい山はできないと思います。…林業にかかわるすべての作業に全員が従事し，それが毎年繰り返されるのです。現在，10年回帰ですので，10年前にどのような伐り方をしたのか，その結果，どのような森林が変化したのかが10年後に体験できる」と述べている[28]。

　常勤役職員は，代表取締役（62歳・勤続年数2年），山林部長（58歳・23年），山林主任（60歳・23年），Su氏（62歳・23年），M氏（42歳・15年），Se氏（34歳・14年），H氏（29歳・8年），Ｉ氏（23歳・3年）の8人である（調査当時）。職員は地元出身で財団設立以前からの勤続20年以上の職員が3人と15年前後の職員が2人，10年未満の職員が2人から構成される。7人の職員のほかに臨時雇いや請け負わせも併用されているが，その比重は低く，定年者の再雇用や阿寒湖内水面漁協の組合員に林業作業を請け負わせている。それは単に臨時的労働力の確保だけでなく，阿寒湖の水質や魚類の生育環境を日常的に接している漁協組合員との関係から把握することは，財団の森林保全にとって重要であるとの考えに基づく。

　前田一歩園林業の職員採用方針として，人数は7〜8人に固定し，地元の未経験者を採用し，職員全員で選木から伐採，造林とすべての作業を行い，前田一歩園の森林管理と施業技術の継承を行っている。将来的には財団に代わり補助申請や森林施業計画の編成，環境教育やガイドなどの業務にも進出したいと考えている。

　前田一歩園林業の給与体系は，本給と扶養手当，寒冷地手当，特地手当（本給の12％）と賞与4.5カ月から構成される。本給は，旧阿寒町や日本製紙を参考に設定され，高校新卒の場合は1級1号俸11.8万円，30歳代で2級9号俸20.5万円（年収420〜430万円），ベテラン職員の場合は年収600万円を超える。週休2日制で勤務時間は7：30〜16：30，班員が始業時間前にメンバーを車で迎えに行く。

　前田一歩園林業の現場従業員は，1チームですべての作業と行動をともにしている。作業種別配分実績表によると，造林が5〜6月と9月下旬〜10

第1章　現代日本の森林管理と林政

月上旬，下刈り6月下旬～8月上旬と9月上旬，除間伐5月上中旬と9月中旬～10月上旬・11月中下旬，伐木・集材1月中旬～4月，6月上旬，8月中旬～9月中旬，10月中旬～12月下旬，毎木調査9月～10月，エゾシカ給餌1月中旬～3月というスケジュールである。

　択伐による天然林改良が事業主体を占めることから選木技術が何よりも重要となる。石井寛編著（2002）では，択伐や整理伐の際の伐る木と残す木の見分け方が語られているが，山林課長と現場作業を担当する前田一歩園林業の従業員は，実地に必ず2回，3回と施業対象林分を歩き，年間3林班の毎木調査と施業を繰り返し，10年の回帰年でベテラン職員から中堅，10年未満の若手職員に所有林全体の林況と樹種による特性，過去の施業結果が継承されている。

　各作業の実施に際して林況や作業種に応じた経験が蓄積され，次の留意事項が継承されている。①木材を流送していた時代には河川の流域が非常に荒廃し，それを自然の姿に戻すため，原始河川の流域を禁伐とするほか，川のなかの倒流木を残すなど動植物の生息環境を守り，河畔のヤナギやハンノキなどの自生する木に手をつけず残した。②クマゲラなどの採餌木を保残するほか，つる切りや除伐の際にブドウやコクワ，マタタビ，ウルシなどの蔓類を残し，小鳥の餌や紅葉の際の景観に配慮している。エゾマツの老齢過熟木は，倒木更新の土台とするため，伐倒して山に残す。③択伐施業の際に大型機械を使わず，なるべく林床や幼齢木を傷めないように指導している。作業時期も残雪期と夏山に施業すべき林分を見極めて決定している。たとえば河川や湿原の周辺は，植生や土砂の流出を招かないように残雪期に施業を実施し，逆に乾燥地では夏に施業を行うことで地表の書き起こし効果による幼樹の更新を期待している。④林道・作業道は湿原や河川を跨がず，路面の雨水はササの生えた林内に誘導するなど，水質を汚濁することがないように林道の維持管理に留意している。

注及び引用文献
(1) 国立・国定公園の指定及び管理運営に関する検討会（2007），5頁

第 2 節　自然公園法による施業規制と森林所有者

(2) 国立公園における協働型運営体制のあり方検討会（2014），2 頁

(3) 土屋俊幸（2014），1 頁。なお，田中俊徳（2012）は，日本の国立公園制度を「弱い地域制」（369 ～ 402 頁）と規定している。

(4) 川崎興太（2014），14 頁によると 2013 年 8 月末現在で特別保護地区に指定されている私有地は，知床 1,275ha，磐梯朝日 1,817ha，尾瀬 6,272ha，中部山岳 1,113ha，白山 2,491ha，南アルプス 2,609ha，伊勢志摩 1,003ha，吉野熊野 1,972ha，霧島錦江湾 1,559ha で 1,000ha を超えている。

(5) 国立公園制度と自然保護運動に関しては，財団法人日本自然保護協会（2002），林業と自然保護問題研究会（1989），村串仁三郎（2003），村串仁三郎（2011），畠山武道（2004），加藤峰夫（2008），森林経営史では石井寛編著（2002），泉桂子（2004）を参照。

(6) 畠山武道（2012），272 頁

(7) 2013 年度の民有保安林における主伐面積は，3,656 件 1 万 ha（皆伐許可 0.9 万 ha，択伐許可 651ha，択伐届出 0.1 万 ha），間伐届出 7,114 件 7 万 ha と保安林では国立公園の第 2 種以上と比較して，皆伐や間伐等の施業が広範に実施されている。

(8) 環境省自然環境局国立公園課（2015），35 頁

(9) 畠山武道（2004），215 頁

(10) 愛甲哲也（2014），17 頁

(11) 戸部真澄（2009）は，現代国家活動における協働の必然性を「国家の制御資源の欠如」に求め，「基本権侵害への感受性欠如（社会の国家化）」と「第三者の権利利益の危殆（国家の社会化）」及び「民主的原理の空洞化」にその問題性をみている（231 ～ 285 頁）。

(12) 東京営林局（発行年不詳）による。

(13) 東京営林局 100 年史編纂委員会編（1988），316 ～ 330 頁，秩父営林署 100 年史編集委員会編（1989）を参照。

(14) 東京都水道局（2002），41 ～ 42 及び 216 ～ 220 頁

(15) 山梨県（2002），115 ～ 123 頁

(16) 環境庁（2000），18 頁

(17) 環境庁自然保護局国立公園課（2000），18 ～ 19 頁

(18) 2016 年 2 月に担当官が変わって異なる対応が期待されると考え，再度，国立公園課に問い合わせ担当官から地種区分見直しの作業手順と経緯，現行の「国立公園の公園計画等の見直し要領」の解釈に関する説明を受けた。2003 年の「国立公園の公園計画等の見直し実務要領について」（環自国発第 030529004 号）では，「なお，事務所案の作成に当たっては，素案段階より関係機関等との調整により変更が生じた部分については，その理由及び今後の点検等に当たって

143

第1章　現代日本の森林管理と林政

の取扱方針について当課に報告を行うこととする」とされ，国立公園課と関東環境事務所の担当部署に変更部分とその理由に関する記録がないとの回答は疑わしい。

(19) http://www.env.go.jp/info/iken/result/h120531a-1.html（2015年11月5日確認）

(20) 岳人編集部（2008），58頁及び埼玉県秩父環境管理事務所（2013）「両神山安全登山マップ」を参照。

(21) 東京都水道局（2011），264〜270頁

(22) 前田一歩園財団の歴史は，石井寛編著（2001），前田一歩園財団（1992），同（2003）に詳しい。

(23) 祖田修（1973）を参照。

(24) 前田一歩園財団（2003），43頁

(25) 同財団業務報告書を参照。調査研究事業は，野生鳥獣の生息環境と森林施業，前田一歩園財団森林環境・将来構想検討・森林事跡調査，阿寒川水系総合調査，阿寒国立公園の菌類，エゾシカの植生に及ぼす影響，北海道の湿原生態系に関する調査研究を継続的に実施するほか，人材育成事業では自然セミナーと奨学金助成を実施している。

(26) 現行森林経営計画では，森林施業計画と異なり森林管理方針と施業実態が把握しにくいため，2002年改定の森林施業計画に基づき，同財団の森林管理方針と森林施業対応を示した。

(27) 20年回帰の施業が本期間で一巡し，林相整理が終了すること，1981年に発生した風害による被害木の整理などを考慮して，そのような措置が採用された。

(28) 石井寛編著（2002）156頁，196頁，177〜180頁を参照。

第3節　森林認証の展開と日本の対応

1　PEFC の設立過程と欧州及び日本の対応

(1) 日本と欧州における行政・業界対応

　1997 年に林業経営組織が国際標準化機構の環境マネジメントシステム規格を使用する際の技術報告書を作成する作業部会が組織され，翌 1998 年に技術報告書（TR14061）が公表された[1]。その際に欧州諸国や日本の関心は，小規模私有林をどのように取り扱うかという点に注がれていた。

　欧州諸国は，1997 年秋を転機に独自の森林認証の構築に踏み出し，1999年に汎欧州森林認証スキーム（PAN-European Forest Certification Scheme, PEFC）を構築する。PEFC は，欧州以外の地域への相互承認の拡大に対応して，2003 年にその名称を汎欧州森林認証スキームから現在の PEFC 森林認証プログラム（Programme for the Endorsement of Forest Certification Schemes）に変更している。2016 年現在，PEFC の認証森林は 32 ヵ国 3.0億 ha に達し，森林管理協議会（Forest Stewardship Council, FSC）の 82ヵ国 1.9 億 ha を認証取得面積では凌いだ。

　日本の森林認証問題の取り組みは，表 1 − 3 − 1 に示したように第 1 期（1993 ～ 99 年）の国際的森林認証の普及と ISO を舞台とした対応方針の検討期，第 2 期（2000 ～ 07 年）の FSC 認証の取得と SGEC の設立・拡大期，第 3 期（2008 ～ 16 年）の SGEC の PEFC 加盟と相互承認期を経て，第 4期（2017 年～）のポスト PEFC 相互承認期を迎えている。

　欧州の森林所有者団体は，次項の PEFC フィンランドの構築過程にみるように 1998 年から独自の認証システムの検討に着手している。フランスで開催された持続可能な森林管理シンポジウム（1998 年 5 月）の後，フィンランドとフランスは，PEFC 構築に向けての準備に取りかかり，ドイツとフランスのリーダーシップのもとに準備作業が同年夏に進められた。8 月にはウィーンでフィンランド，ドイツ，フランス，オーストリア，ノルウェー，スウェーデンの林業・林産業界代表が参加し，PEFC の枠組みが合意された。

第1章　現代日本の森林管理と林政

表1－3－1　日本における森林認証の展開と SGEC の歩み

年次	森林認証に関する主要事項
1993	FSC 設立
1997	ISO TC207/WG2 京都会議で森林認証への対応を検討
1998	森林・林業白書に認証・ラベリング登場，ISO・TR14061 発行
1999	PEFC 発足（Pan-European Forest Certification）
2000	PEFC が北欧3国を相互承認，日本最初の FSC 認証取得
2001	イギリス，カナダ，アメリカが PEFC 加盟
2002	オーストラリア，マレーシア，ブラジル，チリが PEFC 加盟
2003	SGEC 設立，PEFC アジアプロモーションズ設置，PEFC 現在の名称に変更
2006	日本の SGEC 認証面積が FSC を上回る
2007	PEFC アジア中国事務所を北京に開設。SGEC 認証基準・指標の第1次改定
2009	SGEC 認証の第2期更新開始，森林認証制度検討委員会を設置
2010	SGEC 森林認証制度検討委員会答申に基づく作業部会を設置（PEOLG 準拠等）
2011	SGEC 任意団体から一般社団法人に移行
2014	JAB が森林認証機関の製品認定事業を開始，SGEC が PEFC に加盟
2015	SGEC が PEFC に相互承認の申請，林野庁森林認証・認証材普及促進対策
2016	PEFC が SGEC を相互承認

資料：SGEC 本部の業務資料等を参考に作成。

　この枠組みは，さらにフィンランド，ドイツ，フランス，オーストリア，ノルウェーの代表から構成される作業部会と他の欧州諸国の関係者から構成される運営部会で細部の詰めが行われ，1998 年末までに CoC とラベリングを除く認証システムの基礎が準備された。PEFC の特徴は，自由意志により相互に適合的な欧州各国の森林認証制度を相互認証し，小規模私有林に適合的な森林認証の枠組みを示すことに置かれ，その背後には FSC への対抗意識とＥＵや各国政府の意向が強く働いているものとみられる。その結果，FSC を推進する自然環境団体と PEFC の対立が深まり，その対立構造が自然保護団体の国際的ネットワークと PEFC の相互認証の拡大を通じて，欧州から北米，アジアへと拡大した。

　PEFC の技術文書は，①持続可能な森林管理のための汎欧州基準（Pan-European Criteria, Lisbon 1998），②同指標（Pan-European Indicators, Lisbon 1998），③汎欧州施業レベルガイドライン（Pan-European Operational Level Guidelines, Lisbon 1998, PEOLG）を共通の枠組みとし，各国の関係法令や制度・政策を考慮して，基準や指標を各国である程度自由に組み立てることができるように設計されている。認証申請のレベルに関し

ても地域認証，グループ認証，個別認証の３タイプが示され，各国の状況に応じて適切な認証単位が決定できるが，当初，地域認証を「地理的，行政的，政治的境界によって範囲を定められた個別森林所有者の自由意志による参加によって，特定地域の公認された組織により申請される森林認証」[2]と定義し，小規模私有林に対する最良の方法と位置づけていた。

森林認証に関しては，国際的・国内的に多くの先行研究があるが，日本の現状分析に関しては，ドキュメント・ベースの評価や事例報告が多く，認証取得組織を網羅した分析や認証材の流通実態を踏まえた研究は少ない[2]。現在でも一部の論者や自然保護団体の見解に見られる FSC 認証の取得＝世界基準の森林管理，持続性の証明という論調や森林認証問題を「森林認証取得」問題としてとらえる見解に対して，SGEC の設立過程と普及過程におけるアクター間の関係性と意思決定過程にその本質的な問題性と論点を見出し，森林認証問題に対する日本の 20 年間の対応を規定した社会過程と林業組織の対応を検討する。

(2) 森林認証問題の分析視点

以下，２では PEFC の設立を先導した PEFC フィンランド（その前身は，Finnish Forest Certification System, FFCS）と PEFC の成立過程を以下により明らかにする[3]。①フィンランドの林業構造と森林管理制度，林業共同組織の性格を概観し，地域認証（regional certification）をフィンランドが選択した背景を分析する。②FFCS 認証規格の特徴と地域認証の実施過程を検討する。③PEFC の構築過程における欧州各国の対応を FSC との関係を含め検討する。

３では，SGEC 森林認証の展開と林業組織の対応を，① SGEC 森林認証の設立過程と推進主体の特徴（林野庁と林業団体の対応），②森林認証取得組織の特徴と普及メカニズム（制度と市場を媒介するアクターの関係性），③地域ネットワークの形成と CoC 認証（地域段階の林業組織・企業グループの対応）の総体として明らかにする。

４では，PEFC 認証の展開と SGEC の相互承認に対する対応を検討し，相互承認後の SGEC の課題を指摘する。

2 PEFCフィンランドの構築過程

(1) フィンランド林業・林産業と森林認証

フィンランドは森林面積2,000万haのうち，個人有林が62％を占め，国有林25％，会社有林9％，その他5％とスウェーデンと比較して林産会社の所有する会社有林が少ない。個人有林は平均所有規模38haであり，毎年，素材を販売する所有者は20％前後といわれている。このため，従来から小規模個人有林で生産される木材を林産企業に安定供給し，森林資源の保続を図る共同組織として，森林管理組合（Forest Management Association）が組織され，森林認証の申請や取得に際しても林務行政組織の林業センターとともに重要な役割を担っている。

フィンランドの私有林組織のうち，林業センターは農林省傘下の林業センター・森林開発センター法に基づく行政組織であり，森林管理組合を指導，監督する権限を持つ。森林管理組合は森林管理組合法に基づき，組合員や森林所有者に対して，森林に関する専門的知識と技術の向上を図り，森林の管理及び活用について指導し，専門家による援助の提供，造林・保育の推進を行うことを目的としている（同法第1条）。森林管理組合法は，4〜12ha以

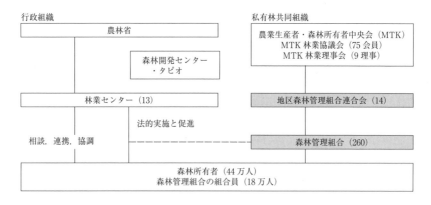

図1−3−1　フィンランドの私有林行政組織と林業共同組織
資料：FFCS(1998)Development Process and Element, Finnish Forest Certification Council, p.5

上（地域により下限面積が異なる）の森林所有者に対する森林管理費の納入を組合員以外にも 2015 年の同法改正の施行までは義務づけていた[4]。

森林管理組合は，地域段階での森林経営の指導や施業計画の樹立，造林・保育作業の受託，立木・素材販売の斡旋，林道開設などを担当するほか，フィンランド農業生産者・森林所有者中央会（Central Union of Agricultural Producers and Forest Owners, MTK）を中央団体として，林産業界との間で統一的な木材価格交渉を行ってきた。しかし，フィンランドの EU 加盟により 2001 年以降は，全国レベルの統一的木材価格交渉が禁止された。南フィンランド州タンペレ市に事務所を置くエテラ・ピルカマ森林管理組合の例では，常勤役職員 13 人で地区内 11 万 ha の森林を管轄し，森林所有者から受託した地拵えや下種更新作業は，森林管理組合が組織する請負作業班で実施し，大型機械を使用する主伐は，専門の下請業者や林産会社に斡旋していた[5]。

一方，フィンランド林産業は，欧州市場向けの大規模な輸出産業として特徴づけられる。紙や林産物の輸出先は，ドイツ，イギリスなど環境問題に敏感な欧州諸国向けが大部分を占め，林産企業と生産プラントの集中が進んでいる。2016 年の製紙生産量 680 万 t の 93％，ケミカルパルプ 745 万 t の 42％，製材 1,135 万 m^3 の 76％が輸出されている[6]。なお，Metsä Group は，森林所有者 13 万人を組合員とする全国単一の協同組合組織であり，大規模な林産加工企業を傘下に擁しているが，ノルウェーとスウェーデンの森林所有者協同組合と異なり，Metsä Group 自体は森林認証の直接的な申請者になっていない。

林産業の素材供給源は，個人有林が圧倒的に多く，次いで輸入が 1 割強である。この結果，個人有林における森林認証が進展しない場合，環境問題に敏感なドイツ，イギリスなどの欧州市場において，フィンランド林産業は大きなハンデを背負うことになる。森林認証に対するフィンランド政府や林業・林産業界の対応を検討する場合，この素材供給と林産物市場構造に注目する必要がある。

（2）認証規格の検討・構築過程

第1章　現代日本の森林管理と林政

《時期区分と特徴》

　フィンランドの森林認証への取り組みは，①1992年の国連環境開発会議
（UNCED）から1996年の全国森林認証委員会の設立までの準備期，②全国
森林認証委員会設立から1999年のFFCSの発足までの認証規格構築期，③
FFCS発足から2000年までの認証取得期に区分できる。

　2001年以降，PEFCはカナダ，アメリカの加盟により欧州以外の地域と
の相互認証を展開し，FFCSはPEFCフィンランドとして認証規格の見直
しを進めるなど，新たな段階に入っている。

《準備期1992～96年：全国森林認証委員会設立まで》

　準備期には，1993年の森林保護欧州閣僚会議でヘルシンキ・プロセスが
合意され，フィンランド国内の森林法制が大きく転換される。主な法制度改
革として，1993年森林・公園局法，1996年林業センター・森林開発センタ
ー法，1997年森林法，持続的林業助成法，自然保護法の改正が実施された。
林政改革の基本戦略は，木材生産の保続から生態系の保全や生物多様性の維
持を重視した林政への転換に設定され，フィンランド農林省と環境省は，

表1-3-2　フィンランドにおける森林認証とFFCS構築の取組み

時期区分・年次		主要事項
準備期	1992	国連環境開発会議（UNCED）
	1993	森林保護欧州閣僚会議（ヘルシンキ・プロセス），フィンランドＥＵ加盟，森林・公園局法
	1994	フィンランド林業の新たな環境プログラム
	1995	持続可能な森林管理のための基準と指標
	1996	林業・森林開発センター法改正，全国森林認証委員会・規格作業グループ（－97）
認証規格構築期	1997	森林法，持続的林業助成法，自然保護法改正，オールドグロス森林保全プログラム，ISO森林経営部門作業部会（～1998），欧州10カ国森林所有者代表のFSCに対する抗議デモ（12月ハンブルク）
	1998	持続可能な森林管理シンポジウム（フランス），森林保護欧州閣僚会議（リスボン），全国森林認証委員会からWWFなど環境NGOが離脱，フィンランド森林認証プロジェクト発足
	1999	FFCS，PEFC発足，森林認証規格作業グループを全国森林認証会議に改組，最初のFFCSによる森林認証（11月）
認証取得期	2000	PEFCがFFCS，スウェーデンPEFC，ノルウェー森林認証スキームを相互認証，PEFC-logoを公表，PEFCのラベリング製品を初出荷（10月），フィンランド全森林の認証を完了（12月）

資料：FFCS，MKT資料をもとに作成。
注：法律の改正は施行年で示した。

150

第3節　森林認証の展開と日本の対応

1994年に「フィンランド林業の新たな環境プログラム」を公表している。これに基づき1996年の全国森林認証委員会の発足と並行して，一連の森林法制の見直しが実施された。

1997年の森林法改正は，従来の私有林法と保安林法を統合，拡充したもので，持続的木材生産を行うと同時に生物多様性を維持し得る森林利用の促進を目的とする（同法第1条）。このため，林業センターは，林業目標を立案し，この計画には持続的利用を促進する目標，持続的林業助成法に明記された助成目標と手段などが含まれ（第4条），伐採や更新作業を行うときは14日前までに林業委員会に届け出ることを義務づけている（第14条）。また，生物多様性や森林景観を維持すべき林分の伐採は，それらが維持されるよう行い（第6条），伐採後，成長力があり植生に害を与えない苗木を5年以内に造林し（第8条），生物多様性が特徴である土地，湿地，生息地などが保護されるよう経営，利用されねばならない（第10条）。国は樹木限界の後退を防止するため，必要な地域を保安林に指定することができ，保安林は樹木限界が後退しないよう管理し，伐採は林業センターによって承認された伐採，更新計画に従った場合にのみ許可される（第12条）。

自然保護法は，生物多様性の維持と自然美及び景観的価値の保全，天然資源と自然環境の保全，自然に関する一般的関心の啓発と科学的調査研究の促進を目的に（同法第1条），総則，自然保護計画，自然保護区と天然記念物，動植物生息地の保全，景観保全，種の保全，自然保護の実行，命令・強制手段と刑罰，控訴，EUのNatura 2000 Networkに関する特別規程，雑則，施行規程の12章から構成される。

写真1-3-1　森林法に規定された保護すべきビオトープの例示

持続的林業助成法は，従来の森林改良法を拡充し，森林法に基づき森林の持続的管理と利用を促進するため，私有林の更新，地拵え，林分改良，エネルギー林の伐採，林地肥培，改良的排水，林道建設に対して，地域区分に基づき最大70％の助成を規定している。特に生物多様性の維持，森林生態系管理にかかわって追加的費用や収益の減少が生じた場合，森林所有者は国の資金から環境補助を受けることができる。

以上の法改正は，後述するFFCSの森林認証基準に取り入れられ，生態的，社会的持続性に関する基準の法的根拠となっている。森林法と自然保護法改正の現場への影響として，急傾斜地や地下水源での皆伐禁止，自然保護区の設定，希少動植物の生息域の保全，市街地近郊での特別許可などの影響が指摘されているが，南部の経済林では林業生産活動への影響は比較的少ないと考えられている。

《認証規格構築期における自然保護団体との対立》

1996年の全国森林認証委員会の設立から1999年のFFCSの発足までの認証制度構築期は，フィンランドの森林認証構築の基本方向が確定する重要な時期であった。この時期に全国森林認証委員会（1996〜97年）による方針決定と全国森林認証規格作業グループ（1996〜97年）による規格案の検討が行われ，森林認証規格のテスト（1997年）と森林認証プロジェクト（1998年）による認証実施への体制整備が矢継ぎ早に行われた。

1996年に全国森林認証委員会が組織され，1997年3月に国際的森林認証システムに適合し，フィンランドの現状に即した全国森林認証システムを開発すべきであるとの報告がまとめられた。これと並行して，全国森林認証規格作業グループが組織され，認証規格の原案が検討された。この作業グループには，当初，WWFフィンランド，フィンランド自然保護協会など7環境保護団体，労働・林業技術者団体，消費者団体，狩猟団体，少数民族議会など11社会団体，MTK，フィンランド林産業連盟，森林・公園局，林産企業（Enso，UPM-Kymmene，Metsällitto）などの9経済団体が参加していた。しかし，1997年に自然連盟，1998年にWWFフィンランド，フィンランド自然保護協会，バードライフフィンランド，自然と保全（Natur och Miljoe）が脱退している。

第3節　森林認証の展開と日本の対応

1997年12月には，欧州10カ国森林所有者代表のFSCに対する抗議デモがハンブルクで行われ，1998年に持続可能な森林管理シンポジウム，森林保護欧州閣僚会議が開催されるなかで，フィンランドは欧州各国と連携し，国内のFFCSと欧州各国と連携したPEFC設立に向けた意向を固めた[7]。それがその後の欧州各国でPEFCと環境保護団体の対立に発展する起点となる。森林認証規格のテスト段階では，森林認証規格案がピルカマー，ノーザンカレリア，ラップランドの3地域で実証試験が行われた。そして，1998年4月に新たに森林認証プロジェクトが組織され，認証実施への体制整備が整い，1999年以降，認証の審査と取得が集中的に実施された。

(3) グループ認証の実施過程

1999年以降，フィンランドはPEFCの発足を受け認証取得期に入り，2000年12月までに全国13地域で森林認証の取得を完了する。認証取得は13の林業センター地区を単位に森林管理組合連合会を申請者として実施され，1999年11月から翌2000年12月に集中的に行われた。認証単位は，森林所有者数1～3万人，森林面積ではラップランドの890万haを最大に100～200万haと広域な地域設定がなされている。

認証審査は，DNV（DNV Certification Oy/ab）とSFS（SFS-Sertifiointi Oy）の2組織が担当し，各々8地区と5地区の認証審査を担当している。認証機関は，貿易産業省管轄下の国家認定機関FINAS（Finnish Accreditation Service）からFFCSやISO・EMAS（Eco-management and Audit Scheme）の認証機関に認定されている環境管理システム審査に実績のある上記組織が担当した[8]。

加工流通過程の管理に関する認証（Chain of Custody, CoC）とラベリングは，2000年2月にPEFCのロゴマーク使用ガイドラインが公表され，フィンランドのSchauman Woodが10月にPEFCラベリング製品を初出荷している。CoC認証の取得企業は，フィンランドの代表的林産企業のUPM-Kymmene，Stora Enso Forest，Metsäliittoとその系列企業のFinforest Corporation，化学パルプのMetsa-Botnia，家具・コンポーネント・ドアの大手企業Oy Lindell Components Ab，プライウッドとファイバーボードの

153

欧州最大手 Schauman Wood と Finnish Fibreboard Ltd などフィンランド
の主要林産企業が名を連ねている。

フィンランド森林認証協議会（Finnish Forest Certification Council）の
事務局は，ヘルシンキ市に置かれ，会員組織はフィンランド森林調査研究
所，機械請負企業協会，有機農業協会，MTK，木材運送企業体，フィンラ
ンドフォレスター同盟，森林・公園局，アカデミックフォレスター同盟，フ
ィンランド林産業連盟，木材同盟労働組合，フィンランド４Ｈ連合会，フィ
ンランド製材業連盟，教会委員会，スウェーデン語圏農業生産者・森林所有
者中央会から構成されている。また，農林省や貿易産業省，環境省などの行
政組織や認証機関を技術専門家として同協議会に招聘し，政府・民間の林
業・林産業関連組織を網羅した体制を構築している。

FFCS 認証規格は，森林管理認証と CoC 認証から構成され，森林管理認
証規格は，①用語（SMS1000），②選択的実行段階での認証スキームの適応
（SMS1001），③森林認証基準（SMS 1002-1），④林業センター地区に関する
森林認証基準の解釈と資料収集のためのガイドライン（SMS1002-2），⑤森
林管理組合地区に関する森林認証基準の解釈と資料収集のためのガイドライ
ン（SMS1002-3），⑥監査・認証機関のための資格付与基準と認証手続き
（SMS1004）の６規格から構成された[9]。

以下，FFCS の設立段階の認証規格に基づき，森林管理認証の実施過程を
みていく。認証スキームの適応では，林業センター段階における地域認証，
森林管理組合段階におけるグループ認証，森林所有者を基礎とした認証の３
タイプを示している。しかし，実際の認証の実行過程では，林業センター段
階における地域認証が最初に実施されねばならないとし，この方式による森
林認証の取得が行われた。

地域認証の申請者は，州段階の森林管理組合連合会であり，同連合会の総
会において３分の２以上の森林管理組合が賛成した場合，認証申請が決定さ
れる。この認証を希望しない森林管理組合や森林所有者は，自由意志により
グループ認証や個別認証も選択できる。しかし，申し出がない限り林業セン
ター内の森林が地域認証を受けることになる。地域森林認証委員会には，認
証申請者の森林管理組合連合会と森林所有者（国有林を担当する森林・公園

局を含む）とともに，林業請負事業体，林業労働者，木材購入者としての林産会社，助言・計画・実行組織と資料収集担当者としての森林管理組合と林業センター，環境センター，森林調査研究所が参加している。

③〜⑤の認証基準と資料収集に関しては，次項で検討する。特に重要な位置を占める森林管理組合と林業センターの任務は，次のとおりである。森林管理組合は，組合員に対して認証に関する情報を提供し，認証基準の要求事項に沿った活動，とりわけ森林施業計画や伐採区の計画と境界区分，森林所有者のための伐採，保育作業の監督と組織化を実行し，ガイドラインに示された内部資料の収集に参加する。林業センターは，ガイドラインに示された資料収集と認証基準に関係する最新資料と認証森林の分布図，自然保護区，絶滅危惧種と生息地保護，林業活動の環境への影響に関する資料を作成する。

⑥の認証機関の評価，監督，認定は，貿易産業省の管轄下に設立された認定機関 FINAS が行う。認証機関による認証審査は，認証申請→認証機関の事前送付資料による批評→（任意の予備審査）→審査（会議，資料収集，評価，結果報告），評価・認証機関による決定→認証の発行→モニタリング審査という過程を経る。評価・認証機関による決定において，修正活動計画または修正活動が必要な場合は，それが指示され，再審査が行われる。

(4) 認証規格と資料収集ガイドライン

表1－3－3に示した地域認証における森林認証規格（SMS 1002-1）は，37 基準のうち1〜14 が林業センター段階，15〜37 が森林管理組合段階に適応される。林業センター地区に関する森林認証規格の解釈と資料収集のためのガイドライン（SMS 1002-2）は，この37 基準ごとに基準番号，タイトル，定義，解説と詳述，基準タイプ，指標，評価の根拠，情報源，更新とモニタリング，情報の公表の各項目を規定している[10]。FFCS の森林認証規格と資料収集のためのガイドラインに関する特徴として，次の点が指摘できる。

第1に認証規格は，林業センター段階と森林管理組合段階に適応する基準に区分され，各基準に対して指標と評価の根拠，情報源，更新とモニタリン

第1章　現代日本の森林管理と林政

表1-3-3　FFCS の森林認証規格（SMS 1002-1）

基準№と基準の内容（林業センターまたは森林管理組合の地区段階で実施する地域認証）

1　計画作成に当たり林業センターは，当該地域に関して少なくとも5年ごとに生態的，経済的，社会的問題に対する発展ニーズと目的の記述を含む持続可能な林業目標プログラムを作成する。

2　持続可能な森林経営への実務的誘導のため，林業センターは，経済的見通しに加えて，生物多様性の保護，環境破壊の予防および社会的見通しを考慮した施業ガイドラインを準備する。森林・公園局等は，同様なガイドラインを自らの管理地や所有地に立案することがある。

3　生物的，環境的価値を考慮した森林計画数を年々増加し，森林計画の地域におけるカバー率を少なくとも50％以上とする。

4　緊急を要する下種更新の方針は，地域林業プログラムに関連して決定され，緊急を要する下種更新は5年以内に完了する。

5　林業センター，森林管理組合連合会，地域の主要な素材購入者および消費者は，認証スキームの適応のため，当該地域における初回間伐の促進のための対策プログラムを1年以内に準備する。

6　夏期の被害危険地域におけるトウヒの株芯腐れやマツ辺材腐朽の予防のための伐採など例年の生物学的対策費は，これらの被害拡大を防止するために増加させる。

7　経済林における伐採量は，5年間の総成長量より少なくする。

8　伐採後の再造林と下種更新が済んでいない林地は，最大で経済林の5％以内とする。

9　火入れの実施にふさわしいと規定される面積を1993年～1997年に比較し，1998年～2002年は2倍以上に増加させる。

10　森林生態系において重要なビオトープでは，森林管理対策は以下の通り計画され，実施される。
・自然保護法と森林・自然保護官庁により保護される地域は，それらすべての典型的特徴を維持する。
・森林法により特別に価値のあると認められた動植物の生息地は，それらすべての典型的特徴を維持する。
・その他の動植物の生息地は，それらすべてまたはそのほとんどの典型的特徴を維持する。
　この基準の地域的適応においては，自然保護地域と保護プログラムを含む地域，動植物の生息地の豊富な地域数に注意を払う必要がある。

11　保護林を含めて，高齢林の比率が各地域で15％を上回っていること。
・南フィンランドでは80年生を超える林分
・カイヌー，北オストロボスニアでは100年生を超える林分
・ラップランドでは120年生を超える林分

12　当該地域は，伐採のダメージ，剥皮していない針葉樹材の貯木，マツノネクチタケ（Fomitopsis annosa）を制御するためのサンプル調査に基づくモニタリングシステムを保持する。それらの結果は，透明性を持ち，要約した資料を公開する。

13　当該地域は，定期的に追跡データを生み出す動植物生息地監視モニタリングシステムを保持していること。それらの結果は透明性を保ち，一般に情報公開する。

14　年1回は，当該地域で活動する林業組織の職員，林業労働者，ハーベスタ・フォワーダのオペレータの少なくとも20％は，生物多様性や労働安全等に関する訓練を追加的に受ける。
　認証モデルB（森林管理組合地区段階で実施する地域認証）では，林業センター地区段階で基準1～14が，森林管理組合地区段階で基準15～37がフォローされる。

15　林業組織は，森林作業の実施に先立ち，雇用者や委託者に対する十分な訓練を労働の質の観点から実施する。

16　追加的訓練と個人およびグループを対象とした普及活動を受ける人数は，地域の森林所有者数の少なくとも10％に相当しなければならない。

17　林業組織は造林や伐出作業の実行に際して，法定された義務や税金を負担し，労働法規や団体協約を遵守する業者とのみ契約する。

18　新しい森林施業計画は，以下の内容も含む。
・保護地区と承認された保護プログラムに組み込まれた地区
・基準10に示された貴重な動植物の生息地

第3節　森林認証の展開と日本の対応

基準№と基準の内容（林業センターまたは森林管理組合の地区段階で実施する地域認証）

・特別な保護を必要とする動植物種の生息地
・狩猟上の観点から重要な地区
・ハイキングルートとレクリエーション地区

19　保護地区と保護プログラムに組み込まれた地区の保全価値は，林業活動により侵害されない。

20　林業活動の実行において，特別な保護を必要とする絶滅危惧種の生息地は保護される。その他の絶滅危惧種の生息地は，少なくとも現在の水準維持のために何ら脅威がないように配慮する。

21　伐採や施業の実行に際して，立枯れやうろ穴，その他の腐朽木，風倒木，前生樹の標本，貴重な広葉樹，ポプラやヤナギの巨木を残す。更新地域では生物多様性の観点から頑強な古木にするために必要な特性を有する嵐に耐えた樹木を残す。保残木は特に生物多様性の観点からの生息地としての価値に加えて，少なくとも1ha当たり5本以上の密度の木立として最初に残す。第1パラグラフに列挙されている伐採後，可能な限り残されるべき標本樹木や枯木もこれに含まれる。

22　播種や植栽では，特殊な場合を除き，その地域に適し起源の知れた在来樹種を使用する。

23　林道網のマスタープランは，当該地域に対する環境的影響を組み込み計画する。その計画では，当該地域の交通需要と林道建設の環境的影響に注意を払う。サーミ人の居住地区では，サーミ人の伝統的暮らしへの影響にも注意を払う。

24　新たな林道開設計画は，林業組織による生物学的，環境的価値に関する研究を立案する。

25　最初の排水は，自然状態の泥炭地には実施しない。

26　排水路の清掃と追加的な排水路づくりは，樹木の成長が明らかに改善されない地域では行わない。危機に瀕した泥炭地と自然状態にそれらを再生する有益な機会に特別の配慮を払う。

27　水路計画は，林業組織による排水修復計画に組み込まれる。

28　森林内の素材搬出，排水路の清掃と追加的な排水路づくり，林地施肥，地拵え，規定された火入れにおいて，緩衝地帯を水路の岸や土手，細い水路に沿って残し，固形物や栄養物を取り込めるようにする。

29　土壌の掻き起こしは，現場に適したできるだけ軽微な方法を採用し，良好な更新結果が得られるように行う。深い土壌の耕うんは，無機土壌では実施しない。斜面では適切な方法で洗脱作用を防止する。

30　伐出作業においては，残存木へのダメージや立木の成育条件を阻害するダメージを避ける。

31　農薬や除草剤は，例えば，更新地区の植生やゾウムシ（Hylobius abietis）のコントロールのような使用が避けられないときにのみ使用する。広葉樹林は，更新地区や若齢林においても欧州アカマツ若齢林へのポプラ林からの病原菌の拡大を防止するために必要でない限り，化学的茎葉散布をしてはならない。化学的手法は，水の供給の観点から重要で利用できる水路や細い水路，地下水源の緩衝地帯，基準10で示された重要な森林内の動植物生息地では使用しない。

32　林地肥培は，水路や細い水路の緩衝地帯，基準10で示された重要な動植物生息地，地下水源として重要な地区では使用しない。溶解性の高い化学肥料は，土地が凍らないときにのみ散布する。

33　人々の森林への法的アクセス権は，自己責任において保障される。

34　文化的，歴史的に重要な遺跡は，林業活動から保護される。

35　林業活動では，文化的に重要な景観群の保護に配慮する。

36　サーミ人居住地区では，森林・公園局によって管理された自然資源の管理と利用，保護について，伝統的暮らしとサーミの文化が維持されるようにサーミの代表と共同し，協調関係を保つ。

37　国有林の林業活動とトナカイの放牧は，地域と協力し，協調関係を保つ。

資料：FFCS, SMS 1002-1 Criteria for forest certification.
注：2.Forest Owners-Specific Criteria, 3.Compensatory criteria for a forest owners と原文にある詳細項目は省略した。生態的持続性18基準（№1，9～11，13，18～22，24，25，27～29，31，32，35），経済的持続性12基準（№1，2～8，12，23，26，30），社会的持続性（№1，14～17，33，34，36，37）である。

第1章　現代日本の森林管理と林政

グ，情報の公表のあり方が規定されている。また，個別の森林所有者や森林
管理組合，森林管理組合連合会は，認証申請者として認証対象森林の一元的
な管理・経営のすべてに責任を持つのではなく，林務組織や研究機関を含め
た重層的な管理，情報収集体制のなかで認証規格の適用がなされている。

　第2に基準タイプは，文書評価と達成度評価に区分されるが，森林管理組
合や林業事業体の林業組織の文書評価や達成度評価だけではなく，森林法，
持続的林業助成法，自然環境保護法などの法律の規定に基づき，林業センタ
ーが森林の更新状況や希少生物生息域の保全などの観点から現場をモニタリ
ングし，フィンランド森林調査研究所が全国森林資源調査により資料収集を
支援する体制がとられている。

　以上のフィンランドの選択のねらいは，手続き規格と達成度規格の両方の
性格を備えた森林認証システムを構築し，欧州全体で小規模私有林に適合的
な森林認証を確立しようという点にある。FFCSが地域認証を選択した主な
理由も，①認証費用の安価性，②個別の森林所有者における森林資源の間断
的利用実態を踏まえた地域的持続性への注目，③生物多様性に関する所有者
単位での完結性を必須としない点にある。森林認証に関する技術報告書
（TR14061）の作成過程で欧州諸国が固執した小規模私有林に適合的なグル
ープ認証の形態は，この過程でFFCSの地域認証とPEFCの地域・グルー
プ認証を主体としたものに具体化していく。しかし，それはFSCを支持す
る自然保護団体とPEFCに結集した林業・林産業団体との対立をフィンラ
ンドのみならず国際的にも決定的にする過程でもあった[11]。

3　SGEC森林認証の展開と業界団体

(1) SGECの設立過程と推進主体

　本項では第1に日本における森林認証問題への対応がどのような経過で展
開したか，主要なアクターの行動とメカニズムを分析する。まず，SGECの
設立過程と推進主体の特徴を明らかにするため，既存の文献とSGEC設立
関係者への聞き取り調査から設立過程と推進主体に関する林業組織の対応を
分析し，それがSGECの組織運営と認証規格に与えた影響を検討した。

158

第2に，SGEC森林認証及び分別・表示事業体審査報告書から認証取得組織の性格と普及過程を検討し，さらに2007年9月末のSGEC森林認証取得組織48組織と事業体認定取得89組織を対象にしたアンケート調査結果からSGEC森林認証の普及メカニズムを明らかにする[12]。

第3にPEFCとの相互認証後のSGECの課題と対応方向を検討し，森林認証問題の現代的意味を小括する。

《日本の初期対応：ISO/TR14061》

森林認証の導入に関する日本の組織的検討は，1995年のISO・TC207における「技術報告書 環境マネジメントシステムの使用の際の林業組織支援情報（TR14061）」作成への対応から開始される。ISOを舞台とした取り組みは，1995年6月のTC207第3回総会（ノルウェー）でカナダ，オーストラリアにより森林マネジメントシステム規格の作成が提案されたことに始まる[13]。同年8月にニュージーランド森林所有者協会から，TC207加盟国に対してISOの枠外での非公式研究グループによる検討の実施と提案要請があり，日本からは日本工業標準調査会事務局工業技術管理システム規格課矢野課長補佐と（財）日本木材総合情報センター（以下，情報センター）荒谷明日兒主幹が専門家として登録された。荒谷氏の登録は，1993年に森林認証が議題となったITTO総会に出席していたこと，ISOは民間機関であるため，国の関係者が直接関わるのは好ましくないとの林野庁の判断から木材貿易対策室との協議のもとに行われた。

第1回非公式会合では住友林業ニュージーランド現地事務所の早野駐在員が，第2回非公式会合では英国留学中の筑波大学増田美砂助教授が参加したが，それはあくまで情報収集の域での消極的対応にとどまった。1996年後半から林業団体の間でも次第に本格的に対応する必要性があるとの認識に至り，全国木材組合連合会（以下，全木連）副会長，（社）日本林業協会（以下，林業協会）専務理事，情報センター専務理事，全国森林組合連合会（以下，全森連）専務理事と林野庁担当者による協議がもたれた。結局，再度，荒谷氏が専門家に指名され，荒谷氏は1996年6月に開催された第4回TC207総会（ブラジル）で設置されたWorking Group 2（WG2）の専門家として，非公式研究グループに矢野氏とともに登録された。

第1章　現代日本の森林管理と林政

　荒谷氏は，同年11月のWG2第1回会合（カナダ）に出席し，各国から
国際的大企業の幹部や政府関係者が参加していたことから，日本の対応の遅
れを痛感し，川上側を代表する専門家が参加するべきとの認識を強くした。
林野庁木材貿易対策室課長補佐と相談の結果，1997年1月のWG2第2回会
合（フィンランド）には，林野庁からの依頼により（社）日本林業経営者協
会（以下，林経協）理事，（株）住友林業グリーン対策室長が林野庁計画課
計画官とともに出席した。

　1997年からは林野庁の対応にも変化がみられ，それまでの木材貿易対策
室に加えて，計画課がこの対応に加わった。しかし，計画課では，日本の森
林管理は森林計画制度で担保されているとの意見が強く，情報収集の枠を超
えて林野庁が積極的に森林認証規格の構築に関与することはなく，庁議で公
式に森林認証への対応が議題となることはなかった。林野庁の当時の基本姿
勢は，森林認証は民間段階の取り組みとする一方で，「森林計画制度と森林
認証・木材ラベリングとの関連を明確にし，森林計画制度（特に団地共同森
林施業計画）の運用の改善による小規模森林所有者への森林認証・木材ラベ
リングの適用促進及び適用のための体制整備を図る」ことを目的に調査を行
うなど(14)，その時々の担当部署により対応は変化した。

　国内ではISO研究者の筑波大学吉澤正教授を委員長として林野庁，林経
協，全森連，全木連，日本製紙連合会，日本木材輸入協会の12人による
TC207/WG2国内タスクグループが設立され，1997年4月のTC207第5回
総会（京都）と同時にWG2第3回会合が開催された。このTC207第5回
総会でWG2の報告がなされ，1998年12月のTR14061発行へと繋がってい
く。しかし，TR14061の作成過程でISO本部として，個別の製品ラベリン
グや森林経営という個別分野に関する規格を正式に認めることはできず，あ
くまでも環境マネジメントシステムの使用の際の林業組織支援情報としての
「技術報告書」にとどまることが確認された。これ以降，欧州諸国の関心は
先に述べたように1999年のPEFCの設立に急速に移行する(15)。

　《SGEC設立の検討過程と推進主体》

　国内では2000年以降，SGEC設立に向けた検討が林業団体を中心に開始
された。林経協の企画委員会の分科会として，「持続可能な森林の管理・経

160

営に関する分科会（以後，分科会）」が設置され，「日本型森林認証」に関する議論が開始された。同分科会は，座長に当時の林経協副会長で住友林業常務取締役の真下正樹氏，委員としてFSC森林認証を取得した速水享氏や，三井物産（株），日本製紙（株），王子製紙（株），王子木材緑化（株）の担当者など計34人で構成された[16]。

　真下氏は林経協副会長として，住友林業がISO14001を取得した2年後に森林法体系をベースにした「日本型森林認証」の具体的な提案を行い，その推進に尽力した。これに対して速水氏は，2001年9月24日付けで分科会宛に意見書を提出し，「国内のFSC認証基準を策定している時期でもあり，FSC日本国内基準に視点をしっかりとおいて，そこに日本型認証基準をもとめるべき」との立場を表明している。

　林経協は，同年10月23日に森林法体系をベースとした日本型森林認証を設立する「要望と提案」を林野庁に提出した[17]。同「要望と提案」の提出以前に日本林業協会役員会で日本にふさわしい森林認証のあり方を検討するとして，「森林認証検討委員会」の設置をすでに決定した[18]。これは当時の林野庁長官との協議から真下氏が林野庁はFSC認証国内基準を推進する方向に傾いていると考え，林野庁主導で日本型森林認証の設立を推進することは困難であると判断し，全国林業改良普及協会（以下，全林協）の専務理事との意見交換を経て，日本林業協会に働きかける方針を打ち出し，日本林業協会の副会長と林経協専務理事とともに日本林業協会会長に提案を行ったものである。

　その後，2001年10月に森林認証制度検討委員会（以下，検討委員会）が設立され，2002年7月の第8回委員会で中間報告が了承され，同中間報告に基づき2つのワーキンググループ（以下，WG）が設置された。そして，同年12月の第9回委員会で「緑の循環認証会議（SGEC）」創設の提言を行った最終報告が了承され，翌2003年3月に「我が国にふさわしい森林認証制度」創設発起人会議が開催され，6月に「緑の循環認証会議（SGEC）」が設立された。

　日本型森林認証の基本的な骨格は，真下氏が林経協の分科会で示していたが，それを具体化したのが検討委員会とそのもとに設置されたWGであっ

第1章　現代日本の森林管理と林政

た。検討委員会は，日本林業協会会員の林業・木材産業団体14団体の役員から構成され，14人の委員のうち，住友林業の真下常務と大日本山林会小林富士雄会長以外は林野庁指導部長・営林局長OBであり，実質的にSGEC設立過程の中心は，林野庁OBの業界団体役員が担った。認証基準WGでは，認証規格の検討が行われ，モントリオール・プロセスの基準に準拠したものとすることが確認され，具体的な基準・指標案の作成は，最終的には山縣光晶氏（元近畿中国森林管理局計画部長）が担当した。「我が国にふさわしい森林認証制度」創設審議会は，2003年の4月と5月に開催され，6月の「緑の循環認証会議（SGEC）」設立総会で創設審議会の報告が行われた。設立総会では，評議員の選任が行われ，創設審議会委員5人が評議員に移行し，理事として9人がこれに参画した。

(2) SGEC認証制度と認証規格の特徴

《認証制度と認証規格の特徴》

認証基準・指標の見直しは3度実施され，第1回は2005年11月に基準6に指標6.2（入山者に対する環境教育と安全）を加え，基準1のガイドライン1-4-3（環境影響に配慮した管理の基本方針）を加えた。第2回は，2006年12月に専門委員・監査委員を中心に基準・指標等検討部会を組織し，基準・指標とガイドラインの運用に関する検討を行い，2007年7月に基準・指標の改正を実施した。2007年の改正においても専門部会，監査委員，審査機関からの問題点の指摘を中心としたもので，それまでの認証実績の拡大により提起された問題に対するマイナーチェンジに限定された。

第3回の2010年の認証規格の再検討では，第2ステージの実践に基づく日本型システムの完成度を高め，国際性の確保と認証システムの進化に対するキャッチアップを行い，環境変化に対応できる継続的改善の仕組みと第三者認証としての透明性の確立を目指した包括的で継続的な検討が必要とされた。また，検討委員会の答申に基づきPEFCとの相互承認を念頭に置いた作業部会が組織された。

SGEC文書3の「SGEC森林管理認証基準・指標・ガイドライン」（2012年理事会決定）では，注意書1に「森林管理認証基準・指標・ガイドライ

162

ン」についての表示の方法は，「表示例：1-1-1」とし，最初の数字は「森林管理認証基準」の番号を，次の数字は当該同基準に係る「森林管理認証指標」の番号を最後の数字は当該同基準及び同指標に係る「森林管理認証ガイドライン」の番号を，それぞれ表すとして，同ガイドラインを PEOLG に準拠し，全面的に改訂した。また，2014 年に日本適合性認定協会（JAB）と協議し，「認定・認証機関の要件（ISO/IEC17065 適合の認定）に基づく認定の基準についての分野別指針」（森林・林業及び森林生産物・JAB PD364:2014）を制定した際も同ガイドラインにおける規定の存在が不可欠であった。

表1-3-4 は，SGEC 認証規格と PEFC の要求事項を主要事項の区分ごとに整理したもので，網掛け区分は根本的な再検討が必要な領域，アンダーラインはやや問題がある事項を示す。PEFC との相互承認に伴う SGEC

表1-3-4　SGEC 認証規格と PEFC の要求事項

大区分	小区分	PEFC の要求事項
認証規格と定期的見直し	利害関係者の参加	関連するすべての関連団体が規格の制定の工程に参加したか。
	苦情処理	規格制定手順に苦情を公平に処理する上訴システムが含まれているか。
	規格制定の周知	規格制定の開始は一般に周知され，最終案は正式な全国協議の工程に付託されたか。
	規格の見直し	森林認証，Coc 認証規格は 5 年ごとに見直されたか（または想定されているか）。
基準策定の基礎	政府間プロセス	政府間プロセスに基づいたものか。
	PEOLG への適応性	欧州森林施業レベルガイドラン（PEOLG）に相当する文書を提示しているか。
	国際条約の尊重	国際条約の批准と国内の法的枠組みのなかで実行しているか。
Coc プロセス	平均パーセンテージ方式	その規格は適合する平均パーセンテージ方式を含むか。
	ボリューム・クレジット方式	その規格は適合するボリューム・クレジット方式を含むか。
	問題のある由来	問題のある由来を持つ原材料が含まれていないことを確実にする手段を含むか。
認証機関と認定機関	認証機関	ISO ガイド 62，65，66 に準拠した認証機関への要求事項を満たすことを要求しているか。
	認定機関	国際認定フォーラム（IAF）加盟メンバーによる認証機関の認定がなされているか。

資料：CL12/2007 及び PEFC アジアプロモーションズでの聞き取り調査をもとに作成。
注：網掛けは相互承認に際し，再検討が必要な領域，アンダーラインはやや問題がある項目。なお，用語の定義や統合事業体の範囲も問題となる点がある。

第1章　現代日本の森林管理と林政

森林認証規格の改正点と課題は，4で後述する。

《組織運営と審査機関》

SGEC の組織運営は，年1回開催される理事会と評議会で当該年度の事業報告と収支決算，監査報告がなされ，翌年度の事業計画と収支予算，評議員の推薦と理事の選出が行われる。例年，理事会・評議員会に先立ち，専門部会が開催され，専門部会では議題準備の打ち合わせや規程，基準・指標の検討が行われている。専門部会は，設立時の WG メンバーを中心とした林業・木材産業団体や学識経験者等15人から構成されている。また，各審査機関から提出された審査報告書は，当初は監査委員会で検討し，認定を行っていた。

SGEC の審査機関は，（社）日本森林技術協会（以下，日林協），全林協，（財）林業経済研究所（以下，林経研）の3機関であったが，2010年から財団法人日本住宅・木材技術センターが審査機関に加わった。SGEC の財政基盤は，当初は設立過程での賛助会員からの支援に依存していた。王子製紙と日本製紙など製紙会社と林業団体を中心に1,740万円の寄付を集め，財政運営は，設立時に「当面5ヵ年を SGEC の普及・定着期間とし，特に，その初期の財政は賛助金，支援金並びに公的機関及び各種基金等の支援を主収入とした運営をする」とし，賛助金の取り崩しに代わる森林認証と事業体認定の認証交付料，認証材ラベル交付料による財政基盤の確立を目指した。

(3) SGEC 認証の普及過程

《認証取得組織と普及メカニズム》

森林認証面積は，2016年9月現在で森林管理協議会（FSC）が82ヵ国1.9億 ha，PEFC が32ヵ国3.0億 ha に拡大している。地域別認証面積率は欧州 FSC48%・PEFC31%，北米同36%・59%に対して，アジアは4%・4%と低く，日本の森林認証面積は SGEC の150万 ha と FSC の39万 ha を併せても8%に過ぎない。日本の森林認証取得面積の推移をみると図1－3－2に示すように FSC が40万 ha で停滞的であるのに対して，SGEC は2003年の設立以降，SGEC 設立に関与した王子グループや日本製紙，三井物産，住友林業などの大規模会社有林の認証取得が進み，さらに2000年代

164

第3節　森林認証の展開と日本の対応

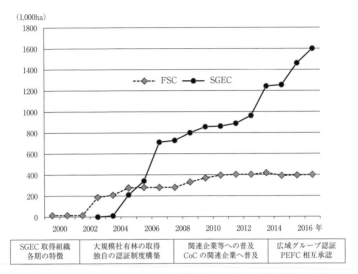

図1-3-2　FSCとSGEC森林認証の認証取得面積の推移
資料：FSC及びSGEC資料より作成。2017年は4月末現在の数値である。

後半にこれら企業の関連・取引企業に認証取得が拡大し，2006年にSGECの認証取得面積・件数がFSCを上回った。日本ではFSCとSGECの重複取得は，三井物産の4.4万haのみである。SGECの認証森林面積を地域別にみると北海道と九州の大規模社有林と国有林，道有林・県有林で認証取得が拡大し，北海道107万haと九州19万haが突出している。

SGEC森林認証の普及過程をみると，次の特徴が指摘できる。

① 2005年からの会社有林の認証取得の拡大：SGEC認証森林面積のうち，王子製紙，日本製紙，三井物産，住友林業の4社で29.2万haを占める。王子製紙や日本製紙は，国内でSGEC森林認証を取得する以前に海外植林地ではFSCやPEFC森林認証を取得している。これらの企業が国内の社有林でSGECを取得したのは，その設立過程から関係を持ち，各国で独自の森林認証制度を設立し，PEFCとの相互承認が進行している国際情勢を踏まえた経営判断と考えられる。

② 2007年の九州森林管理局球磨川森林計画区と北海道森林管理局網走西部森林計画区内国有林の認証取得：国有林は面積的にはSGECの認証森林

第1章　現代日本の森林管理と林政

の31%を占める。林野庁の方針として，国有林単独で認証取得する考えは
なかったが，地域の方針として国有林に対する一体的な認証取得の要請があ
った場合は，森林管理局段階の判断として認証取得を検討し，北海道と九州
森林管理局管内で認証取得が行われた。

　③審査機関の勧めによる林家・林研グループの認証取得：SGEC設立の目
的として，中小規模林家の認証取得の拡大を目指していたことから，実際の
林家による認証取得が増加しているかどうかは重要である。林家による単独
の認証取得は少ないが，静岡市林業研究会森林認証部会やグループ認証の循
環の森づくり推進協議会では，会員に林家グループが含まれている。林家の
単独認証やグループ認証の審査は全林協に集中しており，林家・林業研究グ
ループとの関係が深い全林協の働きかけが大きく影響している。

　審査機関と認証取得組織の関係では，会社有林は日林協，林家と林家グル
ープは全林協，森林組合と財産区は林経研が多く，国や都道府県は入札によ
る審査機関の決定を行うため，審査機関が分散している。森林認証とCoC
事業体認定取得組織におけるSGEC選択理由をみると森林認証の普及過程
に対応した以下のCoC事業体認定の進展過程が明らかとなる。

　第1段階として「SGEC設立段階からのかかわり」から大規模会社有林を
中心に森林認証の取得が開始され，次に第2段階として大規模会社有林の保
有企業との関係による「本社などのSGEC取得方針」や「取引先がSGEC
を取得」したことによりCoC事業体認定が普及した。その後，森林認証と
事業体認定の両方で「地域のSGEC取得方針」を理由とした普及が進み（第
3段階），第4段階として「審査機関から勧められた」ことで普及が促進さ
れた。近年，第5段階として，東京オリンピックに向けた認証材需要や
PEFCとの相互承認のよる「新たな取引先開拓」を目指したCoC事業体認
定が増加している。

　前項で指摘した森林認証取得組織における以上の時系列的な5段階を経
て，その普及メカニズムが次のように形成された。

　第1段階（2003～2005年）の設立過程からのかかわりによる大規模会社
有林の認証取得：SGECが設立された2003年に認証取得した2件は，日本
製紙北山社有林と王子製紙上稲子山林である。2003年～2005年の会社によ

166

る認証取得8件は，佐藤木材工業1件を除く7件が日本製紙と王子製紙による取得であり，当初の森林認証の普及を2社が牽引した。両社のみならず住友林業や三井物産も同様に設立過程からのかかわりからSGECを選択している。このように設立過程からかかわりのあった大手企業がまずSGEC森林認証を取得し，それが認証森林の面積的拡大に弾みをつけた。さらに2004年から「本社などのSGEC取得方針」や「取引先がSGEC認証を取得」したことによる事業体認定の取得が開始される。日本製紙の子会社の日本製紙木材や住友林業フォレストサービス，住友林業グループ構成員33社，三井物産フォレスト（株）と物林緑化（株）の事業体認定の取得がその実例である。

　第2段階（2006～2007年）の地域や審査機関の勧めによる認証取得：2006年からは，地域ネットワークの形成などの「地域のSGEC取得方針」を選択理由に森林認証と事業体認定の取得組織が拡大する。同時に「審査機関から勧められた」ことによる森林認証と事業体認定の取得が2006年以降，増加している。これは，認証審査が軌道に乗った審査機関側の体制が整備され，次第に審査機関がそれぞれの強みを活かした普及啓発を行うようになったことによる。森林認証では，全林協との関係による林家グループや日林協の企業グループ，林経研の森林組合系統組織を通じた認証取得が進み，それらが地域ネットワークで結合することでさらに事業体認定の取得が促進された。

　第3段階（2008年以降）の新たな取引先の拡大を目指した事業体認定の取得：これまでは，主に従来の取引関係や地域関係などの何かしらの既存の繋がりの延長上で認証取得が推進されたが，2008年以降，SGEC認証材の流通が拡大した地域を中心に地域的な普及が進み，その様子をみていた事業体やFSC・PEFCのCoC取得企業も事業体認定を取得し始める。その後，2010年代に入ると地域単位の認証取得が北海道，九州の国有林・公有林や森林組合に拡大し，2016年には東京オリンピックに向けた認証材供給への期待やPEFCとの相互承認，福島県，東京都，埼玉県，鳥取県，愛媛県等の都県単独の森林認証取得支援事業が開始され，さらに認証取得が加速化している。特に2015年以降のSGEC認証取得で特徴的な点は，北海道とかち

森林認証協議会 12.5 万 ha, 岡山県森林認証・認証材普及促進協議会 3.3 万 ha, 愛媛県林材業振興会議 4.3 万 ha, 大分森林認証協議会 2.0 万 ha に代表される道県・市町村・森林組合の地域連携による広域グループ認証が拡大している点である。

この点を FSC の認証取得組織の対応と比較すると, FSC は単独認証では山梨県有林 14 万 ha が最大であり, グループ認証では浜松市内の私有林と県有林を認証取得者とする天竜木材業振興協議会 4.3 万 ha と岐阜県有林と東白川村森林組合・飛騨高山森林組合をグループメンバーとする岐阜県グループ 1 万 ha 以外では, 単独の森林組合や市町村の認証取得が主体である。CoC 認証取得組織も PEFC の外材チップ・合板関係企業, FSC の紙・紙製品主体に対して, SGEC は森林認証取得組織の関連企業・国産材製材・集成材, 合板・住宅産業, 木材専門商社, 森林組合系統組織を網羅している点が特徴である。

北海道, 九州等の主伐拡大地域において, SGEC のグループ認証と国内及び海外市場における SGEC・PEFC 認証材のサプライチェーン構築がどのように進展し, 紙・パルプ産業, 製材・集成材・合板関連企業と木材専門商社, 森林組合系統組織の連携関係にどのような変化が生じるか, その動向が注目される。

《取得組織の評価と CoC 認証》

SGEC 認証の取得組織が認証取得に期待した効果は, 「森林管理水準の向上」と「企業価値の向上や CSR」の比率が高い。一方, CoC 事業体認定の取得組織は「木材価格の上昇」や「販売先の拡大」などの直接的便益への期待が高い。「森林管理水準の向上」は, 森林組合, 市町村, 都道府県で多く選択され, 期待した効果で 2 番目に選択されている「企業価値の向上や CSR」は, 会社のほとんどが選択し, 特に大手企業の従業員 300 人以上の組織はすべて「企業価値の向上や CSR」を選択している。林家では「木材販売価格の上昇」や「販売先や販路の拡大」といった実質的な経済的利益に関する項目での選択も目立っている。

森林認証取得後の成果は, この段階では「まだなんともいえない」との回答が 71％を占めるが, 期待した効果を「販売先や販路の拡大」, 「企業価値

の向上や CSR」と回答した会社では，半数ほどは成果が出ているとし，林家においても期待した効果で「木材販売価格の上昇」と回答した2件では取得後の成果でも同様の項目が選択され，「地域林業の活性化」も成果とされている。森林認証の更新に対する意向においても「更新する予定」と回答した組織が80％を占め，「更新しない方針」と回答した組織は存在せず，アンケート実施段階では森林認証の更新に対して，肯定的な意向が強かった。

認証材の流通は全国的な展開ではなく，まだ都道府県や県内一部地域を単位とした流通が主体であった。このような認証材流通は，北海道，栃木県，静岡県，広島県，高知県，宮崎県，熊本県などを中心にした地域ネットワークを形成している。地域ネットワークは，①規程，会費，役割などを定めている組織的ネットワークと，②森林認証と事業体認定の取得により事業的に結びついた緩やかな事業ネットワークの2通りに区分できる。

①の組織的ネットワークは，北海道紋別地域の緑の循環森林認証で地域おこし協議会，穂別地域循環の森づくり推進協議会，循環の森づくり推進協議会，栃木県森林認証協議会，高知県嶺北ブランド化協議会，広島県太田川流域 SGEC ネットワーク，くまもと森林認証住宅ネットワーク「小国杉の家」などがある。②の事業ネットワークには，秋田県統合認定事業体「出羽」，奈良県清光林業グループと輝建設，兵庫県統合認定事業体「しそう森の木」，熊本県有林・日本製紙社有林・九州森林管理局と新産住拓グループなどがある。

4　PEFC 相互承認の展開と SGEC の対応

(1) PEFC 相互承認の拡大と欧州諸国

PEFC では，2000 年代以降，欧州以外にも会員を拡大し，国際相互承認を推進している。これにより PEFC はヘルシンキ・プロセスに基づく欧州地域の森林認証から欧州以外の地域でも会員と森林認証を拡大し，世界の森林認証が FSC と PEFC の陣営に二極化する傾向が強まった。

設立当初の加盟組織は，オーストリア，ベルギー，チェコ，デンマーク，フランス，フィンランド，ドイツ，アイルランド，イタリア，ラトビア，ノ

ルウェー，ポルトガル，スペイン，スウェーデン，スイス，イギリスの森林所有者団体や林業共同組織が中核になっていた。この段階の PEFC は，地域認証を主体とするフィンランド 2,191 万 ha，ドイツ 558 万 ha，オーストリア 392 万 ha とグループ認証によるノルウェー 935 万 ha（個別認証も 2.4 万 ha），スウェーデン 197 万 ha，個別認証によるスイス 5.7 万 ha の 3 タイプに区分されていた。

　PEFC の地域認証は，フィンランドの森林管理組合，オーストリアの農業会議所，ドイツの林業的連合などの特別法や森林法に基づく林業共同組織を基盤に展開し，ノルウェーとスウェーデンのグループ認証は森林所有者協同組合を基盤としている [19]。PEFC との相互承認の拡大と欧州各国における森林認証の進展に伴って，欧州諸国の森林認証への対応は，1998 年を転機に自然保護団体主導の FSC に対して，森林所有者団体や林産業界が行政組織と連携した小規模家族経営に適合的な森林認証の構築を目指したグループ認証の普及による PEFC 相互認証の展開が主流となる。

　フィンランドの事例でみたように森林認証の構築過程において，林業団体のイニシアティブはもとより国の役割や制度的背景が無視できず，法改正を含めた林業関連組織の総力をあげた取り組みがみられた。その意味で，欧州諸国にとっての森林認証問題は，既存の森林認証をいかに取得するかではなく，自らの国の森林管理制度や林業構造に即した森林認証システムをいかに構築するかがその焦点であった。環境保護団体・FSC との関係に関しては，フィンランドの FFCS と PEFC の構築過程に端を発し，欧州諸国と北米を巻き込んだ FSC と PEFC の対立が先鋭化した。

　以上の欧州諸国の動向と比較すると日本では，当初，FSC 認証を前提とした民間段階の市場・経営対応として森林認証問題をとらえる視点が主流であり，既存の森林認証をいかに取得するかという点に森林認証問題への対応の焦点が置かれ，日本の現状や林業構造を踏まえた森林認証の構築に向けた戦略的対応に欠けていた。

(2) SGEC 規格の国際化と相互承認

1997 年の ISO TC207 京都会議開催を契機に日本の森林認証への取り組み

が開始されるが，欧州諸国と異なり SGEC の設立から PEFC との相互承認に至るまで 20 年近くを要している。SGEC では，2009 年の第 2 期更新審査の開始を契機に森林認証制度検討委員会を設置し，制度的課題を検討した。同委員会答申に基づき，2011 年に本部組織を法人化し，認証機関の認定を国際基準 ISO/IEC17065 に準拠した認定に変更した。森林管理認証規格もPEFC との相互承認を視野に入れ，PEOLG に準拠した見直しを行い，同時に作業部会において適合性確認事項として，基準・指標・ガイドラインに対応した文書確認と森林現場における現地確認事項を統一的に設定した。

　以上の準備期間を経て，SGEC は，2014 年 11 月に PEFC に加盟し，2015年 3 月に相互承認申請を行い，申請から 1 年後の 2016 年 6 月に中国，インドネシア，マレーシアに続きアジアで第 4 番目の PEFC との相互承認国となった。PEFC の相互承認手続きは，審査申請→審査機関の指名→60 日間の国際公開協議→審査報告書の作成→専門家パネルによる報告書のレビュー→理事会決議→総会での投票→総会決定と審査報告書の公開という過程を経る。PEFC 理事会は，審査報告書に基づき次の 2 つの事項が承認後 6 カ月以内に達成されることを条件に SGEC 森林認証制度を承認することを PEFC総会に提案し，承認された。① SGEC は，SGEC 森林管理認証においてアイヌ民族の権利承認に向けた相互に受け入れ可能な解決策を見出すため，北海道アイヌ協会と積極的に協議しなければならない。②林地転換（一次林の人工林への転換を含む）に関し，SGEC の要求事項を PEFC の要求事項に完全に適合したものとしなければならない。

　SGEC では，この条件に対応するために 2016 年 10 月第 2 回理事会で森林管理認証基準の 5 － 1 － 5 のアイヌ民族関連基準と 2 － 1 － 3 及び 4 の林地転換関連基準を改正し，PEFC 本部に同年 10 月 31 日付けで報告した。SGEC は同改正に際して，9 月に専門部会の開催を公開で行い，認証規格改定に関する意見提出を求め，専門委員のほか林野庁，熱帯林行動ネットワーク，北海道アイヌ協会関係者がステークホルダーとして参加した。さらに同基準の 5 － 1 － 5 に関して，継続的に協議及び検討を行い，2017 年 9 月の第 2 回理事会で認証審査手順の改正が行われている。

　前者は，「北海道にあっては，アイヌの人々が居住する地域の森林管理者

は，ステークホルダー（利害関係者）であるアイヌの地域の組織に対し，当該森林の管理について，FPIC（Free, prior and informed consent：自由意思による事前の十分な情報に基づく同意）に従い，説明会若しくは通信手段等を用いて意見を聴き，協議する手順・仕組を持たなければならない。また，協議については，前記国際条約及び国際宣言等を尊重・遵守しつつ，公正な解決を図るための手順・仕組を併せて持たなければならない」とされた。後者に関しては，「林地の転換に当たっては，原則として森林認証面積の1％以内（但し，500ha未満は5ha以内）」とするPEFCの基準に準拠した上限数値が規定された。

PEFCとSGECの相互承認に伴い，①国際認定機関のJABによる分野別指針の制定とともに国際基準に基づいた日林協，日本ガス検査機器協会，SGSジャパン株式会社の認証機関の認定がなされた。②SGEC森林認証規格におけるPEOLG準拠，③CoC認証規格におけるデューディリジェンス・システムに関する要求事項の追加等のPEFC規格準拠がSGEC認証の国際化対応として，実施された。

当初，SGECの相互承認申請に際して，関係者にも相互承認（mutual recognition）という語感からPEFC認証企業がSGECのロゴも使用できるという誤解が国内関係者に存在した。外国産PEFC認証材は，SGEC森林認証規格による認証がなされていないことから，PEFCと相互承認している認証材がSGECのラベルで国内に輸入されることはなく，SGEC認証材は非認証材や外国産PEFC認証材と差別化が可能である。一方，SGEC認証企業は，SGEC/PEFC両方の認証材とロゴの使用可能である。この点を活かした地域的広域グループ認証とSGEC認証企業による国内及び海外市場におけるSGEC/PEFC認証材のサプライチェーン構築戦略の展開が注目される。

(3) PEFC相互承認後のSGEC規格

図1－3－3に相互承認後のPEFC/SGECと認定機関・認証機関の関係を示した。従来はSGEC本部が日本独自の森林認証として，審査機関を認定し，自ら認証業務の全体を管理していた。これをISO17065に準拠した

第3節　森林認証の展開と日本の対応

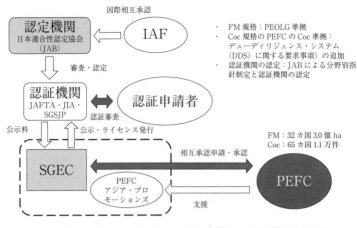

図1-3-3　PEFC・SGECと認定機関・認証機関の関係

　PEFCとの相互承認に適合するシステムに改め，以下の①〜③の変更を行った。

　①国際認定機関による分野別指針の制定と認証機関の認定：認定機関の日本適合性認定協会（JAB）は，国際認定フォーラム（The International Accreditation Forum, IAF），国際相互承認協定（MRA）のメンバーとして，国際標準化機構（ISO）等の国際組織に対して日本を代表し，国際規格・基準に基づき製品・サービス・試験・検査に関する適合性評価を実施する総合認定機関である。JABは，2014年に「認定・認証機関の要件（ISO/IEC17065適合の認定）に基づく認定の基準についての分野別指針」（森林・林業及び森林生産物・JAB PD364：2014）を制定し[23]，同年7月から森林認証機関の製品認定事業を開始した。2016年7月現在で日林協，ガス検査機器協会QAセンター，SGSジャパン株式会社が認証機関として認定された。また，PEFCのCoC認証を行っていたControl Union World Group（株式会社Control Union Japan），ソイル・アソシエーションウッドマーク（アミタ株式会社環境認証チーム）もPEFC・CoCの認証機関となっている。

　②SGEC森林管理認証規格におけるPEOLG準拠：国連環境開発会議における森林原則声明や政府間プロセスで規定された持続可能な森林管理の枠組みを現場レベルのガイドラインに掘り下げた国際的合意として，PEOLGが

ある。PEOLG は，森林保護欧州閣僚リスボン会議で採択された森林管理の実行単位におけるガイドラインとして，ヘルシンキ・プロセスの5基準の生態的，経済的，社会的要求に焦点を定めた「森林管理計画のためのガイドライン」と「森林管理の実践のためのガイドライン」から構成される[20]。PEOLG は，PEFC との相互承認を申請する際の必須要求事項として，各国の森林認証規格で準拠されている。SGEC では 2009 年の森林認証制度検討委員会の報告に基づき PEOLG 準拠を基本とした森林認証規格の見直しを行い，相互承認申請の段階でその整合性や英語訳に関する精査を行った。

　③CoC 認証規格の PEFC 国際基準への準拠：CoC 認証規格に関しては，日本独自の規定の認証材住宅など一部を除き，PEFC 国際基準に準拠し，特に調達された原材料が問題のある出処からのものである場合のリスクを最小化するリスク評価（Due Diligence System, DDS）に関する規定を大幅に拡充した[21]。日本国内の企業が取得している PEFC の CoC 認証は，製紙・外材チップ・合板関連企業を中心に 192 件，SGEC は森林認証取得組織の関連企業等を中心に 344 件が取得されている。これが SGEC の CoC 認証規格に一元化され，CoC 認証を取得した事業体は，SGEC のロゴマークとともに PEFC とライセンス契約を締結することによって，PEFC のロゴマークも使用できる（手続きは SGEC が代行）。

　以上により SGEC 認証の国際化が推進され，以下の SGEC 認証取得のメリットが拡大するものと期待される。

　①国際基準を満たした認証管理団体・認証材としての信頼性向上：SGEC は PEFC 加盟により PEFC 総会における議決権を持ち，相互承認後は日本国内の PEFC 認証の管理団体となる。国内の SGEC 認証材は，中国をはじめとしたアジア市場や東京オリンピック・パラリンピックの競技施設・付帯施設の資材調達においても国際基準を満たした PEFC 認証材として，その信頼性が向上する。さらに加盟組織間の森林認証制度や林産物市場に関する情報交換のみならず，アジア地域における認証制度の普及支援や相互承認の経験の活用が期待される。

　②JAB 認定に基づいた適合性評価と相互承認による認証規格の継続的改善：これまでにも SGEC では認証制度の継続的改善を独自に進めてきたが，

第3節　森林認証の展開と日本の対応

それに PEFC と ISO・JAB という国際基準の番人組織との連携により，その信頼性と専門性を継続的に高めることができる。従来から SGEC 認証規格の特徴として，「緑の循環による国産材生産の拡大と人工林資源の保続」，「システム基準の重視」を掲げているが，日々進化する ISO の適合性基準によるシステム基準の更なる実質化と国際市場でスタンダードとなりつつある PEFC・CoC 基準への準拠による海外市場における信頼性向上が期待される。

(4) 相互承認後の SGEC 認証の課題

日本における森林認証の取り組みは，2000 年代の認証取得者が既存の森林認証をいかに取得するかという段階から，現在は国際基準に基づき国や地域に即した認証システムをいかに構築するかという認証管理団体と利害関係者の真価が問われる段階に移行している。相互承認後の SGEC の課題として，次の点が重要である。

第1に広域グループ認証の普及と東京オリンピックに向けた認証材利用の拡大である。日本と同様に中小規模私有林が多い北欧・ドイツ語圏諸国では，州単位の PEFC グループ認証の普及により PEFC 認証取得面積が世界上位 10 ヵ国に入っている。地域の実情に対応した広域グループ認証と CoC 認証の有機的結合が日本における認証取得と認証材市場の拡大に重要となる。

第2に日本の森林管理の脆弱性に関する危機意識を踏まえた森林認証システムの継続的改善と実践的フィードバックの重要性である。日本の森林管理制度の脆弱性に関しては，先に指摘した森林資源の循環利用・管理水準の低位性とともに住民の森林利用や林政に関する非近親性，公共的管理の制度的枠組みの欠如とランドスケープレベルの森林管理に関する国際的潮流からの乖離が指摘できる。こうした国・地域段階の課題に森林認証がどのように貢献できるかが問われる段階に移行している。また，SGEC 認証機関の認定は，製品認証（ISO/IEC17065）に基づき実施されているが，PEFC の国際認証規格の改正に当たって，森林認証の認証機関の認定をマネジメントシステム認証（ISO/IEC17021）とする原案が策定されており，これに対する対応も課題となる。

第1章　現代日本の森林管理と林政

　第3に2020年のPEFC更新審査に向けたSGEC認証規格の更なる国際化とアジア諸国の認証管理団体・認証取得組織との連携の重要性である[22]。2016年3月に韓国・ソウルで森林認証に関する東アジア3ヵ国セミナーが開催され，PEFC総会へのアジア諸国の参加が拡大している。日本を含む環太平洋諸国が参加するモントリオール・プロセスでは，PEOLGと同様の施業レベルガイドラインが定められていないことから，PEFCとの相互承認の際に各国認証規格のPEOLG準拠が必須とされる。モントリオール・プロセスの事務局を務める日本は，アジア版施業レベルガイドラインの構築に積極的に関与し，PEFC相互承認国を核とした持続的な森林管理の実践に向けた取り組みを支援することも重要となろう。

注及び引用文献

(1)　ISO/TR14061（1998）を参照。

(2)　森林認証に関する先行研究は，高橋卓也（2006），PEFCとSGECに関しては，志賀和人編著（2001），岩本幸・志賀和人（2011），17～37頁を参照。

(3)　フィンランドの地域認証は，FFCSの文書においても地域グループ認証（regional group certification）という用語が当初使われているが，現在ではグループ認証に含めた用語として使われる場合が多くなっている。本項では「グループ認証」との混乱を避けるため，以下ではPEFCの初期の分類に従い「地域認証」で統一した（PEFC, Common elements and requirements of PEFC-Technical document, 6.Definition, Regional Certification）。全国森林組合連合会（2002）も参照。

(4)　山本伸幸（2014），25～32頁を参照。

(5)　1997年9月のMTK及びエテラ・ピルカマ森林管理組合の聞き取り調査による。ISO/TR14061（1998），112～125頁のForest Management Associationの日本語訳「森林経営協会」は，その法的位置づけと原語の語感と異なるため，それを採用せず，「森林管理組合」としている。

(6)　フィンランド林産業協会のホームページ（http://www.forestindustries.fiによる。

(7)　E. Hansen, H. Juslin（1999），pp.25-26

(8)　例えばSFSは24人の常勤主任審査者と40人の外部専門家・審査者を抱え，農林業・林産業に関する品質管理システムや環境管理システムの審査を実施し

第3節　森林認証の展開と日本の対応

ている。

(9) Finnish Forest Certification Project（1999）を参照。

(10) 基準ごとの情報源は次の通りである。林業センター（基準番号1，30），全
組織・組織的業務命令（2），林業センター／森林管理組合，森林・公園局，林
産企業，フィンランド森林調査研究所，全国森林調査（3），フィンランド森林
調査研究所（4，7，8，9，11），林業センター・参加組織（5），農林省・林業
センター・林業事業体（6），環境センター・林業センター／林業開発センター
タピオ・その他組織（10，19），林業センター，森林・公園局，林産企業（12，
26），林業開発センタータピオ・林業センター（13），組織的労働訓練登録簿・
林産企業／森林・公園局・林業センター（14），組織独自の監督指示・業務解
説・労働安全指示（15），林業センター・森林管理組合，森林・公園局，林産
企業，森林統計年報，その他団体が組織した訓練（16），組織的指示と請負業
者／従業員登録簿，木材同盟労働組合，フィンランド林業技術者連盟，林業雇
用者組織（17），森林施業計画（18），環境センター（20），林業開発センター
タピオ・林業センター，森林・公園局の自然管理，生息域モニタリングシステ
ム（21，29），フィンランド森林調査研究所，農林省・林業センター（22），林
道計画マスタープラン関係文書，林業センター，森林・公園局の景観生態計画
（23），林業センター，その他組織，環境センター（24），林業センター，森林・
公園局，林産企業，環境センター（25，27），林業センター・林業開発センタ
ー，環境センター，森林・公園局／林産企業，全組織（28），組織的指示とモ
ニタリングレポート（31，32），組織的指示と勧告，情報（33），全国古代遺跡
委員会，林業センター／林業組織（34），環境センター，組織的独自の指示
（35），森林・公園局，協力団体（36，37）。

(11) 自然保護団体による当時のFFCS及びPEFCに関する批判は，Finnish
Natural League（2001）を参照。

(12) 森林認証取得組織調査票の回収率は36件（75％），所有森林面積90.7万ha，
人工林面積44.7万ha，認証取得森林は36.1万haであった。事業体認定に関し
ては，62％に当たる60件から回答があった。本アンケート調査の詳細は，岩
本幸（2008）「森林認証の展開と林業組織の対応」（全国森林組合連合会『持続
的経営組織・事業システムの形成と林業就業者』）を参照。

(13) 全森連資料「ISO14000シリーズの森林経営への適用に関する問題の検討経
緯」による。TR14061に関しては，ISO/TR14061（1998）を参照。

(14) 林野庁（2000），1頁。日本の行政組織の森林認証に対する初期対応は，欧州
諸国の対応と異なり「木材を生産・供給する側，木材を利用する消費者が共に，
環境に配慮した活動を実施することの必要性を自覚し，主体的に対応すること
が重要である」と美しき原則論を述べたお気楽なものであった（林野庁（1998），

177

第1章　現代日本の森林管理と林政

130 ～ 132 頁）。

(15) 技術報告書案の検討段階で，欧州諸国が付属書Fに「小規模森林所有及び事業の組織」として，当初からあった付属書Gのフィンランドの事例の事例に加えて，WG2 第 3 回会合以降，Hのフランスの事例，Iのオーストリアの事例を付加し，PEFC の原型となるモデルを提出していたことに留意する必要がある。当時の欧州諸国と PEFC の動向に言及した志賀和人（2000），107 ～ 111 頁及び全森連（2002）を参照。

(16) 編集部（2001a），46 ～ 47 頁及び真下正樹（2001），21 ～ 32 頁，編集部（2001b），61 ～ 63 頁，編集部（2001c），49 ～ 54 頁による。

(17) 林経協「持続可能な森林の管理・経営分科会資料」及び編集部（2001d），55 ～ 62 頁。要望書提出の際には，林経協からは古河会長，真下副会長，事務局が林野庁へ出向き，長官，次長，森林整備部長，計画課長，林政部長，経営課長，研究普及課長，広報官と面会している。

(18) 編集部（2001e），53 ～ 54 頁

(19) 林業共同組織の性格に関しては，志賀和人（1995），138 ～ 192 頁を参照。

(20) 日本語訳は，http://www.PEFCasia.org/japan/tech_doc/index.html の該当項目を参照。日本を含む環太平洋諸国が参加するモントリオール・プロセスでは，PEOLG に相当する施業レベルガイドラインは定められていない。

(21) 同上の「PEFC ST 2002:2013 林産品の CoC －要求事項」を参照。

(22) 環太平洋地域の PEFC 加盟国は，中国（China Forest Certification Council），インドネシア（Indonesian Forest Certification Cooperation），カナダ（CSA International, SFI），チリ（CERTFOR-Chile Forest Certification Corp），マレーシア（Malaysian Timber Certification System），ロシア（Partnership on the Development of PEFC Forest Certification），アメリカ（Sustainable Forestry Initiative & American Tree Farm System），オーストラリア（Australian Forestry Standard Ltd），日本（SGEC），ニュージーランド（New Zealand Forest Certification Inc.）となり，環太平洋地域の主要な木材輸出国と輸入国が PEFC に加盟し，さらにインドやタイ，大韓民国，ミャンマー，ベトナムでも森林認証制度の検討が進められ，アジア地域における PEFC 認証の拡大が進行している。

第2章
山梨県有林の管理と森林利用

富士山と北富士演習地（帯状の草地）の遠望

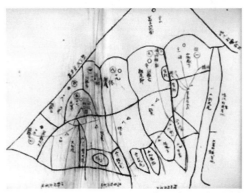

富士北麓の林野利用を示した絵図（1903年時点）
富士吉田保護組合所蔵，○針葉樹 △芝草を示す。

富士スバルライン沿いの県有林
陸橋の横断幕に「産物採取には
鑑札を」と書かれている。

第2章 山梨県有林の管理と森林利用

第1節　山梨県有林の経営展開と利用問題

1　山梨県有林の管理と経営展開

(1) 森林利用の制度化と保護団体

　山梨県有林は，1911年に御料林19.8万haが山梨県に下賜されたことに起源を持ち，現在も県下森林面積の45％に相当する15.8万haの県有林を保有している。山梨県有林は，その歴史的背景とともに首都圏に近く，日本を代表する山岳地域と自然環境を有し，富士箱根伊豆，南アルプス及び秩父多摩甲斐国立公園の国立公園地域に5.7万ha，保安林に13.8万haが指定されている。その意味で多面的利用段階の森林管理のあり方と非農林業的森林利用との関係を考察する研究対象として，格好のフィールドを構成している。

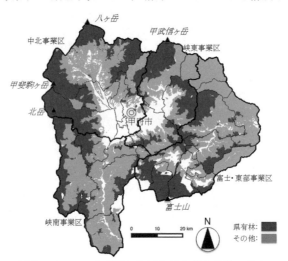

図2-1-1　山梨県における県有林と森林の分布

　山梨県有林は，戦後，1957年に臨時植伐計画を樹立し，1960年代に伐採量と拡大造林面積を飛躍的に増加させたが，1960年代半ばから自然保護問題への対応のため，伐採量と造林面積が減少に転じた。さらに1973年の「県有林野の新たな土地利用区分」の策定を契機に県有林を経済林の林業経営地帯と部分林，公益林の林地保全地帯と風致保存地帯及び開発対象地帯

第 1 節　山梨県有林の経営展開と利用問題

表 2 - 1 - 1　山梨県有林における制限林面積の内訳

単位：ha

制限林種・地種区分		指定面積	制限林種・地種区分		指定面積
保安林	水源涵養	98,828	国定公園	特別保護地区	370
	土砂流出防備	27,298		第 1 種特別地域	35
	防風	5		第 2 種特別地域	51
	水害防備	1		第 3 種特別地域	3,793
	防火	28		（普通地域）	－
	保健	12,333		計	4,248
	風致	203	県立公園	第 1 種特別地域	75
	干害	30		第 2 種特別地域	585
	計	127,233		第 3 種特別地域	10,889
母樹林		35		計	11,549
史跡・名勝・天然記念物		3,629		（普通地域）	27
砂防指定地		7,500		合計	11,576
鳥獣保護区	特別保護地区	4,991	自然環境保全地区（県条例）	自然保存地区	2,028
国立公園	特別保護地区	7,925		景観保全地区	877
	第 1 種特別地域	5,979		歴史景観保全地区	47
	第 2 種特別地域	8,543		自然活用地区	91
	第 3 種特別地域	23,926		富士山北麓景観保全地区	＊2,382
	計	46,372		計	3,043
	（普通地域）	10,985		自然記念物	848
	合計	57,358		合計	3,891

資料：山梨県（2016）『山梨県第 3 次管理計画』，30 頁等による。
注：＊の富士山北麓景観保全地区は原資料で自然環境保全地区の計に含まれていない。
　　自然公園の（普通地域）は制限林ではないが，参考として内訳を示した。

（後に保健休養地帯に改称），その他（貸地・除地）に区分し，亜高山帯等の林地保全及び風致保存地帯における伐採を見合わせ「保全管理」を原則とした。この土地利用区分の大枠は，現在も大きく変化していないが，1990 年代後半以降，林地保全・風致保存地帯と緩衝施業地帯を拡大している。

　山梨県有林は，表 2 - 1 - 2 にみるように土地利用区分別に制限林 18 種，普通林 16 種の作業団（それに準ずる単位を含む）を設定し，作業団別に施業方法の基準と更新樹種，伐期齢等を定めている。現行の『第 3 次県有林管理計画』（2016 ～ 2026 年）の伐採指定量は，主伐 36.5 万 m^3，間伐 18.5 万 m^3 であり，第 2 次管理計画と比較して主伐 112％，間伐 123％に増加している。主伐材積は制限林地 27.0 万 m^3，普通林地 9.4 万 m^3，間伐材積は同 13.2 万 m^3，5.1 万 m^3 と制限林地の亜高山帯を除く各作業団で指定されているが，

181

第2章　山梨県有林の管理と森林利用

表2－1－2　山梨県有林の土地利用区分と作業団

土地利用区分			制限林	普通林
公益林	風致保存地帯		（制公移）（制風存） （制亜高山-1） （制亜高山-2） （制亜高山-3）	（普公移）（普風存） （普亜高山-1） （普亜高山-2）
	林地保全地帯		（制林保）（制水全） （制水整）	（普林保）（普水全）
	保健休養地帯		（制保健）	（普保健）
経済林	林業経営地帯	高品質材生産 施業地域	制優ス・ヒ，制長大 制択広	普優ス・ヒ，普長大 普択広
		普通施業地域	制一用，制し薪 制択用	普一用，普し薪 普択用
	部分林		（制人部）（制天部）	（普人部）（普天部）
その他			（制その他）	（普その他）

資料：山梨県（2016）『山梨県第3次管理計画』，45頁による。
注：（　）は作業団に準ずる単位を示す。作業団の名称は表2－1－5を参照。

主伐・間伐とも制限林地の一般用材林作業団（主伐17.2万 m³・間伐2.6万 m³），同人工部分林（同5.4万 m³・1.4万 m³），普通林地人工部分林（同5.9万 m³・1.3万 m³）が伐採対象の中心である。

第1節では，保護団体の沿革と森林利用の制度化過程を検討する。保護団体の起源は，幕藩時代の入会山が官民有区分により官有地に再編され，1883年に国・山梨県は官有山林原野草木払下条規を制定し，入会集団に草木の有償払い下げを認め，保護責任を負わせたことに遡る。官有林が御料林に編入され，1890年の御料地草木払下規則により従来の有期払い下げが永世の払い下げに改められ，入会団体の権利と義務に関する条項が定められた。1911年の入会御料林の山梨県への下げ戻し後[1]，1912年に恩賜県有財産管理規則が制定され，区域・期間を設定し，保護団体に草木を払い下げた。同管理規則は施行後2年以内に保護団体の設立と保護規則の制定，認可を求め，現在の保護団体の原型が形成された[2]。

同管理規則は，1938年，1942年，1947年に3回改正され，1938年改正では従来の事業割交付金に加え，面積割交付金を創設し，小柴下草採取区域の採取料が免除された。保護団体による保護活動とは別に1910年に当時の知事熊谷喜一郎の命により山梨県警察部に林野警察課が設けられ，1911年以

降は70人の専任巡査が各警察署に配置された。その後，1938年に同課は機構改革により保安課に統合されるが，1946年に林野警察制度が廃止されるまで，盗伐，野火，無願開墾の取締りが警察機構により実施された[3]。

第2次世界大戦後，同管理規則は地方自治法の制定に伴い1949年に条例化され，現在の山梨県恩賜県有財産管理条例（以下，管理条例）となるが，同管理規則は，1912年の制定から山梨県有林の地元利用に関する保護団体の権利と義務を律する基本法規として，現在の管理条例にその基本的事項は引き継がれた。1953年の町村合併促進法による町村合併の進展により，保護団体の組織体制は，従来の市町村組合，市町村から財産区，市町村，一部事務組合から構成される現在の組織体制に再編された。管理条例は，1954年，1955年，1964年の3回改正が行われるが，保護団体の権利，義務関係は，戦前の管理規則から大きく変化していない[4]。

保護団体の恩賜県有財産に対する義務は，①部分林を設定しない部分及び部分林に対する保護責任（第4条，第25条），②盗奪，損害の加害者が特定できない場合の弁償と保護責任を果たさず，弁償金を期限内に納付しない場合の産物の売り払いや交付金の交付停止（第50条，第51条），③保護規則の変更の際の知事の認可（第7条）であるが，①の保護責任に関する規定が最も重要である。管理条例第4条では，火災の予防及び消防，盗伐，誤伐，冒認，侵墾，その他の加害行為の予防及び防止，有害動物の予防及び駆除，境界標その他標識の保存，稚樹の保育に関する保護責任を規定し，必要な員数の看守人を配置し，入山者には入山鑑札を携帯させなければならないとしている。

保護団体の県有林に対する権利は，小柴下草採取区域の設定，無償採取（第45条，第46条），生活・生業上必要な林産物の永世，毎年，随意契約払い下げ（第43条），優先的な部分林の設定（第21条），公用，公共用，公益事業を除く恩賜県有財産を売り払う場合の保護団体の優先権，売り払い，譲渡又は貸し付けする場合の意見聴取（第14条，第20条），交付金の受給（第24条，第48条）の5点である。

県有林の施業区には1つの保護団体が対応しており，県有林管理計画書の付属資料に「施業区の名称及び面積並びに保護団体」の一覧表が示されてい

第2章　山梨県有林の管理と森林利用

る。また，山梨県（2002）に添付されている「山梨県県有林位置図（施業区画入り）」には，施業区と保護団体の対応関係と「御下賜以前の県有林」，「当初編成以前（大正5年）買受御料林」，「御下賜林」，「御下賜林（保護関係のないもの）」，「買受御料地」，「買受民地その他」が地図上で色分けされている。

（2）多面的利用と土地利用条例の制定

山梨県有林の経営は，戦後の経営停滞期から1957年の臨時植伐計画の樹立を通じて，皆伐・人工造林への転換により1960年代に木材伐採量を飛躍的に増加させたが，1960年代半ばから自然保護問題への対応から伐採量は減少に転じた。さらに1973年の「県有林野の新たな土地利用区分」の策定を契機に，亜高山帯等の林地保全及び風致保存地帯における伐採を見合わせ「保全管理」を原則とした[5]。

これと並行して，山梨県恩賜県有財産土地利用条例（以下，土地利用条例）を制定し，保健休養地帯における県有林高度活用事業を推進し，観光・レクリエーション施設用地の貸付を増大させた[6]。保護団体側も土地利用条例の審議の過程で土地利用条例交付金の導入を前提にその交付割合と配分問題に県有林の利用問題の論点を移行させた。森越精一（1978）は，旧大泉村の石堂山保護組合管内の県営肉牛牧場建設に対する谷戸組の反対運動の経過を当時の運動の中心的指導者であった村議会議長がまとめた文献であるが，水源地の保全と部分林の立木補償，土地利用条例交付金の算定方法の改善を県に求めている[7]。

県有林特別会計の収支は，造林・林道等の投資的経費の増大と木材価格の低下から1970年度には歳入歳出差引残額が89万円にまで低下するが，1980年代後半以降，財産貸付収入の増加等により1990年代から2010年代には18～31億円の黒字に改善している[8]。2014年度の歳入合計103.8億円の内訳は，財産収入25.2億円，県支出金18.1億円，使用料及び手数料19.4億円，県債8.9億円，繰越金30.5億円等であるが，歳出では事業費35.9億円，管理費79.2億円とともに交付金20.2億円及び公債費7.8億円の支出が大きい。

第1節　山梨県有林の経営展開と利用問題

表2－1－3　山梨県有林の貸付地種別面積

単位：ha

貸付地種　　　年度	1960	1970	1980	1990	2000	2010	2015
植樹用地	6,299	5,694	5,528	5,242	5,056	4,798	4,437
農耕用地	198	180	427	455	354	352	348
電気事業用地	52	36	36	234	346	346	345
道路敷・水路用地	37	31	81	81	71	70	69
建物敷用地	258	526	593	713	649	618	603
牧場用地	1,008	695	402	339	402	399	355
鉱業用地	14	13	1	－	－	－	－
鉱泉用地	0	0	0	0	0	0	0
林業付帯用地	1	0	－	－	－	－	－
雑用地	500	235	279	620	794	700	720
計	8,368	7,410	7,349	7,684	7,672	7,283	6,879

資料：山梨県森林環境部『山梨県林業統計書』各年度版による。

　山梨県有林の貸付地種別面積の推移を表2－1－3に示した。2015年度の貸付地6,879haのうち，植樹用地4,437ha，農耕用地348ha，牧場用地355haと農林業的利用が77％を占めるが，最近はいずれも減少している。地域的には植樹地は部分林と同様に峡北と吉田地区に多く分布し，牧場用地は県営肉牛牧場のある峡北地区に集中している。社会基盤整備に関する貸付地は，電気事業用地345haと道路敷・水路用地69haであり，1990年代以降，東京電力に対する電気事業用地の貸付が峡東，大月地区で増加している。観光・レクリエーション施設は，建物敷用地603haと雑用地720haに含まれ，県有林高度活用事業の対象地となった峡北・吉田地区で1990年代以降，急増し，2000年代以降，横ばいとなる。

（3）県有林管理と森林施業

　表2－1－4に山梨県有林経営・管理計画の推移を示した。山梨県有林では，1914年から施業案を編成し，戦後，1962年に県有林野経営規程を制定し，1976年より県有林経営計画の全県一斉編成に移行している。それ以降，2006年に「経営計画」から「管理計画」に名称を変更し，第3次県有林管理計画（2016～26年度）に至っている。この間，公益林と経済林の区分は，1976年の第1次経営計画では7.3万haと6.8万haとされたが，2006年の第1次管理計画では8.1万haと6.2万ha，第3次管理計画では10.8万haと

185

第2章　山梨県有林の管理と森林利用

表2-1-4　山梨県有林経営・管理計画の推移

単位：1,000m³, ha

計画 区分	第1次経営計画 1976～86年	第3次経営計画 1986～96年	第5次経営計画 1996～2006年	第1次管理計画 2006～16年	第3次管理計画 2016～26年
基本方針	公益機能の充実，木材の持続的・安定的供給	森林資源の多角的整備，森林の公益的機能の拡充	持続可能な森林経営，循環型社会構築への寄与	多様な森林機能の増進，持続可能な森林経営	国際基準に基づく森林管理，資源の多面的利活用推進
伐採指定量	1,313	580	380	455	750
間伐	…	31	23	150	250
新植（ha）	8,721	3,213	993	553	1,432
複層林	－	－	1,303	118	52
公益林	73,000	70,000	81,000	81,000	108,000
経済林	68,000	70,000	61,000	62,000	36,000
その他	15,000	16,000	15,000	15,000	14,000
計	156,000	156,000	157,000	158,000	158,000

資料：山梨県（2016）『第3次県有林管理計画』，4～5頁による。

3.6万haと従来の経済林「緩衝施業地帯」（亜高山帯人工林）の公益林への移行を進め，公益林面積を増加させている。また，「国際基準に基づく森林管理と資源の多面的利活用推進」を掲げ，FSC森林認証材の東京オリンピック関連施設への活用や2008年から県有林環境調査要領に基づく生物多様性の保全やランドスケープ管理に取り組んでいる。

　県有林管理の基本方針をみると第1次経営計画の「公益機能の充実と木材の持続的・安定的供給」から用語の表現は時代背景を反映し変化しているが，その基本方針には大きな変化はないようにみえる。公益機能と木材生産の比重を各計画で順応的に変化させ，第1次経営計画から第5次経営計画までは木材生産の抑制と公益性重視により伐採指定量と新植面積を減少させ，第5次計画では複層林施業を大幅に増加させている。2006年から始まる第1次管理計画では，伐採指定量を間伐中心に増加させ，さらに2016年から始まる第3次管理計画では間伐のみならず主伐・再造林を含む施業指定量を1980年代の水準まで戻している。

　表2-1-5は，第3次管理計画における作業団別面積と施業指定量の関係を示したものである。主伐と新植は，制限林の一般用材林と人工部分林，普通林の人工部分林を中心に指定され，この3作業団で主伐材積の82％と新植面積の89％を占めている。間伐については，制限林地の長伐期大径材，

第1節　山梨県有林の経営展開と利用問題

表2-1-5　作業団別面積と第3次管理計画における施業指定量

単位:ha, m³

区分	作業団及びそれに準ずる単位	林地面積	伐採指定量		更新指定量		森林蓄積	年成長量/ha	年指定量/ha
			主伐	間伐	新植	天然更新			
制限林地	一般用材林（制一用）	11,151	195,495	43,224	664	6	193.6	4.8	4.3
	スギ・ヒノキ優良材（制優ス・ヒ）	1,158	14,800	9,906	50	-	242.9	6.5	4.3
	長伐期大径材（制長大）	6,697	14,094	73,452	32	-	195.1	4.9	2.6
	択伐用材林（制択用）	2,752	1,951	1,738	8	-	163.4	3.4	0.3
	広葉樹択伐用材林（制択広）	554	192	-	-	-	191.9	1.7	0.7
	しいたけ薪炭林（制し薪）	177	101	-	-	-	170.3	2.1	0.1
	人工部分林（制人部）	5,706	93,835	12,844	351	23	206.6	4.1	3.7
	天然部分林（制天部）	326	-	-	-	-	207.0	1.6	-
	公益移行林（制公移）	20,404	632	29,900	4	-	174.8	3.5	0.3
	林地保全林（制林保）	23,143	-	11	-	-	142.4	1.0	0.0
	風致保存林（制風存）	18,874	2,770	5,306	-	-	148.9	0.7	0.1
	水源保全林（制水全）	1,871	-	3,490	-	-	147.6	1.7	0.4
	水源整備林（制水整）	2,195	393	3,704	-	-	157.2	4.3	0.4
	亜高山帯の1（制亜高-1）	5,941	-	2,698	-	-	195.4	4.8	0.9
	亜高山帯の2（制亜高-2）	9,139	-	-	-	-	181.6	0.1	-
	亜高山帯の3（制亜高-3）	10,180	-	38	-	-	176.4	0.4	0.0
	保健休養林（制保健）	1,777	370	3,796	-	-	172.0	2.1	0.5
	その他（制その他）	697	2,337	2,275	6	-	175.0	1.4	1.3
	計	122,743	326,970	192,382	1,114	29	170.4	2.3	0.8
普通林地	一般用材林（普一用）	2,407	34,164	8,273	50	83	210.5	4.3	3.5
	スギ・ヒノキ優良材（普優ス・ヒ）	237	6,701	1,621	5	5	286.5	7.5	7.0
	長伐期大径材（普長大）	1,193	2,317	13,766	2	5	325.2	7.6	2.7
	択伐用材林（普択用）	489	50	5,062	1	-	263.0	4.5	2.1
	広葉樹択伐用材林（普択広）	158	111	-	-	-	186.0	2.1	0.1
	しいたけ薪炭林（普し薪）	59	21	-	-	-	200.2	2.5	0.1
	人工部分林（普人部）	3,239	84,369	9,135	261	-	225.6	3.8	5.8
	天然部分林（普天部）	45	-	-	-	-	290.2	0.5	-
	公益移行林（普公移）	2,781	-	1,383	-	-	212.4	4.2	0.1
	林地保全林（普林保）	1,627	-	-	-	-	179.1	2.6	-
	風致保存林（普風存）	591	-	40	-	-	157.8	1.5	0.0
	水源保全林（普水全）	226	-	-	-	-	183.6	1.6	-
	亜高山帯の1（普亜高-1）	9	-	-	-	-	148.4	3.6	-
	亜高山帯の2（普亜高-2）	52	-	-	-	-	197.5	0.0	-
	保健休養林（普保健）	154	-	-	-	-	146.9	1.0	-
	その他（普その他）	58	965	-	-	-	331.9	1.7	3.3
	計	13,324	128,698	39,280	319	93	221.2	4.0	2.5
	林地計	136,067	455,668	231,662	1,432	121	176.1	2.5	1.0
	除地	22,174	-	-	-	-	4.1	0.0	-
	合計（臨時伐採量を含む）	158,241	500,000	250,000	1,432	121	151.4	2.1	0.9

資料：山梨県（2016）『山梨県第3次管理計画』, 55, 86, 89頁より作成。

第2章　山梨県有林の管理と森林利用

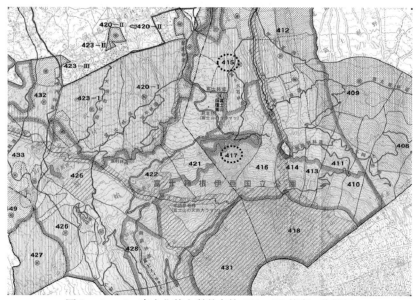

図2-1-2　富士北麓山梨県有林415・417林班の位置図
資料：山梨県「森林計画図」による。

一般用材林，公益移行林を中心に普通林の長伐期大径材や人工部分林，一般用材林，択伐用材林における実施が予定されている。

図2-1-2に富士北麓県有林415・417林班の位置図を示した。両林班は富士スバルライン沿いの富士北麓に位置する林班であるが，417林班は415林班より標高が高く，国立公園地域の地種区分も特別保護地区と第1種特別地域のほか，大部分が第2種特別地域に指定されている。一方，415林班は除地0.5haが第1種に指定されている以外は，第2種以下の指定であり第3種と普通地域の面積が大きい。

森林資源構成と作業団もこれに対応して，417林班の作業団は制（制限林）亜（亜高山帯）3・制風（風致）の公益林が主体であり，カラマツ・シラベ・コメツガ・カンバなどの160年生以上の林分が多く，施業履歴も人工林は1929〜63年度にかけて植栽され，1990年以降はつる切り程度でそれ以降の事業計画はみられない。これに対して415林班は，作業団も制風，制一（一般用材），制人部（人工部分林），制天部（天然部分林），普（普通林）人部，

188

第1節　山梨県有林の経営展開と利用問題

表2-1-6　415・417林班の地種区分・作業団と森林資源構成

単位：ha. 年生

林班	地種区分	小班	作業団	保安林指定	主要樹種	面積	林齢
415	第1種特別地域	イ	除地	土⑤	無立木地	0.53	167
	第2種特別地域	ち、つ、り、る、わ	制風	土⑩、水⑳	アカマツ、カラマツ、シラベ、ウラジロモミ、その他広葉樹	67.92	46. 60. 79. 167等
		い、は	制人部		アカマツ、カラマツ、除地	20.99	49. 50. 90. 92
		つ	制長針		シラベ、ミズキ、アカマツ	0.49	21. 50
			制他		カラマツ、その他広葉樹、除地	11.64	87
		ぬ	除他	土⑩	アカマツ、カラマツ、その他広葉樹、除地、未立木地	13.36	37~78
	第3種特別地域	か、へ、る、わ	制風	土⑩	カラマツ、アカマツ、トウヒ、コメツガ、コナラ	102.89	18. 52. 61. 77. 92. 162
		ち、つ、は、り、る、わ	制一	土⑩	シラベ、カラマツ、除地等	129.14	9. 18. 25. 60. 66
		ち、つ、ぬ、へ、り、ろ	制長針	水⑳、土⑩	シラベ、ウラジロモミ、除地等	49.85	7~12. 21~50. 69. 79
		ち、へ、は	制長力	土⑩	カラマツ、シラベ、除地等	33.96	24. 35~50
		は	制林	土⑩	シラベ、シラベ、ウラジロモミ、ツガ、トウヒ、その他広葉樹	2.85	107,147
		ち、は、ろ	制択		カラマツ、その他広葉樹	9.79	43. 45. 69. 167
		ぬ	制他	土⑩	カラマツ、アカマツ、シラベ、除地	16.97	87
		い	制人部		アカマツ、カラマツ、シラベ、除地	281.87	15~60. 92
		よ	制亜部		アカマツ、カラマツ、モミ、コメツガ、その他広葉樹	22.26	57. 97
		イ、ホ、ロ、ハ	除地		アカマツ、カラマツ、アカマツ	98.76	30~73
	普通地域	た、れ	普人部		アカマツ、カラマツ	7.26	41. 54
		よ	普天部		アカマツ、その他広葉樹、カラマツ、除地	23.04	92
417	特別保護地区	は	制亜3	土③、保健（択伐）	カラマツ、シラベ、コメツガ、カンバ等	0.37	167
	第1種特別地域	は、ろ	制亜3	土⑤、保健（択伐）	カラマツ、シラベ、コメツガ、カンバ、その他広葉樹等	16.98	167,187
	第2種特別地域	い、ろ、に～へ	制風	土⑩、水⑳	アカマツ、カラマツ、シラベ、ウラジロモミ、その他広葉樹	153.05	46~65. 167
		ろ、は、に	制亜3	土⑩	カラマツ、シラベ、コメツガ、その他広葉樹等	34.98	50. 65. 167. 187
		イ	除地	土⑩	無立木	1.41	

資料：山梨県森林調査簿データによる。

普天部と多様であり，50 年生前後のカラマツ・アカマツの人工林が多い。施業履歴をみても 1928 年から 2001 年まで植栽と保育作業が継続され，部分林設定は富士吉田保護組合との分収契約が締結されている。

2　山梨県有林の利用問題と地元関係

（1）自給的・生業的森林利用と部分林

　前項で述べた保護団体の権利に関して，自給的・生業的森林利用に関する小柴下草採取区域の設定と林産物・林野副産物の払い下げ，部分林に関する実態を検討する。

　小柴下草採取区域は，当初の 1911 年 10.6 万町歩，1932 年 8.6 万町歩から 1951 年 4,476 町歩，1961 年 2,507ha，1971 年 736ha と第 2 次世界大戦後，急速に減少している[9]。普通施業地や部分林への転換のほか，清里駅裏別荘や丘の公園のように小柴下草採取区域を解除し，貸付地とした事例もみられる。2004 年現在，吉田・大月管内に 8 件 386ha が設定され，設定者は青木ヶ原外七字及小合山外七字恩賜林保護財産区が 42.2ha と 8.6ha，鳴沢村 45.7ha，鳴沢保護組合 57.1ha，上九一色村 9.4ha，山中湖村 168.2ha，鹿留山恩賜県有財産保護組合 43.7ha，笹子外七恩賜林保護財産区 11.2ha である。

　林産物の払い下げも第 2 次世界大戦後，急速に減少している。大正・昭和初期には生活・生業用の薪炭林造成のため，矮林作業を採用する地域が 1.5 万 ha あり，その半数は保護団体に特売された[10]。戦後における県有林立木伐採量は，1958 年度に 36.2 万 m^3 のピークを記録し，公売 24.6 万 m^3，管理条例第 43 条特売 2.8 万 m^3，同第 44 条特売 2.8 万 m^3，その他 6.0 万 m^3 から 2000 年代前半には伐採量が 3 万 m^3 台にまで減少したが，2014 年度には立木伐採量が 6.2 万 m^3（公売 4.6 万 m^3，同第 43 条特売 91m^3，同第 44 条特売 1.0 万 m^3，委託販売 5,941m^3）に回復している。

　2014 年度の県有林副産物処分量は，キノコ 7 万円（240kg），土石 1.3 万円，その他 19 万円の計 27.8 万円である。このうち，土石は民間企業と砂利組合が払受人であるが，キノコとその他は保護団体を主体に地元区，学校，種苗組合が払受人であり，キノコは中北地区，その他は吉田地区に集中して

いる。その他は，シラベ幼苗，スズ竹，オニク（ミヤマハンノキに着生する寄生植物），コケモモ，ナナカマドやシラベ間伐木の枝条である。キノコは住民や入山鑑札の交付者が採取するためのものであるが[11]，シラベ幼苗は保護団体が採取し，補植に使用している。第43条特売は，生活・生業用の薪炭材料，副産物を保護団体に随意契約で売り払うものであるが，林産物の払い下げを通じた地元との関係は，確実に希薄化している。

　部分林は，1910年代に急速に拡大し[12]，現在も設定面積は大きく減少していないが，部分林分収交付金は1980年代をピークに2000年度には696万円に減少している。部分林面積は，第2次世界大戦後，1980年まで300件1.1万ha台を維持していたが，2015年度末には265件9,452haに減少している。部分林面積の最も大きい富士吉田保護林組合と鳴沢保護組合においても部分林の初期設定は1920年代を最後としている。契約者は，保護団体の一部事務組合70件4,987ha，同財産区156件3,342ha，同市町村29件578ha，その他10件545haと保護団体が大半を占めている。部分林の存続期間は，管理条例第23条で80年以内と規定され，部分林の返還は稀であり保護団体に部分林として保持されている。しかし，部分林面積が徐々に減少し，更新期間の到来後，伐採，更新されず期間延長される事例も増加し，部分林の管理や保育作業の粗放化が進行している。

(2) 県有林の貸付と土地利用条例交付金

　土地の貸付に関しては，明治期から植樹地と農耕地の貸付が存在したが，農耕地は第2次世界大戦後，自作農創設特別措置法によりその大部分が解放され，公共・公益事業のため必要なものに限り例外とし，原則として貸付を認めないこととした。1964年の地方自治法改正を契機に従来，管理条例に定められていた土地貸付にかかわる条項を施行規則に移し，県の策定した総合開発計画及び県民福祉のため，必要な施設の事業の用に供する場合も貸付ができるよう管理条例と同施行規則を改正し，富士北麓・八ヶ岳山麓で国民宿舎，学校寮，研修施設等の用地を貸し付けた[13]。

　それと同時に1964年から山梨県恩賜県有財産土地利用審議会条例により同審議会を設置し，前期と後期4年半にわたる土地利用条例の制定に関する

第2章　山梨県有林の管理と森林利用

検討が開始された。同審議会の論点は，保護団体の県有林開発に関する同意と交付金の交付割合にあったといわれ，1972年12月に県議会で同条例案は可決され，翌年1月から土地利用条例が施行された[14]。同条例では，「知事は，恩賜県有財産を開発事業の用に供する場合は，開発事業の用に供することとなる恩賜県有財産について保護の責任を有する当該保護団体の意見を聞くものとする」（第4条）とされ，「前項の交付金の額は，開発事業に係る収入純益の額（恩賜県有財産を開発事業の用に供することにより得られる賃借料，売払代金等の収入金額からこれに要した造成費，管理費，補償費等の経費を差し引いた金額をいう。）に知事が定める交付率を乗じて得た額とする」（第5条の2）と定められた。交付率は1973年1月31日付けの山梨県知事と保護組合連合会理事長の覚書で，「管理条例第48条の規定の例により，25パーセントを基準として措置する」と定めた。土地利用条例交付金の使途は，同条例第6条で「公共事業に要する経費又は森林の保護監視及び造林保育に要する経費に充てなければならない」とされ，その具体的な使途は，第2節の3の保護団体の財政構造と地元関係で検討する。

　後述する清里の森，丘の公園を始めとする県有林高度活用事業による土地貸付が1983年以降拡大し，その後，山梨県有林における自然環境の保全と活用の調整に関して，県議会を中心に議論が交わされた。1991年に知事は県有地の民間貸付の凍結と自然環境の保全を優先する旨を表明したが，1995年に「県有林の総合利用計画」を策定し，民間への新規貸付の凍結を一部解除している。

　山梨県有林の貸付面積は，2014年度末現在で1,017件7,470ha，貸付金額9.7億円である（北富士演習場を除く）。貸付面積では18％の建設敷用地・雑用地が貸付金額の88％を占める。時期区分ごとの主要貸付先は，①戦前期の富士岳麓開発計画に伴う山中湖別荘地（富士急行440ha），清泉寮（キープ協会239ha），②1960年代前半の八ヶ岳観光開発計画に伴う清里駅裏別荘地（念場ヶ原山財産区9.5ha），清里高原ホテル（セラヴィリゾート12.0ha），学校寮地区（調布市等25団体60.1ha），エイトカントリー別荘地（北杜市から同社に転貸10.3ha），西湖パラマウントパーク（相模鉄道13.8ha），富士スバルランド（富士観光開発16.2ha），③1983年以降の土地

利用条例交付金対象地（後述），④1990年の新規民間貸付凍結以降の山梨赤十字病院（日本赤十字社山梨県支部5.1ha），ふれあいの村（山梨県福祉保健部），県産材供給中央拠点（山梨県木材製品流通センター協同組合3.5ha）である。

(3) 恩賜県有財産管理条例に基づく交付金

　山梨県有林における交付金の交付状況を表2－1－7に示した。このうち保護団体に交付される交付金は，①事業割交付金，②面積割交付金，③部分林分収交付金，④演習場交付金，⑤土地利用条例交付金の5つである。県有資産所在市町村交付金は，国有資産等所在市町村交付金及び納付金に関する法律に基づき，恩賜県有財産の公共団体以外への貸地の所在する市町村に対して，貸地の固定資産評価額の1.4%を交付するものである。したがって，保護団体たる財産区や一部事務組合に直接，交付される交付金ではなく，市町村に交付される交付金であり，保護団体としての「市町村」の収入に計上されるものではない。⑤の土地利用条例交付金は，次項で保護団体との関係を検討する。

　事業割交付金の算定基準は，部分林及び管理条例第43条払い下げ以外の樹木を売り払った場合，保護団体を組織する各市町村の全部が直接利害関係

表2－1－7　山梨県有林における交付金の交付状況

単位：1,000 円，m³

年度	計	事業割	面積割	県有林伐採量	その他交付金				
					計	部分林	土地利用	県有資産	演習場
1965	319,814	64,337	71,774	329,295	183,703	116,706	－	－	65,037
1970	263,437	60,493	60,463	236,955	142,481	134,443	－	－	1,791
1975	828,818	44,394	55,962	127,867	728,462	127,334	－	－	587,583
1980	776,950	45,989	38,476	109,104	692,486	158,031	3,201	－	503,441
1985	1,102,704	36,714	45,082	75,223	1,020,908	125,083	127,882	36,509	731,433
1990	1,296,112	19,807	18,110	46,255	1,258,194	82,670	126,114	95,815	953,656
1995	1,711,833	10,505	9,423	37,845	1,691,905	68,501	168,901	115,846	1,338,657
2000	1,918,025	5,126	7,791	27,812	1,905,107	6,962	143,892	143,150	1,611,104
2005	1,970,884	4,577	2,966	47,164	1,963,341	7,016	108,252	134,400	1,713,673
2010	1,990,975	3,388	3,594	53,663	1,983,993	26,253	85,487	131,826	1,740,726
2015	2,003,354	1,428	2,153	57,741	1,999,772	25,032	80,541	125,190	1,769,009

資料：山梨県森林環境部『山梨県林業統計書』各年度版による。

第2章　山梨県有林の管理と森林利用

ある場合は，「天然性樹木」の売り払い代金の15％，人工林植栽木は同2.5
％，これに該当しない保護団体の場合は，同12.5％と2.5％である。面積割
交付金は，事業割交付金の総和に相当する金額を保護団体の全部に，保護す
べき面積に次の括弧内の指数（人工造林地4，作業級を設定した天然林3，
作業級を設定しない天然林2，施業除地及び小柴下草採取地1）を乗じて得
た数値を比率として按分交付している。部分林の収益分収の歩合は，知事が
定め，造林者の分収歩合は，人工造林75％（保安林80％），ただし，保護団
体が造林者で保護団体を組織する各市町村の全部が直接利害関係ある場合は
80％（同85％），「天然造林」40％，同じく保護団体を組織する各市町村の
全部が直接利害関係ある場合は45％の制限を越えてはならないとしている。
　表2－1－8に示した部分林分収交付金の交付団体と部分林面積によると
26団体に1,624万円の分収交付金が交付され，100万円以上の交付金の受給
は，八町山保護組合，稲山財産区，山中湖村，富士吉田保護組合，鳴沢保護
組合の5団体のみである。また，部分林面積を参照すると富士吉田と鳴沢保
護組合以外の部分林面積は小さく，継続的な分収交付金の受給は見込めな

表2－1－8　部分林分収交付金の交付団体と部分林面積

単位：円，ha

地区・保護団体		分収交付金	部分林面積	地区・保護団体		分収交付金	部分林面積
峡中	芦安村	8,858	371.2	峡南	八町山保護組合	6,468,866	218.8
	御勅使川保護組合	165,010	855.4		吉水外十三山財産区	22,372	0.0
	高尾山外一字保護組合	308,746	384.2		大久保外七山財産区	250	3.5
	片山外一山財産区	3,479	0.0		大八坂及川尻外財産区	38,125	4.2
	大明神山保護組合	965	32.8		広野村上外九山財産区	500	0.0
	計	487,058	1,643.6		カラマツォ外三十山財産区	386	12.1
峡東	稲山財産区	2,142,000	3.2		奥仙重山外二字保護組合	552	24.1
	春日山保護組合	23,182	0.0		計	6,531,051	226.5
	八幡山財産区	2,780	225.5	大月	西山扇山財産区	424,737	253.6
	計	2,167,962	228.7		鹿留山保護組合	72,553	90.0
峡北	第一御座石前山保護組合	147,271	75.7		計	497,290	343.6
	武川村	110,737	65.6	吉田	山中湖村	1,921,945	41.7
	大泉村	501	253.5		富士吉田保護組合	1,937,588	1,716.7
	増富財産区	383,514	224.5		鳴沢保護組合	1,594,727	1,636.5
	江草財産区	179,823	71.4		鳴沢村	278,600	227.0
	計	821,846	690.7		計	5,732,860	3,621.9

資料：山梨県森林環境部「恩賜県有財産保護団体調査」による。
注：部分林面積の地区計は，分収交付金交付団体のみの部分林面積の計である。

い。県有林に対する保護団体の自給的・生業的森林利用と部分林による林業
的利用は，なお存続しているもののその比重が低下し，それにかかわる保護
団体数も限定される傾向にある。

　演習場交付金は，富士吉田保護組合に対して，1985年度以来，賃料に対
する同組合への交付率を55.977％で固定化し，前年度の交付金額に賃料アッ
プ率を乗じた金額を地方自治法第232条の2に基づく補助として交付してい
る。2015年度の演習場交付金は，17.7億円と巨額である[15]。北富士演習場
問題に関しては，北富士演習場対策協議会（2015）『北富士演習場問題の概
要』にその経緯が収録されている。北富士演習地は，1936〜38年に旧日本
陸軍が開設して以来，終戦後の米軍による接収，1958年の返還と自衛隊の
使用という歴史を辿り，その過程で国と県，地元市町村と富士吉田保護組
合，入会組合の林野利用権をめぐる協議と訴訟が行われた。

　山梨県から保護団体に対する交付金の支出は，1970年代初期まで3億円
前後であったが，1984年度以降，土地利用条例交付金と演習場交付金の増
加により10億円を越え，2000年度以降19億円台で推移し，2015年度に20
億円の大台を超えた。交付金の種類別の動向をみると次の時系列的，地域的
特徴が指摘できる。

　事業割・面積割交付金は1965年度には全体の43％を占めていたが，県有
林伐採量の減少に対応して1980年代後半から大きく減少し，2015年度には
143万円と215万円と全体の0.1％に比重を大きく低下させた。部分林分収
交付金も1965年度には36％を占めていたが，1980年度の1.6億円をピーク
に減少し，2000年代前半には700万円前後まで減少した。2010年代に入り
伐採量の増加から表2-1-7に示したようにやや増加に転じている。

　演習場交付金と土地利用条例交付金は，1980年代以降，急速に増加し，
2015度には88％と4％を占めるに至っている。演習場交付金は富士吉田保
護組合1団体，土地利用条例交付金は表2-1-9に示した18団体が交付
先であり，両交付金の交付団体とそれ以外の保護団体との収入格差が拡大し
ている。このため，土地利用条例交付金の収入がない保護団体では，財政問
題が表面化し，保護組合連合会による特別会費の徴収と保護団体に対する助
成金の支出が開始される。

第2章　山梨県有林の管理と森林利用

(4) 土地利用条例交付金と連合会特別会費

表2-1-9に土地利用条例交付金の交付対象団体と施設，借地者を示した。借地者は，①山梨県と関連機関（一般会計・企業会計），地元市町村，②東京電力，③民間の観光開発資本に大別される。①は，山梨県商工労働観光部，農政部，森林環境部，教育委員会，企業局，道路公社，清里の森管理

表2-1-9　土地利用条例交付金の交付団体と対象施設

単位：円，ha

地区	保護団体	交付金	対象施設	借地者	面積
峡中	芦安村	112,231	県営北岳山荘	山梨県商工労働観光部	0.1
	計	112,231			0.1
峡東	大口山保護組合	574,360	県営ライフル射撃場	山梨県教育委員会	5.5
	萩原山財産区	1,250,758	葛野川発電所関連用地	東京電力（株）	8.3
			東京電力（株）無線反射板	東京電力（株）	0.05
	大蔵沢保護組合	149,033	日川渓谷レジャーセンター	大和村	0.6
	計	1,974,151			14.4
峡北	小淵沢財産区	2,347,159	県営肉牛牧場・第1期	山梨県農政部	7.1
			県営馬術競技場	山梨県農政部	19.0
	大平山保護組合	936,660	県営肉牛牧場・第1期	山梨県農政部	44.3
	古柚川西外七字財産区	1,536,917	県営肉牛牧場・第1期	山梨県農政部	145.0
	大泉村	1,256,379	県営肉牛牧場・第Ⅱ期	山梨県農政部	118.0
	石堂山保護組合	10,528,157	大泉駅前コミュニティセンター	大泉村	1.7
			大泉清里スキー場	清里ハイランドパーク（株）	66.9
			まきば公園エントランスゾーン	県農政部，企業局	1.7
	念場ヶ原山財産区	65,017,796	荒川区体験宿泊施設	高根町	3.0
			丘の公園	山梨県企業局	124.3
			清里の森	（株）清里の森管理公社	111.6
	内山の内十二山保護組合	35,555	八ヶ岳有料道路	山梨県道路公社	＊0.57
	大内窪外一字保護組合	29,956,639	サンパーク・アケノ	湘南観光開発（株）	113.5
	大平外一字財産区	1,765,917	県営肉牛牧場・第1期	山梨県農政部	44.3
	計	113,381,179			800.4
大月	笹子外七財産区	1,018,172	東山梨変電所	東京電力（株）	4.6
	小金沢土室山保護組合	1,758,874	葛野川発電所関連用地	東京電力（株）	11.3
	計	2,777,046			16.0
吉田	富士吉田保護組合	12,752,893	コニファーフォレスト	富士急行（株）	8.4
			環境科学研究所	山梨県森林環境部	30.5
	鳴沢保護組合	9,389,913	ふじてんスノーリゾート	富士観光開発（株）	64.6
	鳴沢村	1,120,568			
	計	23,263,374			103.5
	合計	141,507,981			890.1

資料：山梨県森林環境部「恩賜県有財産保護団体調査」（2002年度）及び業務資料による。
注：＊の八ヶ岳有料道路は料金徴収を止め，一般県道となっているため，現在の交付実績はない。

第1節 山梨県有林の経営展開と利用問題

公社，清里ハイランドパーク，大和村，高根町であり，県と地元市町村の関連施設と清里の森の貸付を主体としている。

一方，③はサンパーク・アケノの湘南観光開発（現在はレイクウッドコーポレイション）とコニファーフォレストの富士急ハイランドとふじてんスノーリゾートの富士観光開発に対する貸付である。交付金額は，丘の公園・清里の森等の念場ヶ原山財産区 6,502 万円，サンパーク・アケノの大内窪外一字保護組合 2,996 万円，コニファーフォレスト・環境科学研究所の富士吉田保護組合 1,275 万円，大泉清里スキー場等の石堂山保護組合 1,053 万円，ふじてんスノーリゾートの鳴沢村・鳴沢保護組合 1,051 万円の 5 件が 1,000 万円を越えている。それ以外の 12 件は，小淵沢財産区が最大 235 万円と前者と比較すると交付金額が少ない。前者の 1,000 万円を越える施設は，民間開発資本と山梨県企業局及び（株）清里の森管理公社に対するものであり，後者は県営施設，東京電力の発電施設等への貸付に対する交付金である。

先に述べた土地利用条例の山梨県議会における審議の際，付帯決議で「知事はこの条例の運用にあたっては山梨県恩賜県有財産土地利用条例の定める地元交付金制度の趣旨を体し開発対象地について保護の責任を有する保護団体以外の保護団体に対しても適当に措置すべきである」としている。保護組合連合会ではこれを受けて特別会費に関する規則を定め，土地利用条例交付金の一部を特別会費として徴収し，それを原資に特別助成金の配分を実施している。土地利用条例では，管理条例における面積交付金のように当該保護団体以外に按分交付する規定はなく，同付帯決議とそれに基づく連合会規則による特別会費の徴収と特別助成金の配分により同様の調整がなされている。

保護組合連合会の会員は，保護団体調査の対象団体 158 に甲府市，浅尾原共有地組合を加えた 160 団体である[16]。会費は，普通会費と特別会費（土地利用条例交付金の 50％）から構成され，普通会費は平等割（4,000 円）と交付金割（面積割交付金の 5％及び事業割交付金の 2％），分収金割（山梨県と設定した部分林の分収金の 0.5％）の総計で算定し，普通会費は 1 会員 40 万円を上限としている[17]。特別会費の使途は，同連合会特別会費に関する規則第 2 条により 8％を連合会の運営並びに特別な事業に充てる財源，92％

197

第2章　山梨県有林の管理と森林利用

を保護団体に対する助成金に充てる財源とし，保護団体に対する助成金の額の決定及び交付方法は，管理条例第48条第2項に規定する面積割交付金の例によると定めている。また，2004年に同規則の一部改正が行われ，「ただし，理事会の議決により助成金に充てる財源のうち一定額を各保護団体に対し均等に交付することができる」というただし書きが付され，各保護団体に一定額として2万円が助成されている。

　2003年度の同連合会一般会計収支計算書によると収入7,519万円の86%，6,457万円が会費収入により賄われ，その99%の6,311万円が特別会費収入である。これに対応した当期支出の83%に当たる6,240万円が助成金（特別助成金6,210万円，支部交付金30万円）に支出されている。同連合会は，林業的利用に基づく事業割，面積割，部分林分収交付金から土地利用条例交付金に交付金の比重が移行するなかで，県議会の付帯決議に基づく同連合会の特別会費の徴収と特別助成金の交付により，財政基盤の弱体な保護団体の財政破綻を回避する機能を担っている。

注及び引用文献

(1)　山梨県への下賜の背景は，御沙汰書では内閣総理大臣桂太郎，宮内大臣渡邊千秋の連名で「山梨縣管内累年水害ヲ被リ地方の民力其ノ救治ニ堪ヘサル趣憫然ニ被　思食特別ヲ以テ…」とされているが，和田國次郎は「当時の知事が熊谷さんで…桂さんの随一の子分と云っても宜い人ですが，桂さんに向って山梨県の水害の状況を詳しく述べて，その原因は御料地の経営が適当にできていない為に，水害を蒙むるのであるから，あの御料地を御下賜になれば山梨県で適当に経営する。且つ治水上の経費がないから，その財源としても御料地を下附して貫ひたいということを桂さんに話した。…他の入会地とは少し違っていたので，山梨県が有力な藩であって維新当時有力者が出てゐたならば，民地になるべきものであったかも知れぬが，天領即ち幕府領であった為め官林になったやうである。…併し渡邊さんが下附に賛成されたのは，当時の有力なる総理大臣桂さんに対するご機嫌取りですな，私はそう鑑定していたから，それに対して反対を唱えた」としている（大日本山林会編（1931）『明治林業逸史 続編』，112頁）。富士吉田市外二ヶ村恩賜県有財産保護組合（1998）『恩賜林組合史 中巻』は，「帝室林野局によれば，山梨県下の入会御料地を解除したのは，『古来

第 2 節　保護団体の事業活動と財政

複雑な入会の慣行』があって『合理的に経営し難』いことをあげている。これ
に水害が結びつけられたのである。…少なくとも，最終的には『御下賜』につ
いて最高の発言権をもつ総理大臣が是認したことになった。しかし，それ以前
において入会御料地を解除は決定していたのである。」とする。

(2)　管理規則第 58 条～第 60 条の規定により 2 年以内に保護規則の認可を受け，
認可を受けない期間中は伐採交付金が半額とされたことが保護団体の設立を促
進したとされる（大橋邦夫（1991），111 ～ 145 頁）。

(3)　山梨県（2002），29 ～ 30 頁を参照。北條浩編（1965）には，恩賜林視察復命
書（上田満之進）や管理規則等を審議した 1911 年臨時山梨県会議事速記録，
1936 年の山梨県有財産御下賜 25 周年記念式典における下賜当時の山梨県知事
熊谷喜一郎と農商務省山林局長上田満之進の講演が収録されている。

(4)　同管理規則，管理条例の制定と改正に関しては，大橋邦夫（1991），116 ～
140 頁を参照。

(5)　1980 年代半ばまでの経営動向は，大橋邦夫（1992），27 ～ 67 頁を参照。同論
文では，山梨県有林の戦後期の経営展開を第 1 期（1946 ～ 56 年度）経営停滞
期，第 2 期（1957 ～ 64 年度）経営進展期，第 3 期（1965 ～ 71 年度）経営模
索期，第 4 期（1972 ～ 85 年度）経営縮小期に区分している。当時の土地利用
区分と森林施業の関係は，山梨県林務部（1975）第 1 次県有林経営計画，169
～ 170 頁を参照。

(6)　富士北麓の観光開発史は，内藤嘉昭（2002）を参照。

(7)　現地の保護団体の対応や審議経過に関しては，先に示した文献のほか，森越精
一（1978）を参照。

(8)　大橋邦夫（1992），56 ～ 57 頁が指摘するように 1970 年代以降，造林・林道事
業の財源として県債発行が恒常化し，1980 年代後半には「清里の森」事業の基
盤造成事業費として林野事業債が導入され，公債費の元利償還金が増加するが，
現在では収支が改善している。

(9)　小柴は直径 3 cm 前後の萌芽木を燃料や養蚕に使用し，下草は雑草を牛馬の飼
料や堆肥に使用し，採取に使用する器具は，知事が鎌及び鉈と定めている。

(10)　山梨縣（1936），187 頁を参照。

(11)　県の見解は，管理条例第 4 条第 2 項の入山鑑札発行は入会慣行のある住民以
外は想定しておらず，2000 年保護規則改正時に富士吉田恩賜林組合と県による
入山鑑札の考え方に関する協議が行われたが意見の一致に至らなかった。

(12)　山梨縣（1936），178 ～ 185 頁を参照。山梨県における部分林は，1896 年に
内務省が部分木仕付条例を発布し，1903 ～ 1907 年に 155 町歩の部分林が設定
されるが，本格的に部分林が拡大するのは御料地所管時代である。1903 年に
「入会御料林」が保安林に指定され，期限を定め造林を命じたものに対し，分

第2章　山梨県有林の管理と森林利用

　収歩合を2官8民に改善したことから1911年までの8年間に7,015町歩の部分林が設定された。

(13) 山梨県（2002），97 ～ 98頁による。

(14) 山梨県（2002），46 ～ 53頁のほか，山梨県恩賜林保護組合連合会（1967），山梨県林務部（1968）を参照。

(15) 北富士演習場に関する忍草入会闘争と国・県の対応を入会組合の視点から総括した文献に忍草入会組合・忍草母の会共編（1996）がある。

(16) 同連合会の前身の恩賜県有財産保護組合連合会は1936年に設立され，山梨県恩賜県有財産土地利用審議会条例が制定された1964年に任意団体を改組し，現在の連合会が設立されている。同連合会は，県の行う保護団体の指導育成への協力，保護団体が行う恩賜林保護に必要な経費及び施設への助成などの事業を実施している。甲府市の恩賜林記念館内に事務所があり，専務理事と事務職員の2人が常勤で勤務し，各地域振興局林務環境部の所管区域ごとに支部が設けられている。

(17) 同連合会定款第7条第1項による。「部分林分収金」は，山梨県から保護団体に交付される部分林分収交付金を指すが，ここでは同連合会の定款の表現をそのまま使用した。

第2節　保護団体の事業活動と財政

1　保護団体の組織と保護活動

(1) 組織と執行体制

　保護団体調査は，山梨県森林環境総務課が同調査実施要領に基づき恩賜県有財産に対して，保護の責任を有する団体の実態を調査し，保護の状況を把握することを目的に毎年，調査を実施している。調査対象は，「管理条例に基づき，恩賜林に対して保護責任を有する市町村，財産区並びに一部事務組合」である。保護団体は，県有林の特定の施業区に対応し，1団体が設置されている。

表2-2-1　地区・団体区分別保護団体数

単位：団体

地区　　　区分	計	市町村	財産区	保護組合
峡中	21	1	13	7
峡東	29	3	11	15
峡南	28	2	18	8
峡北	49	2	25	22
大月	23	3	14	6
吉田	8	3	2	3
計	158	14	83	61
2015年	160	6	111	43

資料：2015年は山梨県森林環境部『山梨県林業統計書』による。

　保護団体は，表2-2-1に示したように2002年度段階で市町村14，財産区83，保護組合（一部事務組合）61の計158団体である[1]。地域別にみると峡中，峡南，大月地区は財産区，峡東は保護組合，峡北は財産区と保護組合，吉田は市町村と保護組合の比重が高い。市町村合併の進行により2002年度以降，保護組合や市町村が財産区となった事例もみられ，2015年現在では市町村と保護組合が減少し，財産区の数が以前より増加している。たとえば，高根町，大泉村，長坂町が関係市町村の石堂山保護組合は北杜市に合併し，石堂山恩賜県有財産保護財産区となり，芦安村は南アルプス市に合併し，芦安財産区となっている。有力な保護組合では，市町村合併の進行により一部事務組合から財産区に組織形態が変更されることに関して，関係

第2章 山梨県有林の管理と森林利用

市町村からの独立性の観点から危惧する見解も存在する。なお，以下の分析は，2002年度段階の保護団体調査の個票を集計分析したものである。

　財産区で財産区議会を設置している団体は，牛ヶ額山恩賜林保護財産区，稲山恩賜林保護財産区，眞原小山平保護財産区，増富財産区の4団体のみであり，財産区管理会を設置している団体が79団体と大多数を占める。財産区の管理者は，市町村長である。保護組合は，61組合すべてが議会を設置し，富士吉田保護組合以外の60団体が監査委員を置いている。保護組合の議員は，関係市町村議会において，市町村議会議員より選挙する（富士吉田），町村議会の議員の被選挙権を有する者のうちから当該町村議会が選挙する（鳴沢，石堂山）など各組合規約でその選任方法を定めている。組合長は，組合議会において選挙する事例（富士吉田，鳴沢）と組合を組織する町村長が協議により定める（石堂山）とするものがある。富士吉田保護組合では，関係市村議会において選出された富士吉田市上吉田3人，同下吉田3人，同明見3人，山中湖村3人，忍野村（忍草区）3人の計15人が組合会議員を構成し，財務・演習地対策・林務委員会の常任委員会のいずれかに属している。

（2）保護対象林と部分林

　恩賜林保護面積と部分林面積を表2－2－2に示した。保護面積は100～500haが63団体と最も多く，100～5,000haに121団体が分布している。保護面積の最大は増富財産区の6,587ha，次いで農鳥山外二十五山恩賜林保護財産区の5,939haであるが，100ha未満の小規模な財産区も21団体と多い。保護組合は77％に当たる47組合が100～5,000haに分布し，村々入会に起源を持つ数市町村にまたがる保護組合において，保護面積が大きくなる傾向がみられる。部分林は93団体が9,266haを保有しているが，保有面積500ha未満が90団体であり，500ha以上の部分林を保有する団体は，富士吉田保護組合（1,717ha），鳴沢保護組合（1,637ha），御勅使川入旧36ケ村入会山恩賜県有財産保護組合（855ha）の3団体である。

　借受面積と所有面積は，該当団体がさらに少ない。借受面積は66団体2,875haであり，富士吉田保護組合の490haを最大に念場ヶ原山財産区，城

第2節　保護団体の事業活動と財政

表2-2-2　恩賜林保護面積と借受地・部分林面積

単位：団体，ha

区分 保護面積	団体区分				借受地	部分林	所有地
	計	財産区	市町村	保護組合			
なし	−	−	−	−	92	65	131
10ha 未満	3	−	−	3	27	26	9
10 ～ 50	18	11	1	6	20	37	11
50 ～ 100	15	10	−	5	12	13	2
100 ～ 500	63	35	6	22	7	14	5
500 ～ 1,000	22	11	1	10	−	1	−
1,000 ～ 5,000	35	14	6	15	−	2	−
5,000ha 以上	2	2	−	−	−	−	−
計	158	83	14	61	158	158	158
森林面積	121,449	58,905	15,460	47,085	2,875	9,266	1,077
平均面積	769	710	1,104	772	44	100	40
最大面積	6,587	6,587	3,794	4,099	490	1,717	390

資料：山梨県森林環境部「恩賜県有財産保護団体調査」による。

山外一字保護組合，中尾山外一字財産区など7団体が100ha 以上を借り受けている。それ以外は数10ha 規模の団体が多く，借受地なしも92団体と過半を占める。借受地は，後述するように保護団体の統制のもとに地域住民や団体が分割利用している場合が多い。所有地は全体で27団体1,077ha とさらに少なく，鳴沢村，富士吉田保護組合，鳴沢保護組合の3団体が100ha を越えているが，それ以外は数10ha 程度の団体が多く，所有地なしの団体が83％を占めている。

　富士吉田保護組合の「管理地」は，国有地1,965ha，県有地5,810ha（県有林3,603ha，部分林1,7171ha，借受地490ha），組合所有地490ha（うち分割利用396ha）の計8,177ha（うち北富士演習場4,407ha）である[2]。植栽を目的とした分割利用は，組合所有地112 人，組合借受200 人（103ha）に期間と利用料を定め，「分割利用証書」を交付している。組合所有地は，分割利用地以外に観光施設や駐車場等の賃貸地と林業センター庁舎，苗畑，恩賜林ふれあい広場等の直轄利用地として利用している。また，石堂山保護組合は，借受地32ha のうち植樹用地28.2ha を直轄利用するほか，農耕用地2.7ha を大泉村，大泉駅前商業地1.2ha を商店・住宅として個人11 人，「美し森」0.02ha の観光案内所売店・駐車場を個人に貸付け，221 万円の貸付収

第2章　山梨県有林の管理と森林利用

入を得ている。

(3) 職員と専任看守人

　表2－2－3に団体区分別常勤職員と専任看守人の設置状況を示した。常勤職員は，萩原山財産区の2人以外は，富士吉田保護組合47人，鳴沢保護組合2人，城山外一字保護組合2人，高尾山外一字保護組合1人といずれも一部事務組合であり，常勤職員は一般行政職の給与表を適用している場合がほとんどである。常勤職員のいない団体では，市町村役場に事務所が置かれ，市町村の職員が非常勤で事務局を担当している。その場合も地元出身職員を事務局の担当としている場合が多く，報酬は保護団体の財政状況により，同一市町村職員の場合でも支払われない団体と支払われる団体がある。事務担当者は甲府市の林政課，韮崎市の産業経済課などの森林・林業関係と富士吉田市の管財課，河口湖町の税務課のように総務・財政担当が所管する事例が多いが，市町村の支所・出張所や都留文科大学，市立病院を所在地とする保護団体も存在する。現在，独立した事務所は，富士吉田保護組合と鳴沢保護組合の2団体のみである。

　専任看守人は，設置していない団体が128団体と多く，設置している場合も1人や2人が大多数である。6人以上は小金沢土室山恩賜県有財産保護組

表2－2－3　常勤職員と専任看守人の設置状況

単位：団体

区分	人数	計	いない	1人	2人	3人	4～5人	6人以上	設置団体
常勤職員	市町村	14	14	－	－	－	－	－	－
	財産区	83	82	－	1	－	－	－	1
	保護組合	61	57	1	2	－	－	1	4
	計	158	153	1	3	－	－	1	5
非常勤職員	市町村	14	3	2	4	3	2	－	11
	財産区	83	21	38	11	7	6	－	62
	保護組合	61	26	18	10	7	－	－	35
	計	158	50	58	25	17	8	－	108
専任看守人	市町村	14	11	3	－	－	－	－	3
	財産区	83	73	5	4	－	－	1	10
	保護組合	61	44	13	3	－	－	1	17
	計	158	128	21	7	－	－	2	30

資料：山梨県森林環境部「恩賜県有財産保護団体調査」による。

合（以下，小金沢土室山保護組合）25 人と入山外一恩賜県有財産保護財産
区 6 人の 2 団体である。前者では，主任看視長 1 人のもとに看視長 6 人，6
班で 1 班看視員 2 ～ 4 人の計 18 人を配置し，主任看視長・看視長年額 6.5
～ 7 万円，看視員日額 1 万円を支給している。専任看守人を設置していない
団体では，非常勤の役職員が年数回，巡視を行っている。富士吉田保護組合
では，2000 年までは常勤の専任看守人 2 人を置き，平日は専任看守人，休
日は当時の林務課職員が交代で巡視を行う体制をとっていたが，2000 年以
降は専任看守人を廃止し，後述する入山鑑札の発行と看守に関する改善策を
講じている。

2 保護活動と「入会」統制

(1) 保護活動の実施

　保護団体では，管理条例及び同条例施行規則に基づき，各保護団体が恩賜
県有財産保護組合及び財産区規則と恩賜県有財産保護規則を定め，保護団体

表 2 - 2 - 4 　保護活動の出動回数と延出動人員

単位：団体

区分	保護活動	防火線	盗伐	病虫害	獣害	境界標	稚樹保育	作業道	その他
出動回数	なし	142	59	148	143	97	134	102	115
	1 回	5	20	1	2	26	10	23	19
	2 回	7	23	4	5	18	6	15	11
	3 ～ 5 回	2	30	3	3	10	5	13	10
	6 ～ 10 回	－	8	2	3	3	1	2	2
	11 ～ 20 回	－	13	－	1	4	－	2	－
	21 ～ 30 回	2	3	－	－	－	－	－	－
	31 回以上	－	2	－	1	－	2	1	1
延べ出動人員	なし	142	59	148	143	97	134	102	115
	1 人	－	－	－	－	－	－	－	－
	2 人	－	2	－	－	－	3	3	4
	3 ～ 5 人	－	8	－	3	12	2	11	7
	6 ～ 10 人	2	33	8	3	18	4	12	5
	11 ～ 20 人	8	31	2	3	25	4	15	12
	21 ～ 30 人	2	11	－	3	2	1	3	5
	31 人以上	4	14	－	3	4	10	12	10
計		158	158	158	158	158	158	158	158

資料：山梨県森林環境部「恩賜県有財産保護団体調査」による。

第2章　山梨県有林の管理と森林利用

の運営と入山者の順守事項，保護活動，入山鑑札に関する事項を規定している。

　表2－2－4は，管理条例第4条に規定された保護活動がどの程度実施されているか，調査票から定量的把握が可能な出動回数と延出動人員を示したものである。出動回数と延べ出動人員とも「盗伐，誤伐等加害行為の予防・防止」が最も多く99団体で実施され，次いで「境界標の保護」61団体，「作業道の維持管理」56団体，「その他の保護活動」43団体の順で，「稚樹の保育」や「防火線の手入れ」，「有害病虫獣害の予防・駆除」は，10～24団体と実施した保護団体が少ない。平均的な対応は，役職員を中心に春と秋に管内の巡視を実施し，それを「盗伐，誤伐等加害行為の予防・防止」や「境界標の保護」といった保護活動としている姿が浮かびあがる。

(2) 鳴沢・富士吉田保護組合の実態

　盗伐防止や稚樹の保育，有害病虫獣害の予防・駆除の事例を具体的にみると次のとおりである。鳴沢保護組合では，防火線手入れや入山者，森林作業者の火気取り扱いに対する指導，シラベ稚樹の保育のための下刈りと鹿の食害防止ネットの設置のほか，観光客や登山客を主な対象とした盗伐・盗石，山野草の盗掘防止のための巡視や春の山菜，秋のキノコシーズンにおける職員・造林作業員による巡回，オフロード車の新植区域への進入防止の巡回を実施している（保護費711万円）。富士吉田保護組合では，このほかアカマツ幼齢林の野ネズミ食害やシラベの野ウサギ，カモシカの食害防止，産業廃棄物の不法投棄，クリスマスツリー用シラベの盗伐，車両の乗り入れ規制などが問題となっている。以上のように観光地に立地する保護団体では，有害病虫獣害の予防・駆除以外は，地域住民の入会関係の統制や林業的利用ではなく，観光客など都市住民との関係が主要な問題局面となっている。

　「入会」統制を最も包括的に実施している富士吉田保護組合では，既述の分割利用許可，部分林の管理，契約利用（北富士演習地，富士急ハイランド等）のほか「国有入会地」の火入れと入山鑑札の発行，パトロールを実施している。「国有入会地」の火入れは，北富士演習地の入会権の明認行為として，4月に富士吉田入会組合連合会，山中湖村旧三村入会組合連合会，忍草

入会組合で地区を分担し、毎年3,000人前後が参加している。

入山鑑札に関して、同保護組合の保護規則では入会地への入山には入山鑑札を携行し、入山鑑札の交付に際して組合手数料条例で定める手数料を納付しなければならないと規定している。2000年9月から住民が産物採取を目的に入山する際は、富士吉田市、山中湖村、忍野村忍草の住民であることを証明できる証書（現住所が記載された運転免許証など）を携行することで、入山鑑札とみなすこととした。2000年9月議会で住民以外の鑑札発行手数料を500円とする改正がなされ、年間2,750枚の入山鑑札を発行している。また、地域住民50人が公募により春秋の休日に10日間ボランティアとして参加する山林看守補助員制度を創設している[3]。鳴沢保護組合では、専任看守人1人を置き、従来通り採取物件ごとの鑑札を500円（採取を業とする者は5,000円）で、年間200万円程度発行している。そのうち、地元住民分は15％程度で切花・生花業の5～6業者が主体である。なお、コケモモとオニク鑑札は、地域住民に限定し、発行する。

3 保護団体の財政構造と地元関係

(1) 保護団体の収支構造

保護団体の財政構造を表2-2-5と表2-2-6に示した。収入計30.3億円は、県からの交付金・補助金等17.2億円、その他の収入8.0億円、前年度からの繰越金5.0億円から構成されている。

面積割交付金、連合会特別助成金、前年度繰越金は、ほぼすべての保護団体が該当する収入であるが、分収交付金、土地利用条例交付金、造林補助収入、財産収入、負担金・繰入金は10～20前後の保護団体に限定される。造林補助収入10団体3,208万円のうち鳴沢保護組合が79％、財産収入38団体5.1億円も富士吉田保護組合4.7億円と念場ヶ原山財産区1,410万円の両者が95％を占める。その他の収入の「その他」134団体1.7億円も500万円以上は、富士吉田保護組合8,714万円（特産物の生産販売）、鳴沢保護組合4,300万円（みやげ物の展示販売）、萩原山財産区636万円（東京都交付金等）、西山扇山財産区547万円（管理費収入等）の4団体が84％を占め、それ以外

第2章　山梨県有林の管理と森林利用

表2-2-5　保護団体の収入金額

単位：団体，1,000円

各項目の金額	収入計	県からの交付金・補助金等							その他の収入						前年度からの繰越金
		計	面積割	事業割	分収	土地利用	造林補助	その他	計	連合会特別助成金	財産収入	市町村	基金等	その他	繰越金
該当なし	—	1	1	77	141	140	148	151	4	1	120	152	130	24	10
1万円未満	—	42	59	32	3	—	—	—	5	7	5	—	2	90	6
1～5万	3	53	69	25	—	1	1	1	17	27	9	1	3	21	16
5～10万	7	11	15	8	—	—	1	1	13	19	6	1	4	3	16
10～50万	41	23	14	14	8	2	5	5	58	66	7	2	6	9	44
50～100万	27	10	—	2	—	2	2	2	19	18	7	1	4	1	22
100～500万	61	12	—	—	4	8	1	4	30	20	7	1	6	6	39
500～1,000万	8	2	—	—	1	1	—	2	5	—	1	1	1	2	2
1,000～5,000万	8	2	—	—	1	1	—	2	6	—	1	—	2	1	1
5,000万～1億	—	—	—	—	—	3	—	—	—	—	—	—	—	—	—
1億円以上	3	1	—	—	—	—	—	1	1	—	1	—	—	1	1
計	158	158	158	158	158	158	158	158	158	158	158	158	158	158	158
収入金額計	3,027,578	1,722,526	5,136	5,463	16,238	141,508	32,075	1,522,105	801,088	68,748	509,596	8,374	47,486	166,884	503,964
平均金額	19,162	10,972	33	67	955	7,862	3,208	217,444	5,202	438	13,410	2,094	1,696	1,245	3,405
最大値	2,374,764	1,523,189	312	692	6,420	65,018	25,407	1,504,667	557,021	4,193	467,813	7,000	13,085	87,144	294,554

資料：山梨県森林環境部「恩賜林有財産保護団体調査」による。
注：平均金額は該当なしの団体を除いた団体の平均である。

表2-2-6　保護団体の支出金額

単位：団体，1,000円

各項目の金額	支出計	各種団体への補助金・交付金等							その他						基金	市町村	次年度
		計	恩賜林保護費	造林事業費	連合会	防犯協	消防団	その他	計	議会費	総務費	事業費	公債費	その他	積立金	繰出金	繰越金
該当なし	—	—	1	123	1	69	135	81	14	122	27	112	155	155	117	151	8
1万円未満	—	19	42	2	27	37	1	17	19	2	15	8	—	—	7	17	6
1～5万	3	56	53	6	70	46	13	19	25	8	25	11	—	—	8	19	14
5～10万	7	23	11	4	24	5	3	5	16	4	16	11	—	2	6	5	16
10～50万	41	34	23	9	21	—	4	19	52	14	44	8	—	—	8	—	45
50～100万	27	7	10	2	8	1	—	9	14	3	15	—	2	—	2	—	26
100～500万	61	3	12	10	3	—	1	4	14	4	11	5	1	—	8	—	36
500～1,000万	8	2	1	—	2	—	—	2	5	—	4	2	2	—	3	—	3
1,000～5,000万	8	1	2	2	1	—	1	2	2	—	—	2	—	1	2	—	2
5,000万～1億	—	—	—	—	—	—	—	—	1	—	—	—	—	1	1	—	1
1億円以上	3	—	1	—	—	—	—	1	—	—	—	—	—	—	1	—	—
計	158	158	158	158	158	158	158	158	158	158	158	158	158	158	158	158	158
支出金額計	3,027,578	271,004	201,449	91,637	81,642	1,967	3,271	184,124	818,098	66,047	429,134	257,435	2,725	62,757	782,125	503,005	360,260
平均金額	19,162	1,715	1,283	2,618	520	22	142	2,391	5,681	1,835	3,276	5,596	908	20,919	19,076	71,858	2,402
最大値	2,374,764	130,968	169,136	48,589	6,495	500	1,437	122,537	627,877	53,270	293,314	220,518	1,236	60,775	757,941	500,000	140,252

資料：山梨県森林環境部「恩賜林有財産保護団体調査」による。
注：平均金額は該当なしの団体を除いた団体の平均である。

は5万円未満が111団体と圧倒的に多い。

　支出計30.3億円も次年度繰越金150団体3.6億円，各種団体への補助金・交付金等158団体2.7億円，恩賜林保護費157団体2.0億円と総務費131団体4.3億円は，ほとんどの保護団体に該当するが，基金積立金41団体7.8億円，市町村繰出金7団体5.0億円，その他事業費46団体2.6億円，造林事業費35団体0.9億円は，特定の保護団体にのみ計上されている。市町村繰出金5億円の99％は富士吉田保護組合が占め，以下は増富財産区170万円，小金沢土室山保護組合100万円とそれ以外の保護団体と大きな格差が生じている。

(2) 財政規模による特徴と地元関係

　収入，支出とも保護団体間の格差と収支構造の違いが大きく，特に全体の収入計の50％を占める演習場交付金15億円は，富士吉田保護組合1団体に交付され，収入の部の県からの交付金・補助金等の「その他」，財産収入，その他の収入の「その他」，繰越金と支出の部の公債費以外のすべての項目の最大値は，富士吉田保護組合の実績である。財政規模別に収支構造をみると以下のように保護組合連合会による特別会費の徴収と特別助成金の交付により小規模層の存続が下支えされる一方で，有力な保護団体の地元各種団体への収益配分が定着している。

　①収入・支出計50万円未満の小規模層：県からの交付金・補助金等1万円未満が42団体，1～5万円が53団体を占めるが，これに連合会助成金と繰越金を加え，同階層に51団体が分布する。支出は連合会普通会費と支部費，少額の保護費が支出され，総務費・人件費なしの保護団体も多く，地元組織への収益配分は行われていない。連合会助成金の交付に支えられて，保護団体の組織と保護活動が維持されている。

　②収入・支出計50～1,000万円の中規模層：上手原山財産区，清里財産区など96団体が該当する。上手原山財産区は，特別助成金と面積割交付金収入1.8万円に対し，保護費・連合会会費等の支出5.3万円と支出超過が続き，繰越金145万円（清里バイパスの買収金）を毎年減少させている。清里財産区では，念場ヶ原山財産区からの配分金223万円等により前年度からの

第2章　山梨県有林の管理と森林利用

繰越金を含め953万円の収入を計上し，保護費，管理会運営維持費のほか繰越金を積み増し，清里地区長寿会，体育協会，消防施設に115万円の補助を行っている。県からの交付金・補助金等は，一部の土地利用条例交付金や部分林分収交付金の交付団体以外は100万円未満と少なく，連合会特別助成金と繰越金等で財政が維持されている。

③収入・支出計1,000～5,000万円の土地利用条例交付金の交付団体：大内窪外一字，石堂山，城山外一字，小金沢土室山，北奥仙丈外二山，高尾山外一字保護組合と萩原山，農鳥山外二十五山財産区の8団体が該当する。基金等からの繰入れを行った3団体以外は，土地利用条例・部分林分収交付金の交付団体であり，総務費を数100万～2,000万円弱と地元交付金を数10万～数100万円支出している。

④収入・支出計1億円以上の土地利用条例・演習場交付金の交付団体：富士吉田保護組合，念場ヶ原山財産区，鳴沢保護組合の3団体が該当する。以上の3団体は，峡北・吉田地区の観光・レクリエーション開発による土地利用条例交付金の交付団体であり，地元各種組織に各々1.2億円，30万円，2,610万円を支出している。特に富士吉田保護組合は，土地利用条例交付金とともに演習場交付金と財産収入を加えた隔絶した財政力を保持し，関係市町村繰出金5億円を別途，支出している。鳴沢保護組合は，地元各種団体への交付金支出は30万円と少ないが，部分林の造林事業費2,275万円，保護費711万円を支出し，基金積立金と繰越金を増加させている。

　財政構造から地元関係を考察する際に各種団体への補助金・交付金等の「その他」に注目する必要がある。保護組合連合会に対しては，先に述べた普通会費と特別会費，支部費を157団体で支出し，その他に防犯協に89団体，消防団に23団体の支出がみられ，5万円前後を支出する保護団体が多い。これに対して，地元組織等に対する「その他」の補助金・交付金等は，77団体が1.8億円を支出し，この内容が地元関係を論ずる際に重要である。念場ヶ原山財産区では，関係財産区等交付金として清里財産区を含む5地区に2,314万円を交付している。富士吉田保護組合では，市町村繰出金5億円とともに分割利用地交付金9,894万円，高校教育費補助1,120万円，一般補助金1,096万円（申請に基づき地元各種団体に助成）を支出している。

210

第2節　保護団体の事業活動と財政

　以上の地元財産区等の各種団体への交付金の配分は，山梨県の自治会の機能や政治構造と密接にかかわるものとみられる[4]。例えば1979年3月の某保護組合議会で「各財産区の予算が少ないので配分する考えがあるか」との質問に「他に収入がないのでこの金は金の卵である。したがって，配分する考えは今のところないので御了承願います。」と組合長が答弁している。しかし，土地利用条例交付金の交付が増加する1980年代に入るとそれが大きく変化し，地元各種団体への配分が全体的に定着する。保護団体は，通常，規約で関係市町村と地区を定め，旧高根町の例では「権益者」の把握は，①組合規約の別表で地区，戸数，賦課・配分比率を規定（石堂山保護組合），②1975年段階の財産区会員簿で把握（清里財産区），③規約でも規定しておらず特定できない（上手原山財産区）と異なるが，関係地区への交付金の配分を行っている保護団体では，過去の配分比率が継承されている。

注及び引用文献
(1)　山梨県（2002）では，同158団体に八幡山保護組合を加えた159団体を保護団体としている。本稿では八幡山保護組合は書類上存続しているが，構成員がいない団体のため除外し，保護団体を158団体として集計した。西桂町は吉田地区3,976haと大月地区429ha，上九一色村は吉田地区3,976haと峡南地区429haに跨っているが，県における通常の区分に従い，西桂町は吉田地区，上九一色村は峡南地区に区分した。
(2)　富士吉田市外二ヶ村恩賜県有財産保護組合（2005），24頁及び聞き取り調査による。
(3)　富士吉田保護組合のエコツアーの導入など「開放型」森林活用計画に対する富士吉田市の批判に関しては，2005年2月23日付山梨日日新聞を参照。
(4)　山梨県の自治会に関しては，日高昭夫（2003）244頁を参照。

第2章　山梨県有林の管理と森林利用

第3節　山梨県の林業事業体と林業就業者

1　山梨県の林業構造と林業就業者

(1) 山梨県の認定事業体と森林組合

　山梨県は，森林面積 34.8 万 ha の 45％に当たる 15.8 万 ha が県有林であり，林業事業体や林業就業者に対する県有林事業の規定性が大きな県である（国有林 4,756ha，県有林以外の民有林は 19.0 万 ha）。県下の造林面積は，1997年度の 530ha から 2002 年度の 119ha に大きく落ち込み，特に県有林が213ha から 21ha に激減し，県有林を除く「民有林」は 213ha から 98ha に半減している。2002 年度の立木伐採量は県全体で 9.8 万 m³ と少なく，同期に県有林は 4.6 万 m³ から 2.7 万 m³，国有林は 0.3 万 m³ から 0.2 万 m³ に減少し，県有林を除く「民有林」では，間伐の増加から 6.1 万 m³ から 7.0 万m³ に微増している [1]。

　山梨県の認定事業体は，11 森林組合と 57 民間事業体の計 68 事業体である（調査時点）。民間事業体は，有限会社 51，株式会社 3，企業組合 3 と有限会社が多く，個人経営は存在しない。山梨県林業労働支援センターの業務資料及び 2004 年に実施した聞き取り調査から民間の認定事業体の概要を把握し [2]，表 2 - 3 - 1 に示した森林組合の概要と比較すると次の特徴が指摘できる。

　①森林組合は，私有林，林業公社，緑資源機構（当時）からの森林整備事業，民間事業体は県有林の造林・保育事業の請負を主な事業基盤としている。

　②森林組合は，広域組合 7 組合，市町村単位 3 組合，市町村の一部 3 組合の計 13 組合であり，櫛形，身延町森林組合の 2 組合は認定事業体ではない。森林組合の常勤役職員は 3 〜 10 人，作業班員は 3 〜 47 人と現業従業員の規模や専業化の程度も様々である。南部町森林組合以外の販売・林産事業規模は小さく，事業総損益に占める森林整備部門の比率が 85％を超える組合が 7組合に達している。また，中央，峡東，北都留森林組合では，事業損益で大きな赤字が生じている。

　③民間事業体の法人化は，1990 年代後半から 2001 年に集中している。資

212

第3節　山梨県の林業事業体と林業就業者

表2－3－1　山梨県森林組合の概況（2003年度）

単位：ha，人，1,000円，m³

区分 組合名	組合員所有 森林面積	常勤役 職員数	事業 損益	主要事業量			作業班員数	
				販売事業	林産事業	保育面積	計	150日以上
中央	15,201	4	－ 2,417	83	－	271	47	18
櫛形	1,167	4	626	－	289	96	12	6
峡東	13,611	6	－ 12,236	4	392	394	17	6
峡南	14,381	10	－ 243	－	1,378	357	21	15
早川町	17,332	4	3,917	44	－	46	14	12
身延町	6,273	3	－ 187	68	－	96	3	3
南部町	6,215	6	6,467	11,764	836	262	15	15
富沢	5,611	2	576	－	587	244	9	9
峡北	10,572	7	14,532	1,401	13	155	35	14
南都留	15,008	7	490	594	－	274	24	5
大月市	10,726	5	2,018	136	－	314	12	12
北都留	12,224	3	－ 2,400	18	749	593	46	30
富士北麓	8,731	5	－ 478	－	－	139	11	8
計	137,052	66	10,665	14,112	4,244	3,241	266	153

資料：森林組合一斉調査票による。
注：櫛形，南部町，富沢が市町村の一部，早川町，大月市が市町村，それ以外は市町村
を越える広域組合。

　本金300万円の有限会社が多く，内勤職員1人，現業従業員3～10人，保育面積80～200haの事業体が大半である。素材生産の実施事業体は9社，年間素材生産量2,000m³以上は，事例分析で取り上げるM林業を含む2社である。企業組合は，富士川上流の小規模事業体が共同し，3つの企業組合を組織している。

　県有林請負事業体の従事員の動向を山梨県森林環境部業務資料からみると2002年度の請負人60人，専従従業員300人，臨時従業員95人の計395人である[3]。請負人は，1998年の76人から毎年減少が続いており，峡東12人，大月18人，峡南11人，峡北10人に多く，峡中と吉田は各5人と少ない（峡中，峡東管内の1人が重複）。60人の請負人のうち，59人が専業である。請負人の年齢構成は，71歳以上20人，61～70歳16人，51～60歳10人，41～50歳13人，40歳以下2人と高齢化が進み，峡東，大月，吉田に相対的に若手の請負人が多い。専従従業員は1998年度以降，282～300人の間で横ばい傾向にあり，臨時従業員は162人から95人に減少している。

　従業員の年齢構成の変化では，60歳代が114人から75人に減少し，30歳

213

以下が 29 人から 46 人に増加している。平均就労日数は 1998 年の 202 日をピークに 2002 年は 170 日に減少し，特に 250 日以上の従業員が 115 人から 44 人に激減している。平均就労日数は，峡北，峡南，峡中，吉田の 152 〜 168 日に対し，峡東 191 日，大月 183 日で就労日数が多く，30 歳以下の若手従業員も峡東 21 人，大月 12 人と多い。

(2) 林業就業者問題の分析視点

新規林業就業者は，全国的には 1990 年代半ばまで年間 1,500 〜 1,600 人で推移していたが，1999 年度以降，2,000 人を超え，緑の雇用担い手育成対策事業が開始された 2003 年度には 4,334 人に増加している。I ターンや離職者の林業労働への就業は，1980 年代半ばから先進的な森林組合でみられたが，1990 年代に入ると近畿，東海・東山などを中心に一般化した。それに伴い 1990 年代半ばから林業事業体や新規就業者を対象としたアンケート調査や実態調査が実施され，新規就業者の存在形態や労働条件の分析が進められた。

志賀和人（2005）では，2000 年代初頭の林業労働問題の現段階と展望を総括し，「林業労働力確保」対策から林業就業者の働き甲斐やキャリア形成，地域森林管理の主体形成の視点から林業労働問題をとらえ直し，多様化する林業就業者の将来像の実現を支援するボトムアップ型の「新たな林業就業者

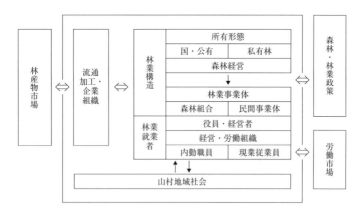

図 2 - 3 - 1　林業就業者問題の問題局面

第3節　山梨県の林業事業体と林業就業者

対策」の必要性を指摘した⁽⁴⁾。本稿では，こうした問題意識を実証的に展開するための端緒として，図2－3－1に示した各問題領域の関連構造の把握と比較が具体的に可能な県レベルの分析を以下により行った。

①林業就業者の供給基盤が従来の地元農林家からＩターンも含めた転職離職者に移行し，厚生労働者の林業雇用改善事業や林野庁の「緑の雇用」事業が展開するなかで，新規就業者に対する林業事業体の採用・雇用戦略と林業就業者の存在形態がどのように変化しているか，アンケート調査から明らかにする。また，地域労働市場と林業就業者・林業事業体の存在形態を現地調査から把握し，林業事業体の雇用戦略と林業就業者の特徴を分析する。

②従来の新規就業者の事業体への定着を中心とした林業労働力確保対策から脱却し，林業就業者のライフサイクルや仕事観に配慮したキャリア形成から林業労働問題を再把握し，林業就業者と林業事業体，世帯及び地域の関係に注目し，新たな現場林業技術者育成への道筋を探る。

分析対象とした山梨県は，首都圏にあり県外からのＩターンやＵターンを含めた転職離職者が比較的多く，県有林を中心とした公有林地帯である。こうした地域条件下において，国・県の森林・林業政策の展開と林業事業体の雇用戦略の違いが林業就業者の存在形態にどのような影響を与えているか，アンケート調査と実態調査結果を中心に分析する。

2　県有林事業と林業事業体

(1) 県有林の事業発注と林業事業体

山梨県有林は，都道府県有林としては北海道有林に次ぐ所有面積を誇り，1911年に山梨県下の入会地を多く含む御料林が県有財産に下賜されたことに起源を持つ。戦前期は1914年に制定された恩賜県有財産施業規程に基づき施業案が編成されていたが，戦後，1962年に県有林野経営規程が制定され，先述したように第1次経営計画（1976年度）から現在の第3次管理計画（2016年度）に至る第9次の全県一斉の県有林経営（管理）計画が策定されている。

現在の山梨県有林の森林施業は，造林・保育は請負わせ，素材生産は立木

215

第2章　山梨県有林の管理と森林利用

処分により実施されている。1922年に県有林直営製品生産事業が開始され
るが，直営の素材生産事業は1984年に打ち切られ，公売による立木処分と
山梨県恩賜県有財産管理条例43条及び44条に基づく立木の特売が実施され
ている[5]。

　造林事業は，大橋邦夫（1981）によれば「営林区による直役形態」から
1950年頃「地元集落の共同請負形態」に変化し，共同請負の責任者は当初，
県有林材の払下げ組合長であったが，1960年前後に班長（「担当者」）との
個人請負形態に変化した。1960年代後半に約170人いた「担当者」は，
1979年度には110人に減少し，専業21人，兼業89人（農業との兼業が75
％），専業的雇用労働者数は，2人以下が48人，3～5人39人，6人以上23
人と専業の小企業主に転化した者と脱落しつつある兼業的な零細業主に分化
した[6]。現在の県有林造林請負事業体は，こうした専業的小企業主から
2001年度に県有林事業の発注方式が随意契約から指名競争入札方式に変更
された際に法人化したものが大半である。

　県有林造林事業の発注は，各地方振興局単位に5社の指名競争入札により
実施するのが原則である。しかし，森林整備合理化計画の対象森林に関して
は，地域ごとに山梨県と林業公社を「施業委託者」，山梨県森林整備生産事
業協同組合（上野原町以外の対象森林）と北都留森林組合（上野原町内）を
「施業受託者」とした随意契約により実施されている[7]。森林整備合理化計
画の対象森林は，峡北林務環境部と吉田林務環境部管内以外の地域をカバー
し，峡中，峡東，峡南，大月林務環境部管内では随意契約により事業が発注
される。この場合の「施業受託者」は，あくまで契約上の施業受託者であ
り，実際の造林・保育作業は山梨県森林整備生産事業協同組合傘下の事業体
が実施し[8]，「施業受託者」に0.8％の事務手数料が支払われる。

　森林整備合理化計画は，林業経営基盤の強化等の促進のための資金の融通
等に関する暫定措置法（以下，「林業経営基盤強化促進法」）に基づき，林業
公社の無利子資金導入を目的に導入されたものであるが，同時に同計画でカ
バーしている県有林事業の発注方式を規制し，請負事業体の存在形態にも大
きな影響を与えている。青垣山の会編（2012）『山梨県県有林造林：その背
景と記録』には，その後の県有林造林請負事業体の活動と経緯が収録されて

第3節　山梨県の林業事業体と林業就業者

いる。同協議会の会員数は，1961 年 200 会員から 1986 年 99 会員，2006 年
58 会員，2011 年 54 会員と減少傾向にある。

(2) 委託募集と緑の研修生の採用

　1997 年度から山梨県林業労働センターでは，林業労働者の委託募集を実
施している。委託募集は，林業労働力の確保の促進に関する法律（以下，
「労確法」）の第 13 条に基づき，林業労働力確保支援センターと複数の事業
主による共同の改善計画の認定を受けた場合，委託募集を許可制にしている
職業安定法第 37 条第 1 項の特例を設け，林業事業体の知名度不足を補い，
募集人員の増加による求職者へのアピール度を高めるために設けられた措置
である。
　山梨県の委託募集による採用実績は，次のとおりである。1997 年度当初
は 51 人が説明会に参加し，北都留，南部町，富沢町森林組合が 6 人を採用
し，翌 98 年度に T が民間事業体として初めて 2 人を採用している。1998 年
度から 2001 年度までは，説明会参加者が 100 人を超え，2001 年度には 187
人に達している。2000 年度は，7 事業体が 19 人の採用を行い，このうち 5
社 13 人を民間事業体が採用している。その後，2000 年度をピークに採用人
数が減少し，2001 年度 6 事業体 12 人，2002 年度 1 事業体 1 人，2003 年度 3
事業体 3 人であり，2002 年度以降の説明会参加者も 60 人前後で推移してい
る。この背景には，2002 年以降の景気回復に伴う労働力需要の変化ととも
に，早川町以外の森林組合が新規採用を見合わせ，2001 年度までの採用で
民間事業体にも当面の充足感が生じたこと，そして 2003 年度から緑の雇用
担い手育成対策事業の創設で有力事業体が緑の研修生の受け入れを開始した
ことが指摘できる。
　表 2 - 3 - 2 に認定事業体による委託募集と緑の研修生の採用状況を示し
た。1997 ～ 2002 年度に委託募集で 59 人が採用され，2004 年度時点で 37 人
が就労を継続しており，定着率は 63％である。林業事業体による定着率の
差が大きく，5 の事例分析で取り上げる事業体では，富沢森林組合（市町村
合併に伴い富沢町森林組合から名称変更），M 林業の定着率が高く，南部町
森林組合と H 組の定着率が低い。2003 ～ 2006 年度の緑の研修生の受け入れ

217

第2章　山梨県有林の管理と森林利用

事業体は，委託募集を行ってきた事業体を中心に新たに8事業体が加わっている。

　森林組合では委託募集参加5組合に新たに峡南，富士北麓，櫛形，身延町森林組合が加わった9組合，民間事業体は委託募集参加7事業体に新たに4事業体が加わった11事業体である。民間事業体では，委託募集や緑の研修生を採用した事業体は，採用していない事業体の1.8倍の従業員数を抱えるが，森林組合では逆に「その他4森林組合平均」の従業員数の方が多い。森

表2-3-2　認定事業体による委託募集と緑の研修生の採用状況

単位：人

事業体名	区分 従業員数	委託募集		緑の研修生			
		採用	定着	2003	2004	2005	2006
北都留森林組合	58	17	12	2	2	－	1
早川町森林組合	17	5	4	1	1	1	1
富沢森林組合	15	5	4	2	－	－	－
南部町森林組合	32	4	1	4	3	1	－
峡北森林組合	19	2	2	－	－	－	1
峡南森林組合	48	－	－	4	4	1	－
富士北麓森林組合	13	－	－	－	1	2	－
計	202	33	23	13	11	5	3
平均	28.9	4.7	3.3	1.9	1.6	0.7	0.4
（有）H組	12	8	2	4	2	4	2
（株）T	14	5	4	－	2	－	－
（有）H造林	8	3	2	3	3	2	1
（有）K林業	12	3	2	2	－	－	－
（有）I林業	6	3	1	－	－	－	－
（有）S林業	11	2	1	3	2	1	2
M林業（有）	20	2	2	1	2	1	2
（有）A林業	15	－	－	4	3	2	1
（有）K開発	8	－	－	－	3	1	1
（有）F林業	6	－	－	－	2	1	－
計	112	26	14	17	19	12	9
平均	11.2	2.6	1.4	1.7	1.9	1.2	0.9
その他4森林組合平均	36.5	－	－	－	－	0.3	0.8
その他47事業体平均	6.3	－	－	－	－	0.0	0.0
合計	11.1	0.9	0.5	0.4	0.4	0.3	0.2

資料：山梨県林業労働センター，全森連業務資料及び聞き取り調査による。
注：委託募集は1997〜2003年度の実績を示し，定着は2004年時点の定着者数である。
　　その他4森林組合は，中央，峡東，南都留，大月市森林組合である。櫛形，身延町
　　森林組合は，調査時点で認定事業体でないため，除外している。

林組合では，委託募集や緑の研修生を採用した事業体とそれ以外の事業体では，常用・臨時別の従業員構成と採用方針に明確な違いが示されている。

　以上のように「労確法」の制定と「緑の雇用」事業の展開は，委託募集と緑の研修生の採用による労働力確保の支援を通じて，有力事業体の雇用改善とＩターンを含めた若手新規就業者の雇用を促進した。しかし，県有林事業の減少と従来の実績を基礎とした事業発注は，既存の民間事業体の急激な階層分解を押しとどめ，新規事業体の参入や県有林事業の枠内での事業規模の拡大を困難にしている。

(3) 認定事業体の事業基盤

　アンケートによる林業事業体調査の回答事業体は，森林組合9，株式会社1，有限会社13，企業組合1の計24事業体である。以下で述べるように森林組合と会社等では事業基盤が異なり，委託募集の有無により新規就業者の募集形態や就業者の属性が大きく異なっている。そこで回答事業体を「森林組合・委託募集有」，「森林組合・委託募集無」，「会社等・委託募集有」，「会社等・委託募集無」（以下，有限会社・株式会社・企業組合を総称して「会社等」とし，「委託募集」の表記を省略する場合がある。）に区分し，交錯集計を行った。

　2003年度事業取扱高（林業以外の事業分野も含む）は，森林組合，株式会社，有限会社，企業組合の順に規模が小さくなっている。森林組合の事業取扱高は，大月市，富沢，早川町森林組合が5,000万～1億円，峡北，中央，峡南，北都留，南都留，南部町森林組合が1～5億円である。株式会社では5,000万～1億円が1社，有限会社は1,000～3,000万円が7社，3,000～5,000万円が4社，5,000万～1億円が2社であり，Ｔ，Ｋ林業，Ｓ林業といった委託募集や緑の研修生の受け入れに積極的な会社は，いずれも事業取扱高が上位階層に属している。

　林業作業の事業取扱高は，会社等では造林・保育の請負を主体に1,000～5,000万円の事業体が93％を占めている。素材生産は3社が実施し，Ｔの私有林500m³と県有林700m³の計1,200m³が最大で林業事業体と林産物市場との結合関係は弱い。林道・作業道は4社が実施しているが，その取扱高は

第2章　山梨県有林の管理と森林利用

500万円未満と小規模である。治山・保安林整備は9社が実施し，500万円未満が3社，500〜1,000万円が1社，1,000〜5,000万円が4社，5,000万〜1億円が1社と事業取扱高の大きな会社もみられる。会社等は，すべてが県有林の造林・保育事業を実施し，県有林以外は，私有林が3社，国・緑資源機構4社，市町村・財産区2社，森林組合や他の事業体からの請負が3社と実施事業体が少ない。

　5年前と比較して事業取扱高の減少している事業体は，78%の18事業体に達し，「あまり変化なし」が3事業体，「増加」は2事業体に過ぎない。森林組合は相対的に事業取扱高の減少が少なく，会社等で「増加」した事業体はみられず，特に委託募集無では「あまり変化なし」の1社以外の12社すべてが減少している。

3　林業就業者の存在形態と労働条件

(1) 現業従業員の構成と新規就業者の採用

　表2-3-3は，経営者・内勤職員の業務内容について，現場作業への関与を示したものである。次のような森林組合・会社等と職階による特徴が指摘できる。

　①造林・保育，素材生産に関する現場作業について，全体では47%の経営者・内勤職員はかかわっていないが，残りの半数は業務で何らかの現場作業に従事している。

　②森林組合と会社等では，その対応に大きな差があり，森林組合では56%の経営者，内勤職員が造林・保育，素材生産に関する現場作業にまったく関係していないが，会社等ではその比率が27%に低下し，何らかのかかわりを持っている。

　③現場管理に関しては，参事・部課長が主に担当しているが，それ自体のエフォートはあまり大きくなく，「その他の現場作業」や「その他の外勤」を同時にこなしている。

　表2-3-4は，回答事業体の委託募集有無別現業従業員数を示したものであり，次の特徴が指摘できる。

220

第3節　山梨県の林業事業体と林業就業者

表2-3-3　回答事業体の経営者・内勤職員の業務内容

単位：人，％

業務区分・職階		エフォート 計	なし	2割以下	3～4割	5割以上	なしの比率
造林保育素材生産	役員・経営者	11	3	2	4	2	27.3
	参事・部課長	11	5	3	－	－	45.5
	その他	29	16	9	2	2	55.2
	計	51	24	14	8	5	47.1
	森林組合	36	20	10	3	3	55.5
	会社等	15	4	4	5	2	26.7
その他現場作業	役員・経営者	10	4	3	2	1	40.0
	参事・部課長	12	4	3	4	1	33.3
	その他	28	11	12	3	2	39.3
	計	50	19	18	9	4	38.0
現場管理	役員・経営者	12	3	6	3	－	25.0
	参事・部課長	12	1	5	3	3	8.3
	その他	29	14	9	6	－	48.3
	計	53	18	20	12	3	34.0
その他外勤	役員・経営者	12	2	7	2	1	16.7
	参事・部課長	11	2	3	2	4	18.2
	その他	29	9	17	2	1	31.0
	計	52	13	27	6	6	25.0

注：交錯集計では無回答を集計から除外した（以下，同様）。

表2-3-4　委託募集有無別従業員数

単位：人

職種・勤務年数		計 人数	計 平均	森林組合 有	森林組合 無	会社等 有	会社等 無
常用	5年未満	60	2.5	4.2	1.3	4.5	1.9
	5～10年	65	2.7	8.0	2.8	2.0	0.8
	10～20年	58	2.4	2.0	8.5	1.5	0.8
	20年以上	36	1.5	2.0	4.3	0.5	0.6
	計	217	9.0	16.2	16.8	8.5	4.0
臨時	造林・保育	52	2.3	0.8	9.7	－	1.5
	素材生産	6	0.3	0.6	1.0	－	－
	その他	34	1.5	3.0	5.3	1.5	－
	計	92	4.0	4.4	16.0	1.5	1.5

注：常用は冬期間の積雪などにより一時的に休業する場合も1年を通してみると概ね通年雇用とみなすことができる者，臨時はそれ以外の者である。

①森林組合の1組合平均常用従業員数は，委託募集有16.2人，無16.8人と大きく変わらないが，勤務年数10年未満の従業員が委託募集有の12.2人

第2章　山梨県有林の管理と森林利用

に対し，委託募集無では4.1人と少なく，10年以上が12.8人と以前からの従業員が主体である。

②会社等の平均常用従業員数は，委託募集有8.5人に対して，無4.0人と半分以下であり，特に5年未満の新規就業者数が有4.5人に対して，無は1.9人と少ない。

③委託募集無の森林組合と会社等では，造林・保育作業も臨時従業員に大きく依存している。森林組合では常用従業員とほぼ同数の平均16.0人の臨時従業員を雇用し，「その他」や「素材生産」にも従事している。これに対して委託募集有の森林組合と会社等では，造林・保育や素材生産は常用従事者を主体に実施し，臨時従業員は「その他」に主に投入されている。

表2－3－5に新規就業者の採用前の居住地と募集方法を示した。採用前居住地は，地元市町村が35人と最も多いが，県内他市町村14人，Ⅰターン13人，Ｕターン8人，近隣市町村7人と地域的に分散し，事業体による募集方針の違いが大きい[9]。平均9.3人を採用している森林組合・委託募集有は，地元市町村を主体に県内他市町村，Ｕターン，Ⅰターンも受け入れているが，森林組合・無では地元市町村と県内他市町村を主体に近隣市町村とＵターンを加え，平均2.3人と採用者が少ない。会社等・有は，Ⅰターン3.0人

表2－3－5　新規就業者の採用前の居住地と事業体による募集方法

単位：人，事業体

| 居住地・募集区分 | 委託募集の有無 | 計 | | 森林組合 | | 会社等 | |
		計	平均	有	無	有	無
採用前居住地	地元市町村	35	1.6	3.8	0.7	－	1.4
	近隣市町村	7	0.3	0.5	0.3	－	0.3
	県内他市町村	14	0.6	2.3	1.0	1.0	－
	県外Ｕターン	8	0.4	1.8	0.3	－	－
	県外Ⅰターン	13	0.6	1.0	－	3.0	0.2
	計	77	3.5	9.3	2.3	4.0	1.9
募集方法	縁故関係や知り合い	9		2	2	－	5
	従業員からの紹介	6		2	1	－	3
	本人が直接問合わせ	6		1	2	1	2
	ハローワークを通じ	4		2	1	－	1
	支援センターの紹介	8		5	－	2	1
	計	20		5	3	2	10

注：募集方法の欄は事業体数で回答は重複を含む。

を主体に県内他市町村を加え，地元以外から 4.0 人を採用しているが，会社等・無では地元市町村 1.4 人を主体に 1.9 人の採用にとどまっている。

　森林組合と会社等の双方とも委託募集の有無による募集方法の違いが明確にみられ，委託募集有では「支援センターの紹介」が主流であるが，無では「縁故関係や知り合いを通じて」や「従業員からの紹介」，「本人が直接問合わせ」により採用している。森林組合では，大月市，峡南森林組合が地縁・血縁依存型の募集方法を採用し，北都留，南部町森林組合は「ハローワークや支援センターの紹介」による採用を行い，南都留，富沢森林組合は両者を併用している。会社等では，委託募集や緑の研修生を受け入れている T，K林業，S 林業は「支援センターの紹介」によるが，その他の事業体では地縁・血縁依存型の採用が主流である。

　1999 ～ 2003 年度の新規就業者数と平均採用人数を表 2 - 3 - 6 に示した。平均採用人数は，森林組合・委託募集有 9.3 人，会社等・有 4.0 人，森林組

表 2 - 3 - 6　新規就業者数と継続就業者数の推移

単位：人

区分			計	1999	2000	2001	2002	2003
就業者数	新規	森林組合・有	37	8	6	7	8	8
		森林組合・無	7	1	4	1	1	1
		会社等・有	8	1	-	3	3	1
		会社等・無	25	3	6	7	3	6
		計	77	13	16	18	15	16
	継続	森林組合・有	23	7	5	7	2	2
		森林組合・無	4	-	2	-	1	1
		会社等・有	7	1	-	3	2	1
		会社等・無	19	-	5	5	3	6
		計	53	8	12	15	8	10
事業体平均	新規	森林組合・有	9.3	2.0	1.5	1.8	2.0	2.0
		森林組合・無	2.3	0.3	1.3	0.3	0.3	0.3
		会社等・有	4.0	0.5	-	1.5	1.5	0.5
		会社等・無	1.9	0.2	0.5	0.5	0.2	0.5
		計	3.5	0.6	0.7	0.8	0.7	0.7
	継続	森林組合・有	5.8	1.8	1.3	1.8	0.5	0.5
		森林組合・無	1.3	-	0.7	-	0.3	0.3
		会社等・有	3.5	0.5	-	1.5	1.0	0.5
		会社等・無	1.5	-	0.4	0.4	0.2	0.5
		計	2.4	0.4	0.5	0.7	0.4	0.5

第2章　山梨県有林の管理と森林利用

合・無 2.3 人，会社等・無 1.9 人の順である。森林組合・有では，毎年 1.5 〜 2.0 人の採用を継続しているが，無では 0.3 〜 1.3 人と数年に 1 人程度の採用にとどまっている。会社等・有では，委託募集による採用の多かった 2001，2002 年度は 1.5 人に増加し，無の 0.2 〜 0.5 人を大きく上回っている。1999 〜 2003 年の 5 年間に採用した新規就業者の定着率（継続就労者数計 / 新規就業者× 100）は，会社等・有 88％，会社等・無 76％，森林組合・有 62％，森林組合・無 57％の順である。

(2) 現業従業員の給与形態と年収

現業従業員の給与形態と年収に関しては，4 の現業従業員調査結果の分析で詳しく触れるが，表 2 － 3 － 7 に林業事業体調査から給与形態と年齢別の標準的年収額を組織形態・委託募集の有無別に示した。造林・保育作業の給与形態は，森林組合・委託募集有では月給と日給・出来高併用，同無は日給，出来高及びその併用が採用され，月給制の導入はみられず，会社等は日給制が主流である。

標準的年収は，20 歳前後 200 〜 300 万円，40 歳前後 300 〜 400 万円が最も多く，60 歳前後の年収の伸びは見られず，40 歳前後をピークとした年収

表 2 － 3 － 7　　造林班の給与形態と標準的年収額

単位：事業体

区分・委託募集有無 給与形態・年収		計	森林組合		会社等		区分・委託募集有無 給与形態・年収		計	森林組合		会社等	
			有	無	有	無				有	無	有	無
造林班	月給	4	3	－	－	1	40歳前後	200 〜 300 万	4	－	1	－	3
	定額日給	11	－	1	1	9		300 〜 400 万	12	3	2	2	5
	出来高	2	－	1	－	1		400 〜 500 万	3	1	1	－	1
	月給・出来高	1	－	－	1	－		500 〜 600 万	2	1	－	－	1
	日給・出来高	6	2	2	－	2		該当者なし	3	－	－	－	3
20歳前後	200 万円未満	2	1	1	－	－	60歳前後	200 万円未満	1	－	－	－	1
	200 〜 300 万	9	4	1	－	4		200 〜 300 万	4	－	－	－	4
	300 〜 400 万	3	－	2	1	－		300 〜 400 万	11	3	3	1	4
	400 〜 500 万	－	－	－	－	－		400 〜 500 万	3	－	1	1	1
	500 〜 600 万	－	－	－	－	－		500 〜 600 万	1	1	－	－	－
	該当者なし	10	－	－	1	9		該当者なし	4	1	－	－	3
	計	24	5	4	2	13		計	24	5	4	2	13

注：40 歳前後の年収 200 万円未満は該当者がいないため，表示を省略した。

第3節　山梨県の林業事業体と林業就業者

額の落ち込みがみられる。森林組合と会社等を比較すると，森林組合の場合
は，20歳前後で200万円未満が2組合みられるが，40歳と60歳前後では概
ね300〜400万円以上が確保されている。これに対して会社等では，40歳
前後の年収は300〜400万円を中心にそれ以上の事業体も存在する一方で，
委託募集無では300万円未満も3社あり，60歳前後ではこれが5社に増加
し，会社間での現業従業員の年収格差が大きい。

(3) 独立・起業と内勤・現業従業員

　最近，5年間に従業員が独立し，起業した事例は2件である。この2件は
いずれも森林組合の現業従業員であり，北都留森林組合の36歳の経験年数
13年（東京都森林組合の下請）と南都留森林組合の40歳の経験年数15年
の従業員である。現業従業員と内勤職員の人事交流は，現業から内勤が2
件，内勤から現業が2件である。森林組合では，北都留森林組合と早川町森
林組合が「人手不足」，「適性を考慮して」，「人材育成のため」を理由にあ
げ，現業従業員を内勤職員にしている。南部町森林組合は，「適性を考慮し
て」，「事業量の都合」，「人材育成のため」を理由に内勤職員を現業従業員に
している。会社等では，1社が「事業量の都合」，「人材育成のため」を理由
に内勤職員を現業従業員にしている。

4　林業事業体の雇用戦略と現業従業員の性格

(1) 現業従業員の年齢・学歴と居住地

　現業従業員調査は，24事業体（森林組合9，会社等15）の現業従業員180
人の回答を集計したもので，回答者は男性96％，造林班81％と男性の造林
班員が大半を占める[10]。

　表2-3-8に現業従業員の年齢・学歴構成と就業前の居住地を示した。
年齢階層別に24〜39人の回答があり，次の特徴が指摘できる。60歳以上
は，中卒の地元・近隣市町村出身者が80％以上を占め，50歳代も60歳代以
上と同様に地元・近隣市町村出身者が80％以上を占めるが，高卒以上が50
％に増加している。40歳代では高卒が最も多くなり，地元・近隣市町村が

225

第2章　山梨県有林の管理と森林利用

表2-3-8　現業従業員の年齢・学歴構成と就業前居住地

単位：人，%

年齢・委託募集の有無	計	中卒	高卒	高専・短大卒	大卒・大学院	その他	地元・近隣市町村	県外Iターン
29 歳代以下	24	1	15	3	5	−	62.5	20.8
30 歳代	33	1	16	2	13	1	33.3	54.5
40 歳代	27	5	17	1	3	1	66.7	11.1
50 歳代	32	16	11	3	2	−	81.3	3.1
60 歳代	39	32	6	1	−	−	87.2	5.1
70 歳以上	24	20	2	−	−	2	83.3	4.2
森林組合・有	53	9	24	4	15	1	50.9	32.1
森林組合・無	56	32	18	3	−	3	83.9	1.8
会社等・有	22	11	5	−	6	−	57.1	33.3
会社等・無	48	23	20	3	2	−	77.6	10.2
計	179	75	67	10	23	4	69.3	16.8

67％に低下するが，なおIターンは11％と少ない。30 歳代では大卒・大学院修了が39％に増加し，Iターンが55％と地元・近隣市町村出身者を上回る。29 歳以下では，高卒と地元・近隣市町村が63％を占め，30 歳代と比較して，大卒・大学院修了とIターンの比率が大きく減少している。

　雇用主の組織形態と委託募集の有無では，森林組合・委託募集有はIターンを含めた高卒・大卒が主体，森林組合・無は中卒・高卒の地元・近隣市町村に限定した採用，会社等は地元を主体にした中卒・高卒主体で，委託募集有では大卒・大学院修了のIターンも採用するといった特徴が指摘できる。

　現在の事業体に採用されるまでの林業労働経験年数と現在の事業体での勤務年数をみると50 歳代を境に30 歳代以下では「林業経験なし」が80％前後を占めるが，60 歳以上では逆に「林業経験なし」は10％程度であり，その半分以上が10 年以上の林業労働経験者である。現在の事業体での勤務年数は，60 歳代以上では10 年あるいは20 年以上勤務している従業員が多いが，50 歳代以下では1 年未満が19 人，1〜5 年が48 人，5〜10 年が30 人と各勤務年数に比較的均等に分布し，かなり流動的な現業従業員の就労状況がうかがえる。

　この結果を先にみた委託募集の動向や林業事業体調査結果と総合すると委託募集有の森林組合と会社等が30 歳代を中心とした高学歴のIターンを受け入れているが，委託募集無の森林組合と会社等では地元・隣接市町村出身

第 3 節　山梨県の林業事業体と林業就業者

の 50 歳以上層を中心とした在来型の地縁・血縁依存型の雇用を継続している姿が明らかとなる。委託募集により 30 歳代以下の林業労働未経験者を雇用するかどうかの経営判断が採用される新規就業者の属性や性格を規定し，次に述べる従業員の職場評価や生活意識に大きな違いをもたらしている。

(2) 就業動機と職場評価

表 2 - 3 - 9 は，現在の職場に就職した動機を尋ねた結果である。全体的には「自然相手の仕事」53％と「地元で就職」34％を選択した回答者が多く，「家業や親の面倒」16％と「適当な就職先がない」15％がこれに次ぎ，「健康的な暮らし」9％と「ライフスタイル」8％は少数派である。年齢や学歴，採用前の居住地別には，次の傾向が指摘できる。

①年齢別には「地元で就職」の比率が 50 歳，60 歳代で多く，29 歳以下で「なんとなく」が増加しているが，年齢よりも学歴や採用前の居住地別の特

表 2 - 3 - 9　現在の職場に就職した動機

単位：人

動機 年齢・学歴等	計	自然相手の仕事	健康的な暮らし	ライフスタイル	家業や親の面倒	都会生活がいや	適当な就職先がない	地元で就職	なんとなくその他
29 歳以下	24	8	1	2	4	1	2	9	8
30 歳代	33	22	4	7	4	2	2	4	6
40 歳代	27	20	4	3	4	3	1	7	3
50 歳代	31	12	1	2	5	1	8	12	3
60 歳代	38	20	3	－	8	－	5	20	1
70 歳以上	23	10	3	－	3	－	10	7	－
計	176	92	16	14	28	7	28	60	21
中卒	71	35	5	－	13	－	18	32	3
高卒	67	30	8	3	13	5	4	20	17
高専・短大卒	10	3	－	2	2	－	3	4	－
大卒・大学院	23	20	3	9	－	2	2	2	1
その他	4	3	－	－	－	－	1	1	－
地元市町村	92	41	7	3	20	2	14	45	10
近隣市町村	29	16	3	－	3	3	7	6	3
県内他市町村	12	8	－	2	4	－	－	2	1
県外Uターン	12	4	2	1	1	－	3	5	1
県外Iターン	30	23	4	8	－	2	3	2	6
計	175	92	16	14	28	7	27	60	21

注：回答は重複を含み，選択肢から 2 つまでを選択。

第2章　山梨県有林の管理と森林利用

徴がより明確である。

　②大卒以上の学歴では「自然相手の仕事」と「健康的な暮らし」，「ライフ
スタイル」を積極的に評価し，現在の職場を選択している従業員の比率が高
まるのに対して，中卒・高卒では「自然相手の仕事」とともに「地元で就
職」，「適当な就職先がない」，「家業や親の面倒」，「なんとなく」といった理
由を選んだものが多い。

　③採用前の居住地と学歴の関係では，前者が大卒以上のＩターン，後者が
中卒・高卒の地元市町村出身者に代表され，Ｕターンは地元市町村出身者に
近い性格を示している。

　委託募集の有無では，森林組合，会社等を問わず委託募集無に「適当な就
職先がない」と「家業や親の面倒」を選んだ者が多く，委託募集有ではそれ
が極めて少ない。

　以上のような現業従業員の属性や就業動機の違いは，従業員の職場評価に
も大きな影響を与えている。現在の職場に「不満」を持つ回答者の比率が高
い項目は，「職場や職業の将来性」41％，「給与や賞与の額」33％，「社会保

表2－3－10　職場に「不満」を持つ従業員比率

単位：人，％

年齢・学歴	回答者	給与等	社会保障	将来性	出身地・動機	回答者	給与等	社会保障	将来性
29 歳以下	24	45.8	12.5	29.2	地元市町村	82	28.0	36.6	44.0
30 歳代	31	48.4	25.8	35.5	近隣市町村	28	42.9	50.0	42.9
40 歳代	26	42.3	38.5	53.8	県内他市町村	12	50.0	45.5	60.0
50 歳代	28	25.0	32.1	50.0	県外Ｕターン	13	46.2	25.0	46.2
60 歳代	33	30.3	42.4	39.4	県外Ｉターン	30	40.0	17.2	41.4
70 歳以上	22	22.7	59.1	63.6	計	164			
森林組合・有	50	42.0	2.0	14.0	自然相手の仕事	88	33.0	35.2	52.3
森林組合・無	49	34.7	75.5	79.6	健康的な暮らし	15	33.3	20.0	40.0
会社等・有	20	40.0	25.0	60.0	ライフスタイル	14	50.0	14.3	35.7
会社等・無	45	28.9	31.1	33.3	家業や親の面倒	27	37.0	64.0	53.8
中卒	64	25.0	45.3	56.3	都会の生活がいや	7	42.9	28.6	14.3
高卒	65	40.9	31.8	39.4	適当な就職先がない	23	30.4	40.9	59.1
高専・短大卒	9	44.4	33.3	44.4	地元で就職できる	53	22.6	18.9	23.6
大卒・大学院	22	40.9	4.5	22.7	なんとなく・その他	20	55.0	33.3	52.6
その他	4	50.0	75.0	50.0	計	164	36.0	34.4	43.8

注：回答は各項目について，満足，普通，不満のいずれか1つを選択。就業動機は重複を含み，
　　選択肢から2つまでを選択。採用前の居住地のみ，回答者が165人である。

障制度への加入」32％に集中し，「仕事の面白さ・やりがい」6％と「同僚や事業体との人間関係」6％に関する不満は少なく，「満足」と回答している従業員が多い。

表2－3－10に「不満」が30％を超えた3項目について，年齢・学歴，組織形態・委託募集の有無別に「不満」と回答した従業員比率を示した。「給与や賞与の額」は，特に40歳代以下と委託募集有で「不満」を持つ従業員の比率が高く，50歳以上の地元市町村出身者ではその比率が低い。一方，「社会保障制度への加入」は，70歳以上59％や森林組合・無76％で「不満」を持つ従業員が多く，森林組合と会社等の委託募集有やIターン，大卒以上の「不満」は少ない。なお，森林組合・無は，「社会保障制度への加入」と「職場や職業の将来性」以外に「作業強度や就労環境」を「不満」とした回答者が71％を占めるなど，雇用先への従業員の評価が極めて厳しい。

「職場や職業の将来性」は，40歳代や50歳代で「不満」が多く，特に森林組合・無では80％が「不満」と回答している。また，班長はこの項目を「不満」と回答した比率が56％と班員より13ポイント高く，勤務年数1年未満33％から20年以上56％へ勤務年数が伸びるほど不満が高まっている。こうした技術的に一人前になり班長を務める中核的現業従業員に「職業や職場の将来性」に関する不満が高まる傾向は見逃せない。

(3) 安定就労の実現と年収

林業労働は，野外労働で天候に左右され，日給制や出来高制が多く採用されているため，賃金単価とともに就労日数が年収額を大きく規定している。表2－3－11は，過去1年間の月平均就労日数と月20日未満の林業労働従事日数があった場合の理由を示したものである。

これによると林業労働従事日数20日以上が29歳以下65％，30歳代70％を占め，30歳代以下では就労の長期化が一定程度進展している。しかし，40歳代では15～19日が最も多く，20日以上が36％に低下し，50歳代以上の各年代でも41～45％である。森林組合では，委託募集の有無により従事日数に大きな差がないが，会社等では20日以上が委託募集有69％に対して，無では33％と低く20日未満が67％と圧倒的に多い。

第2章　山梨県有林の管理と森林利用

表2－3－11　現業従業員の月平均就労日数と20日未満の理由

単位：人，％

就労日数 年齢・委託募集	計	林業労働従事日数			20日未満の理由		
		14日未満	15～19	20日以上	天候	仕事量	家業
29歳以下	17	2	4	11	91.7	25.0	0.0
30歳代	30	2	7	21	83.3	33.3	0.0
40歳代	22	4	10	8	100.0	30.0	10.0
50歳代	20	5	6	9	91.7	45.8	20.8
60歳代	32	7	12	13	61.1	47.2	27.8
70歳以上	23	6	7	10	58.3	54.2	29.2
森林組合・有	38	5	13	20	78.9	15.8	10.5
森林組合・無	45	8	11	26	64.2	54.7	18.9
会社等・有	16	2	3	11	88.9	27.8	5.6
会社等・無	45	11	19	15	88.6	43.2	25.0
計	144	26	46	72	77.6	41.8	17.9

注：最も20日以上の従事者の多い9～10月の月平均従事日数を示し，20日未満の理由
　　は2つまでを選択。

　月20日未満の主な理由として，「天候の都合」78％と「仕事量の確保」42
％が突出し，「家業の都合」18％と「健康上の理由」12％，「その他」8％が
これに次ぎ，「現場以外の管理や営業等の仕事」は3％と少ない。このうち，
「天候の都合」は，どの年齢，事業体にも共通した理由として指摘され，雇
用主の責任に属する「仕事量の確保」は，50歳以上の委託募集無の森林組
合と会社等で43％～55％と多く，委託募集有の森林組合と会社等は16％と
28％と少ない。「家業の都合」も同様に30歳代以下でこの理由をあげた回答
者は皆無で，委託募集有の森林組合と会社等では11％と6％と少なく，50
歳以上では20％以上に増加し，委託募集・無の森林組合と会社等では19％
と25％とその比率が高い。つまり，委託募集の有無による差異が大きく，
委託募集有では雇用主の責任のもとに仕事量の確保を行い，安定雇用の実現
に努めているが，委託募集無の事業体では「常用」に関しても地元の高齢者
の兼業労働になお依存し，就業者の「家業の都合」や雇用主の「仕事量の確
保」ができない事態を許容する雇用形態が採用されている。
　この点を確認するため，表2－3－12に現在の給与形態を年齢，組織形
態・委託募集の有無別に示した。表2－3－6でみた林業事業体調査結果と
ほぼ同様に定額日給が38％を占め，次いで月給25％，日給・出来高併用18

第3節　山梨県の林業事業体と林業就業者

表2－3－12　現業従業員の給与形態

単位：人

給与形態 年齢・委託募集	計	月給	定額日給	出来高	月給・出来高	日給・出来高	その他
29歳以下	23	13	8	–	1	1	–
30歳代	32	15	8	–	4	5	–
40歳代	27	11	12	3	–	–	1
50歳代	31	4	16	2	1	7	1
60歳代	39	1	15	8	4	11	–
70歳以上	24	–	8	6	3	7	–
森林組合・有	52	31	14	1	3	3	–
森林組合・無	55	3	13	18	7	14	–
会社等・有	20	–	15		3	2	–
会社等・無	49	10	25			12	2
計	176	44	67	19	13	31	2

％と続き，出来高11％と月給・出来高併用7％は少ない。従業員数でみると40歳代以下では月給が40～56％と多く，50歳代以上で日給や出来高，その併用が増加している。また，森林組合・委託募集有では月給と日給，同無では出来高と日給及びその併用，会社等・有では日給，同無では日給と日給・出来高併用が多い。

　表2－3－13は職場から得ている年収額と世帯としての年収額を比較したものである。職場から得た年収額は，40歳代の平均369万円をピークに減少し，森林組合より会社等が平均14万円，委託募集無より有が32万円，地元市町村よりⅠターンが0.6万円多い。年収分布は200～300万円を中心に200万円未満から300～400万円の間に89％が分布し，400万円以上の従事者は11％である。職場から得ている年収額と年齢，採用前の居住地，事業体の組織形態・委託募集の有無との間には，次の傾向が指摘できる。

　①200万円未満層は全体の23％を占め，20歳代未満の見習期間中や60歳代以上の高齢者，森林組合・委託募集無に雇用される地元市町村出身者に多い。

　②200～300万円層は38％と最も多く，30歳代以外の各年代で最も多い年収階層である。森林組合・委託募集有と会社等・無の従業員や地元市町村出身者では，この年収階層が最も多い。

　③300～400万円層は全体の28％を占め，働き盛りの30歳代で最も多く，

第2章　山梨県有林の管理と森林利用

40 〜 60 歳代の 20 〜 30％がこの階層に属している。Ｉターンや会社等・委託募集有では，この階層が最も多く，各々43％と52％を占めている。

　④ 400 万円以上の従事者は，全体の11％に過ぎない。年齢的には 40 歳代と 50 歳代を中心に分布している。地元市町村出身者が多く，森林組合と会社等・無の従業員に散見され，会社等・有では 500 万円以上の従業員はみられない。Ｉターンも年収 400 万円以上は，１人のみである。

　世帯としての年収額では，次の特徴が指摘できる。

表 2 - 3 - 13　職場から得た年収額と世帯年収額

単位：人，1,000 円

年齢等区分	年収	計	200 万円未満	200 〜 300 万	300 〜 400 万	400 〜 500 万	500 〜 600 万	600 〜 700 万	700 万以上	平均
職場から得た年収額	29 歳以下	22	9	11	2	−	−	−	−	2,182
	30 歳代	33	4	10	17	2	−	−	−	3,015
	40 歳代	26	2	8	6	4	5	1	−	3,692
	50 歳代	31	3	13	10	4	1	−	−	3,081
	60 歳代	37	14	12	10	1	−	−	−	2,446
	70 歳以上	24	7	11	5	−	−	1	−	2,583
	森林組合・有	50	9	19	15	4	2	1	−	2,980
	森林組合・無	55	20	17	12	3	2	1	−	2,645
	会社等・有	21	2	6	11	2	−	−	−	3,119
	会社等・無	47	8	23	12	2	2	−	−	2,798
	計	173	39	65	50	11	6	2	−	2,841
	地元市町村	89	26	27	25	6	4	1	−	2,803
	県外Ｉターン	30	4	12	13	1	−	−	−	2,867
世帯の年収額	29 歳以下	17	4	8	2	−	2	1	−	2,971
	30 歳代	27	3	7	14	2	−	−	1	3,259
	40 歳代	20	1	4	6	3	3	2	1	4,175
	50 歳代	24	2	5	10	2	1	1	3	3,979
	60 歳代	25	6	4	11	2	1	1	−	3,140
	70 歳以上	16	4	6	2	2	1	1	−	3,063
	森林組合・有	41	4	10	17	4	3	2	1	3,561
	森林組合・無	34	10	11	7	1	1	2	2	3,118
	会社等・有	19	2	4	9	2	−	−	2	3,658
	会社等・無	35	4	9	12	4	4	2	−	3,529
	計	129	20	34	45	11	8	6	5	3,450
	地元市町村	65	13	12	23	4	6	4	3	3,554
	県外Ｉターン	28	3	11	10	2	2	−	−	3,107

注：世帯の年収額に関する無回答が多いため，各欄の厳密な比較は適当でない。平均は各年収階層の中位の数値を用いて算出した概数である。

第3節　山梨県の林業事業体と林業就業者

①全体的に職場から得ている年収額と世帯としての年収額を比較するとその中心が200 〜 300万円から300 〜 400万円に上昇し，平均で61万円年収額が増加している。世帯としての年収額の平均をみると森林組合・委託募集無の312万円以外は，会社等・無353万円から森林組合・有356万円，会社等・有366万円と職場から得た年収額と比較して，事業体の組織形態・委託募集の有無による格差が縮小している。世帯としての年収が400万円以上に上昇している世帯はかなり限定され，職場から得た年収額とは逆に地元市町村出身世帯の年収額がＩターン世帯を平均で45万円上回っている。

②職場から得ている年収額より世帯としての年収額が大きく増加している世帯は，20歳代以下と50歳代以上の地元市町村，近隣市町村，Ｕターンの森林組合と会社等・委託募集無に雇用される従業員に多くみられる。こうした従業員は，二世代及び三世代家族で地元での世帯員の就労・生活基盤が充実していることが背景と考えられる。

③反対に職場から得ている年収額と世帯としての年収額があまり変化していないのは，30 〜 40歳代のＩターン世帯，会社等・委託募集有に雇用される従業員世帯である。職場評価における「給与や賞与の額」や次に検討する現在の生活条件の評価における「家計としての所得」に最も「不満」の多いグループである。

(4) 世帯構成と家庭・生活環境

雇用先との関係とともに現業従業員の世帯構成や家庭・生活環境も新規就業者の定着を左右する大きな要因となる。表2 − 3 − 14にみるように回答者の世帯構成は，既婚69％，独身31％であり，既婚者の93％，独身者の75％は家族と同居している。29歳以下では独身者が71％と多く，独身者の82％が家族と同居している。また，独身者が家族と同居している比率は，地元市町村96％，近隣市町村88％，Ｕターン100％と極めて高く，Ｉターンの18％と世帯構成が大きく異なる。現在の住居は，「持ち家」が81％と圧倒的に多く，「その他賃貸住宅」10％，「公営住宅」6％，「社宅・寮」3％の順である。「持ち家」率が低いのは，Ｉターン世帯40％と30歳代52％，29歳以下71％であり，29歳以下と30歳代の独身者とＩターン世帯に賃貸住宅等の

第2章　山梨県有林の管理と森林利用

表2－3－14　独身・既婚と家族との同居の有無

単位：人，％

区分 年齢・出身地	計	独身		既婚		持ち家 比率
		同居	別居	同居	別居	
29歳以下	24	14	3	5	2	70.8
30歳代	33	7	6	19	1	51.5
40歳代	27	5	2	19	1	84.6
50歳代	31	3	2	22	4	84.4
60歳代	34	4	－	30	－	100.0
70歳以上	22	7	－	15	－	95.8
地元市町村	87	22	1	60	4	92.4
近隣市町村	29	7	1	19	2	82.8
県内他市町村	12	3	2	7	－	83.3
県外Uターン	13	6	－	7	－	92.3
県外Iターン	30	2	9	17	2	40.0
計	171	40	13	110	8	81.3

居住者が散見される。

　配偶者のいる回答者は76％であり，配偶者の仕事は「家事」43％と「パート等」29％が多く，この両者で72％を占める。正社員として就労している可能性があるのは，「事務職」2人，「団体職員」13人，「同じ事業体」7人であるが，そのほとんどは地元・近隣市町村，Uターンの配偶者である。Iターンの配偶者は，家族構成や子供の年齢等から「家事」78％や「パート等」17％に就労している場合が多い。また，自営農林業の従事者は10人であり，60歳代以上の地元市町村，近隣市町村出身者が主体である。

　森林と農地の所有は，回答者の61％が家として森林を所有し，57％が農地を所有している。森林所有率は，地元市町村51％，近隣市町村38％，県内他市町村34％，Uターン38％，Iターン7％である。森林所有規模は，3ha未満が52％，3～10haが23％，10～50haが23％，50ha以上が2％であり，10ha以上の森林所有者はすべて地元・近隣市町村の出身者である。農地所有率も地元市町村70％から近隣市町村59％，県内他市町村33％，Uターン29％，Iターン10％の順に低下している。

　以上の世帯構成や家庭・生活環境の違いは，先にみた配偶者等の就労状況の差異による世帯としての年収額や住宅費，食費等の現金支出，資産形成，世帯員の人的ネットワーク等の現業従業員世帯の定着条件や次に述べる生活

条件の評価にも大きな影響を与えている。

　現在の生活条件の評価は、「親との人間関係」1％、「隣近所との人間関係」2％、「住宅や自然などの環境」4％に関する「不満」は極めて低く、「家計としての所得」38％、「買物や娯楽などの生活利便性」23％、「教育や医療などの生活環境」18％に不満を持つ回答者が多い。この不満が多い3項目に関して、30歳代で最も「不満」と回答した従業員が多く、「家計としての所得」67％、「生活利便性」33％、「教育や医療など」30％と評価が厳しい。また、Iターンの不満が全般的に高く、「所得」に関する不満は60％に達している。これに対して、地元市町村とUターンでは「所得」に関する不満が28％と33％と低く、近隣市町村と県内他市町村は55％と50％とその中間である。以上の評価は、雇用先の労働条件とともに就業前の居住地による現業従業員の世帯構成や生活・家庭環境の違いがこれに大きく反映している。

5　従業員組織と林業労働者の存在形態

(1) 調査対象事業体の特徴

　委託募集と緑の研修生の採用に意欲的で事業基盤と雇用戦略の異なる富沢森林組合、南部町森林組合、有限会社H組、M林業有限会社の4事業体を取り上げ、各事業体の従業員組織と林業就業者の動向を実態調査に基づき検討する。富沢森林組合と南部町森林組合、M林業は、南部町内に立地しており、同一地域内における森林組合と民間事業体の雇用戦略と従業員組織の相違に注目する。

　富沢森林組合と南部町森林組合は、旧富沢町と旧南部町を組合地域とする森林組合である。富沢森林組合は、森林整備部門が事業総損益の89％を占め、新植1ha（個人等）、保育244ha（個人等186ha、公団31ha、県27ha）、保育は下刈り46haと除間伐190ha（切り捨て間伐175ha）が中心である。林産事業は、すべて間伐で組合員481m^3、富沢財産区106m^{3}の計587m^{3}である。富沢森林組合では、内勤職員と現業従業員の業務と待遇、雇用形態を一元化し、委託募集によるIターンの定着を実現している。

第2章　山梨県有林の管理と森林利用

南部町森林組合の主要事業は，森林整備事業（下刈り80ha，枝打ち13ha，除伐37ha，間伐125ha），林産事業836m^3，販売事業6,537m^3，製材加工事業2,212m^{3}を実施するほか，山梨県国産材健康住宅研究会に参加し，6棟の住宅を建設するなど事業の多角化を進めている。南部町森林組合では，現場作業の実施方法の多様化と委託募集採用者の退職から2000年以降，地元採用への転換を進めている。

民間事業体は，峡北地区のH組と峡南地区のM林業を取り上げた。両社とも社長が地区の県有林造林推進協議会の会長を務める有力企業である。M林業は，会社等では最大規模の20人の常用従業員を雇用し，従来からの県有林の造林事業とともに国有林，県有林，私有林の素材生産を実施している。H組はカラマツを主体とした峡北地区にあって，県有林の造林事業とともに林業外の高速道路の維持管理に進出している。新規就業者の定着率は，H組よりM林業が高く，賃金水準も素材生産に進出しているM林業がH組より全般的に高い。

（2）南部町・富沢森林組合の従業員組織

南部町森林組合の常勤役職員は，専務理事と職員10人の計11人である。職員10人と従業員10人の計20人の配置は，総務課3人，営林企画課5人，生産課7人，販売課5人である。1997，99年に県外出身者各2人を委託募集で採用したが，すべて1年以内に退職し，以後，町内からハローワークを通じて採用する方向に転換している。2003年度に緑の研修生4人，2004年度に3人を町内から採用し，2003年度の研修生は販売課2人（18歳と25歳），生産課1人（24歳），営林企画課1人（19歳）に配属した。

作業の実施形態は，①K開発など2事業体へ請負わせ（素材生産），②営林企画課の職員による直営作業（保育作業），③日給制の作業班員による作業（除間伐）の3形態である。作業班は高齢者で，伐出1班3人，造林2班9人であり，将来的には①と②の併用に移行する方針である。K開発のように若手後継者のいる中堅民間事業体は，森林組合と提携する傾向もみられるが，有力事業体のM林業とは入札等で森林組合と競合関係にある。

職員と従業員は月給制で町の給与表を準用し，営林企画課の職員が森林整

備の現場作業に従事した場合は，2,000円／日の現場手当を支給している（課長は除く）。従業員の年収は，20歳代の経験3年未満が200万円前後，30歳代の経験5年で250万円前後，40歳代の経験10年で300万円台である。営林企画課の職員は，保育作業のほか現場管理，補助事業申請書類の作成，森林保険の推進，施業計画の編成，測量などを担当している。組合長と専務理事は，行政への提出書類の作成や作業道の設計・施工，住宅設計のできる従業員の養成を課題と考え，現業従業員の独立や起業にも積極的姿勢を示している。

　富沢森林組合は，1999年に破産が終結し，再建過程で業務課長を始め，従業員のほとんどが新たに採用された。役員は非常勤で統計上は表2－3－1に示したように職員2人，作業班員9人であるが，職員と作業班員の身分や待遇上の差はなく，内勤と現業の区別もしていない。業務課長（再建時に製紙会社の社員から森林組合に転職，54歳）と主任（破産以前から勤務している唯一の職員，48歳）が職員であるが，グリーンワーカーを取得した7人を「技師」，2003年度の緑の研修生2人を「技師補」とし，女性の主任以外は業務課長も含め，現場と内勤を同時に担当している。1997年度にM氏（最近ログハウスで家を新築），98年度N氏，S氏，2001年度T氏，H氏，G氏を委託募集で採用し，2003年度に緑の研修生のI氏，O氏を採用している。地元出身者は1人でそれ以外は福島，千葉，神奈川，福岡等からのIターンであり，これまで委託募集で採用した人は，すべて現在も勤務している。

　職員と技師，技師補は，すべて月給制で町の給与表を準用し，身分や待遇上の差はなく，週休二日制で残業代も支給される。20～30歳代の経験3年未満で200万円台，30歳代の経験5年前後で300万円台，40歳代の経験8年前後で400万円台の年収である。タワーヤーダはU技師，S技師，プロセッサはN技師，素材の搬出はN技師とS技師の1997，98年度の委託募集採用者が担当している。作業道の開設は，現在，業務課長が担当しているが，将来的には若手に引き継ぐ予定である。業務課長は，県や県森連，町との渉外，管理，決算業務，主任は経理・総務を担当し，森林施業計画と森林整備地域活動支援交付金はT技師が担当している。県の請負事業は，「主任技術者」になった技師が現場管理と工事完成書類等の書類作成も行い，私有林は

第2章　山梨県有林の管理と森林利用

大字ごとの地区担当制を採用し，各地区の事業推進と補助書類の作成も担当している。

　南部町森林組合と比較した場合，富沢森林組合の新規就業者の定着率の高さは，Ｉターンの就業意識に対応した内勤・現場一体型の従業員組織と賃金体系に起因するものと考えられる。富沢森林組合と南部町森林組合の合併後も富沢森林組合の技師，技師補の処遇と現在の内勤，現業一体的な業務体制を継続できるかどうかは，合併組合の運営上の大きな課題となろう。

(3) 民間事業体の従業員組織

　Ｈ組は，韮崎市郊外に事務所があり，社長は1940年代から県有林造林事業に従事し，峡北地区県有林造林推進協議会の会長を務めていた。社長の親類が内勤職員として会計・渉外を担当し，現業従業員11人と70歳代の臨時従業員2人を雇用している。

　県有林の造林請負は，事業取扱高の20％に過ぎず，小淵沢～勝沼間の中央高速道路の維持管理事業が主体である。造林事業の取扱高は，2000年の6,000万円から2,500万円に減少している。現業従業員は，すべて造林請負と高速道路の維持管理の両方の作業に従事しているが，高速道路の管理作業だけでは従業員が集まらず，森林関係の事業は必要不可欠であるという。

　常用従業員は，20歳代が3人，30歳代7人，40歳代1人，50歳代1人である。このうち，地元出身は2人で，大卒の県外出身者（埼玉，茨城，東京，富山等）が多い。2000～2001年度に委託募集で30～40歳代の8人を採用したが，6人が退職している。退職理由は，「腰を痛めた」，「通勤に時間がかかるため，他の事業体に移った」，「最初からアルバイトのつもり」といった理由であった。緑の研修生は，2003年度4人，2004年度2人，2005年度4人，2006年度2人を採用している。

　給与は日給制で経験により1.0～1.7万円/日と賞与を年2回支給し，高校生や大学生の子供がいる従業員には，年収300万円が確保できるよう配慮している。森林関係の作業責任者Ｓ氏（42歳・勤務年数16年），高速道路関係の作業責任者Ｋ氏（39歳・勤務年数7年）はＩターンで，作業責任者の日給は1.7万円と高く設定し，年収は500万円になる。

238

M林業は，南部町の市街地に自宅兼事務所があり，社長は峡南地区県有林造林推進協議会の会長である。社長と専務（息子），事務・経理担当役員（息子の妻），常務（社長の孫25歳）が役員である。技術的な面でも索張りは社長と専務が指示し，常務は名古屋市の木材会社で修行し，採材指示や販売を担当している。主な事業は，県有林の造林請負と県有林の請負生産2,800m^3，国有林・県有林の間伐2,500m^{3}を実施している。主な機械施設は，重機4台，集材機6台を所有し，80年生のヒノキ林を一般競争入札で落札し，ヘリコプター集材する事業も実施している。

従業員は，素材生産2班，造林2班の計4班20人と臨時8人を雇用している。隣接の身延町，下部町，増穂町や静岡県の富士市，芝川町出身の勤務年数20年以上の従業員が多いが，2003年度から委託募集で2人，2004年度からは緑の研修生を毎年1〜2人を採用している。給与形態は日給制で経験により造林1.8万円/日，素材生産1.8〜2.0万円/日であり，タイムカードを導入して残業代を支給している。賞与を年2回支給し，年収額は平均400万円で従業員により80万円程度の差が生じている。

両社とも県有林請負事業以外に新規事業の開拓を行い，委託募集の導入と緑の研修生の受け入れによりIターンを含めた若手就業者の採用を拡大し，日給制の枠内であるが事業量の安定確保と就労日数の長期化を進めている。さらに経験や現場責任者に対する日当の増額や賞与の支給により，現場従業員世帯の家庭環境に即した年収水準の実現に配慮し，新規就業者の定着を実現している。

（4）林業就業者の存在形態と定着支援

第3節では山梨県の認定事業体と林業就業者を対象としたアンケート調査と実態調査から林業事業体の雇用戦略が林業就業者の存在形態にどのような影響を与えているか，林業事業体及び現業従業員の属性を分析した。

山梨県の林業事業体は，私有林からの森林整備事業を事業基盤とする森林組合と県有林の造林請負を事業基盤とする民間事業体に二分される。1990年代後半以降，新規事業への進出などによる事業量確保に成功した有力事業体を中心に委託募集や緑の研修生の採用が行われ，林業事業体の雇用戦略が

第2章　山梨県有林の管理と森林利用

大きく変化している。この過程で「労確法」は，認定事業体の選別的育成策として機能する一方で，林業経営基盤強化促進法は県有林造林事業の発注方式と結合し，県有林請負事業体の事業基盤の維持と新規事業体の参入障壁ともなっている。これは林野公共事業への林業事業体の参入や起業が一般化している静岡，長野，岐阜等の私有林地帯と比較し，山梨県の特徴を示している。こうした「労確法」と「林業経営基盤強化促進法」による国・公有林請負事業体の育成策は，山梨県に固有なものではなく，国・公有林地帯に共通する請負事業体育成策の枠組みとして，2001年からの森林・林業基本政策に継承されている。

委託募集や緑の研修生の受け入れに積極的に参加した森林組合と会社等では，30～40歳代のIターンや大卒の新規就業者が増加し，森林組合では月給制と日給制，会社等では日給制の枠内での安定雇用が指向され，林業就業者の家庭環境に配慮した年収300万円台の安定支給が実現している。他方，これに参加していない森林組合と会社等では，地縁・血縁依存型の採用が継続され，50歳以上層を主体とした地元の臨時的労働力に依存した日給制・出来高給制が採用され，新規就業者数が大きく減少している。しかし，世帯としての年収では，組織形態や委託募集の有無による年収格差が縮小し，逆に地元出身世帯の年収額がIターン世帯を上回っている。

富沢森林組合では内勤職員と現業従業員の業務・待遇の一元化によりIターンの定着が実現しているが，南部町森林組合では県外出身者の退職から地元採用重視への転換が行われるなど，月給制導入による現業従業員の定着促進効果にも一定の限界がある。また，会社等では同族経営が支配的であり現業従業員がそのなかで作業責任者以降のキャリア形成を行い，起業や独立することには大きな困難が伴う。

多様化した林業就業者の定着を実現するためには，林業事業体の従業員組織や賃金体系の再編とともに林業労働対策を「労働力確保」から林業就業者の「定着」，キャリア形成支援へ転換し，地域森林管理の主体形成の視点から林業就業者が指向する将来像の実現を支援し，事業体・林業・地域への「定着」支援を総合化することが重要となる。

第3節　山梨県の林業事業体と林業就業者

注及び引用文献

(1) 山梨県森林環境部（2004）『2002 年度山梨県林業統計書』による。同統計書では，県有林を除く私有林，市町村有林等を「民有林」と表示している。

(2) 山梨県の 68 認定事業体の一覧は，全国森林組合連合会（2005），78 頁を参照。

(3) 山梨県森林環境部「県有林課県有林造林事業労務実態表（2003 年度末）」による。

(4) 志賀和人（2005），4 頁及び 273 〜 277 頁を参照。

(5) 2016 年度山梨県林業統計書によると 2015 年度の主産物（木材）の処分量 5.8 万 m³ のうち，公売 4.9 万 m³，特売 0.8 万 m³ である。

(6) 大橋邦夫（1981），5 〜 6 頁。大橋は班長の性格を「この班長の資格としては，地元集落の実力者というよりむしろ，ある程度の造林技術を有する者，指導力があり信用度の高い者，経済的資力のあるものなどであった」としている。

(7) 以前は，中央，南都留，峡東，峡南森林組合も「施業受託者」であったが中止され，南部町森林組合は，2006 年 1 月末まで「施業受託者」であったが，労災事故の懸念等を理由に辞退している。

(8) 山梨県森林整備生産事業協同組合（1981 年結成）は，甲府市の木連会館内にある組織で県林務職員 OB が専務理事を務め，任意団体の山梨県県有林造林推進協議会と構成員及び事務局が同一である。同協議会は，1959 年に県有林の「労務の組織化と計画的な事業の推進を目的として」会員 150 人で設立され，現在は 60 人の会員で構成されている。県下に甲府（峡中），塩山（峡東），鰍沢（峡南），韮崎（峡北），大月，吉田の 6 支部がある。

(9) 以下の分析では，新規就業者の採用前の居住地別に地元市町村，県内近隣市町村，県内他市町村，Ｉターン，Ｕターン別の属性や労働条件に関する分析を行ったが，個々の就業者の人格や属性は多様であり，居住地別の属性を傾向的に示すものに過ぎない。厳密にはさらに個別的な事例調査や類型別の分析を行う必要があろう。

(10) 回答者の内訳は，男性 172 人・女性 8 人，造林班 145 人・素材生産班 11 人・その他 23 人・不明 1 人，班長 39 人・班員 134 人・オペレータ 5 人・不明 2 人である。

第3章
スイスの地域森林管理と制度展開

市民ゲマインデ・ベルン本部の瀟洒な建物

アルプスの氷河から流れ出す白濁したアーレ川とベルンの旧市街

ツンフトの紋章

歴史的基層を無視した「地域」や「市民」概念の抽象的適用には慎重でありたい。

第3章　スイスの地域森林管理と制度展開

第1節　森林法制の展開と歴史的基層

1　スイスの社会と国土利用

(1) 連邦とカントン・ゲマインデの関係

　スイス連邦は，413 万 ha の国土に 20 カントン（Kanton）と 6 半カント
ン（Halbkanton），3,000 弱の市町村（Politische Gemeinde）が存在する。
宮下啓三（2010）は，「小国」スイスを日本の海なし県の面積と対比し，「富
士山のある山梨，飛騨山脈のある岐阜と長野，関東地方の最高峰である白根
山を分かち合う群馬と栃木。これら 5 県の面積を足せば」414 万 ha とスイ
スの国土面積に相当すると説明している [1]。カントンは，「邦」や「州」と
訳されている文献も多い。カントンのなかで土地面積と人口で第 2 位のカン
トン・ベルンにおいても土地面積は 59.6 万 ha，人口 94 万人である。

　連邦議会は，国民議会（人口比例で議席を配分）と全カントン議会（人口
の多少にかかわらず各カントン 2 人，半カントン 1 人の議席）から構成さ
れ，憲法改正の国民投票は，連邦全体の投票者の過半数とともに過半数の賛
成を得たカントンが過半数に達する必要がある。スイスの連邦制と（半）直
接民主制，地方自治の成立過程は，13 世紀に締結された「哲約者同盟」以
来のスイス建国の歴史を踏まえる必要がある [2]。スイス連邦は，現在も 7
人の閣僚が連邦参事会（Bundesrat）を構成し，1 年交代で閣僚兼務のまま
大統領を務めるが，2017 年は連邦環境局（BAFU）を管轄する環境交通エ
ネルギー通信大臣の Doris Leuthard（キリスト教民主党）が 2 度目の連邦
大統領（Bundespräsidentin）を務めている [3]。

　カントンは，連邦憲法により連邦に委ねられた権限以外のすべての行政権
限を有する国家（Staats）であり，各カントンが独自の憲法と森林法，林務
組織を持つ。半カントンは，都市バーゼルと農村バーゼル，アッペンツェ
ル・アウサーローデンとアッペンツェル・インナーローデン，オプヴァルデ
ンとニトヴァルデンの 6 つがあり，これらは宗教上の対立や政治的抗争など
でカントンが 2 つに分裂したものである。半カントンは，連邦議会の全カン
トン議会（上院）にカントンが 2 人の代表を選出するのに対して 1 人を選出

244

し，連邦段階のレファレンダムで投票が2分の1にカウントされるが，それ以外はカントンと半カントンの行政上の差はない。以下の記述では，カントンと半カントンを特に区別する必要がない場合は，両者を区別せず「カントン」と記述する。

スイスの市町村は，人口1万人以上の市（Stadt），町（Flecken），村（Dorf）があり，人口が10万人以上の都市は，チューリヒ38.5万人，ジュネーヴ19.2万人，バーゼル16.7万人，ローザンヌ13.2万人，ベルン12.9万人，ヴィンタートゥル10.6万人の6都市のみである。人口100人未満の村が59カ村あり，最低のイタリア語圏Corippo村の人口は12人である[4]。黒澤隆文（2009）は，「連邦成立時に存在していた自治体の多くは，中世盛期から近世初期の村落・都市形成にその歴史を遡る。すなわち，スイスの今日の自治体は，欧州でも長い定住史を持つ自然村・都市が，そのままの規模で近代的な行政村・都市自治体に転換したものといえる」としている[5]。

市町村は，ドイツ語圏・フランス語圏・イタリア語圏のすべてのカントンに存在するが，市民ゲマインデ（Bürgergemeinde, Burgergemeindeと記述する地域もある）は21カントン，教会ゲマインデ（Kirchgemeinde）は23カントン，学校ゲマインデ（Schulgemeinde）は6カントンと市町村以外のゲマインデの分布と名称，性格の地域性が大きい。ゲマインデは，市町村以

写真3－1－1　連邦議会

写真3－1－2　アッペンツェル・アウサーローデンのランツゲマインデ広場（年に1度住民総会が開催されるランツゲマインデ広場も普段の休日は，散策者でにぎわいをみせる。）

第3章　スイスの地域森林管理と制度展開

外のゲマインデに関しても連邦及びカントン憲法に根拠規定を持ち，カント
ンのゲマインデ法（Gemeindegesetz）に法的規定が定められている。

　岡本三彦（1997）「スイスのゲマインデとその特性：ゲマインデの種類，
自治，規模」は，A. Huber（1988）に依拠し，ゲマインデの種類を政治ゲ
マインデ（市町村），市民ゲマインデ，教会，学校，その他，公法団体に分
類し，その分布状況を示している。

　市町村は，その地域に居住するすべての住民を包括し，他の行政機関やゲ
マインデの対象としないすべての業務を担当する。市町村・政治ゲマインデ
は，ドイツ語圏では住民ゲマインデ（Einwohner Gemeinde）や村落ゲマイ
ンデ（Ortsgemeinde）とも言われ，フランス語圏ではコミューン（commune），
イタリア語圏ではコムーネ（comune）と言われる。市町村の85％は，住民
総会制度を採用し，立法機関，執行機関，行政官庁，ゲマインデ警察を有
し，ゲマインデ規則の違反に関する処罰の権限を持ち，住民が選挙した治安
判事が一定金額以下の訴訟・係争事件の判決を下している。

　市民ゲマインデは，そのゲマインデに居住しているかどうかにかかわら
ず，その市民ゲマインデに市民権を有するすべての人から構成される。「ス
イス人は，少なくとも1つのゲマインデに市民権を有し，…市民ゲマインデ
は，他の共同体に責任がない限りにおいて，市民権付与の権限を有してい
る」[6]。

　現在では，市町村の住民のうち市民ゲマインデの「市民」と一致する住民
は25％程度と言われるが，第2節の市民ゲマインデ・ベルンのように土地・
建物，森林，ブドウ畑などの財産を所有し，伝統的に救貧事業や文化事業を
実施しているゲマインデも存在する。市町村と市民ゲマインデは，統一ゲマ
インデ（Einheitsgemeinde）や混合ゲマインデ（gemischte Gemeinde）に
統合され，市町村参事会が同時に市民ゲマインデ参事会の職務を執行してい
る場合もある。

　スイスの市町村と市民ゲマインデは，主要な森林所有・経営主体として，
その歴史と現状理解は，スイスの森林・林業を理解するうえで重要であるだ
けでなく，日本の公有林問題や森林管理制度との相違点を理解するうえで
重要なポイントとなる。その意味では，Politische Gemeinde を市町村，

246

Bürgergemeinde を市民ゲマインデと訳し，後者を日本の財産区，一部事務
組合に相当する団体と理解するだけでは十分とは言えず，スイスのゲマイン
デの特徴を現実に即して理解する必要がある。

(2) 国土利用と山岳地域

　スイスの国土面積は，森林32％，耕地・放牧地23％，非生産地23％，ア
ルプ13％，市街地8％，果樹・菜園1％から構成される。上野福男 (1988)
は，放牧地 (Weideland) とアルプ (Alp) を「アルプ農業についての重要
用語の定義」で，「専ら家畜の放牧にあてられる土地である。アルプ放牧期
間中家畜に投与する干し草を採るアルプ刈草地はアルプ放牧地に算入されて
いる」，「アルプは草地の地域であって，専ら家畜を放牧するが，通常冬期間
は人々がそこには居住しない土地である」としている[7]。

　表3-1-1に示すように森林の地域分布は，従来の山岳地域を主体とし
た新地域政策 (Neue Regionalpolitik, NRP) の対象地域 (NRP地域) と非
NRP地域で分布の偏りが少なく，アルプと非生産的な土地はNRP地域，市街
地は非NRP地域に多く分布している。1990年代から2000年代の土地利用
の変化をみると市街地が9％増，果樹・菜園が17％減少し，森林は非NRP
地域では0.6％減，NRP地域では逆に1％増加している。

　スイスは，口絵5頁に示したように森林と集落，農地・牧草地がモザイク

表3-1-1　地域別土地利用面積と増減率

単位：1,000ha, ％

年・区分	土地利用	面積	構成比と増減率					
			市街地	果樹・菜園	耕地・放牧地	アルプ	森林	非生産地
2004/09 の面積と比率	NPR 地域	3,498	5.9	1.1	20.5	14.5	32.1	25.9
	非 NPR 地域	505	20.3	2.6	40.4	1.1	33.8	1.8
	計	4,003	7.7	1.3	23.0	12.8	32.3	22.9
1992/97 → 2004/09	NPR 地域	87.4	9.7	− 16.2	− 1.2	− 2	1.1	− 0.5
	非 NPR 地域	12.6	8.3	− 19.3	− 2.0	0.8	− 0.6	4.4
	計	100.0	9.2	− 17.0	− 1.3	− 1.9	0.9	− 0.4

資料：SAB (2016) Das Schweizer Berggebiet 2016 Fakten und Zahlen, S.9
注：非 NRP 地域は，チューリヒ，ジュネーヴ，バーゼル，ローザンヌ，ベルンの5大都
　　市部とアールガウ，都市バーゼル，農村バーゼル，ジュネーヴ，ソロトゥルン，ツーク，
　　チューリヒの都市的7カントンに属する基礎自治体，NRP 地域はそれ以外の地域。

第3章　スイスの地域森林管理と制度展開

写真3－1－3　1950年代の山岳地域（当時の生活は貧しく，生活基盤整備も遅れていた。）
資料：Jörk Wyder（1993）Gründungsgeschichte der SAB, Sonderdruck Montagna, S.17

状に入り組み，美しい農村景観を形成している。こうした国土利用は自然的要因だけでなく，農村整備の進展や第2次世界大戦後にスイスが連邦憲法改正により「新経済条項」を採択し，次項で述べる「誘導された社会的市場経済」の指導理念に基づき，社会経済政策や地域政策，農林業政策を展開した結果でもある。

　1960年代以降，スイスでは農林業のウェイトの相対的に高い山岳地域といえども農林業政策のみで地域の持続的発展を図るうえでの限界性が認識され，第3節で述べるように第1次産業以外の産業基盤整備や生活文化的インフラ整備を含んだ総合的な空間整備・地域政策が展開された。

　1990年代におけるスイスの山岳地域（連邦山岳地域投資助成法の対象地域）の人口増加率は，スイス全体の1990～95年の年率人口増加率0.5%を上回り，54の山岳地域のうちマイナスは1地域，年率人口増加率が0.5%を下回った山岳地域は4地域のみであった。しかし，1990年代後半になると山岳地域と都市・平坦地域の住民1人当たりの所得格差が拡大し，連邦・カントンの財政問題と農産物の市場開放に対応した農政・山岳地域政策の新たな戦略が模索される。

　2005年以降の地域別人口動態を表3－1－2に示した。2008年からの

第1節　森林法制の展開と歴史的基層

表3－1－2　地域別人口動態

単位：1,000 人，%

区分	年・区分	NRP 地域	非 NRP 地域	計
人口の変化	2005	4,172	3,291	7,464
	2010	4,371	3,498	7,869
	2015	4,613	3,718	8,331
年人口増加率	2000 ～ 2015	0.8	1.0	0.9
	2010 ～ 2015	1.0	1.2	1.1
2015 年の若年・高齢者比率	19 歳以下	33.3	31.6	32.6
	65 歳以上	29.7	27.5	28.7
2015 年の産業別就業人口比率	第1次産業	4.2	1.2	2.7
	第2次産業	30.0	21.3	25.8
	第3次産業	65.8	77.5	71.5

資料：SAB（2016）Das Schweizer Berggebiet 2016 Fakten und Zahlen, S.12
注：若年者比率は 0 ～ 19 歳 /20 ～ 64 歳，高齢者比率は 65 歳以上 /20 ～ 64 歳の比率である。

NRP の導入を契機に地域政策の対象が山岳地域から NRP 地域（チューリヒ，ジュネーヴ，バーゼル，ローザンヌ，ベルンの5大都市部とアールガウ，都市バーゼル，農村バーゼル，ジュネーヴ，ソロトゥルン，ツーク，チューリヒの都市的7カントンに属する基礎自治体以外の地域）に再編され，2000年代に入ると NRP 地域の人口増加率はやや鈍化し，高齢者比率がスイス全体より1ポイント高くなっている。

　2015 年の NRP 地域の産業別就業人口比率は，第1次産業が4％と全体より 1.5 ポイント高いが，第2次産業が30％で＋ 4.2 ポイント，第3次産業が66％で－ 5.7 ポイントと産業構造上の NRP 地域と非 NRP 地域の差異は日本ほど大きくない。田口博雄（2012）が指摘するように NRP 地域をさらに「交通の便が良好な周辺地域」（人口構成比 20.6％），「交通の便が中位の周辺地域」（同 1.3％），「アルプス主要観光地」（1.3％），「その他周辺地域」（3.6％）に区分し，その就業者数と失業率，居住者数をみると，特に 1990 年代後半以降，「その他周辺地域」の居住者数が他地域の増加傾向に対して，頭打ちから減少傾向を示している。しかし，伝統的な連邦制のもとでの分権的政策運営とカントン・ゲマインデ自治を基本とした空間整備，地域政策と農政における手厚い直接支払いにより日本の山村問題の深刻さとは，その様相を異にしている。

第3章　スイスの地域森林管理と制度展開

(3) 社会的市場経済による政策運営

　スイスの農林業，空間整備政策と地域政策を検討する場合，スイス連邦憲法における連邦とカントンの権限配分原則と経済政策に関する連邦の介入権限を念頭に置く必要がある。

　現行の1999年スイス連邦憲法では，第3条〔カントンの主権・連邦とカントンの権限配分原則〕において，カントンはその主権が連邦憲法によって制限されない限り主権を有し，連邦権力に委ねられるすべての権利を主権者として行使するとし，第5a条〔補完性〕で国家の任務の割当及び遂行に際しては，補完性原則を尊重しなければならないとしている。また，第43a条〔国家の任務の割当及び遂行の原則〕では，連邦はカントンの能力を超えている任務または連邦による統一的な規制を必要とする任務のみを引き受けるとし，第45条〔連邦の意思形成への協力〕では，カントンは連邦憲法の定める条件に従い連邦の意思形成，特に立法に協力し，連邦は，カントンの利益に関係する問題の場合には，当該カントンの意見を聴取するとしている。

　連邦とカントンの権限配分は，①立法権限・執行権限とも連邦に属するもの，②立法権限は連邦，執行権限はカントンに属するもの，③立法権限は連邦，カントンに分割的に属し，執行権限は連邦に留保されているものを除いて，カントンに属するもの，④立法権限はカントンに，執行権限は連邦に属するもの，⑤立法権限・執行権限ともカントンに属するものの5通りに区分される。このうち，森林管理や空間計画，自然郷土保護に関する法制度は，③のカテゴリーに属する。

　森林管理と空間計画，自然環境保護に関する旧連邦憲法の条項と連邦法の対応関係を示すと表3－1－3のとおりである。森林管理に関しては，1874年に連邦憲法の第24条に高山地帯における連邦の森林警察に関する上級監督権が規定され，1876年に高山地帯における森林警察に関する連邦の上級監督に関する連邦法（以下，連邦高山地帯森林警察法）が制定され，さらに1897年に「高山地帯」を削除する連邦憲法改正が行われ，1902年連邦森林警察法が制定された。同法は，1991年連邦森林法が制定されるまでスイスの連邦森林政策の基本法規であった。

第1節　森林法制の展開と歴史的基層

表 3 - 1 - 3　連邦権限に関する連邦憲法と連邦法の関係

| 年次 | 旧連邦憲法（1874年・1897年） | | 連邦法令 の制定年 | | |
	項目	条文			
1874	高山地帯の森林・河川警察	第24条	1876	1877	
		第24条の2	1991		
1874	漁業・狩猟	第25条	1986		
		第24条の6	1973	1991	
1897	森林・河川警察	第24条	1902		
1907	民法典	第64条			
1908	水力利用	第24条の2	1916	1967	1985
1911	民事法	第64条			
1937	刑法典	第64条の2			
1947	農業	第31条の2	1951		
		第23条の2			
1953	河川・湖沼保護	第24条の2	1991		
1958	国道	第36条の2	1960		
1962	自然郷土保護	第24条の6	1966	1983	
1969	空間計画	第22条の4	1979		
1971	環境保護	第24条の6	1983		
1973	研究教育	第27条，第27条の6	1983		
1979	歩道・散策路	第37条の4	1985		
1983	自動車燃料関税	第36条の3	1985		
1987	自然郷土保護	第24条の6第5項	1987	1991	
1990	刑法典	第64条の2	1990		
1990	エネルギー	第24条の8	1990		

資料：G. Bloetzer（1996）Skript zur Vorlesung Forstrecht, S23-24

　1991年連邦森林法は，制定当時，1897年連邦憲法第24条〔河川・森林警察に関する連邦の権限〕，第24条の6〔環境保護に関するカントンと連邦の関係〕，第24条の7〔人間と自然環境の保護〕，第31条の2〔連邦の福祉措置，全体利益に基づく取引・営業の自由の制限〕に基づき制定されていたが，1999年連邦憲法の全面改正により現在では，第74条〔環境保全〕第1項，第77条〔森林〕第2項，第3項，第78条〔自然郷土保護〕第4項と第95条〔私経済的活動〕第1項に基づく。

　各カントンは独自の憲法を持ち，連邦法の枠内でさらに個別のカントン段階の法律を制定している。例えば，カントン・ベルン憲法では，第3章の公的任務において，3.1環境，景観，郷土保護，3.2空間・建築法規などとともに3.10経済の第51条〔農林業〕第1項でカントンは生産性が高く，環境適

251

第3章　スイスの地域森林管理と制度展開

合的農林業対策を講ずる，第2項でカントンは農民的家族経営を支援し，近自然的経営方式を助長する，第3項でカントンは森林の保全機能，収穫機能，厚生機能の維持を保障するとしている。

　農政と山岳地域政策に関しては，戦前期からの長い取り組みの歴史がある。旧連邦憲法第31条第1項〔取引及び営業の自由，カントンの権限〕では，取引及び営業の自由は，連邦憲法及びそれに基づく法律によって制限されない限り，連邦の全領域において保障されるとしている。この規定は，1874年の連邦憲法の全面改正の際に取り入れられ，その後，第1次，第2次世界大戦と世界恐慌期を通じて，連邦は連邦決議によりその権限を拡大した。さらに，1947年の国民投票により第31条の2の「新経済条項」を採択し，これ以降も連邦の指導権限を強化している。

　1929年には国民投票により連邦憲法第23条第2項〔食料政策に関する連邦の権限〕を採択し，製パン用穀物の政府管理と価格支持及び山岳地域への特別措置を規定した。第2次大戦期と戦後の食料難のなかでそれをさらに体系化し，1951年の農業振興と農民層の維持に関する連邦法（農業法）及び1959年のパン穀物の供給に関する連邦法（穀物法）が制定され，これによりスイスの戦後農政の制度的枠組みが形成される。

　第2次大戦後のスイスは，機能的な市場を維持するための絶対的前提である個人的自由権と市場経済に対する国家的誘導の必要性を肯定し，安全と均衡の保障を内容とする市場に対する社会的義務づけを包括した社会経済秩序を「誘導された社会的市場経済」（gelenkte, soziale Marktwirtschaft）として，経済政策運営の基本理念とした[8]。この基本理念は，ドイツの「社会的市場経済」と同様の理念であり，第2次大戦後の西ドイツ経済政策の理論的支柱として活躍したW. レプケは，スイスに亡命中の体験を次のように記している。

　「その立場は，所得及び財産の分配，經營の大きさ，または都市と農村，工業と農業あるいは個々の階級層への人口の分布などという市場経済の社會的前提條件を，もはやあたえられたものとしてはうけとらないで，特定の意圖にしたがってかえて行こうとする」，その際にスイスのベルン地方の小さな村の例を紹介し，「ここには農家のほかに，次のようないろいろな小工業，

手工業や職業がある。…手工業者は，一見してわかるように，裕福である。
この小さな村の文化水準については，高度の趣味をも満足させる立派な書
店，樂器店，それから高等学校があることを見ただけでもわかる。さらにそ
れにつけ加えて，すべてが清潔にかがやき，審美眼にうったえるほどであ
り，ひとびとはひとりのこらずうらやましいほどの家に住んでいる。…人間
があつまり住むかたちとして，これ以上よろしいかたちのものは考えられな
いだろう。これこそわれわれの理想—しかも最高度に具體的な現實にうつさ
れた理想なのである」としている[9]。

　旧連邦憲法第 31 条は，全体の利益によって是認されることを条件として，
不可避の場合に取引及び営業の自由に反して，以下の内容の規則を設けるこ
とができるとし，次の連邦憲法の条項に基づく農業，地域政策に関する諸法
令が制定されている。

　①旧連邦憲法第 31 条の 2〔連邦の福祉措置，全体利益に基づく取引・営
業の自由の制限〕，第 23 条の 2〔食料政策に関する連邦の権限〕，第 31 条の
8〔農業の役割と連邦の任務〕等：1951 年連邦農業法

　②同第 31 条の 2 第 3 項 b 号及び e 号，第 23 条の 2：1959 年連邦穀物法

　③同第 31 条の 2 第 2 項，第 3 項 b 号：1962 年の農業投資信用と経営助成
に関する連邦法

　④同第 31 条の 2 第 3 項 a 号〔重要であって，その存在基盤が危機となっ
ている経済部門または職業の維持〕：1976 年の山岳地域における借入金保証
と利子補給に関する連邦法

　⑤同第 31 条の 2 第 3 項 b 号〔健全な農民層及び能率の良い農業の維持，
並びに農民の土地所有の安定〕：1952 年の農業における家族手当に関する連
邦法，1974 年の山岳地域と前アルプス丘陵地域の家畜飼育者に対する費用
助成に関する連邦法，1979 年の困難な生産条件にある農業に対する経営助
成に関する連邦法

　⑥同第 31 条の 2 第 3 項 c 号〔経済的窮迫地域の保護〕及び第 22 条の 4
〔空間計画に関する連邦とカントンの関係〕：1966 年のホテル・保養地に対
する金融措置に関する連邦法，1974 年の山岳地域の投資助成に関する連邦
法（以下，連邦山岳地域投資助成法），1978 年の経済的危機地域に対する資

253

金援助に関する連邦決議，1995年の経済的再建地域に対する連邦決議

⑦同第34条の6第2項b号〔所得の可能性が限られている家族及び人等の住宅制度の領域での連邦の援助権限〕：1970年の山岳地域の住宅事情改善に関する連邦法

また，旧連邦憲法第42条の3〔カントン間の財政均衡〕では，連邦はカントン間の財政均衡を促進し，連邦分担金の承認に際して，カントンの財政能力と山岳地域を適切に考慮しなければならないとし，財政面での地域の自治と自立に配慮し，住民所得水準の高い都市カントン（ツーク，都市バーゼル，チューリヒ，ジュネーヴ）から山岳地域カントン（ヴァリス，ジュラ，アッペンツェル，ウーリ）に財政調整が実施された。

(4) 森林利用に関する住民意識

連邦政府による住民の森林利用に関するモニタリング調査結果を表3－1－4に示した。同調査は，1997年（WaMos1）と2010年（WaMos2）に調査が実施され，調査方法は事前に質問事項を郵送のうえ，電話とオンライン

表3－1－4　住民に対する社会文化的森林モニタリング調査結果

単位：%

項目・区分	調査年	1997	2010	項目・区分	調査年	1997	2010
訪問頻度 夏	ほとんど毎日	14	12	森林への 移動手段	徒歩	53	70
	週1～2回	44	42		自転車	8	7
	月1～2回	29	28		公共交通機関	5	4
	月1回未満	9	12		自動車・オートバイ	34	18
	ほとんどなし	4	6		その他	0	1
訪問頻度 冬	ほとんど毎日	9	8	森林内の 活動	散歩	40	64
	週1～2回	29	28		スポーツ	18	39
	月1～2回	34	26		ただいるだけ	…	32
	月1回未満	16	21		自然観察	10	27
	ほとんどなし	12	18		採集	10	16
森林への 移動時間	10分以内	37	59		催物・ピクニック	3	9
	11～20分	35	29		子供の付き添い	1	8
	21～30分	9	9		犬の散歩	8	6
	30分超	19	4		仕事	4	5

資料：BAFU・WSL（2013）Die Schweizer Bevölkerung und ihr Wald：Bericht zur Bevölkerungsumfrage Waldmonitoring soziokultuell（WaMos 2）
注：森林内の活動で5%未満の項目は，表示を省略した。

により WaMos1 が 2,018 人，WaMos2 が 3,022 人をインタビュー（1 人 34 分程度）した結果である。

　2010 年の回答者の 82％は，夏には「月に 1 ～ 2 回」以上近くの森林に出かけ，日常的な体験による森林との接点を持っており，冬期も 62％の回答者が月 1 回以上森林を訪れている。スイスの分散的都市・集落配置と住民の森林利用のあり方を反映し，森林への所要時間は 10 分以内が 59％を占め，70％が徒歩で到達している。森林内での活動は，散歩やスポーツ，「ただいるだけ（einfach sein）」，自然観察，採取などの回答が多く，滞在時間は 31 ～ 60 分が 40％，61 ～ 120 分が 31％と両者で 71％を占めている。

　1997 年と 2010 年を比較すると森林の訪問頻度は，夏・冬ともやや低下傾向にあるが，日本と比較すると住民の森林への近親性には格段の差が認められる。また，回答者は連邦政府の林地転用の禁止や経営原則に基づいた持続的林業生産の維持といった政策を概ね好意的にとらえ，人間の適度な森林利用と両立したソフトな自然保護を支持し，木材生産を否定的にはとらえていない。

　1997 年と 2010 年で大きな違いがある点は，過去 20 年間で森林の健全性が「改善された」とする回答者が 11％から 20％，「同様である」が 24％から 51％に増加し，「悪化した」が 65％から 24％に低下した点である。また，重視する森林機能について，大気浄化機能が 65％から 48％に低下し，経済・生産・利用機能が 13％から 40％，生活空間・動植物の生態環境が 33％から 38％に増加している。

　森林の保健休養に関する法制度問題について，BUWAL（2005）がスイスの森林内の建物・施設や大規模な催物，自転車走行，犬，キノコ採取に関するカントン法令の現状とドイツ，オーストリア，フランス，デンマークにおける法制度を検討している。同報告書によれば，森林内の犬に関するカントン法令は，17 カントンが特別法，狩猟法，自然保護法，動物保護法などに関する規定を有し，その主な内容は監視義務 13，引綱の義務 11，ゲマインデ規則への委任 7 である。キノコ採取に関するカントン法令では，20 カントンが自然保護法令にキノコ保護規定を有し，採取量（500g ～ 3kg ／人日），採取禁止の期間・時間，保護地域・採取道具の使用，営業的採取の禁止を規

255

第3章 スイスの地域森林管理と制度展開

定している[10]。

2 森林管理の伝統と森林法制

(1) スイス林業と森林法制

スイスの森林は19世紀に大規模に皆伐され、アルプス地域から伐採された木材は、アーレ川からライン川に流送され、オランダやイギリスに輸出された（写真3-1-4のアーレ川を埋め尽くす丸太と山肌の荒廃に注目）。C. Pfister, H. R. Egli（1998）によれば1870年のスイスの森林面積は76.8万haと現在の63％に過ぎず、1865年のカントン・ベルンの397市町村のうち森林率50％以上が9市町村、20％未満146市町村から1995年には同53市町村と73市町村に回復している[11]。

1843年にスイス森林協会（SFV）が設立され、同協会は1856年に連邦政府に対する請願書を提出し、1858～1860年にETH教授のランドルトやエッシャーらによる高山地帯の森林調査が行われた。1874年の連邦憲法改正と1876年連邦高山地帯森林警察法、1902年連邦森林警察法の制定は、こうした歴史的背景を起点にしている。

石井寛（1996）は、欧州諸国における森林法の展開を検討し、①1850年代以降の森林施業規制・警察法としての森林法、②20世紀初頭以降、特に第2次世界大戦以降の森林造成・林業振興法としての森林法、③1970年代初頭以降の開発規制・環境法としての森林法、④1990年代以降の環

写真3-1-4 1840年代アーレ川の流送風景

256

第1節　森林法制の展開と歴史的基層

境法としての強化と規制緩和の方向とその展開モデルを整理している[12]。スイスでは，①1876年連邦高山地帯森林警察法及び1902年連邦森林警察法の成立，②及び③1969年連邦山岳地域林業投資信用法，1963年連邦森林警察法の一部改正，1965年同法施行令及び1970年代のカントン森林法改正，④1991年連邦森林法とカントン森林法の全面改正がこれに対応する。

　③の1970年代初頭以降の開発規制・環境法としての森林法は，1975年のドイツ連邦森林法，1975年のオーストリア連邦森林法に代表されるが，スイスの場合，連邦段階では1902年の森林警察法の全面改正に至らず，それが1990年代までずれ込む。これは，スイス特有の連邦法の制定手続きと1960年代後半から80年代にベルンなど10カントンで新たなカントン森林法が制定され，カントン段階での政策理念の転換が進展したことが背景と考えられる。スイスでは，②の森林造成・林業振興法としての森林法令の展開が連邦段階では明確な実定法として顕在化せず，1970年代以降，③の開発規制・環境法としての森林法令に展開していく。この過程は，2の（5）と3の（2）で検討するが，ゲマインデ有林が支配的で連邦林務主管官庁が1998年までは内務省であったこともその理由の1つと考えられる。

　スイスの森林政策理念は，①の森林地域の保全，木材生産の保続，自然災害からの保護から②の森林所有者への助成を付加し，さらに③の自然に近い森林施業，森林の多面的機能の維持，④の自然保護・景観保全，生物多様性の保全，森林保護区の設定へ政策領域を拡大し，その政策手法も大きく変化した。④の段階では，森林の多面的機能の発揮と持続的管理及び森林利用への社会的要請の強まり，政策対象の包括化と空間整備・自然郷土保護に関する法令とのリンケージの進展により，森林所有者への支援戦略が国家による規制や施業計画によるコントロールから重層的な費用負担とそれに対応した公共的森林管理の追求に移行した。

　1991年連邦森林法は，5年以内にカントン森林法の制定を義務づけ，連邦森林法も制定後，2006年，2012年，2016年に重要な改正が行われ，カントン森林法も連邦森林法改正への対応と独自の地域問題を解決するための改正が随時行われている。そのUNCED及び連邦森林法施行以降，25年間のスイス森林管理制度の展開は，第4節と第5節で分析する。

257

第3章　スイスの地域森林管理と制度展開

(2) 1876年連邦高山地帯森林警察法

　1830年代からの乱伐や家畜の過放牧，副産物利用とともに輸出用の木材生産の拡大による山岳林の荒廃が進み，下流ではしばしば大洪水が発生した。18世紀末以降，ジャガイモの普及により豚の舎飼への移行によりドングリによる豚の飼育が衰退し，牛・馬・山羊・羊などの林内放牧のために維持されていたフーデヴァルト（ナラなどの広葉樹を残した家畜のための木陰のある放牧林）も針葉樹用材林に転換された。自給的農業の商品作物への転換や家畜の舎飼への移行によりこれまで利用されていなかった落葉利用による森林土壌の劣化も進行した。

　連邦政府は，1850年代に山岳林の調査を命じ，再造林や洪水防止予算を組み，1860年にETH林学部教授によるランドルト報告が公表された。1868年の大洪水を契機に林業予算の増額とカントン段階での森林施業計画の樹立が推進され，1874年の連邦憲法改正により第24条に連邦は高山地帯における河川・森林警察について監督する権限を有し（第1項），連邦は激流の改修及び築堤並びにその水源地域の造林を援助し，これらの事業と既存の森林保全に必要な保護規則を定める（第2項）とされ，2年後の1876年に連邦高山地帯森林警察法が制定された。

　高山地帯（im Hochgebirge）には，4カントン（ウーリ，グラウビュンデン，ティチーノ，ヴァレー）と4半カントン（ニトヴァルデン，オプヴァルデン，アッペンツェル・アウサーローデン，アッペンツェル・インナーローデン）と8カントンの一部の山岳地域（チューリヒ，ベルン，ルツェルン，

写真3-1-5　19世紀における落葉利用とフーデヴァルト（現在）

第1節　森林法制の展開と歴史的基層

シュヴィーツ，ツーク，フリブール，ザンクト・ガレン，ヴォーの山岳地域）が含まれ，スイスの全森林面積の55％を占めていた。同法は，林務組織，森林区分（公共的森林・私有林，保安林・非保安林），森林保全・造林に対する助成，カントン林務組織に対する助成措置を主な内容としていた。

スイスで森林法制と森林管理体制の整備が当時の時代背景のなかで有効に機能した要因として，次の点も重要である。

①カントン・ベルンのエネルギー需要の変化をみると1870年代以降，図3-1-1に示すように急増するが，その増加した需要量は，主に石炭により賄われ，木材・木質エネルギー供給量は，1910年代まで横ばいで推移し，森林資源への過度の需要圧力とはならなかった[13]。

②山岳地域の農業がジャガイモ栽培の導入とアルプス観光の発達により牛乳・乳製品に対する地場需要が拡大したことにより乳牛飼育への転換が進み，山羊の飼育頭数が減少し，稚樹や若齢林の山羊による食害が沈静化していく。

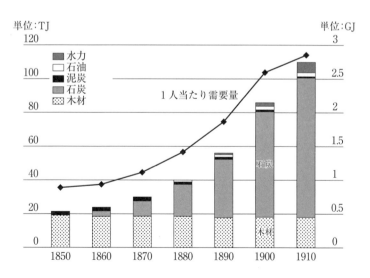

図3-1-1　19～20世紀のエネルギー需給の変化（カントン・ベルン）
資料：C. Pfister, H. R. Egli（1998）Historisch-Statistischer Atlas des Kantons Bern, Historischer Verein des Kantons Bern, S.118

第3章　スイスの地域森林管理と制度展開

(3) 1902 年連邦森林警察法と改正動向

　1884 年にベルン，ソロトゥルン，ヴァレー，ヌーシャテルのジュラ地域カントンが連邦の支援を求め，1897 年に連邦憲法第 24 条から「高山地帯における」を削除することの是非を問う国民投票が実施された。国民投票は 64％の賛成票（6 カントンでは否決）で成立し，1902 年に連邦森林警察法が制定された[14]。

　1902 年連邦森林警察法は，総則，組織，公共的森林，私有林，森林面積の維持及び増加，連邦補助金，収用，罰則，経過規定及び付則の 9 章から構成された。総則で森林を公共的森林と私有林，保安林と非保安林に区分し，組織でこれを監督，執行する連邦とカントン林務組織に関して規定し，公共的森林以下で各々の森林区分に対応した禁止・許可措置と権限，連邦補助金の細則と罰則を定めている。その政策理念と手法は，木材生産の保続と災害防止，国土保全を連邦・カントン林務組織による禁止・許可措置を中心とした森林警察的手法により実現する点に特徴があった。

　1902 年連邦森林警察法は，補助率，罰金等の変更を含め 20 回を超える改正を経ており，大きな内容変更を伴う改正として 1945 年，1951 年，1963 年改正がある。1945 年改正は私有林の零細林地統合とその補助規定に関する改正，1951 年改正は雪崩被害復旧のための特別助成に関する改正，1963 年改正は造林・伐木労働者の研修と林務職員の教育に対する助成を主な内容とし，同改正に伴う 1965 年同法施行令により保安林概念の拡大が行われた。

　1965 年の同法施行令では，森林は下記のとおり分類するとし，a.所有者別…b.監督方法別 1.法第 4 条に従いカントンが保安林に分類した森林…カントンはさらに水の供給と浄化，大気の浄化，レクリエーション，保健休養及び景観保全に必要な森林を保安林と宣言する権限を持つ（第 2 条）とした。また，連邦森林警察法第 3 条の災害防止機能を中心とした保安林の規定から保安林概念を拡充し，カントンはさらに水の供給と浄化，大気の浄化，レクリエーション，保健休養及び景観保全に必要な森林を保安林と宣言する権限を持つとして，従来の連邦森林警察法による野渓の集水域にある森林，並びにその森林が有害な気象上の影響，雪崩，土砂崩壊，地すべり，浸食及び異常な水量から保護する森林という古典的保安林概念を拡大した。

260

(4) ゲマインデ有林の森林施業計画編成

図3－1－2に連邦高山地帯森林警察法制定から1980年代に至るスイス林業政策の枠組み（原資料の図タイトルは，個別対策間の時間的・項目的関係）を示した。後掲表3－4－1に示した森林区分に対応した連邦・カントン林務組織による禁止・許可措置と補助施策を中心とした政策手法に基づき，公共的森林に対する森林施業計画の樹立と経営規程に則った森林経営の確立が各カントンで実行された。

1876年から1983年までの新規造林に対する連邦補助面積は，1876～1900年が4,350ha，1901～23年1.7万ha，24～38年2.3万ha，39～47年2.4万ha，48～63年3.2万ha，64～83年3.8万haと年平均面積で1901～23年の502haと1948～63年の484haに2つのピークがある[15]。森林資源の充実と助成措置及び図3－1－2に示したスイス林業政策の枠組みが

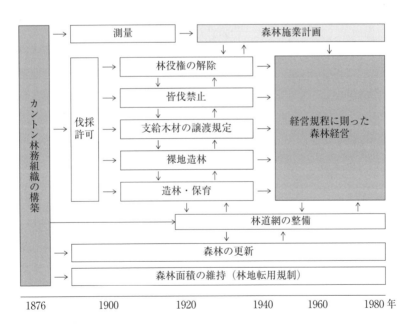

図3－1－2　連邦森林法制の制定以降の林業政策の枠組み
資料：H. Kasper (1989) Der Einfluss der eidgenössischen Forestpolitik auf die forstliche Entwicklung im Kanton Nidwalden in der Zeit von 1876 bis 1980, S.157

総合的に機能し，1970年代までに各カントンで経営規程に則した保続的森林経営が構築される。

　H. Kasper（1989）からニトヴァルデンにおける森林施業計画の編成年次を表3－1－5に示した。ニトヴァルデンは，団体有林と市民ゲマインデ有林の多いカントンであるが，1902年以降，公共的森林（原資料 öffentliche）における森林施業計画の編成が進み，1970年代までにその編成が完了している。アルプ組合（Alpgenossenschaften）の森林施業計画の編成は，団体有林・市民ゲマインデ有林より取り組みが遅れ，第2次世界大戦後に編成さ

表3－1－5　ニトヴァルデンにおける森林施業計画の編成動向

	所有者	1900以前	1900-1910	1910-1920	1920-1930	1930-1940	1940-1950	1950-1960	1960-1970	1970-1980
	カントン有林（Staatswald）			1911						1971
公共的森林	Beckenried				1927	1937			1966	
	Emmetten			1912		1935				
	Stans	1897		1914		1934		1958		1970
	Ennetmos		1902	1918					1966	
	Hergiswil		1902	1919		1931				1972
	Buochs			1912		1934			1965	
	Dallenwil			1913		1933		1958		
	Stansstad	1882	1902	1913	1925			1951		1979
	Wolffensch. Boden			1919		1931				1970
	Altzellen						1948			1973
	Wolffensch. Güterkorp.							1951		1980
	Ennetbürgen				1928			1950		
	Oberrichenbach							1951		
	Büren o.d. Bach			1918					1969	
	Büren n.d. Bach							1950		
	Waltersberg				1922			1950		1975
アルプ組合	Steinalp						1949	1958		
	Arni						1949			1976
	Bannalp								1965	
	Dürrenboden							1953		
	Kernalp							1957		
	Lutersee							1953		
	Sinsgäu							1954		
	Trübsee							1953		1977

資料：Heinz Kasper（1989）Der Einfluss der eidgenössischen Forestpolitik auf die forstliche Entwicklung im Kanton Nidwalden in der Zeit von 1876 bis 1980, S.83

れ，1970年代までに編成が完了している。ここで注目されるのは，カントン有林の森林施業計画の編成がゲマインデ有林より優先されているわけではなく，支配的所有形態の施業計画編成と保続的森林経営の確立が追求され，それが実現されている点が日本林政の対応と対極的である。

また，図3－1－3にカントン・ベルンの地域森林管理計画書から1980年代までのガントリッシュ地域9ゲマインデ有林の年伐採量・標準伐採量・年成長量の推移を示した。森林施業計画の編成と「経営規程に則った森林経営の確立」を目指したスイス林政は，1960年代に年成長量と標準伐採量，年伐採量が均衡した保続的森林経営が一般のゲマインデ有林においても実現された。この時期に日本では，国有林の木材増産計画や林業基本法の制定による構造政策が展開された時期になるが，21世紀の今日に受け継がれた成果は対照的であった。スイスでは同期の主要林業施策として，森林施業計画の編成が採用され，それが年成長量と標準伐採量，年伐採量が均衡した保続的森林経営の形成が期待できる公共的森林を対象に現場技術者の養成とともに展開された。その政策対応の違いが1990年代以降のスイスの森林政策に

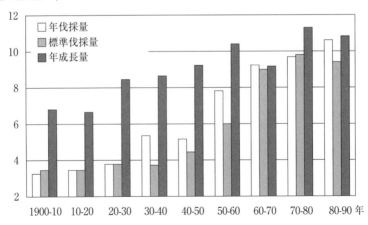

図3－1－3　ゲマインデ有林の年伐採量・標準伐採量・成長量の推移
（ガントリッシュ地域の9ゲマインデ有林）
資料：Regionaler Waldplan Gantrisch 2000-2015, S.23
注：原資料は9ゲマインデ有林の森林施業計画である。

第3章　スイスの地域森林管理と制度展開

どのような展開をもたらすことになるかは，第2節と第4節，第5節で改めて検討する。

(5) 1991年連邦森林法の制定過程

新たな連邦森林法の制定に関する検討は1960年代から始まり，1975年から1978年に連邦議会は，専門家グループによる検討に着手している[16]。しかし，1979年から1983年の連邦政府の優先課題には採用されず，1980年代後半まで本格的検討は延期された。

この間に森林被害対策として，1967年の暴風雨による林業被害軽減のための時限措置に関する連邦決議による風倒木の輸出対策，1969年の連邦山岳地域林業投資信用法の制定，1984年の森林被害特別対策助成に関する連邦決議による被害木搬出・輸送費助成，1988年の森林保全特別対策に関する連邦決議による搬出・輸送費及び幼齢林保育助成が創設された。

1985年の連邦議会における森林枯死（Waldsterben）特別セッションと風倒木被害の頻発は，新たな連邦森林法制定の機運を前進させた。1988年に同法案政府教書が公表され，1991年に連邦森林法が成立する。同法は任意の国民投票の対象となるが，その請求がないまま1992年1月13日に投票期間を満了し，1993年1月1日付けで施行された。同時に1992年の森林に関する政令（以下，森林令）と森林植物保護に関する政令が公布された。しかし，連邦森林法及び関係政令の制定過程では，自然保護団体と連邦政府，連邦議会の厳しい政治的交渉が繰り広げられ，特にスイス自然景観保全財団とスイス空間計画連盟は，自らの主張が入れられない場合は国民投票の要求も辞さない構えを示した。

連邦憲法と連邦森林法制の関係は，1902年の連邦森林警察法と1991年の連邦森林法では異なり，前者は連邦憲法第24条〔河川・森林警察に関する連邦の権限〕に基づき制定されていたが，後者は同第24条とともに第24条の6〔環境保護に関するカントンと連邦の関係〕，第24条の7〔人間と自然環境の保護〕，第31条の2〔連邦の福祉措置，全体利益に基づく取引・営業の自由の制限〕に基づき制定された。なお，この点は1999年連邦憲法の施行により次項で述べる根拠規定の改正がなされている。

264

3 カントン森林法制と林務組織

(1) 連邦の上級監督権限と行政間関係

スイスの連邦及びカントン・ゲマインデ段階の林務組織と森林経営の関係を図3－1－4に示した。スイスでは，連邦が森林管理に関する上級監督権限を持ち，カントンは連邦森林法及び森林令の枠内でカントン森林法を制定し，森林法の執行と公共的利益の確保に関する責任を負っている。

1999年連邦憲法の施行後は，連邦憲法第74条第1項，第77条第2項，第3項，第78条第4項，第95条第1項に基づき森林管理に関する上級監督の権限を連邦が行使し，1991年連邦森林法では連邦の権限を，①連邦森林法の実行の監督，5,000m^2超及び複数カントンに関係する転用申請の例外許可，連邦森林法により連邦に直接的に委任された課題の実行（第49条），②計画規程，経営規程などカントンの施行規程に関する連邦の許可（第52条）とカントンの施行規程の連邦への報告義務（第53条）としている。

連邦段階の林務官庁は，伝統的に内務省内に設置され，連邦政府の林務組

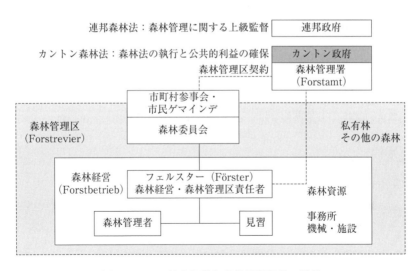

図3－1－4 林務組織と森林経営組織の関係
資料：関係法令及び関係機関への聞き取り調査に基づき著者作成。

織は，1978年の連邦行政組織法に基づき1979年に林務局（Bundesamt für Forstwesen）が設置され，1985年に林務景観局（Bundesamt für Forstwesen und Landschaft），1989年に連邦環境森林景観局（BUWAL）に統合された。

　1998年に連邦林務官庁は，内務省から環境交通エネルギー通信省（UVEK）に移管され，BUWALの森林部に森林保全，野生動物，基盤・教育，カントン対応，助成措置，森林利用，保安林・災害対策，国際・社会，総務の9課が設置された。BUWALは，さらに2012年に連邦環境局（BAFU）に再編され，森林部など14部局・6セクションが設置され，森林部には指導管理室のほか，木材産業・林業課，森林保護課，森林保全・森林政策課，林務・森林整備課が置かれている。

(2) カントン森林法制と林務組織

　1996年時点での各カントンの森林法令の制定状況をG. Bloetzer（1996）により表3－1－6に示した。1996年時点では1991年連邦森林法に基づきカントン森林法を制定していたのは，トゥールガウ，グラウビュンデン，グラールス，ソロトゥルンの4カントンのみであり，その他のカントンはそれ以前の森林法令の状況が示されている。

　アールガウの1860年森林法を最古に1910年代に制定された森林法が7カントン，第2次世界大戦後から1960年代に制定されたカントンが6カントン，1970年代制定が5カントン，1980年代制定が4カントンである。農村バーゼル，オプヴァルデン，シュヴィーツのように森林法ではなく，カントン議会の議決による森林令によるカントンもこの時点では存在した。

　1960年代後半から1980年代にベルンなど10カントンで新たなカントン森林法が成立している。1973年カントン・ベルン林業法は，同期のカントン法の特徴を良く表しており，同法第3条でカントン・ベルンのすべての森林は，連邦森林法制における意味での保安林であるとし，保続的森林経営の確立を森林管理区（Forstrevier）の設定と助成措置，森林組合の組織化により推進した。

　表3－1－7にカントン林務組織の一覧表を示した。林務部局を単独で設置しているカントンは11カントンであり，その他は景観，自然保護，狩猟・

第1節　森林法制の展開と歴史的基層

表3-1-6　カントン森林法令の制定状況（1996年時点）

カントン	法令	条項	制定年	施行令	条項	制定年
AG	Forstgesetz	134	1860	Vollziehungsverordnung	17	1905
BL	Vollziehungsverordnung *	26	1903	…	…	…
SH	Forstgesetz	72	1904	…	…	…
ZH	Gesetz betrofffend das Forstwesen	78	1907	Vollziehungsverordnung für private Nichtschutz-Waldungen	8	1925
ZG	Forstgesetz	42	1908	…	…	…
TI	Legge forestale	65	1912	…	…	…
NE	Loi forestière	120	1917	Règlement d'exécution	74	1921
GE	Loi sur les forêts	58	1954	Règlement d'application	37	1955
F R	Forstgesetzbuch	102	1954	Vollziehungsverordnung	102	1954
OW	Forstverordnung *	65	1960	…	…	…
BS	Forstgesetz	29	1966	…	…	…
SZ	Vollzugsverordnung *	33	1967	…	…	…
LU	Forstgesetz	48	1969	Vollziehungsverordnung	41	1969
SG	Forstgesetz	46	1970	Vollzugsverordnung	33	1971
BE	Forstgesetz	70	1973	各種 Dekrete und Verordnung	…	1973
NW	Forstgesetz	49	1975	Vollziehungsverordnung	70	1975
JU	Loi sur les forêts	66	1978	…	…	…
VD	Loi forestière	56	1979	Règlement d'application	42	1980
AI	Forstgesetz	7	1980	Vollziehungsverordnung	72	1960
UR	Forstgesetz	48	1982	…	…	…
AR	Forstgesetz	45	1983	V zum Forstgesetz	54	1983
VS	Forstgesetz	52	1985	Vollziehungsregelment	46	1985
TG	Waldgesetz	41	1994	Verordnung zum Waldgesetz	41	1996
GR	Forstgesetz	58	1995	Vollziehungsverordnung	42	1994
GL	Kantonales Waldgesetz	44	1995	…	…	…
SO	Waldgesetz	42	1995	Waldverordnung	64	1995

資料：Gotthart Bloetzer（1996）Waldrecht Natur-und Landschaftsschutzrecht, S.29
注：カントンの表記は，巻末の略語一覧を参照。
　　＊はカントン議会の議決によるもの。

野生動物，自然災害，農業部局との合同など多様である。ゲマインデは，スイスの代表的森林所有者として，森林経営を行うとともにカントンと森林管理区契約（付属資料の契約事例を参照）を締結し，周辺の私有林を含めた地域森林管理を受け持つ。カントンはフェルスター人件費の2～3割相当額の森林管理区交付金をゲマインデに支給し，現場技術者の設置を財政的に支援している。

　ゲマインデ・フェルスターは，ゲマインデに雇用された経営責任者

第3章　スイスの地域森林管理と制度展開

表3－1－7　カントン林務行政組織（2016 年現在）

カントン（Kanton）	名称（Bezeichnung）	日本語訳
Aargau	Abteilung Wald, Sektion Koordination und Ökologie	森林部
Appenzell Ausser.	Oberforstamt	上級森林局
Appenzell Inner.	Oberforstamt	上級森林局
Basel-Landschaft	Amt für Wald beider Basel	両バーゼル森林局
Basel-Stadt	Amt für Wald beider Basel	両バーゼル森林局
Bern	Amt für Wald	森林局
Freiburg	Service des Forêts et de la Faune（SFF）	森林野生生物部
Genf	Service du paysage et des forêts	景観森林部
Glarus	Abteilung Wald und Naturgefahren	森林自然災害部
Graubünden	Amt für Wald und Naturgefahren	森林自然災害局
Jura	Office de l'environnement	環境局
Liechtenstein	Amt für Umwelt	環境局
Luzern	Landwirtschaft und Wald（lawa）	農業森林部
Neuenburg	Service de la faune, des forêts et de la nature	森林自然局
Nidwalden	Amt für Wald und Energie	森林エネルギー局
Obwalden	Amt für Wald und Landschaft	森林景観局
Schaffhausen	Kantonsforstamt	カントン森林局
Schwyz	Amt für Wald und Naturgefahren	森林自然災害局
Solothurn	Amt für Wald, Jagd und Fischerei	森林狩猟漁業局
St. Gallen	Kantonsforstamt	カントン森林局
Tessin	Sezione forestale	森林課
Thurgau	Forstamt	森林局
Uri	Amt für Forst und Jagd	森林狩猟局
Waadt	DGE-FORET	DGE －森林
Wallis	Dienststelle für Wald und Landschaft	森林景観局
Zug	Amt für Wald und Wild	森林野生動物局
Zürich	Amt für Landschaft und Natur, Abt. Wald	景観自然局森林部

資料：http://www.kvu.ch/de/adressen/wald-holz（2016 年 6 月 26 日）
注：リヒテンシュタインも原資料では含まれているので，そのまま示した。

（Betriebsleiter）であるとともに森林管理区契約に基づき管轄区域の私有林
を含めた森林管理区責任者（Revierleiter）としての任務も果たしている。
森林管理区契約に当たっては，フェルスターの資格証明の添付を義務づけ，
写真3－1－6に示した募集活動や採用の際にも証明書の提出が求められ
る。森林管理区は，F. Lanfranchi（1996）が明らかにしているようにドイツ
やオーストリアでは，森林経営における下位の構成単位（経営区）と理解さ
れているが，スイスでは森林法上の行政管理義務と結びついた地域森林管理
の単位として機能している。

268

連邦森林法とカントン森林法の整備により、カントン・ベルンでは、ゲマインデ段階の森林規則独自の規定は少ないが、他方、カントン・グラウビュンデンでは、1995年のカントン森林法の全面改正を契機にゲマインデ森林規則も改正された。グラウビュンデン森林法の第56条〔高権的任務の委任〕では、「ゲマインデは森林規則を公布することができる。同規則は管轄官庁により許可される」（第3項）としている。

同規定を受けて、例えばサン・モリッツでは、1921年の森林規則を廃止し、1998年森林規則（Gemeinde St. Moritz Waldordnung vom 17. Dezember 1998）を制定している。同森林規則は、目的を市町村林務組織の組織と任務及び課題を定める（第1条）とし、1.総則、2.管理、3.森林経営、4.森林生産物と給付、5.侵害からの保護、6.罰則、7.付則の29条を定め、カントン政府が1999年に認可している。2.管理におけるゲマインデ有林の管理や森林管理区、森林管理区フェルスター・経営責任者、林道の利用に関する規定のほか、支給木材・森林内キャンプ禁止、森林内・近隣地域の火の取り扱いにゲマインデ森林規則独自の規定がみられる。さらに林道の自動車通行に関する規則を別途、定めている市町村もみられ、その際の根拠規定は、連邦森林法第15条とカントン森林法第20条及びカントン森林令第16条とされている。

Unternehmer sucht für Ausbau der Firma

**Förster
oder Vorarbeiter**

Aufgaben:
Betreuung einer Arbeitergruppe,
Bewirtschaftungsplanung der Holzschläge,
Suche und Analyse von neuen Holz-
schlägen.

Bitte Curriculum Vitae unter Chiffre U 048-
735955 an Publimag AG, Postfach 7619,
3001 Bern, senden.

Die Gemeinde Jaun schreibt die Arbeitsstelle als

Gemeinde- und Revierförster
öffentlich aus.

Die zu betreuende Waldfläche der Gemeinde und Privat-
eigentümer umfasst ca. 1600 ha.
Anforderungen:
- eidg. Försterdiplom
- gute EDV-Kenntnisse
- Interesse an betriebswirtschaftlichen Fragen
  und Forsttechnik
- Selbstständigkeit
- Teamfähigkeit
- Französischkenntnisse erforderlich
- Anstellungsdatum: 1. März 2002 oder nach Vereinbarung
Es erwartet Sie eine interessante und vielseitige Herausforde-
rung. Anstellung und Besoldung erfolgen nach den kantonalen
Bestimmungen. Senden Sie bitte Ihre schriftliche Bewerbung
mit den üblichen Unterlagen bis 30. November 2001 an den
Gemeinderat von 1656 Jaun.
Für weitere Auskünfte steht Ihnen Theodor Schuwey, Gemein-
derat, gerne zur Verfügung, Telefon/Natel 079 206 44 86.

写真3-1-6　林業事業体(上)とゲイマンデ有林（下）のフェルスター募集広告（WVS(2000)『森林と木材』掲載）

(3) 林業技術者の教育・再教育制度

スイスの林業技術者教育の歴史を概観すると、1855年にETH林学部の前身が設立され、1902年の連邦森林警察法に基づき森林技師・フェルスター

の俸給に対する補助と講習が実施された。戦後，1963年の同法改正により林業労働者の職業訓練とフェルスターの教育施設に対する補助が開始され，1966年に最初のフェルスターシューレ，1970年にカントン連携フェルスターシューレ（Interkantonale Försterschule）がカントン・ベルン（ドイツ語・フランス語圏）とカントン・グラウビュンデン（ドイツ語・イタリア語圏）に開校する。

　先述したようにこの時期にゲマインデ有林の森林蓄積がほぼ現在の水準に達し，標準伐採量と年伐採量・成長量が均衡した保続的森林経営の確立に向け，森林資源基盤と現場技術者の教育体制が整備された。「林業労働者から森林管理者へ（Vom Waldarbeiter zum Forstwart)」[17]という人材育成の方向が明確となり，公共的森林における循環経営が確立する。さらに1989年に連邦職業教育法が改正され，職業教育の充実を目指した連邦政府のプロジェクトPROFOR Iが始まり，1999年からPROFOR IIに引き継がれた。カントン連携フェルスターシューレは，現在の森林教育センター（Bildungszentrum Wald Lyss, Maienfeld）に再編され，教育課程のモジュール化と実践及び応用をより重視した教育課程への移行が行われた。

　スイスの林業技術者は，2000年代初頭まで図3－1－5に示す森林技師（Forstingenieur)，フェルスター（Förster)，森林管理者（Forstwart）の3段階の連邦資格に区分されていた。この区分により林業技術者の職種や給与などの待遇が規定され，森林技師の資格取得は連邦・カントン林務組織の上級職採用の必須条件であり，かつての森林技師はすべてETH林学部の卒業生であったが，新たに農林食糧科学専門大学（Hochshule für Agrar-, Forst- und Lebensmittelwissenschaft, HAFL）でも森林技師資格の取得が開始された。2016年の連邦森林法改正では，第29条〔教育における連邦の責任〕第3項の「連邦は公共的林務組織の上級職に対する資格証明を規制する」が削除され，第51条〔林務組織〕第2項の「森林圏は資格証明を有する大学卒の森林技師，森林管理区は資格を有するフェルスターに管理させる」から「これらは高等教育を受けた実践経験のある森林専門技術者が管理する」と改正された。

　2010年から2014年の高等教育修了者は，ETH（9学期）が年間13～33

第1節　森林法制の展開と歴史的基層

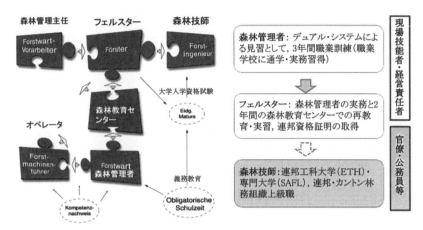

図3−1−5　林業技術者の教育システムとキャリア形成
資料：スイス林業連盟等への聞き取り調査と提供資料により作成。
注：現在はフェルスターから専門大学に入学し，森林技師となることができる。

人，HAFL（6学期）が17〜26人である。ETHは女性が半分を占める年が多く，HAFLは女性が年間1〜2人と少ない。これは入学資格がギムナジウムを卒業した連邦入学資格試験（Matura）取得者によるETHと職業Maturaの取得者が多いHAFLの違いによると考えられる。

森林管理者に関しては，従来から連邦職業教育法に基づき連邦内務省が「森林管理者の教育と修了試験に関する規則」により見習受入機関や指導者の資格要件，教育プログラムを定めていた。見習受入機関は，指導者養成コースを修了したフェルスターか森林管理主任がいることが必須条件で，森林経営と若干の請負事業体が受入機関になっている[18]。森林管理者は，義務教育を終えた後，3年間見習として職業学校（Berufsschule）に通学しながら森林経営で実務を習得する。森林管理者は，さらに再教育を受け森林管理主任や林業機械オペレータ，フェルスターになることができる。最近10年間の森林管理者の連邦修了証明取得者（eidgenössische Fähigkeitzeugnisse）は，年間280〜314人で推移している。

フェルスターは，森林管理者となった実務経験者がフェルスターシューレで2年間の再教育を受け，ゲマインデ有林の経営責任者や森林管理区の責任者となる。フェルスターの再教育人数は，現在，隔年入学となっていること

から年による変動が大きいが，年間10～50人で推移している。フェルスターは，日本でいえば都道府県・市町村の林務職員に相当する職務であるが，日本のような純粋の行政職ではない。実際に林業労働の経験を持った現場労働者が再教育を受け，資格取得後，森林経営と森林管理区の現場責任者となり，継続的に森林施業の選択や経営収支，見習労働者の教育に最終的な責任を持つ。

　フェルスターは，現在では林業労働や森林施業の監督・実行者としてだけでなく，経営管理や環境保全，森林認証取得の実質的責任者として，その実力を高めている。フェルスター教育では実習と応用が重視され，カントン有林の林道・堰堤の設計や建設を受託し，森林施業計画を編成し，経営収支や雇用計画の作成を行う。フェルスターシューレの運営費は，連邦・カントンからの助成と授業料以外にこうした受託収入によりその半分がまかなわれている[19]。

注及び引用文献
(1) 宮下啓三（2010），145頁
(2) スイスの通史は，ウルリヒ・イム・ホーフ（1997），森田安一（1980），矢田俊隆・田口晃（1984），森田安一（1991）を参照。スイス憲法に関しては，小林武（1989），森田安一編（2011），美根慶樹（2003），スイス史研究の動向は，踊共二・岩井隆雄編（2011），イニシアティブとレファレンダムの問題点や利益団体と官僚による立法過程のコントロール，議会前立法手続きの問題点は，ハンス・チェニ（1986～1988），関根照彦（1979）を参照。
(3) 内閣に相当する連邦参事会は，所属政党や出身カントン，言語圏・宗教の多様性に配慮した構成が維持されてきた。
(4) BFS（2015），S.925による。
(5) 黒澤隆文（2009），56頁
(6) 岡本三彦（1997），125及び135頁
(7) 上野福男（1988），61頁
(8) 第2次大戦期のスイスとナチズムに関しては，独立専門家委員会 スイス＝第2次大戦第1部原編（2010）『中立国スイスとナチズム：第2次大戦と歴史認識』を参照。
(9) W.レプケ（1952），60～61頁

第 1 節　森林法制の展開と歴史的基層

(10) BUWAL（2005a），S.56-60. その他に J. Müller（2013）『ヴァンデルンの歴史
　　 と文化：両バーゼル散策路の 75 年』は，ヴァンデルンの歴史と連邦段階の対
　　 策とともにカントン段階の運動が紹介されている。

(11) C. Pfister, H. R. Egli（1998），S.33

(12) 石井寛（1996），39 〜 40 頁

(13) 第 2 章の山梨県の場合，常磐炭鉱からの石炭供給は，1903 年の中央線開通後
　　 に始まり，それ以前に入会地の荒廃が進行した。山梨県有林と東京都水道水源
　　 林の経営は，その復旧から始まっている。

(14) 1910 年代までのスイス林業と林務組織の全体像は，Schweizerischer
　　 Forstverein（1914）を参照。カントン林業・林政史に関しては，1990 年代以
　　 降に限定しても以下のベルン，オプヴァルデン，シュヴィーツ，ザンクト・ガ
　　 レンに関する H. R. Kilchmann（1995），L. Lienert（2004），Regierungsrat des
　　 Kantons Schwyz（1994），St. Galler Forstverein（2003）が出版されている。

(15) BUWAL（2004），S.60

(16) A. Schmidhauser（1997）を参照。

(17) H. R. Kilchmann（1995），S.29

(18) 1997 年 9 月と 2002 年 7 月のスイス林業連盟での聞き取り調査による。

(19) 2002 年 7 月のリース森林教育センターでの聞き取り調査による。森林教育セ
　　 ンター・マイエンフェルトは，南東スイス高等専門大学として，他分野の専門
　　 教育機関との連携を進めている。

第3章　スイスの地域森林管理と制度展開

第2節　近自然循環林業の資源基盤と経営システム

1　森林資源の地域構成と国産材生産

(1) 森林所有形態と私有林

　スイスの森林所有形態は，19世紀初頭に現在の所有形態の基本的骨格が形成され，公共的森林の分割・売却の許可制が伝統的にとられたこともあり，その地域性がそのまま現在に引き継がれている。アールガウにおける森林所有・利用権の歴史的推移を図3−2−1に示した。森林所有の形成過程として，集落周辺の森林が利用権者である村落共同体の所有に移行した森林が多く，私有林やカントン有林となった森林は少なかった。また，後述するように現在の森林所有形態の特徴は，市町村有林が主体のカントンと市民ゲマインデが多いカントン，団体有林の多い地域と多様性に富んでいる。

　森林の所有形態は，表3−2−1に示したように公共的森林が70％を占め，私有林（Privatwald）は29％に過ぎず，その平均所有規模は1.5haと零細である。公共的森林（Öffentlicher Wald）では，市町村（Politischer Gemeinden）と市民ゲマインデ（Burger-und Bürgergemeinden）が59％を占め，連邦有林（Bundeswald）とカントン有林（Staatswald）の比率は低い。オプヴァルデンと都市バーゼル，ヴァリスにはカントン有林が存在せず，スイスの連邦有林は都市バーゼル以外のカントンに分布し，ヴォーとジュラ，ティチーノでは1,000haを超えているが，軍事施設用地などで森林経営の対象ではない。公共的森林は，日本の公有林より広い概念で私有林以外の連邦有林，カントン有林，ゲマインデ・団体有林を含んでいる。

　私有林率はアッペンツュル・アウサーローデン77％，ルツェルン73％，アッペンツェル・インナーローデン57％，ベルン50％で高く，オプヴァルデン，ヴァリス，グラウビュンデン，ウーリ，グラールスでは公共的森林率が85％を超えている。私有林の所有規模は零細で分散的な分割地として所有されている場合が多く，ベルン市近郊のホイトリンゲン村の事例（写真3−2−1）では，分割地（Parzelle）が30×220mに細分化されている。

　公共的森林のなかでも市町村有林と市民ゲマインデ有林がスイス林業の中

第2節　近自然循環林業の資源基盤と経営システム

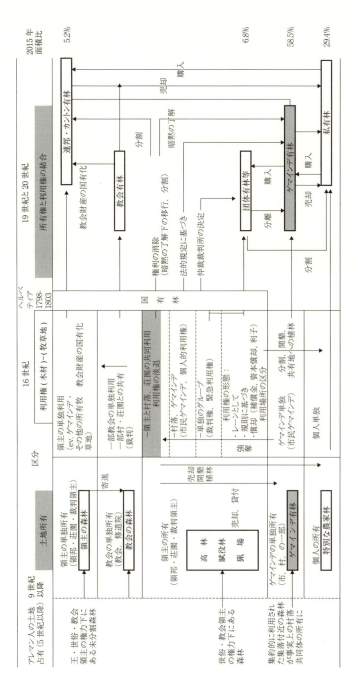

図3－2－1　森林所有権・利用権の歴史的推移（アールガウ）

資料：志賀和人編著（2016）『森林管理制度論』. 22頁より引用。原資料はE. Wullschleger (1978) Die Entwicklung und Gliederung der Eigentums- und Nutzungsrechte am Wald. S.65

第3章　スイスの地域森林管理と制度展開

表3－2－1　所有形態別森林所有者数と森林面積

単位：組織・人，ha，％

所有形態／区分	所有者数	森林面積	平均面積	構成比
公共的森林	3,508	894,180	254.9	70.4
連邦	1	10,515	10,515.0	0.8
カントン	24	56,227	2,342.8	4.4
市町村	1,271	374,194	294.4	29.5
市民ゲマインデ	1,125	367,405	326.6	29.0
その他	1,087	85,839	79.0	6.8
私有林	242,873	372,243	1.5	29.4
計	246,381	1,266,423	5.1	100.0

資料：BAFU（2016）Wald und Holz Jahrbuch
注：「その他」は教会ゲマインデや団体・組合等である。

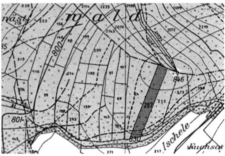

写真3－2－1　エンメンタール（ベルン）の農村景観と共有地分割による小私有林

心であり，市町村有林はグラウビュンデン17.4万ha，ヴォー7.3万ha，市民ゲマインデはテティーノ10.6万ha，ヴァリス9.3万ha，ベルン4.3万ha，団体有林はシュヴィーツ1.4万ha，オプヴァルデン1.4万haに多い。

　カントン有林は，宗教改革の際の教会・修道院有林に由来するものと用益権解除，野渓集水域の放牧地などの保安林化によって形成されている。ベルン1.2万ha，ヴォー1.0万ha，フリブール0.4万haのカントン有林が大きく，その他は1,000〜3,600haが11カントン，600ha未満が12カントンである。

　2002年にBUWALが私有林所有者1,322人を対象に実施した調査によると表3－2－2に示すように3ha未満の所有者が57％を占め，無回答の29％を加えると85％に達する。所有者の主業は，農林業・木材業以外や年金，農業の比率が高く，所有林は日本と同様に経済的に「収入源ではない」55

第2節　近自然循環林業の資源基盤と経営システム

表3－2－2　私有林所有者の所有面積と職業

単位：人，％

所有面積	件数	比率	職業	件数	比率
10 a 以下	115	8.7	農業	243	18.3
10 ～ 50	233	17.6	林業	12	0.9
50a ～ 1ha	151	11.4	農業兼業	61	4.6
1 ～ 3	250	19.0	木材業・工務店	21	1.6
3 ～ 5	66	5.0	農林・木材業以外	470	35.6
5 ～ 10	58	4.4	主婦・無職	67	5.0
10ha 以上	69	5.2	年金	334	25.3
無回答	380	28.7	無回答	115	8.7
計	1,322	100.0	計	1,322	100.0

資料：BUWAL（2005）Der Schweizer Privatwald und seine Eigentümerinnen und Eigentümer

％，「赤字」25％，「わずかな収入源」16％と大半は所有林を主な収入源としていない。

　スイスと日本の私有林管理の相違点は，スイスでは私有林所有者が所有林の近隣に居住し，現在も自家労働による作業と木材生産を継続している点である。家と所有林の距離は，1km未満が36％，1～5kmが7％，6～10kmが10％と10km以下が83％を占め，最近，所有林に行った人の比率は1月以内55％，1年以内27％と所有者と森林の関係が密接である。所有林の作業も自家労働53％，外部委託13％，自家労働と外部委託9％と自家労働による作業が継続され，作業者が「いない」は17％に過ぎない。

（2）木材需給と国産材生産の動向

　スイスの素材生産量は，図3－2－2にみるように暴風雨被害を受けた1990年626万m³（ロター被害）と2000年924万m³（ビビアン被害）が突出しているが，それ以外は450～500万m³台で安定的に推移している。2015年の素材生産量455万m³のうち樹種別には針葉樹材289万m³，広葉樹材167万m³，用途別には幹材231万m³，産業材49万m³，エネルギー材173万m³とエネルギー材が2000年代以降，増加傾向にある。BAFU，BFE，SECO（2017）『木材資源政策：戦略・目標・木材アクションプラン』では，2020年820万m³／年の木材需要の拡大を目標に，そのうちエネルギー材需要を310万m³と見込んでいる。

第3章　スイスの地域森林管理と制度展開

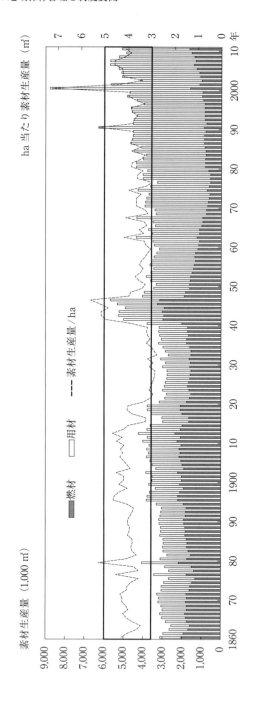

図3-2-2　素材生産量の長期的推移

資料：志賀和人編著（2016）『森林管理制度論』、5頁より引用。原資料は H. Ritzmann-Blickenstorfer（1996）Historische Statistik der Schweiz, BUWAL/BAFU（各年版）Wald und Holz Jahrbuch より作成。

第2節　近自然循環林業の資源基盤と経営システム

　スイスの木材需給は、輸入・輸出とも紙や木材家具を主体とした欧州近隣諸国との関係を中心としている。主要な輸入国は、ドイツ（35億CHF），イタリア（9億CHF），オーストリア（8億CHF），輸出はドイツ（7.6億CHF），イタリア（3億CHF）である。図3－2－3にみるようにエネルギー利用では国産材が98％を占めるが，建築用材37％，製紙原料7％と建築用材と製紙原料の自給率は低い。

写真3－2－2　首都ベルン旧市街の補修工事現場の国産材利用（左）とスイス林業連盟副会長宅（当時、スイスらしい建築物かどうかでゲマインデ建築委員会と論争の末、建築許可を取得したという。）

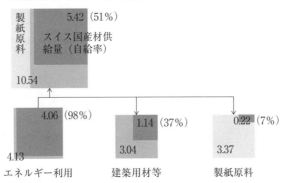

図3－2－3　木材需給構造（2011年）
資料：FORN（2015）Forest and Wood in Switzerland, p.5

スイスの森林認証は，1998年から取得が始まり森林面積の51%に相当する64.7万haの認証取得が行われている。2015年の森林認証面積とCoC認証取得件数は，FSCが8件60.6万haと481件，PEFCが3件22.5万haと60件である。スイスの特徴として，PEFCの森林認証取得者は，FSCの認証も取得している場合が多く，当初，公共的森林経営を単位とした個別認証の取得が行われたが，FSC・PEFCともカントンや数カントンに跨ったグループ認証の取得が拡大している[1]。

(3) 森林資源の地域構成と森林機能

本項では森林資源の地域構成と施業管理の特徴を全国森林資源調査(Landesforstinventar, LFI) から分析する。LFIは，連邦森林・雪・景観研究所（WSL）による現地プロット調査が第1回（LFI 1：1983～85），第2回（LFI2：1993～95），第3回（LFI3：2004～06），第4回（LFI4：2009～13）と実施され，詳細な情報がインターネットで公開されている[2]。

図3-2-4にLFIとスイスの森林経営統計の地域区分に採用されている生産地域区分（Produktionsregionen, 以下，地域区分）を示した。以下の

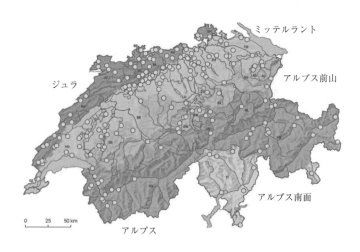

図3-2-4 森林地域区分とTBN経営の分布
資料：SHL, WVS, BAFU (2015) Forstwirtschaftliches Testbetriebsnetz der Schweiz: Ergebnisse der Jahre 2011-2013, S.5

第2節　近自然循環林業の資源基盤と経営システム

分析では，全国数値とともに地域区分も同時に示し，なるべく地域的多様性と特徴にも触れる。なお，LFIの統計表には，すべて誤差が示されているが以下の図表では煩雑さを避けるため，この表示を省略した。

表3－2－3　地域別樹種構成と森林機能別森林面積

単位：1,000ha，％，1,000m³

区分	地域	ジュラ	ミッテルラント	アルプス前山	アルプス	アルプス南面	計
土地面積	全森林面積	202.3	231.3	227.9	434.6	182.6	1,278.6
	矮林以外の森林	202.3	231.3	224.5	389.9	164.7	1,212.7
	矮林	0.0	0.0	3.4	44.7	17.9	65.9
	森林以外の土地	291.3	710.0	432.9	1,243.6	172.0	2,849.8
	計	493.5	941.3	660.8	1,676.2	354.6	4,128.4
主要樹種の森林蓄積	針葉樹	40,532	51,301	73,055	95,672	17,364	277,924
	トウヒ類（Fichte）	21,742	30,949	50,293	65,804	10,011	178,799
	モミ類（Tanne）	15,694	14,577	21,353	6,932	1,632	60,189
	マツ類（Föhre）	2,543	3,594	723	5,268	455	12,582
	カラマツ類（Lärche）	240	1,222	388	15,123	5,206	22,180
	スイスゴヨウマツ（Arve）	0	0	54	2,454	12	2,521
	その他	312	958	244	91	49	1,653
	広葉樹	33,425	39,709	22,133	15,435	16,749	127,450
	ブナ（Buche）	22,932	22,619	14,713	7,197	5,886	73,346
	カエデ類（Ahorn）	3,269	2,994	2,910	2,316	331	11,821
	トネリコ類（Esche）	2,747	6,509	2,976	1,769	784	14,785
	ナラ類（Eiche）	2,376	4,819	367	593	941	9,096
	クリ（Kastanie）	0	51	0	137	4,729	4,917
	その他	2,101	2,717	1,167	3,422	4,077	13,484
	計	73,957	91,010	95,188	111,106	34,113	405,374
森林機能別面積比率	木材生産	81.2	89.6	68.9	33.5	21.4	55.8
	農業的利用	9.0	0.7	4.2	8.9	2.8	5.7
	防風機能	0.9	0.3	0.0	0.0	0.0	0.2
	飲用水保全	7.1	8.4	2.6	2.4	1.2	4.1
	自然災害防止（特別保全）	3.6	1.1	21.9	30.2	29.3	19.1
	同（特別保全対象外）	8.9	5.9	32.7	33.8	27.3	23.7
	自然保護	19.3	14.4	14.9	10.0	9.2	13.0
	景観保全	9.5	6.7	8.0	10.3	10.6	9.1
	野生動物保護	2.3	1.9	6.3	6.6	5.5	4.9
	保健休養	8.7	20.4	5.7	8.1	7.4	9.9
	軍事	0.5	0.9	0.3	0.3	0.1	0.4

資料：WSL, BAFU（2010）Schweizerisches Landesforstinventar：Ergebnisse der dritten Erhebung 2004-2006, S.40, 64-65

第3章　スイスの地域森林管理と制度展開

　スイスの森林127.9万haは、矮林以外の到達可能林117.2万ha、到達不可能林4.1万ha、矮林（Gebüschwald）6.6万haに区分され、到達不可能林と矮林の多くがアルプス及びアルプス南面の山岳地域に分布している。矮林以外の到達可能林は、高林（Hochwald）101.0万ha、中林（Mittelwald）0.9万ha、低林（Niederwald）2.6万ha、クリ・クルミ・農業的単一樹種0.2万ha、放牧林・森林限界上部の散生地7.8万ha、線下帯等の制限林0.8万ha、林道・作業小屋等の除地3.9万haにさらに区分されている。

　森林蓄積は、針葉樹が69％、広葉樹が31％を占め、口絵10頁に垂直分布を示したようにジュラとミッテルラントではブナを中心とする広葉樹林が広く分布し、アルプスでは針葉樹林の比率が高い。表3-2-3に示したように樹種別ではトウヒ類44％、ブナ18％、モミ類15％の3樹種で全体の77％を占め、ジュラとミッテルラントではブナとモミの混交林、アルプス前山ではトウヒとモミの混交林、アルプスではトウヒとともに高山帯にカラマツが分布し、アルプス南面ではトウヒ主体にカラマツ、ブナと低地にクリが生育している[3]。図3-2-5に針葉樹・広葉樹の混交面積比率を示した。口絵に示した植生の垂直分布に対応した針葉樹と広葉樹が混交し、針葉樹の単純林が多いアルプスやアルプス前山においても次項で述べるように林相は林

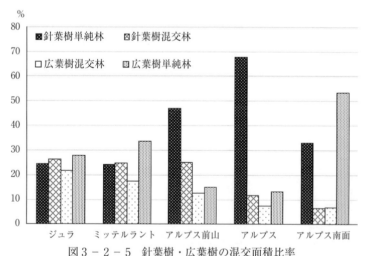

図3-2-5　針葉樹・広葉樹の混交面積比率
資料：WSL（2014）Schweizerisches Landesforstinventar（LFI4）

齢や樹種の多様性を備えている場合が多い。

LFI3では林務組織（Revierförster）へのアンケート調査に基づき森林整備計画や森林施業計画における森林機能別森林面積を把握している。表3－2－3に示したようにスイス全体では木材生産が56％と最も多く，ジュラとミッテルラントでは80％台，アルプス前山では69％に達している。一方，アルプスとアルプス南面では，これが34％と21％に低下している。これに対して自然災害防止機能は，ジュラとミッテルラントは10％未満と低く，アルプス前山とアルプス，アルプス南面は，特別保全・特別保全対象外とも30％前後である。

木材生産と国土保全機能以外では，自然保護，景観保全，保健休養機能が10％前後でこれに続き，特に都市の集中するミッテルラントでは保健休養機能が20％と高い。農業的利用はジュラとアルプスでは9％台であるがその他の地区は4％以下である。日本の森林機能区分と異なる点は，重層的な多面的機能と機能間コンフリクトの即地的把握がなされ，日本のように水源涵養，木材生産，国土保全，保健休養の4機能に単純化した機能区分を採用していない。なお，LFI4においても同様の調査が行われているが，区分が一部変更され厳密な対比はできない。傾向としては全般的に木材生産が大きく落ち込み，ミッテルラント76％，ジュラ60％，アルプス前山34％となり，アルプスとアルプス南面では8％と1％に低下している。

2　森林資源の更新と森林施業

（1）森林タイプと更新方法の変化

スイスの森林は，地域の自然生態的多様性に即した樹種構成と近自然的施業法による高蓄積の育成天然林を主体としている。森林施業の特徴として，伝統的に非皆伐天然林施業が主体であり，1990年代以降，その傾向がさらに強まっている。図3－2－6に1900年以降の針葉樹・広葉樹苗木供給本数の推移を示した。1950年代に入ると広葉樹苗木が燃材需要の転換により急減し，1970年代からは針葉樹苗木の供給も激減している。

BAFU（2016）によると人工造林苗木供給量は，1975年の針葉樹1,496万

単位：100万本

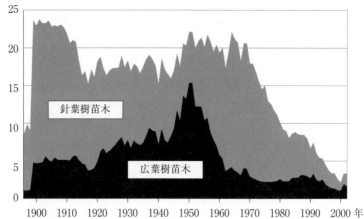

図3－2－6　針葉樹・広葉樹苗木供給本数の推移
資料：SAEFL, WSL（2005）Forest Report 2005, p.79

表3－2－4　更新方法別更新面積の推移

単位：1,000ha

地域	ジュラ				ミッテルラント				アルプス前山			
区分/調査時点	LFI1	LFI2	LFI3	LFI4	LFI1	LFI2	LFI3	LFI4	LFI1	LFI2	LFI3	LFI4
情報なし	0.4	0.2	0.5	−	0.5	0.4	0.2	−	0.5	0.2	−	−
天然更新	4.2	5.1	9.3	9.5	3.4	4.9	12.7	16.5	6.9	7.6	9.9	17.3
人工造林	3.6	1.3	0.4	1.1	9.6	6.8	2.1	2.5	2.9	1.1	0.4	1.4
両者併用	4.3	3.3	2.6	2.2	8.8	7.2	5.0	8.8	3.2	3.7	2.2	1.4
計	12.4	9.8	12.8	12.8	22.2	19.3	20.0	27.8	13.5	12.6	12.4	20.2
地域	アルプス				アルプス南面				計			
区分/調査時点	LFI1	LFI2	LFI3	LFI4	LFI1	LFI2	LFI3	LFI4	LFI1	LFI2	LFI3	LFI4
情報なし	1.8	0.9	0.2	−	0.2	−	−	0.7	3.4	1.6	0.9	0.7
天然更新	23.8	25.7	30.3	36.2	9.6	9.9	8.5	9.3	47.9	53.2	70.6	88.8
人工造林	1.4	1.9	0.3	0.3	0.3	−	−	−	17.7	11.1	3.2	5.3
両者併用	2.2	4.2	2.3	0.3	0.6	0.4	0.2	−	19.0	18.7	12.1	12.8
計	29.2	32.7	33.1	36.9	10.7	10.2	8.7	10.0	88.0	84.6	86.9	107.6

資料：WSL（2014）Schweizerisches Landesforstinventar（LFI1 − 4）
注：20%を基準に天然更新と人工造林，両者併用を区分している。

本・広葉樹221万本から1980年の同771万本・242万本と針葉樹苗木が半減し，2015年には同65万本・41万本と一貫して減少している。人工造林は，現在では高山限界周辺の樹種の多様性増進のための造林に限定されている。

表3－2－4にLFI1～4に至る更新方法の変化を示した。アルプス南面

第2節　近自然循環林業の資源基盤と経営システム

とアルプスでは1980年代から天然更新が主体であり，人工造林はほとんど実施されていなかった。ミッテルラントでは人工造林と「両者併用」が多く，天然更新は少なく，ジュラとアルプス前山は，両者の中間的性格を示していた。1990年代後半以降，ジュラとミッテルラントでも天然更新への移

表3－2－5　針葉樹・広葉樹混交面積比率の変化

単位：％

地域		ジュラ			ミッテルラント			アルプス前山		
区分／調査時点		LFI2	LFI3	LFI4	LFI2	LFI3	LFI4	LFI2	LFI3	LFI4
針葉樹	単純林	25.3	23.2	24.4	32.3	26.7	24.1	52.1	50.8	47.0
	混交林	29.4	26.5	26.3	29.1	26.0	24.8	27.4	23.2	25.2
広葉樹	混交林	22.5	21.0	21.6	18.1	14.9	17.4	11.0	13.1	12.6
	単純林	22.9	29.3	27.8	20.5	32.4	33.7	9.4	12.9	15.1
計		100.0	100.0	100.0	100.0	100.0	100.0	100.0	100.0	100.0
地域		アルプス			アルプス南面			計		
区分／調査時点		LFI2	LFI3	LFI4	LFI2	LFI3	LFI4	LFI2	LFI3	LFI4
針葉樹	単純林	69.3	67.1	67.8	31.8	32.8	33.1	45.7	43.3	42.4
	混交林	12.0	13.0	11.8	8.1	6.9	6.6	21.4	19.5	19.3
広葉樹	混交林	8.7	6.4	7.4	6.6	6.6	6.9	13.5	12.2	13.1
	単純林	10.0	13.5	13.1	53.4	53.7	53.4	19.4	25.0	25.2
計		100.0	100.0	100.0	100.0	100.0	100.0	100.0	100.0	100.0

資料：WSL（2014）Schweizerisches Landesforstinventar（LFI2-4）

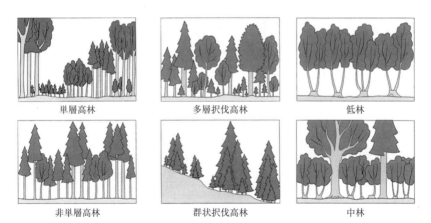

図3－2－7　主要森林タイプの図解

資料：WSL, BAFU（2010）Schweizerisches Landesforstinventar：Ergebnisse der dritten Erhebung 2004-2006, S.93-95

行が進み，2010年代にはどの地域も天然更新が主体となり，スイス全体では更新面積の89%が天然更新となっている。

針葉樹林と広葉樹林面積比率は，表3－2－5に示すようにLFI4では針葉樹単純林42%，針葉樹混交林19%，広葉樹混交林13%，広葉樹単純林25%である。地域別にみるとアルプスでは針葉樹単純林が68%，アルプス南面では広葉樹単純林が53%と高いが，ジュラやミッテルラントでは針葉樹・広葉樹混交林の比率が48%と43%である。スイス全体では，針葉樹林がやや減少し，広葉樹林がわずかに増加しているが，ジュラやアルプス，アルプス南面では，2010年代に針葉樹単純林の比率がやや増加している。

図3－2－7に単層高林，非単層高林，多層及び群状択伐高林，中林，低林の図解を示した。スイスの単層高林は，画伐や傘伐により更新され，日本の人工造林による単層林と異なり，林分構成としては多層林的林相を示す。森林の79%を占める高林は，単層高林（Gleichförmiger Hochwald）65%，非単層高林（Ungleichförmiger Hochwald）6%，択伐高林（Plenterartiger Hochwald）8%に区分される。地域的には非単層高林と択伐高林はアルプス，中林と低林はアルプス南面に多く分布し，それ以外の地域では単層高林の占める比率が高い。

(2) 森林蓄積と成長量・伐採量の動向

スイスは，図3－2－8に示したように現在も1,040万m^{3}の年成長量を維持し，アルプス南面とアルプスでは年成長量と伐採量の差が拡大しているものの，ジュラ，ミッテルラント，アルプス前山では成長量に対応した伐採が継続され，森林資源の更新と森林蓄積の充実が図られている。1ha当たり森林蓄積は，1980年代の336m^3/ha（LFI1）から363m^3/ha（LFI2），367m^3/ha（LFI3），374m^3/ha（LFI4）と増加している。

LFI2ではアルプス南面以外の地域における標高1,400m以下の伐採量が5m^3/haを上回っていたが，LFI3ではアルプスが3m^3/ha台に低下し，10m^3/ha以上はジュラの600m以下，ミッテルラントの1,400m以下，アルプス前山の601〜1,000mの地域に狭まった（表3－2－6）。1ha当たり森林蓄積（胸高直径12cm以上の矮林以外の到達可能林）は，特にアルプス

第2節　近自然循環林業の資源基盤と経営システム

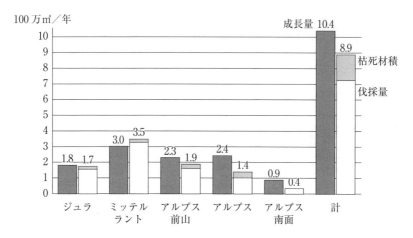

図3－2－8　地域別成長量と伐採・枯死材積（LFI3-4）
資料：BAFU（2016）Wald und Holz Jahrbuch, S.29

表3－2－6　標高別年伐採量の変化

単位：1,000m³

調査時点・標高		ジュラ	ミッテルラント	アルプス前山	アルプス	アルプス南面	計
LFI3-4	1,800 m超	－	－	0	50	4	54
	1,401～1,800	12	0	126	269	16	423
	1,101～1,400	313	24	619	315	74	1,345
	601～1,000	701	1,388	741	226	9	3,065
	600 m以下	453	1,724	44	28	22	2,271
	計	1,479	3,136	1,529	888	125	7,158
LFI2-3	1,800 m超	－	－	0	51	1	51
	1,401～1,800	8	4	78	308	20	418
	1,101～1,400	269	47	733	359	24	1,432
	601～1,000	569	1,231	865	188	17	2,870
	600 m以下	515	1,855	46	25	18	2,458
	計	1,361	3,138	1,721	930	80	7,230

資料：WSL（2014）Schweizerisches Landesforstinventar（LFI2-4）

　前山448m³/haとミッテルラント393m³/haで高く，同調査によるスイス全体の年伐採量8.2m³/haは，日本の0.8m³/haの9.9倍である（表3－2－7）。
　所有形態別では，蓄積量と成長量は公共的森林より私有林が高く，伐採量はジュラ，ミッテルラント，アルプス前山では公共的森林の方が多いが，アルプスとアルプス南面では，逆に私有林の伐採量が多い。
　表3－2－8に所有形態別路網密度と搬出方法を示した。スイスの路網密

287

第3章　スイスの地域森林管理と制度展開

表3－2－7　所有形態・標高別年成長量と伐採量

単位：m³/ha

所有形態・標高		ジュラ	ミッテル ラント	アルプス 前山	アルプス	アルプス 南面	計
蓄積	公共的森林	353.4	344.9	411.1	292.2	226.3	318.5
	私有林	397.7	454.7	482.3	345.5	275.6	413.1
	計	363.8	392.8	448.1	307.0	236.1	350.3
年成長量	公共的森林	7.9	11.1	9.2	5.3	4.7	7.4
	私有林	7.5	12.8	8.8	6.2	4.4	8.8
	計	7.8	11.8	9	5.5	4.6	7.9
	1,800 m超	－	－	11.7	3.4	3.8	3.5
	1,401 ～ 1,800	－ 2.0	7.0	6.5	5.2	4.9	5.3
	1,101 ～ 1,400	8.6	10.0	8.5	7.6	6.2	7.9
	601 ～ 1,000	7.7	11.9	10.8	4.8	3.4	8.8
	600 m以下	7.8	12.0	5.5	8.7	3.2	9.9
	計	7.8	11.8	9.0	5.5	4.6	7.9
年伐採量	公共的森林	8.4	13.1	7.4	4.6	2.8	7.1
	私有林	10.1	17.6	10.7	3.4	4.0	10.3
	計	8.8	15.0	9.1	4.3	3.1	8.2
	1,800 m超	－	－	0.0	2.5	0.6	2.3
	1,401 ～ 1,800	3.8	1.7	5.8	3.5	2.4	3.7
	1,101 ～ 1,400	6.0	8.4	9.1	5.1	3.6	6.5
	601 ～ 1,000	9.7	16.3	10.4	6.2	3.0	10.6
	600 m以下	10.6	14.5	9.4	4.2	4.4	12.2
	計	8.8	15.0	9.1	4.3	3.1	8.2

資料：WSL（2014）Schweizerisches Landesforstinventar（LFI3-4）

度は 26.7 m /ha であるが，平坦部 41.9 m /ha と高地 12.4 m /ha で大きな開きがある。それを反映してミッテルラントの 58.1 m /ha からアルプス南面の 7.8 m /ha まで地域差が大きい。ジュラとミッテルラントの 1,000 m 以下とアルプス前山 600 m 以下の公共的森林の路網密度は 40 m /ha を超え，ミッテルラントの 600 m 以下の公共的森林では 76 m /ha に達する。

　搬出距離は，50 m 以下が 23％，51 ～ 100 m が 12％，101 ～ 500m が 7 ％，501 ～ 1,000 m が 14％，1,001 m 以上が 13％と二極化している。ミッテルラントでは搬出距離 100 m 未満の森林が 63％を占めるが，アルプスでは 21％に過ぎない。搬出手段はトラクタが主体で面積比率で 66％を占めるが，山岳地域のアルプスやアルプス南面では，ヘリコプター集材や架線集材，タワーヤーダが使用されている。

　LFI2 によると素材生産の担い手別面積比率は，所有者による一貫直営生

第2節　近自然循環林業の資源基盤と経営システム

表3-2-8　所有形態別路網密度と搬出方法

単位：m/ha, ha

区分	地域	ジュラ	ミッテルラント	アルプス前山	アルプス	アルプス南面	計
平坦部	公共的森林の路網密度	53.6	70.3	33.7	18.9	7.6	47.9
	私有林の路網密度	34.7	46.8	16.4	18.3	13.5	31.7
	計	49.8	60.5	23.4	18.7	10.1	41.9
高地	公共的森林の路網密度	28.2	26.9	17.1	11.1	3.6	12.8
	私有林の路網密度	13.3	39.1	10.8	10.9	6	11.3
	計	23.2	30.4	14.3	11.1	3.8	12.4
計	公共的森林の路網密度	45.8	68.7	21.7	12.7	4.8	28.7
	私有林の路網密度	24.6	46.7	13.1	12.5	12.2	22.7
	計	40.5	59.6	17.4	12.6	6.5	26.7
搬出方法	トラクタ	106.6	115.7	96.9	86.8	13.1	419.0
	トラクタ→フォワーダ	31	35.5	5.8	8.6	2.5	83.4
	トラクタ→プロセッサ	13.5	19.7	5	4.9	1.4	44.5
	キャタトラ→トラクタ	30.7	49.2	6.5	6.6	−	92.9
	タワーヤーダ	4.7	2.5	11.5	21.1	9.5	49.4
	架線	1.8	1.4	20.5	47.2	14.5	85.5
	タワーヤーダ→プロセッサ	6.2	4.2	33.2	58.1	7.4	109.2
	架線→プロセッサ	0.7	0.4	12.3	31.5	7.8	52.6
	ヘリコプター	0.4	0.4	7.2	10.8	1.7	20.5
	ヘリコプター→プロセッサ	1.1	0.4	20.9	108.1	88.8	219.2
	ウインチ付トラクタ→フォワーダ	1.8	0.7	−	−	1.1	3.6
	その他	4	1.4	1.8	2.8	5.9	15.9
	計	202.6	231.3	221.6	386.5	153.8	1,195.8

資料：WSL（2014）Schweizerisches Landesforstinventar（LFI4）

産が59％を占め，下請事業体による素材生産が27％，搬出作業のみの下請け11％と基本的に主伐を含め森林所有者の直営で実施され，立木販売や請負事業体への委託は少なかった。しかし，1990年と2000年に大規模に発生した風倒木処理では下請けによる作業実施が拡大し，経費削減のため直用労務の補充を抑制し，外注や大型機械による委託作業を増加させる傾向も認められる。

(3)　林齢構成の変化と森林施業法

表3-2-9に林齢別森林面積の変化を示した。スイス全体ではLFI4で異齢林が31万haに増加し，LFI2時点では21～40年生と81～100年生に2つのピークが認められたが，LFI4では81年生以上の高齢林が減少し，20

第3章 スイスの地域森林管理と制度展開

表3－2－9 林齢別森林面積の推移

単位：1,000ha

地域	ジュラ			ミッテルラント			アルプス前山		
林齢／調査時点	LFI2	LFI3	LFI4	LFI2	LFI3	LFI4	LFI2	LFI3	LFI4
未立木地	0.4	1.8	1.1	0.9	6.2	2.1	3.5	9.8	4.3
1～20	12.7	14.4	11.7	27.0	31.0	28.8	10.8	12.2	17.6
21～40	10.7	14.4	18.6	32.3	31.9	41.1	16.4	15.6	20.5
41～60	13.6	10.8	10.2	16.0	17.5	22.8	12.2	10.0	15.1
61～80	27.2	17.2	22.6	30.2	27.5	20.0	22.8	13.8	12.3
81～100	36.3	37.8	29.9	48.8	40.5	36.2	34.5	22.6	22.0
101～120	30.7	31.2	20.4	37.0	27.8	30.2	28.1	32.8	26.7
121～140	23.9	24.4	16.4	17.9	17.7	15.8	19.3	20.1	14.1
141～160	14.2	11.7	13.9	6.0	6.2	5.6	12.4	20.2	16.9
161～180	4.2	4.9	3.6	1.4	1.8	1.8	5.3	7.2	6.1
180年生以上	5.2	2.4	2.2	0.9	1.6	1.1	8.0	9.5	6.5
異齢林	21.0	30.3	51.8	11.6	20.3	25.7	41.9	44.8	59.4
計	200.1	201.2	202.6	229.8	230.0	231.3	215.3	218.6	221.6

地域	アルプス			アルプス南面			計		
林齢／調査時点	LFI2	LFI3	LFI4	LFI2	LFI3	LFI4	LFI2	LFI3	LFI4
未立木地	8.0	9.8	8.7	0.7	1.1	1.8	13.5	28.7	18.0
1～20	22.2	26.7	16.0	7.0	4.8	3.2	79.8	89.2	77.4
21～40	37.2	42.0	56.1	33.3	27.7	25.3	130.0	131.6	161.7
41～60	18.4	19.1	29.2	21.4	23.4	25.5	81.5	80.8	102.9
61～80	19.7	21.0	18.4	7.7	13.2	17.4	107.7	92.7	90.7
81～100	23.6	21.7	23.5	7.2	8.8	4.9	150.4	131.4	116.6
101～120	22.9	25.9	20.1	6.2	7.3	6.4	124.8	124.9	103.8
121～140	22.9	22.4	22.1	4.9	5.8	3.9	88.9	90.4	72.3
141～160	31.4	36.8	26.6	8.3	6.5	4.3	72.2	81.5	67.3
161～180	24.6	18.2	17.0	4.1	3.8	3.2	39.6	35.9	31.7
180年生以上	45.6	35.8	28.4	4.6	8.8	7.4	64.3	58.1	45.6
異齢林	72.5	91.4	120.3	30.3	40.3	50.6	177.4	227.0	307.9
計	349.0	370.8	386.5	135.8	151.6	153.8	1,130.0	1,172.2	1,195.8

資料：WSL（2014）Schweizerisches Landesforstinventar（LFI2-4）

～60年生が増加したことから林齢構成の平準化が進展している。

　地域別にはアルプスで異齢林面積が多く，160年生以上の多くが同地域に分布している。アルプス前山とミッテルラントも同様の傾向を示すが160年生以上の面積は減少し，ジュラでは異齢林面積と81～140年生の面積が増加している。アルプス南面は，ここでも他の地域と異なり異齢林と21～80年生が多く，その他の林齢は少ない。

　表3－2－10に地位別林齢構成面積比率の変化を示した。LFI1から4にすべての地位で81年生以上の林分が減少し，異齢林と若齢林が増加してい

第2節　近自然循環林業の資源基盤と経営システム

表3－2－10　地位別林齢構成面積比率の変化

単位：%

地位／調査時	地位下（gering）			地位中（mässig）		
林齢	LFI2	LFI3	LFI4	LFI2	LFI3	LFI4
未立木地	1.6	1.9	1.9	0.9	2.5	2.1
1～40	7.8	8.8	14.0	14.9	12.4	17.5
41～80	16.5	10.0	13.2	12.7	11.1	12.9
81～120	16.5	15.7	14.3	15.1	14.6	11.2
121～160	18.8	20.9	12.9	17.7	18.8	12.8
180年生以上	20.4	16.0	10.5	16.4	13.5	11.0
異齢林	18.4	26.8	33.2	22.2	27.2	32.5
計	100.0	100.0	100.0	100.0	100.0	100.0
地位／調査時	地位上（gut）			地位特上（sehr gut）		
林齢	LFI2	LFI3	LFI4	LFI2	LFI3	LFI4
未立木地	1.0	2.1	1.6	0.4	3.3	0.4
1～40	17.6	17.5	19.4	22.8	25.5	28.1
41～80	20.3	18.1	18.8	22.1	20.5	18.8
81～120	29.5	25.4	20.5	35.7	31.4	28.3
121～160	14.5	15.6	11.3	11.0	11.7	9.8
180年生以上	3.8	5.4	3.8	0.8	1.4	1.3
異齢林	13.3	15.9	24.7	7.2	6.3	13.2
計	100.0	100.0	100.0	100.0	100.0	100.0

資料：WSL（2014）Schweizerisches Landesforstinventar（LFI2-4）

表3－2－11　径級別単層高林面積（LFI4）と構成比の変化

単位：1,000ha，%

地域・変化 径級	ジュラ	ミッテルラント	アルプス前山	アルプス	アルプス南面	計	構成比の変化		
							LFI2	LFI3	LFI4
情報なし（keine Angabe）	1.1	2.1	4.7	9.0	1.8	18.7	1.2	2.6	1.6
12cm未満（Jungwuchs/Dickung）	12.8	27.8	20.2	36.9	10.0	107.6	7.5	7.4	9.0
12-30（Stangenholz）	23.0	39.7	20.5	63.1	41.1	187.4	19.5	14.4	15.7
31-40（schwaches Baumholz）	26.6	27.0	23.1	36.3	21.6	134.6	17.0	11.9	11.3
41-50（mittels Baumholz）	44.5	43.9	37.1	51.9	12.4	189.9	23.2	20.4	15.9
50cm超（starkes Baumholz）	42.7	65.1	56.9	69.3	16.3	250.3	15.9	24.0	20.9
混交（gemischt）	51.8	25.7	59.1	120.0	50.6	307.2	15.7	19.3	25.7
計	202.6	231.3	221.6	386.5	153.8	1,195.8	100.0	100.0	100.0

資料：WSL（2014）Schweizerisches Landesforstinventar（LFI2-4）

る。また，地位が良いほど異齢林と高齢林の比率が減少し，1～40年生の比率が増加している。地位下では180年，特上では120年伐期を目標とした収穫規整が有効に機能し，1990年と2000年の暴風雨被害の復旧対策も加わり若齢林面積が増加している。表3－2－11に単層高林の径級別面積と構

第3章　スイスの地域森林管理と制度展開

成比を示した。これに関しても地域差はあるが LFI3 から 4 への混交林の構成比の高まりと 30cm 以下の径級の増加が確認できる。

　図3-2-9に連邦政府の森林管理者職業訓練テキストからスイスの代表的森林施業法を示した。連年作業による保続的森林経営が継続される意義は，施業の継続性や資源循環だけでなく，それにより林業生産の長期性に起因する不確実性や属地的多様性を克服する最良の方法として，現在もそれが実践されている点にあると考えられる。つまり，数人の多能工的労働組織により経営単位における過去の経験が継承されるとともに現在の市場経済のなかで毎年，その年度収支と技術的有効性が検証され，新たな経営環境に対応した不断の改善と将来への技術継承が行われている点が重要である。

　地域森林計画や市町村森林整備計画に準拠した日本の人工林「経営」は，森林経営や林業労働の面白みを喪失させ，その時々の個別作業の効率性を追求する現場技能者の育成を制度化した。「将来木施業」の提唱が日本では観念的なものにとどまるのは，それが単なる施業技術として，現在の市場経済により検証され，それに対応した不断の改善がなされるような経営単位や現

画伐は，やわらげられた皆伐の一形態である。高齢立木は，前面（縁）に沿って（常風の風下方向から）伐採される。伐採区画は，最大でも樹高の幅を限度とする。天然更新と人工造林が可能であり，更新した稚樹は一時的に片側から高齢立木により保護される。

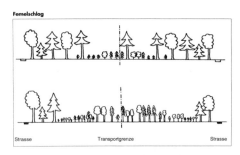

傘伐では高齢立木は，道路の間の搬出界から小面積で伐採する。その際，個別に母樹として残す。そこから伐採木は2つの異なる方向に搬出し，それとともに最初の小面積の更新面積は，道路に向かって徐々に拡大される。天然更新が可能であり，更新した稚樹は一時的に高齢立木により保護される。

図3-2-9　高林施業法に関する職業訓練テキストの図解
資料：CODOC（1995）Berufskunde:Forstwart und Forstwarttin, 5.Waldbau, S.11-12
注：皆伐と択伐の図解は省略した。

第2節　近自然循環林業の資源基盤と経営システム

場労働組織を持ち得ていないからであろう。

　第1章で紹介した前田一歩園財団の森林経営は，木材販売収入の比重は低いが，回帰年を設定した非皆伐施業による循環的施業体系を定着させ，多能工的労働組織と天然林施業技術の継承が行われている。ドイツ語圏諸国では，その経営主体がオーストリアでは連邦有林や貴族有林，ドイツでは州有林，スイスではゲマインデ有林とその主体は異なるが，それがドイツ語圏林業と施業技術の共通基盤であるように思われる。

　図3－2－10は，スイスの天然林施業による森林経営モデルを連邦統計の標準的数値をもとに静態的模式図として示したものである。もちろん現実には木材価格の変動や自然災害により毎年，それに対応した動態的経営対応が必要になるが、これまで述べたスイスの年収支均衡型の森林経営における素材生産と森林資源の保続がどのような投資資金の循環と施業技術，収穫規整に基づき成立しているかを理解するうえでの静態的モデルとして，参考となろう。

　この森林経営モデルでは，経営面積500ha，森林蓄積300m^3/ha（15万m^3），年成長量8m^3/ha（4,000m^3）と仮定し，年成長量8m^3/ha＝年標準伐採量4,000m^{3}と仮定している。択伐で更新すると平均50haの林班を回帰年10年・択伐率25％の択伐を行うか，画伐や傘伐による場合は，林道から遠

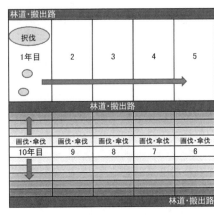

図3－2－10　天然林施業による森林経営モデル
　　　資料：連邦統計の標準的数値をもとに著者作成。

い風下から林道側に向けて，年間 4,000 m³ の画伐または傘伐を行い，経営収支において収入＞費用の関係が維持できれば，経営は成り立つことになる。

現実的には，幹材・針葉樹 2,000m³ @ 100CHF/m³，同広葉樹 800m³ @ 85CHF/m³，パルプ・燃材 1,200m³ @ 50CHF/m³ と仮定すると，木材販売収入 32.8 万 CHF（円換算 3,674 万円）では，補助金やサービス業務を加えてもフェルスターと従業員の人件費や伐採搬出費と育林費を賄うことはなかなか難しい。しかし，経営規模や伐採量，材種・販売方法の工夫やコスト削減により年単位の収支構造を改善し，さらには森林経営組合の組織化による経営再編などにより経営構造自体を改善することは可能である。日本の伐期単位の人工林経営の「経営」的不確実性よりは，循環経営構築への展望は確かなものであろう。

3 森林経営組織と経営システム

(1) 森林経営主体と経営統合

スイスの森林経営は，表 3－2－12 に示したように 2014 年には市町村・市民ゲマインデを中核とする 2,321 経営体（平均経営面積 343ha）と把握され，経営面積は 79.6 万 ha と私有林を含めた森林面積 112 万 ha の 71％を占めていた。2010 年から 2014 年に経営体数は 2,613 から 2,321 に減少し，経営面積は逆に 78.5 万 ha から 79.6 万 ha に 1.1 万 ha 増加している。これは近隣の森林経営を統合する森林経営組合（Forstbetriebsgemeinschaft）の組織化が私有林を含めて一定程度，進展していることによる。

BAFU（2016）では，2014 年までの森林経営の統計的定義を変更し，「経営森林面積に対する所有及び利用権，最低限の生産林面積（ジュラ 200ha 以上，ミッテルラント 150ha，アルプス前山 250ha，アルプス及びアルプス南面 500ha 以上），独立的経理処理」の 3 基準を満たしている経営体を 2015 年から森林経営として統計的に再把握した。このため，2015 年の森林経営数は 713 経営体，経営面積 67.9 万 ha と 2014 年と比較し，150ha 未満など小規模経営体が大きく減少した。しかし，経営面積では，2015 年は 2014 年

第2節　近自然循環林業の資源基盤と経営システム

表3－2－12　森林経営の規模別経営体数と経営面積

単位：経営体，ha

年・区分 経営規模	2010		2014		経営規模	2015	
	経営数	経営面積	経営数	経営面積		経営数	経営面積
50ha 未満	980	17,953	852	15,933	（森林経営の統計的定義変更）		
51 ～ 100	389	28,333	351	25,478	150 ～ 249	92	18,173
101 ～ 200	381	55,497	331	47,980	250 ～ 499	188	67,202
201 ～ 500	419	136,202	355	116,764	500 ～ 999	231	162,695
501 ～ 1000	247	176,282	226	160,588	1000 ～ 1999	126	179,544
1000ha 以上	197	370,946	206	429,621	2000ha 以上	76	250,968
計	2,613	785,213	2,321	796,364	計	713	678,582
私有林 （< 50ha）	241,157	328,955	238,419	326,946			
合計	249,624	1,114,168	247,802	1,123,310			

資料：BAFU（2011, 2015, 2016）Wald und Holz Jahrbuch
注：50ha 未満は公共的森林のみ，50ha 以上は私有林を一部含む経営数と経営面積である。

の 85% を維持している。

　連邦政府『森林・木材統計年報』における森林経営の定義は，BUWAL
（2000）の「経済的目標を達成するための生産的，社会技術的システム，詳
しく言えば業績達成の目的に向けて計画的，統一的に管理された生産要素の
結合」とした一定面積以上の公共的所有＝森林経営という統計把握から
BUWAL（2005）以降は，「森林経営とは私的または公法的法人や個人が単
独または複数の所有権のもとにある森林を経営し，経営的・施業的に共同管
理される森林は1個の森林経営とみなす」とされた。BAFU（2016）では，
さらに地域別の生産林面積による外形基準と経営認定3基準を明確化した。
スイス林業における共同の諸形態は，HAFL，WVS，BAFU（2010）『スイ
ス林業における共同』が参考となる。

　以上の森林経営統計の改定は，連邦政府が打ち出した森林経営構造改革や
森林経営指標調査（Forstwirtschaftliches Testbetriebsnetz der Schweiz,
TBN）導入との整合性を考慮したものであり，これに伴い森林経営に関す
る統計調査は，以下の3種類の調査票により実施され，さらに後述する 200
経営を抽出した詳細調査が行われるようになった。A：50ha 以上のすべて
の公共的森林と私有林の森林経営を対象に経営面積，木材伐採量，収入，支
出，投資と造林状況を調査する。B：50ha 未満のすべての公共的森林を対象

に経営面積，木材伐採量と造林状況を調査するが，経営収支は調査しない。C：50ha 未満のすべての私有林経営/所有者を対象に経営面積，木材伐採量と造林状況，森林所有者数を市町村単位に合算した調査票に集計する。

2015 年から『森林・木材統計年報』に 1 経営体当たり所有者数がカントン別に示されるようになった。スイス全体の 1 経営体当たりの所有者数は10.8 であるが，ルツェルンの 332 が飛び抜けて多く，それ以外はグラウビュンデン 7.9，ヴァリス 6.1，フリブール 5.6，ジュラ 4.4 と続き，グラールス，ツーク，アッペンツエル・インナーローテン，ティチーノ，ジュネーヴは 1.0と経営＝一定規模以上の公共的森林という従来の経営構造に変化がなく，ベルンも 1.1 とそれに近い。ルツェルンで「経営」統合が進展した背景は，石崎涼子（2015）が明らかにした連邦政府の新財政調整の導入に基づいた経営単位の最適化プロジェクトの進展にあると考えられるが，グラウビュンデンでは第 5 節で後述するカントン森林法改正による市町村有林の経営単位と森林管理区の統一的再編によるなど，その対応はカントンにより多様である。

(2) 経営基盤と投下労働

スイスの森林経営統計は，2000 年代後半まではスイス林業連盟（WVS）が連邦政府の委託を受けて，毎年，森林経営の 2 割に相当する 700 経営の森林経営収支調査（Forstliches Betriebsabrechnungsprogramm, ForstBAR）を行っていた[4]。同調査は BAFU と WVS とともに HAFL が編集・分析に加わり，200 経営の抽出調査（TBN）に拡充された。TBN の調査対象経営の分布は，すでに図 3 − 2 − 4 に示した。同調査結果と分析として，BAFU，WVS，HAFL（2012）「森林経営指標調査：2008 ～ 2010」及び同（2015）が公表されている。以下，現地調査の際に入手した WVS（2001）「2001 年森林経営収支調査（2000 年実績）」と BAFU，WVS，HAFL（2015）「森林経営指標調査：2011 ～ 2013」からスイスの森林経営の 2000 年代以降の経営構造を分析する。

表 3 − 2 − 13 にみるように WVS（2001）の調査対象経営の平均生産林面積は 342ha，森林蓄積 302m^3/ha であり，伐採量 2,758m^3（8.1m^3/ha）が標準伐採量と年成長量の 5.0 と 5.4m^3/ha を超えているのは，2000 年の暴風

第2節　近自然循環林業の資源基盤と経営システム

表3-2-13　ForstBARの対象森林経営の概要（2000年）

単位：ha, m³, %, m/ha

項目	区分	計	平均値	比率	施業体系	比率
森林面積	生産林	243,819	342	82	択伐	25
	非生産林	52,729	74	18	画伐・傘伐	71
伐採量	素材販売	1,888,545	2,649	96	転換期	4
	立木販売	78,046	109	4	その他	0
	計	1,966,591	2,758	100	計	100
1ha 当たり材積	伐採量		8.1		基盤整備	
	標準伐採量		5.0		路網密度	36.9
	年成長量		5.4		公道密度	6.6
	森林蓄積		302		林道密度	30.3
素材生産	針葉樹比率		75		搬出路密度	23.6
	広葉樹比率		25		架線搬出面積	80,508

資料：WVS（2001）Forstliches Betriebsabrechnungsprogramm

雨被害ロターの影響が大きい。施業方法は，画伐・傘伐が71%，択伐が25%である。調査対象の森林所有形態は，カントン有林7%，教会ゲマインデ有林1%以外は，市町村・市民ゲマインデ有林である。

　材種別の素材販売比率は，針葉樹幹材65%，広葉樹幹材9%，針葉樹パルプ材6%，広葉樹パルプ材5%，針葉樹燃材4%，広葉樹燃材8%，その他2%である。素材価格（林道端渡し）は，針葉樹幹材70 CHF /m³，広葉樹幹材104 CHF /m³，針葉樹パルプ材32 CHF/m³，広葉樹パルプ材33 CHF /m³，針葉樹燃材33 CHF /m³，広葉樹燃材54 CHF /m³である[5]。立木販売は少ないが，立木価格は針葉樹幹材12 CHF /m³，広葉樹幹材11 CHF/m³，燃材8 CHF /m³である。なお，当時は広葉樹素材価格が針葉樹よりも高かったが，2000年代後半から広葉樹が針葉樹素材価格を下回るようになり，現在ではほぼ同様の水準で推移している。

　表3-2-14に示すように1 ha 当たりの総費用817 CHF の内訳は，伐採搬出59%に運材，材積測定を加えた伐採・搬出・運材過程が70%を占め，育林過程の費用投下は10%に過ぎない。費用の構成比は，労務費35%，機械・施設費10%，委託費37%，事務管理費8%，その他費用10%である。労働力の投下比率と時間当たり賃金は，レビア・フェルスター23%（57 CHF），常用労働者48%（43 CHF），見習労働者15%（12 CHF），臨時労働者9%（33 CHF），出来高払労働者2%（36 CHF）である。

297

第3章　スイスの地域森林管理と制度展開

表3－2－14　森林経営に対する年投下費用と労働投入

単位：CHF/ha，％，時間/ha

部門	区分 事業	投下費用		時間投入	
		CHF/ha	構成比	時間/ha	構成比
治山林道	林道	64.53	8.0	0.30	4.0
	治山	5.07	1.0	0.01	0.0
	計	69.60	9.0	0.31	4.0
育林過程	林分更新	8.18	1.0	0.10	1.0
	保育	42.98	5.0	0.80	11.0
	森林保護	11.21	1.0	0.17	2.0
	獣害防止	4.98	1.0	0.09	1.0
	終伐	9.51	1.0	0.16	2.0
	選木記号付け	2.99	0.0	0.05	1.0
	その他	4.11	1.0	0.05	1.0
	計	83.96	10.0	1.42	20.0
伐採搬出 過程	伐採・搬出	480.79	59.0	4.53	63.0
	材積測定・木材保護	20.68	3.0	0.26	4.0
	貯木場への運材	51.36	6.0	0.11	2.0
	貯木場からの運材	12.98	2.0	0.05	1.0
	その他	9.19	1.0	0.13	2.0
	計	575.00	70.0	5.08	70.0
その他	副産物利用	3.86	0.0	0.07	1.0
	経営管理	76.38	9.0	0.23	3.0
	教育・再教育	7.93	1.0	0.10	1.0
	合計	816.73	100.0	7.21	100.0

資料：WVS（2001）Forstliches Betriebsabrechnungsprogramm

　当時の労務組織の構成は，レビア・フェルスター１人，常用労働者２人，見習労働者１人が標準的規模であり，臨時的労働者や出来高払労働者の雇用は，2000年代では少なくなっている。WVS・林務職員連盟・林業請負事業体連盟「賃金勧告」によると2010年の林業技術者の基本賃金月額（年額は13倍）は，フェルスター6,173CHF，森林管理主任者5,164CHF，森林管理者4,158CHFであり，現場技能者のキャリアと職務に給与水準が対応している[6]。

(3) 森林経営組合の組織と経営機能

　BAFU，WVS，HAFL（2015）では，森林経営規模の拡大によるコスト低減は6,000haを境に逓減するとされ，4,000～6,000ha規模の森林経営組合

第2節　近自然循環林業の資源基盤と経営システム

の組織化を推奨している。森林経営組合（FBG）の組織構造を図3－2－11に示した。所有の枠を超えた「経営」の形成が追求されている点は、日本の団地化・施業集約化と共通するようにもみえるが、次の点でその本質を異にしている。

①森林経営組合はあくまで所有ではなく、経営の統合である。FBGの組織化に至るまで各構成者の森林経営が継続され、その経営体を経営単位とした経営統合である点が、日本の団地化・施業集約化施策と決定的に異なっている。

②経営委員会やフェルスター、林業労働者などの経営の意思決定や技術者、労働組織を備えた経営組織と経営責任者が統一的な経営・会計単位を構成している。

③森林経営規模や森林資源の構成、年成長量が連年経営を維持できる基盤を持ち、年間収支を黒字にできる事業計画の樹立が展望できることが森林経営組合組織化の前提である。

以上のようにドイツ語圏の森林経営の安定性を支えている要因は、路網密

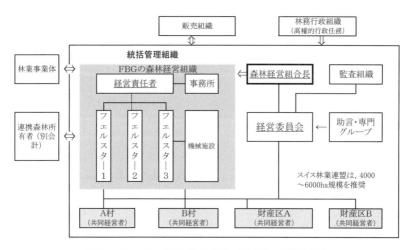

図3－2－11　森林経営組合（FBG）の組織構造
資料：WVS, BAFU, HAFL (2015) Forstwirtschaftliches Testbetriebsnetz der Schweiz : Ergebnisse der Jahre 2011-2013, S.37
注：アンダーラインは、経営の意思決定組織を示し、経営責任者は森林技師を雇用していない場合は、フェルスターが務めている。

第3章　スイスの地域森林管理と制度展開

度や個別作業の生産性のみではなく，経営環境の変化に対応できる経営組織
と資源基盤，年度単位での収支計算可能な資金循環と経営の意思決定メカニ

表3－2－15　森林経営における技術者の役割分担（抜粋）

何を（課題）	雇用主			従業員					林務行政
	議会	役所	森林委員会	経営責任者	フェルスター	班長	森林管理者	オペレータ	森林管理署
1　計画									
1.1　事業方針と戦略的計画									
企業政策	E	I	AN	I	I	I	I	I	I
戦略	E	I	AN	P	I	I	I	I	I
市場実績形成の原則	E	I	AN	P	I	I	I	I	I
目標システム，特に安全目標	E	I	AN	P	I	I	I	I	I
経営・指導組織	E	I	AN	P	I	I	I	I	I
森林施業計画			I	P/A	I	I	I	I	
予算計画	E	P/A	AN	P/A	P/I				
投資計画	E	P/A	AN	P/A	P/I				
事業実施の基本決定			E	AN/P	P/I				
基本的実施計画			E	AN/P	P/I				
他の経営組織との協働			E	AN/P	P/I				
労働手段と小型機械の調達			E	ME/P	AN	I	I	I	I
車両・大型機械の調達	E		AN	P	P	I	I	P	
車両，機械，施設の管理		I	I	A	A			A	
1.2　育林計画									
保育計画			E	P/A	P/A	I/A	I	I	ME
伐採計画			E	P/A	P/A	I/A	I	I	ME
1.3　労務計画									
年次計画			E	P/AN	P/A	I	I	I	
週間計画				E/A	E/A	I	I	I	
週間就労計画の相談				A	A	I	I	I	
伐採			E	AN/P	P/A	I	I	I	
労働手段・作業場所の形成				E/P/A	E/P/A	I	I	I	
特別運行活動（VUV第8条）				E/A	E/A	E/A			
労働手段・機械の配備				E/A	E/A	E/A			
従業員等の安全対策の確認				E/A	E/A	E/A			
1.4　作業準備									
作業現場の構成				A/K	A/K	A	A	A	
従業員の配備				E/K	E/K	I	I	I	
技術規則順守の確保				K	K	A	A	A	
現場労働手段の確認				A/K	A/K	A	A	A	
関与者以外の安全確認				K	K	A	A	A	

資料：志賀和人編著（2016）『森林管理制度論』，315頁より引用。原資料は，Franz Schmithüsen
　　　und Albin Schmidhauser（1999）Grunlagen des Managements in der Forstwirtschaft, S.88
注：E = Entscheid（決定），ME = Mitentscheid（協議），AN = Antrag（提案），A = Ausfürung（実
　　行），P=Planung（計画），K = Kontrolle（監視），I = Information（情報提供）を示し，
　　団体有林（Unterägeri）における実際の事例である。

第2節　近自然循環林業の資源基盤と経営システム

ズムにある。

　森林経営組織における技術者の役割分担をみると経営責任者は，雇用主（森林所有者）の事業方針と戦略的決定に基づき，森林施業計画や育林計画，労務計画に関して，技術的責任を負い，経営収支の均衡に関しても責任を持つ（表3－2－15）。林務行政の関与は，森林法に基づく伐採許可と国土保全に必要な最小限の保育の確保及び未立木地の更新に関する協議に限定され，経営計画に関しては基本的に経営組織の自由意志に委ねられる。

　日本においても経営概念が国際基準（例えばISO基準）に合致し，一般社会で受け入れ可能であり，事業年度単位のキャッシュ・フローの制御が可能な経営組織を対象にその経営責任の所在と中長期的経営成果が検証可能なものにならない限り，現場技能者の育成予算をいかにつぎ込んでも現場適応的施業体系の定着や森林経営収支の改善は進まない。

(4) 森林経営の収支と資金循環

　スイスの森林経営収支は，森林蓄積と木材生産基盤の充実にもかかわらず，山岳林が主体のアルプス，アルプス南面のみならず，ミッテルラントにおいても1980年代に入ると赤字基調となり，公共的森林経営の経営費に対する費用負担は，1999年には木材販売収入が46％に低下し，補助金29％，副収入17％，欠損（所有者による補填等）8％と補助金や副収入による費用負担が拡大した。

　図3－2－12に1980年以降の森林経営収支の推移を示した。LFIやForstBARの結果が示す森林資源の循環利用や経営の安定性は，日本とは大きく異なり，木材生産量や林齢構成も保続的に推移している。しかし，個々の森林経営の収支では，コスト削減や経営の効率化が目指されているが，特に補助金を除外した森林経営収入は経営支出を大きく下回っている。以下，スイスの森林経営収支構造と日本の人工林経営の収支把握との相違点をTBN調査対象経営の分析から検討する。

　BAFU，WVS，HAFL（2015）によりTBN調査対象経営の概要を示すと表3－2－16のとおりである。調査対象経営の平均生産林面積は1,077haとForstBARの調査対象よりも経営規模の大きな経営体を対象とし，先に

301

第3章 スイスの地域森林管理と制度展開

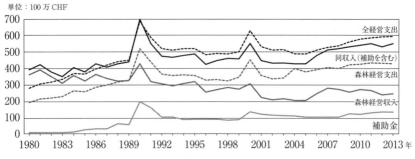

図3−2−12 森林経営（50ha以上）の経営収支の推移
資料：BAFU, WVS, HAFL（2015）Forstwirtschaftliches Testbetriebsnetz der Schweiz
：Ergebnisse der Jahre 2011-2013, S.4

表3−2−16 TBN調査対象森林経営の概要

単位：ha, m³/ha, %

区分 \ 地域	ジュラ	ミッテルラント	アルプス前山	アルプス	計
森林面積（ha）	60,786	36,725	33,302	124,926	255,739
生産林面積（ha）	50,994	35,166	28,421	100,733	215,314
経済林	46,361	31,936	9,588	9,139	97,024
保全林	1,250	896	14,377	88,329	104,852
休養林	640	1,202	2,626	708	5,176
自然景観林	2,743	1,132	1,830	2,557	8,262
森林経営数	53	64	32	51	200
50〜500	11	35	13	6	65
501〜1,000	23	21	11	10	65
1,001〜2,000	15	8	4	16	43
2,001〜3,000	3	0	4	11	18
3,000ha以上	1	0	0	8	9
1ha当たり森林蓄積量	299	338	342	268	300
1ha当たり標準伐採量	6.7	9.0	6.0	2.0	5.0
1ha当たり伐採量	6.0	9.0	6.0	2.0	4.5
標準伐採量利用率	95	98	100	82	94
立木販売率	5	2	0	18	6

資料：BAFU, WVS, HAFL（2015）Forstwirtschaftliches Testbetriebsnetz der Schweiz
：Ergebnisse der Jahre 2011-2013, S.5-8

みたBAFU（2016）の2015年改定の森林経営の定義に基づく中心的経営階層を対象にした調査に再編されている。調査対象の森林経営における標準伐採量や年伐採量は地域により2〜9m³/haと差が大きいが、その平均森林蓄

第2節 近自然循環林業の資源基盤と経営システム

積や年伐採量は 300m³/ha, 4.5m³/ha とこれまでみたスイスの標準的森林経営像と大きな違いはない。

2013 年度の森林経営収支は，表 3 - 2 - 17 に示したとおりである。経営全体の平均収支は 75CHF/ha の赤字であり，そのうち 60 CHF/ha が森林経営部門による赤字である。森林経営収入は，素材販売 29％と補助金 20％，その他で全体の 55％を占め，それ以外の収入では受託事業やゲマインデ事業などサービス業務・その他の収入が 45％に達している。費用では伐採搬出過程の支出が 33％を占め，育林費は全費用の 7％と当該年度の素材販売収入の 26％に過ぎない。

これまでの検討からスイスの森林経営と日本の人工林経営の収支構造に関する以下の相違点が指摘できる。

第 1 にスイスの森林経営収支は，伐期単位の育林費と伐採収入の差額ではなく，保続的森林経営単位の年間収支として算出される。それが可能なのは，経営単位ごとに齢級構成が平準化され，成長量と経営収支に対応した回帰年と標準伐採量が設定されている点にある。

表 3 - 2 - 17　TBN 調査対象森林経営の経営収支（2013 年度）

単位：CHF，％

区分 業務	収入			費用			収支 CHF/ha
	収入区分	CHF/ha	％	支出区分	CHF/ha	％	
森林経営	素材販売	264	29	施設維持費	70	7	
	自家需要木材	33	4	育林過程	68	7	
	補助金	181	20	伐採搬出過程	331	33	
	その他	32	7	その他の活動	33	3	
				管理費	69	7	
	計	510	55	計	570	57	− 60
サービス 業務	林務行政支援	20	2	林務行政支援	25	3	
	森林経営受託	16	2	森林経営受託	17	2	
	受託事業	161	17	受託事業	144	14	
	ゲマインデ事業	71	8	ゲマインデ事業	81	8	
	その他	18	1	指導教育等	21	2	
	計	286	31	計	289	29	− 3
	その他	128	14	その他	140	14	− 12
	合計	924	100	合計	999	100	− 75

資料：BAFU，WVS，HAFL（2015）Forstwirtschaftliches Testbetriebsnetz der Schweiz
　　　：Ergebnisse der Jahre 2011-2013, S.15
注：その他の業務の細目や比率の低い項目はその他にまとめ，表示を省略した。

第3章　スイスの地域森林管理と制度展開

　第2に施業体系と育林費用に関して，スイスでは皆伐が森林法で禁止され，画伐や傘伐，択伐による天然更新が主体のため，経営単位の年間育林費用は68CHF/haと木材販売収入の26％と低い。日本の人工林経営のように造林時に投下された育林投資が50年後に回収され，その収益の一部が再造林に再投資されるという資金循環メカニズムを想定していない。

　第3に事業部門・補助体系と経営統合・経営区の再編に関して，ゲマインデ有林の多くは，直用労務組織を持ち自らの所有林の森林経営とともに林務行政支援やゲマインデ事業の受託等のサービス業務を実施している。また，保育に対する連邦補助やフェルスター人件費に対するカントンの森林管理区交付金の支給も生産刺激的でない補助金として，森林経営収支の改善と地域森林管理の充実に貢献している。さらに赤字の恒常化した森林経営は，経営統合や経営区の再編を行い，循環的連年経営が維持される。

4　ゲマインデ有林の経営事例

(1) 森林経営の表彰事例

　最後にこれまで主に統計分析に基づき検討してきたゲマインデ有林の森林経営について，表彰事例と現地調査からその実態を一瞥しておく。まず1987年から2011年にゾフィー・カールビンディング財団（Sophie und Karl Binding Stiftung）のビンディング森林経営賞（Binding Waldpreis）を受賞した25事例をJ. Combe（2011）『森林と社会：スイス森林経営の成果と歴史』から検討し，次に2000年にビビアンによる大規模な風倒被害を受け，経営収支が悪化したことを契機に経営再建を行った市民ゲマインデ・ベルン（Burgergemeinde Bern, BGB）の森林経営の再編過程を現地調査と業務報告書から分析する。

　J. Combe（2011）は，1987年から2011年にビンディング森林経営賞を受賞した25事例を「担当フェルスターお気に入りの小径」の案内図を添え，1事例8頁で紹介している。同書には森林経営学の世界的権威のフライブルク大学G. Oesten教授（出版当時）の「序言」が添えられ，スイス森林計画制度改革を理論的に先導したETHのP. Bachmann教授が2006年まで企画・

第2節　近自然循環林業の資源基盤と経営システム

単位：ha、m³/ha、m³/ha・年、%

表3−2−18　ビンディング森林経営賞の25事例

受賞者所在カントン	森林所有者	地域	経営面積	蓄積	年成長量	齢供給源等	樹種構成	施業法	受賞テーマ
Azieende forestale regionale del Malcantone TI	2市民ゲマインデ	AS	53	350	5～8	…	広葉樹98, 針葉樹2%	伝統的天然林施業	低林・要保育の共同化
Bürgergemeinde Giswill OW	公法団体ギスビル	VA	3,011	330	7.8	6.3	針葉樹84, 広葉樹16%	傘伐、山岳施業	山岳地域の近自然的景観
Communes du Val-de-Travers NE	11市町村の組合	J	7,704	300	7.2	7.1	針広混交林	単木・群状択伐	過伐から近自然施業へ
Gemeinde Romoos LU	私有林90, 公法団体10%	VA	2,070	450	7～10	3.6	針葉樹85, 広葉樹15%	群状択伐、画伐	文化的森林景観の保全
Gemeinde Ardez GR	アルデッツ村	A	230	230	2.2	*2.5	トウヒ50, カラマツ40, 他針葉樹10%	更新、保育	架線による搬出と保育
Waldkorporation Romanshorn-Uttwil TG	私法団体	M	260	285	9.5	5～6	広葉樹混交林	旧中林55, 傘伐高林	中林から広葉樹の高林へ
Stadt Lausanne VD	ローザンヌ市	M	1,900	309	10～12	10～13	ブナ・モミ・ブナ混交林大半	画伐・傘伐	都市林から体験公園へ
Verband Konolfingischer Waldbesitzer BE	私有林	VA	4,050	553	13.9	9.0	モミ42, トウヒ43, 広葉樹12%	択伐・複層林施業	農家林の超経営的共同化
Bürgergemeinden Rothenfluh und Anwil BL	2市民ゲマインデ	J	488	343	7.4	7.8	ブナ・広葉樹混交林	画伐・傘伐、高齢林	統合的林業と資源利用
Politische und Ortsgemeinde Gams SG	ゲマインデ	A	530	300	6～7	6.0	トウヒ59, モミ23, 広葉樹16%等	傘伐、山岳施業	野渓の統合プロジェクト
Gemeinde Fully VS	ゲマインデ	A	1,220	176	1.9	1.9	針葉樹75, 広葉樹25%		森林と限界
Gemeinde Plasselb FR	プラッセルブ村	VA	243	346	9.1	7.8	トウヒ70, モミ21, 広葉樹等	画伐・傘伐、択伐	林道整備と保育
Gemeinde Rheinau ZH	ライナウ村	M	180	180	4.9	2.6～4.4	広葉樹混交林63, 針葉樹37%	画伐・傘伐移行林	修道院有林の現代的
Patriziato generale di Olivone, Campo e Largario TI	市民ゲマインデ	AV	2,815	250	1.5～2.0	0.5	トウヒ78, カラマツ18, 他針葉樹3%等	山岳択伐	森林・草原・アルプ保全
Gemeinde Schwanden GL	シュヴァンデン村	A	949	231	4.7	2.3	トウヒ53, ブナ34, 他広葉樹11%等	幼齢林、山岳択伐	ビアンマ連盟の復旧
Forstbetriebsgemeinshaften SO	21市民・統一ゲマインデ等	M	1,940	450	13.0	13.3	広葉樹混交林、ブナ林等	画伐・傘伐	ゲマインデ有林の経営組合
Bourgeoisie de Cormoret BE	市民ゲマインデ	J	520	420	8.0	6.2	モミ36, トウヒ30, 広葉樹34	傘伐、混交林施業	混牧林・景観教育
Vischaunca Trin/Gemeinde Trin GR	トリン村有林	A	1,251	187	2.2	2.6	トウヒ72, マツ・カラマツ12, モミ6%	山岳造林・択伐	森林環境教育
Ortsbürgergemeinde Baden AG	バーデン村・市民ゲマインデ	M	833	315	10.0	7.2	広葉樹45, トウヒ39%等	画伐・傘伐	生活空間の都市性
Ortsgemeinde Amden SG	アムデン村	A	1,466	394	5.0	3.3	トウヒ79, モミ14, 広葉樹7%	傘伐、山岳施業	森林変革の可能性
Burgergemeinde Sumiswald BE	市民ゲマインデ	VA	354	370	7.7	*7.9	モミ58, トウヒ15, 広葉樹27%	択伐、択伐移行林等	近自然的経済林の成果
Montagne de Boudry NE	8市町村＋教会ゲマインデ	J	1,981	283	7.0	5.9	モミ29, トウヒ26, ブナ等29%	画伐・傘伐	生物多様性の追求
Comune di Poschiavo/Gemeinde Posciavo GR	オシアーノ村	AS	5,810	230	4.7	2.0	トウヒ57, 他針葉樹39, 広葉樹3%等	山岳造林	多面的森林機能の保全
Stadt Bülac h a ZH	ビューラッハ町有林	M	539	313	8.2	7.8	ナラ23, ブナ22, 他広葉樹20%等	天然更新・保育	森林施業と緑空間管理
Kloster Einsiedein SZ	修道院領内の私有林	VA	933	370	6.5～7.0	6.4	モミ22, トウヒ70, ブナ等広葉樹8%	画伐、択伐	制限林管理の森林所有

資料：Jean Combe (2011) Wald und Gesellschaft.Erfolgsgeschichten aus dem Schweizer Wald
注：地域の欄のA：アルプス、VA：アルプス前山、AS：アルプス南山、M：ミッテルラント、J：ジュラを示す。＊は受賞時ではなく、最新の数値を示している。順序は受賞年度順である。

第3章　スイスの地域森林管理と制度展開

協力している。

　表3－2－18に受賞事例の概要を示した。全般的に近自然循環施業により多様な樹種構成と 300m³/ha 前後の森林蓄積を保持し，年成長量と均衡した標準伐採量に基づいた経営を継続し，受賞テーマにみる公共的利益の確保や林業的課題への取り組みを進めている。スイスにおける森林経営の資源管理と循環利用，施業法の実践的確かさと日本の人工林「経営」や「針広混交林化」，「経済林と環境林の区分」の問題点が何かを考えるうえで重要な示唆となろう。

(2) 市民ゲマインデ・ベルンの森林経営

　市民ゲマインデ・ベルン（BGB）の森林経営は，チューリヒ市有林（口絵8頁）とともにスイスを代表する森林経営の歴史を持ち，1304 年に森林利用規則を制定し，現在も 3,666ha の森林経営を直営で実施している。

　表3－2－19に示すように BGB の構成員は 1.8 万人，総資産 10 億 CHF・年間収入 1.2 億 CHF の都市共同体に起源をもつ用益団体的社団である。3,666ha の森林のほか，ベルン旧市街の中心地に広大な土地・不動産（口絵8頁，自然歴史博物館と文化活動の中心となる Casino の建物）と農地及びブドウ畑を所有し，銀行を経営するほか広く学術・文化・社会支援事業

表3－2－19　市民ゲマインデ・ベルンの概要（2015 年度）

単位：人・団体，1,000CHF

項目	区分	数量	細目
組織	市民（構成員）	18,266 人	支出細目：人件費 32,320，減価償却費 26,789，
	ツンフト	13 団体	特別施設勘定 13,484，助成金 11,558 等
	職員	495 人	
財務	支出	120,416	収入細目：財産収入 59,656，報酬 31,764，森林
	収入	117,225	－1,102
	総資産	1,025,278	金融資産，土地，不動産
公益事業	学術研究	25,207	図書館，博物館，学術助成
	文化活動	7,603	コンサート，文化財団支援等
	環境自然助成	195	
	社会支援	10,388	市民病院，市民社会センター等

資料：Burgergemeinde Bern（2016）Verwaltungsbericht 2015, Der Jahresbericht
　　　Burgerjahr 2015
注：森林経営は収益事業に区分されているが，同年度は森林センター改築費による欠損
　　を計上している。

306

第2節　近自然循環林業の資源基盤と経営システム

表 3 - 2 - 20　市民ゲマインデ・ベルンの森林経営

単位：ha, m³, CHF/m³

区分 年度	森林経営 面積	経営区	標準伐採量		伐採量		収支 /m³
			材積	m³/ha	材積	m³/ha	
1983	3,516	5	36,550	10.6	33,755	9.6	78.0
1995	3,478	4	33,550	9.6	49,476	14.2	57.1
2000	3,484	4	38,550	11.1	160,950	46.2	1.4
2005	3,496	3	26,000	7.4	24,824	7.1	19.6
2010	3,663	3	27,100	7.4	29,284	8.0	31.0
2011	3,662	3	27,100	7.4	27,201	7.4	19.3
2012	3,662	3	27,100	7.4	27,945	7.6	14.6
2013	3,698	3	27,100	7.3	30,195	8.2	24.2
2014	3,666	3	27,100	7.3	40,702	11.1	35.4

資料：Forstbetrieb Bern（1983 - 2014）Geschäftbericht Rechnung

を展開している。

　黒澤隆文（2009）は，ベルン市の事例からゲマインデの「近代化」と自治体行政の関係を分析し，「今日の自治体に直接連なる自治主体は，このように 1830 年代初頭に創設されたが，19 世紀半ばまでは，組織・所掌・財政のいずれの面でも弱体で，市民ゲマインデとの連続性と，これに対する依存が著しかった。…財産の一部移管によって両者の財政が分離され，住民ゲマインデが財政団体として自立したのは，19 世紀半ばのことである。1852 年に両者が結んだ財政分離協定によって，住民ゲマインデ（ベルン市のこと，編著者追加）は，小学校，市民実科学校，市立教会，建築行政，市中央金庫，救貧基金等に関する資産と関連業務を継承した。他方，市民ゲマインデは，市民救貧・教育基金を含む各種の基金の他，共有地・森林財産，市民病院，孤児院，図書館，自然史博物館，植物園，教会ゲマインデ財産，貯蓄金庫等が残された。2 年後には，臨時の市直接税（連邦首都税，後に恒久財源に転換）が導入され，住民ゲマインデは独自の税務行政をも持つに至った。」としている[7]。

　BGB は連邦森林法の制定に伴い 1997 年カントン森林法が制定されたのを契機に市民森林管理署ベルン（Burgeriches Forstamt）から森林経営ベルン（Forstbetrieb Bern）に名称を変更し，ベルン中央（Revier 531BGB Mitte），同東（532 BGB Ost），同西（726 BGB West）の 3 森林管理区を構

307

第3章　スイスの地域森林管理と制度展開

成した。スイスでは森林面積が単独で 3,000ha を超える経営体は少なく，一般的には第5節で述べるラウターブルンネン村の森林管理区のように森林経営（同村の場合は村有林）が核となり，村内の中小団体有林や私有林を包含した森林管理区を形成している場合が多い。

　1980 年代には，BGB は所有林を5経営区に区分し，森林技師3人，フェルスター8人，現場労働者 66 人，見習 11 人を雇用し，2000 年までは標準伐採量 10m^3/ha，年伐採量 3.5 万 m^3 の素材生産を行ってきた（表3－2－20）。2000 年の暴風雨ビビアンによる風倒被害を受け，3経営区・標準伐採量 7.4 m^3/ha に対応した経営組織に見直しを行い，2000 年代後半には従業員体制を森林技師1人，フェルスター4人，現場労働者9人，見習1人とした。

　2010 年度以降は，森林災害が発生した 2014 年以外は標準伐採量の 7.4m^3/ha に対応した 2.7 ～ 3.0 万 m^3 の年伐採量を保ち，事業収支も 15 ～ 35 CHF/m^3 の黒字基調に回復している。2014 年度の伐採実績は，針葉樹用材 1.4 万 m^3，広葉樹燃材 1.1 万 m^3，広葉樹用材 5,471m^3，針葉樹産業用材 4,357m^3，針葉樹燃材 1,841m^3 と樹種・用途の偏りが小さい。

注及び引用文献

（1）2015 年時点の森林認証取得は，①ソロトゥルン（BWSo Bürgergemeinden und Waldeigentümerverband Kanton Solothurn）FSC2.2 万 ha，②グラウビュンデン（Gruppe Verband der Waldeigentümer Graubünden SELVA）FSC16.6 万 ha，③アールガウ（Gruppe Aargauischer Waldwirtschaftsverband AWV）FSC9.6 万 ha,PEFC9.6 万 ha，④ベルン（Gruppe Berner Waldbesitzer BWB）FSC5.5 万 ha，PEFC1.7 万 ha，⑤ルツェルン（Verband Luzerner Waldeigentümer VLW）FSC3.0 万 ha，⑥ロマンド森林認証グループ（Association Romande pour la Certification des Forêts ARCF）10.8 万 ha，⑦東スイス森林認証グループ（Waldzertifizierungsgruppe Ostschweiz）8.7 万 ha，⑧チューリヒ・シャフハウゼン森林認証グループ（Waldzertifizierungsgruppe Zürich-Schaffhausen）4.2 万 ha である。

（2）WSL のホームページ（http://www.lfi.ch/lfi/lfi.php）に LFI1 ～ 4 の結果が公表され，地域区別，テーマごとの検索や図の作成，エクセルファイルのダウンロードができる。

308

第2節　近自然循環林業の資源基盤と経営システム

(3) 表3－2－3に関しては，LFI4では樹種の細分化された数値が示されているため，大括りの樹種別構成が示されているLFI3の数値を示した。

(4) 詳しい調査方法は，WVS Bereich Betriebswirtschaft（1996）を参照。

(5) スイスでは，幹材は林道端渡しが主体であるがパルプ材・燃材の林道端渡しの事例は少ないが，比較のためすべて林道端渡し素材価格を示した。

(6) Verband Schweizer Forstpersonal, Verband Schweizer Forstunternehmungen, WVS（2011）の林業団体間賃金協定による。

(7) 黒澤隆文（2009），62〜63頁

第3章　スイスの地域森林管理と制度展開

第3節　山岳地域振興と農政・空間整備・地域政策

1　空間整備政策の枠組みと農政・地域政策

(1) 空間整備政策と部門別政策の関係

　スイスの地域政策は，2008年の新地域政策の導入までは，山岳地域政策を中心に展開した。1974年の山岳地域投資助成法（BG vom 28. Juni 1974 über Investitionshilfe für Berggebiete, IHG）に基づき，各地域事務局が策定した山岳地域開発計画と投資計画に基づき公共的基盤整備への支援を実施してきた。同法は連邦参事会（1996）「地域政策の新たな方向に関する教書」（Botschaft über die Neuorientierung der Regionalpolitik）に基づき1997年に改正されるが，2006年の連邦地域政策法（BG über Regionalpolitik vom 6. Oktober 2006）が制定されるまでスイスの地域政策の中心的法令であった。山岳地域開発計画は，54の山岳地域を対象に各種部門計画との連携のもとに分野横断的な15年を1期とする山岳地域開発計画が樹立され，それに基づき5年単位の投資計画が樹立された。

　図3-3-1に連邦統計に基づき都市中心地からの距離による諸施設の配置状況を示した。中核都市（◎）とスイス平均値（＋），市街中心地流入地域（△），市街中心地流入地域以外（●）では，図書館以下の施設の配置に差があるが，それより上部の日常生活に密着した公共輸送機関の停留所やレストラン，義務教育，医療機関等の施設では，その差はあまり大きくない。産業立地や労働市場とともに生活環境においても日本と比較して，都市と農山村の分散的で有機的な生活関連施設の整備が実現されている。

　スイスや日本などの先進資本主義国では，農林業政策のみで山岳地域の持続的発展を支援することに大きな限界が生じ，生活文化や自然環境の保全を包括した第1次産業以外の産業分野を含めた分野横断的総合対策が不可欠となっている。日本では2010年に農林水産省が「地域資源を活用した農林漁業者等による新事業の創出等及び地域の農林水産物の利用促進に関する法律（6次産業化・地産地消法）」を制定し，「農林水産業の6次産業化の推進」に着手したが，スイスでは1970年代から連邦空間計画法やIHGに基づき

310

第3節　山岳地域振興と農政・空間整備・地域政策

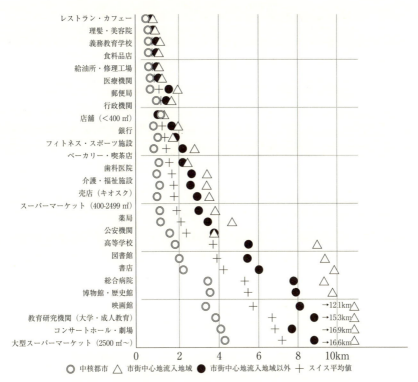

図3-3-1　都市中心地からの距離による諸施設の配置
資料：BFS（2016）Taschenstatistik der Schweiz 2016, S.50

「農林水産業の6次産業化」ではなく，地域全体の生活・産業インフラの分野横断的整備による山岳地域の持続的発展に取り組んできた。

スイスの空間整備政策（Raumordnungpolitik）と地域政策（Regionalpolitik），空間計画（Raumplanug），部門別政策（Sektoralpolitiken）の関係は，次のように理解される[1]。

狭義の空間整備政策＝地域政策＋空間計画

広義の空間整備政策＝部門別政策＋地域政策＋空間計画

ここで重要な点は，次の2点である。

①狭義の空間整備政策は，地域政策と空間計画を指し，地域政策が部門別政策における「地域政策」的側面を意味するのではなく，部門別政策とは別の固有の政策領域として，概念規定されている。

311

②広義の空間整備政策概念として，狭義の空間整備政策概念における空間計画と地域政策とともに，部門別政策と地域政策，空間計画との協調関係が重視され，それを実現する制度的枠組みが地域レベルで確立している。

つまり，地域政策は，第1章の第1節で述べた日本の部門別政策における「地域政策」的施策の束や即地的土地利用計画に依拠しない厳めしいが空虚な「計画」や「調整方針」とは異なり，部門別政策とは別の政策領域と特定の手段及び固有の組織を伴う政策として成立している[2]。

(2) 1980年代までの山岳地域政策

スイスの山岳地域対策の起源は，戦前期まで遡る。1929年に勃発した世界恐慌は，スイスの山岳地域にも大きな打撃を与え，連邦政府による乳価や穀物価格の支持政策，家畜市場における調整措置も地域振興の有効な対策になり得なかった。スイス農民連盟は，1930年に農民の兼業収入確保のために伝統的工芸品を販売促進するスイス・ハイマートベルク（Schweizer Heimatwerk）を設立し，農業団体や連邦議会議員グループが山岳地域政策の構築を求める運動を展開する。

こうした山岳地域振興運動の展開のなかで，1943年にスイス山岳農民連盟が誕生し，同連盟は1970年代にスイス山岳住民連盟，1980年代にスイス山岳地域連盟（Schweizerische Arbeitsgemeinschaft für die Berggebiete, SAB）に名称変更され，現在に至っている[3]。SABの主な活動には，1974年のIHGの制定を始めとして，家族特別手当の創設，山岳地域の住宅環境改善，家畜販売法の制定，山岳地域農業における労働報酬の確保，直接支払いの充実がある。IHG以外にも以下の連邦法・連邦決議に基づく山岳地域対策が実施されている。

①1952年の農業家族手当に関する連邦法（BG vom 20. Juni 1952 über die Familienzulagen in der Landwirtschaft）：小規模農家及び農業労働者に対する家族手当は，農業政策における直接支払いに含まれて表示されることが多いが，その制度的成立と財政負担は，社会保障制度との関係が深い内務省管轄の施策である。同制度の発足は，一般労働者の賃金体系に家族手当が定着したことで1944年に農業被用者と山岳地域農民のための家族手当の給

付が連邦政府の特別権限により実施されたことに遡る。これにより被用者以外の自営業者である山岳地域農民も社会保障の給付対象となり，1947年の連邦決議を経て，1952年に同連邦法が制定され，平坦地域の小規模農民にもその対象が拡大された。家族手当の財政負担は，農業被用者に対する手当の雇用主負担分を除き，連邦政府とカントンによって負担されている。

②1966年のホテル・保養地に対する金融措置に関する連邦法（BG über die Förderung des Hotel- und Kurortskredit）：外国交流地域，温泉保養地とともに山岳地域のホテル事業への投資に対して，融資または借入金保証を受けることができる。1996年実績は，融資1,550万CHF，借入金保証2,075万CHFであり，ヴァリス，ベルン，グラウビュンデンの3山岳地域カントンが8割を占める。

③1970年の山岳地域の住宅事情改善に関する連邦法（BG vom 20. März 1970 über die Verbesserung der Wohnverhältnisse in Berggebieten）：連邦は山岳地域の住宅事情改善のために1970～96年に4億CHFを投じている。連邦はカントンの財政力により見積費用の10～30％を助成し，さらに5～15％の上乗せも可能とした。1996年は501件638戸に対して1,760万CHFを連邦が負担し，カントン・市町村も同額の資金を拠出している。

④1976年の山岳地域における借入金保証と利子補給に関する連邦法（BG vom 25. Juni 1976 über die Gewährung von Bürgschaften und Zinskostenbeiträgen im Berggebiet und im weiteren ländlichen Raum）：山岳地域企業に対する支援を目的に借入金保証と利子補給を行い，1996年度は44プロジェクトに対する1,380万CHFの借入金保証と19プロジェクトに対する利子補給が実施された。

⑤1978年の経済的危機地域に対する資金援助に関する連邦決議（BB über die Finanzierungsbeihilfen zugunsten wirtschaftlich bedrohter Regionen）と1995年の経済的再建地域支援のための連邦決議（BB vom 6. Oktober 1995 zugunsten wirtschaftlicher Erneuerungsgebiete）：同連邦決議は，経済的危機地域の企業に対して資金援助を実施し，地域格差の是正を図るものである。連邦は，1979年から1996年に614プロジェクト・総事業費35.5億CHFに6.4億CHFの資金援助を実施した。1995年の経済的再建

地域支援連邦決議は，従来の連邦決議に代わり 1996 年から施行され，西部スイスに事業範囲を拡大した。

世利洋介（1997）では，連邦政府による地域政策は，基本的に IHG と経済的危機地域に対する資金援助に関する連邦決議に基づき展開されてきたとし，その関係を前者は，「山岳地域における社会資本を整備することによって『生活条件』の改善を目指すものであり，『立地・居住地志向的地域政策』という性格を持っていたといえる。これに対して，経済困難地域政策は，民間経済に直接的な誘因を与えることによって，就業の場の創出・維持を狙うものであり，『雇用志向型地域政策』という性格を持っているといえる」としている[4]。

(3) 地域政策の新展開と農政改革に関する研究動向

表 3 - 3 - 1 に 1990 年代以降の地域政策と農政改革の動向を示した。地域政策に関しては，1996 年の連邦政府「地域政策の新たな方向」と 2008 年

表 3 - 3 - 1　1990 年代以降の農政と地域政策の動向

年	地域政策等	農政改革の段階
1992	国連環境開発会議	連邦農業法改正
1993		第 1 段階（1993-98）：国境保護の削減，価格支持の削減，直接所得補償の本格導入
1995	域外協力事業参加支援決議，経済的再建地域支援決議	
1996	「地域政策の新たな方向」，山岳地域投資助成法改正（97）	連邦憲法改正（農業条項の導入），農業政策 2002 の公表
1997	山岳・田園地域構造変化支援決議（REGIO PLUS）	
1998	観光業改革協力支援決議	連邦新農業法の制定
1999	連邦憲法改正，EU と第 1 次二国間協定署名	第 2 段階（1999-2003）：連邦新農業法・関連政令施行
2000	域外協力事業参加支援法（INTERREG Ⅲ）施行	価格及び販路保障の廃止，直接支払いの環境保全要件，酪農市場介入組織の廃止
2001	連邦政府「財政目標 2001」の策定	
2002	スイス国連加盟，スイス森林プログラム公表（03）	
2004		第 3 段階（2004-07）：農業政策 2007
2006	新財政調整法，連邦地域政策法制定	構造改善と社会的付随措置の強化等
2008	新財政調整（NFA）施行，新地域政策（NRP）の導入	第 4 段階（2008-11）：農業政策 2011 市場支持削減と直接支払いへの財源移転，連邦農業法改正・農業直接支払い令（13）
2011	連邦議会 Waldpolitik 2020	
2012	空間計画法改正，連邦森林プログラム（2012-15）	
2014		第 5 段階（2014-17）：農業政策 2014-2017
2016	連邦森林法改正	直接支払い刷新（頭数・一般面積支払い廃止）

資料：連邦政府資料及び樋口修（2006）「スイス農政改革の新展開」，平澤明彦（2013）「スイス『農業政策 2014-2017』の新たな方向」より作成。
注：樋口修（2006）では，第 1 段階を 1992 〜 98 年としている。

第3節　山岳地域振興と農政・空間整備・地域政策

の新地域政策（NRP）の導入により，スイスの地域対策は1974年のIHGを
中心とした地域間格差の是正とインフラ整備を中心とした政策から地域競争
力の強化と内発的ポテンシャルをより重視した政策に転換された。

　2006年の連邦地域政策法の制定により1997年の改正IHGを始め，1999
年の域外協力事業参加支援法，1997年の山岳・田園地域構造変化支援決議，
1995年の経済的再建地域支援決議が廃止された。この制度改正によりIHG
に基づく投資助成基金（Investionshilfefonds）は，地域開発基金（Fonds
für Regionalentwicklung）に改組された。3では1990年代後半の地域政策
の展開とカントン・ベルンのオーバーラントオストにおける山岳地域開発計
画を検討し，32年間の山岳地域政策の成果と遺産を検討する。

　次に1990年代以降のスイス農政改革に関する研究動向を直接支払いの制
度的枠組みの変化に対応させて，第1段階，第2～第4段階，第5段階以降
に区分し，研究動向を整理すると以下のとおりである。

　①第1段階：B. レーマン・E. ステュッキ（1997）『スイスの農政改革：農
政の中心的手段としての直接支払い』，石井啓雄・栩澤能生（1998）「オース
トリアとスイスの山岳地域政策」があり，後者は1990年代半ばまでのスイ
ス農業と直接支払いの現状を明らかにしている。

　②第2～第4段階：樋口修（1999）「スイス連邦1998年農業直接所得補償
令」，樋口修（2006）「スイス農政改革の新展開：『農業政策』2011政府草案
を中心として」，石井啓雄（2007）「スイスにおける直接支払い」，作山巧
（2011）「関税から補助金による農業保護への転換要因：スイスと日本の比較
実証研究」，飯國芳明（2001）「直接支払制度と構造改善政策の対立と調整：
スイス農政の経験」，栩澤能生（2012）「スイスにおける直接支払い：公共経
済機能への助成」がある。樋口修（1999）は，1998年の連邦新農業法と政
令の翻訳と詳細な解説を行い，樋口修（2006）では，第1段階と第2段階の
改革に加え，第3段階の政府草案の主要内容を検討している

　③第5段階以降：平澤明彦（2013a）「スイスの『農業政策2011』に基づ
く政策実施状況及び『農業政策2014－2017』の展開方向」，平澤明彦
（2013b）「スイス『農業政策2014－2017』の新たな方向」は，新財政調整
移行後の「農業政策2011」の実施状況と「農業政策2014－2017」に基づく

315

政策展開を検討している。

　山岳地域政策に関しては，長尾眞文（1993）「スイスの条件不利地域に対する支援政策」，世利洋介（1997）「スイスの地域政策：連邦政府の施策を中心に」，石井啓雄・糊澤能生（1998）「オーストリアとスイスの山岳地域政策」，田口博雄（2008）「スイスにおける中山間地政策の展開と今後の方向性」がある。石井啓雄・糊澤能生（1998）が対象としている「山岳地域政策」は，連邦経済教育研究省（Eidgenössisches Departement für Wirtschaft, Bildung und Forschung, WBF）農業局（Bundesamt für Landwirtschaft, BLW）所管の農政としての「山岳地域農業」政策を「スイスの山岳地域政策」として分析し，それ以外の世利洋介（1997）の「地域政策」，田口博雄（2008）の「中山間地政策」は，同省経済官房長室（Staatssekretariat für Wirtschaft, SECO）所管の地域政策を対象としている。本書のスイスにおける地域政策の理解は，先述した後者の立場から空間整備・地域政策と個別政策としての山岳地域に対する農政を峻別し，森林政策との関係を検討する。

2　スイス農政改革と直接支払いの再編

（1）農業経営と農業従事者

　スイスの農業経営は，ドイツやフランスなど近隣諸国と比較して小規模で山岳地域が多いといった不利な条件を抱えている。2015 年の農産物価格を比較しても牛乳がドイツ 0.68 CHF/l・スイス 1.46CHF/l，同バター 3.79 CHF/kg・14.97CHF/kg，ジャガイモ 1.04 CHF/kg・2.30CHF/kg とスイスの消費者価格が圧倒的に高い。スイスの山岳地域農家は，これまで主要農産物に対する国境措置，価格支持政策とそれを補完する山岳地域農業に対する直接支払いによって，比較的安定した農業所得が確保され，兼業所得も日本に比較すると観光関連の自営兼業所得や勤労所得が確保された。1990 年代に入ると不況の影響とともに農産物価格の引き下げや直接支払いの拡充によって，農業経営と農家所得をめぐる環境が大きく変化した。

　樋口修（1999）によれば農政改革の必要性は，1984 年の第 6 次農業年報において指摘され，1987 年に「農業における直接支払いに関する第 2 次専

第3節　山岳地域振興と農政・空間整備・地域政策

門家委員会」が設置され，連邦参事会に「補完的な直接支払いを伴う価格保証，必要に応じて生産数量制限を行う」農政戦略を採用することが正当性を有すると指摘した報告書が1990年に提出された。連邦参事会は，同報告を受けて，1992年に「スイス農業の状況と連邦農政に関する第7次報告」（Siebter Landwirtschaftsbericht）で農政改革の基本方向を提示し，農政改革に着手する[5]。

写真3-3-1　農政改革第5段階2年目の農業年報の表紙（2015）と景観の質的向上プロジェクトの事例として掲載された高層湿原景観保全

それ以降，1993年から2017年まで第5段階にわたる農政改革を展開し，2018年以降もBLW（2010）「2025年の農業と食品部門」に基づき，さらに第6段階（2018～21年）及び第7段階（2022～25年）に向けた農業・食品を統合したフードチェーンや環境・農村地域を包括した農政展開を目指している。

以下では，第1段階（1993～98年）の生産から切り離された直接支払いの導入と第5段階（2014～17年）における直接支払いの再編が山岳地域の農業経営と森林・景観政策に及ぼす影響を検討する。なお，生産・販売対策や経営形態別の分析は，先に示した文献を参照いただきたい。

1995年のスイスの産業別就業人口380万人のうち，農業を中心とした第1次産業就業人口は16.3万人（4.3％），農業就業者は15.4万人（4.1％）であった。農業経営（Landwirtschaftsbetriebe）は7.5万経営体であり，その他に農業経営に統計上含まれない零細生産者（Kleinstproduzenten）が1.5万戸（1990年）存在した[6]。

第3章　スイスの地域森林管理と制度展開

　表3－3－2に2000年から2015年の農業経営数の変化を規模別・地域別に示した。経営面積では10～20ha層が最も多いが，2000年以降，30haを境に30ha以下層が減少し，30haを超える階層が増加している。2015年の農業経営5.3万戸のうち，経営責任者専従経営（Haubterwerbsbetriebe，経営責任者の年間就労時間1,500時間以上，以下，「専従経営」）が3.8万戸（71％），経営責任者兼業経営（Nebenerwerbsbetriebe，経営責任者の年間就労時間1,500時間未満，以下，「兼業経営」）が1.5万戸（29％）である。2000年対比で2015年の専従経営は，平坦地域が75％と最も減少率が高く，次いで丘陵地域の76％，山岳地域の83％である。兼業経営は10ha未満層に多く，専従経営とは逆に山岳地域が2000年対比で61％と最も減少率が大きい。

　農地区分別の面積と家畜飼育頭数を表3－3－2に示した。2015年の農地面積は105万haであり，2000年の98％の水準を維持している。開放耕地と自然草地がやや減少し，多年生栽培地と人工草地，その他は増加している。家畜の飼育頭数も2000年の134万GVE（Grossvieheinheit，大家畜単位）から2015年の132万GVEと99％の水準を維持し，地域別には山岳地域の減少率が－4％とやや大きく，丘陵地域では1％増加している。家畜の種類

表3－3－2　農業経営と農地面積・家畜飼育頭数の推移

単位：経営，ha，GVE，%

区分・年	農業経営数		同増減	区分・年	農業経営数		同増減
経営規模	2000	2015	2015/00	専兼・地域別	2000	2015	2015/00
3ha 未満	8,371	5,582	66.7	専従経営 平坦地域	23,536	17,689	75.2
3-10ha	18,542	10,148	54.7	丘陵地域	13,793	10,464	75.9
10-20ha	24,984	16,209	64.9	山岳地域	11,910	9,879	82.9
20-30ha	11,674	11,007	94.3	兼業経営 平坦地域	8,076	5,955	73.7
30-50ha	5,759	7,734	134.3	丘陵地域	5,164	4,306	83.4
50ha 超	1,207	2,552	211.4	山岳地域	8,058	4,939	61.3
計	70,537	53,232	75.5	計	70,537	53,232	75.5
農地区分	農地面積		同上	地域・家畜の種類	大家畜単位（GVE）		同上
開放耕地	292,548	272,816	93.3	平坦地域	620,098	614,422	99.1
人工草地	115,490	125,537	108.7	丘陵地域	397,984	400,493	100.6
自然草地	629,416	612,091	97.2	山岳地域	318,636	305,491	95.9
多年生栽培	23,750	23,795	100.2	牛	1,013,585	967,336	95.4
その他	11,287	14,429	127.8	その他の家畜	323,134	353,070	109.3
計	1,072,492	1,049,478	97.9	計	1,336,719	1,320,406	98.8

資料：BLW（2017）Agrarbericht 2016, S.10-11，37-51

は，牛が 96.7 万 GVE と 73％を占め，次いで豚 19.3 万 GVE，家禽 6.1 万 GVE，馬類 4.4 万 GVE，羊 4.0 万 GVE，山羊 1.1 万 GVE である。連邦新農業法の施行以降，直接支払いの給付金査定では，粗飼料消費大家畜単位（Raufutterverzehrenden Grossvieheinheit, RGVE）も使用されている。

2015 年の農業従事者の構成は，家族世帯員 12.4 万人（男性 7.7 万人・女性 4.7 万人），家族以外 3.2 万人の計 15.5 万人であり，経営責任者は男性 5.0 万人と女性 2,849 人である。農業従事者のうち，専業従事者は 7.0 万人（男性 5.7 万人・女性 1.2 万人），兼業従事者は 8.6 万人（男性 4.1 万人・女性 4.4 万人）である。専従経営では，男性の経営責任者を中心に家族労働と一部で雇用労働による経営が展開され，兼業経営では経営責任者以外の女性の家族労働にも依存した経営が行われている。2000 年から 2015 年の農業従事者数の変化を地域別に比較するとスイス平均の年率−1.8％に対して，平坦地域−1.8％，丘陵地域−1.7％，山岳地域−1.9％と山岳地域の減少がやや大きいが，日本のような隔絶した地域差は生じていない。

スイスの農地所有構造は，1996 年時点で自作地 55％，小作地 45％と小作地の比率が高い。自己所有農地の取得方法は，生前に両親からが 55％，両親から相続が 22％，生前に親戚からが 4 ％，親戚から相続が 2 ％，家族以外からの購入が 12％，その他が 5 ％（面積比率）である。これはスイスの農家相続の姿を反映し，両親が農業経営を継ぐ意向のある子供を後継者として，農業学校に通わせ一部の農地を貸し，子供が一定の年齢になった段階で時価より安い価格で親から農地を取得するか，他の共同相続人から持分を買取り経営の継承を行っている。

(2) 戦後農政と地域・ゾーン区分

スイス農政は，第 2 次大戦後，農業と山岳地域に特別の配慮を認める連邦憲法に基づき，1951 年の連邦農業法（BG vom 3. Oktober 1951 über die Förderung der Landwirtschaft und Erhaltung des Bauernstands），1959 年の連邦穀物法による国境保護措置と価格支持政策，1962 年の連邦農業投資信用・経営助成法（BG vom 23. März 1962 über Investitionskredite und Betriebshilfe in der Landwirtschaft）による山岳地域の農業基盤整備，経営

助成が実施された。さらに1970年代に山岳地域の農業経営に対する特別支援として，1974年の山岳地域と前アルプス丘陵地域の家畜飼育者に対する費用助成に関する連邦法（BG vom 28. Juni 1974 über Kostenbeiträge an Vierhalter im Berggebiet und in der Voralpinen Hügelzone）と1979年の困難な生産条件にある農業に対する経営助成に関する連邦法（BG vom 14. Dezember 1979 über Bewirtschaftungsbeiträge an die Landwirtschaft mit erschwerten Produktionsbedingungen）に基づく条件不利地域対策が導入された。

　スイス農業の地域・ゾーン区分は，1998年の農業生産台帳とゾーン区分に関する政令（V über den landwirtschaftlichen Produktionskataster und die Ausscheidung von Zonen）の第1条〔地域とゾーン〕では，農業地域を山岳地域（Berggebiet）と平坦地域（Talgebiet）に区分し，平坦地域を丘陵ゾーン（die Hügelzone）と平坦部ゾーン（die Talzone），山岳地域を山岳ゾーンⅠ～Ⅳに区分している。

　直接支払いや土地改良・農業建築に対する助成措置において，これらの地域・ゾーン区分ごとに助成基準が定められている（ただし，直接支払いと土地改良・農業建築に対する助成措置のゾーン区分基準は，同一ではない）。各ゾーンはおおむね市町村単位に区分され，現在の地域・ゾーン区分設定に至る経過は，以下のとおりである[7]。

　1932年の連邦穀物法により山岳地域と平坦地域を区分する標高800mの等高線が採用され，さらに1940年代に作物生育期間，日照条件等の気候条件，交通及び地形を指標とした標準山岳地域区分が設定された。同地域区分をもとに山岳地域の畜産経営に対する助成を合理的に実施するため，畜産経営台帳（Vierwirtschaftskataster）が作成され，家畜に占める乳牛の比率，アルプ放牧地で放牧する乳牛の比率，牛乳の販売関係，主要取引地域までの輸送距離を指標に山岳ゾーンⅠ～Ⅲが区分された。

　その後，山岳ゾーンⅢから山岳ゾーンⅣが区分され，平坦地域から移行地域が設定された。このうち，耕種ゾーンと移行ゾーン，拡大移行ゾーンは，穀物生産，アルプス前山丘陵ゾーンと隣接飼育地域は，畜産を主体としたゾーン・地域区分である。また，畜産経営台帳にはアルプ放牧地は含まれず，

第3節　山岳地域振興と農政・空間整備・地域政策

1957 年の連邦議会決議によりアルプ台帳（Alpkataster）の作成に着手し，カントン別にアルプ台帳が作成された。なお，農政以外でも 1974 年の IHG 第2条の〔適用範囲〕では，制定当初には畜産経営台帳による地域区分が採用された。

(3) 農政改革と連邦農業予算の動向

　表3-3-3に農政改革当初のスイス農政体系を示した。1990 年代初頭の政策分野は，①価格・販売対策，食料保障と生産調整，②直接的所得補償，③基礎改善・構造政策，生態系管理の3つの政策領域から構成され，連邦政府の農業予算の推移もこの区分で推移が把握されている（図3-3-2）。

　2016 年の農業年報では，①価格・販売対策，②直接支払い，③構造改善と社会支持対策の基軸政策分野は継続しつつ，④研究・助言・職業教育，⑤

表3-3-3　農政改革当初のスイス農政体系（1992 年時点）

基礎改善，構造政策と生態系管理	価格・販売対策，食料保障と生産調整		直接的所得補償
	国境措置	国内措置	
空間計画	輸入保護	国家管理による価格保証	生産と関連した直接支払い
	価格対策：	- 経営ごとに限度数量のあるビート，菜種，牛乳（割当制）	- 飼料作物の作付面積助成
			- 牛乳を商品化しない牝牛飼育助成
土地法，所有対策	- 関税	- 総量管理（パン穀物）	- 肉用家畜の処分助成（山岳地域・近隣飼育地域）
	- 割増関税		
	- 割増価格	市場介入と結合した目標価格	- 牛乳・サイロ禁止助成とチーズ
投資助成	- 他の租税	生産統制	地域均衡対策
a. 土地改良		- 畜舎等の建設許可（肉，卵の生産）	- 家畜飼育者への費用助成
b. 投資信用	数量対策：	- 直接補助（作付奨励金，牝牛飼育）	- 急傾斜地に対する面積助成
	- 給付システム	- ブドウ栽培土地台帳	- 夏期放牧に対する助成
農業研究機関	-3 段階システム	- 休耕	- 補償的給付金
	- 輸入割当て	- 穀物と飼料栽培における粗放化	家畜飼育助成
教育，助言	- 輸入独占	中小経営のための国内利用	
	- 輸入禁止	- 引受け義務	エコロジー的助成
畜産，野菜栽培の振興	輸出対策	- 価格引下げ（バター，チーズ，穀物等）	- 生態的均衡
土地，借地権，畜舎建	輸出補助（家畜，チーズとその他畜産加工品）	- 数量コントロール	- 粗放利用
		- 価格と価格差コントロール	- 貴重なビオトープ
建築許可による構造調整	輸出促進	契約生産	家族手当
人間の健康，動物，自然，環境の保護（生態系）		倉庫保管	- 小規模農民への児童手当
			- 農業労働者への家族手当

資料：Bundesrat（1992）Siebter Landwirtschaftbericht, S.89

第3章　スイスの地域森林管理と制度展開

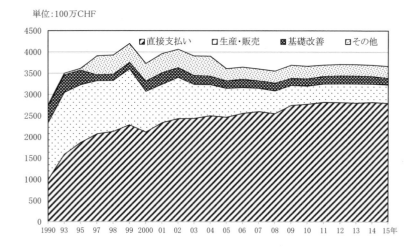

図3－3－2　連邦農業予算の政策領域別支出額の推移
資料：BLW（各年度）Agrarbericht 2000-16, 1990～95年度はBundesrat（1996）Botschaft zur Reform der Agrarpolitik: Zwite Etappe
注：「その他」の区分など1997年度以降の各区分の数値と厳密には連続しない点がある。

情報管理，⑥地域及び専門部門プログラムを付加した政策分野を構成している。図3－3－2に連邦農業予算の政策領域別支出額の推移を示した。

①生産・販売対策に関する改革が一段落した2000年代後半以降は，連邦農業予算全体は36～37億CHFの水準で安定的に推移し，農業予算が連邦予算に占める比率は2015年で5.6％である。後述する1996年の連邦憲法改正による農業条項の導入と1998年の新連邦農業法の制定は，農業予算に関する財源と4年間分の支出限度枠の設定による予算の安定的確保に大きく貢献した。

②第1段階から第5段階の農政改革により生産・販売対策予算が減少し，直接支払いが一貫して増加し，基礎改善とその他の予算の比率は少ないが安定的に推移している。直接支払いに関しては，後述するように生産に結合されないエコロジー直接支払いへの重点化と環境上の順守義務を必要条件としたクロスコンプライアンスの実現を基本戦略とした取り組みが進められる一

第3節 山岳地域振興と農政・空間整備・地域政策

方で，各段階で憲法改正と連邦農業法の改正を含む関係法令の制定及び改正
と直接支払いプログラムの見直しが大胆に進められた。

1993 年以降，スイスは GATT ウルグアイ・ラウンド合意とその後の
WTO 協定に即した国境措置の再編により輸入禁止，輸入独占，数量制限を
廃止し，2002 年までに平均 36％の関税引下げとミニマム・アクセスを受け
入れた。農産物価格は，1990 ～ 95 年に牛乳 15％，小麦 3 ％，菜種 20％，
牛肉 13％，豚肉 29％の低下がみられたが，1996 年以降も表 3 － 3 － 4 にみ
るように農産物価格の引下げとそれに対応した直接支払いの増額が図られ
た。全体的にみれば農産物価格の引下げに見合った直接支払いの増加がなさ
れているものの，直接支払い予算の増額は主にエコロジー直接支払いの増額
により実施され，補完的直接支払いに関する経過措置による基本助成の追加
増額分の逓減が同時に進められた。直接支払いの再編に関しては，次項以下
の（4）から（6）で各段階の特徴とその帰結を検討する。

③の構造改善対策は，土地改良・農業建築に対する助成，農業投資金融及
び経営助成から構成されている。2015 年では，土地改良・農業建築に対す
る連邦補助金が 1.0 億 CHF，農業投資金融が 1,822 件 2.5 億 CHF であり，
その融資金額の 83％は，個別経営に対する融資である。

前者の土地改良・農業建築に対する助成措置は，連邦農業法に基づき，政
令により助成対象及び地域区分ごとの連邦の最高補助率が示され，①平坦地

表 3 － 3 － 4　1990 年代後半における管理価格・直接支払いの変化（見通し）

区分／年 価格・直接支払い	1996 年 価格	管理価格の変化			1999 年 価格	項目別の変化（100 万 CHF）		
		1997	1998	1999		1997	1998	1999
牛乳（CHF/dt）	87		-8		77	-50	-130	-100
油脂（CHF/dt）	165	-20			145	-10		
パン穀物（CHF/dt）	94	-5	-5		84	-20	-20	
飼料穀物（CHF/dt）	57	-5	-5		47			
雌牛飼育助成（CHF/ 頭）	1,200		-200		1,000		-2	-7
削減　計						-80	-152	-107
基本助成増額分（経過措置）31a	1,500	-500	-500	-500		-30	-30	-30
エコロジー直接支払い 31b	121	242				+121	+122	+120
その他の直接支払い						+23	+51	+41
直接支払いの増加						+114	+143	+131

資料：Bundesrat（1996）Botschaft zur Reform der Agrarpolitik, S.53

第3章　スイスの地域森林管理と制度展開

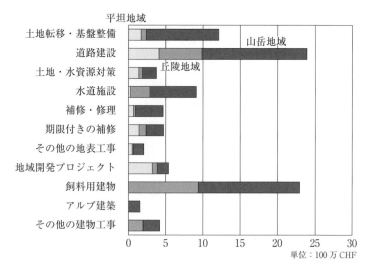

図3-3-3　地域別構造改善プロジェクトの認可金額
資料：BLW（2017）Agrarbericht 2016, S.258

域，②前アルプス・丘陵地域及び山岳地域Ⅰ，③山岳地域Ⅱ～Ⅳの3つに大きく区分され，1990年代には最高補助率がカントンの財政力と助成対象により異なり，山岳地域に限定された助成措置も存在した[8]。連邦による助成措置とともにカントン，市町村による上乗せ補助も実施されている。

図3-3-3は，2015年の構造改善プロジェクトの認可金額を地域別に示したものである。構造改善対策に関しても従来の山岳地域を中心とした農業経営基盤整備から山岳地域及び周辺地域の農業と空間計画，生物多様性保全に配慮した事業に移行している。現在の補助対象と補助率は，1998年の農業構造改善に関する政令（V über die Strukturverbesserungen in der Landwirtschaft vom 7. Dezember 1998）に基づき，道路建設と地域開発プロジェクト以外は，山岳地域と丘陵地域を中心とした農業経営基盤整備が継続されている。

(4) 第1段階：連邦農業法改正による直接的所得補償の導入

1992年の連邦農業法改正では，第29条〔一般原則〕について，①この法律に規定する諸措置の適応によって，良質の国内産農産物価格は，その他の

第3節　山岳地域振興と農政・空間整備・地域政策

所得要因と相まって，平均生産費を償う価格水準を達成できるものでなけれ
ばならない。この平均的生産費は，合理的方法で経営され，環境に適応し，
通常の条件により継承された経営について数年の期間において計算される。
②他経済分野及び他の国民各層の物質的諸条件は考慮されるとし，第31a条
〔補完的直接支払い〕及び第31b条〔特定の生態環境サービスに関する給付〕
の条文を追加した。

　従来は平坦地域の農業経営に対して，勤労者賃金に均衡した農業所得を補
償する農産物価格支持を実施し，直接支払いは原則として山岳地域の不利な
条件下の経営を対象とした助成措置を採用してきたが，連邦農業法改正によ
り平坦地域の経営に関しても補完的直接支払いとエコロジー直接支払いの導
入により他経済分野に均衡する農業所得の確保を目指した。スイスにおける
直接支払いの性格は，1970年代からの農業部門内の平坦地域と山岳地域の
格差是正を目的とした困難な生産条件への補償的支払いや生産誘導的直接支
払いから平坦地域も含めた農業と他部門間の格差是正を目的とした補完的直
接支払いとエコロジー直接支払いにその中心が移行した。

　補完的直接支払いとエコロジー直接支払いの交付基準は，その対象を農用
地面積3ha以上に限定し，さらに前者の経営助成は，①基本助成の対象農
用地面積9ha以上を超える経営，②家畜飼育者に対する追加助成は，平均
年飼育規模5大家畜単位（GVE）以上の経営とするなど，農用地面積3ha
と9ha，5GVEを下限としている。

　スイス山岳地域連盟（SAB）は，1993年の年次報告で農政改革による直
接支払いの全般的な導入を歓迎しつつも，農用地面積3ha未満の小経営は
助成対象から締め出されることや山岳地域農業の所得格差への配慮が不充分
な点を指摘している⁽⁹⁾。表3－3－5に示すように直接支払いの総額では，
補完的直接支払いとエコロジー直接支払いの導入により1990年から1996年
に大幅な伸びを示し，特にエコロジー直接支払いは1996年に大幅に増額さ
れた。山岳地域に対する助成額の比重が高い項目は，1.2補完的直接支払い，
2.1山岳地域の家畜飼育者に対する費用助成，2.3経営助成（面積／夏期放
牧助成），4.3販売乳生産をしない農家への助成（乳牛助成），5.1小規模農
民への児童手当であるが，これらの助成額の伸びは停滞または減少傾向を示

325

第3章　スイスの地域森林管理と制度展開

表3－3－5　農政改革第1段階における直接支払い助成額

単位：100万CHF

年・地域 助成の種類	1990	1995		1996	
		計	山岳地域	計	山岳地域
1．補完的直接支払い	88	795	457	889	511
1.1 家畜飼育者に対する助成（農業法第19c条）	88	-	-	-	-
1.2 農業法第31a条による補完的直接支払い	-	795	457	889	511
2．困難な生産条件への補償の支払い	456	415	415	431	431
2.1 山岳地域の家畜飼育者に対する費用助成	243	268	268	266	266
2.2 家畜飼育者に対する助言業務参加助成	15	-	-	-	-
2.3 経営助成(面積／夏期放牧助成)	132	147	147	165	165
2.4 飼料作物の困難な生産条件への特別手当	41	-	-	-	-
2.5 パン穀物生産助成	21	-	-	-	-
2.6 山岳地域の馬鈴薯栽培助成	4	-	-	-	-
2.7 困難な生産条件への補償の直接支払い	-	0	0	-	-
3．エコロジー直接支払い	-	311	105	635	229
3.1 農業法第31b条による助成	-	254	72	586	195
3.2 粗放的穀物に対する助成	-	48	28	40	28
3.3 乾燥地・敷きわら用草地経営に対する助成	-	9	6	9	6
4．生産誘導的直接支払い	399	268	156	308	177
4.1 飼料穀物とマメ科牧草に対する助成	140	55	15	53	14
4.2 緑肥休耕と再生資源に対する助成	-	11	3	13	3
4.3 販売乳生産をしない農家への助成	119	106	84	92	79
4.4 家畜淘汰への助成	53	4	4	-	-
4.5 サイロを利用しないことへの補償	45	64	35	64	35
4.6 チーズにする牛乳に対する手当	43	29	15	83	46
5．社会政策的直接支払い	110	137	79	138	81
5.1 小規模農民への児童手当	88	110	75	113	75
5.2 農業労働者への児童手当	22	26	5	25	4
計	1,052	1,925	1,213	2,401	1,430

資料：Bundesrat（1996）Botschaft zur Reform der Agrarpolitik: Zweite Etappe, S452
注：山岳地域には前アルプス丘陵地域を含む。

している。

　直接支払いの種類別交付基準と受給者は，以下のとおりである。

　農業法第31a条による補完的直接支払いは，経営助成と面積助成から構成され，経営助成は，①基本助成，②家畜飼育者に対する追加助成に区分され，面積助成は，③基礎助成，④草地助成に区分される。これらの交付基準は，1993年の農業補完的直接支払いに関する政令により対象農用地面積3ha以上の経営者（農用地面積と夏期放牧家畜の利用面積の合計，後者は大

第3節　山岳地域振興と農政・空間整備・地域政策

家畜単位・放牧日単位ごとに 0.3a で計算）に対して，供与される。

樋口修（1999）は，第 1 段階における補完的直接支払いの位置づけに関して，補完的直接支払いは 1993 年の導入以降，直接所得補償制度の中心を占める制度であるが，「あくまで価格支持制度から直接所得補償制度への移行に伴う過渡的措置であり，農業をとりまく厳しい経済情勢の中で一時的に増額しなければならないものの，最終的には，次項で述べるエコロジー直接支払いに統合されるべき制度と考えられていた」としている[10]。

補完的直接支払いの助成対象は，1995 年の農業経営数の 60％に相当する 6.5 万経営に平均 1.2 万 CHF が支給されている。受給経営比率は平坦地域より山岳地域，特に山岳地域Ⅳで高いが，受給経営数では平坦部が全体の 42％を占めている。これは補完的直接支払いが対象農用地面積 3 ha 以上，基本助成が 9 ha 以上の経営を交付対象としたことによる。受給 1 経営当たり助成金額は，平坦部，前アルプス丘陵地域より山岳地域Ⅳは 1,500CHF 前後低い水準にあり，これは山岳地域が平坦地域より経営助成の金額は多いが，面積助成では山岳地域を平坦部，前アルプス丘陵地域が大きく上回っていることによる。

農業法第 31b 条によるエコロジー直接支払いに関しても政令により，対象農用地面積 3 ha 以上の農業経営者（農用地面積と夏期放牧家畜の利用面積の合計，後者は大家畜単位・放牧日単位ごとに 0.3a で計算）に対して，供与される。

助成対象は，①エコロジー的補償（一定の環境上の必要条件を満たしている粗放的に利用されている草地や藁の採取地，生垣，畑の中にある樹林群，畑の高木果樹等に支給），②統合的生産（減化学肥料・減農薬栽培による「統合的生産規則」に従って農業を営む経営体に支給），③生物学的耕作（連邦省令に基づき職能組織が定めた規則に従った化学肥料や農薬を使用しない有機栽培を行う経営体に支給），④特別に家畜に優しい養畜及び自由管理型養畜（動物愛護的な畜舎飼育方式や野外での規則的な運動等の必要条件を満たすものに対して支給）に区分される。②〜④は，いずれも職能組織が承認した規則を適応する経営者に対して支給され，その規則は連邦農業局の承認を受け，直接支払いを支給された経営体は，原則として年 1 回カントンまた

327

はその委託機関による検査を受けなければならない。1997 年には，スイス
の農用地面積に占める比率が統合的生産 73％，生物学的耕作 6 ％に増加し
ている。

以上の農業法第 31a 条，第 31b 条による補完的直接支払いとエコロジー
的直接支払い以外に困難な生産条件への補償的支払い，生産誘導的直接支払
い，社会政策的直接支払いがある。

困難な生産条件への補償的支払いは，①山岳地域の家畜飼育者に対する費
用助成，②夏期山岳放牧助成，③傾斜地助成に区分される。その交付基準
は，①山岳地域の家畜飼育者に対する費用助成は，ゾーン区分により 1
GVE 当たり助成額が牛・豚・馬と羊・山羊に分けて設定され，最初の
15GVE まで助成される。②夏期放牧助成は，家畜の種類等により家畜 1 頭
当たりの助成金額が設定され，1995 年実績は 8,249 経営に助成され，1 経営
当たり平均支給額は 5,798CHF である。③傾斜地助成は，前アルプス・丘陵
地域と山岳地域の傾斜度 18 ～ 35％の牧草地・耕地に 370CHF/ha，35％以
上の牧草地・耕地に 510CHF/ha が支給される。

生産誘導的直接支払いは，販売乳生産をしない農家への助成が主要なもの
である。これは飼育頭数とゾーン区分による雌牛 1 頭当たりの助成額が設定
されている。その 1 頭当たりの助成額は，飼育頭数 2 ～ 10 頭までは山岳地
域Ⅱ～Ⅳが 1,300CHF，その他ゾーンが 1,200CHF，11 ～ 20 頭が全ゾーン
1,200CHF，21 ～ 50 頭が同 800CHF，51 頭以上が同 400CHF である。

社会政策的直接支払いの児童手当支給額は，月額で子供 2 人までが平坦
部・丘陵地域が 145CHF（3 人目以降 150CHF），山岳地域が 165CHF（3 人
目以降 170CHF），家族手当は一律 100CHF である。

(5) 第 2 段階：新連邦農業法制定によるエコ助成の拡充

農政改革第 2 段階では，WTO 交渉を念頭に置いた連邦憲法への新農業条
項の導入と 1998 年の農業に関する連邦法（BG vom 29. April 1998 über die
Landwirtschaft, 新連邦農業法）の制定など，スイス農政と法制度の抜本的
改革が行われた。連邦参事会（1996）『農業政策 2002（Agrarpolitik 2002）』
は，第 1 部の新農業法案，第 2 部の連邦憲法の新穀物条項案，第 3 部の農地

法及び農地賃貸借法改正案，第4部の家畜伝染病改正案から構成されるが，以下では直接支払いの再編に関する1996年の連邦憲法改正と1998年の新連邦農業法及び関係政令の制定を中心に検討する。

1996年の農業条項の導入に関する連邦憲法改正の国民投票は，投票した国民の78％とカントンすべての賛成により承認された。それに基づき1998年の新連邦農業法が制定され，翌1999年から同法及び関係政令が施行され，農政改革の第2段階が始まる。連邦憲法に導入された農業条項は，現在の連邦憲法第104条〔農業〕第1項となり，連邦は持続的で市場適合的な生産を通じて，以下の本質的な貢献を行うよう配慮するとして，a.住民の確実な扶養，b.自然的生活基盤の維持及び農耕景観の保存，c.国土の分散的居住環境の維持を規定している。また，連邦政府の任務と助成措置に関する包括的根拠を定めている（第2項，第3項）。

この点に関して，改正前の旧憲法では農政に関する連邦権限は，第31条の2〔連邦の福祉措置，全体の利益に基づく取引・営業の自由の制限〕の第3項b.健全な農民層及び能率の良い農業の維持並びに農民の土地所有の安定のため，c.経済的に窮迫している地方の保護のため，不可避な場合に取引及び営業の自由に反して，上記の内容の規定を設けることができると規定されているにとどまっていた。改正された新憲法では，連邦は，要求し得る農業の自助努力を補完することにより，必要な場合には商工業自由の原則から逸脱することによって，農民的土地経営を支援する（第2項）。連邦は，農業の多面的課題の達成のため，以下の権限と義務を有する。a.エコロジー的実施証明（ökologischer Leistungsnachweis）を必要条件として，公正かつ適切な報酬を達成するため，直接支払いにより農家収入を補償する。b.連邦は，経済的インセンティブによって，近自然的で環境や動物愛護的生産方式を支援する（第3項，c.－f.は省略）。上記のため，連邦は農業の領域に目的を特定した財源及び連邦一般財源を充当する（第4項）。

同憲法の規定に基づき1998年に新連邦農業法が制定され，1999年から第2段階の農政改革に移行する。同法第6条〔支出枠〕では，重要な領域の財政手段は，財源及び支出限度枠を最長で4年間分の連邦議会の承認を得た連邦参事会教書により裏づけるとし，第3段階以降の農政改革が4年ごとに設

第3章　スイスの地域森林管理と制度展開

定される。以後，連邦農業法は，2000年，2002年，2016年を除く毎年，何らかの改正が行われているが，次項では2013年改正による直接支払い再編の内容を検討する。

この新連邦農業法と1998年の農業直接支払いに関する政令（V über die Direktzahlungen an die Lanndschaft）及び農業夏期放牧助成に関する政令（V über Sömerrungsbeiträge an die Landwirtschaft）の制定により，農政改革第2段階以降の直接支払い助成額は，表3－3－6に示すように一般的直接支払い（Allgemeine Direktzahlungen）とエコロジー直接支払い（Ökologische Direktzahlungen）の2大区分に再編された。

以下では，樋口修（1999）及び（2006）と農業年報に基づき，第2段階以降の直接支払い再編の特徴を把握し[11]，次項の2014年以降の第5段階の直接支払いへの移行過程を位置づける。

表3－3－6　農政改革第4段階の直接支払い助成額（2010年）

単位：1,000CHF

助成の種類　　　　　地域区分	計	平坦地域	丘陵地域	山岳地域
一般的直接支払い	2,201,118	849,928	585,382	754,489
面積助成	1,221,166	634,852	291,410	294,904
粗飼料有用動物飼育助成	510,283	203,488	148,775	158,020
困難な生産条件下の動物飼育助成	354,306	8,727	109,139	236,441
一般的傾斜地助成	104,044	2,862	36,058	65,125
ブドウ栽培地傾斜地助成	11,318			
エコロジー直接支払い	579,345	234,027	129,187	112,127
エコ助成	249,710	128,677	62,088	58,945
エコロジー的補償	128,715	75,444	31,623	21,647
粗放的利用草地（ÖQV対応）助成	61,978	21,434	16,986	23,557
集約的利用草地助成	29,336	21,227	7,579	530
生物学的耕作助成	29,680	10,570	5,899	13,211
動物愛護的直接支払い	225,632	105,351	67,099	53,182
特別動物愛護的畜舎飼育助成（BTS）	61,729	35,035	17,964	8,729
規則的野外運動助成（RAUS）	163,903	70,315	49,135	44,453
夏期放牧直接支払い	101,275			
水保全・資源利用プログラム	21,339			
調整額	9,839			
計	2,789,234	1,083,956	714,569	866,617
経営当たり直接支払い金額	53,866	48,961	50,837	55,602

資料：BLW（2011）Agrarbericht 2010, S.127

第3節　山岳地域振興と農政・空間整備・地域政策

　表3-3-6に農政改革第4段階の2010年における直接支払い助成額を示した。第1段階と第2段階以降の直接支払いの相違点は，第1段階では耕種農業における減農薬・減化学肥料は統合的生産として，より高額の助成を受給する要件であったが，第2段階ではエコロジー的実施証明の順守がすべての直接支払いを受給するうえで必要条件と義務となった。新連邦農業法では，エコロジー的実施証明には以下を含むとして，a. 有用動物の動物に適した飼育，b. 釣合のとれた肥料収支，c. エコロジー的補償地の適切な割当分，d. 規則正しい輪作，e. 適切な土壌の保護，f. 植物処理薬剤の選択及び目的に合致した使用を規定している。

　直接支払いの一般的受給資格は，スイス国内で経営を行い，かつスイス国内にその民法上の住所を有する経営者で給付年の前年末に65歳に達しておらず，当該経営体に0.3標準労働力（Standardarbeitskräfte, SAK）以上の労働需要が存在していることと農業直接支払い令に規定されている。また，直接支払いの合計額8万CHF以上の部分は削減され，削減額は経営者の課税所得と8万CHFの金額との間の差額の1/10の金額とする（第2条，第18・19，22条）。受給資格を有する土地は，林業種苗生産地，木竹生産地，観賞用植物生産地及び基礎を固定した温室に用いられる土地を除いた農用地（第4条）とされ，手入れの行き届いたクルミ・クリ林のクルミ及びクリの木は，「畑の高木果樹」とみなされる（第54条第1項）。

（6）第5段階：農業政策2014-2017による直接支払いの再編

　2013年に連邦農業法改正により同法第3部の直接支払いに関する条文の全面改正とともに新たに農業直接支払いに関する政令（V über die Direktzahlungen an die Landwirtschaft）が制定され，直接支払いの種類と内容が大きく再編された。表3-3-7は，同2014年再編による直接払い支出金額の変化を示したものである。

　先に表3-3-6に示した2010年の直接支払い助成額のうち，一般的直接支払いが22億CHFと全体の79％を占めていたが，2014年以降はこれを供給補償助成と移行的助成に再編し，その財源の一部を網掛け部分の農耕景観助成や生物多様性助成，景観の質的助成，生産システム助成，資源効率化

331

第3章 スイスの地域森林管理と制度展開

表3－3－7 2014年再編による直接払い支出金額の変化

単位：100万 CHF

区分 　　　　　　　 年	2012	2013	2014	2015	2016
一般的直接支払い	2,163	2,146			
エコロジー直接支払い	641	667			
農耕景観助成			496	504	505
供給保障助成			1,096	1,094	1,095
生物多様性助成			364	387	400
景観の質的助成			70	125	130
生産システム助成			439	451	455
資源効率的助成			6	17	45
水質保全・資源プログラム助成			31	26	
移行的助成			308	178	179
調整額等	13	15	6	2	
計	2,791	2,798	2,804	2,784	2,809

資料：BLW（2017）Agrarbericht 2016, S.192.
注：2016年の数値は予算ベースである。

助成に振り向け[12]，2013年までのエコロジー直接支払いを再編，拡充している。2015年の直接支払いを受給した4.7万経営体のうち，受給額2.5万CHFまでが1.0万経営体，2.5万～5万CHFが1.5万経営体，5万～10万CHFが1.6万経営体，10万CHF超が1,366経営体である。

　平澤明彦（2013）は，連邦農業法の改正を含む農業政策2014－2017の議会前協議における主要争点を供給保障支払いと移行支払いに関する農業・環境・経済団体間の意見対立として，次のように述べている[13]。「結果をみると，供給保障支払いと移行支払いのいずれについても，農業団体の主張した方向に変更されたものの，その程度は環境団体と経済団体の意向を反映して大幅に弱められ……，環境団体が農業分野で次第に力をつけつつある」。この点は，第4節の森林政策の動向に関しても同様の傾向が認められる。

　これにより第5段階以降，第4節と第5節で検討する連邦・カントンの森林政策と農政の関係に次のような従来とは異なる新たな関係が生まれた。

　①スイスの森林政策は，伝統的に連邦内務省及び連邦環境交通エネルギー通信省の所管として，連邦経済教育研究省所管の農政と予算や施策形成で相互に密接な関係がこれまで存在しなかった。それが農政，とりわけ直接支払いのエコロジー直接支払いへの重点化により空間計画や景観形成，自然郷土

保護との結合が深まり，農業年報で「景観の質的向上（LQ）」プロジェクトとして，森林や夏期放牧地等に関する事例が紹介されるようになった。写真3－3－2はAgrarbericht 2015に掲載されたのクリ・クルミ林の景観の質的助成プロジェクト（伝統的農耕景観の要素）と同2016に掲載された夏期放牧地の事例である。

②この結果，農政における直接支払いが個別の農業経営に対する助成からカントン政府の独自の構想やプログラムによる景観の質的助成や生物多様性助成を含む事業に結合・拡充され，農政の直接支払いが森林政策における生物多様性・景観保全プログラムと共通する分野横断的施策として，その政策手法と対象が相互に関係性を持つに至った。特に生物多様性助成と景観の質的助成の目的は，放牧地や草地の森林化の防止が含まれ，その主な対象の山岳・丘陵地域の夏期放牧地や傾斜地の土地利用・景観形成に関して，農政と森林政策の連携や林縁部における森林と農耕地・草地，放牧地の分布やネットワーク形成が重要な課題となった。

写真3－3－2　農業年報に掲載されたLQプロジェクトのクリ・クルミ林（2015）と夏期放牧地（2016）

第3章　スイスの地域森林管理と制度展開

③スイスでは，農政改革の第1段階の時点から農業の持つ多面的機能に注目した「生産に結合されない直接支払い」と環境上の順守義務を直接支払いの必要条件とする全面的なクロスコンプライアンスの実現を基本戦略とした。農政改革の各段階における実践の過程で，直接支払いの種類と受給資格，地域区分及び助成単価の設定やエコロジー的実施証明の洗練化が進められ，それらが景観の質的助成や生物多様性助成を含む事業に拡充されたことにより，今後，クロスコンプライアンスを実現する措置がどのような政策手法に結実するか，第6段階以降の展開が注目される。

表3-3-8に1990年から2015年までの地域別農家所得の推移を示した。2015年の山岳地域の農家総所得は，平坦地域の74％の7.4万CHFと2005年の80％をピークに低下している。特に2000年以降，山岳地域の農外所得の伸びが鈍化し，2010年以降は前年を下回る年が多くなっている。農家総所得に占める農業所得の比率は，1990年から2105年に平坦地域が82％から70％，丘陵地域が80％から61％，山岳地域が72％から65％に各地域とも減少し，農家所得に占める農外所得の比重が高まっている。

平坦地域と山岳地域における1日当たり農業所得と勤労賃金を比較する

表3-3-8　地域別農家所得の推移

単位：CHF

地域		年	1990	2000	2005	2010	2015
平坦地域	農業所得		73,794	67,865	62,696	64,627	70,562
	農外所得		16,429	17,197	21,531	25,016	30,331
	総所得		90,223	85,061	84,227	89,643	100,892
丘陵地域	農業所得		59,838	50,826	49,627	51,567	51,627
	農外所得		14,544	20,580	23,277	27,748	33,045
	総所得		74,382	71,406	72,904	79,314	84,672
山岳地域	農業所得		45,541	41,789	44,807	42,804	47,980
	農外所得		17,853	19,725	22,151	27,032	26,397
	総所得		63,394	61,514	66,958	69,837	74,377
直接支払い額	平坦地域		11,755	30,976	39,625	48,961	
	丘陵地域		16,790	37,583	41,086	50,837	
	山岳地域		28,430	48,553	47,992	55,602	

資料：BLW（1992-2017）Agrarbericht 1992-2016による。
注：1990年の直接支払い額は1992年版のモデル数値を示したもので，2000年以降の数値と統計的に連続しない。農家所得と直接支払い額は，別の統計によるものであり，その意味で直接支払い額はあくまでも参考数値に過ぎない。

334

と，1980 年代末までは勤労賃金と平坦地域の農業所得がほぼ均衡し，山岳地域における農業所得は平均勤労所得の 6 割の水準であった。1990 年代以降，勤労賃金と農業所得格差が拡大し，1996 年には平坦地域が勤労賃金の 5割，山岳地域では 3 割にその水準が低下した。その所得格差を埋め合わせているのが直接支払いであり，その役割はこれまで述べたように決定的であった。しかし，その一方では 2010 年には 1 経営当たり平坦地域 4.9 万 CHF，山岳地域 5.6 万 CHF と支給額は上限に近づき，農家所得格差の調整手段としての機能は限界に達しつつあるようにもみえる。その意味では，農政改革とともに次項で述べる地域政策が 2008 年の新地域政策の導入により大きく再編されている点も同時に注目する必要がある。

3　地域政策の新展開と山岳地域政策の遺産

(1) 山岳地域政策の再編過程

世利洋介（1997）は，1990 年代初頭までのスイスの山岳地域政策と経済的危機地域に関する連邦地域政策の内容と効果を検討し，次の点を指摘している[14]。

① IHG に基づく山岳地域政策は，連邦政府の国土計画全体における投資助成額の 80％前後を占め，主に山岳地域の社会資本整備による生活条件の改善を目指す「立地・居住志向的地域政策」としての性格を持ち，少なくとも人口減少の阻止には貢献した。総経費に占める 1975 〜 1991 年の同事業による融資比率は平均 16％であるが，地域政策の遂行主体の発意による山岳地域開発計画の策定が投資援助の前提となり，複数の自治体からなる「地域」とカントンが地域政策を主導した。

② 1978 年の経済的危機地域に対する資金援助に関する連邦決議に基づく地域政策は，同法第 1 条に連邦政府は，経済的危機地域における就業の場の創出及びその維持に向けた民間企業の計画に対して，援助とそれに結びついた課税軽減を通じて促進できるとされ，民間部門の経済力強化という点では，山岳地域政策と比較すると直接的な「雇用志向的地域政策」という性格を持ち，特に景気後退期の時計産業等の特定の産業及び対象地域について，

援助額が傾斜的に配分され，連邦直接税の軽減措置が含まれている。

③OECD（1991）では，スイスの地域政策の特徴として，カントンの業務としての分権性と連邦政府の補完性が指摘され，①及び②に対する連邦政策とそれと結合した共同業務としてのカントン独自の地域政策の多様性と戦略の高度な混合により公共部門（連邦政府，カントン，自治体）と民間部門の企業，住民の異なるパートナーの間に存在する合意形成と地域が策定する開発計画が当事者の利害調整を図る有効な媒介となっている。

スイスの地域政策は，1996年に連邦参事会「地域政策の新たな方向に関する教書」が公表され，山岳・田園地域構造変化支援決議（BB vom 21. März 1997 über die Unterstützung des Strukturwandels im ländlichen Raum, REGIO PLUS）やEU諸国と連携した域外協力事業参加支援法（BG vom 8. Oktober 1999 über die Förderung der schweizerischen Beteiligung an der Gemeinschaftsinitiative für grenzüberschreitende, transnationale und interregionale Zusammenarbeit, INTERREG II・III）が開始される。さらに2006年の連邦地域政策法の制定と2008年のNRPの導入によりスイスの地域対策は大きく転換される。

田口博雄（2008）は，「スイスにおける中山間地政策の変遷」を第1期の1970年代後半以降のIHGを中心とした山岳地域政策と第2期の1995年以降の支援措置に区分し，日本とスイスの相違点と変遷の背景を次のように要約している [15]。

スイスでは，地域政策の転換が整然とした準備と討議を経ながら進められ，「中山間地」の重要性について，国民に暗黙的ながら強いコンセンサスがあり，EUの動向が強く意識されていることが日本との差異である。スイスの地域政策は，従来の山岳地域に対する「地域間格差是正」から「地域競争力の強化」と「内発的ポテンシャル」をより重視した施策に修正され，INTERREGやREGIO PLUSなどの新たな施策の導入により「地域における様々なアクター間のネットワーキング」を通じた間接的な支援効果を狙ったソフト志向の政策に転換された。

これに対して，既存の地域政策の受益地域を中心とした反発があるが，そうした反発に妥協しつつも政策の大きな重点は，確実にシフトしつつある。

第3節　山岳地域振興と農政・空間整備・地域政策

それは，第1期の地域政策の効果が限定的で市場経済への「歪み」をもたらし，地域の補助金依存体質を強めるなどの弊害が生じているとの認識が強まり，インフラ投資のかなりの部分が観光産業に投入されたが，1990年代に入ると欧州の観光事情に大きな変化が生じ，スイス観光が斜陽産業に転じたとされている。

(2)「地域政策の新たな方向」の提示

1991～1995年の立法計画で連邦政府は地域政策の点検を約束し，国民議会業務検査委員会は，連邦政府に地域政策の評価に関する報告書と新たな地域政策方針の提出を求めた。連邦参事会（1996）「地域政策の新たな方向に関する教書」には，これまでの地域政策の概況と評価，将来のあり方に関する構想とともに空間整備政策の改善に関する提案，IHG改正案とREGIO PLUS が含まれている。

新たな地域政策の従来の政策との違いは，次のとおりである。

①将来の地域政策は，国土の部分地域の競争力と持続的な発展を助成し，地方分散的な住居空間の質的整備に貢献するものとして，経済的努力と地域内のインフラストラクチャーの拡大に支援された活発な未来予見的な政策を必要とする。

②小領域の地域とともにカントンを越えた地域にも適応し，この観点のもとに将来の空間整備政策に対する様々な連邦課題の間の調整が高い意義を持ち，連邦は密接に関係し合う政策を調整し，すべての地域の発展のための原則的条件を整備する必要がある。

③直接的な助成手段は，連邦の補足的な追加的刺激が必要であると判断される空間計画的意義を持つ地域政策的課題（山岳地域の発展，農山村地域の重点的構造改善，境界を越えた地域的協力）を対象とする。これらは以前の単なる均衡視点と比較して，効率性と動機づけに重点が置かれる。

この地域政策における直接的な助成手段として，重要な制度・政策が「地域政策の新たな方向に関する政府教書」において提示されたIHGの改正と山岳・田園地域構造改善支援決議案である。

第1にIHG改正案では，①地域的発展の前提となる助成の増加，②物的・

第3章　スイスの地域森林管理と制度展開

地域的重点形成と全額一括貸付けによる投資助成による動機づけ機能の強化，③実行の簡易化とカントンと地域への十分な委任，④個別計画とインフラストラクチャー計画の助成，⑤地域の強化と地域間の協力の促進が主要な特徴として指摘できる。

　第2に同連邦決議案では，山岳・田園地域の潜在的可能性に刺激を与え，地域に共通する内部経済要素間及び私的・公的な局地的，地域的，超地域的なネットワークのなかで，資源の有効利用に役立つ発展実行力の動機づけを助成し，農山村のツーリズム分野の共同作業計画や商工業の専門分野を越えた協力などの効果と普及効果を上げるための情報交換，経験交流を拡大することが重要な柱となっている。国内における地域やカントン間の連携だけでなく，EU諸国との国境を超えた地域間共同作業への参加やアルプス協定（Alpenkonvention）など，近隣諸国との協調も重要な課題となる。

　この段階の地域政策における直接的な助成手段として，最も基本的な法令の1998年のIHG改正案の内容は，以下のとおりである。

　1998年のIHG改正では，第1条で山岳地域の経済的発展の前提と競争力を改善し，地域の可能性の活用を促進し，分散的な居住と社会的文化的な自主性の維持と我々の国の多様性の維持に貢献し，山岳地域の持続的発展を保証し，市町村，地域及び地域間共同作業を促進することを目的に掲げている。助成される計画は，同法案第6条で以下の4項目のインフラストラクチャーに関する個別計画及びインフラストラクチャー計画と規定されている。a. その地域を経済的立地として促進し，工業経営，商業経営，サービス業経営，ツーリズム経営のための競争条件を改善する計画，b. その地域を居住地及び生活空間として質的に引上げ，政治的・社会的文化的な自主性と多様性の維持と創造に役立てる計画，c. その地域の地域独自の潜在力及び他に比較した利点の汲み上げを可能にする計画，d. 市町村及び地域の一部分で実施され，そのための財務に投資助成資金が使われるインフラストラクチャーの基礎供給における更新，補完，拡張に使われる計画である。

　同法第19条で連邦は，次の5項目について，最高50％までの助成金を与えるとして，a. 地域的な発展の担い手とその事務局が開発計画と数年間にわたる実行計画の作成と改訂に要する助成，b. 地域的発展の担い手とその事務

第3節　山岳地域振興と農政・空間整備・地域政策

局が開発計画の作成と改訂に関連して専門家に与える課題，c.開発計画と数年間にわたる投資計画の実施に関連して地域的発展の担い手とその事務局に発生する費用，d.年々の教育計画，e.特別な形の地域間共同作業を規定している。

(3) オーバーラントオスト山岳地域開発計画と地域事務局

　スイスの地域政策は，これまで述べたように山岳地域政策として歴史的に形成，展開されてきた。IHG による公共的基盤整備と経済的危機地域における企業支援や農政などの個別部門政策による山岳地域に対する配慮が総合的に実施され，山岳地域単位に地域開発計画が遂行主体の発意により策定されている点にスイスの空間整備政策，山岳地域政策の特徴がある。スイスの山岳地域政策のなかで最も包括的で基本的な法律が IHG であり，同法は，54 の山岳地域において，地域開発計画と投資計画に基づいた山岳地域の公共的基盤整備に対して，低利の投資助成貸付金と地域計画事務局への助成措置を規定していた。

　スイス全体では，同法に基づき 1975 年から 1995 年に 5,717 プロジェクト（総事業費 133 億 CHF）に対して，投資助成金 20 億 CHF（投資助成貸付金 12.9 億 CHF，利子補給金 7.4 億 CHF）を連邦とカントンが拠出している。分野別にプロジェクト事業費をみると，多目的プロジェクト 15.7 億 CHF（12%），文化 5.0 億 CHF（4 %），教育 188 億 CHF（14%），公衆衛生 251 億 CHF（19%），廃棄物処理 277 億 CHF（21%），スポーツ・レクリエーション・保健休養 188 億 CHF（14%），公共行政 96 億 CHF（7 %），交通 85 億 CHF（6 %），消費財供給 3,525 万 CHF（0.3%），自然災害防止 3.3 億 CHF（3 %）である。産業基盤のみならず，文化的生活基盤も含めた山岳地域のインフラストラクチャーの全般的な改善が助成対象となっている。

　IHG に基づく山岳地域対策の展開をカントン・ベルンのオーバーランドオストの事例からみておこう。

　地域計画事務局は，山岳地域開発計画及び投資計画の作成とそれに基づくプロジェクトの実行，調整を担当している。この過程において，地域計画事務局は，地域の抱える諸問題の集約と問題解決に向けた地域住民と諸団体，

339

第3章　スイスの地域森林管理と制度展開

専門家，行政間の橋渡しを行っている。オーバーラントオストの事例では，地域計画事務局の常勤職員は，業務執行者（Geschäftsführer）と秘書の2人であるが，業務執行者はプランナーとして，企画と事務局機能を担っている。地域の29市町村等が会員となり，開発計画の作成時には商工業，観光，農業，林業等の専門委員会が設置され[16]，会長は非常勤の名誉職として地域のホテル経営者や開業医が務めていた。山岳地域開発計画の具体化の段階では，各種専門委員会が組織され，地域の各種団体が参加している。

　山岳地域開発計画は，15年を1期とした総合的な地域計画であり，さらにこの開発計画に基づき，5年単位の投資計画（Investitionsprogramm）が策定される。投資計画では，各プロジェクトの優先順位と事業主体，助成額が調整される[17]。山岳地域オーバーラントオストの2005年の地域開発計画は，付属資料を除く本文がA4判378頁にわたる包括的なもので，会長の序言，序文，優先すべき事項，地域開発の理想像，個別分野の記述，認可記録，付録Aの表と資料，付録B地域組織と住民参加状況から構成される。

　個別分野の記述は，U概観，A空間及び環境（景観，土地利用，河川・湖沼，騒音，大気，解体と廃棄物処理），B住民及び住宅地域（住民，住宅市場，住宅地域），R地域経済（就業と労働市場，農業，林業，商工業，観光，防衛，所得，財政），Iインフラストラクチャー及び生活（交通，下水処理，上水道，傾斜登攀装置，衛生・社会福祉，教育・文化・保養・スポーツ，消費財の供給，エネルギー，電気通信・メディア，行政），F主要部門の面積バランスといった領域を網羅し，個別分野間の関係は，図3－3－4に示した相互関係として把握されている。各個別分野の投資計画は，市町村及び広域圏別に実行計画と対策が1頁の表で示され，そこには主導的実行主体，優先度，実行期限，必要な予算が具体的に記載される。

　図3－3－5は，スイスを代表する秀峰アイガー直下のクライネシャイデック－メンリヒェン・スキー地域の個別分野・地域経済のR05観光に掲載されているスキー場の開発計画を示したものである。他分野の目標に対しても重要な影響を持つ観光分野の実行計画として，オーバーラントオスト地域の基本計画に基づき，集中利用スキー地域の境界と観光輸送施設とともにスキーコースと可変的スキー地域，自然保護地域，ワールドカップ・コース，

図3-3-4 山岳地域開発計画で示されている個別分野間の関係

部門目標への影響		A 空間・環境						B 住民・住宅地区			R 地域経済								I インフラストラクチャー・生活										F 主要部門のバランス	IHG の運用
		景観	土地利用	河川・湖沼	騒音	大気	解体/廃棄物処理	住民	住宅市場	住宅地区	労働市場	農業	林業	商工業	観光	防衛	所得	財政	交通	下水処理	上水道	傾斜登攀装置	衛生・社会福祉	教育・文化・保養	消費財の供給	エネルギー	電気通信	行政		
A 空間・環境	景観	▨	○						○	○		○			○				○											
	土地利用	○	▨						○	○		○			○			○	○											
	河川・湖沼	○		▨					○						○				○											
	騒音				▨				○						○				○											
	大気					▨			○			○		○	○				○							○				
	解体/廃棄物処理	○					▨		○					○	○				○											
B 住民・住宅地区	住民	○						▨	○	○													○	○						
	住宅市場	○	○						▨	○																				
	住宅地区	○	○						○	▨																				
R 地域経済	労働市場	○	○								▨																	○		
	農業	○	○									▨																○		
	林業	○	○										▨																	
	商工業	○	○											▨												○	○	○		
	観光	○	○	○											▨											○		○		
	防衛	○														▨														
	所得		○														▨													
	財政		○															▨												
I インフラストラクチャー・生活	交通	○	○					○	○										▨											
	下水処理		○																	▨										
	上水道		○																		▨									
	傾斜登攀装置																					▨								
	衛生・社会福祉																						▨							
	教育・文化・保養・スポーツ	○	○																					▨						
	消費財の供給																								▨					
	エネルギー	○																								▨				
	電気通信・メディア	○																									▨			
	行政																											▨		
F 主要部門のバランス		○																											▨	
IHG の運用			○						○	○	○								○	○	○	○	○	○						▨

資料：Regionalplanung Oberland-Ost（1991）Entwicklungskonzept 2005 Bergregion Oberland-Ost, S.22

注：○は当該分野の目標に対して，重要な影響を持つ分野を示す。林業（Forstwirtschaft）に関しては，[1]として「林業労働力に関する局面に限る」との原注が付されている。表頭と表側の各分野は，本文のA〜Iの細目に対応している。

森林地域が示されている。

地域開発計画の改定作業（第2期）の経過を具体的にみると，1988年11月から検討作業が開始され，1989年の夏に中間報告がまとめられ，この中間報告は地域代表の承認の後，1989年の秋にカントンと連邦管轄官庁との協議が開始され，同時に個別領域の具体的対策の検討が4つの専門委員会と協議しながら行われている。第1次案に対する意見表明は，1990年8月か

第3章 スイスの地域森林管理と制度展開

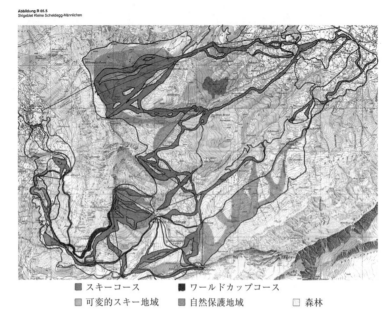

■ スキーコース　　　■ ワールドカップコース
□ 可変的スキー地域　■ 自然保護地域　　　□ 森林

図3－3－5　アイガー直下の観光開発と自然保護地域
（クライネシャイデック－メンリヒェン・スキー地域）
資料：Regionalplanung Oberland-Ost（1991）Entwicklungskonzept 2005 Bergregion Oberland-Ost, S.209-210

ら10月にかけて，22のゲマインデと36の関係団体，政党，役所，個人を対象に行われた。その後，専門委員会による協議と修正が行われ，1991年2月に連邦とカントンによる予備審査を経て，夏にテキスト修正が完了している。

2008年の連邦地域政策法の制定によりIHGは廃止され，「山岳地域」の名称はスイスの地域政策法令から消えた。しかし，IHG地域の大半はNRP地域として，その地域単位や地域事務局と地域開発計画の策定・実行過程における社会的・制度的枠組みが山岳地域政策の遺産として，今後も地域政策の新展開と山岳地域の振興に活かされていくものとみられる。

注及び引用文献
(1) Bundesrat（1996），S.30
(2) 世利洋介（1997），62頁参照。世利は「連邦政府の政策展開において，それが

第 3 節　山岳地域振興と農政・空間整備・地域政策

空間構造に対して何等かの影響を与え，地域の発展に寄与することになれば，広い意味での地域政策とみなすことができよう」としつつも，『スイス行政システムハンドブック』の R.L. Frey の定義を引用し，「本稿では，地域政策を『明示的に公式化した目的，特定の手段，そして固有の組織を伴う政策』とみなして，より限定された地域政策を取り扱いたい」としている。

(3)　J. Wyder（1993），S.17-24

(4)　世利洋介（1997），81 頁

(5)　樋口修（1999），69 頁を参照。第 7 次農業年報の正式名称は，Bundesrat（1992）Siebter Bericht über die Lage der schweizerischen Landwirtschaft und die Agrarpolitik des Bundes である。

(6)　零細生産者は，0.25ha 以上の農用地・森林，大家畜 1 頭以上を飼育するものなどをリストアップしたなかから農用地・森林 1 ha，1 歳以上の雌牛または牡牛 3 頭，牛類計 5 頭などの基準により農業経営と零細生産者を区分している。

(7)　Bundesrat（1992），S.257-259 及び上野福男（1988），30 ～ 37 頁による。なお，上野福男（1988）では，山地地域（Berggebiet）と河谷低地地域及び平野地域（Talgebiet）と訳しているが，本書では農業経済における一般的訳語に従い「山岳地域」と「平坦地域」とした。

(8)　1998 年の農業構造改善令改正前は，補助率は概ね土地改良では，① 18 ～ 23％から 30 ～ 38％，② 21 ～ 26％から 34 ～ 42％，③ 24 ～ 30％から 38 ～ 48％，農業建築では，① 18 ～ 23％（共同利用施設は 24 ～ 30％を適用），② 24 ～ 30％（同 28 ～ 35％），③ 28 ～ 35％（同 32 ～ 40％）の補助率が適用された。山岳地域に限定された助成措置と連邦の最高補助率は，a. 給水水道施設 30 ～ 38％（明確な財政上の必要性に基づく場合は 40 ～ 48％），b. 電気供給施設 20 ～ 30％，c. アルプ地域の牧柵 18 ～ 23％，d.（削除），e. アルプ建築 24 ～ 30％，f. アルプの改良 28 ～ 35％（同 32 ～ 40％），g. 村のバター・チーズ製造所 24 ～ 30％，h. 牛乳・乳製品輸送施設 24 ～ 30％である。

(9)　SAB（1993），S.80-81

(10)　樋口修（1999），72 頁

(11)　樋口修（2006），83 ～ 90 頁及び樋口修（1999），65 ～ 81 頁を参照した。

(12)　直接支払いの種類は，Kulturlandschaftsbeiträge, Versorgungsicherheitsbeiträge, Biodiversitätsbeiträge, Landschaftsqualitätsbeitrag, Produktionssystembeiträge, Ressourceneffizienzbeiträge, Beiträge für Gewässerschutzund Ressourcenprogramme, Übergangsbeitrag である。

(13)　平澤明彦（2013），59 頁

(14)　世利洋介（1997），80 ～ 93 頁による。世利は「経済困難地域」という訳語を使用しているが，本書では「経済的危機地域」で統一した。

第 3 章　スイスの地域森林管理と制度展開

（15）田口博雄（2008），51 頁及び 54 ～ 60 頁

（16）Regionalplanung Oberland-Ost（1991a）による。Oberland-Ost は，インタ
　　ーラーケン（Interlaken）のほか，第 5 節で森林管理区の事例としたラウター
　　ブルンネン（Lauterbrunnen）　など 29 市町村から構成される。

（17）Regionalplanung Oberland-Ost（1991b）による。

第4節　スイス連邦の森林法制と制度発展

1　1902年連邦森林警察法の体系

(1) 森林法制の構成と制度変化

　第4節では，スイス連邦の森林法制と制度発展に関して，1902年連邦森林警察法から1991年連邦森林法への移行過程と1991年連邦森林法に基づく政策展開を検討する。さらに第5節では，連邦森林法の制定と改正に対応したカントン段階の対応をカントン・ベルンの1997年カントン森林法の制定と執行過程から検討する。付属資料に1991年連邦森林法（制定時）と1997年カントン・ベルン森林法（制定時）の日本語訳を収録し，それ以降の改正動向を本文中で触れた。

　1902年連邦森林警察法は，総則，組織，公共的森林，私有林，森林面積の維持及び増加，連邦補助金の細則，強制収用，罰則，経過規定及び付則の9章から構成される。以下，この構成に沿って概要を述べるが強制収用と経過規定，付則の詳しい説明は省略する。1902年連邦森林警察法は，1991年連邦森林法の制定まで1904, 10, 23, 29, 45, 51, 53, 55, 63, 77, 84,

表3－4－1　1902年連邦森林警察法による許可・禁止措置

所有形態・保安林区分	公共的森林		私有林	
禁止・許可措置	保安林	非保安林	保安林	非保安林
転用禁止	禁止	禁止	禁止	禁止
皆伐禁止	禁止		禁止	
森林施業計画の編成	編成が必要			
放牧林の立木維持	必要な命令適用			
有害な地役権・用益権	森林経営の妨げとなる場合収用により解除			
放牧家畜の通行，柴採取	原則禁止			
樹根採掘	連邦の許可	カントンの許可	連邦の許可	カントンの許可
裸地の再造林	3年以内に実施			
所有権・利用権の分割	カントンの許可（公共機関のみ）			
有害な権利・地役の設定	連邦及びカントンの許可必要			
林道搬出施設	補助			
造林・復旧工事	補助		補助	
零細林地の統合			補助	

資料：Bundesgesetz vom 11. Oktober 1902 betreffend die eidgenössische Oberaufsicht über die Forstpolizei

第3章　スイスの地域森林管理と制度展開

88年に改正が行われている。特に重要な1963年改正と1965年の同法施行令に関しては，後述する。

　同法は，総則で森林を公共的森林と私有林，保安林（Schutzwald）と非保安林に区分し，組織で同法を執行，監督する連邦及びカントン林務組織の任務を規定し，森林区分に対応した禁止・許可措置と権限及び連邦補助金の細則と罰則を定めている。その政策理念と政策手法の特徴は，木材生産の保続と自然災害防止及び国土保全を表3－4－1に示した禁止・許可措置による連邦・カントンの林務組織を通じた森林警察的手法により実現しようとした点にある。

　総則の第1条〜第4条では，スイス連邦領土内の森林警察に関する上級監督は連邦が行い，すべての森林に及ぶ（第1条）。森林を公共的森林（連邦，カントン，市町村，公共団体，公共機関により管理される森林）と私有林，保安林と非保安林に区分し，その区分はカントンが実施し，連邦の認可を必要とする（第2条）。保安林は，野渓の集水域にある森林とその森林が有害な気象上の影響，雪崩，土砂崩壊，地すべり，浸食及び異常な水量から保護する森林である（第3条）。なお，1965年の同法施行令改正により保安林の定義は，後述するように拡大されている。

（2）組織と罰則

　第5条〜第12条の組織では，同法及びカントン法令の執行を監督する連邦上級森林監督局を連邦政府のもとに置き，その組織は別の法律で定める（第5条）とし，第6条以下でカントンの林務組織に関する規定を行っている。カントンは，その領域を森林圏（Forstkreis）に区分し，連邦政府の認可を受ける（第6条）。本法の施行のため，連邦資格を有する森林技師を任命し（第7条），連邦はその俸給の25〜35％を補助する（第40条第1項a）。公共的森林を管理する職員が森林技師の連邦資格を有するときは，その俸給の5〜25％を連邦が補助する（第7条，第40条第1項b）。

　カントンは，初級林務職員の養成，任命を行い，職員養成のためにカントンまたは数カントンでの講習を実施する（第8条）。この講習を修了した一定年俸以上の林務職員の俸給と養成講習に対して，連邦は5〜20％を補助

346

第4節　スイス連邦の森林法制と制度発展

写真3－4－1　1866年から続いた最後の初級禁令監視員研修（左）と森林教育
　　　　　　　センター（右）ベルン・リース，夏休み中で学生はいない。

する（第9条，第10条，第40条第1項c）。また，連邦は林務職員の傷害保険費用の3分の1までを補助し（第11条，第40条第2項），学術的森林講習を実施し，これを補助したカントン及び団体は，連邦から講師報酬と教材費用の負担を受ける（第12条，第41条）。

　1963年改正では，第9条及び第41条を改正し，伐木・造林労働者の職業訓練及び森林管理者，林務職員の養成に関する規定を新設し，1965年の同法施行令に詳細規定を定めている。連邦は，補助金の支給を通じて伐木・造林労働者の訓練及び特殊訓練を奨励し（第9条第1項），それはカントンまたは林業組織の組織する訓練所で実施する（第2項）。伐木・造林労働者になろうとする者は，見習期間を勤めあげなければならず，伐木・造林労働者の特殊訓練及び資格検定試験は，カントンまたは林業組織の責務とする。連邦職業教育法の規定は，見習制度，特殊訓練及び資格検定試験に準用され，詳細は政令によって規定される（第3項）。

　カントンは，初級林務職員の教育施設を設けるものとし，連邦は補助金の支給を通じて，これら職員の訓練及び特殊訓練を奨励する（第10条第1項）。森林管理者の職業訓練は，a.カントン森林管理者養成学校，b.1カントンまたはカントン連携フェルスターシューレで実施し（第2項），同校の規則及

347

第3章　スイスの地域森林管理と制度展開

び学習課程は内務省の承認を得るものとする（第3項）。同校の卒業証書ま
たはカントン資格証明の所持者に限り，フェルスターとしての資格が与えら
れる（第4項）。伐木・造林労働者の技術訓練に対する連邦の助成金は，実
費の40％を超えないものとする（第41条第1項）。連邦職業教育法の第47
条及び第48条を伐木・造林労働者の訓練，特殊訓練及び資格検定試験，カ
ントン森林管理者養成学校の林務職員訓練のための連邦助成金に準用し（第
2項），フェルスター養成学校の費用のうち，講師に対する謝金及び教材費を
負担する（同第3項）。

(3) 公共的森林

公共的森林（第13条〜第25条）では，測量に関する規定（第13条〜第
17条）と森林施業計画，地役権・用益権，補助に関する規定が行われてい
る。なお，測量に関する規定は，測量完了後，その規定が削除されている。

公共的森林は，カントンの制定する経営規程に基づき森林施業計画を樹立
し，経営するものとする。カントンの許可なく保続的伐採量を超えてはなら
ず，超過量は定められた期間内に埋め合わせなければならない。保安林は，
第3条に規定された保安林の目的に適合するものでなければならず，皆伐は
原則的に禁止される（第18条）。森林の境界区分，森林施業計画，森林経営
に関するカントン規程は，連邦政府の認可を必要とする（第19条）。なお，
1965年の同法施行令では，公共的森林にあっては伐採すべき立木を森林管
理署担当官が選木記号づけし，カントンはこれを私有林に対してどの程度適
用するか決定する権限を持つとした（施行令第14条）。

公共的森林の放牧林は，立木地の面積維持のため，必要な命令を適用する
（第20条）。連邦の許可なく放牧林の立木地面積を減少させることができず，
命令を適用する放牧林は，連邦への報告が義務づけられる（施行令第11条）。
副産物利用に関する地役権・用益権が適正な森林経営と一致しないときは，
地域的経済関係を適切に考慮したうえで，強制収用による解除義務を管轄官
庁が決定する（第21条）。収用の補償は，原則として金銭によって行い，そ
れが不可能な場合のみにカントン政府の同意のもとに森林の一部を譲渡する
ことができる（第22条）。

348

第4節　スイス連邦の森林法制と制度発展

　森林経営への有害な権利や新たな地役の設定は，連邦及びカントン政府の許可を得た場合のみ許される（第23条）。公共的森林の保安林では，適正な森林経営を阻害する副産物利用，特に放牧家畜の通行及び柴類の採取を禁止し，限られた範囲においてのみ認められる（第24条）。カントンは，規程に準拠して行われた測量を終了した公共的森林に対して，確定的な森林施業計画を作成し，その他の公共的森林に対しては仮の施業方法を定める（施行令第9条）。支給木材（Löshölzer）は，立木のまま支給することを禁じ，選木は管轄林務組織が行い，その指示と監督のもとに実行される（施行令第10条）。

　保安林の木材搬出のための林道・その他の施設建設に対して，連邦はカントンが補助を行ったときに30％，特に困難な事情の存在する場合は40％（1929年改正までは両者とも20％）の補助を行う（第25条及び施行令第42条第4項）。公道との連絡を確保するため，当該所有者に適当な補償を行い，強制徴収を請求でき，連邦は連絡施設の費用を助成する。

　罰則（第46条〜第48条）では，第46条で本法の違反に対する損害賠償とともに次の事項に罰金を課している。①三角点の毀損または破壊，②一定期間内に境界区分をしないとき，③一定期間内に地役権・用益権の廃棄をしないとき，④禁止の指示または第23条，第24条，第27条の規定に違反した森林副産物の利用，⑤森林施業計画または仮の施業方法を定めた規定に対する違反行為でカントンの特別な罰金が定められていないもの，⑥私有林の保安林に関するカントン規程（第29条）の無視及び再造林の不実行（第32条），⑦伐採禁止違反，⑧連邦またはカントンの許可なく森林面積を減少させたもの（第31条），⑨第33条及び第35条の規定に違反する森林分割及び譲渡，⑩保安林造成のため，命じられた造林を期間内にしないもの。

　森林所有者が不履行な場合，所有者の費用によりカントン官庁が必要な業務を指令する（第47条）。カントンは必要な場合，さらに広範な森林警察規程を制定し，適当な刑罰を決定する（第48条）。

（4）私有林

　私有林（第26条〜第30条）に関する規定は，総則，保安林，非保安林か

349

第3章　スイスの地域森林管理と制度展開

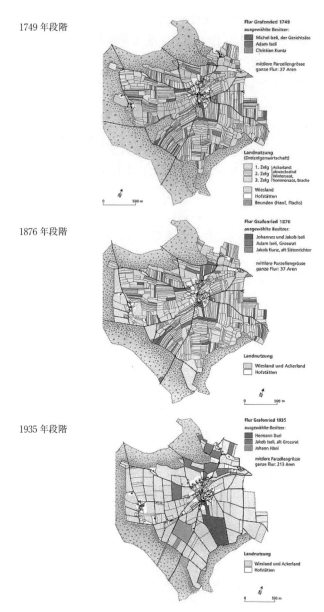

図 3 - 4 - 1　農地の土地統合事例（Grafenried：1749，1876，1935 年）
資料：C. Pfister, H. R. Egli (1998) Historisch-Statistischer Atlas des Kantons Bern, Historischer Verein des Kantons Bern, S.83

ら構成される。総則では，私有林の共同経営及び零細林地統合の促進を規定し，連邦の費用負担とカントン林務職員による経営指導を定めている。その詳細規定は，カントンに委ねられ，カントンの許可なくこれを解散することができない（第26条）。

第26条は1945年改正により従来の条文が同条第2項とされ，次の規定が加えられた。私有林の零細林地統合を必要とするときは，常に土地台帳測量の着手前に土地統合に着手しなければならず，この必要性はカントン政府が決定する。あまりに零細に細分化されているために良好な経営が不可能な場合は，カントン政府は土地台帳測量に無関係に土地統合を行うことができる。カントンは，その手続きを規定する特別規程が定められていないときは，農業の土地統合に関する規定を適用する。必要な場合は，公共的森林をその手続きのなかに含めることができる（第1項）。統合計画には，搬出施設による目的にかなった整備を考慮しなければならない（第3項）。連邦はカントンも補助金を交付するという条件のもとに，私有林の零細林地統合の50％を補助する（第42条第5項）。なお，この私有林の零細林地の統合対策は，1991年連邦森林法の制定により廃止された。

図3－4－1に農地の土地統合事例について，三圃式農法段階の1749年の分散的耕地が1876年，1935年と統合されていく状況を示した。スイスの集落・農村景観がこうした歴史過程を経て成立している点は，日本の水田農業を中心とした土地改良・農村整備政策との相違点として重要である。

私有の保安林に対しては，公共の森林に適用される第13条の境界区分，第18条の第5項の皆伐禁止，第20条～第25条の放牧林の立木地面積の維持，有害な地役権・用益権の解除，同解除の方法と補償，新たな負担禁止，有害な副産物利用の禁止，木材搬出施設に対する連邦助成が適用される。また，災害発生の危険の著しい，特に野渓の集水域の私有保安林が連坦した大団地は，第26条の林地統合をカントンまたは連邦が請求できる（第28条）。カントンは，私有保安林の維持及び目的確保のため，必要な事項を命令する義務があり，カントンの許可なく高林を皆伐し，大面積伐採をしないよう監督する（第29条）。

私有林の非保安林に関しては，第20条，第31条，第32条，第42条第4

項，第49条第5項の放牧林の立木地面積の維持，伐採跡地の更新，木材搬出施設に対する連邦助成，経過規定による罰則つきの伐根採掘及び伐採禁止のみを適用する。皆伐や皆伐に近い影響を及ぼす木材生産は，高林においては管轄カントン官庁が許可した場合にのみ実行でき，カントンは必要な実施規程を公布する（第30条）。

(5) 森林面積の維持，増加

森林面積の維持，増加に関する規定（第31条～第39条）は，森林面積の維持と伐採跡地の再造林，所有権・利用権の分割，譲渡及び保安林の設定から構成される。

スイスの森林面積は，これを減少してはならない。非保安林の伐根採掘はカントンの許可，保安林の伐根採掘は連邦の許可を必要とする。森林面積の減少があった場合，新たな造林によりこれを埋め合わせる範囲を非保安林はカントン政府，保安林は連邦政府が決定する（第31条）。カントンは，すべての伐採跡地と森林内に生じた裸地を3年以内に完全に再造林させるよう努める（第32条）。

BUWAL（2004）によると1902年から2002年の林地転用許可面積は，101年間で2.3万haであり，年平均にすると229haである。時系列的には1917～19年の第1次世界大戦期が年間246ha，1941～46年の第2次大戦期が年間1,702haと戦時令による食料調達により増加するが，1920～40年は年間58haと少ない。第2次世界大戦後，1961～67年に265ha，1968～77年に259haと増加するが，それ以降は年間200haを大きく超えていない。

図3－4－2に1978年以降の目的別林地転用許可面積を示した。1980年以降は数年を例外として年間100～200haで推移し，転用目的は道路整備等の交通施設と土石等の採取による原材料調達による転用が多く，その変動が全体の転用面積の動向を規定している。BAFU（2016）によると2010年以降の林地転用面積は，2014年の357件133haから2013年の398件207haの範囲にあり，転用目的も交通施設と土石等の採取による原材料調達が主体であることに変化はない。

公共的森林の所有権，利用権の分割は，カントンの許可を得た場合にのみ

第4節 スイス連邦の森林法制と制度発展

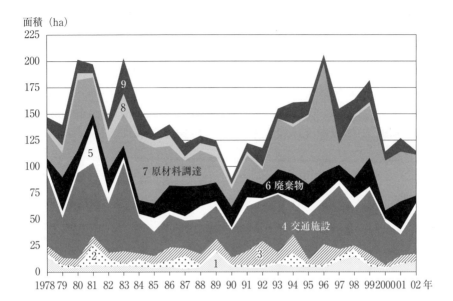

図3−4−2 目的別林地転用許可面積の推移
資料：BUWAL（2004）Waldhaltungspolitik：Entwicklung und Urteil der Fachleute, S.127
注：上から9その他，8軍事施設，7原材料調達，6廃棄物，5スポーツ，4交通施設，3
　　生活インフラ，2発電所，1建設工事を示す．

実施でき，公共機関に対する分割のみが認められる（第33条）。市町村・公共団体が森林の分割を請求した場合，その可否はカントンが決定し，複数のカントンに跨がる場合は，最も多くの森林が存在するカントンが決定を行う（第34条）。市町村有林・団体有林の譲渡が条例により可能とされている場合もカントンの許可なく，これを譲渡することができない（第35条）。

　造林により保安林にすることができる未立木地は立木地とし，連邦またはカントンは保安林の設定や雪崩，落石地の復旧工事により保安林となった森林に対し，これを命じることができる（第36条）。連邦及びカントンは，次の補助金を交付する。a.保安林の造林，保安林に関係する排水・復旧工事，b.防護柵の造成，造林事業終了後，3年以内に森林所有者の責任によらず必要となった造林・保育，c.損害を受けた土木工事が重大な意義を有し，注意深い管理にかかわらず生じた当該土木工事の復旧（第37条）。造林または復旧工事を命じられた土地が私有林の場合は，その土地の買収または収用を請

353

第3章　スイスの地域森林管理と制度展開

求でき，用益権を有するものは，その補償を求めることができる。買収また
は強制収用は，カントン・市町村・公共団体に対してのみ請求できる（第
38条）。連邦は，苗圃を建設し，その経営を助成することができる（第39
条）。

2　1991年連邦森林法の体系

(1) 連邦森林法の構成と改正動向
《1991年連邦森林法の構成》

1991年連邦森林法（1993年施行）は，8章57条から構成され，専門家か
ら世界で最も簡潔な森林法と評されている[1]。第1章の総則から始まり土
地利用・環境管理に関する第2章の侵害からの森林保護及び第3章の自然災
害からの保護と林業的施業管理に関する第4章の森林の育成と伐採の2つの
政策領域から構成され，それを実現する政策手法として，第5章の助成措置
と第6章の罰則，林務組織の任務を含む第7章の手続きと施行，第8章の付
則が定められている。

1991年連邦森林法と旧連邦森林警察法の構成上の違いは，従来の森林区
分（公共的森林・私有林，保安林・非保安林）を廃止し，森林の概念を森林
現況に基づき判定する動態的森林概念（Dynamischer Waldbegriff）を採用
し，立木地の幅，面積，林齢による定量的判定基準を連邦・カントン法令で
定め，第2章に森林をめぐる土地利用上の競合と森林の近親性と立入りに関
する条文を新設した点である。

同法の枠組みは，1980年代までの林業的施業管理に関する経営原則の一
定の定着を前提に森林法制と土地利用・空間計画の結合を連邦森林法に新た
に組み込み，持続的森林管理に関する国際動向に対応した結果といえる。

1991年連邦森林法と旧連邦森林警察法の構成上の違いとともに表3－4
－2のアンダーラインが付されている項目の政策手法上の連続性と歴史性に
も注目する必要がある。それは第4章の森林の育成と伐採に関する事項だけ
でなく，第2章の侵害からの森林保護に関しても転用禁止や森林との距離に
関する事項は，連邦森林警察法やカントン法令に存在する規定がもとになっ

354

第4節　スイス連邦の森林法制と制度発展

表3－4－2　1991年連邦森林法の構成

目的	森林の概念
<u>a. 森林の面積と地理的分布を維持し,</u> b. 森林を近自然的生物共同体として保全し, <u>c. 森林機能, 特にその保全機能, 厚生機能, 　利用機能（森林機能）の実現に配慮し,</u> d. 林業を助成し, 維持する 。	・森林とは高木及び低木に被われた森林機能を果たすことができる土地をいう。成立と利用方法, 土地台帳上の表示は決定的ではない。 ・連邦森林令の枠内でカントンは, 森林と森林以外の立木地の幅, 面積, 林齢の範囲を決定する。

侵害からの森林保護（土地利用・環境管理）		森林の保育と利用（林業的施業管理）	
森林保全	・<u>転用禁止と例外許可</u> ・<u>森林確定</u>	経営原則	・近自然性・保続性の確保
災害防止・ 景観保全	・<u>森林との距離</u> ・原則, 所管と近自然工法	施業規制	・保育・伐採の放棄（生態・景観的理由） ・森林保護区の設定 ・<u>保全機能維持と最小限の保育実施</u>
森林の近親性	・<u>立入りと通行に関する規定</u>		・<u>皆伐禁止と伐採許可制</u>
多面的機能の 実現	・森林整備計画 ・<u>助成措置</u>		・<u>未立木地の更新義務</u>
		公共的森林	・<u>売却・分割の許可制, 森林施業計画</u>

罰　　則	
<u>林務組織の任務</u>	森林所有者

資料：Bundesgesetz über den Wald vom 4. Oktober 1991
注：アンダーラインは, 1902年連邦森林警察法及びカントン森林法にある項目を示す。

ている。

《制定後の改正動向》

　1991年連邦森林法の制定以降, 以下の改正が実施されている。特に2000年代に入り制定後10年間の実践と国際環境の変化に対応した森林・林業政策の新展開が模索され, 2006年と2016年に連邦森林政策の重点化と財政改革を伴う連邦森林法の改正が行われている。以下の②～④の連邦森林法の改正内容は, 3の(1)と(2)で検討し, 該当する条文の解説の際に重要な改正点に触れた。

　①連邦憲法及び関連する連邦法改正に基づく1999年, 2002年, 05年, 13年の連邦森林法の一部改正（表3－4－3）。

　②2006年の連邦・カントンの課題分担と新財政調整に関する連邦法（BG vom 6. Oktober 2006 zur Neugestaltung des Finanzausgleichs und der Aufgabenteilung zwischen Bund und Kantonen（NAF）, 連邦新財政調整法）及びスイス森林プログラム（WAP-CH）に基づく第5章 助成措置の改正（表3－4－6）。

　③WAP-CHに基づく政府森林法改正案見送り後の転用の補充と森林確定

表3 − 4 − 3　連邦森林法改正の概要（1999・2002・03・05・13年改正）

制定	区分	条	項	内容
1999年	改正	第46条 司法	第2項	連邦環境森林景観局（連邦官庁）→連邦官庁
		第49条 連邦	第1項	「第6条第1項bに基づく転用申請を決定を与え、」を削除
			第2項	第2項を第3項に移動。第2項に「連邦官庁は、森林法の他の連邦法及び条約に適用する前に関連カントンと協議する。連邦官庁及び関係連邦機関は、1997年3月21日の政府・行政機関法の第62a条及び第62b条の執行に当たり協力する。」を追加。
2002年	改正	第29条 教育における連邦の責任	第4項の第2文章以下	職業教育に関する法律がスイス連邦国民経済省に示した実行課題は、連邦内務省が担当する。連邦参事会は例外規程を発令できる。→連邦参事会は、林業教育を連邦内務省が担当させる。
		第39条 教育	第1項	2002年12月23日の連邦職業教育法第52条～第59条に基づく財政援助をフォレスターの教育について行う。
			第2項	「第1項以外の」を削除
		第42条 軽犯罪	第1項	1年以下の禁錮または10万CHF以下の罰金→1年以下の自由刑または罰金
		第43条 違反	第1項	「拘禁または」を削除
		第53条	第2項	連邦内務省→連邦環境交通エネルギー通信省
2003年	改正	第38条 森林経営	第2項 a.	「超経営的」を追加
			b.	破壊されたまたは不安定なまたは破壊された森林で特別な保全機能を伴う森林内の育林的措置でその緊急用が欠かせず、この措置が官庁によって命令されたとき→生物多様性に配慮した幼齢林保育及び伐採、木材搬出などの期限つきの育林的措置
			d.	林道搬出施設の設置または購入、並びに修理→林道搬出施設の設置
	追加	第38条 森林経営	第2項 d^bis.	近自然的生物共同体としての森林生態系に配慮した現代的な木材伐採のための移動式搬出施設の調達・搬出施設の設置と改善
2005年	改正	第46条 司法	第1項	行政手続きに関する連邦法と連邦司法制度に従う連邦司法制度に関する一般規定に従う
2013年	改正	前文		連邦憲法第24条、第24条の6、第24条の7、第31条の2に基づき→連邦憲法第74条第1項、第77条第2項、第3項、第78条第4項と第95条第1項に基づき
		第3節 その他の対策		第5章に3.Abschnitt：Weitere Massnahmen の追加
2013年	追加	第41a条	第1項	連邦参事会は品質管理と販売対策を促進するため、森林生産物の起源とその加工製品の自主的なラベルに関する規程を公布できる。
			第2項	ラベルの登録と保護。指定の手続きは、1998年4月29日の農業に関する連邦法による。

資料：Bundesgesetz über den Wald vom 4. Oktober 1991 (Stand am 1. Juli 2013)

等に関する 2012 年改正（表 3 - 4 - 8）。

④連邦議会の Waldpolitik 2020（森林政策 2020）に基づく 2016 年連邦森林法改正（表 3 - 4 - 11）。同改正の詳細は，Bundesrat（2014）の連邦議会教書及び BAFU（2016b）「森林法・森林令改正の施行：解説報告」を参照。

①の改正事項のうち，1999 年改正は連邦意思決定簡素化・コーディネーション法，2002 年改正は連邦職業教育法，2005 年改正は連邦関税法及び連邦司法制度管理法，2013 年改正は連邦憲法の施行と連邦ラベル・生産地表示保護法改正に伴う関連条文の改正である[2]。

連邦憲法の全面改正に伴い前文は，「連邦憲法第 24 条，第 24 条の 6，第 24 条の 7，第 31 条の 2 に基づき」から「連邦憲法第 74 条第 1 項，第 77 条第 2 項，第 3 項，第 78 条第 4 項と第 95 条第 1 項に基づき」に改正された。また，第 5 章 助成措置に第 3 節 その他の対策が新たに追加され，第 41a 条では連邦参事会は品質管理と販売対策を促進するため，森林生産物の起源とその加工製品の自主的ラベルに関する規程を公布できる（第 1 項），ラベルの登録と保護，指定の手続きは，1998 年の連邦農業法による（第 2 項）とされた。

以上の 2000 年代以降のスイス林政と連邦森林法制の動向は，1991 年の連邦森林法の制定とそれに基づく新たな連邦森林政策の実践とカントン森林法の制定及びカントン林務組織改革の進展とともにスイスの森林・林業をめぐる環境変化に対応した林業セクターの経済効率の改善と気候変動の森林への影響や生物多様性の保全による持続的森林管理への取り組みをさらに推進するものであった。

(2) 第 1 章　総則

《目的と森林の概念》

第 1 章 総則（Allgemeine Bestimmungen）は，本法の目的と森林の概念，森林の保全から構成される。

第 1 条〔目的〕では，この法律は，a. 森林の面積と地理的分布を維持し，b. 森林を近自然的生物共同体として保全し，c. 森林機能，特にその保全機能，厚生機能，利用機能（森林機能）の実現に配慮し，d. 林業を助成し，維

357

第3章　スイスの地域森林管理と制度展開

持する（第1項）。そのほか，人間と多大な有価物を雪崩，地すべり，浸食，落石（自然災害）からの保護に貢献する（第2項）。目的規定に関しては，連邦森林警察法においても森林面積の維持と多面的森林機能の実現，特に保全機能，厚生機能，利用機能の実現を重視していたが，本法では新たにb.で近自然的生物共同体（als naturnahe Lebensgemeinschaft）としての保全を付加している。

第2条第1項〔森林の概念〕では，森林とは高木及び低木に被われた森林機能を果たすことができる土地を意味し，成立と利用方法，土地台帳上の表示は決定的ではないとし，第4項で連邦参事会によって決められた枠内で，カントンはどのくらいの幅，面積，林齢以上の立木地が森林であるかを決定し，その立木が厚生機能及び保全機能を特に高度に果たしているときは，カントンの基準は適応されないとしている。これを受けて連邦森林令第1条は，面積200〜800m^2，幅10〜20m，林齢10〜20年生の範囲でカントンが森林の定義を定めるとしている。

《森林の保全》

第3条〔森林の保全〕では，森林面積は減少させてはならないとの原則規定を行い，それを担保する措置は，第2章第1節の規定に委ねている。

写真3-4-2　「森林の定義」の現地適用問題（即地的判定基準を適用した林地転用許可・森林確定の対象地の認定は，写真にみるように簡単ではない。）

第 4 節　スイス連邦の森林法制と制度発展

森林概念に定量的判定基準を法定した背景には，連邦及びカントンの転用（Rohdung）の例外許可や森林確定（Waldfeststellung）に関する自然郷土保護団体の異議申立てに対応するため，天然更新による森林の拡大にも対応できる即地的判定が可能な森林概念とする必要があった点が指摘できる。

A. Schmidhauser（1997）は，自然郷土保護団体によるスイス森林政策への影響を連邦森林法の制定過程を中心に検討している。それによると連邦行政訴訟手続法の改正を契機に連邦参事会から連邦裁判所に転用決定の最終的判定が変更され，これを契機に 1991 年連邦森林法においても当時の連邦自然郷土保護法第 12 条〔カントン・連邦官庁に対する異議申立て抗告権〕に規定されていたカントン，市町村と一定の要件を満たす自然郷土保護団体に認めている抗告権を転用，森林確定，森林の土地利用計画への編入，森林と建築地区の境界設定に関しても適用し，連邦森林法第 46 条にそれに対する抗告権が規定された。

(3) 第 2 章　侵害からの森林保護
《第 2 章の構成と特徴》

第 2 章 侵害からの森林保護（Schutz des Waldes vor Eingriffen）では，第 1 節の転用と森林確定，第 2 節の森林と空間計画，第 3 節の森林への立入りと通行，第 4 節のその他の侵害からの森林保護を規定している。

転用と森林確定に関する規定は，第 1 章の第 1 節で検討した日本の林地開発許可制度と比較して，すべての転用を原則禁止したうえで，例外許可の条件を詳細に規定し，現物補充と開発利益の公共帰属を法定している点が特徴である。また，第 2 節の空間計画と森林や第 10 条〔森林確定〕は，日本の国土利用計画法や都市計画法と森林の関係に相当する規定であるが，これらがゲマインデの土地利用計画やカントン林務組織の許認可権限と結合し，即地的開発規制となっている点が重要である。森林への立入りや林道の自動車走行に関する規定も日本の現行森林法に欠落している領域であり，日本の市町村による林道管理条例の制定や林道管理の法的統制に関する議論とも深く関係する政策領域である。

《第 1 節　転用と森林確定》

第3章　スイスの地域森林管理と制度展開

　第1節の転用と森林確定では，第4条から第9条で転用に関する概念と例外許可の前提，権限，現物補充に関する規定を行っている。第10条では，連邦空間計画法に基づく土地利用計画と森林確定の関係を定めている。

　第4条〔転用の概念〕では，転用とは林地の一時的または永久的な用途変更であるとし，第5条〔転用禁止と例外許可〕では転用は，禁止する（第1項）とし，転用に森林保全の利益よりも大きい重要な理由が存在し，しかも次の前提が満たされることを申請者が証明したとき，例外の許可を与えることができる（第2項）。

　a. 転用目的の施設がその予定されている立地だけが適地である。

　b. その施設が空間計画の前提を適切に満たしていなければならない。

　c. 転用により環境の著しい悪化を招かない。

　それに加えて第3項では，土地のできる限り有利な利用及び林業以外の目的に土地を安価に調達するといった財務的関係は，この重要な理由にはならないとしている。

　2016年改正では，第5条の第3項 bis に再生可能エネルギーとエネルギー供給施設の建設に関する許可権限を持つ官庁は，他の国家利益と同時にこの計画の実現に対する国民の関心を考慮し，決定すると追加された。

　第6条〔例外許可の権限〕は，a. カントンが 5,000m^2 以下の転用に対し，b. 連邦が 5,000m^2 を超える転用に許可を与える（第1項）。同じ施設に対して複数の転用申請が提出されたときは，権限の確定に対してすべての転用面積を合計する（第2項）。転用する森林が複数のカントンに存在しているときは，連邦が例外許可を与える。

　第7条〔転用の補充〕では，すべての転用に対して，同一区域で主要な立地に適した現物補充を行わなければならない（第1項）。例外的に農業優先地の保護や生態的・景観的に貴重な地域の保護のために他の区域での現物補充を行うことができ（第2項），現物補充の代わりに自然保護と景観保全のための特別措置を講ずることができる（第3項）。河川の洪水断面のなかで安全性の回復のために新しく成立した森林を取り払わなければならないときは，現物補充は放棄することができる（第4項）としていた。

　2012年改正では，第7条第2項を現物補充の代わりに自然景観保全のた

360

め，同等の措置を講ずることができるとし，a.森林面積の増加地域におい
て，b.例外的に農耕地と生態的・景観的に貴重な地域の保護のため，他の区
域での現物補充を行うことができるとし，第7条第4項と第8条〔補充税〕
に関する規定が削除された。

　第10条〔森林確定〕では，保護価値に関する利害を証明しようとする人
は，ある面積が森林かどうかをカントンに確定させることができる（第1
項）とし，連邦空間計画法に基づく土地利用計画の編成と改訂の際に森林確
定は，建築区域に隣接する森林，または将来隣接することが予定されている
森林について，森林確定を行わなければならない（第2項）としていた。

　2012年改正では，第2項を連邦空間計画法に基づく土地利用計画の編成
と改訂の際は，a.建築区域（Bauzonen）に隣接する森林または将来隣接が
予定されている森林，b.カントンが森林の増加を防ぎたいと考える建築区域
外の森林に関して，連邦空間計画法に基づく土地利用計画の編成と改訂の際
に森林確定を行わなければならないと改正された。

《第2節　森林と空間計画》

　第2節の森林と空間計画では，第11条〔転用と建築許可〕，第12条〔森
林の利用区域への編入〕，第13条〔森林と建築区域の境界〕を定めている。
なお，第13条〔森林と建築区域の境界〕は，2012年改正により〔森林と利
用区域の境界〕に変更されている。

　第11条では，転用の許可は，連邦空間計画法に規定された建築許可を免
除しないとし，建築計画が転用許可も建築地区以外の場所での建築に対する
例外許可も必要とするとき，本法の第6条に基づく管轄官庁による了解のも
とにだけこれを与えることができる。さらに第12条では，森林の利用区域
への編入は，転用許可を必要とするとしている。

　第13条では，本法第10条による有効な森林確定に基づき，連邦空間計画
法に基づく建築区域に森林境界を記入しなければならない（第1項），この
森林境界の外にある新しい立木は森林とみなさない（第2項），土地利用計
画の改訂の際に建築区域から差し引かれる土地は，本法第10条に基づく森
林確定により森林境界を調査しなければならない（第3項）としていた。

　2012年改正により第13条第1項を，第10条第2項による森林の境界は，

土地利用計画に記入すると改正し，第3項を，第10条〔森林確定〕による森林境界は土地利用計画が改訂され，実際の状況が実質的に変化した時は改定できると改正した。

《第3節　森林への立入りと通行》

第3節の森林への立入りと通行は，第14条〔近親性：Zugänglichkeit〕と第15条〔自動車交通〕から構成される。

第14条〔近親性〕では，カントンは，森林が社会全体に親しみやすいように配慮する（第1項）。森林保全とその他の公共的利益，特に植物と野生動物の保護の公共的利益のためにカントンは必要な場所で，a. 特定の森林地域に対する立入りを制限し，b. 森林内の大きな催しの実行を許可制にすることができる（第2項）。

第15条〔自動車交通〕では，森林と林道は森林経営目的のためにのみ自動車で通行できる。連邦参事会は，軍事的課題とその他の公共的課題に対する例外を規定する（第1項）。森林保全とその他の公共的利益に反しないとき，カントンはその他の目的のための林道通行を許可できる（第2項）。カントンは，相応の交通信号と標識及び必要な管理を確保する。信号と標識及び管理が不充分な場所では，通行止めにすることができる（第3項）。

森林への立入りは，1907年の連邦民法による入林権の保障に基づき連邦森林法で制限の枠組みを示し，カントン森林法で詳細規定を定めている。連邦民法第699条〔立入りと拒否権〕では，第1項で主務官庁が土地経営上の利益のため，特定の所有地につき特別の禁止令を公布し，保護措置を講じない限り，誰でも第三者所有の森林及び放牧地に立ち入り，それぞれの地方慣行に従い，自生する木の実・キノコ・その他の果実を採取することができるとしている。

《第4節　その他の侵害からの森林保護》

第4節は，第16条〔有害な伐採〕，第17条〔森林との距離〕，第18条〔環境危険物質〕から構成される。

第16条〔有害な伐採〕では，第4条の意味の転用ではないが，森林の機能と経営を危険にし，侵害する伐採は許されない。そのような伐採の権利は必要ならば公用収用により解除することができる。カントン（2016年改正

で「所管官庁」に改正）は，必要な規程を発令する（第1項）。カントンは重要な理由があるとき，そのような伐採を公課と条件を付して許可することができる（第2項）。

第17条〔森林との距離〕では，森林の近くにある建築物と施設は，それが森林の保全，保育と伐採を阻害しないときだけ許される（第1項）。カントンは，林縁と建築物・施設の間の妥当な最小距離を規定する。その際，位置と立木の予想される樹高を考慮する（第2項）。この森林との距離に関する規定は，転用禁止や皆伐禁止とともに森林法令における古典的規定であり，現在も土地利用規制と景観形成における重要な政策手法を構成している。森林との距離に関するカントン・ベルンでの森林法令の規定と運用は，第5節の1で検討する。

(4) 第3章　自然災害からの保護

第3章 自然災害からの保護（Schutz vor Naturereignissen）は，第19条のみである。カントンは，雪崩発生地帯，地すべり地帯，浸食地帯，落石地帯の安全を保ち，森林内の適切な河川工事を行い，その措置にはできる限り近自然的方法を使用するとされ，その詳細規程をカントン法令に委ねている。なお，第19条は2016年改正により「雪崩，地すべり，浸食，落石地帯」と「地帯」の重複が削除されている。

本章の対象とする自然災害とは，第1条第2項の目的に規定されている「雪崩，地すべり，浸食，落石（自然災害）」を指す。C. Pfister ら編（2002）『その日の後：1500〜2000年におけるスイス自然災害の克服過程』では，スイスの自然災害の歴史と文献が網羅され，1990年代以降に限定しても全国的な災害と被害額は，1993年秋のアルプス地域の洪水被害9.0億 CHF，1999年5月のミッテルラントの洪水被害5.8億 CHF，同12月のオルカーン・ロターによる被害18.0億円，2000年10月のヴァリスの洪水被害6.7億 CHF があり，局所的自然災害はそのほかに数多く発生している。

BAFU（2016）では，対策を計画的対策（危険地土地台帳・危険地地図），組織的対策（測量・早期警戒業務），技術的対策（災害防止施設），生物学的対策（保全林整備）に区分し，統合的リスクマネジメントによる全体的な持

第3章　スイスの地域森林管理と制度展開

続性と関係性への配慮及び連邦とカントン，カントン間の情報共有と連携を重視している。これらの対策は，連邦助成措置の対象として，2008 年以降の新財政調整導入後の連邦森林プログラムの主要な補助対象として，保全林整備における保育措置は，BUWAL（2005）「保全林の持続性と成果制御法」（Nachhaltigkeit und Erfolgskontrolle im Schutzwald, Methode NaiS）に基づき実施されている。

(5) 第 4 章　森林の育成と伐採

《第 4 章の構成と改正動向》

第 4 章 森林の育成と伐採（Pflege und Nutzung des Waldes）は，第 1 節の森林経営（Bewirtschaftung des Waldes）と第 2 節の森林被害の防止と対策（Verhütung und Behebung von Waldschäden）から構成される。2016年改正では，第 1 節に第 21a 条〔労働安全〕，第 2 節に第 27a 条〔有害生物予防対策〕，第 28a 条〔気候変動対策〕が追加されている。

《第 1 節　森林経営》

第 1 節では，第 20 条〔経営原則〕，第 21 条〔木材伐採〕，第 22 条〔皆伐の禁止〕，第 23 条〔未立木地の更新〕，第 24 条〔森林種苗〕，第 25 条〔林地の売却と分割規制〕など，森林経営に関する旧法以来の古典的な規制，誘導措置が拡充されている。第 21a 条〔労働安全〕は，2016 年改正により新たに追加され，労働者の安全を確保するため，受託者が伐採に従事する際は，連邦政府の認定した林業作業安全コースに参加しなければならないとしている。

第 20 条〔経営原則〕では，保続性と木材供給，近自然施業と自然郷土保護の要求への配慮を規定し，森林の状況に応じて，①生態的，景観的理由からの保育と伐採の全面的及び部分的放棄，②カントンによる動植物種の多様性維持のための森林保護区（Waldreservate）の指定，③保全機能維持のためのカントンによる最小限の保育の実行を定めている。森林保護区は，2014年でスイスの森林面積の 5.6％に相当する 2,407 箇所 6.8 万 ha が指定され，5 ha 未満が 1,455 箇所と圧倒的に多く，500ha 超の森林保護区は 22 箇所に過ぎない。

364

第4節　スイス連邦の森林法制と制度発展

第21条〔木材伐採〕では，森林内で立木を伐採しようとする者は，林務組織の許可を必要とする。カントンは例外を許可することができる。第5節で述べるようにカントン森林法令で自給用・復旧伐採等の伐採許可の例外規定を定めている。

第22条〔皆伐の禁止〕では，皆伐と効果が皆伐に似ている木材伐採は禁止し，カントンは特別な育林的措置のために例外を許可できるとしている。以上の伐採許可と皆伐禁止は，連邦森林警察法以来の森林法制の伝統的支柱であり，カントン法令と執行過程は，第5節の1と3で後述する。

皆伐（Kahlschlag）は，連邦森林令第20条において，皆伐とは伐採跡地の生態的条件を裸地化させ，その場所や隣接林分に著しい悪影響を引き起こす完全または漸進的林分の除去である（第1項）。充分で確実な更新を行った後に老齢林分を撤去した場合は，皆伐とみなさない（第2項）としている。第2節の天然林施業に関する記述で触れたように日本における皆伐理解とスイスのKahlschlag概念は，まったく同じではなく，日本が伐採方法として皆伐をとらえているのに対して，スイスでは更新方法との関係でその施業法を区分している。

第23条〔未立木地の更新〕では，森林の安定性と保全機能を危険にする未立木地が侵害や自然災害によって発生したとき，その更新を実行しなければならない（第1項），これが天然更新によって行われないとき，その未立木地に立地に合った種類の高木及び低木を造林しなければならない（第2項）としている。

第24条〔森林種苗〕では，森林における造林には，健全で立地に適した種子と苗木だけを使用する（第1項）とし，連邦参事会は，森林種苗の由来，使用，売買，確保に関する規程を公布する（第2項）。

第25条〔売却と分割〕では，ゲマインデ・団体有林の売却及び分割は，カントンの許可を必要とする。それはそれによって森林機能が阻害されないときにだけ許可される（第1項）。この規定もスイスの公共的森林の分割や売却を許可制にした連邦森林警察法の規定を引き継いでいる。

《第2節　森林被害の防止と復旧》

第2節の森林被害の防止と復旧では，第26条〔連邦の措置〕と第27条

〔カントンの措置〕を定め，第28条〔森林災害時の非常手段〕を規定している。

第26条〔連邦の措置〕では，連邦参事会は，次の森林対策に関する規程を公布する。a.森林被害の予防と復旧，b.森林内の災害復旧（第1項）。また，連邦参事会は，国全体の森林を脅かす病気と寄生生物に対する措置に関する規程を公布し，カントン及び関係者と協力して，森林植物保護担当を設置する（第2項）。

第27条〔カントンの措置〕では，カントンは，森林保全を危険にする被害の原因に対する対策を講じ（第1項），立地に合った樹種による天然更新が確保されるように狩猟獣の有害な増殖を規制し，獣害防止のための対策を実施する（第2項）。

第28条〔森林災害時の非常手段〕では，連邦議会は，森林災害時に国民投票義務のない一般拘束的連邦決議により，林業・林産業の保護措置を講じることができる。

2016年改正により第27a条と第28a条が新たに追加された。第27a条〔有害生物予防対策〕では，連邦政府は当該カントンと協力し，森林機能を著しく脅かすことのないよう被害対策の戦略と方針を樹立する（第1項）。その対策は，a.新たな有害生物を迅速に駆除し，b.制御費用を上回る便益が期待される場合は，安定した有害生物対策で食い止め，c.森林保護のため森林外の有害生物対策を監視する（第2項）。また，第28a条〔気候変動対策〕では，連邦とカントンは，気候変動下でも持続的に森林機能を発揮できるよう支援措置を講じるとされた。

(6) 第5章　助成措置

《第5章の構成と改正動向》

連邦・カントンの助成措置は，連邦森林法の第5章及びカントン森林法に基づき実施されている。

連邦森林法の第5章 助成措置（Förderungsmassnahmen）では，第1節の教育，助言活動，研究と情報収集（第29条～第34条）で森林保全・自然災害防止措置，教育，研究，情報収集に関する規定を行っている。第2節の

第4節　スイス連邦の森林法制と制度発展

財政では，第35条で財政に関する〔原則〕を定め，第36条〔自然災害から
の保護〕，第37条〔森林被害の防止と復旧〕，第38条〔森林経営〕，第39条
〔教育〕，第40条〔融資〕，第41条〔資金の提供〕に関する助成対象と補助
率を定めている（表3－4－4）。なお，3で後述するように2006年改正に
より第2節の第35条～第38条，第38a条，第40条，第41条が全面的に見
直され，連邦ラベル・生産地表示保護法に基づく2013年改正により「第3

表3－4－4　1991年連邦森林法による助成基準

根拠条文			補助対象	補助率等
第36条 自然災害防止		a.	自然災害防止のために命令された措置の費用 保護建造物・保護施設の設置と改善	70%まで
		b.	特別な保全機能を有する森林の造成と相応の幼齢林保育	
		c.	危険地台帳と地図の作成，早期警戒活動に関する観測所の開設と運営	
第37条 森林被害の 防止と復旧		a.	森林被害の防止と復旧のために命令された対策の費用 火災，病虫獣害，有害物質による異常な森林被害の防止	50%まで
		b.	a.項による森林被害の復旧と自然災害による被害復旧及びそれに基づく強制的立木伐採	
第38条 森林経営	第1項	a.	国土保全機能維持に必要で命令された期限つきの最小限の保育措置	70%まで
		b.	疎開され不安定な森林で特別な国土保全機能を伴っている森林内の命令された総費用が賄えない育林措置	
	第2項	a.	森林計画資料の作成	50%まで
		b.	総費用が賄えないか，自然保護の理由から特に費用を要する保育，伐採，搬出などの期限つきの育林の措置	
		c.	森林種苗の生産	
		d.	近自然的の生物共同体としての森林に配慮した林道・搬出施設の設置，または購入及び修理	
		e.	林地統合，経営組合の創出，放牧の規制以外の経営条件の改善措置	
		f.	例外的被害伐採の際の広告宣伝と販売促進のための期限つきの共同措置	
	第3項		森林保護区の保全，維持費用	50%まで
第39条 教育	第1項		連邦職業教育法第63条と第64条に基づく財政援助を林務職員の教育	50%まで
	第2項		林務職員の地域に結びついた実践的教育に対する費用と林務職員に対する教材調達費	
	第3項	a.	林業労働者の教育の助成	
		b.	資格証明書を取得しようとする森林技師の実践的教育	
第40条 融資	第1項	a.	建設クレジットとして，	無利子・ 低利融資
		b.	第36条，第38条第1項と第2項dとeの補助残費用の資金調達のため，	
		c.	林業用車両，機械，器具の購入と森林経営施設の設置のため。	

資料：Bundesgesetz über den Wald vom 4. Oktober 1991, 5.Kapital：Förderungs-
massnahmen による。

367

第3章　スイスの地域森林管理と制度展開

節 その他の対策」が追加された。

　連邦とカントンの助成金の負担割合は，連邦森林令第 40 条第 1 項でカントンの財政力指数による連邦補助率の算出基準を示し，補助率の連邦負担率をカントンにより変動させていた。カントン・ベルンの場合，1999 年の連邦参加を伴う補助金の負担率の平均は，連邦 68%，カントン 32% であったが，2006 年連邦森林法改正により補助対象や手法が後述するように全面的に見直された。

《連邦の助成実績》

　1980 年代から 1990 年代における連邦助成措置の実績を表 3 - 4 - 5 に示

表 3 - 4 - 5　1990 年代までの連邦助成措置の推移

単位：100 万 CHF

分野／区分	1986	1987	1988	1989	1990	1991	1992	1993	1994	1995	1996	1997	1998	1999
森林育成計	30.8	35.8	53.2	67.5	163.8	122.3	97.9	130.8	104.3	88.5	88.9	89.2	80.3	82.7
育林 A*1	–	–	–	11.4	15.9	20.5	19.5	19.3	23.0	21.3	24.0	25.3	22.7	20.2
育林 B/C*2	–	3.2	9.2	16.6	27.9	33.2	29.4	42.4	48.3	38.2	43.6	42.6	43.1	39.3
森林保護区	–	–	–	–	–	–	–	0.1	0.2	0.2	0.2	0.3	0.4	0.5
森林被害対策*3	30.8	32.6	44.0	39.5	120.0	68.6	49.0	65.0	26.9	22.7	14.0	13.1	8.1	16.3
森林計画資料	–	–	–	–	–	–	–	3.8	5.4	5.5	6.0	6.3	5.5	6.1
種苗，植物保護，広報等	–	–	–	–	–	–	–	0.2	0.5	0.6	1.1	1.6	0.5	0.3
構造改善計	30.2	35.0	38.8	38.8	38.6	40.3	32.5	31.0	28.6	16.4	22.0	27.0	28.6	27.9
林道，搬出施設等*4	25.0	29.3	33.4	30.1	32.1	33.1	26.4	24.4	23.3	10.2	14.4	17.8	19.9	21.2
経営条件の改善*5	5.2	5.7	5.4	8.7	6.5	7.2	6.1	6.6	5.3	6.2	7.6	9.2	8.7	6.7
自然災害防止計	31.7	48.7	62.6	63.3	65.5	59.3	42.1	52.0	57.5	55.0	54.0	51.5	42.5	46.6
保護施設*6	31.7	48.7	62.6	63.3	65.5	59.3	42.1	51.4	55.6	53.2	50.4	47.5	39.0	42.6
森林造成，保育	–	–	–	–	–	–	–	0.3	0.4	0.3	0.3	0.5	0.2
危険地図，観測所開設等	–	–	–	–	–	0.6	1.6	1.4	3.3	3.7	3.0	3.8
その他の助成計	0.1	2.0	2.0	2.1	2.6	2.9	4.9	9.9	11.9	15.1	11.1	12.9	9.1	6.3
森林・木材研究基金	0.1	0.1	0.1	0.1	0.1	0.2	0.2	0.3	0.3	0.4	0.4	0.3	0.3	0.3
森林調査	–	–	–	–	–	–	0.3	3.8	3.9	3.0	3.2	3.3	1.8	3.0
森林保全団体	–	–	–	–	–	–	–	0.5	0.5	0.5	0.5	0.5	0.5
森林・林業教育	–	1.9	1.9	2.0	2.5	2.7	4.4	5.3	7.2	11.2	7.0	8.8	6.5	2.5
連邦助成計	92.8	121.5	156.6	171.7	270.5	224.8	177.4	223.7	202.3	175.0	176.0	180.6	160.5	163.5

資料：BUWAL（1995, 2000）Wald- und Holzwirtschaft der Schweiz Jahrbuch 1995, 2000
注：*1 の 1989 〜 1992 年は 1988 年連邦決議による幼齢林保育と連邦森林警察法によるクリ癌種病の森林復旧，育林事業。*2 の 1987 〜 1992 年はラウバー動議による。*3 の 1984 〜 1992 年は 1988 年連邦決議による義務利用。*4 の 1984 〜 1992 年は連邦森林警察法による林道開設と搬出施設。*5 の 1984 〜 1988 年は連邦森林警察法による林地統合，1989-1992 年の実績は同法による林地統合，森林・牧草地除去。*6 の 1982 〜 1988 は連邦森林警察法による再造林，河川工事，クリ林復旧，森林・牧草地除去，1989 〜 1992 の実績は同法による再造林・河川工事。

した。1980年代には連邦森林警察法に基づく補助とともに1984年の森林被害特別対策及び，1988年の森林保全特別対策に関する連邦決議に基づく被害対策による育林補助が拡充され，さらに1991年連邦森林法の成立によりその助成措置が表3－4－5にみるように拡充された。助成実績は1990年と2000年に発生した暴風雨による森林被害対策の変動が大きく，森林育成や構造改善に関しても多面的森林機能の増進と生態系保護への配慮が補助要件となり，森林整備計画（Waldentwicklungsplan, WEP）によって計画された地域的公共性に配慮した補助に転換した。

連邦の森林・林業予算は，連邦森林警察法による森林育成や森林被害対策，構造改善，治山事業から1984年連邦森林被害特別対策及び1988年連邦森林保全特別対策決議に基づき森林被害・森林育成対策が拡充され，さらに1991年連邦森林法の制定により森林計画資料，植物保護，危険地図・測定・早期警告，森林調査，森林保全団体，森林・林業教育予算が拡充された。連邦森林政策は，従来の森林被害対策，林道・搬出施設，自然災害保全施設の整備から研究教育，調査，広報活動へ多様化し，森林整備事業もWEPの特別対象を対象地としたプロジェクトに転換された。

2000年代以降，連邦政府では新たな補助手法開発プロジェクト（effor2）がパイロット事業として実施され[3]，2006年に連邦政府の財政改革の一環として連邦新財政調整法に基づき連邦森林法の第5章が改正された。2008年から連邦森林・林業予算は，保全林整備や木材の生産流通対策，生物多様性保全の優先課題に重点化し，個別事業に対する助成措置から連邦とカントンの協定に基づく数年間のプログラム助成に変化している。

（7）第6章　罰則

第6章 罰則（Strafbestimmungen）では，第42条〔軽犯罪〕，第43条〔違反〕，第44条〔業務執行上の軽犯罪と違反〕，第45条〔刑事訴追〕に関する規定を行っている。日本における国有林の森林窃盗・放火罪の取締りを主体とした森林警察権との違いが注目される。罰則は，あくまでも法的最終手段であり，森林技師やフェルスターによる指導や普及活動を通じて森林法の諸規定は順守され，違反行為は極めて稀である。

第3章　スイスの地域森林管理と制度展開

　第42条では，故意に以下の行為を犯したものは，1年以下の禁固または10万CHF以下の罰金に処するとして，a. 許可なく転用した者，b. 虚偽の記載または不完全な記載，その他の方法により申請者または第三者に帰属しない給付を得た者，c. 規定された森林育成を怠り妨げた者（第1項），犯人が過失行為をしたときの刑罰は，4万CHF以下の罰金に処せられる（第2項）としている。

　第43条では，故意に権限がないのに以下のことをした者は，拘禁または2万CHF以下の罰金によって処罰される（第1項）とし，次の項目を列挙している。a. 林業用建物と施設を本来の目的外に使用した者，b. 森林のアクセスを制限した者，c. 第14条を無視したアクセスの制限，d. 森林及び林道を原動機つきの乗物で走行する者，e. 森林内で立木を伐採した者，f. 説明を妨げ，情報義務に反して虚偽の情報を与え，情報提供を拒否する者，g. 森林被害の防止と復旧のための措置に関する規程及び森林を脅かす病気と寄生生物に対する措置に関する規程を森林の内外で無視する者，刑法第233条を留保する，h. 種苗の由来，使用，売買，確保に関する規程を無視する者。違反行為が同時に関税法に対する違反である場合は，連邦関税法に従って追求され，判定される。未遂と犯罪幇助は処罰され（第2項），犯人が過失によって行動した場合の刑罰は，罰金である（第3項）。カントンは，カントン法に対する違反行為を違反として罰することができる（第4項）。

　第45条では，刑事訴追はカントンの任務であるとしている点は，日本における森林警察権限に関する都府県林務組織との相違点として重要である。

　2002年改正では，第42条第1項の「1年以下の禁錮または10万CHF以下の罰金」を「1年以下の自由刑または罰金」とし，第43条第1項の「拘禁または」を削除する改正が行われている。

(8) 第7章　手続きと施行

　第7章 手続きと施行（Verfahren und Vollzug）は，第1節 手続き，第2節 施行から構成される。

《第1節　手続き》

　第1節 手続きは，第46条〔司法〕の抗告手続きと第47条〔許可と決定

第4節　スイス連邦の森林法制と制度発展

の有効性〕，第48条〔収用〕から構成されていたが，2016年改正により第48a条〔原因者による費用負担〕が追加された。

　第46条〔司法〕では，この法律に基づく措置に対する抗告手続きは，行政手続きに関する連邦法と連邦司法制度に関する連邦法に従う（第1項），連邦環境森林景観局（連邦官庁）は，この法律と施行規則の適用におけるカントン官庁の措置に対して，連邦法とカントン法の控訴を決める権限を有する（第2項）。自然郷土保護に関するカントン，市町村，自然郷土保護団体の抗告権は，1966年の連邦自然郷土保護法の第12条に従う。それは本法の第5，7，8，10，12，13条に基づき発令された措置に対しても与えられる（第3項）。なお，2002年改正により第2項の「連邦環境森林景観局（連邦官庁）」は，「連邦官庁」に改正された。

　2016年改正により追加された第48a条〔原因者による費用負担〕では，森林に直接の差し迫った脅威と侵害の防衛のため，所管官庁は確定と改善を実行指令し，過失のある原因者に費用を負担させるとした。

《第2節　施行》

　第2節 施行では，第49条〔連邦〕，第50条〔カントン〕の権限，第51条〔林務組織〕，第52条〔許可条件〕，第53条〔報告義務〕を規定している。2016年改正では，第50a条〔施行課題の委任〕が追加され，執行官庁は，公共団体や民間機関に監督とその他の対策の実行を委任することができるとした。

　第49条〔連邦〕では，連邦の権限に関して，第1項で連邦は本法の執行を監督する。連邦は第6条第1項bに基づく転用申請に決定を与え，法律によって連邦に直接的に委任された任務を実行する（第1項）とし，連邦参事会は施行規程を公布する（第2項）。1999年改正では，第49条第1項の「第6条第1項bに基づく転用申請に決定を与え，」を削除した。2016年改正では，第1項[bis]に「連邦は，カントンとともにその施行措置を調整する」を追加し，第3項に「連邦参事会は，連邦環境交通エネルギー通信省またはその連邦所管官庁に主に技術的，管理的観点から施行規程の制定を委任することができる」と第2文章を追加した。

　第50条〔カントン〕では，カントンの権限をカントンは本法を執行し，

371

必要な規程を公布する。ただし，第49条を条件とする（第1項）。カントン官庁は，違法な状態を復旧するために必要な措置を直ちに執行する。カントンは，担保の徴収と補充実行の権限を与えられる（第2項）。

第51条〔林務組織〕（Forstorganisation）では，カントンは，林務組織の適切な機構を確保する（第1項）。カントンは，カントンの領域を森林圏（Forstkreise）と森林管理区（Forstreviere）に区分し，森林圏は資格証明を有する森林技師，森林管理区は資格を有するフェルスターに管理させる（第2項）としていた。

2016年改正により第2項の第2文章を「これらは高等教育を受けた実践経験のある森林専門技術者が管理する」とし，第29条〔教育における連邦の責任〕の第3項「連邦は公共的林務組織の上級職に対する資格証明を規制する」及び第39条〔教育〕第3項の「連邦はその他に次の費用の50％までを引き受ける。a.林業労働者の教育の助成，b.資格証明を取得しようとする森林技師の実践的教育」を全文削除した。また，第29条第1項の「連邦は，森林教育を監督し，調整し，助成する」に関しても「連邦は，森林教育を調整し，助成する」と改正し，第2項の「連邦は連邦工科大学での森林技師の基礎教育と再教育に配慮する」を「連邦はカントンと協働し，大学教育における理論的・実践的な森林教育と再教育に配慮する」としている。

第52条では，カントンの施行規程に関する連邦許可の対象について，第16条第1項，第17条第2項，第20条第2項に対するカントンの施行規程は，その効力に対して連邦許可の対象として，有害な伐採，林縁と建物の最小距離，計画規程と経営規程の制定を連邦の許可が必要な事項としている。第53条では，カントンの連邦官庁に対する報告義務について，カントンのすべての施行規程は実施前に連邦官庁に報告しなければならない（第1項）とし，連邦内務省（2002年改正で連邦環境局に改正）は，カントンが連邦官庁に報告しなければならない措置と決定を確定する（第2項）。

（9）第8章　付則

第8章 付則（Schlussbestimmungen）では，第54条〔従来の法律廃止〕，第55条〔従来の法律改正〕，第56条〔経過規定〕，第57条〔国民投票と発

効〕を規定している。第54条では，a. 1902年連邦森林警察法，b. 1969年連邦山岳地帯林業投資信用法，c. 1956年クリ樹皮癌腫病に罹災した森林の復旧に対する連邦決議，d. 1988年森林保全緊急対策に関する連邦決議を廃止し，第55条では，1978年連邦職業教育法，1957年連邦鉄道法，1950年連邦軍事施設保護法の関連改正を規定している。

　第57条では，この法律が任意の国民投票に従うとし，国民投票期間の満了と施行期日を定めているが，国民投票期間は1992年1月13日に利用されずに満了した。

3　Waldpolitik 2020に基づく政策展開

(1) 連邦新財政調整法に基づく2006年森林法改正

　図3－4－3に1972年以降の連邦森林・林業予算の推移を示した。1980年代半ば以降，酸性雨による森林被害が拡大し，1990年のビビアンと2000年のロターによる暴風雨被害とその後の虫害の蔓延により森林被害対策費が急増した。新財政調整（NFA）は，1991年の財政調査を発端にカントン政府への財政移転規模の大きさにもかかわらず，カントン間格差の是正効果が問題視され，政府間の役割分担の明確化と連邦補助金の改革，カントン間の協働強化と財政の健全化を目的に2008年から実施された。

　田口博雄（2008）は，NFAの要点を次の3点に要約している[4]。①年間約30億CHFの規模で連邦・カントン・ゲマインデ間で歳入面での均等化（財源の再配分）を行う。②財源の再配分は，完全なアンタイド（ひもなし）・ベースで行われ，カントンに委譲された財源の使途は，カントンに委ねられる。③連邦とカントンの共管で行われてきた政策の多くを何れかが単独で責任を負うものに切り分け，連邦の役割に関する補完原則をより明確にする。

　表3－4－6に連邦森林法2006年改正の概要を一覧表に示した。改正内容に関して，以下の特徴が指摘できる。

　①第5章 助成措置の第2節 財政がNFAに基づき大幅に改正された。第35条〔原則〕の第1項a. カントンは，その財政力に応じその費用を分担す

第3章　スイスの地域森林管理と制度展開

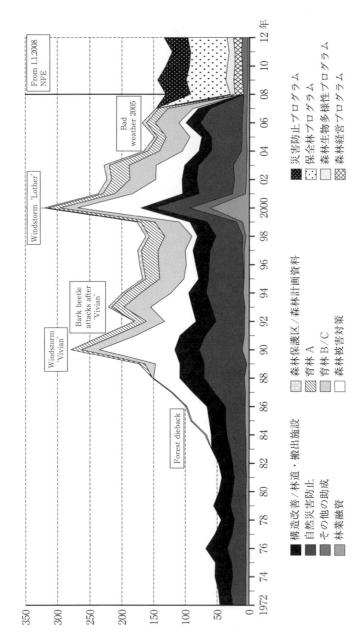

図3-4-3　連邦森林・林業予算の長期推移

資料：FORN and WSL (2015) Forest Report 2015 : Condition and Use of Swiss Forests, p.109
注：NFEはドイツ語のNFAと同義である。

第4節　スイス連邦の森林法制と制度発展

表 3 - 4 - 6　連邦森林法 2006 年改正の概要

区分	条項		内容
追加	第36条　自然災害からの保護	第2項	連邦は例外的に連邦による個別評価が必要なプロジェクトを財政支援することができる。
		第3項	提供される財政支援額は，自然災害のリスクと対策の費用対効果を評価し，決定する。
	第38a条　森林経営	第1項	連邦は，森林経営の経済性を改善するため，特に以下の事項の財政支援を行う。
		a.	森林計画資料の作成→超経営的森林計画資料
		b.	森林経営状況の改善措置（旧 e. の移動，改正）
		c.	林業・木材産業部門による森林災害時の期限つきの木材需要拡大・販売対策に関する共同措置（旧 f. の移動，改正）
		d.	例外的な木材産出の際の木材の貯木
		第2項 a.	カントンとのプログラム協定に基づく世界的財政支援としての第1項 a.b.d. の対策
		b.	連邦官庁から命令された第1項 c. の対策
		第3項	財政支援の額は，対策の有効性により決定される。
改正	第35条　原則	第1項	本法に基づく補助対策は，以下の前提のもとに認められた範囲内で行われる。
		a.	対策は費用対効果を考え，専門知識に基づいて実行しなければならない。（旧第2項 d. の移動）
		b.	対策は他の連邦法との関係や協働作業を重視する。
		c.	補助金の受取人は，その経済的能力，その他の財源，彼に期待できる自助努力に応じて，相応の自己負担を行わなければならない。（旧第2項 b. の移動，一部改正）
		d.	第三者，特に受益者と損害原因者（旧第2項 c. の移動，改正）→第三者，受益者または損害原因者
		第2項	連邦は補助の給付を林業・林産業の自助救済対策の費用を分担している受取人にだけに支払うことができる。（旧第3項の移動，一部改正）
	第36条　自然災害からの保護	第1項	連邦は自然災害から人間と多大な有価物を保護するために命令される措置の費用，特に次の費用の70%までを助成する。→連邦は，自然災害から人命と重要な資産を守るための世界的に重要な対策に関して，プログラム協定に基づいて，特に以下の事項に関してカントンに交付する。
		a.	保護建造物と保護施設の設置と改善→保護建造物と保護施設の設置と修理及び交換
	第37条　保全林	第1項	森林被害の防止と復旧→保全林（Schutzwald） 連邦は森林被害の防止と復旧のために命令される対策の費用，特に次の費用の50%まで助成する。→連邦は，カントンとのプログラム協定に基づいて，保全林機能の充実に必要な施策のための全世界的課題に対する財政支援を特に行う。
		a.	森林の保全を危険にする火事，病気，寄生生物，有害物質による異常な森林被害の防止・修復を含む森林被害の防止と修復を含む保全林の育成
		b.	a. 項による森林被害の復旧と自然災害によって発生した被害の復旧及びそれに基づく強制的立木伐採→自然的生物共同体としての森林に配慮した保全林の育成のための施設の確保
	第38条　森林の生物多様性	第1項	森林経営→森林の生物多様性 連邦は次の対策の費用の70%までを助成する。→連邦は，森林の生物多様性を保全するため，特に以下の財政支援を行う。
		a.-e.	a. 森林保護区とその他の生態的価値の高い森林生物生息地の保護・保全 b. 幼齢林保育 c. 森林生物生息地のネットワーク結合　d. 伝統的森林施業の維持　e. 林業種苗の生産
		第2項	連邦は，以下の財政支援を行う。
		a.	カントンとのプログラム協定に基づく世界的課題に対する財政支援としての第1項 a.-d. の対策
		b.	連邦官庁から命令された第1項 e. の対策
		第3項	財政支援の額は，生物多様性に対する対策の重要性と対策の有効性により決定される。
	第40条　融資	第1項 b.	第36条，第38条第1項と第2項 d. と e. →第36条，第37条，第38条第1項 b
	第41条　助成金の調達	第1項	資金の調達→助成金の調達 連邦議会はその都度予算で最高額を決め，その額までその予算年度に第36条と第38条第1項と第2項 d. と e. 並びに第40条に基づく貨幣給付の保証を与えることができる。→連邦議会は簡易な連令により補助・融資枠の確約のため4年間の期限つきの予算枠を承認する。
		第2項	連邦議会は第37条と第38条第2項 f. の措置に対して，投入される財政資金の最高額をその都度簡易な連邦決議により許可する。→重大な自然災害克服のための助成は，適切な期限つき措置とする。
削除	第35条　原則	第1項 a.	カントンはその財政力に応じその費用を分担する。
		e.	森林保全に有利な永続的な紛争解決が適用されなければならない。

資料：Bundesgesetz über den Wald vom 4. Oktober 1991 (Stand am 1. Januar 2008)

るが削除され，本法に基づく補助対策は，以下の前提のもとに認められた範囲内で行われるとされ，「b. 対策は他の連邦法との関係や協働作業を重視する」が新たに追加された。また，従来の「森林経営」対策から「生物多様性」や「保全林」対策への政策ドメイン転換と「カントンとのプログラム協定に基づく全世界的課題に対する対策（als globale Beiträge）」への政策転換が強調されている。

②これにより第37条のタイトルは〔森林被害の防止と復旧〕から〔保全林〕，第38条の〔森林経営〕は〔森林の生物多様性〕に変更され，「連邦は，森林の生物多様性を保全するため，特に以下の財政支援を行う。」として，表3－4－6に示したa.－e. の支援対象が示された。第38a条〔森林管理〕が追加され，それに対応して条文が改正され，連邦補助の対象が絞り込まれた。

③第41条〔助成金の調達〕第1項を改正し，従来の連邦議会は，その都度予算で最高額を決め，その額までその予算年度に貨幣給付の保証を与えることができるとの規定を改正し，連邦議会は簡易な政令により補助・融資枠の確約のため4年間の期限つきの予算枠を承認するとした。

石崎涼子（2015）「スイスにおける森林経営の構造改善と政府助成」は，NFAによる2012年度までの林業助成改革の内容と連邦全体及びルツェルン，ベルン，グラウビュンデンの動向を検討している[5]。林業助成改革に関しては，連邦政府によるWAP-CHの策定やeffor2（2001～2008年）が試行実施され，Waldpolitik2020の策定とNFAの導入に引き継がれ，事業に要する費用に関する補助からカントンが設定した目標に対する複数年の成果に応じて支払う目的志向型の助成に転換された。W. Zimmermann, I. Kissling, E. Basler+Parter（2012）『森林経営の構造改善に対する助成対策の評価』は，BAFU委託事業の最終報告として，2006年森林法改正に基づく助成対策に対する2008～11年と2012～15年のカントンの最適な経営単位形成と木材流通管理プロジェクトへのカントンの取り組みを分析している。

（2）スイス森林プログラムと2012年森林法改正

スイス森林プログラムは，連邦政府の1999〜2003年の立法計画任務の2.4環境・インフラストラクチャーの項に「包括的な持続的景観行政の要素としての森林（Wald als Element einer umfassenden und nachhaltigen Landschaftspolitik）」が掲げられ，連邦環境交通エネルギー通信省から重点課題と具体的対策，森林法制の適合と更なる対策構築の公的メッセージ立案の基礎資料（最終報告書）の作成が指示されたことから始まる。

　1999年から図3－4－4に示した検討プロセスにより130人の専門家が参加して検討作業を行った。各作業部会の報告書と最終報告書は，BUWAL（2004）のドイツ語版（以下，ドイツ語版のWAP-CHで統一）と，SAEFL（2004）の英語版（Swiss NFP）も公表されている[6]。

　作業部会は，森林面積，森林保全，木材利用，生物多様性，保全林，森林経営の経済性，余暇・レクリエーション，教育の8作業部会（WG）が組織された。部会長はBUWALの森林局職員が当たり1作業部会8〜16人の委員は，森林関係の専門家や行政関係者だけでなく，景観自然保護，空間整備に関する団体・研究行政機関を網羅している。WAPフォーラムは，28人の連邦・カントン議会，政府関係者・団体，大学・研究機関の代表が参加し，全体の議論と作業部会等へのフィードバックによる情報共有と統合がなされた。

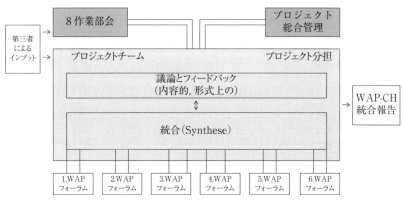

図3－4－4　WAP-CHの検討プロセス

資料：BUWAL（2004）Waldprogramm Schweiz, S.21

第3章　スイスの地域森林管理と制度展開

　同報告書に基づき以下の連邦森林法改正案が提案された[7]。連邦政府の基本戦略は，連邦財政の逼迫下の公共サービスの国土保全機能と生物多様性保全への重点化と林業セクターの効率性改善に置かれ，①と③，⑨と⑫は，スイスの伝統的森林管理政策の大転換を象徴する提案であった。

　①転用に関する規定の緩和，②建築地区以外の森林の「動態的森林概念」からの転換，③2ha未満の皆伐の許容，④近自然森林施業の責務，⑤連邦参事会の基準に基づく保全林区分に関するカントンの責務，⑥森林内の生物多様性保全に関するカントンの責務，⑦連邦参事会の基準に基づく森林保護区の区分に関するカントンの責務，⑧チェンソー使用者に対する義務的訓練証明の導入，⑨高等教育に関する新たな規定における教育条項の適用，⑩森林・木材に関するCO_2バランスの定期的調査に関する連邦の責務，⑪林産物と加工品の生産地表示保護の検討，⑫資格証明を持つ森林技師による森林管理署管轄区域の管理と森林管理区の形成に関するカントンの責務の撤廃が打ち出された。

　これに対して，連邦議会では国民イニシアティブ「スイスの森を救え」（Franz Weber）や「皆伐への規制緩和を拒否する」（カントン・チューリヒ）が提案され，2005年の洪水被害の発生により政府案の見送りが決定的となり，2008年に連邦議会は「現在の連邦森林法はうまく機能しており，変更する理由はないであろう」との結論を公表し，皆伐禁止と転用禁止の規制緩和は見送られた。

　スイスでは，伝統的に保安林の転用禁止と皆伐禁止が連邦森林警察法に定

表3−4−7　地域別森林面積と森林分布の推移

単位：ha，%

面積・変化	森林面積			2015/2004	1997～2009年の変化	
地域	2004	2010	2015	×100	パッチ数	分布パターン
ジュラ	220,081	229,906	230,528	105	0.1	
ミッテルラント	230,710	227,226	226,973	98	0.3	
アルプス前山	222,220	235,195	237,507	107	− 1.5	
アルプス	377,765	388,637	395,940	105	− 5.0	
アルプス南面	171,475	174,310	175,475	102	− 11.9	
計	1,222,251	1,255,274	1,266,423	104	− 2.5	

資料：BAFU（2001, 2011, 2016）Wald und Holz Jahrbuch，森林パッチ数と分布パターンは，BAFU, WSL（2015）Wald Bericht 2015, S.85

められ，これを厳格に執行する執行権限と罰則を定めている。スイスの森林面積は，過去10年間に4.76万ha増加し，表3－4－7にみるように山岳地域における農業的利用の後退による増加率が高く，全国一律の転用規制の見直しが作業部会で検討された。保安林に関する転用禁止が連邦森林警察法に導入された20世紀初頭と異なり，森林面積の増加が逆に景観保全やビオトープ保護の障害となる事例も指摘された。2007年の政府改正案では，第7条［転用の現物補充］のすべての転用に対する同一地区での森林育成の義務づけを森林の増加地域で緩和し，第8条の補充税に関する規定の削除が提案された。

2007年の連邦政府改正案と比較して，2012年の連邦森林法改正は，以下の表3－4－8に示した転用と森林確定に関する部分改正にとどまった。

①転用の禁止や例外許可の根幹には踏み込まず，あくまでも第7条〔転用の補充〕の第2項の改正により森林面積の増加地域で現物補充の代わりに自然景観保全のため，同等の措置を講ずることができるとし，農耕地や生態的・景観的に貴重な地域では，他地域での現物補充も許容した。また，第4項の河川域に新しく成立した森林の現物補充に関する規定と第8条〔補充税〕に関する規定を削除した。

②連邦空間計画法の2012年改正に伴い，連邦森林法の第13条を〔森林と建築地区の境界〕から〔森林と利用区域の境界〕に変更し，第1項と第3項を表3－4－8に示したとおり改正した。

③それ以外の項目に関しては，連邦議会や連邦政府による議論を経て，Waldpolitik 2020に一部を除き組み込まれ，2016年森林法改正が行われた。その際も連邦政府提案のうち，②建築地区以外の森林の「動態的森林概念」からの転換と③2ha未満の皆伐の許容は，連邦議会の下した結論に基づき2016年改正においても改正事項から除外された。

WAP-CHでは，連邦森林法の改正とともに融資措置を従来の林業部門から木材産業部門に拡大するとともに以下の補助政策の見直しも提起している。①連邦の森林・林業予算を年間1.2億CHFから9,500万CHFに削減する。②国土保全や木材の付加価値向上に向けた生産流通体制の整備と生物多様性保全の優先課題に重点化する。③個別事業に対する補助から透明性のあ

第3章　スイスの地域森林管理と制度展開

表3－4－8　連邦森林法2012年改正の概要

区分	条項		内容
改正	第7条 転用の補充	第1項	主要な立地に適した種類による現物補充→立地に適した種類による現物補充
		第2項	例外的に農業優先地の保護と生態的・景観的に貴重な地域の保護のため，他の区域での現物補充を行うことができる。→現物補充の代わりに自然景観保全のため，同等の措置を講ずることができる。(旧第3項の移動・改正，a.とb.の追加)
		a.	森林面積の増加地域において，
		b.	例外的に農耕地や生態的・景観的に貴重な地域保護のために他区域での現物補充を行うことができる。
	第10条 森林確定	第2項	連邦空間計画法に基づく土地利用計画の編成と改訂の際は，以下の森林に関して，森林確定を行わなければならない。
		a.	建築区域に隣接する森林，または将来隣接することが予定されている森林
		b.	カントンが森林の増加を防ぎたいと考える建築区域外の森林
	第13条 森林と利用 区域の境界		森林と建築区域（Bauzonen）の境界→森林と利用区域（Nutzungszonen）の境界
		第1項	本法第10条による法律的に有効な森林確定に基づき，空間計画に関する1979年6月22日の連邦法における建築区域に森林境界を記入しなければならない。→第10条第2項による森林の境界は，土地利用計画に記入する。
		第3項	土地利用計画の改訂の際に建築地区から差し引かれる土地は，本法第10条に基づく森林確定方法で森林境界を調査しなければならない。→第10条の森林確定による森林境界は，土地利用計画が改訂され，実際の状況が実質的に変化した時に改定できる。
削除	第7条 転用の補充	第4項	河川の洪水断面のなかで安全性の回復のために新しく成立した森林を取り払わなければならないときは，現物補充は放棄することができる。
	第8条 補充税		カントンは，転用の許可が与えられ，例外的に同じ価値の現物補充が第7条の意味で放棄されたとき，補充税を徴収する。補充税は節約された金額に一致し，森林保全対策のために使用することができる。

資料：Bundesgesetz über den Wald vom 4. Oktober 1991 (Stand am 1. Juli 2013)

る連邦とカントンの協定に基づく数年間のプログラム助成に転換する。これらは連邦新財政調整法に基づく政策展開とWaldpolitik2020に引き継がれ，2012年以降，新たな展開を遂げることになる。

(3) Waldpolitik 2020 と 2016 年森林法改正

連邦議会は，2011年に2030年を射程とした長期ビジョンとしてWaldpolitik 2020を公表した。Waldpolitik 2020は，2012～15年の第1段階と2016～2019年の第2段階に区分され，そのビジョンと目標及び対策は，

BAFU（2013）に公表されている。

　主要目標は，①保続的収穫力の活用，②森林と木材利用の促進による気候
変動対策への貢献，③国土保全機能の強化，④生物多様性と森林の保全，⑤
森林面積の維持，⑥林業セクターの経済効率の改善，⑦森林土壌・水源・森
林健全性の維持，⑧有害生物からの森林保護，⑨野生生物のバランス維持，
⑩森林の保健休養・レクリエーション利用の尊重，⑪教育・研究と知識移転
に設定されている。それに対応した戦略的推進方向がそれぞれの目標に対応
して示され，例えば，①保続的収穫力の活用では，1.1 専門的判断資料，1.2
広葉樹対策，1.3 木材需要の拡大，③国土保全機能の強化では，3.1 保全林面
積の区分，保全林プログラム協定といった項目に対応した連邦・カントン，
その他関係者の役割が示されている。

　表 3 - 4 - 9 に NFA 第 2 期の 2012 〜 2015 年の WAP-CH による助成額
を示した。補助プログラムとして，保全林，災害防止施設，森林の生物多様
性，森林経営の 4 項目が設定され，森林経営では経営の効率性やコスト削減

表 3 - 4 - 9　NFA 第 2 期連邦森林プログラム

単位：ha，1,000CHF，m³

補助対象		補助指標　　　　　年度	2012	2013	2014	2015	計
保全林	Nais に基づく保全林整備	保全林整備面積	7,158	9,630	9,758	10,253	36,799
	火災防止を含む保安施設	提供した資金	41,068	46,065	43,068	47,836	178,038
災害防止施設	自然災害防止	施設の総額	22,148	36,189	44,316	46,890	149,542
	危険基礎資料	提供した資金	3,974	8,259	7,992	8,130	28,354
	個別プロジェクト	施設の総額	14,959	16,289	19,152	19,608	70,009
森林の生物多様性	特別自然的価値林分の長期保全	森林保護区面積	11,019	1,937	4,808	4,707	22,417
		老齢樹群面積	1,107	286	246	590	2,229
	優先的生息環境の向上	林縁面積	363	576	511	662	2,112
		優先的生息地面積	1,551	1,882	2,418	1,823	7,674
		ナラ類の育成・保育面積	94	157	172	223	646
		低林・中林等保育面積	213	232	250	259	954
森林経営	最適な経営単位形成	全経営組合の素材生産量	98,068	102,553	193,089	211,892	605,602
	木材流通管理	全請負業者の木材取扱量	32,232	75,684	21,958	46,087	175,961
	森林計画資料	資料・調査面積	402,979	231,085	135,378	398,932	1,168,374
		構想を含む計画面積	198,435	310,459	62,505	432,399	1,003,808
		持続的森林管理の報告数	−	1	−	−	1
	幼齢林保育	保育面積	9,245	13,754	10,777	14,781	48,557

資料：BAFU（2016）Wald- und Holzwirtschaft Jahrbuch 2016
注：低林・中林等保育面積には，低林・中林のほか放牧林とクリ・クルミ林を含む。

第3章　スイスの地域森林管理と制度展開

表 3 － 4 － 10　NFA 第 2 期連邦森林・林業予算の推移

単位：100 万 CHF

年度・負担区分 補助対象	2012		2013		2014		2015		計	
	連邦	カントン	連邦	カントン	連邦	カントン	連邦	カントン	連邦	カントン
保全林	60.0	68.2	65.4	63.2	64.7	68.4	59.3	85.7	249.3	285.5
保全林整備	45.2	45.5	49.1	42.0	47.7	46.6	47.4	61.1	189.4	195.2
火災防止を含む保安施設確保	14.7	22.7	16.3	21.2	17.0	21.9	11.9	24.6	59.9	90.3
災害防止施設	35.1	12.9	35.6	18.4	34.3	20.6	30.9	24.6	135.9	76.5
自然災害防止	16.5	11.0	15.9	15.2	11.6	17.2	8.7	20.5	52.8	63.8
危険基礎資料	3.6	1.9	3.4	3.2	3.5	3.4	2.6	4.1	13.1	12.7
個別プロジェクト	15.0	－	16.3	－	19.2	－	19.6	－	70.1	－
森林の生物多様性	9.5	8.8	9.5	8.4	10.1	11.5	9.9	23.2	39.0	51.9
特別自然的価値林分の長期保全	3.4	1.6	3.4	1.3	4.0	2.5	3.9	4.2	14.6	9.6
優先的生息環境の向上	6.1	7.2	6.1	7.1	6.1	9.0	6.0	19.0	24.3	42.3
森林経営	14.0	9.7	14.0	13.9	14.6	12.4	11.8	17.6	54.4	53.5
最適な経営単位形成	0.7	0.1	0.7	0.8	0.8	0.0	0.7	0.1	2.9	1.0
木材流通管理	0.1	0.0	0.1	0.0	0.1	0.0	0.1	0.0	0.4	0.1
森林計画資料	3.6	3.0	3.6	3.8	4.0	4.5	3.3	4.1	14.5	15.4
幼齢林保育	9.6	6.6	9.6	9.2	9.7	7.8	7.7	13.4	36.7	37.0
その他の補助	11.9	－	15.3	－	14.8	－	15.2	－	57.2	0.0
補助金計	130.5	99.6	139.8	103.9	138.4	112.8	127.1	151.1	535.8	99.6
林業投資融資額		2.1		0.5		3.2		0.3		6.1
林業融資返済額		1.9		2.6		2.5		4.2		11.2
公的負担以外の投資額		72.2		70.2		70.8		67.0		

資料：BAFU（2016）Wald- und Holzwirtschaft Jahrbuch 2016

　が重視され，木材流通管理も補助対象となっている。しかし，日本と異なり木材生産を直接的な補助対象とする事業や流通加工施設に対する補助は含まれず，景観・空間整備政策との連携と生物多様性・気候変動対策といった世界的課題に対する財政支援に関する重点化が特徴である。

　表 3 － 4 － 10 に NFA 第 2 期の連邦森林・林業予算の推移を示した。予算金額では，保全林と災害防止施設の比率が大きく，生産林 1 ha 当たりの連邦予算額 200CHF/ha 以上がニトヴァルデン，グラールス，ヴァレー，150 CHF/ha 以上がシュヴィーツ，ウーリ，グラウビュンデン，ツークであり，逆に 50CHF 未満はアッペンツェル・インナーローデン，ルツェルン，シャフハウゼン，チューリヒと保全林の地域分布に対応している。災害防止施設とその他の補助の連邦助成比率が高く，森林の生物多様性ではカントンの相対的助成比率が高い。保全林と森林経営は，その中間である。

382

第 4 節　スイス連邦の森林法制と制度発展

表 3 - 4 - 11　連邦森林法 2016 年改正の概要

区分	条項		改正内容
追加	第 5 条　転用禁止と例外許可	第 3 項 bis	再生可能エネルギーとエネルギー供給施設の建設に関する許可権限を持つ官庁は，他の国家利益と同時にこの計画の実現に対する国民の関心を考慮し，決定する。
	第 17 条　森林との距離	第 3 項	連邦管轄官庁は，カントン管轄官庁の申請を認可する。
	第 21a 条　労働安全		労働者の安全を確保するため，受託者が伐採に従事する際は，連邦政府の認定した林業作業安全コースに参加しなければならない。
	第 27a 条　有害生物予防対策	第 1 項	植物取扱者は，植物保護の原則を順守しなければならない。
		第 2 項	連邦政府は当該カントンと協力し，その森林機能を著しく脅かすことのないよう被害対策の戦略と方針を樹立する。その対策は，次の事項を達成する。a. 新たな有害生物を迅速に駆除し，b. 制御費用を上回る便益が期待される場合は，安定した有害生物対策で食い止め，c. 森林保護のために森林外の有害生物対策を監視する。
		第 3 項	有害生物が蔓延している可能性があるか，またはそれ自身が有害生物である可能性がある樹木や低木，その他の植物，植物材料，生産手段及び物品の所有者は，関係当局と協力し，監視と隔離，処理または絶滅しなければならない。
	第 28a 条　気候変動対策		連邦とカントンは，気候変動下でも持続的に森林機能を発揮できるよう支援措置を講じる。
	第 1a 節　木材対策		1a. Abschnitt:Holzförderung の追加
	第 34a 条　木材販売・利用対策		連邦は特に革新的プロジェクトの支援を通じ，持続的に生産された木材利用を促進する。
	第 34b 条　連邦の建築と施設	第 1 項	連邦は，連邦の建物や施設を計画，建設，運営する際に持続的に生産された木材の相応しい利用を促進する。
		第 2 項	連邦は，木材製品の調達の際に温室効果ガス排出量の削減目標と持続可能で近自然的な森林管理に配慮する。
	第 37a 条　保全林以外の森林被害対策	第 1 項	Massnahmen gegen Waldschäden ausserhalb des Schutzwaldes 連邦はプログラム協定に基づき保全林以外の自然災害や有害生物によって引き起こされる森林被害の防止と復旧に対する全世界的課題に対する財政支援を行う。
		第 2 項	連邦は例外的に連邦による個別評価が必要なプロジェクトに指定により財政支援することができる。
	第 37b 条　費用の補償	第 1 項	第 27a 条第 3 項による有害生物対策や第 48a 条に基づかない予防，制御，復旧費用に適切な補償を行うことができる。
		第 2 項	補償は所管官庁により可能な限りシンプルに最終的に被害者の費用負担なしに実施される。
	第 38 条　森林の生物多様性	第 1 項 b.	幼齢林保育→森林の種の多様性と遺伝子の多様性対策
	第 38a 条　森林管理	第 1 項 e. f. g.	林業労働者の教育の促進と大学レベルの実践的林業専門教育 気候変動下においても森林機能を発揮できる支援対策，特に幼齢林保育と森林種苗生産 近自然的な生物共同体としての森林環境に配慮し，過度の開発を避け，全体の森林施業の一部として必要な林道・搬出施設の設置と改善
	第 47 条　許可と決定の有効性	第 3 項	第 2 文章に「1966 年 6 月 1 日の自然郷土保護に関する連邦法第 12e 条を留保する」を追加
	第 48a 条　原因者による費用負担		森林に直接の差し迫った脅威と侵害の防衛のため，所管官庁は確定と改善を実行指令し，過失のある原因者に費用を負担させる。
	第 49 条　連邦	第 1 項 bis	連邦は，カントンとともにその施行措置を調整する。
		第 3 項	連邦参事会は，連邦環境交通通信省またはその連邦所管官庁に主に技術的，管理的観点から施行規程の制定を委任する（第 2 文章を追加）。
	第 50a 条　施行課題の委任		執行官庁は，公共団体や民間機関に監督とその他の対策の実行を委任することができる。
	第 56 条　経過規定	第 3 項	請負業者は，森林内の伐採作業の際にこの法律の施行後 5 年後まで第 21a 条に規定する義務を免除されるが，その後は労働者が連邦の認める林業労働安全に関する意識向上コースを修了したことを証明しなければならない。
改正	第 10 条　森林確定	第 2 項	「連邦所管官庁は，カントン所管官庁の申請を認可する。」を追加
	第 16 条　有害な伐採	第 3 項	カントンは→所管官庁は
	第 19 条		雪崩発生地帯，地すべり地帯，浸食地帯，落石地帯→雪崩，地すべり，浸食，落石地帯
	第 26 条　連邦の措置	第 1 項	連邦参事会は，森林機能を脅かす可能性がある自然災害や有害生物被害を予防及び復旧するための措置に関する規程を公布する。
		第 2 項	有害生物被害から保護するために生物や植物，生産物を禁止または制限し，当局への許可や申請，登録と記録義務を課すことができる。
		第 3 項	連邦は，国境対策に配慮し，国内のカントンを超えた対策を定め，調整する。
		第 4 項	連邦は連邦森林官庁に植物保護職を設置する。
	第 27 条　カントンの措置	第 1 項	第 26 条に基づきカントンは，森林保全を危うくする被害の原因と結果に対する対策を講じ，特に地域の有害植物をモニタリングする。
	第 29 条　教育における連邦の責任	第 1 項	連邦は，森林教育を監督し，調整し，助成する。→連邦は，森林教育を調整し，助成する。
		第 2 項	連邦は連邦工科大学での森林技師の基礎教育と再教育に配慮する。→連邦はカントンと協働し，大学教育における理論的・実践的な森林教育と再教育に配慮する。
	第 37 条　保全林	第 1 項 bis	連邦は例外的に重大な自然災害の結果として起きたプロジェクトに対し，指令により財政支援を与えることができる。
		第 2 項	財政支援の額は，リスクの縮減と対策の有効性により育成される保全林面積により決定される。
	第 38a 条　森林管理	第 1 項	森林経営（Waldwirtschaft）→森林管理（Waldbewirtschaftung） 「持続的な」を追加
	第 46 条　司法	第 3 項	自然郷土保護に関する 1966 年 7 月 1 日の連邦法の「第 12 条」に従う。→第 12 条 -12 g 条に従う。
	第 51 条　林務組織		連邦は，森林証明を有する大学卒の森林技師，森林管理区は資格を有するフェルスターに管理させる。→これらは高等教育を受けた実践経験のある森林専門技術者が管理する。
削除	第 29 条　教育における連邦の責任	第 3 項	「連邦は公共的林務組織の上級職に対する資格証明を規制する」を全文削除
	第 38 条　森林の生物多様性	第 1 項	「e. 森林種苗の生産」を削除
		第 2 項	「連邦政府は財政支援を行う：a. カントンとの協定によるプログラムの全世界的課題に関する基礎資料としての第 1 項 a－d の対策 b. 連邦政府の命令による第 1 項 e の対策」を削除
	第 39 条　教育		「連邦はその他の費用の 50％を負担する。a. 林業労働者の教育の助成 b. 資格証明書を取得しようとする森林技師の実践的教育」を削除

資料：Bundesgesetz über den Wald vom 4. Oktober 1991（Stand am 1. Januar 2017）

383

第3章　スイスの地域森林管理と制度展開

　表3－4－11に連邦森林法の2016年改正の概要を示した。2016年改正の特徴として，以下の点が重要である。

　①Waldpolitik 2020の第2段階に向けて，主要目標に掲げられている木材対策と気候変動対策への貢献，国土保全機能の強化と生物多様性の保全，林業セクターの経済効率の改善，有害生物からの森林保護に関する条文の追加・改正がUNCED及び連邦森林法制定後25年の実践を踏まえ，実施されている。

　②具体的には第21a条〔労働安全〕，第27a条〔有害生物予防対策〕，第28a条〔気候変動対策〕，第37a条〔保全林以外の森林被害対策〕，第37b条〔費用の補償〕，第48a条〔原因者による費用負担〕が新たに追加され，第5章の第1a節 木材対策が新たな節として設けられ，第34a条〔木材販売・利用対策〕，第34b条〔連邦の建築と施設〕の2条が追加された。これらは，一方では木材対策や経営効率化を追求しつつもそれに対する財政支援は限定的であり，国際環境問題とリンクした他分野との協働を重視した生物多様性の保全や保全林対策への政策ドメインの転換を2006年改正からさらに進展させている。

　③第28a条〔気候変動対策〕では，連邦とカントンは，気候変動下でも持続的に森林機能を発揮できる支援措置を講じるとされ，先に述べた2006年改正による第38条〔森林の生物多様性〕の第1項のb.の「幼齢林保育」は，「森林の種の多様性と遺伝子の多様性対策」に改正され，第38a条〔森林管理〕第1項の連邦の助成対象を「f.気候変動下においても森林機能を発揮できる支援対策，特に幼齢林保育と森林種苗生産，g.近自然的生物共同体としての森林環境に配慮し，過度の開発を避け，全体的森林施業の一部として必要な林道・搬出施設の設置と改善」に改正された。

　なお，現行の連邦森林令第19条第2項では，幼齢林保育をa.立地に適合した更新による適合的成林への林分径級12cm未満の幼齢樹の保育，12～30cmの間伐，b.択伐林その他の多層林，中林，低林及び多層林の林縁における保育に特有な対策，c.森林被害に対する保護対策，d.到達不可能な地域における巡視路の建設と定義している。

4 空間整備・自然郷土保護・森林政策のリンケージ

(1) 空間計画と森林計画の関係

スイスの空間計画に関する研究には、農村開発企画委員会編（1998）『スイスの空間計画』があるが、ドイツの空間整備・建築法制の研究と比較するとスイスに関する研究蓄積は少ない。特に森林と土地利用との関係や都市・農山村地域と空間計画の役割や山岳地域政策との関係に踏む込んだ研究や分析は、十分行われていない。

1979年連邦空間計画法（Bundesgesetz über die Raumplanung）は、第1条の目的規定で連邦、カントン、市町村に土地を合理的に利用し、非建築地区を建築地区（Baugebiet）から区分することを義務づけ（第1項）、第2項で連邦、カントン、市町村に以下の努力を空間整備対策により支援するとしている。a.土地や大気、水、森林、景観といった自然の生存基盤を保護し、a[bis.] 居住地の発展に関して適切な住環境の質に配慮して中心地に導き、b.コンパクトな居住地を創造し、b[bis.] 経済的空間条件を創造、維持し[(8)]、c.個別の地域における社会的、経済的、文化的生活を促進し、適切な分散的な居住環境と経済を形成し、d.土地の充分な管理基盤を確立し、e.全体防衛を保障する。

図3-4-5に空間計画と部門計画としての森林計画の関係を示した。連

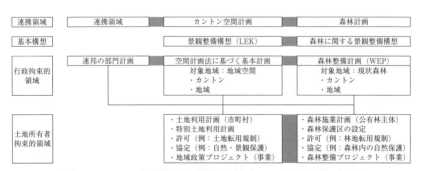

図3-4-5　空間計画と部門計画としての森林計画の関係
資料：BUWAL（2003）Forstliche Planung und Raumplanung：Standortbestimmung und Entwicklungstendenzen, S.12

邦は，基本構想（Konzept）と部門計画（Sachpläne）を示し，カントンが
作成する官庁拘束的（Behörden verbindlich）な基本計画（Richtpläne）に
沿って，カントンと市町村は個人拘束的（jedermann verbindlich）な土地
利用計画（Nutungspläne）を作成する。連邦段階の空間基本構想は，
Bundesrat, UVEK（2012）『スイスの空間基本構想』に基本理念と目標，
戦略が示されている。

　地域における土地利用計画のゾーン区分は，建築ゾーン（すでに建物が立
てられているか，今後15年以内に建築予定がある地区），農業ゾーン（農業
利用または全体の利害を考慮して農業に利用しなければならない地区），保
全ゾーン（河川・湖沼とその岸辺，特に美しく価値ある自然・文化的景観，
重要な都市・村落景観及び天然記念物・文化財，保護すべき動植物の生息
域），その他ゾーンと地域（Weitere Zonen und Gebiete）から構成される。
連邦空間計画法では，第18条〔その他ゾーンと地域〕第3項において，森
林地域は森林立法によって範囲を規定し，保護されるとしている。

　空間計画は，全体計画のもとに農村景観計画，集落計画，交通計画，公共
建築・施設計画，供給計画，森林計画などの部門計画を含み，「個別部門の
不断の対決と協調により全体構想の最適化を実現することが，全体計画の課
題」とされる。

（2）連邦自然郷土保護法の体系と改正動向

《連邦自然郷土保護法の構成と改正動向》

　森林管理と関係の深い森林地域における自然景観保全は，連邦自然郷土保
護法が森林法とともに基本法規となる。1966年制定当時の連邦自然郷土保
護法は，第1章 連邦自己任務の遂行の際の自然郷土保護と記念物保護，第
2章 連邦と連邦の措置による自然郷土保護及び記念物保護の助成，第3章
固有の動植物界の保護，第4章 罰則，第5章 組織と情報，第6章 付則の6
章から構成されていた。

　1966年の制定以来，1983年に第1章の第18条〔動植物保護〕，1987年に
第18a-d条〔ビオトープ保護〕と〔財政〕などに関する規定が追加され，
1991年に第21条〔湖沼河畔植生〕と第22条〔例外許可〕に関する規定が

第 4 節　スイス連邦の森林法制と制度発展

改正され，1995 年に第 3a 章の特に美しく国家的に重要な湿原・湿原景観（第 23a-d 条），2006 年に第 3b 章の国家的に重要な公園（第 23e-m 条）の追加とともに NFA に基づく財政関係の改正が行われた。2014 年には，名古屋プロトコルに基づいた第 3c 章の遺伝資源（第 23n-q 条）の追加が行われた。これにより同法は制定当時の自然郷土及び記念物保護を中心とした法体系から動植物保護と生物多様性の保全，湿原・湿原景観，自然公園，遺伝資源の保護と利用を包含した法体系に拡充された[9]。

　以下では，森林政策との制度リンケージに関する関係の深い第 1 章の自然保護・郷土保護・記念物に関する連邦任務の遂行の第 1 条から第 3 条と第 3章のビオトープ保護，第 3a 章の湿原・湿原景観保護及び第 3b 章の自然公園に関する条文の概要を紹介する。

《前文と目的》

　前文では，スイス連邦議会が 1965 年 11 月 12 日の連邦参事会教書を検討し，連邦憲法第 78 条第 4 項及び 2010 年 10 月 29 日の生物多様性に関する名古屋プロトコルに基づき制定されたことが述べられている。なお，連邦憲法第 78 条〔自然郷土保護〕第 1 項では，自然郷土保護はカントンの権限であるとしている。

　第 1 条〔目的〕では，法律の目的を連邦憲法第 78 条第 2 項から第 5 項に基づく連邦の所管事項に関して，次の目的を持つとしている。a. 地方の郷土色ある景観と地域，史跡，天然記念物，文化遺産を保護し，その保全と保護を助成する，b. 自然郷土保護と記念物保護の分野におけるカントン任務の執行の際にカントンを支援し，カントンとの協力を確保する，c. 自然郷土保護及び記念物保護分野における組織体の努力を支援する，d. 郷土色ある動植物界と遺伝的多様性及び自然的生物生息空間を保護する，d^{bis.} 生物多様性の保全とその構成要素の持続可能な利用を遺伝資源に起因する便益の公正かつ公平な分担を通じて促進する，e. 自然保護，郷土保護，記念物保護分野の専門家の研究及び教育，再教育を促進する。

《第 1 章　連邦任務の遂行》

　第 1 章の自然保護・郷土保護・記念物に関する連邦任務の遂行では，連邦任務の遂行と義務，対象区分，調査・鑑定及び市町村・団体の抗告権を規定

387

している。

第2条〔連邦任務の遂行〕では，連邦憲法第78条第2項に規定する連邦自己任務の遂行を a.連邦行政機関や国道建設，スイス連邦鉄道の建設などの連邦機関と企業による業務と施設計画，建設及び変更，b.交通施設と輸送施設の建設と運営の許認可（計画の認可を含む）やエネルギー・水道・ガスの輸送や通信の伝達のための施設や施設の建設，運営に対する許認可（同），転用の実施に対する許認可（同），c.土地改良・農業用建築物の改造，河川改修・河川保護施設，交通施設の計画と業務，施設に関する助成金の認可としている。

第3条〔連邦とカントンの義務〕では，連邦と連邦機関・企業及びカントンは，連邦政府の任務の遂行の際に自然郷土保護と自然的・文化的記念物保護に対する一般的関心が高い場所において，その維持に配慮する（第1項）。

《第3章 動植物種とビオトープ保護》

第3章は，動植物種とビオトープ保護に関する規定である。第18条〔動植物界の保護〕では，ビオトープの維持とその他の適切な措置によって，土地固有の動植物種の絶滅を防止し，保護に値する農業・林業関係を考慮する（第1項）。特に保護すべきものは，河川・湖沼岸部分，沼地地帯，湿地，珍しい森林植生，生垣，野原の樹木，乾燥草地，その他の自然収支のなかで調整的な機能を果たしている立地や生態系に対して，特に有益な前提を示している立地である（第1項 bis）。

第18a条〔国家的に重要なビオトープ〕では，連邦参事会はカントンの聴取に基づき，国家的意義のあるビオトープを指定，位置を決定し，保護目的を確定する（第1項）。カントンは，国家的ビオトープの保護・維持措置を適切に講じ，その執行に配慮する（第2項）。連邦参事会は，カントンからの聴取に基づき，保護措置の指定期間を決定し，カントンが保護措置を適正な時期に指定しないとき，連邦環境交通エネルギー通信省が必要な措置を講じ，カントンに相応の費用負担を課する（第3項）。

第18b条〔地域的・局地的ビオトープと生態的均衡〕では，カントンは地域的・局地的ビオトープの保護と維持に対して配慮し（第1項），集落内外の集約的に利用されている地域で野原の樹木，生垣，河川・湖沼岸の立

木，その他の自然に近く立地に合った植生による生態的均衡に配慮する。その際，農業的利用との関係を考慮する（第2項）。

第18c条〔土地所有者と経営者の意見〕では，ビオトープの保護と維持は，可能な限り土地所有者や経営者との合意に基づき，適切な農林業的利用によって達成されるよう配慮する（第1項）。土地所有者と経営者は，保護目的のために従来の利用を制限し，相応の経済的収益を伴わずに保護目的にかなった利益をもたらすとき，相応の補償を要求できる（第2項）。土地所有者が保護目的の達成に必要な利用をしていないとき，土地所有者は官庁によって指定された第三者による利用を許容しなければならない（第3項）。

《第3a章　湿原・湿原景観保全》

第3a章は，湿原・湿原景観保全と湿原景観の形成，利用に関する規定から構成される。

第23a条〔特別な美しさと国家的意味を有する湿原の保護〕では，第18a条，第18c条，第18d条を適用する。第23b条〔湿原景観の概念と限定〕では，湿原保護の一般的目的は，その特別な美しさと国家的意義を決定している湿原景観の自然的・文化的特色の維持である（第1項）とし，第2項で特別な美しさと国家的意味を有する湿原景観を a. その比類なさ及び b. 価値ある湿原景観に匹敵するグループに属するものと規定している。

第23c条〔湿原景観の保護〕では，連邦参事会は湿原景観の特色に合った保護目的を確定し（第1項），カントンは保護目的の具体化と実施に配慮し，適切な時期に目的に合った保護・保全措置を講じる（第2項）。第23d条〔湿原景観の形成と利用〕では，湿原景観の形成と利用は，湿原景観の典型的な特色に矛盾しない限り許される（第1項）とし，その前提のもとに特に許されるものとして，a. 農林業的利用，b. 合法的に作られた建築物，施設の維持・更新，c. 自然災害からの保護措置，d. a.-c. に必要な社会的基盤施設（第2項）としている。

《第3b章　国家的に重要な公園》

スイスの国立公園法制に関しては，1980年のカントン・グラウビュンデンにおけるスイス国立公園に関する連邦法（BG über den Schweizerischen Nationalpark im Kanton Graubünden）が別途に制定され，国立公園法

（Nationalparkgesetz）と呼ばれている。連邦自然郷土保護法の第23e条では，自然公園のカテゴリーを a.国立公園（Nationalpark），b.地域自然公園（Regional Naturpark），c.自然体験公園（Naturerlebnispark）に区分し，第23f-h条で各公園を定義している。なお，スイス国立公園研究100年の歴史と現状に関する学術書として，B. Baur，T. Scheuer（2014）が出版されている。

(3) 森林計画制度改革と制度リンケージ

連邦森林警察法では，公共的森林に対して森林施業計画の編成義務を課し，公共的森林の森林施業計画編成面積率は，1990年には80％に達していた。BUWAL（1996）『森林計画ハンドブック』は，従来の森林経理学の永年の経験と測定値の経験的方法による連続性，経営領域の森林育成の監視に関する長所を認めつつも，森林施業計画の木材生産機能偏重と高コスト，公共的利益に対する配慮不足と計画策定過程への住民参加の限界性を指摘し，それに代わる新たな森林計画の制度的枠組みを示している。1991年連邦森林法により導入されたスイスの森林整備計画は，日本の地域森林計画や市町村森林整備計画と同様の行政計画であるが，それが森林所有者の施業計画を直接拘束するものではなく，森林の公共的利益の確保に関する官庁拘束的な超経営的計画（überbetriebliche forstliche Planung）と位置づけられている点が重要である[10]。

旧連邦森林警察法では公共的森林は，カントン計画規程に基づき森林施業計画を樹立し，経営するものとされていたが，1991年連邦森林法ではカントンに計画規程・経営規程の発令を委ね，連邦森林令第18条で森林計画書の必須事項（森林現況，森林機能とその重要性の記述，超経営的計画における住民参加への配慮）を指示しているに過ぎない。その詳細はカントン森林法令に委ねられ，名称もカントンごとに一律ではなく，森林整備計画や地域森林管理計画（Regionaler Waldplan）と呼ばれ，カントン・ベルンでは，1997年カントン森林法改正により地域森林管理計画を導入し，公共的森林に関して義務づけていた森林施業計画の編成を任意とした。

森林整備計画は，BUWAL（2003）に基づき図3－4－5に示したように

第4節　スイス連邦の森林法制と制度発展

表3-4-12　森林整備計画の課題区分と利害関係者の関与

課題区分／局面	関係森林所有者	利害関係者，行政委員会・市町村	自然保護，国土整備狩猟担当官庁	林務官庁	プランナー・コンサルタント	作業グループ（協力専門委員会）	カントン政府
大枠の評価，判定				●			
住民への情報提供				●	△	△	
森林機能分析	△	△	△	△	●	△	
コンフリクトの審査	△	△	△	△	●	△	
目的／優先順位／大枠				●		△	
発行	△	△	△	●			
認可							●
実現	●	△	△	●			
コントロール				●			
継続的補正／適応				●			

資料：BUWAL（1996）Handbuch Forstliche Planung
注：●は管轄権／中心責任者／課題区分の担い手の所在を示す。△は参加，協力への関与を示す。

連邦自然郷土保護法及び空間計画法との結合のもとで森林に関する官庁拘束的計画を林務組織が作成し，カントン政府が認可している。新たな森林計画制度は，公共的利益に対応した官庁拘束的計画と主に木材生産機能に対応した自由意志による森林所有者拘束的計画（森林施業計画）を峻別し，前者は連邦空間計画法，自然郷土保護法などに基づく自然郷土保護及び空間計画との調整を確保した超経営的計画としている点が特徴である。

　表3-4-12に森林整備計画の課題区分と利害関係者の関与のあり方を示した。森林整備計画は林務官庁が作成，発行，コントロール，補正を管轄し，認可権はカントン政府にある。しかし，その編成過程における森林機能分析とコンフリクトの審査は，森林技師事務所のプランナーが行い[11]，関係森林所有者・利害関係者，市町村，自然郷土保護・空間整備・狩猟担当官庁，作業グループ（協力専門委員会）が計画作成に参加，協力している。

　表3-4-13は，森林整備計画の策定過程の各局面における主な作業内容と手順を一覧表にしたものである。森林計画の実現は，森林圏森林管理署を中心とした林務組織と市町村の連携により，①助言活動と選木記号づけ・伐採許可，②個別契約，③森林施業計画，④簡易措置計画，⑤プロジェクト，⑥契約と協定，⑦処分，⑧命令による諸誘導措置が採用され，森林施業計画は森林整備計画を実現する1つの手段ではあるが，森林所有者の自由意

第3章　スイスの地域森林管理と制度展開

表3－4－13　森林整備計画の策定過程

局面	内容／部分過程
大枠に評価，判定	問題，過去の状況，動機付け（何が問題なのか） 原稿の大枠（例えば法律，政策）の検討 計画過程の組織化（誰が何をするか） 他の森林関連計画，企画との調整
情報公開と参加の確保	目標と計画策定過程の方向づけ 参加者の組織化 作業グループの組織化
森林機能の分析	利害の把握，要請の提出 現行基礎資料の把握（諸計画，調査，地域的知識） 森林の潜在的効果評価 森林育成および人類に関する危険評価 要請と効果，危険の比較（持続的発展） 林業のための結論の評価
目的／優先順位／大枠	森林保全目標の定式化 林業のための一般的原則の定式化 林業の発展目標と戦略の定式化 対立する目的を持つ部分面積の優先順位の確認（対象カード） 林業における一般的大枠の確認 計画案の推敲
コンフリクトの審査	コンフリクトの叙述 変更審査 手直しとコンフリクトのさらなる可能な解決 未解決のコンフリクトに関するコンフリクト・カードの定式化
発行／認可	聴聞，報告 市町村での閲覧 計画の推敲 管轄官庁による認可

資料：BUWAL（1996）Handbuch Forstliche Planung, S.94

志による木材生産・経営計画である森林施業計画に公益的機能を維持する責任は負わせていない。表3－4－13でアンダーラインを付した「特別対象」及び「コンフリクトカード」は，その対象と面積，転換手段，該当市町村が個別に記載され，補助事業実施の前提となる。特に②～⑤は，森林整備計画において「特別対象」として対象リストが作成され，該当市町村，対象と面積，優先度，転換手段と措置，費用と資金調達，責任者と参画者が個別に記載され，林務組織によりコントロールされる。

　連邦森林法の第5章 助成措置では，森林整備に関する補助・融資措置を規定し，新財政調整導入までの補助事業は，森林法に規定された要件を満たす森林機能を維持，増進する措置で森林整備計画のプロジェクトリストに掲載されたものが採択された。連邦森林法やカントン森林法の条文には，例え

第4節　スイス連邦の森林法制と制度発展

表3－4－14　森林・林業行政と自然景観保護行政の重点・中間領域

森林・林業行政	中間領域	自然景観保護行政
一般的森林確定	特別な立地の森林確定	種の保護
森林のアクセス	林地転用の許認可・現物補充	森林地域以外のビオトープ保護
林道における自動車交通	森林との間隔確保，例外的強制収用	保護価値のある対象物の取得
開発補償	なだれ，地すべり，浸食，落石地帯の保護	植物採集と動物捕獲の許可
保育による保護機能の保全	裸地の再造林，皆伐禁止の例外許可	外国産の動植物の移植許可
伐採許可	森林内の河川工事	連邦自然郷土保護委員会の判定
林地の売却・分割の許可	野生動物生息数の管理	湿原保護
森林保全・自然災害防止と収用	森林保護区，植物保護職	湿原景観保護
森林被害，有害動植物の予防・除去	環境に有害な物質	森林地以外のビオトープの保存
林業種苗	計画規程と経営規程	補助金の交付
森林調査，森林現況に関する情報	プロジェクト	自然景観保護の管轄カントン行政組織
教育，研究	苦情の申し立て権	刑事訴追
補助金の交付	課題の団体への委託，調査実施	
林務組織	森林地内の湿原保護，湿原景観保護	
法的手段，環境森林景観庁	森林地内のビオトープの保護・保存	
刑事訴追	生態的均衡，絶滅した種の再移植	

資料：BUWAL（1993）Zum Verhältnis zwischen Forstwirtschaft und Natur- und Landschaftsschutz, S.29

ば水辺林管理に関する施業規制の規定はないが，連邦自然郷土保護法や河川・湖沼保護法に基づく湿原，河畔・湖畔林保全は，森林整備計画の基礎地図に明示され，湿原や水辺帯のビオトープ保全は，自然景観保護行政と林務行政の共同課題として取り組まれている。

　森林・林業行政と自然景観保護行政の重点領域と中間領域の行政任務を表3－4－14に示した。連邦森林法の枠組みにおける主要な政策手段は，森林・林業行政と自然景観行政の連携によって，中間領域を森林・林業行政に取り込み，地域の自然景観と森林生態系の保全対策が有効に機能し，土地利用・環境管理側面における新たな政策手法の開発が進展した。

注及び引用文献
（1）1997年現地調査時のETHシュミットヒューゼン教授の言葉。
（2）2014年の連邦再教育法改正による連邦森林法第29条第2項の改正がフランス語・イタリア語版テキストで行われているが，ドイツ語版の改正は行われていない。
（3）新たな森林・林業補助手法開発プロジェクト（Projekt zur Erarbeitung eines

neuen forstlichen Subventioninstrumentes, effor2）に関して，BUWAL（2002）
『effor2 構想報告：連邦森林法の枠組みにおける成果指向型補助金政策』がその
目的と政策手法，カントンのパイロット事業を分析している。一連の政策展開
のなかで法改正プロセスのマイルストーンとして，2006 年の連邦森林法改正と
2007 年からのカントン森林法の適合化対応がそこで指摘されており，連邦政府
の既定路線であったことが分かる。

(4) 田口博雄（2008），64 頁

(5) 石崎涼子（2015），132 ～ 148 頁，原文の「州」は本書の表記に合わせカント
ンとした。ルツェルンにおける零細私有林の経営改善のために導入した地域組
織が BAFU（2016）の新たな森林経営の定義の「経営森林面積に対する所有及
び利用権と独立的経理処理」の要件を満たしている経営単位かどうかは，さら
に実態に即した検討が必要と思われる。

(6) ドイツ語版は BUWAL（2004），同英語版は SAEFL（2004）を参照。山縣光
晶・古井戸宏道（2007）は，保全林に関する作業部会報告を日本語訳したもの
であるが，Schutzwald を「保安林」と訳している。本書では連邦森林警察法
における「保安林」との混同をさけ，連邦森林法の改正動向との関係で旧第 37
条の森林被害の防止と復旧が 2006 年改正により Schutzwald にタイトルが改正
されたことから本書の訳を「保全林」としている。

(7) 2007 年改正案は，BAFU（2006）を参照。

(8) a^{bis} と b^{bis} は 2012 年改正により追加されたもので，それまでは「b. 居住地と経
済のための空間的条件を創造し」とされていた。

(9) P. M. Keller J.-B. Zufferey, K. L. Fahrländer（1997）に連邦自然郷土保護法の
逐条解説とともに自然保護（Naturschuz），景観保全（Landschaftsschutz），
郷土保護（Heimatshutz），記念物保護（Denkmalpflege）の概念と関連領域の
関係が示されている。

(10) 森林計画過程（Forstliche Planung）は，森林に関する計画作成についての
情報の入手，処理及び問題解決手法の発見に関するすべての過程を含み，森林
計画（Forstlicher Plan）は，特定の期間における森林計画過程の結果としての
具体的な計画を指す。

(11) S. Schweizer（2002）によると 140 の民間の森林技師事務所がある。

第5節　カントン・ベルンの森林法制と林務組織

1　カントン・ベルン森林法の体系

(1) カントン・ベルン森林法制の歴史

　第1節と第4節で検討したようにカントンは，伝統的に森林管理・森林警察に関する主権を行使し，現在も連邦森林法及び森林令の枠内で森林法の執行と公共的利益の確保に関する責任を負っている。スイスの森林管理に関する制度的枠組みは，森林の多面的機能の発揮を「効率的かつ安定的な林業経営を担い得る経営体と事業体の育成による林業生産活動の活性化を通じて実現する」ことを目指す日本の森林・林業基本政策による制度的枠組みと根本的に異なるものである。第5節では，カントン・ベルンを事例に連邦段階の法制度だけでなく，カントン段階の森林法と執行組織としてのカントン及びゲマインデ林務組織の現状からスイスと日本の制度的相違点を明確化する。

　カントン・ベルンの森林法制は，1905年の林業法（Gesetz betreffend das Forstwesens）が賛成 2.0 万票，反対 1.7 万票の国民投票で成立するまでは，1786年のドイツ語圏ベルン市森林令（Forstordnung für der Stadt Bern deutsche Lande）と 1836年ベルナー・ジュラ森林令（Règelment forestier pour le Jura Bernois）に基づいていた[1]。カントン・ベルンでは，フランス軍の侵攻と 1798年のヘルベティア共和国の成立まで，都市ベルンがカントンの全域を支配し，森林管理も 1786年のベルン市森林令によっていた。

　第2次大戦後，1905年林業法は，1973年の林業法（Gesetz vom 1. Juli 1973 über das Forstwesen）の制定により廃止され，さらに 1991年連邦森林法の制定に伴い表3-5-1に示した 1997年にカントン・ベルン森林法（Kantonales Waldgesetz，以下，カントン森林法）が成立した。同法は，その後 2004年と 2005年，2013年に改正が行われ，現在に至っている。

　1973年の林業法では，「カントン・ベルンのすべての森林は，連邦法の意味における保安林である」（第3条）とされ，保安林に課されていた皆伐禁止をカントン・ベルンの全森林に拡大した。また，同法第24条において

第3章　スイスの地域森林管理と制度展開

表3－5－1　カントン・ベルン森林法の構成（1997年制定時）

構成		主な内容
前文		カントン・ベルン議会が連邦森林法第50条に基づき、カントン憲法第51条とカントン参事会の提議により決議。
1　総則	法制定の概要	
	第1条　目的	連邦法の目的に地域材利用の促進が付加。本法は連邦法を執行し、補完する。
	第2条　カントン・ベルン森林政策の原則	森林生態系の持続的維持。森林の健全性の維持及び増進。本法の課題の効率の良い林務組織による実現。
	第3条　森林の定義	面積800m²、幅12m。林齢20年以上の立木の集団（特に大きな厚さ・保全機能をもっている場合はこの限りでない）
	第4条　森林確定	カントン政府が森林確定に関する規程を発令。地区画に関連する費用は市町村が負担する。
2　森林の育成と伐採	2.1　森林計画　第5条　地域森林管理計画	地域森林管理計画は公共的利益の維持を目的とし、空間計画との調整を確保する。全森林の整備目標、経営原則を示す。
	第6条　特別経営規程	保全林の保育管理確保と森林保護区に対する地区指定。施業計画の作成による土地所有者の拘束的決定の認可。
	第7条　作成、執行、認可	経営省の担当官が地域森林管理計画を作成、執行。監査する責任を有し、市町村と異議申し立て。カントン参事会が認可する。
	2.2　森林経営　2.2.1 原則　第8～11条	森林経営はその所有者の任務。経営は近自然的で森林機能を持続的に確保。伐採は許可を要す。森林苗に関する規定。
	2.2.2 森林被害の防止と復旧　第12～13条	森林被害の原因と結果に関する対策の指示、代替実行命令。激害対策の資金調達、獣害防止に関する規定。
	2.2.3 森林保護区と森林内の生態的均衡　第14～15条	森林保護区の設定。計画に関する異議申し立て、執行。市町村とカントンの森林の生態的均衡への配慮。
3　侵害からの森林保護・林道走行等	第19～20条　転用、転用の際の調整	転用禁止。例外的な転用許可は連邦森林法による。転用により発生する利益の調整は税法に基づき行う。
	第21～24条　森林への立入りと、林道の自動車走行等	森林は一般的に立入ることができる。特定森林地域の立入制限と保護措置、催物、乗馬、自転車・自動車走行等の規定。
	第25～27条　森林との距離	森林と建物・施設の距離は30mを保つ。例外許可。損害に対する免責
4　自然災害からの保護　第28～31条		原則（危険地域に過した計画的、組織的、育林的。工学的措置の適用）。カントン、市町村。施設事業主の責任と任務。
5　補助金　第32～37条		連邦参加を伴う補助金。カントン単独の補助金。育林上の義務。前提と補助金額。条件と義務等
6　カントン林務組織の任務	第38条　原則	林務組織を通じて森林の執行と公共的利益の確保。経営の形成と組織強化は、森林所有者の業務である。
	第39条　カントンの任務（委託できない任務）	森林保全、森林整備、自然災害防止と公共の監督。森林警察。地域森林管理計画。補助金。カントン有林に対する責任
	第40条　カントンの任務（委託できる任務）	助言。選木記号づけと伐採許可。森林現況の監視。種苗供給の確保。教育・再教育。広報活動
	第41～45条　カントン有林の経営、助言等	カントン有林の経営（無許可の物件、コースの利用、特に選木記号づけは無料）。第三者のための業務。職業教育等
7　罰則　第46～47条		禁固刑と罰金（無許可の物件、コース外での乗馬とサイクリング、有害な収穫に関する規程違反）。業務上の違反行為等
8　施行、法の執行と施行規程　第48条～52条		施行。土地所有者拘束的計画に関する公告。異議申し立てと認可。森林規程と法律。
9　経過規程と付則　第53条～58条		森林管理区組織、基金、施業計画に関する経過規程。政令の廃止。政令の発令

資料：Kantonales Waldgesetz vom 5. Mai 1997

「森林地域は，森林の収穫機能，保全機能，厚生機能を考慮して，その状態
及び地域的分布を維持しなければならない」と現行の連邦森林法第1条第1
項c号の規定と同様の表現を採用している。

　同法は，総則，森林保護と森林保全，森林経営，公共的森林に関する特別
規程，私有林に関する特別規程，雪崩地域の一般的計画課題と計画，林務組
織，森林組合，森林管理区，公的任務と森林所有者，カントンの補助，訴訟
と違反行為，経過規定と付則の13章から構成され，森林の維持と国土保全
及び厚生機能の増進を目的としていた。カントン・ベルンの森林法令では，
この時点で「森林管理区」が林業法の条文に登場し，1984年に159森林管
理区の設置が完了している。

　カントン・ベルンの1973年林業法を始め，この段階の森林法令は，造林・
林道補助を主体とした林業振興法から多面的森林機能論への移行期に相当す
る。表3-5-2に1905～64年度のカントン・ベルンにおける造林・林道
と林地統合プロジェクトの事業実績を示した。1960年代まで造林，林道事
業は，連邦政府の助成比率が高く，林道開設は第2次大戦後に大きく進展し
ている。林地統合は，1953～1992年度まで行われたが，連邦及びカントン
林業予算に占める比率は低く，1991年の連邦森林法制定を契機に中止され
た。

表3-5-2　カントン・ベルンにおける補助事業実績（1905～64年度）

単位：1,000CHF

| 区分 | 期間 | 概算金額 | 補助金 | | | プロジェクト数 |
事業			連邦	カントン	その他	
造林	1905～14	1,775	1,098	330	-	100
	1915～44	7,697	4,320	1,745	98	229
	1945～64	20,387	10,105	4,178	112	221
	計	29,859	15,523	6,253	210	550
林道開設	1905～14	403	81	-	-	18
	1915～44	9,980	2,259	731	44	352
	1945～64	42,477	11,402	7,052	-	607
	計	52,859	13,742	7,783	44	977
林地統合	1953～64	3,549	1,184	1,137	2	8

資料：H. Gnägi（1965）Geschichte des Bernischen Forestwesens：Fortsetzung von 1905
　　　bis 1964，S.74

第3章　スイスの地域森林管理と制度展開

(2) 1997年カントン森林法の構成と改正動向

1997年カントン森林法（1998年施行）は，前文，1 総則，2 森林の育成と伐採，3 侵害からの森林保護，4 自然災害からの保護，5 補助金，6 カントン林務組織の任務，7 罰則，8 施行，法の執行と施行規程，9 経過規程と付則の9章第58条から構成されている。

1997年カントン・ベルン森林法の日本語訳を参考資料に収録し，表3－5－1に構成と要点を示した。また，制定後のカントン森林法改正の概要（2004・05・13年改正）は，表3－5－3に示すとおりである。現行カントン森林法は，連邦森林法に沿った詳細規定や執行組織に関する規定を中心とするが，2 森林の育成と伐採，3 侵害からの森林保護，6 カントン林務組織の任務にカントン法の独自性と特徴がみられる。

以下，1～5の主要事項を検討するが，6 カントン林務組織の任務に関しては，次項の2でカントン森林法における任務規定とともに森林管理区を含む林務組織と森林計画及び伐採許可の執行過程を現地調査により明らかにする。7 罰則，8 施行規程，9 経過規程と付則の逐条的解説は省略し，要点を指摘する。

表3－5－3に示したカントン森林法の改正は，全体的に表現上の修正が多いが，主要な改正事項は，以下の3点である。

① 2004年改正（2007年施行）：連邦森林法の2002年改正に対応したカントン森林法の罰則規定の改正として，第46条〔罰金と禁錮刑〕のタイトルと第1項から「禁錮刑」を削除し，森林火災と訴追に関する事項を追加している。

② 2005年改正（2006年施行）：連邦職業教育法と連邦森林法の2002年改正に対応した第40条〔カントンの任務〕第1項eに関する改正である。

③ 2013年改正（2014年施行）：NFAの導入と連邦森林法の2006年改正に対応したカントン森林法の第32条連邦参加を伴うカントン補助金及び第33条のカントン単独の補助金に関する補助率改訂と第8条の経営及び第20条の転用の際の調整，第44条の6の職業教育に関する改正が行われている。

(3) 森林政策の原則と森林の定義

第5節　カントン・ベルンの森林法制と林務組織

表3−5−3　カントン・ベルン森林法改正の概要（2004・05・13年改正）

改正	区分	条項		内容
2004年	改正	第46条　罰金	タイトル	禁固刑と罰金→罰金(禁固刑を削除)
			第1項	「禁固刑又は」を削除
2005年	改正	第40条　カントンの任務　2	第1項e	委託できる任務に「職業教育法に基づかない」を追加
	追加	第6a条　森林利用の指導	第1項	地域森林管理計画は，保健休養機能の利用が他の森林機能の持続的発揮を危うくする場合，その地域を指定する。
		第21条　森林の立入り	第2項e	人間と有価物の保護
		第33条 カントン単独の補助金	c	公共的利益を担保するための森林計画資料
			d	森林教育
			e	保全林以外の幼齢林保育
		第37a条　緊急対策のための支出権限移譲	第1項	森林保護のための措置や自然災害から保護するため，一刻も猶予ができない場合，議会上院・下院は政府参事会にその支出権限を委任する。参事会のこれらの措置は，通常議会の会期まで延期することはできない。
			第2項	上院財務委員会は，遅滞なく支出決議を決定する。
		第47a条　訴追	第1項	刑罰の訴追は，正規の刑事訴追管轄官庁の任務である。
			第2項	経済省の担当官が刑事訴追を執行する。
2013年	改正	第7条　作成，執行，認可	第2項	地域森林管理計画の施行の前に→地域森林管理計画の認可の前に
			第3項	カントン参事会は→経済省は
		第8条　経営	第2項	連邦・カントン森林法令に従うほかに経営義務は課されない。
			第3項	経営は，森林機能を持続的に発揮できるよう近自然的に行う。
		第16条　概念	第1項a	「林地統合を例外として，」を削除
		第20条　転用の際の調整		税法に基づいて→建設立法の規定に基づいて
		第21条　森林の立入り	第1項	森林は，森林所有者の特別な許可を必要とすることなく，その地域特有の枠内で公共的に立ち入りできる。
			第2項c	「並びに (sowie)」を削除
		第23条　林道の自動車通行	第1項b	原動機つき車両の通行を必要な範囲に制限して行う狩猟規程で定められた秋の狩猟期間中のシカやイノシシの狩猟の実行→狩猟規程で定められた狩猟の実行
		第32条　連邦参加を伴うカントン補助金	第1項	「カントン又は第三者」を挿入
			第2項	「カントン又は第三者」を挿入
			第3項	50%以下→100%以下
		第33条　カントン単独の補助金	第1項	50%以下→100%以下
			c	教育と→教育と研修
			第2項	50%以下→70%以下
			a	「林地統合を例外として，」を削除
		第35条　補助対象，補助の前提，補助金額	第1項	「地域森林管理計画に一致して」を削除
			第3項	「ことができる (kann)」を削除
		第37条　補助金の計算	第1項	補助金は，原則的に一括総額で決定する。
			第3項	費用を査定する→費用に相当する額を限度に適合される。
		第38条　原則	第2項	カントンは違法性を確認し，すべての必要な対策を命じ，特に障害の除去や合法状態の達成，復旧を行う。
			第3項	（第2項の規定を第3項に移動）
		第44条　6.職業教育	第1項	「農業者，未熟練労働者」を削除
			第2項	「林務組織は教育監督と職業試験の実施を組織づけ，調整する。」を削除
		第46条　罰金	第1項bc	または (oder) を c 項に移動
	削除	第3条　森林の定義	第3項	建築地区にある立木は，住宅地用樹木として取り扱う。
			第4項	住宅地用樹木は，市町村によって特に保護される。生垣，野原，岸辺の樹木保護に関する規定は留保される。

資料：KAWA（2014）Kantonales Waldgesetz（KWaG）vom 05.05.1997（Stand 01.01.2014）

第3章　スイスの地域森林管理と制度展開

　前文では，カントン・ベルン議会は，1991年10月4日のスイス連邦森林
法第50条に基づき，カントン憲法第51条とカントン参事会の提議によりカ
ントン森林法を決議したとされている。

　1　総則（Allgemeine Bestimmungen）では，第1条〜第4条で法律の目
的とカントン・ベルン森林政策の原則，森林の定義，森林確定に関する規定
を行っている。第1条の目的は，連邦森林法の目的規定とほぼ同様である
が，「地域材利用の促進」がカントン法に独自の規定として追加されている。
《目的とカントン森林政策の原則》

　第1条〔目的〕では，本法の目的は，次のとおりであるとし，a森林を維
持し，b森林の持続的かつ慎重な経営と原料の木材供給を確保，促進し，c
人間と多くの有価物を自然災害から保護し，d野生動植物の近自然的生物共
同体として森林を保護し，価値を高め，e森林の厚生機能を維持，増進し，
f地域材利用を促進する（第1項）としている。この法律は，連邦森林法を
執行し，補完する（第2項）。

　第2条〔カントン・ベルン森林政策の原則〕では，カントンの森林政策を
下記に方向づけるとして，a林業が森林生態系を持続的に維持し，有価物と
サービス給付に対する社会的需要を自然的に適合させ，私経済的に充足でき
る基礎的条件を形成し，b林業の公共経済的給付を助成し，それに必要な資
金を確保し，c森林を健全な状態に維持，改善し，森林に対する有害な環境
の影響を減少させ，d本法の任務を効率の良い適応力ある林務組織によって
実現するとしている。
《森林の定義と森林確定》

　第3条〔森林の定義〕では，連邦森林令が定める範囲のなかで，a目的に
かなった林縁帯を含め，面積800m^{2}以上で，b幅12m以上，c林齢20年生
以上の立木の集団である（第1項），立木が特に大きな厚生機能及び保全機
能を果たしているとき，その立木は面積，幅，年齢と関係なく森林とみなす
（第2項）。建築区域にある立木は，住宅地用樹木として取り扱う（第3項），
住宅地の樹木は，市町村によって保護され，生垣，野原の樹木，河川・湖沼
岸の樹木保護に関する規定を留保する（第4項）とされていたが，2013年
改正により第3項と第4項は削除された。

400

第4条〔森林確定〕では，カントン参事会は，森林確定に関する規程を発令する（第1項）。地域計画（Ortsplanungen）に関連する森林確定の際は，経済省の担当官が森林境界を確定する。その計画費用は，市町村が負担する（第2項）。

(4) 森林の育成と伐採

2 森林の育成と伐採（Pflege und Nutzung des Waldes）は，第5条から第7条の2.1 森林計画（Forstliche Planung）と第8条から第18条の2.2 経営（Bewirtschaftung）から構成される。

《2.1 森林計画》

2.1 森林計画は，第5条〔地域森林管理計画〕と第6条〔特別経営規程〕，第7条〔作成，執行，認可〕から構成される。スイスでは日本と異なり連邦・カントン，森林計画区，市町村，森林所有者・林業事業体間の関係に関する一切の森林計画に関する法的規定や行政による計画樹立，行政関与は，「地域森林管理計画」以外には行われていない。カントン・ベルン森林法が森林計画の項で定めているのは，以下の地域森林管理計画の基本的機能と作成，執行，認可権限と住民参加への配慮のみである。

第5条〔地域森林管理計画〕（森林整備計画のカントン・ベルンでの呼称）では，森林の公共的利益の維持を目的とし，空間計画との調整を確保し（第1項），全森林に対して特に発展目標と経営原則を示し（第2項），地域森林管理計画は，官庁を拘束する（第3項）。

第6条〔特別経営規程〕では，地域森林管理計画は，重要な公共的利益の存在する場所では，特に保全林における最小限の保育の確保と森林保護区に対して，特別経営規程を伴う区域を指定する（第1項）。特別経営規程は，施業計画の拘束的な決定の認可及び協定の締結によって，土地所有者を拘束する（第2項）。特別経営規程は，a 第2項による措置が不可能であり有効でなく，目的にかなわないとき，b 森林保護区に関係する土地所有者の多数が命令の発令に同意したとき，命令により土地所有者を拘束する（第3項）。特別経営規程が強制収容に等しい場合，土地収用法に基づくカントンによる土地の引き取りを要求することができる（第4項）。2013年改正では，第6a

条〔森林利用の指導〕第1項に地域森林管理計画は，保健休養機能の利用が他の森林機能の持続的発揮を危うくする場合，その地域を指定すると新たな条文が追加された。

第7条〔作成，執行，認可〕では，経済省の担当官は，地域森林管理計画資料の調達，計画作成，実行，監査に対する責任を有する（第1項）。経済省の担当官は，地域森林管理計画の施行の前に住民参加に配慮し，カントン参事会は，地域森林管理計画を認可する（第3項）とされていた。2013年改正では，「地域森林管理計画の施行の前に」を「地域森林管理計画の認可の前に」，「カントン参事会」は「経済省」に改正された。

《2.2 経営 2.2.1 原則》

2.2 経営では，2.2.1 原則，2.2.2 森林被害の予防と防除，2.2.3 森林保護区と生態的均衡，2.2.4 森林整備に関する規定を行っている。

第8条〔経営〕では，森林経営は森林所有者の任務であり（第1項），近自然的に行い森林機能を持続的に確保する（第2項）。施業計画（Betiebsplan）の使用は，任意である（第3項）としていた。2013年改正では，第2項を「連邦・カントン森林法令に従うほかに経営義務は課されない」とし，第3項を「経営は森林機能を持続的に発揮できるよう近自然的に行う」と改正している。

第9条〔契約〕では，カントンと市町村は，森林所有者と公共的利益の提供に対する契約を結ぶことができるとしている。

第10条〔伐採〕では，森林内で樹木を伐採しようとする者は，許可を要する（第1項）とし，自己所有林で行う自家用樹木の伐採は，カントン参事会による規程に定められた枠内で自由に行える（第2項）。カントン・ベルンにおける伐採許可と選木記号づけの実態は後述するが，カントン森林令第15条で自給用と年間25m³までの木材伐採の許可を免除し（第2項），選木記号づけを無料とする（第3項）としている。

第11条〔種苗〕では，カントンは，立地に適した森林種苗の供給を確保する（第1項）。カントンは，この目的のためにカントンの施設を経営し，第三者の施設に参加する。カントンは，適切な母樹林の指定と台帳管理を行う（第3項）。

第5節　カントン・ベルンの森林法制と林務組織

《2.2.2 森林被害の防止と復旧》

2.2.2 森林被害の防止と復旧では，森林保護と獣害防止に関して規定している。第12条〔森林保護〕では，経済省の担当官は，森林の維持及び森林機能を危険にする被害の原因と結果に対する対策を指示する（第1項）。経済省の担当官は，義務者が指示を実行しないとき，代替実行を命令する（第2項）。カントンは，激甚災害の克服に必要な財務資金の調達を軽減することができる（第3項）。第13条〔獣害防止〕では，経済省の担当官は，獣害防止のための狩猟的，林業的，工学的対策の採用を配慮するとしている。

《2.2.3 森林保護区と森林内の生態的均衡》

第14条〔森林保護区の設定〕では，森林保護区の設定は，経済省の担当官によって地域森林管理計画を根拠にこれに関連する関連規程に基づき行われる（第1項）。地域森林管理計画に相応の記載がない場合には，土地所有者の同意のもとに森林保護区を設定することができる（第2項）。経済省の担当官は，この場合，その計画の異議申し立ての可能性を前提に公表し，周知する（第3項）。連邦森林法第4節の経営原則で触れたようにスイスの森林保護区は，5ha 未満の指定箇所が多く，カントン・ベルンの森林保護区は，2015 年時点で 3,379ha と森林面積の 2% である。

第15条〔生態的均衡〕では，市町村は自然保護法令の規定による森林内の生態的均衡に配慮（第1項）し，カントンは市町村を超えた生物生息空間（Lebensräume）のネットワークに配慮する（第2項）。なお，地域森林管理計画における自然保護に関する制度リンケージに関しては，3の（2）で後述する。

《2.2.4 森林整備》

2.2.4 森林整備（Waldverbesserungen）は，第16条〔概念〕と第17条〔訴訟手続き〕から構成される。第16条では，森林整備は，次の目的を有する措置または作業であるとして，a 経営構造を改善し，経営を容易にし，b 自然現象による荒廃または破壊から居住区域を保護し，c 森林の収穫機能，保全機能，厚生機能を共同で維持し，改善する（第1項）。維持作業または類似措置の実行も森林整備に該当する（第2項）。森林整備は，全体の経済的利益に役立ち，自然，環境，景観と地域景観保全の要求に配慮しなければ

403

第3章　スイスの地域森林管理と制度展開

ならない（第3項）。

《2.2.5 労働安全》

第18条〔労働安全対策〕では，チェンソー作業者の基礎教育と林業従事者に対する安全教育に関して規定している。第18条では，森林内で報酬を得て伐採作業及びチェンソー作業を実行する者は，専門的な基礎教育または相応の実務経験を有していなければならない（第1項）とし，林業従事者に対して，労働安全の再教育コースの受講を義務づけることができる（第2項）。制定当時の連邦森林法には労働安全に関する条文は存在せず，2016年改正で第21a条〔労働安全〕の条文が追加された。カントン・ベルン森林法の労働安全に関する規定は，連邦法に先立つ先駆規定として，注目される。

(5) 侵害からの森林保護

3 侵害からの森林保護（Schutz des Waldes vor Eingriffen）は，第19条から第27条の転用，森林の立入り，催物，乗馬，自転車走行及び林道の自動車走行，森林との距離に関する規定から構成される。第19条〔転用〕と第20条〔転用の際の調整〕は，連邦森林法に準拠した規定であり，第21条から第27条は，連邦森林法の第2章第3節の森林への立入りと通行に関する細目を定めている。本項で規定されている政策領域は，日本の林政と森林法制では政策対象に含まれていない事項が多く，転用に関しても許可を前提とした日本の林地開発許可制度の運用と対極的対応を示している。

《転用禁止》

第19条〔転用〕では，転用は禁止する（第1項）とし，例外的な転用許可は，連邦森林法に従う（第2項）としている。転用に関するカントン法に独自の規定は，第20条〔転用の際の調整〕で転用によって発生する利益の調整を税法に基づいて行うとしている点である。2013年改正によりこの「税法に基づいて」を「建築立法の規定に基づいて」に改正している。

カントン・ベルンでは，1970年代に高速道路を始めとした道路整備が進み，それに伴う森林の転用が増加した。1980年代以降，道路整備がほぼ完了すると転用面積が半減している。リゾート開発や住宅開発による転用は少なく，ほとんどが公共的基盤整備による転用である。転用許可は，1975 〜

第5節　カントン・ベルンの森林法制と林務組織

79年が年平均で54件46ha，1980～84年48件22ha，1985～89年39件
22ha，1990～92年48件22haであり，転用の内容も交通施設の整備が最も
多く，砂利砕石採取，ごみ処分場，上下水道施設整備がそれに次いでいる。

《森林への立入りと催物，乗馬，自転車走行》

第21条〔森林への立入り〕は，連邦森林法第14条の委任規定を受け，第
1項で森林は一般的に立入り（Allgemeinheit zugänglich）でき，a植物と野
生動物の保護のため，b森林更新の保護のため，c建築と施設の保護のため，
d木材生産及び貯木作業の場合，特定の森林区域への立入りを制限できる
（第2項）。

保護措置は，以下のa鳥獣保護区の設定，b森林保護区と自然保護区の設
定，c交通標識・柵・その他の遮断物の設置によって行われる（第3項）。
2003年改正では，第21条第2項にe人間と有価物の保護が追加され，2013
年改正で第1項が「森林は森林所有者の特別な許可を必要とすることなく，
その地域特有の枠内で一般的に立入りできる」と改正された。

第22条〔催物，乗馬，自転車走行〕では，動物と植物の著しい損害を招
き得る森林内の催物は，許可を義務づけ（第1項），道路と特に指示したコ
ース以外の森林内の乗馬とサイクリングは禁止（第2項）し，第2項の制約
は，林内の放牧場には適用しない（第3項）としている。森林内のマウン
テンバイクによる走行に関しては，KAWA（2015）Arbeitshilfe：Biken im
Wald（業務支援：森林内のマウンテンバイク）が森林局により作成されて
いる。

《林道の自動車走行》

第23条〔林道の自動車走行〕では，a農林業の目的のため，b原動機つ
き車両の通行を必要な範囲に制限して行う狩猟規程で定められた秋の狩猟期
間中のシカ・イノシシの狩猟の実行，c隣接地の所有者，d許可された催物
の組織化のため，e連邦森林法または特別法で規定している場合に限り，原
動機つき車両で走行できる（第1項，eは2003年改正で追加）。特別な事情
のあるとき，既存のレストラン，輸送施設，その他の施設に通じる林道は，
全部または一部分を開放することができる（第2項）。その開放は，施設の
所有者の維持における相応の参加と発生する損害補償を条件にすることがで

405

きる（第3項）。動植物の保護のための判決による通行禁止と制限は留保する（第4項）。2013年改正により第1項bは，「狩猟規程で定められた狩猟の実行」と改正された。

《森林との距離と起源》

第25条〔森林との距離　1.原則〕では，政令に示された建物と施設は，森林から少なくとも30mの距離を保たなければならない（第1項）とし，新たに初回造林を実施する際は，建物と施設から30mの距離を保たなければならない（第2項）。第26条〔2.例外〕では，経済省の担当官は，特別な事情があるときには例外を認めることができる（第1項）とし，特別な事情があるときには，境界踰越建築令（Überbauungsordnungen）と建築規則における森林との距離は，経済省担当官の同意のもとに建築線（Baulinien）を使って短縮でき（第2項），その同意を市町村が関係森林所有者と林縁の手入れに関する持続的規制に関する協定と関係づけることができる（第3項）。

森林との距離に関する規定は，1786年のベルン市森林令以来の共同体規制にその起源は遡る。1905年林業法では，火を使用する建物からの距離を50mとし，1973年林業法は，現行カントン森林法と同様に森林から少なくとも30mの距離を保たなければならないとしている。年平均例外許可は，1965〜69年が134件，1970〜74年が123件，1975〜79年が224件，1980〜84年が303件，1985〜89年が355件，1990〜92年が382件と増加しており，元来の火災・災害防止から今日では景観・空間整備における政策手段にその目的が変化している[2]。

(6) 自然災害からの保護

4　自然災害からの保護（Schutz vor Naturereignissen）は，第28条から第31条の自然災害からの保護に関する原則とカントン・市町村等の所管事項から構成される。第28条の〔原則規定〕は，雪崩，地すべり，浸食，落氷・落石によって，危険にさらされている場所には，カントンと市町村は，適切な計画的，組織的，育林的，工学的措置を適用する（第1項）。カントンと市町村は，あらゆる地域活動の際に自然災害防止のため，現存する原因

に配慮（第2項）し，当初からカントンの専門機関に相談する（第3項）。

　第29条～第31条の〔所管〕に関する条文では，カントンと市町村，施設事業者の所管事項と権限を定めている。第29条〔所管1.カントン〕では，カントンは，危険の探知と克服に対する計画資料を作成（第1項）し，他の公共団体や第三者にその責任がないとき，カントンが必要な措置をとり，これを助言，支援し，代替計画を指示できる（第2項）。

　第30条〔2.市町村〕では，市町村は，第28条第1項の居住区域を襲い，住民の安全を危険にする自然災害の予防に対して責任を有し（第30条第1項），次の事項に配慮する（第2項）。a 市町村計画における自然災害による危険は，土地利用計画の危険地図の組み換えを通じて，考慮される。b 危険の発生と拡大について時機を逸せず識別し，追跡する。c 危険予防のための相応の組織的な予防措置と必要な建設的，林業的，その他の措置について，時機を逸せず指令する。第31条〔3.施設事業者〕では，道路，鉄道，その他の輸送施設や発電所の事業主は，第28条第1項の意味の自然災害に対する利用者の安全のために用意周到な措置を行う責任があり（第31条第1項），林道と散策路は，この措置から除外される（第2項）。

(7) 補助金
《補助の枠組み》

　第32条～第44条の5 補助金（Beiträge）では，補助の枠組みに関する〔連邦参加を伴う補助金〕と〔カントン単独の補助金〕，〔契約上の義務〕及び〔補助対象，補助の前提，補助金額〕，〔条件と義務〕，〔補助金の計算〕に関する規定を定めている。

　第32条〔連邦参加を伴う補助金〕では，カントンが予算の枠内で連邦森林法に基づき補助金の支払いと投資助成を行い，2006年連邦森林法の改正までは，カントンの補助金は補助費用の50％以下とされていた（第1項～第3項）。第33条〔カントン単独の補助金〕では，連邦補助金がないとき，カントンが予算の範囲内で，a 特別経営規程の実行に関する施業計画の指示と拘束的決定に基づく給付，b 獣害予防のための技術的措置の分担理由のある費用，c 労働安全教育，d 試験と教育監督の際の賃金カット額と試験費用

407

第3章　スイスの地域森林管理と制度展開

を含む職業教育の費用の助成を行う（第1項）。また，連邦助成が支給され
ないとき，カントンは，a 森林整備，b 地域材の販売促進のための措置に対
して，負担理由のある費用の50％以下の投資助成を行うことができる（第2
項）としていた。

　2013年度改正では，連邦法の改正に対応した第32条と第33条の改正が
行われている。第33条に c 公共的利益を担保するための森林計画資料 d 森
林教育 e 保全林以外の幼齢林保育をカントン単独の補助対象に追加し，第
32条第3項及び第33条第1項に関する補助率を「50％以下」から「100％
以下」，第33条第2項を「50％以下」から「70％以下」に改正した。

　第35条〔補助対象，補助の前提，補助金額〕では，補助対象と補助の前
提と補助金額に関して，補助金の受取人が地域森林管理計画に一致して公共
的利益をもたらし，あるいは負担を受忍していることが確認されるときに補
助金が支払われる（第1項）。カントン参事会は，規程により補助金を受け
る計画，補助の前提及び補助金額を指定（第2項）し，定められた財政的給
付を林業・林産業の自助措置に関与する受取人にだけ支払うことを条件とす
ることができる（第3項）としていた。2013年改正では，「地域森林管理計
画に一致して」を削除するほか，先に表3－5－3に示した改正が行われ，
第37a条〔緊急対策のための支出権限移譲〕の第1項と第2項が追加され
た。

　《補助事業の実績》

　カントン・ベルンにおける連邦・カントン（括弧内）による森林整備プロ
ジェクト助成額（年平均）は，1965～69年度が27.6億CHF（19.1億
CHF），1970～74年度51.4億CHF（32.1億CHF），1975～79年度78億
CHF（50億CHF），1980～84年度68.9億CHF（44.8億CHF），1985～89
年度89.2億CHF（55.3億CHF），1990～92年度139.3億CHF（74.8億
CHF）と連邦，カントンとも増加している。

　1989～92年度の補助事業の内容を表3－5－4に示した。1989～92年
度の補助金額は，1990年のビビアンによる被害もあり森林保護プロジェク
トが全体の40％を占め，林道・搬出施設，幼齢林保育がこれに次いでいる。
連邦助成に対するカントンの助成比率は，全体で36％，各々のプロジェク

第5節　カントン・ベルンの森林法制と林務組織

表 3 － 5 － 4　カントン・ベルンにおける補助事業実績（1989 ～ 99 年度）

単位：1,000CHF，％

| 区分・年度 | 1989 ～ 92 年度 | | | | | 区分 | 1999 年度 | | | | |
補助対象	連邦 a	カントン	計 b	a/b	構成比	補助対象	連邦 a	カントン	計 b	a/b	構成比
林道・搬出施設	7,173	4,261	11,434	62.7	24.1	構造改善	2,922	1,726	4,648	62.9	23.3
林地統合	846	789	1,635	51.7	3.4	森林計画	57	30	87	65.5	0.4
保護施設	2,862	863	3,725	76.8	7.9	自然災害防止	4,037	1,315	5,352	75.4	26.8
雪崩防止施設	2,698	1,112	3,810	70.8	8.0	森林被害対策	542	283	825	65.7	4.1
幼齢林保育	3,828	1,223	5,051	75.8	10.6	幼齢林保育	2,238	1,143	3,381	66.2	16.9
育林	2,073	584	2,657	78.0	5.6	育林 B/C	1,805	454	2,259	79.9	11.3
森林保護	10,795	8,325	19,120	56.5	40.3	森林保護	2,065	1,352	3,417	60.4	17.1
計（平均）	30,275	17,157	47,432	63.8	100.0	計	13,666	6,302	19,968	68.4	100.0

資料：H. R. Kilchmann（1995）Geschichte des Bernischer Forstwesens 1964-1993, S.43.1999 年はカントン・
　　　ベルン森林局資料による。
注：森林保護は風倒木処理等である。幼齢林保育は 3 年間の平均値である。

トでは造林の 22％から森林保護の 43％の範囲にあり，旧連邦森林警察法下
では 30％程度のカントン助成が行われていた。カントン森林法施行後の
1999 年度では，自然災害防止と幼齢林保育，育林の構成比が高まっている。

　林地統合は，特に零細分散的私有林地帯のミッテルラントでは，1953 年
から 2.3 万 ha が実施され，連邦とカントン，市町村からの補助を差し引い
た所有者負担は，事業費の 20％に当たる 2,500CHF/ha 程度であった。しか
し，連邦森林法の第 38 条に規定する助成措置から除外され，1992 年で連邦
及びカントンによる助成が中止されている。

《市町村組合と自助基金》

　1980 年代以降，カントン・ベルンにおいても森林経営収支の悪化と森林
被害の増加により，カントン・市町村による森林整備プロジェクトへの助成
が拡大している。特に山岳林が多いオーバーラント地域でその傾向が著し
く，山岳地域開発計画の重点プロジェクトとして 1985 年に森林問題復旧の
ためのオーバーラントオスト市町村組合（Gemeindeverband Oberland-Ost
zur Sanierung forstwirtschaftlicher Problemgebiete）が設立され，森林育
成プロジェクトと各種の森林被害復旧対策の補助残の最大 75％までを関係
市町村が負担するようになった。

　さらに，同市町村組合は，1996 年の森林被害復旧の完了を契機にオーバ
ーラントオスト地域の森林維持のための市町村組合（Gemeindeverband für

die Erhaltung der Wälder in der Oberland-Ost, GEWO）に再編され，地域的公共性のある森林機能の回復に対して，助成措置を講じている。「地域的利益」（regionale Interesse）とは，市町村組合定款第2条で「－住宅区域，地域的に重要な交通施設または産業・農業地区の保護，－木材供給と利用，－動植物の生息環境の保全」と規定されている[3]。なお，GEWO はカントンのゲマインデ法（Gemeindegesetz）第138条～第150条に基づき設立されている。

　民間レベルの国産材（地域材）振興対策基金として，スイス自助基金（Schweizerische Selbsthilfsfonds, SHF）がある。森林所有者と素材購入者は1 m^{3}当たり60Rp を同基金に拠出し，森林所有者と製材業は特別プロジェクトに充当するため，各々の業界団体に40Rp/m^{3}を積み立てる。自助基金に拠出された資金は，30％がスイス林業連盟における教育，経営経済的研究，森林・林業統計，雑誌発行，30％がスイス木材産業連盟の同様業務，40％がスイス木材連盟（Lignum）の木材需要拡大運動の資金に充当されている。カントン・ベルンでは，独自にベルン木材基金（Berner Holzfonds）に森林所有者が10Rp/m^{3}を拠出している。

(8) 罰則及び施行・経過規程と付則

《罰則》

　7 罰則の第46条〔禁固刑と罰則〕では，故意に a 森林内で許可を受ける義務のある催物を許可なく実行した者，b 道路から離れて，特に指定したコース以外で乗馬やサイクリングをした者，c 有害な伐採に関する規程に違反した者を禁固刑または2万 CHF 以下の罰金に処す（第1項）としていたが，2004年改正により条文とタイトルから禁錮刑を削除している。また，2013年改正で第46条第1項 d に森林火災に関する政府参事会規程に違反した者を新たに追加している。

《施行規程》

　8 施行，法の執行と施行規程では，以下の土地所有者拘束的計画に対する異議申し立てと施行規程の発令に関する規定が重要である。

　第49条〔計画に対する異議申立てと認可〕では，森林法に基づいて発令

される土地所有者を拘束するすべての計画は，少なくとも 30 日間公共の閲覧に供し，その期間中に異議を申し出ることができるとしている。

第 52 条〔施行規程と補足〕では，カントン参事会は，施行規程を発令し（第 1 項），以下の補足的規程を発令する（第 2 項）。a 森林被害の防止と復旧，b 森林内の自然保護，c 経営構造の改善，d 森林の立入りと森林内の催物，e 林道の通行と標識，f 森林の分割と売却，g 自然災害の防止，h 助言活動，i 有害な伐採，k 林務組織の経過規則の詳細，l 林業従事者の労働安全，m 公共建築物と補助金による建築物の地域材使用，n 生態的・環境保護的建築材料と加工材料としての木材と再生可能な燃料としての木材の支援，o 森林火災に関する施行規程を発令する。

《経過規程と付則，森林管理区》

9 経過規程と付則では，以下の第 53 条〔森林管理区組織〕と第 57 条〔布告の廃止〕に関する規定が重要である。

第 53 条〔森林管理区組織〕では，本法の施行後 5 年以内に既存の森林管理区決定を廃止する（第 1 項）とし，従来の森林管理区担当者及び新しい協力者と一定の契約地域に適用される業務協定を締結する（第 2 項）。ゲマインデ森林管理区と森林管理組織に対するカントンの交付金は，移行期間に対して新しく決定する（第 3 項）。

第 57 条〔布告の廃止〕では，1973 年 7 月 1 日の林業法，ミッテルラントとジュラの新しい 2 森林圏創設に関する 1971 年 5 月 18 日の指令，ベルナー・ジュラの森林圏創設に関する 1978 年 8 月 21 日の指令，森林所有者とカントン間の費用分担とカントン林業補助金に関する 1973 年 2 月 8 日の指令を廃止し，本法が制定された。

2　カントン・ベルンの林務組織と任務

（1）カントン森林法における任務規定

4 カントン林務組織の任務（Aufgaben des kantonalen Forstdienstes）では，第 38 条から第 45 条でカントン林務組織の任務とカントン有林の経営に関する規定を行っている。

第3章　スイスの地域森林管理と制度展開

　第38条〔原則〕では，カントンにおける林務組織の任務に関して，林務組織を通じて森林法の執行と森林の公共的利益を確保する（第1項）とし，カントン林務組織は第三者に委任されない限りにおいて，カントンの任務を執行する（第2項）。経営の形成と組織化は，森林所有者の業務である（第3項）としていた。2013年改正では，第2項をカントンは違法性を確認し，すべての必要な対策を命じ，特に障害の除去や合法状態の達成，復旧を行うと改正し，旧第2項の規定を第3項に移動している。

　第39条〔カントンの任務 1.委託できない任務〕では，a森林維持，森林整備に関する監督と第28条第1項の意味における自然災害防止に関する監督及び必要な措置命令，b森林警察，c地域森林管理計画，d補助金の交付，e.カントン有林に対する責任の5項目を定めている。一方，第40条〔カントンの任務 2.委託できる任務〕は，a助言・普及活動，b選木記号づけ（Holzanzeichnung）と伐採許可，c森林現況の監視，d森林種苗供給の確保，e養成教育と成人教育，f広報活動（第1項）とし，これを規程に従った前提を満たしている第三者に交付金を支払い委託することができる（第2項）としている。

　第41条〔3.カントン有林の経営〕では，林務組織が業務委託に基づきこれを経営し（第1項），経済的・組織的に有利なとき経営を第三者に委託でき（第2項），学問上の目的と新しい技術的・造林的方法の試験に使用する（第3項）。

　第42条〔4.助言〕では，林務組織と委託された第三者は，森林所有者，市町村，専門組織に助言する（第1項）。森林経営問題の助言は通常無料であり，特に選木記号づけは無料である（第2項）。

　第43条〔5.第三者のための業務〕では，林務組織は契約により第三者から業務を受託することができる（第1項）。その業務は少なくとも市場での通常の費用を償うものでなければならない（第2項）。

　第44条〔6.職業教育〕では，林務組織は，第三者，特に職業団体，農業組織，林業組織と協力して，林業従事者，農業者，未熟練労働者の職業教育に関与し（第1項），林務組織は，教育監督と職業試験の実施を組織づけ，調整する（第2項）としていたが，2013年改正では実態に合わせ「農業者，

412

未熟練労働者」を削除した。第45条〔7. 組織と第三者〕では，カントンは，特に経営の助言，教育，試験研究活動，広報活動，販売促進業務を専門組織と第三者に委託できる（第1項）。カントンは，共同の業務実行に関する協定を他のカントンと結ぶことができる（第2項）。

次項の(2)カントン林務組織と森林管理区に関する法的根拠は，第40条の〔委託できる任務〕に列挙されている助言・普及活動，選木記号づけと伐採許可，森林現況の監視，森林種苗供給の確保，教育，広報活動に関して，森林管理区契約を締結したゲマインデに森林管理区交付金を支給し，委託できるとする規定に基づいている。同措置は制度上の「経営」と「管理」を峻別したうえで，経営責任者と森林管理区責任者を可能な限り人格的に一致させ，現場技術者の社会的位置づけを森林法令で定め，地域に即した効率的な森林管理の執行と現場技術者の設置を支援する機能を果たしている。

(2) カントン林務組織と森林管理区

カントン・ベルンの林務組織と森林管理区の2000年代初頭の実態を検討する[4]。カントン・ベルンの森林面積は，17.2万 ha とグラウビュンデンに次いで第2位であるが，日本の都道府県では茨城県や千葉県と同程度の森林面積である。

《カントン・ベルンの林務組織改革》

1996年までのカントン・ベルンの林務組織は，図3－5－1に示すように森林自然局のもとにオーバーラント，ミッテルラント，ジュラの3森林管理局（Forstinspektion, Conservation des forêts du Jura bernois）と19森林管理署（Kreisforstamt, Office forestier）が置かれていた。

カントン森林法の制定と財政危機を契機に林務組織改革が実施され，森林管理局がすべて廃止され，森林管理署は8森林部（Waldabteilung）に統合された。この一連の改革により林務職員が全体で3割削減されたという。森林自然局は，漁業・自然保護部門を分離し，森林局に再編され，再編後の森林局は森林経営，教育・再教育，森林計画，育林・エコロジー，森林保全・森林警察，総務の6部門29人となった。

カントン・ベルンの森林は，私有林8.4万 ha，ゲマインデ・団体有林7.4

第3章 スイスの地域森林管理と制度展開

図3-5-1 カントン・ベルンの林務組織（1996年時点）
　　資料：カントン・ベルン森林自然局資料による。
　　注：第17森林管理署は存在しない。

万 ha，連邦・カントン有林 1.4 万 ha から構成され，森林部は管轄森林面積 1.6～2.9 万 ha の地域経済・行政区分に対応した新たな森林圏を設定し，従来の森林管理署の2～3管轄区域を合わせた地域に設置された。1997年の林務組織再編は，カントン森林法改正や地域森林管理計画の導入と並行して進められたが，2017年現在ではさらにドイツ語圏のアルペン，アルプス前山，ミッテルラントの3森林部にフランス語圏のベルナー・ジュラを加えた4森林部に統合されている（図3-5-2）。

第5節　カントン・ベルンの森林法制と林務組織

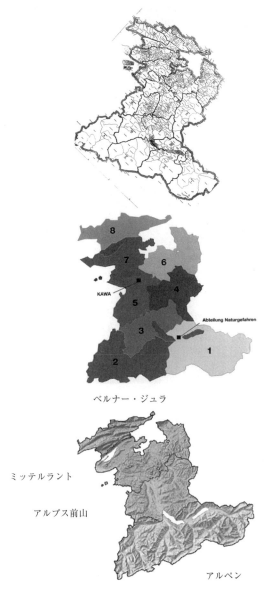

図3-5-2　カントン・ベルンの森林圏再編過程と林務組織の配置図
資料：カントン・ベルン森林局資料による。
注：上段が1997年以前の第1～第20森林管理署（太線）と森林管理区（細線）の配置図，
　　中段が再編後の第1～第8森林部の配置図，下段が現在の4森林部の配置図である。

415

第3章　スイスの地域森林管理と制度展開

写真3－5－1　旧修道院を利用したインターラーケンの第1森林部と管内山岳林（第2次世界大戦中にギザン将軍がスイス軍本部を置いたホテルVictoryが近くにある。）

表3－5－5　カントン・ベルンの林務組織と職員・従業員数（1997年）

単位：人，1,000ha

森林局・森林部	森林管理区 カントン	森林管理区 その他	職員・従業員 職員	職員・従業員 労働者	森林面積
森林局　（ベルン）	－	－	29.2	－	－
第1森林部　オーバーランド・オスト	10	12	16.0	21.7	29
第2森林部　フルティンゲン・オーバージンメンタール	7	7	10.5	9.3	28
第3森林部　ツゥーン・ニーダージンメンタール	5	10	10.5	14.2	21
第4森林部　エンメンタール	8	－	11.7	12.3	20
第5森林部　ベルン・ガントリッシュ	9	12	14.5	33.0	16
第6森林部　ブルクドルフ・オーバーアールガウ	10	9	14.0	11.8	20
第7森林部　ゼーランド	8	17	12.4	18.1	16
第8森林部　ベルナー・ジュラ	6	15	13.8	14.0	25
自然災害部　（インターラーケン）	－	－	8.9	17.1	－
計	63	82	141.5	151.5	177

資料：カントン・ベルン森林局資料による。
注：林務職員・労働者数の小数点以下は，フルタイム以外の職員・労働者がいるためである。

　表3－5－5に1997年の再編直後のカントン・ベルンの林務組織と林務職員・従業員の配置を示した。本庁の森林局は6部門29人，地域段階の8森林部（管轄森林面積1.6～2.9万haを森林技師，フェルスター，事務職員

416

各2人程度）で管轄している。

インターラーケンの自然災害部は，1956年以来，危険地地図の作成とともに雪崩防止施設の設置と森林災害・保全対策を担当している。雪崩防止施設の設置費用は，連邦が60％，カントン30％，市町村等10％を負担し，1960年代までは請負わせ施工されていたが，施工の質的問題から直営に切替えられ，現在は夏期に30人がこれに従事している。

《森林管理区と森林管理区交付金》

森林管理区には，ゲマインデ有林の経営責任者が森林管理区責任者を務めるゲマインデ森林管理区（以下，GR）とカントン・フェルスターが責任者を務めるカントン森林管理区（以下，KR）がある。8森林部ごとに森林管理区の構成は，森林所有構造を反映してGRとKRの配置に地域差があり，第4森林部のエンメンタールのようにGRが存在しない地域もある。

第5～第7森林部管内のベルン，ビール，ブルクドルフの市民ゲマインデは，森林所有規模が大きく，森林技師を雇用した専門技術的森林管理（Technische Forstverwaltungen）を行っている。こうした大規模森林経営では，第2節の市民ゲマインデ・ベルンの事例で述べたように経営区単位にフェルスターを配置している。

森林管理区交付金の交付基準に関しては，森林局通達（KS2.6/2：委託できるカントン任務に対する支払い：森林管理区交付金）にその詳細規定が定められている。選木記号づけやその他の高権的任務（助言活動，森林現況の監視など）に対するコストと管内路網密度・傾斜と特別な森林機能に対する割増から算出され，選木記号づけでは対象とする森林所有規模により30ha以下は0.04時間/m^3，30～100haは0.03時間/m^3，100ha超は0.025時間/m^{3}という交付基準を定めている。

森林管理区交付金の交付基準に関しては，カントンによる多様性が大きく，その交付基準の改善により森林経営単位と森林管理区の組織的統一を図ろうとするカントンも出現している。例えばカントン・グラウビュンデンでは，2011年現在で市町村178，森林管理区107，森林管理区フェルスター104人に対して，森林経営数139経営（ゲマインデ森林経営95，団体有林・カントン有林44）となっている。1995年に制定したカントン・グラウビュ

ンデン森林法を 2012 年に全面改正し，森林管理区交付金の交付基準を従来のフェルスター人件費の 15% から森林管理区の森林面積と伐採材積及び保育面積に応じた傾斜的交付基準に変更し[5]，森林管理区と森林経営，市町村区域の統一を推進している。

《第 5 森林部の組織体制》

カントン・ベルン第 5 森林部は，1997 年当時，リギスベルクに事務所があり，ベルン市周辺からアルプス前山にかけての総土地面積は 5.2 万 ha，人口 26 万人の地域を管轄していた。森林面積 1.6 万 ha の内訳は，私有林が 3,830 人 7,100 ha，ゲマインデ・団体有林が 38 団体 6,300 ha，カントン・連邦有林が 2,600 ha である。第 5 森林部の本部職員は，森林技師 2 人，フェルスター 2 人，事務局長と秘書の計 6 人である。

役職と担当業務は，第 5 森林部長（森林技師 60 歳）が森林計画，森林警察と助言（森林技師間で地区を分けて分担），上級林務職員（森林技師 46 歳）は，カントン有林責任者で自然災害防止と助言を担当していた。フェルスターは，森林管理区ベルンと森林警察の担当，カントン有林の一部とプロジェクト・教育担当の 2 人である。森林技師はそれまでは 30 歳台後半に森林管理署長になり，そこで署長を継続して務めるのが一般的であったが，それが林務組織改革により大きく変化している[6]。

第 5 森林部の管内は，9KR と 12GR の 21 森林管理区から構成される。9KR は本部職員のフェルスター 2 人の担当するベルン森林管理区と 8 人のレビア・フェルスターが管轄する 8KR である。「その他」には，7GR と市民ゲマインデ・ベルンの 3 森林管理区，連邦有林を管轄する 1 森林管理区がある。GR には 1 ～ 8 市町村が含まれ，管轄森林面積は 1,000ha 前後であるが，山岳地域では図 3 － 5 － 2 に示したように管轄面積が広い。

(3) ラウターブルンネン森林管理区

アルプスの山岳地域に位置する第 1 森林部のラウターブルンネン森林管理区（GR）の森林管理区契約書の日本語訳を付属資料に収録した。表 3 － 5 － 6 に示すように同森林管理区は，ラウターブルンネン村の村内森林面積 2,011ha を管轄区域とし，村有林 720ha が最大の森林所有者である。その他

第5節 カントン・ベルンの森林法制と林務組織

写真3−5−2 ラウターブルンネン村の中心地とゲマインデ・フェルスター（村の語源となった滝の下に村役場に付設した林務事務所がある。）

表3−5−6 ラウターブルンネン森林管理区の森林所有者

単位：ha, m³

森林所有者	森林面積	年伐採量
ラウターブルンネン村	720	2,100
Bergschaft Schilt und Busen	168	175
Bergschaft Winteregg	159	400
Alpgenossenschaft Wengenalp	151	220
カントン・ベルン	97	監視業務のみ
Bergschaft Saus+Naterwengli	86	220
Bergschaft Pletschen	62	200
Pro Natura Schweiz	54	100
農民ゲマインデ・ヴェンゲン	41	130
その他の小規模団体林	38	100
共有団体林・ギメルヴァルト	23	130
農民ゲマインデ・ミューレン	21	40
市民ゲマインデ・ラウターブルンネン	3	10
その他のゲマインデ	1	4
小規模私有林	387	1,200
計	2,011	5,023

資料：Reviervertrag für Revier Nr.132 Lauterbrunnen

に168haから数10ha規模のアルプ組合（Bergschaft, Alpgenossenschaft）・団体有林と自然保護団体有林（Pro Natura Sweiz），小規模私有林が含まれる[7]。

ゲーテも滞在したシュタウプバッハ滝の下に林務事務所があり，村有林の労働組織は，フェルスターと森林管理者4人，見習3人の計8人である。同地域では村有林以外の私有林やアルプ組合など他の森林所有者から施業や経営を受託していない。ゲマインデ・フェルスターは，村有林の経営責任者と

419

写真3-5-3　高山限界のアルプ共有地とチーズ小屋

して，村有林経営の赤字を年2万CHF以内に抑えることが至上命題となる。フェルスターは，予算の枠内での技術的，経営的な全責任を負っている。

　フェルスターの採用は，林業雑誌への募集広告の掲載などによる全国公募が行われるが，採用されるとその地域に定着し，異動することは少ない[8]。現在のフェルスターは，ベルン出身ではなくカントン・グラウビュンデンのマイエンフェルトのフェルスターシューレ出身である。ゲマインデ・フェルスターと地域住民は顔見知りで，現地案内の際もすれ違う住民と交わす会話にもその様子が良く表れていた。

3　伐採規制の伝統と森林計画・補助制度の現代化

(1) 伐採許可の執行と林務職員

　スイスでは皆伐禁止措置により漸伐・択伐施業による天然更新が主体であることから，伐採許可制度と結合したフェルスターによる選木記号づけが施業技術上重要な意味を持っている。カントン森林法令における伐採許可の例外規定をBUWAL（2005）により表3-5-7に示した。カントンによる独自性が大きいが，伐採許可の例外規定をカントン森林法令で定め，自給用や復旧伐採，小規模伐採の場合は，伐採許可を要しないとするカントンが多い。

　さらに表3-5-8に私有林所有者の素材生産量と自給用素材生産量を示

第5節　カントン・ベルンの森林法制と林務組織

表3－5－7　カントン森林法令における伐採許可の例外規定

カントン名	カントン森林法令の規定
アールガウ	森林令28条：施業計画を樹立している大面積所有者は，施業計画の許可により伐採を許可。20ha以下の小規模所有者は，年間10m³/haまで伐採許可なしに可能。
ベルン	森林令15条：自給用と1所有者年間25m³までは伐採許可を要しない。
農村バーゼル	森林法20条：伐採許可と施業計画，小面積所有者：撚材と年間5m³の自給用は，伐採許可を要しない。
フリブール	森林法43条：私有林所有者の自給用は許可を必要としない。
グラールス	森林法21条：自給用と年間10m³未満は許可を必要としない。
グラウビュンデン	森林法30条：私有林所有者は，年間5m³未満の自給用及び風倒木の整理伐は，許可なしに所有者が伐採可能。
ジュラ	森林法41条：年間25m³は，伐採許可を必要としない。
ルツェルン	森林法21条，森林令16条：年間10m³未満の自給用は，伐採許可を必要としない。施業計画の許可により大面積の伐採許可を与える。
ニトヴァルデン	森林法31条：国土保全機能のない森林に関しては，年間10m³までの自給用と復旧（強制）伐採は許可を必要としない。
オプヴァルデン	胸高直径16cmを超えるすべての樹木は，伐採許可を要する。
シャフハウゼン	森林法29条：私有林所有者は，年間30m³まで伐採許可を必要としない。公共的所有者は，施業計画の許可と伐採許可。
ザンクト・ガレン	森林法24条：復旧（強制）伐採のみ伐採許可を必要としない。
ウーリー	森林令27条：年間10m³未満と風害の復旧は所有者が許可なしに伐採可能。
ヴァリス	森林令27条：年間5m³未満は許可なしに所有者が伐採可能。

資料：BUWAL(2005)Der Schweizer Privatwald und seine Eigentümerinnen und Eigentümer, S.76

表3－5－8　私有林所有者の素材生産量と自給用素材生産量

単位：人，m³，%

区分 カントン	回答者数	素材生産量			比率 b/a
		総数 a	自給用	許可不要 b	
アールガウ	68	691	471	115	16.7
農村バーゼル	33	892	210	11	1.2
ベルン	107	3,727	1,859	1,859	49.9
フリブール	37	1,337	509	509	38.0
グラウビュンデン	46	460	313	79	17.1
ルツェルン	41	1,245	499	243	19.5
ヴァリス	53	977	243	78	8.0
計	385	9,329	4,103	2,892	31.0

資料：BUWAL (2005) Der Schweizer Privatwald und seine Eigentümerinnen und Eigentümer, S.77

した。全体の素材生産量に占める伐採許可不要材積は31%であるが，農村バーゼルの1%からベルンの50%とカントンによる地域差が大きい。カントン・ベルンの場合，カントン森林令第15条第2項で自給用と放牧林を除外した1森林所有者年間25m³までの木材伐採を許可を要しない伐採行為と

421

第3章　スイスの地域森林管理と制度展開

し，森林局通達（KS2.6/4：木材伐採許可と選木記号づけ）で詳細規程を定めている。

　カントン・ベルンにおける伐採許可の運用は，次のとおりである（1997年調査当時）。伐採許可と選木記号づけは，カントン林務組織とゲマインデの森林管理区を管轄するフェルスターが担当している。伐採許可書は，図3－5－3に示すように白（森林所有者），緑（森林管理署），ピンク色（フェルスター）の3枚複写で，①森林所有者からの伐採申請，②フェルスターによる選木記号づけと助言，③伐採許可証の発行と必要事項の指示の流れで処

Forstkreis:		Revier:				Gemeinde:			
HOLZSCHLAGBEWILLIGUNG							Nr.:		
für (Name, Adresse):									
vertreten durch:									
Waldort (Name, eventuell Parzellen-Nr.)	Anzeichnung				Sortimente (Schätzung)				
	Stammzahl		Menge Liegendmass		Stammholz		Industrieholz		Brennholz
	Ndh, Stk	Lbh, Stk	Ndh, m3	Lbh, m3	Ndh, m3	Lbh, m3	Ndh, m3	Lbh, m3	Ndh, m3	Lbh, m3
TOTAL		Stk		m3		m3		m3		m3

AUFLAGEN:
1. Die Vorschriften für die Anwendung von Pflanzenbehandlungsmitteln im Wald sind einzuhalten (vergl. Formularrückseite)
2. Die chemische Behandlung des Holzes gegen Schädlingsbefall ist namentlich an folgenden Orten verboten: ....
....
3. Nadelholz ist abzuführen oder zu entrinden bis: ....
4. Die vorliegende Holzschlagbewilligung verfällt .... Jahre nach ihrer Erteilung
HINWEISE:
1. Holzernte: Die Sicherheitsvorschriften der SUVA sollen befolgt, eine ausreichende Unfallversicherung soll abgeschlossen werden
2. Weitere Hinweise: ....

Datum:　　　Der Waldbesitzer:　　　Für das Kreisforstamt:

Verteiler: weiss: Waldbesitzer / grün: Kreisforstamt / rosa: Förster　　　Bitte wenden!

裏面の許可条件と指示事項
　「伐採許可の条件」として，同許可書に森林内の薬剤使用に対する規定の順守と病虫害対策としての木材の化学的処理の禁止措置，針葉樹の搬出または剥皮の期限，木材伐採許可の有効期限が示され，「指示事項」として，スイス傷害保険会社の安全規則の順守と十分な事故保険の締結が指示される。
　薬剤の使用は許可制で，使用禁止地区は，地下水保全地区，地上水の水源及び沿岸地区，湿原地区と沼地地区，自然保護地区，生垣と農地内の樹木である。使用の際は環境への節度のある散布に注意し，特に木材や森林に無害な動植物（蜜蜂，赤森林蟻など）とその生息環境の保護に必要な予防措置を行う（環境有害物質に関する政令第10条）。

図3－5－3　カントン・ベルンの伐採許可様式と指示事項

理される。所有者は許可決定に対して，30日以内に文書で理由を示して，異議申し立てができる。「昔は山から帰ると所有者が手づくりの料理とシュナプスでもてなしてくれたものだ。そこでいろいろな情報交換ができたが，いまは農家も忙しく大変だ。それでも輪尺と長靴は，いまもフェルスターの魂だ。」と語られるように，伐採許可制と結びついた選木記号づけは，スイスの天然林施業と技術者魂を支える重要な現場対応である。

2007年の連邦森林法の政府改正案では，隣接するドイツの州で認められている2ha未満の皆伐を許容し，森林機能の持続性を損なわないときに可能な皆伐面積の上限を定め，2ha未満であっても皆伐に対するカントンの許可を引き続き義務づける改正案が提案された。つまり，連邦森林法の第21条に「その許可はその木材伐採が施業の持続性を損なわないときに与えられる」という一文を新たに追加した案が示されたが，前述したように小面積皆伐を認める連邦政府の同改正案は，連邦議会で否決された。

(2) 地域森林管理計画の策定過程と計画内容

表3－5－9は，連邦森林法に基づき新たにカントン森林法を制定したソロトゥルン，トゥールガウ，グラウビュンデンの森林計画制度の大枠をW.

表3－5－9　カントン森林法における森林計画制度の概観

指標　カントン	ソロトゥルン	トゥールガウ	グラウビュンデン
章	計画と森林利用	森林経営	森林計画と森林利用
節	－	－	森林経営と森林計画
条文数	4	5	3
計画の種類・段階	理想像・地域計画・施業計画	地域森林計画・施業計画	森林整備計画・施業計画
計画義務・責任	政府・林務官庁・公共的森林経営	政府・部－面積オープン	林務官庁・40ha以上と特別保全機能林
計画認可官庁	政府・森林管理署	政府・部	政府＋市町村・森林管理署
計画の拘束力	所有者拘束的	官庁拘束的・所有者拘束的	官庁拘束的
計画の連結	ボトムアップ的	トップダウン	ボトムアップ的
その他の特徴	部分的な助成措置との結合計画	施業計画の付帯義務，所有者の異議申立て権	森林整備計画・施業計画における市町村の強い関与
森林面積	31,387ha	19,415ha	181,693ha
公共的森林比率	80%	45%	62%

資料：W. Zimmermann (1996) Analyse von Schwerpunktthemen in bereits verschiedeten kantonalen Waldgesetze：Forstliche Planung, Förderungsmassnahmen, Forstorganization, Schweizerische Zeitschrift für Forstwesen 147 (Tabelle 1)

注：森林面積と公共的森林比率は，参考のため著者が付加した。なお，スペースの関係で表の表示方法を原資料と一部変更し，グラールスの表示を省いた。

423

Zimmermann（1996）により概観したものである。

　ベルンの事例は，新たな森林計画の制度的枠組みを典型的に示すものではあるが，多様性を持つカントンの1事例であることも同時に忘れてはならない。カントン・ベルンは，カントン森林法で森林施業計画の編成を任意とし，森林の公共的利益の確保を目的とした地域森林管理計画の編成義務を林務組織に課した。同計画の計画期間は15年とし，計画区域は平均5,690ha（1,800〜1.6万ha）と森林部が2〜4の森林計画区に区分された。

　BUWAL（1996）『森林計画ハンドブック』は，ETH森林経理学研究室P.バッハマン教授（1988年までカントン・ベルンのシュバルツェンベルグ森林管理署長）とギュルベタール地域森林管理計画の森林計画プランナーであるPAN森林景観事務所のA.ベルナスコーニが中心的執筆メンバーである。ベルンの森林計画制度の枠組みとイニシアティブは，連邦や他カントンの森林計画制度にも大きな影響を与えた。

　以下で述べるカントン・ベルンの地域森林管理計画は，森林機能分析に基づく森林整備方針の策定と重層的ゾーニング，コンフリクトの調整とプロジェクト対象地の決定を関係機関や住民参加のもとに行い，2008年度までは森林法に規定された要件を満たす森林機能を増進する措置を地域森林管理計画の「特別対象リスト」に掲載し，その対象地を優先度に応じて補助対象に採択していた。

《ギュルベタール地域森林管理計画》

　カントン・ベルンのパイロット・プロジェクトのギュルベタール地域森林管理計画（Regionaler Waldplan Gürbetal）は，リギスベルク第7森林管理署の申請によりカントン・ベルン経済省森林自然局が1996年4月に認可を与えている。ベルンのPAN森林景観事務所が編集，草案作成を行い，協力専門委員会には森林所有者16人（各市町村1人），景観連盟，狩猟・野生動物保護協会，林務組織，スポーツ協会，自然保護監督局，木造建築関係者，空間計画官庁，ミッテルラント森林管理局，自然郷土保護団体，製材業，野生動物管理者など32人が参画している。

　計画書は森林管理署で閲覧でき，対象・コンフリクトカード，計画実現のコントロールは，森林管理署が行う。なお，先に述べたようにカントン林務

第5節　カントン・ベルンの森林法制と林務組織

組織の再編によりリギスベルク第7森林管理署は，第8森林管理署の一部及び第18森林管理署と統合され，2001年の調査時点では，第5森林部ベルン・ガントリッシュ（Waldabteilung 5, Bern-Gantrish）の一部を構成していた。

《地域森林管理計画の構成と内容》

同計画書は，1.序文，2.基礎資料，3.森林育成の理想像，4.特別対象，5.調整・監査，付録（現在の概況，近自然森林育成の原則，対象カード・コンフリクトカード，特別対象とコンフリクトに関する地図）から構成される。計画期間は15年，森林育成の目標と戦略は，1996～2010年が想定され，対象地区は16市町村797haの森林である。なお，同計画書は現在，2006年に「地域森林管理計画シュバルツバッサー・ギュルベタール2006-2020」に改訂更新され，カントン森林局のホームページで公開されている。

1.序文では森林計画の目的として，①ギュルベタールの森林保全と森林管理の理想像，特に森林整備計画に定められた事項の叙述，②市町村，森林所有者，関係者の参加の確保，③森林に関係する他分野の計画との調整の3点を指摘している。地域森林管理計画は，連邦森林令第39条〔特別の前提〕に規定する森林所有者に対する連邦補助金交付の前提となり，森林経営対策及び支援の際の林務組織の本来的な判断資料となると付記されている。また，法制度的根拠と拘束力をカントン森林法による官庁拘束的計画と規定し，協力専門委員会など計画作成参画者リストが付されている。

2.基礎資料では，現況，地域の一般的性格と所有関係，森林の立地と森林構成，成長量と森林利用，自然景観保全，厚生機能と自然災害からの保護，特別対象が解説される。特別対象の内容は，木材生産4件293ha，自然景観保全11件115ha，自然災害防止5件103ha，コンフリクト面積2件25ha，その他森林面積261haである。木材生産は，全体で年間6,300m^3が計画され，集約度により集約的（10～12m^3/ha）127ha・1,400m^3/年，標準的（8～10m^3/ha）497ha・4,500m^3/年，粗放的（4m^3未満/ha）138ha・400m^3/年，生産放棄35haである。

3.森林育成の理想像では，上位目標として地域における持続的森林育成が掲げられ，木材生産（H），自然災害防止（S），自然景観保全（N），休養・

425

第3章　スイスの地域森林管理と制度展開

スポーツ（E）に区分して，森林育成の共通目標と特別戦略が記述される。
特別戦略には，4.特別対象に記載される事項が森林機能区分ごとに示される。森林経営原則では，①経済的・生態的基盤の保全，②近自然森林育成，③多面的森林機能の維持，④コンフリクトの際の優先順位，⑤最少の費用で必要な最大の措置，⑥森林の変化の観察，⑦関係者の共同の7項目をあげ，④の優先順位は第1に自然災害防止，第2に長期間にわたる生活環境保全，第3に森林所有者の利益の保証，第4にその他の公共的要請という基本原則を提示している。

《特別対象と基礎資料》

4.特別対象では，その対象が個別具体的に記載される。特別対象面積は

表3-5-10　ギュルベタール地域森林管理計画の特別対象リスト

Nr.　対象名	面積	転換手段	該当市町村
S-01 Belpbergwald	45	造林プロジェクト，保護林	Belp
K-02 Tufteren	3	コンフリクト	Belpberg
H-03 Chieffern-/Chutzenwald	113	プロジェクト，施業計画	Belpberg
N-04 Chieffern	2	個別契約	Belpberg
N-05 Cheergrabe	3	個別契約	Belpberg
N-06 Chamburgwald	17	個別契約	Gelterfingen
N-07 Chamburgflueh	13	カントンの自然保護地区	Gelterfingen
S-08 Chamburg	14	造林プロジェクト	Gelterfingen
N-09 Daeliwald	13	個別契約	Gerzensee
N-10 Schaleflueh	5	個別契約	Kirchdorf
H-11 Hangwald/Berg	137	プロジェクト，施業計画	Kirch-, Mueledorf, Noflen, Seftigen
H-12 Fronholz	14	プロジェクト	Seftigen
H-13 Riederwald/Buechhoelzei	29	プロジェクト，施業計画	Gurzelen
S-14 Schlosswald	19	造林プロジェクト	Burgistein
N-15 Burggrabenwald	5	保護林	Burgistein
N-16 Breiten	9	個別契約	Burgistein
N-17 Muelibach	11	個別契約	Muehlethurnen, Riggisberg
S-18 Thurnenholz	12	造林プロジェクト	Kirch-, Muelethurnen, Riggisberg
N-19 Guetenbruennen	12	カントンの自然保護地区	Kaufdorf,Toffen
K-20 Vordere Rain	22	コンフリクト	Toffen
N-21 Am hintere Rain	25	個別契約	Toffen
S-22 Toffenholz	13	造林プロジェクト	Toffen

資料：Regionaler Waldplan Gürbetal（Tabelle 4）
注：対象名及び該当市町村は原語のままとした。また，原文には「これらの対象における措置の目的と指示の詳細は付録の対象・コンフリクトカードを参照。コントロールは林務官庁によって行われる。」と付記されている。

536ha であり，地域内森林面積の 67％に相当している。付録の対象カード
では，それぞれの出発点の状況，目的・目標，対策と転換，関係者・協力
者，特質が記載され，コンフリクトカードでは現状，問題・出発点の状況，
関係者と協力者，調整の状況，その他の措置，資料が1頁に整理され，当該
地域の地図が添付される。例えば，表3－5－10のK-02のコンフリクト局
面は，自然保護と森林経営用建物の建設をめぐる競合である。

　付録では，その他に基礎資料の概観と近自然森林育成原則が示されてい
る。基礎資料は，地域内の市民ゲマインデ・森林組合（Waldgenossenschaft）
の施業計画，景観基本計画，地域基本計画・土地利用計画及び市町村の空間
計画関連資料，その他資料（歴史的交通路調査，カントン・ベルンの考古学

表3－5－11　自然保護地域の渓畔林保護に関する対象リスト

市町村：Guggisberg	地域名：Sensegraben	対象リスト番号：29
テーマ：自然景観保護	面積：120ha	優先度（客観的）：1

説明／出発点：
　カントン自然保護地域のゼンセグラーベン地区（計画地域の拡大）には20haの河畔林があり，
河畔林保護令に基づき保護されている。その他の森林は，概ね私有林で100ha（地域森林管理計
画地区内の面積）に達する。カントンの景観整備コンセプトでは，ゼンセグラーベンを優先地域，
超地域的野生動物移動回廊，価値ある河川湖沼保護地域としている。林業的利用は許されるが，
従属的な重要性にとどまる。
連邦森林調査：河畔林地域
カントン自然保護地域：Sensen, Schwarzwasser
森林自然保護調査の対象：852.5，852.6，852.7

目的／対策：
自然保護地域の森林の生態的価値の向上：
河畔林保護令に基づく河畔林：自然保護局（優先度1）との契約締結
その他の森林：急斜面の部分的，全体的森林保護地域の森林所有者との申し合わせ（優先度2）

手法／措置：
手法：契約　　　　　　　　　　時期：2000年から
措置：1 カントン参事会決議の改定
　　　2 河畔林契約の締結
　　　3 残りの森林所有者との交渉

費用／負担：
費用：…CHF
負担：連邦，カントン

参画／調整：
責任主体：自然保護監督部（対策1,2），第5森林部（対策3）
参画：狩猟監督部，漁業監督部，土木事務所

特記事項：
河畔林保護令に基づく契約の費用は自然保護部，その他の契約は森林部から行われる。
管轄と施行は森林局と自然保護局の間で申し合わせる。

資料：Amt für Wald des Kantons Bern Waldabteilung 5 Bern-Gantrisch, Regionaler Waldplan
Gantrisch 2000-2015

第3章　スイスの地域森林管理と制度展開

的調査，散策路調査，自然保護地域及び保護すべき植物学的・地質学的対象，洪水地図など），審査中または未処理資料（地域景観基本計画，地域開発計画，河川・湖沼基本計画，森林育成・生態均衡プロジェクト，境界樹，地域計画など）が利用されている。

　第4節の4では，森林・林業行政と自然景観保護行政の中間領域が森林政策に取り込まれ，多様な手法による各所管官庁の連携が図られている点を指摘した。この具体例として，表3－5－11にガントリッシュ地域森林管理計画書から自然保護地域の渓畔林保護に関する対象リストを示した。

　同計画の策定に当たって，森林・林業関係の諸資料とともに空間計画，狩猟・鳥獣保護，歩道・散策路，河川・湖沼，自然郷土保護に関する以下の計画資料が参照，利用されている。それは，国家的意義及び局地的意義のある自然郷土保護対象調査（自然郷土保護法第6条），高層湿原連邦調査（第18a条），低地湿原連邦調査（第18a条），湿原景観連邦調査（第18a条），河川・湖沼岸連邦調査目録（第18a条），水鳥・渡鳥保護地域連邦調査（狩猟法第11条），狩猟禁止地域連邦調査（同），スイスの歴史的交通路調査（自然郷土保護法第6条），景観保全地域カントン調査（第18b条），自然保護地域調査，森林における特別保護対象カントン調査，乾燥地調査，特別植生調査，考古学調査などである。これらの調査資料には2.5万分の1の地図が付され，景観保全地域カントン調査目録以下の資料には，0.5～1.5万分の1の地図も作成されている。制度，政策的枠組みや執行・管理組織，専門技術者とともに調査，情報の蓄積にも注目しておく必要がある。

(3) 森林における生物多様性保全対策

　最後に2006年及び2016年連邦森林法改正と2013年カントン森林法の改正による助成措置のカントン段階における変化をカントン・ベルンの生物多様性対策を事例に検討する。2017年度の森林整備に関するカントン・ベルンの補助事業は，①森林の生物多様性，②幼齢林保育，③保全林保育，④森林保全，⑤架線補助金，⑥林道網整備から構成され，①森林の生物多様性は，③保全林保育とともに2008年度以降の補助政策の特徴的中心事業である。

428

カントン・ベルン経済省（2008）『アクションプログラム：カントン・ベルンにおける生物多様性の強化』では，カントン・ベルンの生物多様性保全対策の上位目標を，①平坦地域を重点とした耕作地の生物多様性強化，②耕作地と森林の生態的均衡のより良いネットワーク（Bessere Vernetzung）と，③森林の生物多様性の強化とし，農政における環境直接支払いとともに森林の生物多様性対策をその両輪としている。

　第1期の2008〜2011年度の森林の生物多様性対策では，①面積（天然林保護区1,050ha，老齢林・枯死林分50ha）250万CHF，②生物共同体のネットワーク（林縁の価値向上100ha，林縁の保育50ha）110万CHF，③国家的貴重種及び絶滅危惧種（天然林保護区1,050ha，老齢林・枯死林分50ha）280万CHF，④個別対策（放牧林60ha）80万CHF（フランス・スイスのINTERREGプロジェクト）の4つのサブ目標とカントンの成果設定に対応した連邦・カントンの補助金720万CHFが予算化されている。

　国家的貴重種と絶滅危惧種の保全に関しては，BAFU（2011）「国家優先

表3－5－12　カントン・ベルン生物多様性保全事業の対象と所管官庁

種のグループ	管轄官庁	種のグループ	所管官庁
両生類7種 Amphibien	KAWA，ANF ANF+KAWA	トンボ類4種 Libellen	ANF
魚類8種 Fische & Rundmäuler	FI	軟体動物類4種 Mollusken	ANF
地衣類3種 Flechten	ANF ANF+KAWA	コケ類4種 Moose	ANF
コウモリ類12種 Fledermäuse	ANF	植物類32種 Pflanzen	ANF+KAWA KAWA,ANF
バッタ類3種 Heuschrecken	ANF ANF+KAWA	キノコ類1種 Pilze	ANF
甲虫類5種 Käfer	KAWA	爬虫類4種 Reptilien	KAWA ANF+KAWA
チョウ類11種 Tagfalter	ANF+KAWA ANF	鳥類16種 Vögel	JI + KAWA ANF,JI+ANF
甲殻類2種 Schalentiere	FI	哺乳類3種 Säugetiere	ANF

資料：BAFU (2016) Arten-Förderschwerpunkte Kanton Bern 2016-2019
注：個別の種名（ドイツ語・フランス語・学名）は省略した。所管官庁は，ANF:
　　Abteilung Naturförderung（自然対策部），FI: Fischereiinspektorat（漁業局），
　　JI: Jagdinspektorat（狩猟局），KAWA: Amt für Wald（森林局）

第3章　スイスの地域森林管理と制度展開

Entscheidungshilfe   Anhang 3

Feuchte Tannen-Buchenwälder	B22	Feuchte, basenreiche Tannen-Buchenwälder	B23

Tannen-Buchenwald mit Bärlauch	(Nr. 18g)	Farnreicher Tannen-Buchenwald	(Nr. 20a)
Tannen-Buchenwald mit Wald-Ziest	(Nr. 18s)	Farnreicher Tannen-Buchenwald,	
Tannen-Buchenwald mit Wald-Ziest,		Ausbildung mit Pestwurz	(Nr. 20a$_p$)
Ausbildung mit Waldgerste	(Nr. 18s$_E$)	Farnreicher Tannen-Buchenwald,	
		Ausbildung mit Bärlauch	(Nr. 20g)

Höhenstufe:	sm	um	om	hm	sa	Höhenstufe:	sm	um	om	hm	sa

Hinweis:　Standortsschlüssel JU ohne Untereinheiten bei der Gesellschaft Nr. 20.

SOLL-ZUSTAND

ASPEKT

ASPEKT

STANDORT
◆ ohne Entwässerungsgräben
◆ Humusform und Bodenaktivität entsprechen den Verhältnissen im Naturwald

STANDORT
◆ aktiver Oberboden
◆ keine Entwässerungsgräben

BESTAND
Mischung:	**Bu**, Ta, BAh
	Lbh: > 50%, Fi < 10%
Struktur:	stufig und grosse Durchmesserstreuung
Textur:	normaler - lockerer Kronenschluss
Verjüngung:	An- und Aufwuchs in Trupp- bis Gruppengrösse auf mind. 10% der Fläche, Mischung zielkonform

BESTAND
Mischung:	**Bu**, Ta, BAh, BUl, (Fi)
	Lbh: > 50% (50% Ta)
Struktur:	stufig und grosse Durchmesserstreuung
Textur:	normaler - lockerer Kronenschluss
Verjüngung:	An- und Aufwuchs in Trupp- bis Gruppengrösse auf mind. 10% der Fläche, Mischung zielkonform

ÜBRIGES
Totholz:	stehendes und liegendes vorhanden (Spechtbäume)
Altholz:	mind. 10 Bäume pro ha mit BHD > 50 cm
Strauchschicht:	artenarm, Geissblatt-Arten, in Nr. 18s üppige Hochstaudenflur
Krautschicht:	lückig bis fast geschlossen, artenreich, standortsheimische Arten

ÜBRIGES
Totholz:	stehendes und liegendes vorhanden (Spechtbäume)
Altholz:	Nr. 20a, 20g mind. 10 Bäume pro ha mit BHD > 45 cm
	Nr. 20a$_p$ mind. 10 Bäume pro ha mit BHD > 40 cm
Strauchschicht:	strauchfrei
Krautschicht:	zweistöckige, üppige artenreiche Krautschicht mit Hochstauden und Farnen, standortsheimische Arten

MASSNAHMEN

Soll erreicht:	◆ dauerndes Vorhandensein von Mischbaumarten weiterhin gewährleistet

Soll nicht erreicht:
Waldbau:	Verjüngung/Pflege
	◆ falls stufige Struktur nicht vorhanden, mittels Plenterdurchforstungen erreichen; in sehr vorratsreichen Plenterwäldern plentern
Weitere:	◆ vorzeitiger Abtrieb standortsfremder Baumarten
	◆ Gewährleistung tragbarer Wildbestände

Soll erreicht:	◆ dauerndes Vorhandensein von Mischbaumarten weiterhin gewährleistet

Soll nicht erreicht:
Waldbau:	Verjüngung/Pflege
	◆ falls stufige Struktur nicht vorhanden, mittels Plenterdurchforstungen erreichen; in sehr vorratsreichen Plenterwäldern plentern
Weitere:	◆ vorzeitiger Abtrieb standortsfremder Baumarten
	◆ Gewährleistung tragbarer Wildbestände
	◆ nasse Böden nicht befahren

図3－5－4　森林自然保護サービス補償対策の判定支援対策シート
資料：Volkswirtschaftsdirektion des Kantons Bern（2016）Biodiversität im Wald：
Entschädigungen für Naturschutz-leistungen im Wald, S.69

種リスト」（Liste der National Prioritären Arten）」に基づき，「カントン・ベルンにおける支援重点対策 2016-2019」が策定されている。表 3 − 5 − 12 は，同重点支援対策の対象種と所管官庁を一覧表に示したものである。自然保護対策の主管官庁の自然対策部とともに森林局や漁業局，狩猟局と連携した対策がとられ，対象種の生息地や属性により両生類，爬虫類，甲虫類，植物類の数種では，カントン所管官庁（Kantonale zuständige Fachstelle）に森林局が指定され，鳥類では狩猟局・森林局の共管の種も存在する。

同対策の第 3 期に入るとカントン・ベルン経済省（2016）『森林の生物多様性：カントン・ベルンの森林自然保護サービス補償』により，同事業の目的と財政支援の解説とともに目標林型 66 タイプの判定支援対策シートが示された。その様式例として，図 3 − 5 − 4 に B「22 湿潤なモミ・ブナ林」と「B23 湿潤で稚樹に富んだモミ・ブナ林」の対策シートを示した。

同対策の指針では，目標林型タイプによる現状とあるべき状態（SOLL-ZUSTAND），対策（MASSNAHMEN）の指針が示され，それに基づき各森林管理区の担当フェルスターによる補助事業の執行と施業の実行が行われ，その経験が自然保護分野においても蓄積されていくものとみられる。ベルン以外のカントンや同対策の執行状況の調査がさらに必要と思われるが，法制度や補助事業の制度設計のあり方とともに伐採規制の伝統と補助制度の現代化により森林管理区の担当フェルスターによる環境配慮と地域森林管理の公共的制御が個別林分に対しても実質化しつつあるように思える。

注及び引用文献
(1) H. Gnägi（1965），S.6. 同書序文に R. Balsiger（1923）Geschichte des Bernischen Forestwesens（1848 〜 1905 年）が出版されているとの記述があるが未見である。
(2) H. R. Kilchenmann（1995），S.40
(3) GEWO（1997）による。
(4) 1997 年 9 月のカントン・ベルン森林局での聞き取り調査による。
(5) Bau-, Verkehrs- und Forstdepartment Graubünden（2011），S.1-5
(6) 2001 年 9 月のカントン・ベルン第 5 森林部森林技師からの聞き取り調査による。
(7) アルプ放牧地の所有形態と利用関係及びベルナー・オーバーラントの特徴は，

第3章　スイスの地域森林管理と制度展開

　上野福男（1989）の「第Ⅳ章　アルプ及び放牧地の所有関係」，100〜123頁）
が参考となる。

(8)　2002年7月のラウターブルンネン村ゲマインデ・フェルスターからの聞き取
り調査による。

終章　国家・市場経済・地域の相克と制度変化

1　森林管理の歴史的基層と制度変化

(1) 森林管理制度の歴史的基層と政策ドメイン

《日本の制度的課題と地域ガバナンス》

　日本とスイスは，19世紀末に国・連邦段階の森林法を制定し，自国の森林所有形態と自然条件に対応した近代的森林管理制度の構築に取り組んだ120年を超える歴史を持つ。この1世紀を超える時間的経過は，両国の森林管理制度とそれに関与した組織及び主要アクターの評価を行うために十分な歴史的時間である。日本は1897年の第1次森林法制定から120年，1947年の林政統一による戦後林政のスタートから70年が経過している。

　序章では，日本・スイスの森林・林業に関するパフォーマンス・ギャップを手掛かりにその背景を探るため，両国の森林法制と公有林管理に関する研究史をレビューし，山梨県有林とスイスのゲマインデ有林の歴史的位置づけを行い，本書の方法と分析視点を提示した。本書では現代日本の森林管理の脆弱性に関して，①森林資源の循環利用・管理水準の低位性と循環経営システムの不在，②住民的森林利用と林政に関する国民の非近親性，③公共的森林管理の制度的枠組みの欠如と国際的潮流からの乖離の3局面からこれを把握し，その規定要因と日本の森林管理制度の問題点を分析した。

　終章では，現代日本の森林管理の脆弱性を規定した歴史的基層と制度変化の特徴を総括し，戦後林政の克服に向けた1951年森林法の基本問題を提起する。以下，表終−1に沿って日本とスイスにおける森林管理に関する歴史的基層が両国の政策ドメイン（political domain）にどのような影響を与え，日本の地域森林管理の現状を規定しているか，施業管理と土地利用・環境管理の両局面から検討する。

　この施業管理と土地利用・環境管理の両局面は，第3章で検討した1991年スイス連邦森林法における管理方式の2基軸を構成し，施業管理は同法第4章の森林の育成と伐採，土地利用・環境管理は同法第2章の侵害からの森林保護と第3章の自然災害からの保護に規定されている領域である。後者

433

終章　国家・市場経済・地域の相克と制度変化

表終-1　スイス・日本の森林管理制度の相違点と地域ガバナンス

区分 比較基準・指標		制度的相違点と特徴	
		スイス	日本
歴史的基層	森林所有の形成	利用権を持つゲマインデが中心的所有主体	入会権の解体と私有・国家所有の形成
	森林利用権	林役権の解除とアクセス権の保証	物権としての入会権・慣行利用権
	森林経営の形成	ゲマインデ有林の経営規定に基づく保続経営	御料林・植民地林業の解体と国有林経営破綻
	林務組織の任務	森林法の執行と公共的利益確保の責任主体	国有林営林組織による民有林政策の策定・執行
	森林管理区	カントン業務の森林管理区契約による委託	該当組織なし（森林組合を通じた組織化）
	森林警察権限	全般的森林警察権とカントンによる刑事訴追	国有林森林管理署による盗伐・火災防止
政策ドメイン	中央段階の主管官庁	環境交通エネルギー通信省・環境局森林部	農林水産省・林野庁
	現行の基本法令	1991年連邦森林法，各カントン森林法	1951年森林法，2001年森林・林業基本法
	主な政策対象	現況森林に対する多面的森林機能の持続的発揮	5条森林対象の林業振興による森林機能発揮（民有林）
	農政・地域政策	環境直接支払いと空間整備・地域政策	農林漁業振興による農山漁村活性化
	執行組織	林務組織による即地的統一管理	民・国分離，中央集権・縦割画一主義
	森林・林業財政	1期4年の連邦・カントンの契約基づく事業	林野公共事業の施策粘着的継続
施業管理	伐採規制	皆伐禁止，フェルスターによる選木記号づけ	森林法と制限林の個別法令による規制
	伐採許可の認可	林務組織による許可，現地確認と助言	制限林の個別法所管官庁による許可
	更新・保育	森林法に基づく再造林義務と最小限の保育実施	森林法に基づく更新義務，再造林放棄の拡大
	森林計画	森林整備計画と空間計画の結合	市町村計画に即した経営計画樹立誘導
	保安林	保安林概念の拡大と保全林の再区分	指定施業要件，保安林整備・税制優遇
	助成措置	森林法に規定された公共的利益への助成	ひもつき補助による「公益性」発揮
土地利用・環境管理	森林の法的定義	幅，面積，林齢による即地的法令規定	定量規定のない林叢説と民有林に関する「5条森林」規定
	林地転用の許可	厳格な転用禁止と例外許可，現物補充	1ha以上対象の許可を原則とした制度
	公有林の売却・分割	カントンによる施行規程に基づく許可	森林法令に特段の規定なし
	自然災害対策	計画・組織・工学・生物学的対策の統合	同上，治山事業・保安林整備を実施
	都市計画との調整	保護すべき建築区域内森林の森林確定	森林法令に特段の規定なし
	森林と建物等の距離	最少距離の森林法による規定と例外許可	同上
	自然公園地域との調整	森林法令による森林保護区・鳥獣保護区の設定	同上
	森林の立入りと近親性	アクセス権保証と森林法による制限規定	同上
	林道通行	連邦・カントン森林法による制限規定	同上，林道管理条例の制定と訴訟事例

資料：本書第1章～第3章をもとに著者作成。

は，ランドスケープレベルの森林管理とも言われ，政府間プロセスにおける持続的森林管理の基準・指標や森林認証などの現代的森林管理に関する公共的制御において，重要な政策領域を構成している。

《歴史的基層：森林所有と林務組織及び森林経営の形成過程》

　歴史的基層として，両国の森林所有の形成過程とそれに続く林務組織の構築及び森林経営の形成過程は，両国の森林管理制度・政策のあり方と主導的アクターの政策理念を大きく規定した。スイスのカントン林務組織は，管内森林すべてに関する森林警察権を保持し，施業規制やアクセス権の保障を含めた行政任務と森林警察権を行使している。しかし，日本では国有林営林署が森林警察権をほぼ独占し，その行使は主に国有林経営の保全のための放火・盗伐対策に限られた。

　図終－1にスイスと日本の森林所有・利用権と林務組織の相違点を示した。スイスでは，森林の共同体的管理の主体であったゲマインデが森林所有権を取得し，現在も中心的森林経営主体として，その近自然循環経営を維持している。スイスの公共的森林は，私有林以外のカントン有林，ゲマインデ有林・団体有林を含み，連邦森林警察法段階からその売却・分割許可を規定し，施業計画の編成義務を課した。森林利用権に関しては，私有林も含め連邦高山地帯森林警察法及び連邦森林警察法に基づき利用規制と林役権の解除が実施され，アクセス権が1907年の連邦民法に基づき一般的に保障された。

　明治政府の成立後，日本では1876年に山林原野の官民有区分が開始され，近代的森林所有権が形成された。その過程でスイスと対極的に私有林と国有林・御料林が支配的所有形態となり，公有林と入会林野の整理が政策的に推進された。民法の入会権に関する規定は，民法第263条の共有の性質を有する入会権と第294条の共有の性質を有しない入会権が規定され，前者は「各地方の慣習に従うほか，この節（共有）の規定を適用する」，後者は「各地

スイス	森林利用権	アクセス権の保障（民法）と例外規定（森林法）			
	林役権消除	経営規程に即した保続経営の形成　転用・皆伐禁止			
	所有形態	公共的森林			私有林
		カントン有林	ゲマインデ有林	団体有林	
	林務組織	カントン・森林圏森林管理署・森林管理区			
日本		入会権の残存・転化 部分林・共用林野 分収林・貸付 林地開発許容			
	所有形態	国有林	民有林		
			公有林	私有林	
	林務組織	森林管理署	都道府県林務組織・市町村（森林組合）		

図終－1　スイスと日本の森林所有・利用権と林務組織
資料：第1章及び第3章に基づき著者作成

終章　国家・市場経済・地域の相克と制度変化

方の慣習に従うほか，この章（地役権）の規定を準用する」と法定され，民法学の定説も入会権を物権として位置づけている[1]。

戦前期林政が国有林経営とともに精力を注いだ御料林と植民地の林業開発は，第2次世界大戦の終戦とともに消滅し，御料林と内務省管轄の北海道国有林を1947年の林政統一により農林省管轄の国有林に統合し，特別会計による国有林野事業が成立した。しかし，国有林野事業は度重なる経営改善にもかかわらず，市場経済の変化に対応できず累積債務が3.8兆円に増大し，1998年の国有林野事業特別措置法の制定による「抜本的改革」に至る。これにより3.8兆円の累積債務から2015年に1兆円の債務を引き継ぎ特別会計から一般会計に移行した。その過程で一般会計予算から国有林野事業特別会計への繰り入れの増加による民有林予算への圧迫や国有林経営改善の都合に合わせた民有林施策の執行など，民有林政策への影響も大きかった。

林野庁は，長期借入金累増の要因を円高の進行による国産材の競争力の低下のほか，資源的制約，拡大造林からの方針転換の遅れ，事業規模の縮小と要因規模の縮小の遅れなど外的環境変化とそれに対する対応の「遅れ」に主たる要因を求め[2]，林野庁・国有林が採用した拡大造林政策自体に内在する当然の帰結として，明治期以来の国有林「経営」主義林政を転換する姿勢を何ら示さなかった。拡大造林政策の転換とは，拡大造林に対する重点補助施策を国有林経営改善の都合で転換するだけでなく，拡大造林により造成された人工林が伐期までの収支計算において，コスト削減と販売努力により成り立つと考えた政策理念と政策手法，担当組織のあり方を抜本的に見直すことが重要であったはずである。

日本においても1960年代から70年代に都市地域，農業地域，自然公園地域，自然保全地域に関する個別法と国土利用計画法が制定され，天然林保護運動の展開に対応した土地利用区分に基づく施業区分の再編が山梨県有林や東京都水道水源林で行われた。しかし，それが民有林政策全般や森林法制に波及することはなく，林政主管官庁の林野庁にとっては，現在も「森林政策」は林業政策（産業政策）のなかの「資源としての森林に関する資源政策」でしかなく[3]，その政策ドメインの限定性とともに行政組織の大半が所属する国有林野事業の経営改善に有能な人材と財政が投入された。

それに対して，スイス連邦森林法における土地利用・環境管理に関する法的規定は，連邦森林警察法から引き継いだ林地の転用禁止及び森林と建物等の距離に関する規定に加え，森林確定と森林への立入りと近親性及び林道通行に関する規定が1991年連邦森林法で法定された。同法では，連邦・カントンの林地転用の例外許可の要件を厳格に規定し，例外許可が認められた場合も同一地区で主要な立地に適した現物補充（Realersatz）を義務づけ，転用許可によって成立する利益の調整を定めた。また，連邦空間計画法に規定された土地利用計画の編成と改定の際に利用地区（のちに建築地区に改正）に隣接する森林及び将来隣接が予定されている森林を森林確定により指定することとした。以上の転用と森林確定に関する規定は，すべての林地転用を原則禁止したうえで，さらに区域設定を伴う空間計画との結合とそれに基づく開発規制，開発利益の公共帰属を法定し，地域段階の土地利用計画を即地的に拘束している点で日本の許可を原則とする林地開発許可制度と根本的に異なるものであった。

　さらに2000年代半ば以降，カントン・ゲマインデ段階の地域森林管理の実践を基盤に連邦段階の財政調整と横断的政策リンケージが推進され，林業政策から公共政策としての森林政策への転換が促進された。その過程は，連邦段階では，1999年のWAP-CHの公表から2006年の連邦新財政調整法の制定と連邦森林法改正，2011年のWaldpolitik2020に基づく第1期NFA森林プログラム及び2016年の連邦森林法改正から第2期NFA森林プログラムへの展開として実現された。カントン及び地域段階では，林務組織改革の進展に伴い森林管理署が合併・削減され，保全林，災害防止，生物多様性の保全と森林経営の効率化に重点化された補助プログラムの担当者として，森林管理区フェルスターの役割が増大した。

　磯部力（1993）「公物管理から環境管理へ」では，警察的公害管理・土地利用規制から包括的環境管理へという法理念の展開に注目し，行政法上の「管理」の意義を「当初建設警察として出発した土地利用規制行政が，次第に面的な都市計画規制に発展するとともに…歴史的には別々の行政領域であった公害行政と都市計画行政が，今日では，都市という人為的な生活環境の利用秩序の確立ならびにその計画的管理という現代社会にとっての最重要課

終章　国家・市場経済・地域の相克と制度変化

題を共有する段階に到達し，…包括的な環境管理行政の核心部分を構成することになる」とし，現代的「環境管理」と警察行政の行政手段の相違点を「警察領域においては，命令・禁止・許可・強制など主として権力的な行為形式が用いられ，仮に行政指導など非権力的手法が用いられるにしても，そこにはおのずから警察目的に由来する限界があると考えられるのに対し，管理の領域においては，まさに規範定立・計画策定行為から個別処分まで，公権力行使から非権力的な行政指導や協定・契約，補助金交付まで，法行為から事実行為まで，実に多様な行政手段が行使されうる点に本質的な特徴を見出すことができる」としている[4]。建設警察は土地利用規制から都市計画規制に展開する現代的環境管理の起点であったが，その警察的管理から公共政策としての現代的環境管理への展開に関しては，国や政策分野による展開の位相が異なり，日本の戦後林政は，森林警察を現代的森林環境管理に展開する志と能力を欠いた。

　日本の森林に対する土地利用・環境管理に関しては，林地転用許可制度が1974 年の森林法改正により創設された以外は，表終 − 1 に示した公有林の売却・分割，自然災害対策，都市計画との調整，森林との距離，自然公園等の調整，森林の立入りと近親性，林道通行に相当する国の森林法制における特段の規定は存在せず，市場経済にその成り行きは基本的に委ねられた。日本の自然公園法に基づく制限林の施業規制が林務部局ではなく，自然公園部局による許認可基準の設定と所管官庁により実施された背景には，1960 年代前後からの国立公園行政と国有林行政の対立や軋轢が都道府県段階の林務行政と自然公園行政においても貫徹し，林務組織による地域統合的森林管理の構築を困難にした。第 1 章の第 1 節で述べた林地転用許可制度に関しても千葉県の現状に象徴されるように問題は山積しているが，地元自治体や林務組織にそれを取り締まる十分な権限や行政手段は付与されていない。

　《主管官庁の政策ドメインと政策手法：「経営」主義林政の限界》

　両国の森林政策の主管官庁の組織と現行法令に関しては，第 1 章と第 3 章で検討した。日本の林務官庁は，明治期に御料林・国有林経営の展開を最重点課題とする営林組織として形成され，民有林に対する林業振興や森林警察的管理の実践を経ずに日露戦争後は，台湾，樺太，朝鮮，南方などの植民地

開発が展開された。第2次世界大戦後の林政統一以降も国有林営林組織が民有林政策も同時に企画・執行する体制が継続され，政権与党と農林事務官，林野技官の組織利害が一致する「経営」主義林政が展開した。

　スイスの農業政策と直接支払い及び空間整備・地域政策と農業政策の位置づけは，第3章の第3節で述べたように日本の水田農業中心の直接的所得補償や中山間地域対策と大きく異なった。そうした農政における制度・政策の違いも日本の森林・林業政策を農政横並びの産業政策の枠に押しとどめる役割を果たした。スイスの農政改革の枠組みとそれに基づく直接支払いの特徴は，①農政改革の当初から一貫して生産に結合されないエコロジー直接支払いへの重点化と環境上の順守義務を必要条件としたクロスコンプライアンスの実現を基本戦略にし，②4年を1期とした各段階で施策革新的な事業内容の継続的見直しを行い，③支給対象とする経営主の年齢を64歳以下の0.3標準労働力以上の労働需要が存在する経営体に絞り込みながらも国土利用の過半を占める耕地・放牧地，アルプ，果樹園を含む土地経営を対象とし，④2015年度は4.7万経営体に27.8億CHFの直接支払いを実施している。

　補助事業の任務と事業方式に関して，森林・林業再生プランを契機に導入された森林管理・環境保全直接支払制度による間伐では，第1章の第2節で述べた阿寒湖畔前田一歩園財団のマリモ生息地周辺の森林整備の事例でみたように$10m^3/ha$以上の木材搬出は控えた方が良い林分は，その採択要件から補助なしの自己負担で実施せざるを得なかった。それは「環境保全直接支払」というその事業名とは正反対の生産刺激的の事業方式として，スイスやフィンランドにおける森林施業に対する環境助成や直接支払いと対比すれば，森林管理・環境保全直接支払制度が政策理念と手法の異なる市場介入的助成措置であることは明白である。

《制度・政策形成の主要アクターと政府間関係》

　行政学では，政策移転の主体となるアクターの行動を制約する「制度」の存在として，①参加の制約，②行動の制約，③アイディアの制約が指摘されている。戦後林政の階層性を構成する林業政策・施策・事業の各段階における主要アクターは，政策・法制度の形成が政権与党農林部会・農林水産事務官，施策・事業企画が林野技官（Ⅰ種・総合職），事業執行が林野技官（Ⅱ

439

終章　国家・市場経済・地域の相克と制度変化

種・一般職・専攻科）及び都道府県・市町村職員の限定された参加のもとでの行動とアイディアにその大枠は規定された[5]。

　都道府県の林務行政組織は，職員数では林野庁を超える 8,000 人余を要する行政組織であるが，スイスのように独自のカントン森林法を制定し，連邦・カントン森林法の規定に基づき公益性の維持に責任を持つ林務組織ではない[6]。落合洋一（2012）「地方自治体を動かす制度と習慣：機関委任事務制度の廃止を事例にして」が指摘するように都道府県の林務組織と国・林野庁との関係においても「機関委任事務以外の事務においても許認可・指導・勧告・協議などの名のもとに事実上の統制として蔓延するなど」，法令等，行政慣行，通達・通知，職務命令が連動し，実務担当者である地方自治体職員の行動を拘束した[7]。また，林野技官の都道府県林務組織幹部への出向と林野公共・非公共事業の配分を通じて，国・都道府県林務行政の一体化が進行し，個人的力量を有する職員も長年馴染んだ政策ドメインと組織的思考様式や現役当時の序列関係から逸脱した制度形成は困難であった[8]。

　日本の森林管理制度では，新制度論において制度変化をもたらすアクターの対応として想定している学習・競争過程における「反乱者による置換」や「破壊活動者による併設」が国の制度・政策に直接的影響を与えることはこれまで考えられず[9]，都道府県や林業組織も林野庁に対する共生的・日和見的対応に終始しがちであった。このため，アクター間の連合による戦略的行動や制度変化は発生せず，林野庁を主導的アクターとする粘着性の強い法制度・政策と基軸施策・事業が維持され，制度と組織の自己強化過程が都道府県・林業組織を巻き込み定着した。

　日本最大の経営規模を誇る国有林や各府県の林業公社も累積債務の処理に苦しみ，経営としての持続可能性を保持できなかった[10]。拡大造林を推進した制度の残渣と政策ドメインは現在も生き残り，国産材需要の拡大とコスト削減による国産材生産拡大が森林・林業政策の基軸施策として選択され，多くの都道府県がそれに追従した。そこでは，政策理念や政策目的の革新を経て，施策や事業が新たに組み立てられるのではなく，国有林・保安林・森林整備・森林計画・森林組合等の主要施策体系は温存されたまま，事業予算の確保に向けた一部改正が繰り返されることにより，政策及び事業名称は変

化しても主要施策の体系と対象は粘着的に維持された。都道府県林務組織においても政策形成のルーティン化により各地域における森林管理の実践に基づく施策革新的政策形成ではなく，担当施策防衛的な予算確保と都道府県段階の無難な予算執行が林務職員の手腕発揮の主たる戦場となった。

(2) 多面的森林利用の展開と共同体的基層
《社会の近代化と公共政策の地域的基層》

　第2章では山梨県有林の経営展開に対応した自給的利用から富士北麓・八ヶ岳山麓の観光開発に対応した森林利用と保護団体の関係を検討した。山梨県有林では，戦前段階の自給的・生業的森林利用と部分林の設定から1970年代以降，観光・レクリエーション利用と自然環境保全問題に利用問題の焦点が移り，森林利用に関する論点も戦前の入会関係をめぐる県有林と地元組織の関係から自然保護や貸付による非農林業的利用と交付金問題に移行した。その転機が1964年の土地利用条例の検討開始から1972年の土地利用条例の制定及び1973年の「県有林野の新たな土地利用区分」の導入であった。

　それにより山梨県有林における木材生産の主な対象地を林業経営地帯の経済林に重点化すると同時に保健休養地帯における観光・レクリエーション利用を推進した。これに伴い保護団体に対する交付金は，林業的利用を基礎とした事業割，面積割，部分林分収交付金から観光・レクリエーションと軍事演習地としての貸付収益の分配による土地利用条例交付金と演習場交付金がその大宗を占めるに至った。一部で「権益者」による自給的・生業的森林利用と植樹用地等の分割利用は，存続しているもののその比重は著しく低下した。

　現在では「権益者」の地区別戸数や賦課・配分比率を過去の既定配分比率に基づき継承しているものが多く，スイスの市民ゲマインデと異なり個別に権益者を特定することが困難な保護団体がほとんどである。また，保護団体の執行体制は，市町村議員等から構成される役員と市町村職員による非常勤の事務局を中心に維持され，地域住民との関係は希薄化している。現在では保護団体の森林経営や森林管理の主体としての役割は限定的であり，地域的共同性自体が市場経済や国家の独走に対して，コモンズ論の想定する市民的

441

終章　国家・市場経済・地域の相克と制度変化

公共性の担い手として，有効に機能する展望は容易に描きえない。

　本書では，共同体的管理や共的管理の自然資源管理における優位性を主題にするのではなく，国家的・私的管理を基軸とした経営展開や国家による森林利用権や自治組織の再編政策により共同体的利用と管理がいかに変質し，それが現在の地域・共同関係にどのように作用したかに注目した。森林管理制度研究における地域把握と歴史的基層に関する暫定的仮説として，表終－2に示した枠組みが想定できる。

　スイスと日本の森林利用形態は，「自給的・生業的森林利用」から「木材生産中心の市場経済対応」を経て，「近自然循環林業と森林環境管理」へと展開している。それに対応して各段階における森林政策の目的と主要アクターは，領主権力と共同体による所有権の確立と経営・利用権調整に対する森林警察的管理から国家及び企業・私的セクターによる林業振興・補助施策の展開を基軸とした林業政策的管理を経て，国際間・政府・自治体と利害関係者の連携に基づく多面的森林機能の持続的発揮を目指した公共的森林管理へと移行した。それに伴い地域・共同関係も「共同体的利用と統制」から市場経済及び林業振興・補助政策への対応による「林業共同組織への移行」を経て，地域振興や森林環境問題の「社会・行政の協働構築の社会的基層」へとその位置づけが変化した。山梨県有林の事例は，地域における共同体的利用と統制の強さにかかわらず，保護団体が国や県，地域との関係のなかでスイスのゲマインデと異なり，物権として森林利用権から社会・行政との協働関係構築の社会的基層に転換することができなかった点にその現代的限界性が指摘できる。

表終－2　森林管理制度研究における地域把握と歴史的基層

区分／管理制度	共同体的管理	林業政策的管理	公共的管理
森林利用形態	自給的・生業的森林利用	木材生産中心の市場経済対応	近自然循環林業と森林環境管理
森林管理理念	森林警察的管理	林業政策的管理	持続的森林管理
政策目的	所有権の確立と利用権調整	林業振興・補助施策の展開	多面的機能の持続的発揮
主要アクター	領主権力と共同体	国家及び企業・私的セクター	国際間・政府・自治体と利害関係者の連携
地域・共同関係	共同体的利用と統制	林業共同組織への移行	社会・行政の協働構築の社会的基層

資料：本書第1章～第3章をもとに著者作成。

《スイス社会の近代化と共同体的基層》

　スイス社会と共同体のかかわりに関しては，P. ブリックレと黒澤隆文の研究が示唆に富む。P. ブリックレ（1990）によれば，農村共同体の自治組織と身分制国家の変化の過程で中世後期・近代初期の閉鎖法域が解体し，16〜17世紀に村法から領邦村落条例，領邦条例に置き換えられ，フォルスト（王や領邦君主の高権下にある森林）から共有林に森林罰令権が拡大し，領邦国家の構造は，中世後期から近代初期に村落の国家的機能の喪失が進展した。しかし，領邦議会・軍隊・裁判における領邦君主，貴族・高位聖職者，農民・市民の関与のなかで「統治権力と臣民の間で国家的課題の内容確定，機能分担，論理的根拠づけをめぐる興味深い対立がみられた」として，「ローカルな次元での共同体と領邦次元のラントシャフトの統合」をその特徴として指摘している[11]。

　黒澤隆文（2009）は，連邦制・直接民主制とゲマインデ自治の観点から近現代スイスの自治史を検討し，スイス近代史の特質を「フランス革命的な社会観・近代像の移植：1798年以降の第1の屈曲」による近代化過程と「これに遅れて1830年代から1870年代に具現化する第2の屈曲」による「スイス近現代史上の2度目の転換によるフランス革命的近代像の克服の結果」と

写真終-1　ソロトゥルン中心地の城壁に囲まれた旧市街。近くにスイス林業連盟があり中央の広場（市場）と中央奥の教会（宗教・生活），右の市役所（自治体・行政）が中世都市の生活空間を象徴している。

終章　国家・市場経済・地域の相克と制度変化

しての「三層からなる国家構造と歴史過程としての補完性原則」として，その特質を把握している。また，「第2の屈曲」を「旧体制末期にも間違いなく残存していた共和主義的，共同体主義的，仲間団体的な要素が，一本調子の集権化・官僚制化に歯止めをかけ，近代的な民主主義の理念や自由主義思想とも結びついて，代議制民主主義をレファレンダムやイニシアティブに基づく新しいタイプの直接民主制に置き換えてゆく過程であった」とする[12]。スイスは，この「第2の屈曲」の19世紀半ばに森林の所有権を含む住民ゲマインデ（市町村）と市民ゲマインデの財産分離や連邦段階の森林法制の整備に着手している点が注目される。

　スイスの森林所有の形成過程において，共同体的管理の主体であったゲマインデが森林所有権を取得し，地域における支配的な所有者となり，それを基盤に1970年代までに保続的森林経営を形成した。また，森林法の執行と公共性の確保に責任を有するカントンが独自のカントン森林法を制定し，地域実践に基づく自生的秩序形成と相互参照の機会を有した。連邦森林警察法の段階から森林警察的管理を担当する林務組織と現場技術者の養成が継続され，地域森林管理における政策手法の開発と林業技術者資格の法的位置づけがなされた。これに基づきカントン林務組織は，ゲマインデとの契約による森林管理区を設定し，その責任者としてのゲマインデ・フェルスターの社会的地位が確立した。

《連邦森林法制定以降の制度変化と対応力》

　第3章では，連邦森林警察法制定以降のスイスの連邦・カントン段階の森林・林業政策の展開と1990年代以降の森林法制及び森林政策の展開と農政，自然郷土保護，空間整備・地域政策の関連を連邦・カントンの行政資料と現地調査，統計分析により明らかにした。スイスの森林管理制度の発展を可能にした制度変化への対応力として，次の2点が重要である。

　第1にスイスの森林管理制度・政策が連邦・カントンの政策運営の基本方針として，「社会的市場経済」と連邦・カントン・ゲマインデ間の補完原則に基づき展開されている点である。その森林政策における制度的特徴は，①近自然循環経営の構築（市場経済対応），②国民から支持される制度・政策形成と現場適応的運用（行政過程），③ゲマインデ有林を中核とした森林経

444

営・森林管理区の構築と地域連携（地域との関係）が住民の生活空間で統合され，地域ガバナンスに埋め込まれている点である。

①の市場経済対応に関して，スイスの森林経営が近自然循環的施業技術と経営に責任を持つ現場技術者の安定的雇用組織を持ち，②の行政過程として，住民に身近な森林所有と森林アクセス権，ボトムアップ型の制度・政策体系と多面的森林機能を保全する利害関係者の合意形成と森林整備計画に基づく生産刺激的でない環境助成が実施され，③の地域との関係では，ゲマインデによる森林所有と経営を基盤に森林経営責任者と森林管理区責任者を人格的に一致させ，その地域自治を基盤とした農山村の定住基盤の安定化が地域政策と農政の直接支払いにより実現された。

第2に森林管理制度の伝統的一貫性と現代的課題への制度変化を可能にする政策決定過程である。スイスの政策決定過程の特徴は，住民及び国民投票システムと関係団体・自然郷土保護団体の影響力と前議会委員会，政府，議会過程における調整とレファレンダムの存在にある。連邦政府の森林政策主管官庁とともに連邦議会と連邦参事会が相互に微妙な距離を保ち，EUの動向も参照しながら施策革新的な政策形成を進め，森林政策だけでなく，農政及び自然郷土保護・地域政策に関しても第3章で検討したように制度横断的な政策改革が推進された。連邦やカントンに対する単なる空間としての地域として対応するだけではなく，現在も地域が自律した権限や組織，資産を保持し，相応の制度・政策及び市場経済対応を抜かりなく実施してきた歴史過程が重要である[13]。

1991年の連邦森林法及び関係政令の制定過程においても，連邦議会と連邦政府，自然郷土保護団体の間で厳しい政治交渉が行われ，その後の連邦政府の連邦森林法改正案に関しても連邦議会とチューリヒなど一部のカントンが反対し，皆伐禁止や林地転用の規制緩和を含む政府原案の改正が見送られた。その後も連邦財政調整の進展やWaldpolitik 2020に基づく連邦森林プログラムの改訂に基づき，連邦森林法の改正が1999年から2016年に実施され，連邦森林法制定後の25年間にスイスの森林政策は，林業政策的管理から脱却し，多面的機能の持続的発揮を目的とした公共政策としての森林政策に移行した。

終章　国家・市場経済・地域の相克と制度変化

　2000 年代以降のスイスの森林管理制度の展開として，従来の連邦・カントンの林務行政を中心とした政策形成から，①連邦とカントン・ゲマインデの政府間関係に加え，②政治（連邦議会・関係団体）と林務行政，③連邦・カントン林務組織と関係省庁，④林務組織と経営組織・企業の 4 領域の複合的関係が交錯する分野横断的政策領域に拡張された政策ネットワークが形成され，それが政府間関係と地域ガバナンスに反映されるに至った点も重要である。

(3) 現代日本の森林管理問題と制度的課題

　本書では，国家に対する「地域」，経営に対する「管理」視点から森林管理問題を把握した。現代日本の森林管理問題の地域的多様性と森林タイプに対応した問題領域の相互関係を図終 - 2 に示した[14]。日本の森林管理制度の課題は，多様性を持つ地域森林管理問題に関して，施業管理における循環経営の形成と土地利用・環境管理における地域管理権限の欠落に対して，どのように地域実態に応じた解決策を見出し得るかにその解決に向けた鍵が見い出せる。

　《民有林政策の現代的課題：森林管理問題の地域的多様性と基本問題》

　地域の抱える森林管理問題は多様性を持つが[15]，戦後林政は人工林を対象とした林業振興を基軸とする林政を展開し，その重点的政策領域は，人工林を主な対象としたドットの網掛け部分と基本政策の基軸施策がカバーする濃い網掛け部分であり，それ以外の都市近郊・里山林や奥地天然林では，土地利用・環境管理に対する制度的対応が不十分な問題領域が拡大し，人工林においても放置林の拡大により生産林としての維持が困難化している。

　都市近郊・里山林は，都市域と山地的自然の中間に位置し，様々な人間活動を通じて環境が形成されてきた地域であるが，宅地・ゴルフ場等の開発による里山林の消失や放置，ゴミ・産業廃棄物の投棄などの土地利用問題を抱えている。第 1 章では，千葉県の事例から林地開発許可制度と県段階の土地利用基本計画の運用実態を検討したが，林地転用問題と都市計画との調整や森林への立入りと近親性，林道通行に関する問題を自治体段階でどう解決できるかも重要な検討課題となろう。

446

問題領域 ＼ 森林タイプ		緑地 都市近郊・里山林		人工林		奥地天然林	
		2条森林	5条森林	生産林	放置林	2次林	自然林
市場経済	林地		林地開発		林地売買		観光・森林レク
	林産物		竹林拡大	国産材・木材産業	バイオマス利用	林野副産物	
	労働力		有償ボランティア	雇用・キャリア形成	農山村の歴史・文化		
法制度・政策	国	国土交通省	林野庁	造林・間伐補助	保安林・治山事業	環境省・自然公園法：地種区分	
	自治体	都市計画	県・市町村単独事業	公共造林	森林環境税	都道府県自然保護行政・施業規制	
	その他	自然再生・ボランティア支援		森林認証、Coc認証	水源林造成	生物多様性保全	
地域社会	家族	ゴミの投棄	ボランティア参加	家族労働不在村化・管理放棄	マイナーサブシテンス		
	森林利用	都市近郊林	里山林	団地化・作業道	狩猟・林野副産物	共用林野	水土保全・自然災害
	連携・共同	ボランティア・企業・自治体の連携		境界問題、山村問題、地域資源管理	病虫獣害	自然保護団体	
管理主体（現状）		NPO・森林ボランティア団体等		森林組合・林業事業体	「公的」管理	公有林・会社有林	国有林

図終－2　森林管理問題の地域的多様性と森林タイプ・問題領域

資料：志賀和人編著（2016）『森林管理制度論』，86 頁を一部改編。

注：網掛けは、戦後林政における主な政策領域を示し、濃い網掛け部分は基本政策の基軸施策を示す。

終章　国家・市場経済・地域の相克と制度変化

　奥地天然林に関しては，第1章で前田一歩園財団と東京都水道水源林，第2章で山梨県有林における森林管理の歴史と現状を検討した。これらの事例は，F. Schmithüsen（1997）が指摘する1990年代以降における欧州諸国の公有林における土地管理と共同ファイナンス・システムの結合による公共的森林管理の日本における相似形的管理形態とも考えられる。その経営規模や費用負担の源泉は異なるが，これらの国内事例は，管理目的に即した管理計画と現場対応的管理組織を持ち，長年の実践により形成された独自の森林機能区分と施業体系を確立している。

　現行森林法に基づく地域森林計画では，法令により施業制限を受ける森林（制限林）に関して，所在地と面積，施業方法を示し，市町村森林整備計画や森林経営計画樹立の指針としている。制限林の許可基準と許認可権限は，第1章で述べたように多岐にわたり，制度間の「横断的連携」や「総合調整」は，国段階の個別法による全国一律的対応では限界が存在する[16]。特に自前の管理組織や技術者の設置が困難な所有者に関する都道府県・市町村の指導や助言活動は，スイスの林務組織の機能と土地利用・環境管理や伐採・更新過程に関する許認可と指導・助言活動に関する現地対応と異なり，状況変化に即応した順応的管理に対する実効性に乏しい。

《施業管理局面：循環経営システムと経営単位・資金循環の確立》

　本書では，日本の経営単位・経営組織を欠いた森林経営システムの問題点を指摘し，これと対極的なスイスの森林経営概念とその具体的存在形態として，ゲマインデ有林の近自然循環経営と政策対応の相違点を示した。スイスの森林経営は，長伐期の天然更新を主体とするため，毎年の育林投資が日本の人工林経営と比較し少額で，育林過程の投資資金の循環は，年度単位の収支計算に基づき制御されている。

　日本の林業経営は，その多くが現在も整備途上の間断経営と財形林にとどまり，林業事業体への施業委託や請け負わせへの移行を政策的に推進してきた。そこに再生プランが想定するPDCAサイクルによる「経営」管理や将来木施業を推奨したところで，それを事業対象にできるのは，中長期的施業や経営ではなく，林業事業体の委託・請け負わせによる個別「作業」の効率性でしかなかった。

日本の補助事業による利用間伐の作業受託を主体とする林業事業体と更新から保育，間伐，主伐を毎年継続的に実施しているスイスの森林経営では，市場経済との関係性と経営システムが大きく異なった。現在の林産物・労働・金融市場と回帰年や輪伐期の確定した森林との継続的関係を持たない日本の林業経営は，現在の市場環境に対応した現場の革新と経営方針の改善を継続し，未来に責任を持つ経営として持続する基盤を持ち得ず，大多数の林業経営体と林業事業体は，補助事業と制度リスクへの対応が関心事となり，官製イノベーションの提唱への適応と従順な追随が主流となった。それは経営単位と責任者，年度単位の資金循環を欠いた連年経営の構築に失敗した森林経営なき「経営」主義林政の必然のなりゆきであった。

《土地利用・環境管理局面：横断的制度リンケージと地域管理》

　日本の森林管理の脆弱性に関して，森林法制と林務行政の役割に注目し，スイスとの比較から土地利用・環境管理局面の問題点を指摘した。戦前期の山林局は，国有林営林組織として出発し，地域住民との入会紛争が解決し，盗伐や火災対策の必要性が減少すると森林警察は基本的役割を終え，林務組織が地域森林管理における公共的利益確保の担い手に移行することはなかった。スイスではカントン林務組織が国家的森林高権を担い，森林法の執行と公共的利益（öffentliche Interessen）確保の責任主体として，森林に関する土地利用・環境管理に関する包括的行政権限を行使しているが，日本では国有林を管轄する森林管理局・森林管理署と民有林を管轄する都道府県・市町村林務組織は，各々の所管部門を管轄する所有形態別行政組織にとどまり，スイスの森林管理署のような土地利用・環境管理を含む包括的行政権限を行使することはなかった。

　それは森林管理制度の展開に大きな影響を与え，林務組織の任務と職員の性格を規定した。スイスの森林管理区は，ゲマインデ有林における保続的森林経営の構築を経て，連邦及びカントン森林法の規定に基づく森林管理区契約によりカントン任務のゲマインデへの委託が行われた。日本では森林管理区に相当する地域組織は形成されず，林務行政が「国家の制御資源の欠如」を自覚し，スイスのように「経営との協働」に注目することはなかった。

　縦割行政の弊害は，林政だけでなく様々な分野で一般的に指摘されている

終章　国家・市場経済・地域の相克と制度変化

が，今村都南雄（2006）『官庁セクショナリズム』では，その歴史過程と政治過程，組織過程を検討し，「求められる対応指針」として，「紛争マネジメント」の視点と「討議デモクラシー」との接続の重要性を指摘している。そこでは，行政だけではない「地域社会や市場を含め，広く社会全体がその機能を分担」し，「科学的専門家と政策決定者との相互作用における『仲介的』役割」が重要としている[17]。

　それを日本林政において実現する際には，今村が指摘する縦割行政の一般的弊害に加え，戦後林政における制度が第1章の第1節で指摘した以下の重篤な合併症を伴っている点に留意する必要がある。

　それは，①制限林等に対する主管官庁ごとの国・都道府県・市町村間での行政権限の分権化の進展の違いと森林に関する許認可基準の所有形態や保安林・普通林の区分，森林経営計画認定の有無による錯綜性に加え，②中央省庁間の許認可権限の画一的で相互調整の機能しない運用実態と現場確認・助言活動の不徹底，③林野庁の森林に関する土地利用・環境管理に関する森林法制に対する関連法令との制度リンケージの忌避と林務組織の地域権限の欠如の3点が国及び地域段階での「総合調整」や「分野横断的調整」と制度変化への当事者対応を困難にしている。今村が一般的課題として指摘する「広く社会全体がその機能を分担」することや「科学的専門家と政策決定者との相互作用」も戦後林政の展開の延長上にその展望を見出すことは，現状では困難と言わざるを得ない。

　スイスの地域管理組織としての森林管理区は，制度上の経営と管理を峻別したうえで，森林経営責任者と森林管理区責任者を人格的に一致させ，ゲマインデ自治に依拠した当事者解決アプローチを尊重し，現場技術者の社会的位置づけを国家資格として法定している点が注目される。日本とスイスのフェルスターの性格と位置づけは正反対であり，林野庁の提唱する「日本型フォレスター」は，国や都道府県の林務職員が林業経営組織に対して，森林経営計画の認定・実行監理の支援を行うことが想定され，スイスのゲマインデ・フェルスターのようにその経営的持続性に責任を持つわけでも，林務組織の公共的任務を地域定着的に担うわけでもない。

　その一方で新規参入した現業従業員が起業や独立することは，第2章の第

3節で述べたように大きな困難が伴い，現場作業班長の年収300万円水準か
らキャリア・アップを行う一般的道筋を現状では容易に描けない。都道府県
や森林組合職員と現場技能者の間には，依然として地域森林管理への関与と
年収に関する高い制度的な壁が存在する。

　日本の林務組織の任務は，「公益性の維持」を自らの政策と執行組織で実
現するのではなく，「望ましい林業構造の確立」による「林業の持続的かつ
健全な発展」を通じて「森林の多面的機能の発揮」を実現する林業振興対策
を中心に据え，市場介入的補助施策が展開された。この結果，林務組織は毎
年変化する補助事業の執行手続きと予算獲得に追われ，林業経営組織は市場
経済に対応する経営努力よりも補助制度への対応と制度リスク軽減への対応
が関心事となった。

　第3章で検討した市民ゲマインデ・ベルンの森林経営（Forstbetrieb
Burgergemeinde Bern）の歴史は，森林管理署の起源と森林経営の関係を
理解するうえで示唆に富むだけでなく，未来に向けた現代的森林管理組織の
正統性を構想するうえでもその歴史的性格理解は重要である。市民ゲマイン
デ・ベルンの林務事務所は，1997年まで市民森林管理署（Burgeriches
Forstamt Bern）を名乗る「仲間警察」の系譜を継承する元祖「森林管理署」
であった(18)。

　それは第2章で検討した山梨県の保護組合が特別地方公共団体として，現
在も鳴沢・富士吉田保護組合の事務所が職員や地元から「役場」と呼ばれて
いるのと同様の歴史的背景を有する。

　日本の国有林営林署・森林管理署は，ドイツ語圏諸国における領主権力と
都市・農村共同体の歴史過程のなかで育まれた共同体的管理の基層からその
形式的組織形態と名称のみを剥ぎとり，国有林の営林組織としてそれを移植
したものに過ぎない。日本の営林署・森林管理署は，消防署や警察署，税務
署と異なり森林管理「署」を名乗りながら，その管理対象に関する行政権限
と政策手法において，民有林を含む国民的・包括的森林管理及び公共政策権
限を持ち得なかった。その地域との乖離が拡大した原因が官林「経営」主義
的政策運営の歴史にあったとすれば，地域による地域のための統一的森林管
理組織の構築と権限の回復運動（レコンキスタ）が重要な政策課題となる。

451

終章　国家・市場経済・地域の相克と制度変化

2　戦後林政の克服と地域森林管理

(1) 地域森林管理視点からの制度改善と林政研究

本項では，国有林野事業の一般会計化に至った日本林政140年の制度形成を国際的な歴史的時間軸に位置づけ，総括した結論として，民有林行政における選択肢の1つとして，地域森林管理視点からの新たな制度的枠組み形成の可能性を提起したい[19]。志賀和人編著（2016）『森林管理制度論』で提示した歴史的制度論・森林管理論に基づく実証分析とともに奈良県農林部が2017年からカントン・ベルン及びリース森林教育センターと提携して検討を進めている「紀伊半島の新たな森林管理のあり方検討会」に参加するなかで，国際的視点と自治体段階の地域実践を統合した制度構築の重要性を確信するに至った。

林政研究における歴史認識や現状分析と実践的制度改善の提案は，必ずしも直結できず自然条件や歴史的背景の異なるスイスの事例を日本の制度形成にそのまま適応できない点も多い。スイス林業に関しても木材産業の弱体性や高コスト体質など改善すべき点も存在するが，海外事例を絶対視せずにそ

図終-3　戦後林政の克服に向けた制度改善と林政研究の方法

の歴史過程における本質を見通しつつ地域における段階的な実践対応のなかで，森林管理制度と林政研究の革新に向けた基本方向を確定していくことが望まれる。図終－3に当面の見取り図として，その枠組みを示した。

《戦後林政克服に向けた検討課題：森林政策の再定義と林業，山村対策》

序章で提起した日本・スイスの森林・林業パフォーマンス比較に関して，第3章でスイスの森林・林業政策と農政，空間整備・地域政策の展開過程を検討した。その結論として，1991年のスイス連邦森林法の制定以降，連邦段階では森林・林業政策から森林環境政策にその軸足を移し，山岳地域政策や農林家対策に関して，森林・林業政策とは別体系の所管官庁と法制度・政策に基づく施策展開により連邦・カントン・ゲマインデの各段階における横断的制度リンケージが進展した。

連邦森林法の制定後，連邦の林務主管官庁が内務省から環境交通エネルギー通信省に移管され，連邦政府のスイス森林プログラム（WAP-CH）では，「包括的・持続的景観行政の要素としての森林政策」を目指した制度リンケージが進展した。さらに2008年の新財政調整の施行により森林政策だけでなく，農政，空間整備・自然景観保護・地域政策も再編され，その地域横断的連携が一層促進された。

その点は，日本の森林・林業基本法に基づく基本政策が「林業・木材産業の成長産業化」を通じた林業生産活動の活性化による多面的森林機能の発揮と山村の振興をいまだに目指しているのと対照的である。基本政策が発足して16年が経過しているが，それにより林業振興が大きく進展し，多面的森林機能の発揮や山村の振興が実現されたという客観的事実は見出せない。国内総生産の0.03％でしかない林業の活性化により国土の66％を占める森林の持続的管理と山村振興を図るという政策的枠組みの限界性は，スイスの森林管理制度との比較分析からも明らかである。その政策的枠組みの限界性を認めたうえで林業政策とは別体系の森林政策と山村政策を再構築し，その主管官庁のあり方も再検討すべき段階に至っている[20]。2007年の海洋基本法に基づく沿岸域総合管理で漁業法が個別法といわれるのと同様に，森林法や森林・林業基本法が林業生産に限定された個別法と理解される日も近いのかもしれない[21]。

453

終章　国家・市場経済・地域の相克と制度変化

　志賀和人（2016）では，育林投資の非流動性・不確実性を縮減する経営システムの構築に関する提案を行った。その現行の人工林経営モデルとの基本的違いは，林分単位に裸地から造林した伐期までの投資利回りや収益性を追求するのではなく，各地域で中核となる経営体や経営体の形成が見込める公有林や生産森林組合等を中核とした森林を対象に連年作業と経営責任者の設置が展望できる施業団を形成し，その経営組織を基盤に日本的森林管理区の構築を展望する点である[22]。

　このため，人工林では造林から主伐に至る生産過程を主伐・再造林期，保育期，利用間伐期の概ね10年〜15年を期間とする3期の計画期間に区分し，各期の特性に応じた複合的費用負担と管理責任，評価会計システムを構築し，中期計画と年度事業計画・事業収支と担当責任者を明確化する。各地でこうした取り組みを進めるためには，いくつかの制度改正が必要となる。民有林の管理問題として，深刻化している森林境界問題や施業管理に関しても政策的に推進されている団地化・施業集約化による「利用間伐団地」から主伐，更新過程を含めた持続的経営単位に誘導するために一連の施業と経営に責任を持ち得る責任者と労働組織の形成が重要となる。その際，経営体・事業体の市場経済対応を制約する現行の森林経営計画などの行政介入や制度リスクを高める施策投入は，極力避けるべきであろう[23]。

《林政研究の方法と公共的制御の社会的基層》

　日本林政の主導的アクターとして君臨した山林局・林野庁の所管性を中心とした政策ドメインを検討し，表終−1にスイスの森林管理制度と比較した相違点と現代日本の課題を示した。法制度のみならず，日本林政研究における土地利用・環境管理研究の蓄積も少なく，林業経済研究者の歴史的問題意識も問われなければならない。A. Guntern（1991）の文献目録には，ドイツ及びスイスにおける「森林と空間計画（Wald und Raumplanung）」や土地利用計画に関する研究に関して，R. Zundel（1968），K. Mantel（1969），H. Tromp（1968），U. Zürcher（1973），M. Krott（1988）など1960年代後半から林政研究における主要テーマとして，スイスとドイツの代表的研究者の研究業績が多く収録されている[24]。

　表1−1−2に示したように1960年代後半から70年代に日本でも1966

年の古都保存法・首都圏近郊緑地保全法，68年の新都市計画法，69年の農振法，急傾斜地法，72年の自然環境保全法，73年の都市緑地保全法，74年の森林法改正による林地開発許可制度の導入と国土利用計画法の制定が行われ，国土利用に関する法制度の枠組みと各地域区分に対応した個別法が出揃った。しかし，林野庁と林業経済研究者は，森林をめぐる土地利用・環境管理に関する政策課題に対しては押しなべて無関心であり，政策課題は，国有林問題と保育・間伐，林業構造改善対策に重点が置かれ，当時の林業経済研究の主要テーマもそれに対応した林業経営，森林組合，国有林，山村問題を中心としていた。学会も施策革新的枠組みを提示できなかったことを反省し，その方法論を見直す必要がある。

　林政学・林業経済研究における地域・共同関係の変化と森林管理制度に関しては，入会林野や財産区の森林利用と森林組合研究を中心に取り組まれた。しかし，国際的視点からの近現代社会の移行過程における地域・共同関係と森林管理制度に関する実証研究の蓄積は少なく，分析地域の拡大とともに包括的な理論展開が期待される[25]。

　日本の森林に関する土地利用・環境管理に関して，市町村段階で実際に条例制定の動きがある事項に林道管理条例がある。スイスでは，連邦・カントン森林法による林道通行に関する制限規定を設けているのに対して，日本の森林法制では特段の規定がなく，市町村段階の林道管理条例の制定とその運用をめぐる訴訟が2000年代に入り増加している。森林の近親性やアクセス権とのかかわりで林道・作業道や歩道・散策路に関する研究も従来の林業経済的視点で射程に入っていない研究領域である[26]。

(2) 情報基盤としての森林・林業統計と年次報告の改善

　第1章と第3章のスイスに関する分析で，第1章の日本に関する分析の深みが足りないのは，編著者の能力とともに政府統計の質と情報公開のあり方にも規定されている。日本ではこれまで国の所管官庁による所管官庁のための森林・林業統計，年次報告，法案・予算説明，委託調査が継続され，多様な主体による政策形成や施策革新の発議の情報基盤として，情報公開を進めるという姿勢に欠けた。

終章　国家・市場経済・地域の相克と制度変化

《森林・林業に関する政府統計の現代化》

政府統計は，森林・林業の現状把握に体系的情報を与えてくれる可能性を持つが，多くの課題も抱えている。以下，林野庁所管の森林・林業統計要覧，森林組合統計，「森林資源の現況」と農林水産省統計部所管の農林業センサスと林業経営統計調査に区分し，その課題を指摘したい。なお，特に農林業センサスや「森林資源の現況」に関しては，公開対象の拡大とともに第3章で分析したスイスのLFIのようにWeb上で利用者が自由に組み換え集計可能な分析的データベースとしての公開も望まれる。

林野庁『林業統計要覧』とBAFU『森林・木材年報』を比較すると，前者は統計表のみで都道府県別統計も限定され，伐採面積や間伐面積などの基本的統計の都道府県別数値が公表されていない。林業経営に関しては，農林業センサスと林業経営統計調査，育林費調査の転載で林野庁独自の経営統計は公表されておらず，年度単位の詳細な経営動向は把握できない。「森林資源の現況」に関しても森林面積・蓄積と齢級構成別面積・蓄積などの業務統計の域にとどまり，スイスのLFIの学術的基盤に基づく調査手法と情報の豊富さとは比べものにならない。大多数の都道府県が都道府県版の森林・林業統計を作成し，Web上で公開しているが，用語の定義や収録されている項目は必ずしも統一されておらず，都道府県別の比較に堪えないものも多い。基本的な項目や区分に関しては，国と都道府県が協議して，統一化が図られることを期待したい。

林業経営統計調査と森林組合統計に関しては，調査開始から通算すると50年以上が経過しているが，前者のタイトルが「林家調査」から「林業経営調査」に変わっただけで調査内容は大きく変化していない。特に人工林の伐期単位の収支を林家経済調査の延長上で林業経営統計として把握することに，現在，どれほどの意味があるのか，海外の森林経営統計のあり方も調査したうえで，その抜本的再編を検討すべきであろう。森林組合統計に関しては，地域林業に占める森林組合の役割や事業内容，政策的位置づけの変化に対応した調査項目の組換えと重点化が必要と思われる。

農林業センサスに関しては，志賀和人（2013）や志賀和人（2009）ですでに同様の問題点を指摘している[27]。2005年センサスから山林保有主体の林

業事業体とともに林業サービス事業体等が同時に「林業経営体」と定義され，山林保有主体と山林作業を受託する林業サービス事業体の双方が「林業経営体」と把握され，経営主は山林保有者なのか，作業実施者なのかが概念的に不明確になった。また，国有林が林業経営体調査の対象外とされていることもあり，2015年農林業センサスにおける林業経営体の保有山林面積（属人調査）は，農山村地域調査（属地調査）における国有林を含む現況森林面積の18％（民有林に対しては25％）の437万haに低下している。この18％の林業経営体の保有山林面積の捕捉率で「センサス調査」と言えるのか，その調査設計の根本的見直しが必要であろう。

　また，林業サービス事業体等への事業委託者として，国有林と森林整備センターは大きな比重を占めているが，なぜかこれらが林業経営体調査の実査対象となっていない。林業構造の全体把握の観点から調査対象に加える必要があり，国有林の経営単位と経営主を林野庁，森林管理局，森林計画区，森林管理署のどの単位で把握し，統計表象するか，その基準は国有林・民有林を通じた林業経営体の概念や外形基準と整合性を保ち，都道府県別統計に明示する必要がある。これまでの経過からいえばこうした意見は無視されると思うが，この難問に農林水産省の統計担当者と農林業センサス研究会の委員が2020年センサスでどのような回答を出すか，注目したい。

《年次報告，法案・予算説明書の質的向上と委託調査報告の情報公開》

　森林・林業に関する年次報告（森林・林業白書）に関してもスイスの農業年報や各種政府教書と比較すると状況説明的で現行所管官庁の政策PRに終始している。スイスの農業年報や連邦政府の森林プログラムでは，中長期の戦略に基づき現行政策の実績と課題がレビューされ，改善点と施策革新的な記述が必ず含まれている。また，法案政府教書や予算説明書も国民投票との関係があるのかもしれないが，法律改正の背景とねらい，内容が詳細に説明され，学術的にみても水準が高い。政府委託調査も日本の場合，調査報告書は農林水産省図書館等でも公開されず，政策形成や施策革新的検討に活用された例は少ない。スイス連邦政府BAFUのホームページ上で過去の調査報告書が公開され，PDFファイルが全文ダウンロードできるのとその取り扱いが大きく異なる。こうした点も国家主導の政策形成からの転換のための情

終章　国家・市場経済・地域の相克と制度変化

報基盤整備として，緊急に改善が必要となろう。

（3）戦後林政の克服と 1951 年森林法の基本問題

《地域管理視点からの森林法制の枠組み構築》

　最後に戦後林政の克服に向けて，現行森林法の抱える基本問題解決への入口と思われる 4 つのポイントを示す。

　第 1 に現在の林業振興を基軸とした国家政策としての森林法体系から多面的森林機能の持続的発揮を目的とした地域視点による森林管理制度への転換である。地域森林管理視点からの森林法制の枠組み構築への道筋として，①民有林の主管官庁と国の監督のあり方，②森林の定義と管理手法の転換，③地域森林管理を執行する林務組織の権限と現場技術者の育成が重要と考えられる。課題検討の順序は，③の地域での実践を踏まえた②の検討と③のあり方の順序で，地域・都道府県からのボトムアップによる検討や試行に基づいた制度・政策形成が望まれる。

《民有林の主管官庁と行政権限》

　第 2 に公共政策の一翼を担う政策対象としての森林の包括的定義と法体系及び執行組織における権限の統合が重要である。戦後林政は，公共政策として社会問題を解決するための制度と手段を持ち得ず，森林計画制度と保安林制度という張子の虎を 70 年間塗り替えてきた。この制度的枠組み自体が土地利用・環境管理における制度リンケージと地域総合管理の視点を欠落させ，都道府県や市町村林政の将来的可能性を著しく狭めた。

　民有林政策の主管官庁は，様々な可能性を模索すべきだろう。国の森林政策に関する上級監督と国有林の営林組織，民有林政策の企画執行組織は，権限や人事ローテーションを明確に区分し，国の上級監督権限はスイス連邦森林法のように法律で制限的に規定し，都道府県・市町村の主体性を損なわない補完性原則に基づく法体系に転換することが望まれる。民有林政策に関する都道府県・市町村の当事者性と行政権限を回復するため，その象徴的規定として，現行森林法第 2 条の「『民有林』とは，国有林以外の森林をいう」という規定は，改めるべきである。

　矢部明宏（2012）「地方分権の指導理念としての『補完性の原理』」は，

Drei unabhängige Entwicklungen

▶ Im Kanton Bern sind gleichzeitig drei Aufgaben zu lösen, die den Wald betreffen, nämlich:
  - den Finanzhaushalt sanieren,
  - den Forstdienst reorganisieren und
  - das neue KWaG erarbeiten.

▶ Diese drei Enwicklungen sind grundsätzlich voneinander unabhängig.

図終-4　1997年カントン・ベルン森林法制定当時の普及小冊子「3つの独立した展開」
資料：Amt für Wald und Natur des Kantons Bern（1996）Kernaussagen zum Kantonalen Waldgesetz（KWaG）, S.10
注：カントン森林法制定当時から財政規律と林務組織の再編，新たなカントン森林法の執行が同時に解決すべき課題として掲げられている。

「国際条約等における補完性原理は，①市民に最も身近な行政主体が優先的に行政を担うこと，②上位の行政主体は，下位の行政主体の権限行使を補助すること，③上位の行政主体が補完して権限行使する場合の基準が示されていること，④上位の行政主体から下位の行政主体への介入は必要最小限でなければならないこと，以上4つの要素を含むものと整理することができよう」としている[28]。地方分権に関する制度の枠組みとともに都道府県・市町村等の地方自治体の森林管理主体としての権限と力量を高めていくことや既存の都道府県や市町村の枠にとらわれない広域連携も同時に重要となろう[29]。地域統合的管理組織としての民有林管理組織の構築に向けて，将来的な行政権限の委任も展望した一部事務組合や広域連合による事務処理から

459

終章　国家・市場経済・地域の相克と制度変化

着手することも検討に値しよう。

《森林の定義と管理手法の転換》

第3に土地利用・環境管理に関する森林管理制度の構築に対応可能な森林の定義と管理手法の転換である。スイスの森林管理制度と比較した日本の土地利用・環境管理に対する政策手法の課題として，「森林の定義」（定量的規定のない林叢説）と行政権限の錯綜性が指摘できる。日本の民有林行政が対象としている森林は森林法上の5条森林であるが，すべての現況森林を網羅しているわけではなく，国有林・民有林の区分や保安林・普通林，森林経営計画認定森林とそれ以外の森林では，伐採等の許可・届出基準や届出先が異なり，個別法に基づく制限林に関する制度上の許認可権限や基準も多様で統一性を欠いている。この点は，現況森林に関する転用の例外許可や施業規制に関する許認可・森林警察権がカントン林務組織に一元化され，施業規制がフェルスターによる伐採許可と選木記号づけを通じて一元的に確保されているスイスと比較して，法制度の枠組みとともに国・都道府県・市町村林務組織の機能と執行過程において，個別の案件に対応した現地での助言や指導に基づいた総合的地域管理の徹底を困難にしている。

スイスの連邦・カントン林務組織の許認可権限と許可基準は，カントン法令に定める一定以上の面積，幅，林齢（例えばベルンでは，面積800m^2，幅12 m，林齢20年生以上）の現況森林に等しく適用され，その対象に関する転用禁止と伐採許可，選木記号づけによる森林保全と施業規制が徹底されている。これは森林法令により林地転用の厳格な禁止と例外許可を規定し，都市計画（土地利用計画）との調整では，保護すべき建築区域内森林の森林確定や建物・施設と森林の最少距離を定めていることから森林法令による幅，面積，林齢を基準とした即地的判断基準を必要としたことによる。ドイツ語圏諸国の森林管理署やフェルスターの権威が尊重されているのは，地域森林管理に関するこうした包括的権限と実績に裏打ちされたものであることを忘れてはならない。

《地域管理を支える林務組織の権限と現場技術者》

第4に地域管理を支える林務組織の権限と現場技術者の養成システムの確立である。協働原則はドイツ語圏諸国において，事前配慮義務や原因者負担

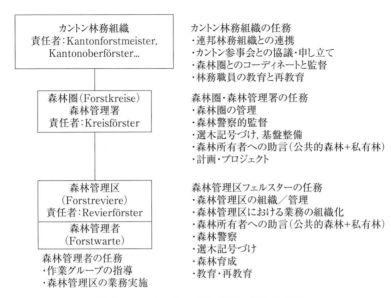

図終-5 カントン林務組織の構造と任務

資料：CODOC（1995）Berufskunde：Forstwart und Forstwarttin, 11.Forst- und Arbeitsrecht, S.8

注：スペースの関係で文章の位置や表記を変更した箇所がある。第3章第5節で述べたカントン・ベルンのように森林管理署を林務組織改革の際に森林部（Waldabteilung）と改称したカントンも存在する。

原則とともに環境法の主要三原則の1つとされ，2016年のスイス連邦森林法改正では，第48a条に「原因者による費用負担」を加え，森林法制における原因者負担原則をより明確化した。

図終-5は，連邦政府が作成した森林管理者に対する職業教育テキスト「森林・労働法制」から「カントン林務組織の構造と任務」を示したものである。カントン林務組織の構造と任務にゲマインデ段階の森林管理区とフェルスターが明確に位置づけられ，森林法の執行に責任を持つカントン林務組織の任務がゲマインデ有林の森林経営との協働のもとに実施されている点が重要である。

日本では都道府県と市町村の林務組織と森林組合・林業事業体の関係や林務職員の資格・人事ローテーションに関する検討課題も多く，許認可権限をすぐに森林管理区に相当する組織に付与することはできない。このため，当

461

終章　国家・市場経済・地域の相克と制度変化

面は事務処理を担当するなかで，その実力と実績を積み上げていくことになろう。この他に森林に関する地籍調査や林地台帳の整備への対応や許認可業務の事務処理対応など，都道府県及び市町村の林務行政に関する事務処理を一部事務組合や広域連合などの各地域の実情に即した取り組みを進めるなかで，一定の現実的方向にそれが収斂していくことが期待される。

注及び引用文献

(1) 中尾英俊（2007）を参照。なお，森林所有と利用権の公共的制御に関する最近の議論に関しては，志賀和人編著（2016），321 ～ 324 頁を参照。

(2) 林野庁（2011）林政審議会国有林部会第 2 回配布資料「国有林の歴史・現状と今後の課題」，13 ～ 14 頁を参照。戦後における林野技官の森林経理学や保続，収穫規整及び標準伐採量に関する見解は，野村進行（1975）を参照。野村は，同書第 2 部の「第 2 章　標準伐採量等に関する批判および提案」において，標準伐採量を経営単位の ha 当たり材積ではなく，「成長値法」により決定することを提案している。その後の国有林をみると資源の保続に関しては，ドイツ語圏諸国で現在も継続されている経営単位の標準伐採量を 1 ha 当たりの伐採材積を基準に規整し，環境変化や「成長値」の変動は，経営組織の再編や標準伐採量の改定などで対応する方式が妥当であり，「成長値」のように短期的変動が大きい推計値をもとに考えることは妥当ではない。

(3) 森林・林業基本政策研究会編著（2002），38 ～ 40 頁の「森林政策と林業政策の関係」を参照。

(4) 磯部力（1993），27 頁及び 30 頁，52 頁

(5) 稲垣浩（2015）によれば，当初，地方自治法により局部組織の名称や所管事務，設置数が規定され，その後 1952 年改正で標準局部例が例示され，府県の意向や状況に応じた組織編成が基本的に認められたが，その後も府県は「自己制約的」に組織改革に対応した。現在も林務担当部局は標準局部例に倣った農林（水産）部所管が主体で 1990 年代以降，環境森林部等への再編も一部で進展する。

(6) 地方自治制度研究会編（2015），100 ～ 104 頁の「都道府県と市町村の関係」にも留意が必要である。

(7) 落合洋一（2012），123 ～ 135 頁。森林・林業政策に関しては，石崎涼子（2010）が法制度と財政支出における国と地方自治体の関係を検討している。

(8) 第 1 章では，日本の森林認証問題への対応と SGEC・PEFC 認証の国際相互承認に至る過程から林業組織の危機管理の問題点を示した。日本における民有林

関係者の国際対応の脆弱性とともに林野庁 OB の業界団体を通じた調整・復元力は，現在も侮れないものがある。

(9) J. Mahoney, K. Thelen（2010）「漸進的制度変化理論」は，制度が内包する権力配分から生じる制度と政治的文脈の相互作用に注目し，アクターの対応を反乱者による置換（displacement），共生者による放置（drift），破壊活動者による併設（layering），日和見主義者による転用（conversion）に分類している。

(10) S. レヴィン（2003）『持続不可能性：環境保全のための複雑系理論入門』では，環境管理のための 8 つの戒めとして，①不確実性を減らせ，②不意の事態に備えよ，③不均一性を維持せよ，④モジュール構造を保て，⑤冗長性を確保せよ，⑥フィードバックを強化せよ，⑦信頼関係を築け，⑧あなたが望むことを人にも施せとしているが，戦後林政の出発点の林政統一により形成された国有林経営の「持続不可能性」が何により規定されたかの分析は，日本林政研究において極めて重要なテーマである。

(11) P. ブリックレ（1990），21 〜 22 頁。農村共同体では，領主による任命，推挙，承認のもとに村長と四人衆・森番等の職務による共同体の会計，作付け順序の確定，村法の告知と記録，諸役の選出，営業監督，消防警察的諸規定の監視が行われ，都市共同体では都市門閥・聖職者と職業団体ツンフトによる参事会の支配が続いた（80 〜 81 頁）。

(12) 黒澤隆文（2009），55 〜 56 頁。黒澤隆文（2001）では，スイスの自治と社会の安定性について，「この自治の根幹は何かと問えば，それは，自治単位を構成する諸個人間の連帯である。…つまり，自己決定に基づく社会的な合意があって初めて，セイフティーネットに対する信頼と支持が生じる。…スイスにおいて，住民投票原理の徹底が自治体の健全な財政規律と対をなしているのは，偶然ではない。政治の正統性の回復を通じて，安全網への信頼感と財政規律を高めることは，一見迂遠に見えても，長期的な経済的競争力の回復のための不可欠の条件といえる」としている。

(13) 世利洋介（1997）は，『スイス行政システムハンドブック』の R. L. Frey の定義を引用し，地域政策を「明示的に公式化した目的，特定の手段，そして固有の組織を伴う政策」とみなして，より限定された地域政策を取り扱いたい」（61 〜 62 頁）としている。

(14)「森林管理」と「地域森林管理」をテーマとした分析は，林政総研レポート（1985）『林地移動と森林管理』，同『森林の適正管理』（飯田繁担当）が 1980年代の研究として存在し，全森連（1997）『間伐の組織化と地域森林管理』，同（1998）『地方自治体の森林政策と地域森林管理』とそれらを集約した志賀和人・成田雅美編著（2000）『現代日本の森林管理問題：地域森林管理と自治体・森林組合』が経営視点を超える森林管理問題を提起している。

終章　国家・市場経済・地域の相克と制度変化

(15) 総務省（2017）『森林の管理・活用に関する行政評価・監視結果に基づく勧告』では，「森林管理のための制度の適正な運用」として，「森林の土地所有者届出の徹底」や「森林の公益性機能を発揮させるための制度の適正な運用」とともに「森林経営計画制度の適正な運用」が勧告されているが，問題の本質は「制度の適正な運用」ではなく，制度自体にある。また，規制改革推進会議農林ワーキング・グループは，「林業の成長産業化と森林資源の適切な管理の推進のための提言」（2017 年 11 月）を公表している。同提言における「管理」概念と「新たな森林管理システム」は，本書における森林管理のとらえ方と対極的である。

(16) 環境省（2012）では，生物多様性地域連携促進法による地域連携保全活動計画の実施に伴う行為に関して，自然公園法等の法律の特例措置を定め，許可や届出等を要する行為を一括して処理することとしている。その実施事例は，ボランティアや NGO による活動を中心としている。

(17) 今村都南雄（2006），209 ～ 229 頁を参照。金井利之（2007）は，「省庁縦割・自治統合体制＝現行体制」としつつも，農水省のような事業・政策官庁は，「しばしば，機能集権化・縦割の貫徹を要求する」（106 ～ 107 頁）としている。

(18) 領邦国家における農村共同体と森林令，仲間警察の関係に関しては，若曽根健治（1978），（1980），（2012），（2013）による「ティロル」を事例にした法制史研究を参照。

(19) 例えば奈良県農林部における「新たな森林管理制度」に関する検討は，カントン・ベルンとの交流協定の締結と県知事の指示により 2017 年 4 月に農林部内に「新たな森林管理体制準備室」が設置され，検討が進められている。こうした「政策の窓」に関する議論は，ジョン・キングダン（2017），221 ～ 239 頁が参考となる。

(20) 学術的には，岡橋秀典（1997）が中心・周辺論に基づく「周辺地域論」に依拠して，現代山村の形成と展開を分析し，「結果として，山村といえども，経済的に農林業の生産だけではなく，むしろそれ以上に工業や建設業，さらには第 3 次産業といった産業部門の全国的な地域的分業体制の中に位置づけられ，その一端を担うようになった。…経済的な側面だけでなく政治的にも中央支配的なシステムへ山村が統合され，『中心地域』に従属する『周辺地域』として山村は編成替えされてきた」（3 頁）と指摘し，包括的な文献レビューにより林業経済分野の林業視点からの山村問題研究の問題点を的確に批判している。

(21) 近隣行政領域では，2007 年の海洋基本法に基づき「沿岸域総合管理」が提唱され，国土交通省の土地利用基本計画制度に関する検討会（2016）では，「総合調整」と「分野横断的調整」が提案されている。

(22) 志賀和人（2016），310 ～ 316 頁を参照。

(23) 佐竹五六（1979）は，農林事務官の著者が林政部長在任時に「零細所有者にとっては，山林は，単なる資産にしか過ぎないのでこれ等の所有者について，素材の供給関数を想定することがそもそもナンセンスであり，政策変数の操作によって，これを操作すると云った一般の経済政策の論理を受け入れる余地は殆どない」とした（佐竹五六（1979）「林政の当面する課題」，『山林』114）。市場経済派研究者に引用されることの多い論文として，林家から林業サービス事業体への政策対象の転換を理論的に支えた見解であるが，スイスの林政及び農政における政策理念と比較して，その原理主義的で市場介入的経済政策への指向性が際立っている。

(24) A. Guntern（1991），33〜44頁

(25) 若曽根健治（1978），（1980），（2012），（2013）を参照。志賀和人（1995）は，諸外国の林業共同組織と森林組合の展開過程について，日本と欧州諸国の動向を中心に分析したが，こうした視点からの再検討が必要である。

(26) 岡本詔治（2010）の「好意通行」や「徒歩通行と車両通行の可否」との関係などの指摘は，日本における問題を分析する際に重要な示唆となろう。

(27) 志賀和人（2013），41〜57頁及び同（2009）の第2章を参照。

(28) 矢部明宏（2012），11頁

(29) 地方分権改革に関しては，西尾勝（2007）が国の地方制度調査会の臨時委員・委員と地方分権推進委員会の委員及び行政関係検討グループの座長としての「体験観察」を通じて，第2次分権改革における道州制構想にかかわる私見として，都道府県警察のあり方とともに国有林野事業の所管について触れ，「国有林・公有林・私有林の区分を問わず，すべての森林管理の責任を道州に一元化することが望まれる」としている。すぐに実現する課題ではないと思われるが，「政策の窓」が開かれた際にそうした事態にも対応できる体制と能力を都道府県や地域が獲得しておくことは必要であろう（169〜171頁）。

(30) 1997年カントン森林法改正の基本認識として，図終−4ではカントン・ベルンが「財政規律」，「林務組織の再編」，「新カントン森林法の施行」を同時に「3つの独立した課題」としてとらえていることがイラストと解説文から理解できる。これに対して，戦後日本林政では，林野庁の組織と林業財政に連結された1本のレールのうえを都道府県や森林組合が追走し，森林・林業法制もそのレールのうえでしか制度展開ができなかった。この組織と制度的構造が変わらない限り都道府県や地域による新たな制度展開などあり得ない。

文献目録

序章

高橋琢也（1888）『森林杞憂：全』高橋琢也，高橋琢也（2009）『森林杞憂：全（復刻版・現代語版）』（非売品）

高橋琢也（1889）『町村林制論：完』哲学書院

高橋琢也（1890）『森林法論：全』明法堂

川瀬善太郎（1903）『林政要論：全』有斐閣書房

Max Endres（1922）Handbuch der Forstpolitik, Verlag von Julius Springer

高橋琢也（1931）「林區制度の創立」（大日本山林会『明治林業逸史』大日本山林会）

島田錦蔵（1941）『森林組合論』岩波書店

林野庁経済課編（1951）『森林法解説』林野共済会

北海道編（1953）『北海道有林50年史』北海道

古島敏雄編（1955）『日本林野制度の研究：共同体的林野所有を中心に』東京大学出版会

片山茂樹（1955）「スイスの林業（1）～（5）」，『林業経済』8（1, 2, 4, 7, 9）

島田錦蔵（1956）「主要林業国における林野制度の概要 スイス篇」林野庁

島田錦蔵編著（1958）『公有林野の管理制度に関する研究』林野共済会

川島武宜・潮見俊隆・渡辺洋三編（1959，61，68）『入会権の解体 Ⅰ・Ⅱ・Ⅲ』岩波書店

長野県下伊那郡上郷村（1960）『野底山史』上郷村

潮見俊隆編（1962）『日本林業と山村社会』東京大学出版会

北條浩編（1965）『恩賜林の去今来』宗文館書店

中尾英俊（1965）『林野法の研究』勁草書房

北條浩編（1968）「御料地・県有林入会と法律」（川島武宜・潮見俊隆・渡辺洋三編『入会権の解体 Ⅲ』岩波書店）

伊藤栄（1971）『ドイツ村落共同体の研究 増補版』弘文堂書房

筒井迪夫（1973）『林野共同体の研究』農林出版

筒井迪夫（1974）『森林法の軌跡』農林出版

渡辺洋三編著（1974）『入会と財産区』勁草書房

太田勇治郎（1976）『保続林業の研究』日本林業調査会

藤田佳久（1977）「入会林野と林野所有をめぐって：土地所有から土地利用への展望」『人文地理』29（1）

筒井迪夫（1977）『続・森林法の軌跡』農林出版

筒井迪夫（1978）『日本林政史研究序説』東京大学出版会

半田良一（1978）「スイスの林業と林政Ⅰ・Ⅱ」，『森林組合』93・94

Erwin Wullschleger（1978）Die Entwicklung und Gliederung der Eigentums-und Nutzungsrechte am Wald, Eidgenössische Anstalt für das forstliche Versuchswesen

東京都水道局水源林事務所編（1982）『水源林80年のあゆみ』東京都水道局

筒井迪夫編著（1984）『公有林野の現状と課題』公有林野全国協議会

中尾英俊（1984）『入会林野の法律問題』勁草書房

川島武宜（1986）「事例研究4 山梨県の恩賜県有財産に関する入会権」（川島武宜『川島武宜著作集第9巻』岩波書店）

Margaret A. McKean（1986）Management of Traditional Common Lands（iriaichi）in Japan, In Proceedings of the conference on common property resource management, National Academy

Press

小林三衛（1988）「入会集団と『富士吉田市外二ヶ村恩賜県有財産保護組合』」，『茨城大学人文学部紀要 社会科学』21

大橋邦夫（1989）「都道府県営林における地元関係について：山梨県有林を事例として」，『森林文化研究』10

Heinz Kasper (1989) Der Einfluss der eidgenössischen Forstpolitik auf die forstliche Entwicklung im Kanton Nidwalden in der Zeit von 1876 bis 1980, ETH Zürich

André Guntern (1991) Forstlich relevante Literatur zu den Bereichen Landschaft, Natur, Erholung und Raumplanung, Arbeitsberichte 91 (4), ETH Zürich

中久郎（1991）『共同性の社会理論』世界思想社

大橋邦夫（1991）「公有林における利用問題と経営展開に関する研究Ⅰ：山梨県有林の利用問題」，『東大農学部演習林報告』85，同（1992）同Ⅱ：山梨県有林の経営展開，同 87

東由利町編（1994）『東由利町林業史：公有林野を中心として』東由利町

ダグラス・C・ノース（1994）『制度・制度変化・経済成果』晃洋書房

ジェームス・G. マーチ，ヨハン・P. オルセン（1994）『やわらかな制度：あいまい理論からの提言』日刊工業新聞社

Regierungsrat des Kantons Schwyz (1994) Der Wald Kantons Schwyz：Ein Porträt, Staatskanzlei des Kantons Schwyz, Regierungsrat des Kantons Schwyz

CODOC (1995) Berufskunde：Forstwart und Forstwarttin, CODOC

Franz Schmithüsen (1995) Evolution of Conservation Policies and their Impact on Forest Policy development：the Example of Switzerland, ETH Zürich

Hans Rudolf Kilchenmann (1995) Geschichte des Bernischen Forstwesens 1964−1993, Bernischer Forstverein

Willi Zimmerman (1996) Analyse von Schwerpunktthemen in bereits verschiedeten kantonalen Waldgesetzen：Forstliche Planung, Förderungsmassnahmen, Forstorganization, Schweizerishe. Zeitschrift für Forstwesen 147

Ingrid Kissling-Nfäf, Willi Zimmermann (1996) Aufgaben-und Instrumentenwandel Dargestellt am Beispiel der Schweizerischen Forstpolitik, ETH Zürich

BUWAL (1996) Handbuch der Forstliche Planung, BUWAL

Bundesrat (1996) Botschaft über die Neueorientierung der Regionalpolitik, Bundesrat

Gotthart Bloetzer (1996) Waldrecht Natur-und Landschaftsschutzrecht：SKRIPT zur Vorlesung Forstrecht, ETH Zürich

カール・ハーゼル（1996）『森が語るドイツの歴史』築地書館

現代日本政治研究会（1996）『レヴァイアサン 19 特集 合理的選択理論とその批判』木鐸社

石井寛（1996）「ヨーロッパにおける森林法の新動向」，『林業経済研究』129

富士吉田市外二ヶ村恩賜県有財産保護組合編（1997，1998，2000，2001，2008）『富士吉田市外恩賜林組合史：富士吉田市外二ヶ村恩賜県有財産保護組合と入会の歴史 上巻・徳川時代編，中巻・明治時代編，下巻・恩賜林組合編，概説編，史料集』富士吉田市外二ヶ村恩賜県有財産保護組合

Albin Schmidhauser (1997) Die Beeinflussung der schweizerischen Forstpolitik durch private Naturschutzorganisationen, Mittelungen der Eidgenoessischen Forschungsanstalt für Wald, Schnee und Landschaft 72 (3)

Franz Schmithüsen (1997) Forest Legislation Development in European Countries, Arbeitberichte Nr.97/2, ETH Zürich

文献目録

WSL und WUWAL（1999）Schweizerisches Landesforstinventar Ergebnisse der Zweitaufnahme 1993−1995, Verlag Paul Haupt

Franz Schmithüsen und Albin Schmidhauser（1999）Grundlagen des Managements in der Forstwirtschaft：Unterlagen zum Fachgebiet Forstwirtschaft, ETH Zürich

Peter Bachmann（1999）Forstliche Planung：Skript für lehrveranstaltungen, ETH Zürich

VSF（1999）100 Jahre Verband der Schweizer Förster, VSF

槇道雄（1999）「スイスの森林・林業」（日本林業調査会編『諸外国の森林・林業：持続可能な森林管理に向けた世界の取り組み』日本林業調査会）

Franz Schmithüsen, P.Herbst and D.C.Le Master（2000）Forging a New Framework for Sustainable Forestry：Recent Developments in European Forest Law, IUFRO Secretariat Vienna

Franz Schmithüsen（2000）Forst-und Naturschutzpolitik：Unterlagen zum Fachgebiet Forstpolitik, ETH Zürich

Anton Schuler（2000）Wald- und Forstgeschichte：SKRIPT zur Vorlesung, ETH Zürich

北条浩（2000）『入会の法社会学 上』御茶の水書房

小野耕二（2001）『比較政治 社会科学の理論とモデル11』東京大学出版会

阿部昌樹（2002）『ローカルな法秩序：法と交錯する共同性』勁草書房

河野勝（2002）『制度 社会科学の理論とモデル12』東京大学出版会

石井寛編著（2002）『財団法人前田一歩園財団設立20周年記念 復元の森：前田一歩園の姿と歩み』北海道大学図書刊行会

水道水源林100年史編集委員会編（2002）『水道水源林100年史』東京都水道局水源管理事務所

公有林野全国協議会（2002）『公有林野に関する調査研究報告の概要』公有林野全国協議会

Hans Walden（2002）Stadt-Wald：Untersuchungen zur Grüngeschichte Hamburgs, DOBU Verlag

志賀和人（2003）「スイスにおける地域森林管理と森林経営の基礎構造」,『林業経済』56（6）

日高昭夫（2003）『市町村と地域自治会：「第三層の政府」のガバナンス』山梨ふるさと文庫

BUWAL（2003）Forstliche Planung und Raumplanung, BUWAL

St. Galler Forstverein（2003）Der St. Galler Wald im Wandel：Geschichte und Geschichten, St. Galler Forstverein

筒賀村・筒賀村教育委員会（2004）『筒賀村史 通史編』筒賀村・筒賀村教育委員会

泉桂子（2004）『近代水源林の誕生とその軌跡：森林と都市の環境史』東京大学出版会

田中重好（2004）「戦後日本の地域的共同性の変遷」,『法学研究』77（1）

志賀和人（2004）「地域森林管理と自治体林政の課題」,『林業経済研究』50（1）

Leo Lienert（2004）Umsorgte Lebensräume：Obwaldner Forstleute an der Schwelle zum 21. Jahrhundert, Landenberg Drukerei

BUWAL（2005）Der Schweizer Privatwald und seine Eigentümerinnen und Eigentümer, BUWAL

黒瀧秀久（2005）『日本の林業と森林環境問題』八朔社

岩崎美紀子（2005）『比較政治学』岩波書店

石井寛・神沼公三郎（2005）『ヨーロッパの森林管理：国を超えて・自立する地域へ』日本林業調査会

東京都水道局水源管理事務所（2006）「水道水源林管理（経営）計画の変遷：第10次水道水源林管理計画策定を契機として」東京都水道局水源管理事務所

道有林 100 年記念誌編集委員会編（2006）『道有林 100 年の歩み』北海道造林協会

恒川恵市（2006）「比較政治学における構成主義アプローチの可能性について」（比較政策学日本比較政治学会編『比較政治学の将来：日本比較政治学会年報』早稲田大学出版部）

澤井安勇（2006）「市民社会のガバナンスと都市・地域の再生」、『NIRA 政策研究』19（3）

鈴木龍也・富野暉一郎編著（2006）『コモンズ論再考 龍谷大学社会科学研究所叢書』晃洋書房

BAFU（2006）Lernen von erfolgreichen Forstbetrieben：Ergebnisse einer Untersuchung über die wirtschaftlichen Erfolgreichen ausgewählter Forstbetriebe in der Schweiz, BAFU

国立・国定公園の指定及び管理運営に関する検討会（2007）「国立・国定公園の指定及び管理運営に関する提言：時代に応える自然公園を求めて」環境省

志賀和人（2007）「林業事業体の雇用戦略と林業労働問題：山梨県の認定林業事業体と林業就業者の分析から」、『林業経済』60（2）

南都奈緒子（2007）「ローカル・ヒストリーと共同体：山梨県内市町村史における恩賜林記述をめぐって」、『史林』90（6）

大澤正俊（2007）「森林の公共性と森林法制の基本原理」、『横浜市立大学論叢社会科学系列』58（1-3）

建林正彦・曽我謙悟・待鳥聡史（2008）『比較政治制度論』有斐閣

遠藤日雄編著（2008，2012 改訂）『現代森林政策学』日本林業調査会

志賀和人・御田成顕・志賀薫・岩本幸（2008）「林野利用権の再編過程と山梨県恩賜県有財産保護団体」、『林業経済』61（8）

小林正（2008a）「森林・林業施業法制概説：特に森林の自然保護に留意して」、『レファレンス』685

小林正（2008b）「森林の自然保護：森林・林業施業の制限と森林の自然環境保全法制」、『レファレンス』687

中尾英俊（2009）『入会権：その本質と現代的課題』勁草書房

大澤正俊（2009a）「森林所有権の公共性と所有権制限」、『横浜市立大学論叢社会科学系列』60（1）

大澤正俊（2009b）「森林の整備・保全義務に関する一考察」、『横浜市立大学論叢社会科学系列』60（2・3）

黒澤隆文（2009）「近現代スイスの自治史：連邦制と直接民主制の観点から」、『社会経済史学』75（2）

戸部真澄（2009）『不確実性の法的制御：ドイツ環境行政法からの示唆』信山社

富士吉田市外二ヶ村恩賜県有財産保護組合（2010）『恩賜林組合と入会権を考える講座報告書』富士吉田市外二ヶ村恩賜県有財産保護組合

高橋寿一（2010）『地域資源の管理と都市法制：ドイツ建設法典における農地・環境と市民・自治体』日本評論社

中林真幸・石黒真吾編（2010）『比較制度分析・入門』有斐閣

日本林業経営者協会編（2010）『世界の林業：欧米諸国の私有林経営』日本林業調査会

Max Krott（2010）Forest Policy Analysis, Springer Netherlands

山下詠子（2011）『入会林野の変容と現代的意義』東京大学出版会

Jean Combe（2011）Wald und Gesellschaft:Erfolgsgeschichten aus dem Schweizer Wald, Stämpfli Verlag

Peter Brang, Caroline Heiri, Harald K. M. Bugmann（2011）Waldreservate：50 Jahre natuerliche Waldentwicklung in der Schweiz, Haupt Verlag Ag

FORN（2012）The Swiss People and their Forests Results of the second population survey for sociocultural forest monitoring, FORN

田中俊徳（2012）「『弱い地域制』としての日本の国立公園制度：行政部門における資源と権限の国

文献目録

際比較」,『新世代法政策学研究』17

古谷健司（2013）『財産区のガバナンス』日本林業調査会

笠原英彦・桑原英明編著（2013）『公共政策の歴史と理論』ミネルヴァ書房

Bundesrat（2013）Erläuternder Bericht zur Änderung des Bundesgesetzes über den Wald ENTWURF vom 16. April 2013, EDMZ

Bundesrat（2014）Botschaft zur Änderung des Bundesgesetzes über den Wald vom 21. Mai 2014, EDMZ

Bruno Baur, Thomas Scheurer Red.（2014）Wissen schaffen：100 Jahre Forschung im Schweizerischen Nationalpark, Haupt

Franz Schmithüsen, Bastian Kaiser, Albin Schmidhauser, Stephan Mellinghoff, Karoline Perchthaler, Alfred W. Kammerhofer（2014）Entrepreneurship and Management in Forestry and Wood Processing：Principles of Business Economics and Management Processes, Routledge

国立公園における協働型運営体制のあり方検討会（2014）「国立公園における協働型管理運営を進めるための提言」環境省

土屋俊幸（2014）「我々にとって国立公園とは何なのか？：地域制自然公園の意義と可能性」,『林業経済研究』60（2）

山下詠子（2014）「慣行共有における所有・森林管理・権利関係の実態」,『林業経済』67（5）

ヨアヒム・ラトカウ（2014）『木材と文明』築地書館

泉留維・齋藤暖生・浅井美香・山下詠子（2014）『コモンズと地方自治：財産区の過去・現在・未来』日本林業調査会

三俣学編著（2014）『エコロジーとコモンズ：環境ガバナンスと地域自立の思想』晃洋書房

神山智美（2014）「森林法制の「環境法化」に関する一考察：環境公益的機能発揮のための法的管理導入と評価」,『九州国際大学法学論集』20（3）

粕谷祐子（2014）『比較政治学』ミネルヴァ書房

内藤辰美・佐久間美穂（2014）「国家とコミュニティ：忍草入会闘争を通じて」,『社会福祉』55

秋吉貴雄・伊藤修一郎（2015）『公共政策学の基礎 新版』有斐閣

岡裕泰・石崎涼子編著（2015）『森林経営をめぐる組織イノベーション：諸外国の動きと日本』広報ブレイス

稲垣浩（2015）『戦後地方自治と組織編成：「不確実」な制度と地方の「自己制約」』吉田書店

宇沢弘文・関良基編（2015）『社会的共通資本としての森』東京大学出版会

山下詠子（2015）『入会林野近代化と生産森林組合：林業基本法50年を事例に即して検証する』大日本山林会

箕輪光博・船越昭治・福島康記ら（2015）『「生産力増強・木材増産計画」による国有林経営近代化政策の展開を現代から見る：増補』農林水産奨励会

中尾英俊・江渕武彦編著（2015）『コモンズ訴訟と環境保全：入会裁判の現場から』法律文化社

山根裕子・高橋大祐（2015）『土地資源をめぐる紛争：規制と司法の役割』日本評論社

志賀和人編著（2016）『森林管理制度論』日本林業調査会

曽我謙悟（2016）『現代日本の官僚制』東京大学出版会

辻信一（2016）『〈環境法化〉現象：経済振興との対立を超えて』昭和堂

村尾行一（2017）『森林業：ドイツの森と日本林業』築地書館

第1章

高橋琢也（1889）『町村林制論 完』哲学書院

高橋琢也（1890）『森林法論：全』明法堂

和田國次郎（1895）『森林学』哲学書院

志賀泰山（1895）『森林経理学 前編』大日本山林会

辻瀾洲（1897）『森林制度革新論』有斐閣書房（1978 復刻版長崎書店）

本多静六（1903）『増訂林政学』博文館

川瀬善太郎（1903）『林政要論 全』有斐閣書房

小出房吉（1908）『森林政策』内田老鶴圃

島田錦蔵（1919）『森林企業管理の組織及分野』興林会

堀田英治（1924）『地方林政及林業』大日本山林会

大日本山林会（1931）『明治林業逸史』大日本山林会

山梨縣内務部山林課（1933）『山梨縣林業要覧』山梨縣山林課

池野勇一（1938）『森林法律学』叢文閣

薗部一郎（1940）『林業政策 上巻』西ヶ原刊行会

島田錦蔵（1948，1965 再訂）『林政学概要』地球出版

島田錦蔵（1950）「日本森林法への反省」，『林業経済』3（7）

法令普及会編（1952）『林野庁監修改訂版 新しい森林計画：改正森林法関係法令集』印刷庁

甲斐原一朗（1956）『林業政策論』林野共済会

東京営林局（発行年不詳）「秩父営林署管内笠取山（大滝奥）国有林立木処分関係書」，東京営林局

林業発達史調査会編（1960）『林業発達史 上巻』林野庁

横尾正之（1961）『解説 林業の基本問題と基本対策』農林漁業問題研究会

窪田円平（1962）「村田重治先生」（日本林業技術協会『林業先人伝』日本林業技術協会）

早尾丑麿（1963）『林政 50 年：一林業技術者の歩ゆんだ道』日本林材新聞社

日本林道協会編（1964）『林道事業のあゆみ』日本林道協会

倉沢博編著（1965）『林業基本法の理解：これからの林業の道しるべとして』日本林業調査会

水利科学研究所（1969）『大規模林道開設と地域開発』水利科学研究所

森林組合制度史編纂委員会（1973）『森林組合制度史 第 1 巻～第 4 巻』全国森林組合連合会

祖田修（1973）『前田正名』吉川弘文館

渡辺洋三編著（1974）『入会と財産区』勁草書房

太田勇治郎（1976）『保続林業の研究』日本林業調査会

武田誠三（1977）「新・森林法の成立」（林政総合協議会編『語りつぐ戦後林政史』日本林業調査会）

林政総合協議会編（1978）『続 語りつぐ戦後林政史』日本林業調査会

全国治水砂防協会（1981）『日本砂防史』全国治水砂防協会

大日本山林会『日本林業発達史』編纂委員会編（1983）『日本林業発達史：農業恐慌・戦時統制期の過程』
　　大日本山林会

萩野敏雄（1984）『日本近代林政の基礎過程』日本林業調査会

西尾隆（1988）『日本森林行政史の研究：環境保全の源流』東京大学出版会

東京営林局 100 年史編纂委員会編（1988）『東京営林局 100 年史』林野弘済会東京支部

林業と自然保護問題研究会（1989）『森林・林業と自然保護：新しい森林の保護管理のあり方』日
　　本林業調査会

秩父営林署 100 年史編集委員会編（1989）『秩父営林署 100 年史』秩父営林署

萩野敏雄（1990）『日本近代林政の発達過程：その実証的研究』日本林業調査会

文献目録

前田一歩園財団（1992）『財団法人前田一歩園財団 10 年の歩み』前田一歩園財団

萩野敏雄（1993）『日本近代林政の激動過程：恐慌・15 年戦争期の実証』日本林業調査会

志賀和人（1995）『民有林の生産構造と森林組合：諸外国の林業協同組織と森林組合の展開過程』日本林業調査会

萩野敏雄（1996）『日本現代林政の戦後過程：その 50 年の実証』日本林業調査会

井上孝夫（1996）『白神山地と青秋林道：地域開発と環境保全の社会学』東信堂

保安林制度 100 年史編集委員会編（1997）『保安林制度 100 年史』日本治山治水協会

ISO/TR14061（1998）Information to assist foresty organizations in the use of Environmental Management System standards ISO 14001 and ISO 14004, 日本規格協会

林野庁（1998）『平成 9 年度林業の動向に関する年次報告』林野庁

萩野敏雄（1999）『続・林学と原稿の個人史』私家版

E. Hansen, H. Juslin（1999）Status of Forestry Certification in the UN-ECE Region, UN-Economic Commission for Europe

Finnish Forest Certification Project（1999）Draft Finnish Forest Certification Standards, Finnish Forest Certification Council

地域農林業経済学会編（1999）『地域農林業経済研究の課題と方法』富民協会

リバーフロント整備センター編（1999）『河川における樹木管理の手引き：河川区域内における樹木の伐採・植樹基準の解説』山海堂

社団法人大日本山林会（2000）『戦後林政史』大日本山林会

萩野敏雄（2000）『日本近代林政の発達過程：その実証的研究』日本林業調査会

環境庁（2000）「秩父多摩甲斐国立公園指定書及び公園計画書 公園計画書（公園計画の変更）」環境庁

環境庁自然保護局国立公園課（2000）「『秩父多摩国立公園』の公園区域及び公園計画の変更（再検討）並びに『秩父多摩甲斐国立公園』への名称変更について」,『国立公園』587

林野庁（2000）『木材認証・ラベリング森林経営調査報告書』林野庁

編集部（2001a）「林経協だより 各種委員会のメンバーが決定」,『林経協月報』437

真下正樹（2001）「‘環境共栄’の森へのシナリオ：『森林経営認証』と民活化により林産業の再興を」,『山林』1405

編集部（2001b）「林経協だより『持続可能な森林管理と経営に関する分科会』が発足」,『林経協月報』480

編集部（2001c）「林経協だより 第 2 回『持続可能な森林の管理と経営に関する分科会』開催される」,『林経協月報』481

林経協「持続可能な森林の管理・経営分科会資料」及び編集部（2001）「林経協だより 持続可能な森林経営に向け要望と提案を提出」,『林経協月報』482

編集部（2001d）「日本林業協会に森林認証検討委員会発足」,『林経協月報』482

Finnish Natural League（2001）Behind the logo: The development, standards and procedures of the Pan European Forest Certification（PEFC）scheme in Finland, Fern UK

高橋延清（2001）『林分施業法：その考えと実践』ログ・ビー

志賀和人編著（2001）『21 世紀の地域森林管理』全国林業改良普及協会

全国森林組合連合会（2002）『第 1 回森林認証制度研究セミナー：森林認証制度における世界の動向とフィンランドの事例』全国森林組合連合会

森林・林業基本政策研究会（2002）『逐条解説 森林・林業基本法解説』大成出版

財団法人日本自然保護協会（2002）『自然保護 NGO 半世紀の歩み 日本自然保護協会 50 年誌 上

1951～1982（新装版）』，『同下 1983～2002』平凡社

石井寛編著（2002）『財団法人前田一歩園財団設立 20 周年記念 復元の森：前田一歩園の姿と歩み』北海道大学図書刊行会

尾張敏章（2002）「北海道阿寒湖畔・前田一歩園財団の森林管理に学ぶ」，『林業経済』650

東京都水道局（2002）『水道水源林 100 年史』東京都水道局水源管理事務所

山梨県（2002）『山梨県恩賜県有財産御下賜 90 周年記念誌』山梨県

田村善俊（2002）「自治体の廃棄物不法投棄対策と公物管理条例の利用：市原市林道条例の環境政策法務からの分析」，『東京国際大学論叢 経済学部編』26

宮崎文雄（2002）「林道管理条例の存在意義と課題」，『いんだすと』17（4）

荒木修（2002）「林道管理の法的統制」，『阪大法学』51（6）

前田一歩園財団（2003）『財団法人前田一歩園財団 20 年の歩み』前田一歩園財団

村串仁三郎（2003）『国立公園成立史の研究：開発と自然保護の確執を中心に』法政大学出版会

畠山武道（2004）『自然保護法講義 第 2 版』北海道大学図書刊行会

泉桂子（2004）『近代水源林の誕生とその軌跡：森林と都市の環境史』東京大学出版会

杉中淳（2004）「幻の『持続的森林経営基本法』について」，『森林計画会報』413

高橋卓也（2006）「森林認証をめぐる社会科学的研究：この 10 年の動向」，『林業経済』59（9）

小林正（2006）「景観法特に農業・林業地域の景観保全・形成に留意して」，『レファレンス』669

小林正（2007）「我が国の景観保全・形成法制」，『レファレンス』678

八木寿明（2007）「土砂災害の防止と土地利用規制」，『レファレンス』678

萩野敏雄（2007）「技官・山林局長の誕生：英字新聞と和田博雄」（社団法人大日本山林会編『大日本山林会創立 125 周年記念出版 昭和林業逸史』大日本山林会）

関口尚（2007）「『林業の基本問題と基本対策』とその結末」（社団法人大日本山林会編『前掲書』）

松形祐堯（2007）「戦後林政の断面と国有林への財投導入前夜」（社団法人大日本山林会編『前掲書』）

国立・国定公園の指定及び管理運営に関する検討会（2007）「国立・国定公園の指定及び管理運営に関する提言：時代に応える自然公園を求めて」環境省

岳人編集部（2008）「【両神山】登山道封鎖＆廃止」，『岳人』728

岩本幸（2008）「森林認証の展開と林業組織の対応」（全国森林組合連合会『持続的経営組織・事業システムの形成と林業就業者』全国森林組合連合会）

加藤峰夫（2008）『国立公園の法と制度』古今書院

小林富士雄（2009）「異色の山林局長 高橋琢也：『森林杞憂・同復刻版刊行を機に』，『森林技術』811

小川剛志（2009）「国土利用の問題点と土地利用計画制度の課題について：千葉県における土地利用の問題点をケーススタディとして」，『都市計画報告集』9

戸部真澄（2009）『不確実性の法的制御：ドイツ環境行政法からの示唆』信山社

岩本幸・志賀和人（2011）「SGEC 森林認証の展開と林業組織の対応」（志賀和人・藤掛一郎・興梠克久編著『地域森林管理の主体形成と林業労働問題』日本林業調査会）

東京都水道局（2011）『事業年報 平成 22 年度』東京都水道局

村串仁三郎（2011）『自然保護と戦後日本の国立公園：続『国立公園成立史の研究』時潮社

畠山武道（2012）「歴史の中の国立公園」（畠山武道・土屋俊幸・八巻一成編著『イギリス国立公園の現状と未来：進化する自然公園制度の確立に向けて』北海道大学出版会）

岡裕泰・久保山裕史（2012）「森林資源の動向と将来予測」（森林総合研究所編『改訂 森林・林業・木材産業の将来予測：データ・理論・シュミュレーション』日本林業調査会）

田中俊徳（2012）「『弱い地域制』としての日本の国立公園制度：行政部門における資源と権限の国

文献目録

際比較」,『新世代法政策学研究』17

森林・林業基本政策研究会（2013）『解説 森林法』大成出版

日本林業調査会（2013）『森林計画業務必携 平成25年度版』日本林業調査会

伊藤信博（2013）「我が国の国家公務員制度：これまでの展開及び今後の課題」,『レファレンス』755

準フォレスター研修基本テキスト作成委員会編（2013）『準フォレスター研修基本テキスト』全国林業改良普及協会

埼玉県秩父環境管理事務所（2013）「両神山 安全登山マップ」埼玉県

ジョン C. キャンベル（2014）『自民党政権の予算編成』勁草書房

愛甲哲也（2014）「国立公園の計画と管理の課題：大雪山国立公園を事例とした検証」,『林業経済研究』60（1）

舟引敏明（2014）『都市緑地制度論考：都市における緑地の保全・創出のための制度体系の構造と今後の展開方策に関する研究』デザインエッグ

国立公園における協働型運営体制のあり方検討会（2014）「国立公園における協働型管理運営を進めるための提言」環境省

土屋俊幸（2014）「我々にとって国立公園とは何なのか？：地域制自然公園の意義と可能性」,『林業経済研究』60（2）

川崎興太（2014）「日本の国立公園の地種区分別土地所有別面積」（福島大学理工学群共生システム理工学類『共生のシステム：磐梯朝日遷移プロジェクト』）

林野庁（2014）『平成25年度森林及び林業の動向』林野庁

山本伸幸（2014）「フィンランド森林管理賦課金制度の生成・展開・終焉」,『林業経済研究』60（2）

林野庁（2015）『平成26年度森林及び林業の動向』林野庁

環境省自然環境局国立公園課（2015）『国立公園における協働型管理運営の推進のための手引書』環境省

秋吉貴雄（2015）「公共政策とは何か？：社会問題を解決するための方針と手段」（秋吉貴雄・伊藤修一郎・北山俊哉『公共政策学の基礎 新版』有斐閣）

稲垣浩（2015）『戦後地方自治と組織編成：「不確実」な制度と地方の「自己制約」』吉田書店

三浦大介（2015）『沿岸域管理法制度論：森・川・海をつなぐ環境保護のネットワーク』勁草書房

田中嘉彦（2015）「行政機構改革：中央省庁再編の史的変遷とその文脈」,『レファレンス』776

志賀和人・志賀薫・早舩真智（2015）「北海道カラマツ人工林の主伐・再造林問題」,『林業経済』68（6）

志賀和人編著（2016）『森林管理制度論』日本林業調査会

全国治水砂防協会（2016）『日本砂防史Ⅱ』全国治水砂防協会

『検証大規模林道』編集委員会編（2016）『検証・大規模林道』緑風出版

国土交通省総合計画課国土管理企画室（2016）「土地利用基本計画制度について」国土交通省

国土交通省国土政策局（2017）「国土利用計画法に基づく国土利用計画及び土地利用基本計画に係る運用指針」国土交通省

池田友仁・志賀和人・志賀薫（2017）「秩父多摩甲斐国立公園における地種区分と施業規制：多摩川・荒川源流部を中心に」,『林業経済』70（2）

由田幸雄（2017）『森林景観づくり』日本林業調査会

依光良三編（2017）『シカと日本の森林』築地書館

全国林業改良普及協会編（2017）『主伐時代に備える：皆伐施業ガイドラインから再造林まで』全国林業改良普及協会

第 2 章

大日本山林会編（1931）『明治林業逸史 続編』大日本山林会

鳴沢村外四ヶ村恩賜県有財産保護組合編（1933）『鳴沢村外四ヶ村恩賜県有財産保護組合事業概要』
　鳴沢村外四ヶ村恩賜県有財産保護組合

山梨縣（1936）『山梨縣恩賜縣有財産沿革誌』山梨縣

山梨縣（1952）『山梨縣恩賜縣有財産御下賜 40 周年記念誌』山梨縣

萩原山恩賜県有財産保護財産区編（1959）『萩原山恩賜県有財産保護財産区管理会沿革及び事業概要』
　萩原山恩賜県有財産保護財産区

山梨縣（1961）『山梨縣恩賜縣有財産御下賜 50 周年記念誌』山梨縣

北條浩編（1965）『恩賜林の去今来』宗文館書店

山梨県恩賜林保護組合連合会（1967）『恩賜林の高度活用の問題点と解決策』山梨県恩賜林保護組
　合連合会

山梨県林務部（1968）『山梨県恩賜県有財産土地利用条例審議会記録』山梨県林務部

山梨県林務部（1975）『第 1 次県有林経営計画』山梨県林務部

北條浩（1978）『村と入会の 100 年史：山梨県村民の入会闘争史』御茶の水書房

森越精一（1978）『八ヶ岳の自然と入会権』八ヶ岳の自然を守る会

大橋邦夫（1981）「山梨県有林の造林労働力編成」,『第 33 回日林関東支論』

念場ヶ原山恩賜林保護財産区沿革誌編集委員会編（1988）『念場ヶ原山恩賜林保護財産区沿革誌』
　念場ヶ原山恩賜林保護財産区

大橋邦夫（1991）「公有林における利用問題と経営展開に関する研究Ⅰ：山梨県有林の利用問題」,『東
　大農学部演習林報告』85, 同（1992）同Ⅱ：山梨県有林の経営展開, 同 87

大内窪外壱字恩賜県有財産保護組合（1993）『大内窪外壱字恩賜県有財産保護組合沿革誌』大内窪
　外壱字恩賜県有財産保護組合

忍草入会組合・忍草母の会共編（1996）『北富士闘争の 50 年』忍草区会事務所

富士吉田市外二ヶ村恩賜県有財産保護組合（1998）『恩賜林組合史 中巻』富士吉田市外二ヶ村恩賜
　県有財産保護組合

内藤嘉昭（2002）『富士北麓観光開発史研究』学文社

山梨県（2002）『山梨県恩賜県有財産御下賜 90 周年記念誌』山梨県

日高昭夫（2003）『市町村と地域自治会：「第三層の政府」のガバナンス』山梨ふるさと文庫

山梨県森林環境部（2004）『平成 14 年度山梨県林業統計書』山梨県森林環境部及び各年度版

志賀和人（2005）「分析視点と構成」, 同「林業労働対策の到達点と課題」(柳幸広登・志賀和人編著『構
　造不況下の林業労働問題』全国森林組合連合会)

全国森林組合連合会（2005）『平成 16 年度林業雇用改善改善促進事業調査研究事業報告書 地域森
　林管理の主体形成と林業就業者』全国森林組合連合会

富士吉田市外二ヶ村恩賜県有財産保護組合（2005）「富士吉田市外二ヶ村恩賜県有財産保護組合要
　覧 新しき森の創造：2005 年富士北麓から」富士吉田市外二ヶ村恩賜県有財産保護組合

友森美沙子（2007）「山梨県における入会林野の管理：石堂山財産区の事例」,『文学研究論集』27

小山高司（2010）「北富士演習場をめぐる動き：その設置から使用転換の実現まで」,『防衛研究所紀要』
　12（2・3 合併号）

青垣山の会編（2012）『山梨県県有林造林：その背景と記録』青垣山の会

北富士演習場対策協議会（2015）『北富士演習場問題の概要』山梨県

興梠克久編著（2015）『「緑の雇用」のすべて』日本林業調査会

文献目録

第3章

Schweizerischer Forstverein（1914）Die forstlichen verhältnisse der Schweiz, Kommissionsverlag Beer & Cie

農村厚生協會（1937）『瑞西國山村農民窮乏克服策』農村厚生協會

ヴィルヘルム・レプケ（1952）『ヒュマニズムの経済学 上巻』勁草書房

Hermann Gnägi（1965）Geschichte des Bernischen Forstwesens：Fortsetzung von 1905 bis 1964, Bernischer Forstverein

林野庁（1967）『海外林業事情調査資料98』林野庁

佐上武弘（1968）「〝土地所有権制限〟スイス憲法改正問題：土地問題解決への決意とその苦悩」, 『補償研究』58

農村開発企画委員会（1973）『海外農村開発資料第2号 農村景域計画：スイス連邦工科大学地域計画研究所資料』農村開発企画委員会

アーノルド・ザクサー（1974）『スイスの社会保障制度』光生館

Niklaus Flüeler, Sebastian Speich, Roland Steifel, Margrit E. Wettstein, Rosmarie Widmer （1975） Die Schweiz vom Bau der Alpen bis zur Frage nach der Zukunft, Libris Verlag AG.

松倉耕作（1977）『スイスの夫婦財産法』千倉書房

Erwin Wullschleger（1978）Die Entwicklung und Gliederung der Eigentums- und Nutzungsrechte am Wald, Eidgenössische Anstalt für das forstliche Versuchswesen

関根照彦（1979）「スイスにおける直接民主主義：その歴史と現状」, 『自治研究』53（4～6）

松倉耕作（1980）『スイス親子法：嫡出推定規定の展開』千倉書房

森田安一（1980）『スイス：歴史から現代へ』刀水書房

都留大治郎編著（1982）『家族複合経営の存立条件：アルペン農業を担うベルクバウェルンの研究』 九州大学出版会

矢田俊隆・田口晃（1984）『世界現代史 オーストリア・スイス現代史』山川出版社

ハンス・チェニ（1986, 87, 88）「スイスを統治している者は誰か：スイス民主主義におけるロビーと諸団体の影響についての批判的研究」, 『南山法学』10（1, 4）, 11（1～3）

舟田詠子（1986）『アルプスの谷に亜麻を紡いで：オーストリア マルア・ルカウ村の人々』筑摩書房

上野福男（1988）『スイスのアルプ山地農業：地理学的研究』古今書院

Heinz Kasper（1989）Der Einfluss der eidgenössischen Forestpolitik auf die forstliche Entwicklung im Kanton Nidwalden in der Zeit von 1876 bis 1980, ETH Zürich

小林武（1989）『現代スイス憲法』法律文化社

森田安一（1991）『スイス中世都市史研究』山川出版社

OECD（1991）Regional Problems and Policies in Switzerland, OECD

Margrit Irniger（1991）Der Sihlwald und sein Umland：Waldnutzung, Viehzucht und Ackerbau im Albisgebiet von 1400-1600, Verlag Hans Rohr

Werner Bätzing（1991）Die Alpen：Geschichte und Zukunft einer europäischen Kulturlandschaft, C. H. Beck

Regionalplanung Oberland-Ost（1991a）Entwicklungskonzept 2005 Bergregion Oberland-Ost, Regionalplanung Oberland-Ost

Regionalplanung Oberland-Ost（1991b）Bergregion Oberland-Ost Investitionsprogramm 1992-1997, Regionalplanung Oberland-Ost

Bundesrat（1992）Siebter Bericht über die Lage der schweizerischen Landwirtschaft und die Agrarpolitik des Bundes（Siebter Landwirtschaftbericht）, EDMZ

第 3 章

Willi Zimmermann, Kissling-Näf (1992) Aufgaben- und Instrumentenwandel dargestellt am Beispiel der schweizerischen Forstpolitik, Arbeitsberichte 96 (1), ETH Zürich

Willi Zimmerman (1992) Der Einfluss《andere》Gesetzgebungen auf den Wald, Schweizerische Zeitschrift für Forstwesen 142

BUWAL (1993) Zum Verhältnis zwischen Forstwirtschaft und Natur- und Landschaftsschutz, BUWAL

B. Lehmann, H. W. Popp, E. Stucki (1993) Direct Payments in Agricultural and Regional Policies, European Association of Agricultural Economists, Chateau-d'Oex

Jörk Wyder (1993) Grünsungsgeschichte der SAB, Sonderdruck Montagna, SAB

SAB (1993) Tätigkeitsbericht der SAB, SAB

長尾真文（1993）「スイスの条件不利地域に対する支援政策」, 『地域開発』341

是永東彦訳及び解題（1994）『のびゆく農業 829 スイス農政の新方向：直接支払制度導入に関する政府教書と関連法令』農政調査委員会

CODOC (1995) Berufskunde：Forstwart und Forstwartin, CODOC

Hans Rudolf Kilchenmann (1995) Geschichte des Bernischen Forstwesens 1964 - 1993, Bernischer Forstverein

Von Alfred Blöchlinger (1995) Die Ausbildung der Bannwarte im Kanton Solothurn von 1835-1970, AG Druck und Verlag

Gotthart Bloetzer (1996) Waldrecht Natur-und Landschaftsschutzrecht：SKRIPT zur Vorlesung Forstrecht, ETH Zürich

BUWAL (1996) Handbuch der Forstliche Planung, BUWAL

WVS Bereich Betriebswirtschaft (1996) BAR Grundlagenhandbuch 3. Auflage, WVS

Fabio Lanfranchi (1996) Organisation und Aufgabe der Forst Reviere：Aktueller Zustand und Entwicklungstendenzen, ETH Zürich

Bundesrat (1996) Botschaft zur Reform der Agrarpolitik：Zwite Etappe (Agrarpolitik 2002), EDMZ

FOEFL (1996) Forest and Hunting Legislation in Switzerland, EDMZ

Willi Zimmerman (1996) Analyse von Schwerpunktthemen in bereits verschiedeten kantonalen Waldgesetzen：Forstliche Planung, Förderungsmassnahmen, Forstorganization, Schweizerische Zeitschrift für Forstwesen 147

Kreisforstamt 7 (1996) Regionaler Waldplan Gürbetal, Kreisforstamt 7

Bundesrat (1996) Botschaft über die Neueorientierung der Regionalpolitik, EDMZ

石井寛（1996）「ヨーロッパにおける森林法をめぐる動向」, 『林業経済研究』129

Albin Schmidhauser (1997) Die Beeinflussung der schweizerischen Forstpolitik durch private Naturschutzorganisationen, Mittelungen der Eidgenoessischen Forschungsanstalt für Wald, Schnee und Landschaft 72 (3)

Peter M. Keller, Jean-Baptiste Zufferey, Karl Ludwig Fahrländer (1997) Kommentar NHG：Kommmentar zum Bundesgesetz über den Natur- und Heimatschutz, Schulthess Polygraphischer Verlag AG

ウルリヒ・イム・ホーフ（1997）『スイスの歴史』刀水書房

B. レーマン・E. ステュッキ（1997）『のびゆく農業 870 スイスの農政改革：農政の中心的手段としての直接支払い』農政調査委員会

Franz Schmithüsen (1997) Forest Legislation Development in European Countries,

477

文献目録

Arbeitberichte Nr.97/2, ETH Zürich

岡本三彦（1997）「スイスのゲマインデとその特性：ゲマインデの種類，自治，規模」，『早稲田公法研究』54

世利洋介（1997）「スイスの地域政策：連邦政府の施策を中心に」，『久留米大学産業経済研究』37（4）

GEWO（1997）Organisationsregelement, Gemeindeverband für die Erhaltung der Wälder in der Oberland-Ost, GEWO

ヘルマン・ヘッセ（1997）『わが心の故郷 アルプス南麓の村』草思社

石井啓雄・栩澤能生（1998）「オーストリアとスイスの山岳地域政策」（日本村落研究学会編『年報村落社会研究 34 山村再生 21 世紀への課題と展望』農山漁村文化協会）

農村開発企画委員会（1998）『海外農村開発資料第 47 号 スイスの農政改革と山岳地域政策：スイス連邦経済省農業局 トーマス・マイアー氏講演会記録』農政調査委員会

農村開発企画委員会編（1998）『スイスの空間計画』農林統計協会

Christian Pfister, Hans-Rudolf Egli（1998）Historisch-Statistischer Atlas des Kantons Bern, Historischer Verein des Kantons Bern

樋口修（1999）「スイス連邦 1998 年農業直接所得補償令（資料）」，『レファレンス』49（7）

森田安一編（1999）『スイスの歴史と文化』刀水書房

VSF（1999）100 Jahre Verband der Schweizer Förster, VSF

WSL, WUWAL（1999）Schweizerisches Landesforstinventar Ergebnisse der Zweitaufnahme 1993-1995, Verlag Paul Haupt

SAEFL（1999）Sustainability Assessment of Swiss Forest Policy, SAEFL

SAEFL（2000）Social demands on the Swiss forests, SAEFL

Waldabteilung 5 Bern-Gantrisch（2000）Regionaler Waldaplan Gantrisch 2000-2015, Waldabteilung 5 Bern-Gantrisch

WVS（2001）Forstliches Betriebsabrechnungsprogramm, WVS

Marcel Adam, Martina Schaffer（2001）Überblick über den Stand, die Hintergründe und die Stossrichtung der Reorganisationen der kantonalen Forestverwaltungen, ETH Zürich

BAFU（2001）Wald und gesellschaftlicher Wandel：Erfahrungen aus den Schweizer Alpen und aus Bergregionen in Ländern des Südens, CD-ROM

世利洋介（2001）『現代スイス財政連邦主義（久留米大学経済叢書）』九州大学出版会

飯國芳明（2001）「直接支払制度と構造改善政策の対立と調整：スイス農政の経験」，『高知論叢社会科学』71

森田安一編（2001）『岐路に立つスイス』刀水書房

前原清隆（2001）「スイス新憲法とエコロジー」（森田安一編『前掲書』）

Stefan Schweizer（2002）Schweizer Forstkalender 2003, Verlag Huber

Christian Pfister（2002）Am Tag danach: Zur Bewaltigung von Naturkatasttrophen in der Schweiz 1500-2000, Haupt

美根慶樹（2003）『スイス：歴史が生んだ異色の憲法』ミネルヴァ書房

BUWAL（2004）Waldprogramm Schweiz：Handlungsprogramm 2004-2015, BUWAL

SAEFL（2004）Swiss National Forest Programme（Swiss NFP）Action Programme 2004-2015, SAEFL（同上英語版）

SAEFL（2005）Forest Report 2005：Facts and Figures about the Condition of Swiss Forests, SAEFL

BUWAL（2005a）Juristische Aspekte von Freizeit und Erholung im Wald, BUBAL

BUWAL（2005b）Der Schweizer Privatwald und seine Eigentümerinnen und Eigentümer, BUBAL

BAFU（2006）Teilrevision Waldgesetz：Ergebnis der Vernehmlassung, BAFU

樋口修（2006）「スイス農政改革の新展開：『農業政策 2011』政府草案を中心にして」,『レファレンス』76（1）

山縣光晶・古井戸宏道（2007）「スイス『保安林重点報告』」,『水利科学』294

石井啓雄（2007）「スイスにおける直接支払い」（日本農業法学会編『農業法研究 42 直接支払制度の国際比較研究』農山漁村文化協会）

田口博雄（2008）「スイスにおける中山間地政策の展開と今後の方向性」,『地域イノベーション』0

Volkswirtschaftsdirektion des Kantons Bern（2008）Aktionsprogramm：STÄRKUNG DER BIODIVERSITÄT IM KANTON BERN, Volkswirtschaftsdirektion

黒澤隆文（2009）「近現代スイスの自治史：連邦制と直接民主制の観点から」,『社会経済史学』75（2）

独立専門家委員会 スイス＝第 2 次大戦第 1 部原編（2010）『中立国スイスとナチズム：第 2 次大戦と歴史認識』京都大学学術出版会

宮下啓三（2010）「本書の歴史的背景とその意義」（バルバラ・ボンハーゲ, ペーター・ガウチ, ヤン・ホーデル, グレーゴル・シュブーラー『世界の教科書シリーズ 27 スイスの歴史：スイス高校現代史教科書〈中立国とナチズム〉』明石書店）

WSL, BAFU（2010）Schweizerisches Landesforstinventar Ergebnisse der dritten Erhebung 2004-2006, WSL

HAFL , WVS, BAFU（2010）Kooperationen in der Schweizer Waldwirtschaft, BAFU

田口博雄（2010）「スイスにおける内発的中山間地開発プロジェクトに対する支援政策：「Regio Plus」政策の経験と評価」,『地域イノベーション』2

作山巧（2011）「関税から補助金による農業保護への転換要因：スイスと日本の比較実証分析」青山学院大学 WTO 研究センター

踊共二・岩井隆夫編（2011）『スイス史研究の新地平：都市・農村・国家』昭和堂

Jean Combe（2011）Wald und Gesellschaft:Erfolgsgeschichten aus dem Schweizer Wald, Stämpfli Verlag

Bau-, Verkehrs-und Forstdepartment Graubünden（2011）Erläuterungen zur Totalrevision des kantonalen Waldgesetzes, Forstdepartment Graubünden

Peter Brang, Caroline Heiri, Harald K. M. Bugmann（2011）Waldreservate：50 Jahre natuerliche Waldentwicklung in der Schweiz, Haupt Verlag Ag

Verband Schweizer Forstpersonal, Verband Schweizer Forstunternehmungen, WVS（2011）Lohnempfelungen 2011 zu den Richtlienien für Anstellungsverträge in der Forstwirtschaft zwischen Verband Schweizer Forstpersonal, Verband Schweizer Forstunternehmungen , WVS

田口博雄（2012）「新政策体系移行後のスイスの中山間地政策：Luzern 州および Uri 州における取り組み」,地域イノベーション』4

梛澤能生（2012）「スイスにおける直接支払い：公共経済機能への助成」,『農業と経済』78（3）

Bundesrat, Konferenz der Kantonsregierungen, Schweizerische Bau-, Planungs und Umweltdirektoren-Konferenz, Schweizerischer Städteverband Schweizerischer Gemeindeverband（2012）Raumkonzept Schweiz, BBL

Willi Zimmermann, Ingrid Kissling, Ernst Basler+Parter（2012）Evalution der Fördermassnahmen zur Strukturverbesserung der Forstbetriebe, ETH

BAFU, WVS, HAFL（2012）Forstwirtschaftliches Testbetriebsnetz der Schweiz：Ergebnisse

文献目録

der Jahre 2008–2010, BFS

BAFU, WSL（2013）Die Schweizer Bevölkerung und ihr Wald：Bericht zur Bevölkerungsumfrage Waldmonitoring soziokulturell（WaMos 2）, BAFU

Bundesrat（2013）Erläuternder Bericht zur Änderungen des Bundesgesetz über den Wald, Bundesrat

Jan Müller（2013）Geschichte und Kultur des Wanderns：75 Jahre Wanderwege beide Basel, Friedrich Reinhardt Verlag

BAFU（2013）Waldpolitik 2020：Visionen, Ziele und Massnahmen für eine nachhaltige Bewirtschaftung des Schweizer Waldes, BAFU

田口博雄（2013）「スイスにおける新地域政策の運営状況について：Neuchatel 州を中心とした実地調査をつうじた考察」、『地域イノベーション』6

平澤明彦（2013a）「スイスの『農業政策 2011』に基づく政策実施状況および『農業政策 2014–2017』の展開方向」（農林水産省『平成 24 年度海外農業情報調査分析事業（欧州）報告書』）

平澤明彦（2013b）「スイス『農業政策 2014-2017』の新たな展開：直接支払いの再編と 2025 年へ向けた長期戦略」、『農林金融』66（7）

Bruno Baur, Thomas Scheurer（2014）Wissen schaffen：100 Jahre Forschung im Schweizerischen Nationalpark, Haupt

BAFU, WVS, HAFL（2015）Forstwirtschaftliches Testbetriebsnetz der Schweiz：Ergebnisse der Jahre 2011–2013, BFS

BFS（2015）Kennzahlen Regionalporträts 2015：Gemeinden, BFS

KAWA（2015）Biken im Wald：Arbeitshilfe, KAWA

FORN and WSL（2015）Forest Report 2015：Condition and Use of Swiss Forests, FORN

小林武（2015）「新スイス憲法：『ヘフェーリン＝ハラー＝ケラー共著にもとづく紹介』(1)」、『沖縄法政研究』17

石崎涼子（2015）「スイスにおける森林経営の構造改善と政府助成」（岡裕泰・石崎涼子編著『森林経営をめぐる組織イノベーション：諸外国の動きと日本』広報ブレイス）

フランク・ユケッター（2015）『ナチスと自然保護：景観美・アウトバーン・森林と狩猟』築地書館

SAB（2016）Das Schweizer Berggebiet 2016 Fakten und Zahlen, SAB

BAFU（2016）Inkraftsetzung der Änderungen des Waldgesetzes und Änderung der Waldverordnung：Erläuternder Bericht, BAFU

Burgergemeinde Bern（2016a）Verwaltungsbericht 2015, Burgergemeinde Bern

Burgergemeinde Bern（2016b）Der Jahresbericht Burgerjahr 2015, Burgergemeinde Bern

Volkswirtschaftsdirektion des Kantons Bern（2016）Biodiversität im Wald：Entschädigungen für Naturschutz-leistungen im Wald, Volkswirtschaftsdirektion

榊澤能生（2016）『農地を守るとはどういうことか：家族農業と農地制度 その過去・現在・未来』農文協

BLW（2016）Landwirtschaftbericht 2016, BLW 及び各年度版

BAFU（2016）Wald und Holz Jahrbuch, BAFU 及び各年度版

BAFU（2016）Inkraftsetzung der Änderungen des Bundesgesetzes und der　Änderung der Waldverordnung：Erläuternder Bericht, BAFU

Christoph Jäger, Andreas Bühler（2016）Schweizerisches Umweltrecht, Stämpfli Verlag Ag

BAFU, BFE, SECO（2017）Ressourcenpolitik Holz Strategie, Ziele und Aktionsplan Holz, BAFU

終章・付属資料

Rolf Zundel（1968）Behandrung forstlicher Raumforschungsausgabe in Baden-württemberg, Allgemeine Forstzeitschrift 8

Hermann Tromp（1968）Die Wechselbeziehungen zwischen Raumplanung sowie Ertrags-und Aufwandgestaltung in Forstbetrieben, Möglichkeiten optimaler Betriebsgestaltungen in der Forstwirtschaft

Kurt Mantel（1969）Der Wald in der Bodennutzung, Raumordnung und Landesplanung in geschichtlicher, rechtlicher und forstpolitischer Sicht, Forst- und Holzwirt 23

Ulrich Zürcher（1973）Der Wald in der Raumplanung, Mittl. EAFV49（1）

野村進行（1975）『森林経理考：主として国有林野経営規程を中心として』農林出版

若曽根健治（1978）「ティロール森林令雑考：領邦立法史研究覚書」,『熊本法学』27

若曽根健治（1980）「森林犯罪告発人制度管見（1）：領邦国家と農村共同体」,『熊本法学』29

山田晟（1981）『ドイツ法律用語辞典』大学書林

渡辺洋三・稲本洋之助編（1982）『現代土地法の研究 上：土地法の理論と現状, 下：ヨーロッパの土地法』岩波書店

西尾隆（1988）『日本森林行政史の研究』東京大学出版会

Max Krott（1988）Der Wald im Visier der allgemeinen Raumplanung：Neue Strategien für die Zusammenarbeit zwischen forstlicher und allgemeiner Raumplanung, Förderungsdienst. 4

ペーター・ブリックレ（1990）『ドイツの臣民：平民・共同体・国家 1300−1800 年』ミネルヴァ書房

André Guntern（1991）Forstlich relevante Literatur zu den Bereichen Landschaft, Natur, Erholung und Raumplanung, Arbeitsberichte 91（4）, ETH Zürich

磯部力（1993）「公物管理から環境管理へ」（松田保彦・久留島隆・山田卓生・碓井光明編『国際化時代の行政と法：成田頼明先生横浜国立大学退官記念』良書普及会）

CODOC（1995）Berufskunde：Forstwart und Forstwarttin, CODOC

ヴィンフリート・ブローム, 大橋洋一（1995）『都市計画法の比較研究：日独比較を中心として』日本評論社

Amt für Wald und Natur des Kantons Bern（1996）Kernaussagen zum Kantonalen Waldgesetz（KWaG）, WANA

岡橋秀典（1997）『周辺地域の存立構造』大明堂

Franz Schmithüsen（1997）Forest Legislation Developments in European Countries Communal Forests：A Modern Form of Public Land Management, ETH Zürich

丹羽邦夫（1989）『土地問題の起源：村と自然と明治維新』平凡社

目瀬守男編（1990）『地域資源管理学 現代農業経済学全集第 20 巻』明文書房

Elinor Ostrom（1990）Governing the commons：the evolution of institutions for collective action, Cambridge University Press

西尾勝編著（2000）『都道府県を変える！：国・都道府県・市町村の新しい関係』ぎょうせい

渡辺尚編著（2000）『ヨーロッパの発見：地域史のなかの国境と市場』有斐閣

黒澤隆文（2001）「第6章 スイス」（財務省財務総合政策研究所『経済の発展・衰退・再生に関する研究会」報告書』財務総合政策研究所）

森林・林業基本政策研究会編著（2002）『逐条解説 森林・林業基本法解説』大成出版社

北村喜宣（2003）『ポスト分権改革の条例法務：自治体現場は変わったか』ぎょうせい

藤垣裕子（2003）『専門知と公共性：科学技術社会論の構築に向けて』東京大学出版会

サイモン レヴィン（2003）『持続不可能性：環境保全のための複雑系理論入門』文一総合出版

文献目録

カール・ポランニー（2005）『人間の経済 Ⅰ：市場社会の虚構性』岩波書店

林業経済学会編（2006）『林業経済研究の論点：50年の歩みから』日本林業調査会

今村都南雄（2006）『行政学叢書1 官庁セクショナリズム』東京大学出版会

大森彌（2006）『行政学叢書4 官のシステム』東京大学出版会

B.ガイ・ピータース（2007）『新制度論』芦書房

小野耕二（2007）「『政治学の実践化』への試み」（日本政治学会編『年報政治学2006 Ⅱ 政治学の新潮流：21世紀の政治学に向けて』木鐸社）

西尾勝（2007）『行政学叢書5 地方分権改革』東京大学出版会

金井利之（2007）『行政学叢書3 自治制度』東京大学出版会

中尾英俊（2007）「共有の性格を有する入会権」, 同「地役権」（川島武宜・川井健編『新版注釈民法（7）物論（2）占有権・所有権・共益物権』有斐閣）

松沢裕作（2009）『明治地方自治体制の起源：近世社会の危機と制度変容』東京大学出版会

志賀和人（2009）「2005年センサス体系の再編と林業経営体把握の枠組み」（餅田治之・志賀和人編著『日本林業の構造変化とセンサス体系の再編』農林統計協会）

山田容三（2009）『森林管理の理念と技術：森林と人間の共生の道へ』昭和堂

アブナー・グライフ（2009）『比較歴史制度分析』NTT出版

宇佐美誠（2009）「グローバルな環境ガバナンス：シティズンシップ論を超えて」（足立幸男編著『持続可能な未来のための民主主義』ミネルヴァ書房）

岡本詔治（2010）『通行権裁判の現代的課題』信山社

ポール・ピアソン（2010）『ポリティクス・イン・タイム：歴史・制度・社会分析』勁草書房

James Mahoney, Kathleen Thelen（2010）Explaining Institutional Change：Ambiguity, Agency, and Power, Cambridge University Press

石崎涼子（2010）「森林・林業政策における国と地方自治体」,『経済科学研究所紀要』40

ヨアヒム・ラトカウ（2012）『自然と権力：環境の世界史』みすず書房

矢部明宏（2012）「地方分権の指導理念としての『補完性の原理』」,『レファレンス』740

落合洋一（2012）「地方自治体を動かす制度と習慣：機関委任事務制度の廃止を事例にして」,『同志社政策科学研究』14（1）

環境省（2012）『生物多様性地域連携促進法：地域連携保全活動計画作成の手引き』環境省自然環境局自然環境計画課生物多様性施策推進室

若曽根健治（2012）「森林犯罪告発人制度管見（2）：領邦国家と農村共同体」,『熊本法学』126

若曽根健治（2013）「森林犯罪告発人制度管見（3・完）：領邦国家と農村共同体」,『熊本法学』128

志賀和人（2013）「林業経営体の統計把握と森林経営概念」（興梠勝久編著『日本林業の構造変化と林業経営体：2010年林業センサス分析』農林統計協会）

松沢裕作（2013）『町村合併から生まれた日本近代：明治の経験』講談社

日本法社会学会編（2014）『新しい所有権法の理論 法社会学第80号』日本法社会学会

木村俊介（2015）『広域連携の仕組み：一部事務組合と広域連合の機動的な運営』第一法規

保坂広至（2015）『歴史から理論を創造する方法：社会科学と歴史学を統合する』勁草書房

稲垣浩（2015）『戦後地方自治と組織編成：「不確実」な制度と地方の「自己制約」』吉田書店

地方自治制度研究会編（2015）『地方分権 20年のあゆみ』ぎょうせい

來生新（2016）「沿岸域総合管理の理論化に向けて」（笹川平和財団海洋政策研究所『沿岸域総合管理入門：豊かな海と人の共生をめざして』東海大学出版会）

林野庁（2017）『林地台帳及び地図整備マニュアル』林野庁森林整備部計画課（2017年3月改訂）

総務省（2017）『森林の管理・活用に関する行政評価・監視結果に基づく勧告』総務省

付属資料

　以下の日本語訳は，1991 年制定時のドイツ語版によっている。＊の改正箇所を削除，改正，追加に区分し，単純な用語等の改正点はアンダーラインで示し，改正と追加，削除の内容を本文中の一覧表に示し，主要事項を解説した。なお，雑誌『森林組合』304（1995 年）に著者が入手したドイツ語版を中村三省氏に日本語訳を依頼した翻訳を掲載したが，以下は関連資料等を参照し，編著者が訳の再検討と改正事項の確認を行っている。

1991 年スイス連邦森林法
（Bundesgesetz über den Wald vom 4. Oktober 1991）

　スイス連邦議会は，連邦憲法第 24 条，第 24 条の 6，第 24 条の 7，第 31 条の 2に基づき，1988 年 6 月 29 日の連邦参事会教書を検討し，ここに制定した。＊ 2013年改正

第 1 章　総則

第 1 条　目的
　[1] この法律は，
　　a. 森林の面積と地理的分布を維持し，
　　b. 森林を近自然的生物共同体として保全し，
　　c. 森林機能，特にその保全機能，厚生機能，利用機能（森林機能）の実現に配慮し，
　　d. 林業を助成し，維持することを目的とする。
　[2] その他に本法は，人間と多大な有価物を雪崩，地すべり，浸食，落石（自然災害）からの保護に貢献することを目的とする。
第 2 条　森林の概念
　[1] 森林とは高木及び低木に被われた森林機能を果たすことができる土地をいう。成立と利用方法，土地台帳上の表示は決定的ではない。
　[2] この森林の定義は，
　　a. 放牧林，林木の生育している放牧地とクリ・クルミ林

付属資料

  b. 未立木地，林道，その他の森林内の建築物や施設など林地のなかの裸地及び
   非生産的土地

  c. 造林を義務づけられている土地

 を含む。

[3] 孤立した樹木群と低木群，生垣，並木，庭園，緑地・公園施設，短期的に利用
 するため空地に作った樹木栽培地，堰堤施設やその直接的隣接地の樹木と低木
 は，森林に含めない。

[4] 連邦参事会によって決められた枠内でカントンは，どのくらいの幅，面積，年
 齢以上の立木地が森林であり，どのくらいの幅と面積から森林以外の立木かを
 決定する。その立木が厚生機能及び保全機能を特に高度に果たしているときは，
 カントンの基準は適応されない。

第3条　森林の保全

 森林面積は，減少させてはならない。

第2章　侵害からの森林保護

第1節　転用と森林確定

第4条　転用の概念

 転用とは，林地の一時的または永久的な用途変更である。

第5条　転用禁止と例外許可

[1] 転用は，禁止する。

[2] 転用に森林保全の利益よりも大きい重要な理由が存在し，しかも次の前提が満
 たされることを申請者が証明したとき，例外の許可を与えることができる。

  a. 転用目的の施設がその予定されている立地だけが適地である。

  b. その施設が空間計画の前提を適切に満たしていなければならない。

  c. 転用により環境の著しい悪化を招かない。

[3] 土地のできる限り有利な利用及び林業以外の目的に土地を安価に調達すると
 いった財務的関係は，この重要な理由にはならない。

[3bis] ＊2016年改正で追加

[4] 自然郷土保護を考慮しなければならない。

[5] 転用の許可は，期限つきでなければならない。

第6条　権限

1991 年スイス連邦森林法

¹ 例外許可は,

   a. カントンが 5,000m² 以下の転用に対し,

   b. <u>連邦</u>が 5,000m² を超える転用に許可を与える。＊1999 年改正

² 同じ施設に対して複数の転用申請が提出されたときは，権限の確定に対して，すべての転用面積を合算する。

³ 転用する森林が複数のカントンに存在しているときは，<u>連邦</u>が例外許可を与える。＊1999 年改正

第 7 条　転用の補充　＊2012 年改正

¹ すべての転用に対して，同一区域で<u>主要な立地</u>に適した現物補充を行わなければならない。

² <u>例外的に農業優先地の保護と生態的・景観的に貴重な地域の保護のため，他区域での現物補充を行うことができる。</u>

³ 例外的な場合に現物補充の代わりに自然保護と景観保全のための特別措置を講ずることができる。＊2012 年改正で第 2 項に移動・改正

⁴ 河川の洪水断面のなかで安全性の回復のために新しく成立した森林を取り払わなければならないときは，現物補充は放棄することができる。＊2012 年改正で削除

第 8 条　補充税　＊2012 年改正で削除

カントンは，転用の許可が与えられ，例外的に同じ価値の現物補充が第 7 条の意味で放棄されたとき，補充税を徴収する。補充税は節約された金額に一致し，森林保全対策のために使用することができる。

第 9 条　調整

カントンは，転用許可によって成立する大きい利益（空間計画に関する 1979 年 6 月 22 日の連邦法第 5 条によって把握されない利益）を相応に調整する。

第 10 条　森林確定

¹ 保護に値する利害を証明しようとする人は，ある面積が森林かどうかをカントンに確定させることができる。

² 空間計画に関する 1979 年 6 月 22 日の連邦法に基づく土地利用計画の編成と改訂の際に森林確定は，<u>建築区域に隣接する森林または将来隣接することが予定されている森林</u>を指定しなければならない。＊2012 年改正で削除，移動，追加

³ 転用申請と関連して森林確定の要望があるときは，その権限は第 6 条に従う。

   ＊2016 年改正で第 2 文章を追加

付属資料

第 2 節　森林と空間計画

第 11 条　転用と建築許可

[1] 転用の許可は，空間計画に関する 1979 年 6 月 22 日の連邦法に基づく建築許可を免除しない。

[2] 建築計画が転用許可も建築区域以外の場所での建築に対する例外許可も必要とするとき，本法の第 6 条に基づく管轄官庁による了解のもとにだけこれを与えることができる。

第 12 条　森林の利用区域への編入

　森林の利用区域への編入は，転用許可を必要とする。

第 13 条　森林と建築区域の境界　＊ 2012 年改正でタイトル変更

[1] 本法第 10 条による法律的に有効な森林確定に基づき，1979 年 6 月 22 日の空間計画に関する連邦法における建築区域に森林境界を記入しなければならない。
　＊ 2012 年改正

[2] この森林境界の外にある新しい立木は，森林とみなさない。

[3] 土地利用計画の改訂の際に建築区域から差し引かれる土地は，本法第 10 条に基づく森林確定により森林境界を調査しなければならない。　＊ 2012 年改正

第 3 節　森林への立入りと通行

第 14 条　近親性

[1] カントンは，森林が社会全体に親しみやすいように配慮する。

[2] 森林保全とその他の公共的利益，特に植物と野生動物の保護の公共的利益のためにカントンは必要な場所で，

　　a. 特定の森林地域に対する立入りを制限し，

　　b. 森林内の大きな催しの実行を許可制にすることができる。

第 15 条　自動車交通

[1] 森林と林道は，森林経営目的のためにのみ自動車で通行できる。連邦参事会は，軍事的課題とその他の公共的課題に対する例外を規定する。

[2] 森林保全とその他の公共的利益に反しないとき，カントンはその他の目的のための林道通行を許可できる。

[3] カントンは，相応の交通信号と標識及び必要な管理を確保する。信号と標識及び管理が不充分な場所では，通行止めにすることができる。

486

1991 年スイス連邦森林法

第 4 節　その他の侵害からの森林保護

第 16 条　有害な伐採

[1] 第 4 条の意味の転用ではないが，森林の機能と経営を危険にし，侵害する伐採は許されない。そのような伐採の権利は必要ならば公用収用により解除することができる。カントンは，必要な規程を発令する。

[2] カントンは重要な理由があるとき，そのような利用を公課と条件を付して許可することができる。＊2016 年改正

第 17 条　森林との距離

[1] 森林の近くにある建築物と施設は，それが森林の保全，保育と伐採を阻害しないときだけ許される。

[2] カントンは，林縁と建築物・施設の間の妥当な最小距離を規定する。その際，位置と立木の予想される樹高を考慮する。

[3] ＊2016 年改正で追加

第 18 条　環境危険物質

森林内では環境を危険にする物質を使用してはならない。連邦環境保護立法にその例外が定められている。

第 3 章　自然災害からの保護

第 19 条

人間や多大な有価物の保護が必要な場所でカントンは，雪崩発生地帯，地すべり地帯，浸食地帯，落石地帯の安全を保ち，森林内の適切な河川工事を行う。その措置にはできる限り近自然的方法を使用する。＊2016 年改正

第 4 章　森林の育成と伐採

第 1 節　森林経営

第 20 条　経営原則

[1] 森林は，その機能を永続的かつ無制限に実現できるよう経営しなければならない（保続性）。

487

付属資料

² カントンは，計画規程と経営規程を発令する。その際に木材供給，近自然的育林と自然保護及び郷土保護の要求を考慮する。

³ 森林の状況と森林保全が許す限りにおいて，特に生態的，景観的理由から森林の育成と収穫を全面的または部分的に放棄することができる。

⁴ カントンは，動植物種の多様性維持のために妥当な面積を森林保護区として指定することができる。

⁵ 保全機能を必要とするとき，カントンは最小限の保育を実行しなければならない。

第21条　木材伐採

森林内で立木を伐採しようとする者は，林務組織の許可を必要とする。カントンは例外を許可することができる。

第21a条　労働安全　＊2016年改正で追加

第22条　皆伐の禁止

¹ 皆伐と効果が皆伐に似ている木材伐採を禁止する。

² カントンは，特別な育林的措置のために例外を許可できる。

第23条　未立木地の更新

¹ 森林の安定性と保全機能を危険にする未立木地が侵害や自然災害によって発生したとき，その更新を実行しなければならない。

² これが天然更新によって行われないとき，その未立木地に立地に合った種類の高木及び低木を造林しなければならない。

第24条　森林種苗

¹ 森林における造林には，健全で立地に適した種子と苗木だけを使用する。

² 連邦参事会は，森林種苗の由来，使用，売買，確保に関する規程を公布する。

第25条　売却と分割

¹ ゲマインデ・団体有林の売却及び分割は，カントンの許可を必要とする。それはそれによって森林機能が阻害されないときにだけ許可される。

² 売却及び分割が同時に農地に関する1991年10月4日の連邦法による許可を必要とするとき，カントンは許可手続きを統一し，全体の決定を一回で完結するように措置する。

第2節　森林被害の防止と復旧

第26条　連邦の措置　＊2016年改正

¹ 連邦参事会は，次の森林対策に関する規程を公布する。

a. 森林被害の予防と復旧

b. 森林内の災害復旧

[2] 連邦参事会は，国全体にわたって森林を脅かす病気と寄生生物に対する措置に関する規程を公布する。

[3] 連邦参事会は，カントン及び関係者と協力して，森林植物保護担当を設置する。

第27条　カントンの措置

[1] カントンは，森林保全を危険にする被害の原因と結果に対する対策を講じる。
＊2016年改正

[2] カントンは森林保全，特に立地に合った樹種による天然更新が保護対策なしに確保されるよう狩猟獣の有害な増殖を規制する。これが不可能な所では，カントンが獣害防止のための対策をとる。

第27a条　有害生物予防対策　＊2016年改正で追加

第28条　森林災害時の非常手段

森林災害時に連邦議会は，国民投票義務のない一般拘束的連邦決議により林業・林産業の保護措置を講じることができる。

第28a条　気候変動対策　＊2016年改正で追加

第5章　助成措置

第1節　教育，助言活動，研究と情報収集

第29条　教育における連邦の責任

[1] 連邦は，森林教育を監督し，調整し，助成する。＊2016年改正

[2] 連邦は，連邦工科大学での森林技師の基礎教育と再教育に配慮する。＊2016年改正

[3] 連邦は，公共的林務組織の上級職に対する資格証明を規制する。＊2016年改正で削除

[4] 林務職員の職業教育に対しては，職業教育に関する連邦法を適用する。職業教育に関する法律がスイス連邦国民経済省に示した実行課題は，連邦内務省が担当する。連邦参事会は例外規程を発令できる。＊2002年改正

第30条　教育と助言活動におけるカントンの責任

カントンは，林業労働者の教育と森林所有者への助言活動を確保する。

第31条　研究と普及活動

付属資料

¹ 次の目的に対して，連邦は事業の委託及び財政支援により第三者を援助することができる。

　a. 森林に関する研究

　b. 有害な作用から森林を保護するための措置の研究と普及活動

　c. 自然災害からの人間と多大な有価物保護のための措置の研究と普及活動

　d. 木材販売と木材利用の改善のための措置の研究と普及活動

² 連邦は研究所を設置し，運営することができる。

第 32 条　団体への課題の委託

¹ 連邦は全スイス的重要性をもつ団体に森林保全のための課題を委託し，それに対して財政支援することができる。

² 連邦は一定の地域，特に山岳地域に対して，重要な課題をカントン及び地域的団体に委託することができる。

第 33 条　調査

¹ 連邦は，森林の立地，機能，現況と木材の生産と利用，林業・林産業の構造と経済状態に対する定期的調査を確保する。森林所有者と林業・林産業経営に責任ある機関は，関係官庁に必要な情報を与え，必要な場合には定期的説明を行わなければならない。

² 調査の実行及び利用を委託された人は，職務上の秘密保持の義務を順守する。

第 34 条　情報提供

　連邦とカントンは，森林の役割と現況並びに林業・林産業に関する関係官庁と公衆に対する情報提供を確保する。

第 1a 節　木材対策　＊ 2016 年改正で追加

第 34a 条　木材利用・販売対策　＊ 2016 年改正で追加

第 34b 条　連邦の建築と施設　＊ 2016 年改正で追加

第 2 節　財政

第 35 条　原則 ＊ 2006 年改正

¹ 連邦は許可された予算の枠内で，森林保全のための措置と自然災害から人間と多大な有価物を保護するための措置及び教育，研究と情報収集を助成する。

² 連邦はその財政給付に次の条件をつけることができる。

a. カントンは，その財政力に応じその費用を分担する。＊2006年改正で削除

b. 受取人が個々に直接的給付を受ける場合，その経済的能力，その他の財源，受取人に期待できる自助努力に応じて，相応の自己負担を行わなければならない。＊2006年改正で移動，一部改正

c. 第三者，特に受益者と損害原因者は，協調出資に参加しなければならない。＊2006年改正で移動，一部改正

d. 対策は費用対効果を考え，専門知識に基づいて実行しなければならない。＊2006年改正で移動，一部改正

e. 森林保全に有利な永続的な紛争解決が適用されなければならない。＊2006年改正で削除

³連邦は，一定の財務的給付を林業・林産業の自助救済対策の費用を分担している受取人だけに支払うことを計画できる。＊2006年改正で移動，一部改正

第36条　自然災害からの保護

連邦は，自然災害から人間と多大な有価物を保護するために命令される措置の費用，特に次の費用の70%までを助成する。＊2006年改正

a. 保護建造物と保護施設の設置及び改善 ＊2006年改正

b. 特別な保全機能を有する森林の造成と相応の幼齢林保育

c. 危険地台帳と危険地地図の作成，建築区域や交通路の保安のための早期警戒活動に関する観測所の開設と運営

² ＊2006年改正で追加

³ ＊2006年改正で追加

第37条　森林被害の防止と復旧　＊2006年改正で「保全林」に変更

連邦は，森林被害の防止と復旧のために命令される対策の費用，特に次の費用の50%までを助成する。＊2006年改正

a. 森林の保全を危険にする火事，病気，寄生生物，有害物質による異常な森林被害の防止　＊2006年改正

b. a項による森林被害の復旧と自然災害によって発生した被害の復旧及びそれに基づく強制的立木伐採　＊2006年改正

1bis ＊2016年改正で追加

第37a条 保全林以外の森林被害対策　＊2016年改正で追加

第37b条 費用の補償　＊2016年改正で追加

第38条　森林経営 ＊2006年改正で「森林の生物多様性」に変更

¹ 連邦は，次の対策の費用の70%まで助成する。＊2006年改正

付属資料

　　a. 保全機能の維持に必要で官庁によって命令される期限つきの最小限度の<u>保育</u>措置，＊2006 年改正

　　b. 疎開された不安定または破壊された森林で特別な保全機能を伴う森林内の<u>育林的</u>措置でその総費用が賄えず，この措置が官庁によって命令されたとき。＊2006 年改正，2016 年改正

　　c. ＊2006 年改正で追加

　　d. ＊2006 年改正で追加

　　e. ＊2006 年改正で追加，2016 年改正で削除

² 連邦は，次の措置の費用の 50％までを財政援助する。＊2006 年改正

　　a. <u>森林計画資料の作成</u>，＊2006 年改正

　　b. 総費用が賄えないか，自然保護の理由から特に多くの費用を要する保育，伐採，木材搬出などの期限つきの育林的措置，＊2006 年改正

　　c. <u>森林種苗の生産</u>，＊2006 年改正で移動，2016 年改正で削除

　　d. 森林経営に必要で近自然的生物共同体としての森林に配慮している林道・搬出施設の設置または購入及び修理，＊2006 年で移動，改正

　　e. 森林の交換分合，経営組合の創出，放牧の規制を例外として除き，それ以外の経営条件の改善のための措置，＊2006 年改正で移動，改正

　　f. 例外的被害伐採の際の広告宣伝と販売促進のための林業・林産業の期限を限った共同措置。＊2006 年改正で移動，改正

³ 連邦は，森林保護区の保全，維持措置の費用の 50％までの財政支援を行う。＊2006 年改正

第 38a 条　森林管理　＊2006 年改正で追加，2016 年改正

　¹ ＊2006 年改正で a.-d. 項追加，2016 年改正で e.-g. 項追加

　² ＊2006 年改正で a,b 項追加，2016 年改正で a 項改正

　³ ＊2006 年改正で追加

第 39 条　教育

　¹ 連邦は，職業教育に関する <u>1978 年 4 月 19 日の連邦法の第 63 条と第 64 条</u>に基づく<u>財政援助</u>を林務職員の教育について行う。＊2002 年改正

　² 連邦は，職業特有の費用，特に林務職員の地域に結びついた実践的教育に対する費用と林務職員に対する教材調達費の 50％までを引き受ける。＊2002 年改正

　³ 連邦は，その他に次の費用の 50％までを引き受ける。＊2016 年改正で削除

　　a. 林業労働者の教育の助成，

　　b. 資格証明を取得しようとする森林技師の実践的教育。

第40条　融資

¹連邦は，無利子または低利の返済可能な貸付金を供与することができる。

  a. 建設クレジットとして，

  b. 第36条，第38条第1項と第2項d.とe.の補助残費用の資金調達のため，

    ＊2006年改正

  c. 林業用車両，機械，器具の購入と森林経営施設の設置のため。

²貸付金は期限つきである。

³貸付金は，カントンの申請によって与えられる。債務者が返済義務を実行しないとき，当該カントンが返済を代わりに引き受ける。

⁴返済金は，再び融資に組み込むことができる。

第41条　資金の調達　＊2006年改正で「助成金の調達」に改正

¹連邦議会は，その都度予算で最高額を決め，その額までその予算年度に第36条と第38条第1項と第2項d.とe.並びに第40条に基づく貨幣給付の保証を与えることができる。＊2006年改正

²連邦議会は，第37条と第38条第2項fに基づく措置に対して，投入される財政資金の最高額をその都度簡易な連邦決議によって許可する。＊2006年改正

第3節　その他の対策　＊2013年改正で追加

第41a条　^{1〜4項}　＊2013年改正で追加

第6章　罰則

第42条　軽犯罪

¹故意に以下の行為を犯したものは，1年以下の禁固または10万CHF以下の罰金に処する。＊2002年改正

  a. 許可なく転用した者，

  b. 虚偽の記載または不完全な記載，その他の方法により申請者または第三者に帰属しない給付を得た者，

  c. 規定された森林育成を怠り妨げた者。

²犯人が過失行為を行った場合の刑罰は，4万CHF以下の罰金に処せられる。

第43条　違反

¹故意に権限がないのに以下の行為をした者は，拘禁または2万CHF以下の罰

付属資料

金によって処罰される。＊2002年改正

a. 林業用建物と施設を本来の目的外に使用した者，

b. 森林のアクセスを制限した者，

c. 第14条を無視したアクセスの制限，

d. 森林及び林道を原動機つきの乗物で走行する者，

e. 森林内で立木を伐採した者，

f. 説明を妨げ，情報義務に反して虚偽の情報を与え，情報提供を拒否する者，

g. 森林被害の防止と復旧のための措置に関する規程及び森林を脅かす病気と寄生生物に対する措置に関する規程を森林の内外で無視する者，刑法第233条を留保する，

h. 種苗の由来，使用，売買，確保に関する規程を無視する者。違反行為が同時に関税法に対する違反である場合は，連邦関税法に従って追求され，判定される。

[2] 未遂と犯罪幇助は処罰される。

[3] 犯人が過失によって行動した場合の刑罰は，罰金である。

[4] カントンは，カントン法に対する違反行為を違反として罰することができる。

第44条　業務執行上の軽犯罪と違反

軽犯罪または違反が法人，組合，個別企業の業務執行中及び公法団体または会社の業務中に行われたとき，行政刑罰権に関する連邦法の第6条と第7条を適用する。

第45条　刑事訴追

刑事訴追は，カントンの任務である。

第7章　手続きと施行

第1節　手続き

第46条　司法

[1] 本法に基づく措置に対する抗告手続きは，行政手続きに関する連邦法と連邦司法制度に関する連邦法に従う。＊2005年改正

[1bis] und [1ter]… ＊2003年改正で追加，2005年改正で削除

[2] 連邦環境森林景観局（連邦官庁）は，本法と施行規則の適用におけるカントン官庁の措置に対して，連邦法とカントン法の控訴を決める権限を有する。＊1999年改正

1991 年スイス連邦森林法

[3] 自然郷土保護に関するカントン，市町村，自然郷土保護団体の抗告権は，自然郷土保護に関する 1966 年 7 月 1 日の連邦法の第 12 条に従う。それは本法の第 5，7，8，10，12，13 条に基づき発令された措置に対しても与えられる。＊2016年改正

第 47 条　許可と決定の有効性

本法に基づく許可と決定は，この法律の効力を生じたときにはじめて有効となる。＊2016 年改正で第 2 文章追加

第 48 条　収用

[1] 森林保全措置及び自然災害からの保護のための建造物と施設の造成を必要とするときは，カントンは必要な財産と事情によっては地役権を強制収用によって取得することができる。

[2] カントンは，その施行規程のなかで強制収用に関する連邦法の使用を宣言でき，それと同時にカントン政府は，議論の余地のある異議に最終決定を行う。土地収用の対象が複数のカントンの領域にあるとき，強制収用に関する連邦法を適用することができる。

第 48a 条　原因者による費用負担　＊2016 年改正で追加

第 2 節　施行

第 49 条　連邦

[1] 連邦は，本法の執行を監督する。連邦は，<u>第 6 条第 1 項 b. に基づく転用申請に決定を与え</u>，法律によって連邦に直接的に委任された任務を実行する。＊1999 年改正

[1bis] ＊2016 年改正で追加

[2] <u>連邦参事会は，施行規程を公布する。</u>　＊1999 年改正で第 3 項に移動

[3] ＊2016 年改正で第 2 文章を追加

第 50 条　カントン

[1] カントンは，本法を執行し，必要な規程を公布する。ただし，第 49 条を条件とする。

[2] カントン官庁は，違法な状態を復旧するために必要な措置を直ちに執行する。カントンは，担保の徴収と補充実行の権限を与えられる。

第 50a 条　施行課題の委任　＊2016 年改正で追加

第 51 条　林務組織

付属資料

^{1} カントンは，林務組織の適切な機構を確保する。

^{2} カントンは，カントンの領域を森林圏と森林管理区に区分する。森林圏は資格証明を有する大学卒の森林技師，森林管理区は資格を有するフェルスターに管理させる。＊2016年改正

第52条　許可条件

　第16条第1項，第17条第2項，第20条第2項に対するカントンの施行規程は，その効力に対して連邦の許可を必要とする。

第53条　報告義務

^{1} カントンのすべての施行規程は，その実施前に連邦官庁に報告しなければならない。

^{2} 連邦内務省は，カントンが連邦官庁に報告しなければならない措置と決定を確定する。＊2002年改正

第8章　付則

第54条　従来の法律廃止

　次の法律を廃止する。

　　　a. 森林警察に関する連邦の上級監督に関する1902年10月11日の連邦法

　　　b. 山岳地帯の林業投資信用に関する1969年3月21日の連邦法

　　　c. クリ樹皮癌腫病に襲われた森林の復旧に関する1956年12月21日の連邦決議

　　　d. 森林保全のための緊急対策に関する1988年6月23日の連邦決議

第55条　従来の法律改正

1. 職業教育に関する1978年4月19日の連邦法を次のように改正する。

　第1条第3項

^{3} 教育職，看護職，その他の社会的職業，学問，芸術，農業の基礎教育と成人教育は，本法の適用範囲ではない。

2. 1957年12月20日の鉄道法を次のように改正する。

　第21条第1項1と最後の文章並びに第2項の最後の文章

^{1} 鉄道の安全が作業，装置，樹木または第三者の企業によって妨害されているとき，鉄道会社の要望に応じて救済策を講じることができる。… 特に緊急な場合には鉄道会社は，危険の回避のために必要な措置を自力で講じることができる。

^{2} … 樹木による妨害に対する第1項の措置に対する費用は，責任のある第三者が

罪のある行為をしたことを鉄道会社が証明しない限り，鉄道会社が負担する。

3. 軍事機構に関する1907年4月12日の連邦法を次のように改正する。

第164条第3項の第2文章

[3…] 軍事施設の保護に関する1950年7月23日の連邦法における意味の軍事施設の建造は，連邦の許可を要しない。

第56条　経過規定

[1] 本法の発効に関連する手続きは，新しい法律を適用する。古い法律に基づく所管官庁が関連手続きを処理する。

[2] 期限つきでない転用許可は，本法の発効後2年間で失効する。所管官庁は転用の前提が満たされている限り，申請により個々の場合の追加期限を確定することができる。申請は満期期限の満了の前に提出しなければならない。この場合，新しい法律への処分の適合が条件である。

[3] ＊2016年改正で追加

第57条　国民投票と発効

[1] 本法は，任意の国民投票に従う。

[2] 連邦参事会は，施行期日を決定する。

全カントン議会　1991年10月4日　　　　国民議会　1991年10月4日
　議長　ヘンセンベルガー　　　　　　　　議長　ブレミー
　秘書官　フーバー　　　　　　　　　　　書記官　アンリカー

国民投票期間の満了と施行期日

[1] 本法の国民投票期間は，1992年1月13日に利用されずに満了した。

[2] 第40条と第54条b.を除いて，1993年1月1日に施行する。第40条と第54条b.は1994年1月1日に施行する。

1992年11月30日　　　　　　　　　　　　スイス連邦参事会
　　　　　　　　　　　　　　　　　　　　　連邦大統領　フェルバー
　　　　　　　　　　　　　　　　　　　　　連邦首相　クシュパン

付属資料

　以下の日本語訳は，1997年制定時のドイツ語版によっている。＊の改正箇所を削除，改正，追加に区分し，単純な用語等の改正点はアンダーラインで示し，改正と追加，削除の内容を本文中の一覧表に示し，主要事項を解説した。

1997年カントン・ベルン森林法
（Kantonales Waldgesetz）

　カントン・ベルン議会は，1991年10月4日のスイス連邦森林法第50条に基づき，カントン憲法第51条とカントン参事会の提議によりカントン森林法を決議する。

1　総則

第1条　目的
　[1] 本法の目的は，次のとおりである。
　　a 森林を維持し，
　　b 森林の持続的かつ慎重な経営と原料の木材供給を確保，促進し，
　　c 人間と多くの有価物を自然災害から保護し，
　　d 野生動植物の近自然的生物共同体として森林を保護し，価値を高め，
　　e 森林の厚生機能を維持，増進し，
　　f 地域材の利用を促進する。
　[2] 本法は，連邦森林法を執行し，補完する。

第2条　カントン・ベルン森林政策の原則
　カントン・ベルンの森林政策を下記に方向づける。
　　a 林業が森林生態系を持続的に維持し，有価物とサービス給付に対する社会的需要を自発的に適合させ，私経済的に充足できる基礎的条件を形成し，
　　b 林業の公共経済的給付を補償し，それに必要な資金を確保し，
　　c 森林の健全性を維持，増進し，森林に対する有害な環境の影響を減少させ，
　　d 本法の課題を効率の良い適応力ある林務組織によって実現する。

第3条　森林の定義
　[1] 森林とは，以下の立木の集団である。
　　a 目的にかなった林縁帯を含め面積が800m^2 以上で，
　　b 幅が12 m以上で，

1997 年カントン・ベルン森林法

c 年齢が 20 年生以上であること。

² 立木が特に大きい厚生機能及び保全機能を果たしているとき，その立木は面積，幅，年齢と関係なく森林とみなす。

³ 建築区域にある立木は，住宅地用樹木として取り扱う。＊2013 年改正で削除

⁴ 住宅地用樹木は，市町村によって特に保護される。生垣，野原，岸辺の樹木保護に関する規定は留保する。＊2013 年改正で削除

第 4 条　森林確定

¹ カントン参事会は，森林確定に関する規程を発令する。

² 地区計画に関連する森林確定の際は，経済省の担当官が森林境界を確定する。その計画費用は，市町村が負担する。

2　森林の育成と伐採

2.1　森林計画

第 5 条　地域森林管理計画

¹ 地域森林管理計画は，森林の公共的利益の維持を目的とし，空間計画との調整を確保する。

² 地域森林管理計画は，全森林に対して特に発展目標を示し，経営原則を示す。

³ 地域森林管理計画は，官庁を拘束する。

第 6 条　特別経営規程

¹ 重要な公共的利益の存在する場所では，地域森林管理計画は，特に保全林の最小限の保育の確保と森林保護区に対して，特別経営規程を伴う区域を指定する。

² 特別経営規程は，施業計画の拘束的な決定の認可及び協定の締結によって，土地所有者を拘束する。

³ 特別経営規程は，

a 第 2 項による措置が不可能または有効，合目的でないとき，または

b 森林保護区に関係する土地所有者の多数が命令の発令に同意したとき，命令により土地所有者を拘束する。

⁴ 特別経営規程が強制収用に等しいとき，関係者は土地収用法の規定に基づきカントンによる土地の引取りを要求することができる。

第 6a 条　森林利用の指導　＊2013 年改正で追加

第 7 条　作成，執行，認可

499

付属資料

¹ 経済省の担当官は，地域森林管理計画の計画資料の調達，地域森林管理計画の作成，執行，監査に対する責任を有する。

² 経済省の担当官は，地域森林管理計画の<u>施行</u>前に住民参加に配慮する。＊2013年改正

³ <u>カントン参事会</u>は，地域森林管理計画を認可する。＊2013年改正

2.2　経営

2.2.1　原則

第8条　経営

¹ 森林経営は，その所有者の任務である。

² 森林経営は近自然的に行い，森林機能を持続的に確保する。＊2013年改正で第3項に移動し，改正

³ 施業計画の使用は，任意である。＊2013年改正で第2項に移動し，改正

第9条　契約

カントンと市町村は，森林所有者と公共的利益の提供に対する契約を結ぶことができる。

第10条　伐採

森林内で樹木を伐採しようとする者は，許可を要する。自己所有林で行う自家用樹木の伐採は，カントン参事会による規程に定められた枠内で自由に行える。

第11条　種苗

¹ カントンは，立地に適した森林種苗の供給を確保する。

² カントンは，この目的のためにカントンの設備を経営し，第三者の施設に参加する。

³ カントンは，適切な母樹林の指定と台帳管理を行う。

2.2.2　森林被害の防止と復旧

第12条　森林保護

¹ 経済省の担当官は，森林の維持及び森林の機能を危険にする被害の原因と結果に対する対策を指示する。

² 経済省の担当官は，義務者が指示を実行しないときには，代替実行を命令する。

³ カントンは，激甚被害の克服に必要な財務的資金の調達を軽減することができる。

第13条　獣害防止

経済省の担当官は，獣害防止のための狩猟的，林業的，工学的対策の採用を配慮する。

2.2.3　森林保護区と森林内の生態的均衡

第14条　森林保護区

[1] 森林保護区の設定は，経済省の担当官によって地域森林管理計画を根拠にこれに関連する規程に基づき行われる。

[2] 地域森林管理計画に相応の記載が存在しないとき，経済省の担当官は土地所有者の同意のもとに森林保護区を設定することができる。

[3] 経済省の担当官は，この場合，その計画に対する異議申し立ての可能性を公表し，周知する。

第15条　生態的均衡

[1] 市町村は自然保護法令の規定の意味における森林内の生態的均衡に配慮する。

[2] カントンは市町村を超えた生命生息空間のネットワークに配慮する。

2.2.4　森林整備

第16条　概念

[1] 森林整備は，次の目的を有する措置または作業である。

　　a 林地統合を例外として，経営構造を改善し，経営を容易にし，＊2013年改正で下線部を削除

　　b 自然災害による荒廃または破壊から居住区域を保護し，

　　c 森林の収穫機能，保全機能，厚生機能を共同で維持し，改善する。

[2] 維持作業または類似措置の実行も同様に森林整備に該当する。

[3] 森林整備は，全体の経済的利益に役立ち，自然，環境，景観と地域景観保全の要求に配慮しなければならない。

第17条　訴訟手続き

訴訟手続きは，特別法令による。

2.2.5　労働安全

第18条

[1] 森林内で報酬を得て伐採作業及びチェンソー作業を実行する者は，専門的基礎教育または相応の実務経験を有していなければならない。

付属資料

^{2} 林業従事者に対して，労働安全の再教育コースの受講を義務づけることができる。

3　侵害からの森林保護

第19条　転用

^{1} 転用は禁止する。

^{2} 例外的な転用許可は，連邦森林法に従う。

第20条　転用の際の調整

転用によって発生する著しい利益の調整は，税法に基づいて行う。＊2013年改正

第21条　森林への立入り

^{1} 森林は，一般的に立入ることができる。＊2013年改正

^{2} 次のような特定の森林区域への立入りは，制限できる。

　a 植物と野生動物の保護のため，

　b 森林更新の保護のため，

　c 建設と施設の保護並びに　＊2013年改正

　d 伐採作業と貯木作業の場合。

　e ＊2003年改正で追加

^{3} 保護措置は，以下により行う。

　a 鳥獣保護区の設定，

　b 森林保護区と自然保護区の設定，

　c 交通標識，柵，その他の遮断物の設置。

第22条　催物，乗馬，自転車走行

^{1} 動物と植物の著しい損害を招き得る森林内の催物は，許可を義務づける。

^{2} 道路と特に指示したコース以外の森林内の乗馬とサイクリングは，禁止する。

^{3} 第2項の制約は，林内の放牧場には適用しない。

第23条　林道の自動車走行

^{1} 林道は，次の場合に限り原動機つき車両で走行できる。

　a 林業と農業の目的があるとき，

　b 原動機つき車両の通行を必要な範囲に制限して行う狩猟規程で定められた秋の狩猟期間中のシカやイノシシの狩猟の実行，＊2013年改正で下線部を削除

　c 隣接地の所有者，

　d 許可された催物の組織化のため及び，

　e 連邦森林法または特別法で規定している場合。

^{2} 特別な事情のあるとき，既存のレストラン，輸送施設その他の施設に通じる林道は，全部または一部分を開放することができる。

^{3} その開放は，施設の所有者の維持における相応の参加と発生する損害補償を条件にすることができる。

^{4} 動植物の保護のための判決による通行禁止と通行制限は，留保する。

第 24 条　林道の交通信号

^{1} 林道に対して，相応の交通信号と標識がないときにも原動機つき車両に対する連邦法の通行禁止規定を適用する。第 23 条第 1 項と第 2 項に基づく例外は，この適用を留保する。

^{2} 信号や標識の設置は，市町村の判断による。

^{3} 信号や標識が特定の人または官庁の希望によって設置されるとき，市町村はその費用を負担させることができる。

第 25 条　森林との距離 1. 原則

^{1} 政令に示された建物と施設は，森林から少なくとも 30 m の距離を保たなければならない。

^{2} 新たに初回造林を実施する際は，建物と施設から 30 m の距離を保たなければならない。

第 26 条　2. 例外

^{1} 経済省の担当官は，特別な事情があるときは，例外を認めることができる。

^{2} 特別な事情があるときには，境界踰越建築令と建築規則における森林との距離は，経済省担当官の同意のもとに建築線を使って短縮できる。

^{3} 経済省の担当官は，その同意を市町村が関係森林所有者と林縁の手入れに関する持続的な取り決め措置に対する協定と関係づけることができる。

第 27 条　3. 損害に対する責任

建物及び施設が例外として認可されたとき，場合によって森林及びその経営に原因する損害に対して，連邦法が許している限り責任を課されない。

4　自然災害からの保護

第 28 条　原則

^{1} 雪崩，地すべり，浸食，落氷・落石によって，人間及び著しい有価物が危険にさらされている場所には，適した計画的，組織的，育林的，工学的措置を適用する。

付属資料

²カントンと市町村は，あらゆる地域的活動の際に自然災害防止のため，現存する原因に配慮する。

³カントンと市町村は，当初からカントンの専門機関に相談する。

第29条　所管 1. カントン

¹カントンは，危険の探知と克服に対する計画資料を作成する。

²他の公共団体や第三者にその責任がないとき，カントンが必要な措置をとり，これを助言，支援し，代替計画を指示できる。

第30条　2. 市町村

¹市町村は，第28条第1項の意味の居住区域を襲い，その住民の安全を危険にする自然現象の予防に対して責任がある。

²市町村は，次の事項に配慮する。

　　a 市町村計画における自然災害による危険は，土地利用計画の危険地図の組み換えを通じて考慮される。

　　b 危険の発生と拡大について時機を逸せず識別し，追跡する。

　　c 危険予防のための相応の組織的な予防措置と必要な建設的，林業的，その他の措置について，時機を逸せず指令する。

第31条　3. 施設事業主

¹道路，鉄道，その他の輸送施設や発電所の事業主は，第28条第1項の意味の自然災害に対する利用者の安全のために用意周到な措置を行う責任がある。

²林道と散策路は，この措置から除外される。

5　補助金

第32条　連邦参加を伴うカントン補助金

¹カントンは，予算の枠内で連邦が森林法に基づいて支払いを与える補助措置を支援する。＊2013年改正

²カントンは，連邦が森林法に基づいて投資助成を与える措置を支援することができる。＊2013年改正

³カントンの補助金は，補助される費用の <u>50</u>％以下である。＊2013年改正

第33条　カントン単独の補助金

¹連邦補助金がないとき，カントンは予算の範囲内で次の補助を行う。＊2013年改正

　　a 特別経営規程の実行に関する施業計画の指示と拘束的決定に基づく給付，

504

b 獣害防止のための技術的措置で補助理由のある費用,

　　c 労働安全の改善のための教育と ＊2013年改正

　　d 試験と教育監督の際の賃金カット額と試験の費用を含む職業教育の費用。

　　　＊2003年改正

² 連邦補助金がないとき，カントンは次の補助理由のある費用の50％以下の財政
　支援を行うことができる。＊2013年改正

　　a 森林整備と　＊2013年改正

　　b 地域材の販売促進のための措置。

　　　＊2003年改正でc・d・eを追加

第34条　契約上の義務

¹ カントンは，他のカントンとの協定により発生する費用を負担する。

² カントンは，第三者が公共的利益の提供または実行課題の引き受けを義務づけ
　られている契約からカントンに発生する費用を負担する。

第35条　補助対象，補助の前提，補助金額

¹ 補助金の受取人が地域森林管理計画に一致して公共的な貢献をもたらし，ある
　いは負担を受忍していることが確認されるときに補助金が支払われる。＊2013
　年改正

² カントン参事会は，規程により補助金を受ける計画，補助の前提及び補助金額
　を指定する。

³ カントン参事会は，定められた財政的給付が林業と林産業の自助措置に関与す
　る受取人にだけ支払われることを予定できる [1]。＊2013年改正

第36条　条件と義務

¹ 経済省の担当官は，補助金の支給に条件と義務を付することができる。

² 補助金の支給によって，第三者に利益が発生するとき，その補助金の支給をそ
　の第三者も分担金を支払うことを条件とすることができる。

第37条　補助金の計算

¹ 補助対象となる費用の査定は，できるかぎり一括総額で決定する。＊2013年改正

² この査定規則と異なる場合は，カントン政府が政令に表示する。

³ 一括総額は，その措置の経済的実行によって発生する費用を査定する。＊2013
　年改正

第37a条　緊急対策のための支出権限移譲　＊2013年追加

　　　　　　6　カントン林務組織の任務

付属資料

第38条　原則

[1] カントンは，その林務組織を通じて森林法の執行と森林の公共的利益を確保する。

[2] カントン林務組織は，カントンの任務が第三者に委任されない限りにおいて，カントンの任務を執行する。＊2013年改正で第3項に移動

[3] 経営の形成と組織化は，森林所有者の業務である。＊2013年改正で第2項に移動，改正

第39条　カントンの任務　1.委託できない任務

次の任務は，委託できない。

 a 森林維持，森林整備に関する監督と第28条第1項の意味における自然災害防止に関する監督及び必要な措置の命令，

 b 森林警察，

 c 地域森林管理計画，

 d 補助金の交付，

 e カントン有林に対する責任。

第40条　カントンの任務　2.委託できる任務

[1] 次の任務は，カントンが自ら実行または第三者に委託できる。

 a 助言・普及活動，

 b 選木記号づけと伐採許可，

 c 森林現況の監視，

 d 森林種苗供給の確保，

 e 教育と再教育，＊2005年改正

 f 広報活動。

[2] その任務は，規程に従った前提を満たしている第三者と契約し，交付金を支払い委託することができる。

第41条　3.カントン有林の経営

[1] 林務組織は，業務委託に基づきカントン有林を経営する。

[2] 経済的，組織的に有利なとき，その経営を適した第三者に委託できる。

[3] カントン有林は，学術的目的と新しい森林技術及び育林的方法の試験にも使用する。

第42条　4.助言

[1] 林務組織または委託された第三者は，森林所有者，市町村，専門組織に助言する。

506

² 森林経営問題に関する助言は，通常無料であり特に選木記号づけは無料である。

第 43 条　5. 第三者のための業務

¹ 林務組織は，契約により第三者から業務を受託することができる。

² その業務は，通常の市場で少なくとも費用を償う条件でなければならない。

第 44 条　6. 職業教育

¹ 林務組織は，第三者，特に職業団体，農業組織，林業組織と協力して，林業従事者，農業者，未熟練労働者の職業教育に関与する。＊ 2013 年改正で下線部を削除

² 林務組織は，教育監督と職業試験の実施を組織づけ，調整する。＊ 2013 年改正で削除

第 45 条　7. 組織と第三者

¹ カントンは，特に経営に関する助言，教育，試験研究，広報活動，販売促進の業務を専門組織と第三者に委託できる。

² カントンは，共同の業務実行に関する協定を他のカントンと結ぶことができる。

7　罰則

第 46 条　禁固刑と罰金　＊ 2004 年改正

¹ 故意に以下の行為をした者は，禁固刑もしくは 2 万 CHF 以下の罰金に処す。

　＊ 2004 年改正で下線部を削除

　a 森林内で許可を受ける義務のある催物を許可なく実行した者，

　b 道路から離れて，特に指定したコース以外で乗馬やサイクリングをした者または，＊ 2013 年改正

　c 有害な伐採に関する規程に違反した者。＊ 2013 年改正

　d ＊ 2013 年改正で追加

² 未遂と犯罪幇助は，罰せられる。

第 47 条　業務上の違反行為

¹ 法人または合名・合資会社の業務上で違法行為が行われたとき，これらは罰金，利益没収，過料，費用の連帯責任を負う。

² 刑事訴訟手続きのなかでそれらの法人は訴訟当事者の権利を有する。

第 47 条 a 訴追　＊ 2013 年改正で追加

8　施行，法の執行と施行規程

付属資料

第48条　施行

^{1}経済省の担当官は，森林法を施行する。

^{2}カントン参事会は，カントン議会の権限の保留つきでカントン間の協定と国際
条　約締結の権限を与えられる。

^{3}カントン政府は，この権限を政令に基づき経済省に委任できる。

第49条　計画に対する異議申し立てと認可

^{1}森林法に基づいて発令される土地所有者を拘束するすべての計画は，少なくと
も30日間公共の閲覧に供さなければならない。

^{2}その公開期間中に異議を申し出ることができる。

^{3}経済省の担当官は，その計画を認可し，認可決定のなかで異議に対して協議し，
論議する。

第50条　異議による抗告

^{1}森林法に基づいて発令される経済省の担当官の指令と認可決定に対する異議に
よる抗告は，経済省で担当することができる。

^{2}その手続きは，行政司法に関する規程に従う。

第51条　訴訟

カントンの引受主義（第6条第4項）に関係する係争手続きは[2]，土地収用法
の規定に従う。

第52条　施行規程と補足

^{1}カントン参事会は，施行規程を発令する。

^{2}カントン参事会は，以下の補足的規程を発令する。

　　a 森林被害の防止と復旧，

　　b 森林内の自然保護，

　　c 経営構造の改善，

　　d 森林の立入りと森林内の催物，

　　e 林道の通行と標識，

　　f 森林の分割と売却，

　　g 自然災害の防止，

　　h 助言活動，

　　i 有害な伐採，

　　k 林務組織の経過規則の詳細，

　　l 林業従事者の労働安全，

　　m 公共建築物と補助金による建築物の地域材使用，

508

n 生態的・環境保護的建築材料と加工材料としての木材と再生可能な燃料とし
　ての木材の支援と,
o 森林火災。

9　経過規程と付則

第53条　森林管理区組織
[1] 経済省の担当官は,法律の施行後5年以内に既存の森林管理区決定を決議によ
って廃止する。
[2] 経済省の担当官は,従来の森林管理区担当者及び新しい協力者と一定の通常ま
とまった地域に適用される業務協定を締結する。
[3] ゲマインデ森林管理区と森林管理組織に対するカントンの交付金は,移行期間
に対して新しく決定する。

第54条　基金
[1] カントンの補充造林基金と厚生基金の資金は,従来の使途に応じて使用する。
[2] 本法の施行時にまだ存在している森林経営の森林予備基金の資金は,従来の
使途に応じて使用する。それ以上の基金の積み立ては,任意である。
[3] 法人がそれをもっぱら林業目的に積み立てた資金をその目的に使用するとき,
それは国及び市町村直接税に関する1944年10月29日の法律の第62条g項1
の9における意味の公共的使用に該当する。＊2000年5月20日の税法により削除

第55条　森林規則と施業計画
[1] 従来の森林法令に基づいて発令された森林規則は,本法の発効により廃止する。
[2] 現在行われている施業計画は,それが地域森林管理計画または新しい施業計画
によって交替されるまで有効である。

第56条　布告の変更
道路交通と車両の課税に関する1973年3月4日の法律を次のように変更する。
　＊2006年3月27日のカントン道路交通法により以下削除
[1] 第2条第1段は変更しない。
　第2条　信号及び標識
[2] 国家は,国道の信号と標識を管轄する。この業務は市町村道と私有地の公道に
ついては,市町村が行う。林道の信号及び標識に関する管轄権と方法は,カン
トン森林法に従う。
[3と4] 第3項と第4項は変更しない。

付属資料

第 57 条　布告の廃止

次の布告は，廃止する。

1. 1973 年 7 月 1 日の林業法

2. ミッテルラントとジュラの新しい 2 森林圏創設に関する 1971 年 5 月 18 日の指令

3. ベルナー・ジュラの森林圏創設に関する 1978 年 8 月 21 日の指令

4. 森林所有者とカントン間の費用分担とカントン林業補助金に関する 1973 年 2 月 8 日の指令

第 58 条　施行

カントン参事会は，施行日を定める。

ベルン，1997 年 5 月 5 日

カントン議会

議長　カウフマン

副国家書記　クレーンビュール

訳者注

(1) 1973 年 7 月 1 日の林業に関する法律の第 26 条の Forstreservefonds を指す。

(2) 「土地の強制競売の場合に最低競売価格のうち執行権利者の権利（2 番抵当）とその後の順位の権利の価格は競落人が現金で支払い，執行権利者の権利に優先する権利（1 番抵当）はそのまま取得したと土地上の負担として引き受けるという主義」（山田晟 (1981)，395 頁)。

No.132 ラウターブルンネン森林管理区契約
（Reviervertrag für Revier Nr.132 Lauterbrunnen）

1 目的と法的根拠

この契約は 1997 年 5 月 5 日のカントン森林法第 40 条に基づく，森林管理区の責任担当機関へのカントンの任務の委託を規定する。この契約規定は，1997 年 5 月 5 日のカントン森林法第 52 条から第 56 条に基づく。

2 契約当事者

カントン・ベルン：カントン・ベルン森林局による認可を保留条件として，第 1 森林部オーバーラントオスト（シュロス 5，3800 インターラーケン）が代表する。

責任担当機関：ラウターブルンネン村（アドラー，3822 ラウターブルンネン），村長ヨースト・ブルンネン氏と村書記アントン・グラーフ氏が代表する。

3 契約対象

3.1 内容の枠組み

本契約は現行法令とカントン・ベルン森林局の指令に基づく責任担当機関と森林部の間の協調関係を規定する。森林管理区フェルスターは，カントンの任務の遂行に際して，特に「森林管理区フェルスターの業務規程」（付属資料 A1）に従う。

3.2 適用範囲

カントン森林法第 40 条に基づくカントンの任務の委託は，別添の地図と面積リスト（付属資料 A1 と A2）に基づく森林管理区 No.132 に有効である。本森林管理区は，次の森林所有者と森林面積を管轄することを割り当てる。

森林所有者	森林面積	標準伐採量
ラウターブルンネン村	720ha	2,100m^3
Bergschaft Schilt und Busen	168	175
Bergschaft Winteregg	159	400

付属資料

Alpgenossenschaft Wengenalp	151	220
カントン・ベルン	(97)	（森林監視のみ）
Bergschaft Saus+Naterwengli	86	220
Bergschaft Pletschen	62	200
Pro Natura Schweiz	54	100
農民ゲマインデ・ヴェンゲン	41	130
その他の小規模団体林	38	100
共有団体林・ギメルヴァルト	23	130
民ゲマインデ・ミューレン	21	40
市民ゲマインデ・ラウターブルンネン	3	10
その他のゲマインデ	1	4
小規模私有林	387	1,200
計	2,011ha	5,023m^3

3.3　一括支払いによる業務（カントン森林令第54条による森林管理区交付金）
　カントン森林法第54条第1項による一括支払いによる業務（森林管理区交付金）
の枠組みは，以下の業務を指す。

3.3.1　選木記号づけと伐採許可
　森林管理区のフェルスターは，森林所有者の希望と森林育成と助言のための森林
部の担当上級林務職員との申し合わせに従って，カントン森林法第10条第1項に
基づく選木記号づけを実行する（通知文書2.6.4参照）。森林管理区のフェルスター
は，カントン森林法第15条に基づく伐採許可を分担する。
　森林施業計画の編成された森林の場合は，森林管理区のフェルスターは，その計
画された木材伐採を「伐採提案」用紙により申告する。
　フェルスターは，森林部に指導と支援を要請できる。森林部は，選木記号づけに
どの程度協力するかを判断する。

3.3.2　助言
　森林管理区のフェルスターは，選木記号づけと伐採許可の実施に際し，カントン
森林法第42条第2項，カントン森林令第58条に基づく無料の助言を行う。

3.3.3　森林の監視
　森林管理区フェルスターは，担当森林管理区の日常の活動のなかで森林の監視を

512

No.132 ラウターブルンネン森林管理区契約

行う。次に掲げる課題分野は，業務規程においてより詳細に規定される。
- ・森林保護
- ・森林警察
- ・自然災害防止
- ・特に自然郷土保護など他の法律の運用の支援（行政支援）

3.3.4　その他の業務（略）

3.4　区分支払いによる業務（カントン森林令55条による森林管理区交付金）

3.5　交付金（略）

4　特別な取り決め（略）

5　契約期間と解約告知期間（略）

6　コンフリクトの処理

6.1　責任担当機関と森林部の間の意見の相違
　責任担当機関と森林部の間の意見の相違は，カントン・ベルン森林局が調査する。カントン・ベルン森林局は，調停によって解決に導くよう努める。

6.2　責任担当機関と森林管理区フェルスターの間の意見の相違
　責任担当機関と森林管理区フェルスターの間の意見の相違は，森林部が調停者として指示を行う。

7　署名（略）

8　付属資料（略）
　契約書の構成部分としての付属資料
　A1　森林管理区フェルスターへの業務指令
　A2　地図
　A3　面積リスト

513

付属資料

A5 森林管理区交付金の計算

A6 見本としての業務報告（カントンの任務）の構成

A7 「カントンの任務に関する年次報告」の様式

情報としての付属資料（契約書の非構成部分）

B1 責任担当機関 / 森林管理区委員会と森林管理区フェルスターの間の雇用契約

B2 フェルスター資格証明

B3 職務説明書 / フェルスター職務帳

B4 場合によっては，それ以外に（例えば改定された協定）

あとがき

　大学教員が退職間際にこれまで書いた論文を寄せ集めて，賞味期限切れの「学術書」を出版するのは，ゴミを増やすだけかと躊躇しつつも私の人生の18年間を大学での研究に従事する機会を与えていただいたことに対し，何らかの成果を社会に問う必要もあると考え，書き溜めた草稿や資料をまとめ直し，データや法令のアップデートに努めた。私自身，50歳になった頃からそれまで興味が湧かなかった高橋琢也の森林三部作や太田勇治郎『保続林業の研究』の行間に溢れる当事者性に共感できる気になり，スイス林業と森林管理制度の研究を継続してきた割には，十分な論文が書けず退職の年を迎えた。

　私の人生は，24歳までの東京教育大学大学院修士課程修了までの学生時代と47歳までの全国森林組合連合会の団体職員時代，そして現在，65歳で筑波大学を退職し，そろそろ「研究者」としての未練にも区切りをつけ，これからの人生への覚悟を固めたいとも思う。現在の体力と気力が持続すれば，森林管理制度論シリーズの第3作『現代日本の私有林問題（仮題）』もまとめたいと思う一方で，人生第4期の「組織とこだわりから自由な老後」を謳歌するため，この辺が老醜をさらさずに済む潮時かとも思う。

　林政・林業経済研究は，すぐには結果が明確にならず，研究者も自分の研究成果が実践的にどのような意味を持つか，客観的評価を受けることが少ない。そのため，単なる自分の主張や信念を言い張るだけの「研究」も多いような気がする。民有林の現場に一時は身を置いたものとして，そんな「研究者」にはなりたくないものだと常々自戒の念を抱いていたが，その想いがどの程度，本書に結実できたかは自信がない。

　特に森林管理制度に関する海外研究では，地域的多様性とともにそこに生活していないと分からないことも多く，中途半端な知見や視察旅行による見聞録で論文や学術図書を書くべきではないとそれなりに慎重を期したつもりだが，取りまとめに踏み切れないまま時間切れとなった。これでは引用文献の明示や基礎的統計・法令，現地政府報告書や大学レベルの基礎的テキスト

の検討もせず，自分が見聞きした一時期の知見や思い込みを日本林業論に結びつける日本的「ドイツ林業論」を笑えないのかもしれないが，いまはともかく学術書として形にできたことを若い共著者とともに歓びたい。

　スイス林業の研究を始めた当時，どうしてスイスなのかと聞かれることがよくあった。その端緒は小国・辺境好きとして，その身の丈に合った社会のあり方と住民自治の気概が気に入ったからとしか言いようがないが，本書をまとめて改めてその予感がそれほど的外れではなかったとも思う。スイス林業連盟のハンスペーター・エグロフ氏（副会長）やウルス・アムトシュトツ氏（専務理事）との個人的関係も私のスイス研究の持続性に助けとなった。1993年以降，何度かスイス林業連盟を訪問し，エグロフ氏の自宅や林業連盟の近くの旧市街のレストランで，1991年スイス連邦森林法施行当時の状況を聞いてから25年が経過した。

　その間，日本林業・林政と林業経済研究は革新的な変化のないまま推移し，その停滞と「ゆがみ」を映す鏡として，スイスの森林管理制度への興味が持続できた点も重要であった。それが学術研究として，本書にどの程度，反映できたかは読者の評価に委ねるが，日本林業・林政と森林管理制度研究をみる眼をスイス林業・林政研究が大きく変えたことは間違いない。

　本書の総論編として出版した志賀和人編著（2016）『森林管理制度論』に関しては，書評や研究会で多くの方から貴重なコメントをいただいた。①「経営」より広義の森林管理が必要だとする理由やその制度的内容が理解できない，②日本とスイスの森林経営システムの違いとスイスの経営システムが日本の人工林経営にどのような意味で有効か，という最も本質的で重要と思われる指摘に関しては，本書のスイスと日本の森林経営と森林管理の比較分析として，その歴史的背景や現行の法制度・政策と林務組織，経営システムの違いを実証したつもりである。

　こうした私の想いと分析が300人の林業経済学会の会員や3,000人の日本森林学会の会員，8,400人の都道府県林務職員，3,000人の市町村林務担当職員，8,300人の森林組合・連合会常勤役職員と1.7万人の現場技能者，5,000人の林野庁職員とOB・OGの方々にどの程度理解されるか分からないが，若手を中心に関連分野も含め，自らの頭で日本林政の新たな枠組みを構想

し，森林管理を現代的で魅力的な仕事にするための示唆として，本書を受け止めていただけることを期待している。

　本書には2人の修士課程と2人の博士課程の大学院生（調査当時）との共同執筆の3節が含まれており，それぞれの現地調査やゼミが懐かしい想い出となっている。東京教育大学のOBとして，現在の筑波大学の現状に危惧を抱いての退職ではあるが，筑波大学で多くの学生に出会えたことに感謝している。最後に退職の年まで私を支えてくれた妻麻貴子と史彬にも心からのお礼を記しておきたい。

2018年1月8日

志賀 和人

執筆者紹介（執筆順）

志賀和人（しが かずひと）序章，第1章（第2節・第3節共著），第2章（第2節共著），第3章，終章

筑波大学生命環境系教授

著書　志賀和人（1995）『民有林の生産構造と森林組合：諸外国の林業共同組織と森林組合の展開過程』，志賀和人・成田雅美編著（2000）『現代日本の森林管理問題』，志賀和人編著（2016）『森林管理制度論』

志賀　薫（しが かおり）第1章第2節（共著），第2章第2節（共著）

国立研究開発法人森林研究・整備機構森林総合研究所四国支所・主任研究員

論文　志賀薫・増田美砂・御田成顕（2012）「ジャワにおける林業公社の地域対策の変遷及び住民共同森林管理システムの課題：制度と運用の実態」，『林業経済研究』58（2）

池田友仁（いけだ ともひと）第1章第2節（共著）

栃木県農業共済組合安足支所事業第二課・主事

論文　池田友仁・志賀和人・志賀薫（2017）「秩父多摩甲斐国立公園における地種区分と施業規制：多摩川・荒川源流部を中心に」，『林業経済』70（2）

岩本　幸（いわもと みゆき）第1章第3節（共著），第2章第2節（共著）

日本製紙株式会社営業企画部・主任

著書　岩本幸（2011）「SGEC森林認証の展開と林業組織の対応」（志賀和人・藤掛一郎・興梠克久編著『地域森林管理の主体形成と林業労働問題』）

御田成顕（おんだ なりあき）第2章第2節（共著）

九州大学持続可能な社会のための決断科学センター講師

論文　御田成顕・大田真彦・志賀薫（2014）「違法伐採に対する森林警察の役割とその課題：インドネシア，グヌンパルン国立公園を事例として」，『林業経済』67（8）

初出一覧：以下の初出論文や図書の一部を改めて再構成し，大幅に加筆した部分を含むが，それ以外はすべて書き下ろしである。

第1章　現代日本の森林管理と林政

　第2節　自然公園法による施業規制と森林所有者　池田友仁・志賀和人・志賀薫（2017）「秩父多摩甲斐国立公園における地種区分と施業規制：多摩川・荒川源流部を中心に」，『林業経済』70（2）

　第3節　森林認証の展開と日本の対応　岩本幸・志賀和人（2011）「SGEC森林認証の展開と林業組織の対応」（志賀和人・藤掛一郎・興梠克久編著『地域森林管理の主体形成と林業労働問題』日本林業調査会）

第2章　山梨県有林管理と森林利用

　第2節　保護団体の事業活動と財政　志賀和人・御田成顕・志賀薫・岩本幸（2008）「林野利用権の再編過程と山梨県恩賜県有財産保護団体」，『林業経済』61（8）

　第3節　山梨県の林業事業体と林業就業者　志賀和人（2007）「林業事業体の雇用戦略と林業労働問題：山梨県の認定林業事業体と林業就業者の分析から」，『林業経済』60（2）

第3章　スイスの地域森林管理と制度展開　志賀和人（2003）「スイスにおける地域森林管理と森林経営の基礎構造」，『林業経済』56（6）

519

略語一覧

組織及び用語

BAFU Bundesamt für Umwelt

BFE Bundesamt für Energie

BFS Bundesamt für Statistik

BGB Burgergemeinde Bern

BLW Bundesamt für Landwirtschaft

BPUK Schweizerische Bau-, Planungs und Umweltdirektoren-Konferenz

BUWAL Bundesamt für Umwelt, Wald und Landschaft

CoC Chain of Custody

CODOC Koordination und Dokumentation Bildung Wald

EDMZ Eidgenössische Drucksachen- und Materialzentrale

ETH Eidgenössische Technische Hochschule

EPSD Eidgenössischer Pflanzenschutzdienst

EVD Eidgenössisches Volkswirtschaftsdepartement

FOEN Federal Office for the Environment

ForstBAR Forstliche Betriebsabrechnung

FSC Forest Stewardship Council

HAFL Hochschule für Agrar-, Forst- und Lebensmittelwissenschaften

IUFRO International Union of Forestry Research Organizations

KAWA Amt für Wald des Kantons Bern

KdK Konferenz der Kantonsregierungen

LFI Landesforstinventar

NaiS Nachhaltigkeit im Schutzwald

NFA Neugestaltung des Finanzausgleichs und der Aufgabenverteilung zwischen
　　Bund und Kantonen

PEFC Pan-European Forest Certification, Programme for the Endorsement of
　　Forest Certification Schemes

SAB Schweizerische Arbeitsgemeinschaft für die Berggebiete

520

SAEFL Swiss Agency for the Enviromenment, Forests and Landscape

SECO Staatssekretariat für Wirtschaft

SFV Schweizerischer Forstverein

TBN Testbetriebsnetz der Schweiz

UVEK Eidgenössisches Departement für Umwelt, Verkehr, Energie und Kommunikation

VSF Verband der Schweizer Förster

WAP-CH Waldprogramm Schweiz（英訳：Swiss National Forest Programme, NFP）

WANA Amt für Wald und Natur（Kanton Bern）

WBF Eidgenössisches Departement für Wirtschaft, Bildung und Forschung

WSL Eidgenössische Forschungsanstalt für Wald, Schnee und Landschaft

WVS Waldwirtschaft Schweiz

カントン名

AG　アールガウ Aargau

AI　アッペンツェル・インナーローデン Appenzell Innerrhoden

AR　アッペンツェル・アウサーローデン Appenzell Ausserrhoden

BS　都市バーゼル Basel-Stadt

BL　農村バーゼル Basel-Landschaft

BE　ベルン Bern（Berne）

FR　フリブール Freiburg（Fribourg）

GE　ジュネーヴ Genf（Genève）

GL　グラールス Glarus

GR　グラウビュンデン Graubünden（Grischun, Grigioni）

JU　ジュラ Jura（Jura）

LU　ルツェルン Luzern

NE　ヌーシャテル Neuenburg（Neuchâtel）

NW　ニトヴァルデン Nidwalden

OW　オプヴァルデン Obwalden

SH　シャフハウゼン Schaffhausen

SZ　シュヴィーツ　Schwyz
SO　ソロトゥルン　Solothurn
SG　ザンクト・ガレン　Sankt Gallen
TG　トゥールガウ　Thurgau
TI　ティチーノ　Tessin（Ticino）
UR　ウーリ　Uri
VS　ヴァレー　Wallis（Valais）
VD　ヴォー　Waadt（Vaud）
ZG　ツーク　Zug
ZH　チューリヒ　Zürich

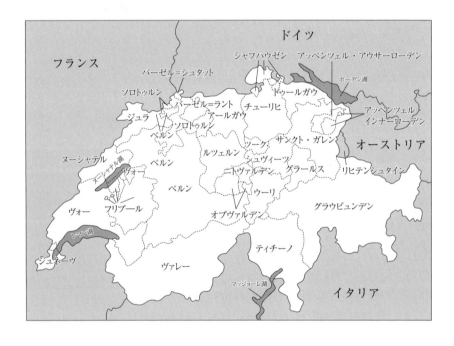

索引

あ行

阿寒（摩周）国立公園　39，52，130

アクセス権　435，445

荒川源流部　40，100

アルプ　247

アルプス　282

アルプス前山　282

アルプス南面　282

育成単層林　67，73

育成複層林　73

育林投資　61

育林費　294

一部事務組合　33，201，459

入会権　30，206，435

営林監督　29，55，92

エコロジー的実施証明　329

SGEC（認証）　40，158

演習場交付金　195

太田勇治郎　54，56

奥地天然林　74，446

オストロム　45

オーバーラントオスト　339，409

恩賜県有財産保護組合（保護組合）33，202

か行

皆伐許可の基準　88

皆伐禁止（スイス）　26，420

拡大造林　32，63，436

ガバナンス（論）　32

川島武宜　32

環境管理　433，455

環境と開発に関する国際連合会議（地球サミット，UNCED）　150

官民有区分　19，53，182

カントン　20，244，251，348

カントン森林法　265

カントン・ベルン　21，269，395

カントン・ベルン森林法　20，395

カントン林務組織　261，268，411

間伐補助　67，75

官林経営　45，55

技官長官制　62

北富士演習場　195

業界団体　158

行政指導　438

共同体的管理　19，451

共同体的基層　441

許認可権限　90，359，448

近親性　26，255，362

空間計画（スイス）　311，385

空間整備政策（スイス）　310，339

経営組織　61，299，446

景観の質的向上プロジェクト（スイス）317

経路依存性　20，65

ゲマインデ（有林）　20，261

ゲマインデ・フェルスター　267，419

現業従業員　68，212

グラウビュンデン　269，376

群状択伐高林　285

公共的管理　19，175，433

公共の森林　20，262，274，348

公共的制御　26，431，454

高権的任務　269，417

抗告権　359，387

更新方法（スイス）　283

構造改善対策（スイス）　323

高林（スイス）　286

公有林管理　23，31，433

広葉樹人工林　74

国土利用計画法　79

523

国産材新流通・加工システム　67
国民投票（スイス）　244，264，445
国有土地森林原野下戻法　52
国有林　21，54，58，64
国有林経営　29，53，436
国有林生産力増強計画　63，107
国有林野事業改善特別措置法　65
国有林野特別経営事業　53，55
国立公園　79，99，103
小柴下草採取区域　182，190
コモンズ論　32，45，441
御料林　22，53，180，436

さ行

財形林　71
埼玉国有林　40，100
財産区（有林）　31，201
作業種の指定　88
作業団　181
私有林　21，274，349
私有林所有者（スイス）　276，420
ジュラ　282
里山　446
山岳地域（スイス）　310，339
山岳地域投資助成法（スイス）　310，339
山岳地域開発計画（スイス）　310
山岳地域政策（スイス）　310，335
山林局　53
山村問題　249，455
資金循環　301，449
自然災害からの保護（スイス）　363，
　406
自然保全地域　79
自然郷土保護法（スイス）　386
自然公園地域　39，79
自然公園法　39，79
自然資源管理　40，442
持続可能性　440

持続的森林管理　20，45
指定施業要件　64
自転車走行（スイス）　255，404
市町村（スイス）　409
市民ゲマインデ　245，274
市民ゲマインデ・ベルン　246，306
従業員組織　235
住民ゲマインデ　246，307
助成措置（スイス）　320，366，409
主導的アクター　38，52
順応的管理　26，106
植栽義務　88
侵害からの森林保護　359，404
針広混交林　135
人工林　70，292，303，446
新制度論　440
新地域政策（NRP）　247
森林　21，73，280
森林確定（スイス）　359，400，437
森林管理（制度）　27，256，395，442
森林管理概念　19，45
森林管理協議会（FSC）　40，145
森林管理区（スイス）　22，36，266，413
森林管理区契約（スイス）　267
森林管理区交付金（スイス）　267，417
森林管理区責任者（スイス）　268
森林管理者（スイス）　35，270
森林管理署（スイス）　413，424
森林管理論　452
森林技師（スイス）　270
森林規則（スイス）　269
森林組合　29，58，212
森林組合統計　456
森林経営　28，44，292，451
森林経営の定義（スイス）　304
森林経営組合（スイス）　294，299
森林経営計画　68，79，138

森林経営指標調査（TBN） 295
森林経営収支（スイス） 296
森林計画 58, 401, 423
森林計画制度改革（スイス） 390
森林警察（権） 250, 346, 435, 438
森林警察的管理 19, 438
森林圏 346
森林資源の循環利用 175, 301
森林所有 19, 22
森林（林野）所有権 22
森林所有者 22, 106
森林政策 2020（WP2020） 26, 380
森林整備 58, 403
森林整備加速化・林業再生事業 68
森林整備計画（スイス） 369, 390
森林施業計画（スイス） 79, 261, 390
森林施業法 289
森林地域 80
森林との距離 363, 406
森林認証 40
森林の育成と伐採 354, 364, 401
森林の概念 357
森林の多面的機能 61
森林への立入り 362, 404
森林法 20, 38, 88
森林保護区（スイス） 364, 403
森林法制 28
森林・林業基本法 20, 60
森林・林業基本計画 71
森林・林業再生プラン（再生プラン）
　25, 61, 70
森林・林業統計 455
森林蓄積 70, 286
森林利用 19, 254, 441
森林利用権 22, 435
スイス山岳地域連盟（SAB） 312
スイス森林プログラム（WAP-CH） 25,
　376, 453

生物多様性対策 429
制限林 89, 181
制度変化 345, 440, 444
政策 25, 69
政策ドメイン 55, 58, 433, 440
政府間関係 439, 446
施業規制 39, 92, 106
施策（粘着性） 58, 69
収穫の保続 63, 71
生産の保続 71
専門技術的森林管理 417
造林面積 74
造林（補助）事業 77, 216
素材生産量 70, 277
村落共同体 274

た行

武田誠三 58, 67
団体有林（スイス） 262
高橋琢也 28, 53
択伐高林（スイス） 286
多層択伐高林（スイス） 286
多摩川源流部 40, 100
単層高林（スイス） 286
土倉庄三郎 54
土地利用基本計画 79, 446
土地利用条例交付金 43, 196
地域計画事務局 339
地域政策 210, 310, 337, 444
地域・ゾーン区分（スイス） 320
地域森林管理 27, 45, 90, 267, 452
地域森林管理計画 390, 401, 424
地域森林管理計画の特別対象 424
地域制国立公園 39, 99, 106
地域的基層 441
地役権 348, 436
地籍調査 462
地種区分 39

秩父多摩甲斐国立公園　39，52，99，107

地方自治　44

地方分権　67，459

中林　286

低林　286

直接支払い　323，326，330

天然林　73，283

天然林施業　293，423

東京都水道水源林（水道水源林）　31，100

な行

鳴沢保護組合　43，194，210

2006年連邦森林法改正　355

2016年連邦森林法改正　355

日本適合性認定協会（JAB）　163，172

認証機関　155

認定機関　155

念場ヶ原山財産区　192，207

農業所得（スイス）　316，335

農業直接支払い令（スイス）　330

農商務省　53

農政改革（スイス）　314，439

農林（水産）省　23，64，456

は行

萩原山（分区）　204

伐採許可　58，64，420

伐採許可の例外規定　420

罰則（スイス）　260，346，369，410

早尾丑麿　55，63

半カントン　244

搬出方法　287

PEFC（森林認証）　145，169

PEFC相互承認　40，162，171

PEFCフィンランド　145

PEOLG（準拠）　163，171

非単層高林（スイス）　286

標準伐採量　71，296，303

フェルスター　270，420

不確実性　61，79，454

富士吉田保護組合　33，194

物権　436，442

部分林　41，180，190，441

保安林　29，58，87，266

放牧地　247，362

補完性　250，444，459

補助金　207，301，438

保続（概念）　63，293

保続的森林経営　22，263，292

北海道有林　31，57

ま行

前田一歩園財団　31，127，293

前田一歩園林業　140

松波秀實　54，56

ミッテルラント　282，409

緑の研修生　217

緑の循環認証会議（SGEC）　40，158

民有林　21，62，458

村田重治　53

木材産業　61，67，266，452

や行

山梨県恩賜県有林（山梨県有林）　32，41，180，215，441

山梨県恩賜県有財産管理条例（管理条例）　183

山梨県恩賜県有財産土地利用条例（土地利用条例）　184，197

予定調和論　45

ら行

利用間伐　61，448

林業基本法　60

林業共同組織　148，449

林業経済研究　30，454

林業（造林）公社　68，440

林業構造改善事業　60，65

林業雇用改善促進事業　43

林業経営統計調査　456

林業経営体　22，449，457

林業事業体　61，214，448

林業就業者　212

林業政策的管理　20，442

林業・木材産業構造改革事業　68

林業労働（者）214，229，270，292

林政研究　452

林地開発許可　83，359

林地転用（スイス）352，359，437

林地統合（スイス）351，397

林道管理条例　86，359，455

林道の自動車走行（交通）362，405

林務組織　52，283，372，364

林務組織の任務　346，411，461

林野公共事業　25，60，434

林野面積　62

林野庁　23，52，65，436

林齢構成（スイス）289

齢級構成　72，77

歴史的基層　433，442

歴史的制度論　452

連年経営　58，71，299，449

連邦憲法　244，250，265，357

連邦空間計画法　90，360，385，437

連邦高山地帯森林警察法　19，250，256

連邦環境局（BAFU）23，244，266

連邦参事会　244，445

連邦自然郷土保護法　89

連邦職業教育法　270

連邦森林警察法　250，256，345

連邦新財政調整法（NFA）355，373

連邦森林法　20，251，345，354

連邦環境森林景観局（BUWAL）266，377

連邦農業法　319，324

連邦権限　251

路網　70，287

わ行

矮林　282

527

2018年1月29日　第1版第1刷発行

森林管理の公共的制御と制度変化
スイス・日本の公有林管理と地域

編著者 ———————— 志 賀 和 人

カバー・デザイン ——— 峯 元 洋 子

発行人 ———————— 辻 　 潔

発行所 ———————— 森と木と人のつながりを考える
　　　　　　　　　　　㈱ 日 本 林 業 調 査 会
　　　　　　　　　　　〒 160-0004
　　　　　　　　　　　東京都新宿区四谷2－8　岡本ビル405
　　　　　　　　　　　TEL 03-6457-8381　FAX 03-6457-8382
　　　　　　　　　　　http://www.j-fic.com/

印刷所 ———————— 藤原印刷㈱

定価はカバーに表示してあります。
許可なく転載、複製を禁じます。

ⓒ 2018 Printed in Japan. Kazuhito Shiga

ISBN978-4-88965-251-2

再生紙をつかっています。